Leçons

de

Géométrie élémentaire

II

(Géométrie dans l'espace)

Cours complet de mathématiques élémentaires
Publié sous la direction de M. DARBOUX, doyen de la Faculté des Sciences de Paris.

Leçons de Géométrie élémentaire

II

(Géométrie dans l'espace)

PAR

Jacques Hadamard
Professeur adjoint à la Faculté des Sciences de Paris,
Professeur suppléant au Collège de France.

PARIS
Librairie Armand Colin
5, rue de Mézières, 5

1901

AVERTISSEMENT

Le présent ouvrage fait suite aux *Leçons de Géométrie plane* publiées précédemment dans la même collection, et est conçu dans le même esprit. Pour sa rédaction comme pour celle du volume précédent, j'ai profité à plusieurs reprises des importantes indications de M. Darboux, que je tiens à remercier encore une fois ici.

Dans l'exposition du cinquième livre, la théorie des droites et plans parallèles précède celle des droites et plans perpendiculaires. Cette marche tend à être de plus en plus généralement adoptée aujourd'hui; c'est celle dans laquelle les propositions se suivent le plus naturellement. Je me suis appliqué à bien mettre en évidence les analogies qui existent entre les diverses parties de ces théories.

Dans le chapitre consacré aux angles dièdres, j'ai dû m'occuper d'une difficulté qui semble n'avoir été remarquée d'aucun auteur [1] et qu'il est cependant essentiel de lever, ce

1. Je ne saurais d'ailleurs me montrer complètement affirmatif sur ce point, et il semble qu'il y ait lieu d'éviter de l'être en pareille matière. C'est ainsi que la méthode exposée dans la Note C de la *Géométrie plane*, pour la construction des cercles tangents, avait déjà été donnée par M. Fouché, lequel avait été lui-même, à son insu, devancé par Poncelet.

qu'il est d'ailleurs bien aisé de faire: c'est celle dont il est question au n° 350.

Des compléments ont été consacrés, comme dans la Géométrie plane, aux théories qui, pour n'être pas inscrites au programme du baccalauréat, n'en sont pas moins indispensables à connaître. Il ne pouvait d'ailleurs être question d'un exposé complet des éléments de la géométrie moderne. Quand même le beau *Traité* de M. Rouché ne le rendrait pas inutile, un pareil exposé aurait dépassé le cadre de mon travail. Il m'a semblé naturel de me limiter en excluant tout ce qui repose sur l'introduction effective des imaginaires. Tous les raisonnements que je présente portent directement sur des éléments exclusivement réels, même lorsque j'ai tenu à montrer comment les conclusions obtenues quand toutes les parties d'une figure sont réelles se généralisent au cas où quelques-unes d'entre elles sont imaginaires [1].

Par contre, j'ai jugé indispensable d'établir le théorème qui donne la perspective d'un cercle, que le cône correspondant soit ou non de révolution.

Dans la démonstration de ce théorème et, d'une manière générale, dans l'étude des coniques, j'ai donné un rôle plus important qu'on ne le fait habituellement à la propriété, si simple et d'un caractère si nettement élémentaire, qui rattache l'hyperbole à ses asymptotes. Cette propriété permet, en particulier, de faire l'étude de l'hyperbole d'une manière toute parallèle à celle de l'ellipse considérée comme projection d'un cercle. Il devient aisé, en particulier, d'indiquer, à côté de la quadrature de l'ellipse, celle de l'hyperbole : de la sorte, on fait pressentir, autant qu'on peut le faire sans sortir du domaine réel, la rela-

1. C'est dans cet esprit, par exemple, que j'ai traité l'intersection des coniques. La marche suivie en cet endroit est celle de CHASLES, simplifiée sur quelques points.

tion qui existe entre les fonctions logarithmiques et circulaires.

Il est un point sur lequel je me suis notablement écarté des usages antérieurs : je veux parler du théorème d'Euler sur les polyèdres. Je traite cette question en introduisant explicitement la notion d'*ordre de connexion*. Je pourrais, à cet égard, me dispenser de toute autre justification en disant que, par cette méthode, on obtient peut-être la démonstration la plus simple du théorème d'Euler, du moins parmi les démonstrations *correctes* (on sait qu'il en existe beaucoup d'autres). Il y a, d'ailleurs, toujours inconvénient à ne pas mettre en évidence la véritable origine des résultats que l'on a en vue. Mais j'ajouterai que je n'ai nullement cherché à éviter l'emploi de la Géométrie de situation. De toutes les théories mathématiques (sans en excepter les premiers livres de géométrie), il n'en est pas de plus élémentaire, de plus immédiatement accessible que celle-là. Lui déniera-t-on ce caractère uniquement en raison de son importance même et parce qu'elle est mêlée à la solution des problèmes les plus élevés que la Science mathématique ait à se poser ?

J'aurais désiré ajouter à ce chapitre la démonstration du théorème de Cauchy sur l'impossibilité de déformer les polyèdres convexes. J'y ai renoncé à cause des difficultés que soulève cette démonstration et dont on ne pourrait peut-être pas triompher sans la compliquer plus qu'il n'est possible dans un ouvrage élémentaire.

J'ai cru également nécessaire d'indiquer, à propos des polyèdres réguliers, une application de la théorie des groupes. Les considérations, forcément un peu abstraites, empruntées à cette théorie, ne pouvaient trouver place dans le texte. Mais on sait l'importance que l'étude des polyèdres réguliers, dont il semblait que la portée fût des plus restreintes et l'intérêt depuis longtemps épuisé, a prise dans ces dernières années, et à quelles belles conquêtes des mathématiques modernes elle se relie de la manière la plus étroite. Il m'a semblé impossible de ne pas laisser soupçonner quelques-unes de ces relations. J'ai donc consacré une Note, placée à la fin du volume, à une seconde démonstration de l'existence des polyèdres réguliers, démonstration qui introduit certains des faits fondamentaux de la théorie des groupes et, en particulier, l'importante notion de *domaine fondamental*. La démonstration ainsi présentée semble beaucoup moins simple que celle qui est donnée dans le texte; mais il faut remarquer que cette dernière perdrait complètement cet avantage de simplicité si l'on tenait à démontrer en toute rigueur que les procédés employés donnent de véritables polyèdres et que ces polyèdres sont convexes.

La Note dont je viens de parler est précédée de trois autres. La première concerne la résolubilité des problèmes de Géométrie, question dont il est si nécessaire de préciser la signification [1].

La seconde est analogue à la Note D de la *Géométrie plane* et traite, au même point de vue qu'elle, de la définition des volumes polyédraux. On sait que cette question, comme celle des aires polygonales, a fait l'objet de nombreux travaux [2] : la marche suivie dans le présent ouvrage a l'avantage d'être aussi élémentaire que possible.

Enfin une troisième Note est relative à la définition des longueurs, des surfaces et des volumes courbes. Il m'a été aisé d'aller jusqu'à la démonstration de ce fait qu'une

1. Cette Note est presque entièrement rédigée d'après les remarquables articles qu'ont insérés MM. Giacomini, Castelnuovo et Enriques dans le volume publié par les soins de ce dernier et intitulé : *Questioni riguardanti la Geometria elementare.*

2. Je citerai, entre autres, ceux de M. Gérard. — Voir l'ouvrage susmentionné de M. Enriques (article de M. Amaldi).

sphère n'est pas applicable sur un plan : fait dont la place me semble marquée dans une exposition, même élémentaire, de la Géométrie.

Les exercices ont été multipliés plus encore que dans la *Géométrie plane*. J'ai dit, à propos de cette dernière, les raisons pour lesquelles je ne craignais pas de pécher par excès à cet égard. Plusieurs de ces exercices font connaître de nouvelles solutions pour certaines questions traitées, d'autre part, dans le texte. C'est ainsi que, dans les exercices 766, 791, est indiquée une méthode permettant de parvenir à la notion de directrices des coniques. On sait que, dans ces derniers temps, M. Niewenglowski d'une part, M. Rouché de l'autre, se sont préoccupés de démontrer la propriété fondamentale des directrices sans faire appel à des constructions de géométrie dans l'espace. Les propriétés de l'axe radical de deux cercles me fournissent, pour arriver au même but, un raisonnement tout à fait intuitif.

De même, l'exercice 1020 *bis* contient une nouvelle expression des côtés des polyèdres réguliers inscrits à une sphère donnée. La considération d'un polygone régulier, dont les relations avec le polyèdre méritent peut-être d'être notées, donne aux valeurs de ces côtés une forme particulièrement simple.

Les exercices 876, 877, 1083, etc., sont consacrés à une sorte particulière de géométrie dans laquelle certaines relations entre les éléments d'un triangle sont les mêmes que dans la géométrie ordinaire, pendant que d'autres se comportent d'une façon tout opposée. Cette considération permet d'élucider une difficulté que soulève la relation bien connue entre les distances mutuelles de quatre points d'un plan.

Un grand nombre d'autres exercices apportent, de même, des compléments aux théories exposées dans le corps de l'ouvrage. Je signalerai, entre autres, les exercices 1256-1268 (propriétés des cônes à base circulaire), 1269 et suivants (propriétés élémentaires des quadriques), 1287-1292 (principales propriétés des cyclides de Dupin), 1249-1254 (propriétés anallagmatiques de la figure formée par deux cercles dans l'espace); etc.

TABLE DES MATIÈRES

LIVRE V

LE PLAN ET LA LIGNE DROITE

LIVRE VI

LES POLYÈDRES

LIVRE VII

DÉPLACEMENTS — SYMÉTRIES — SIMILITUDE

LIVRE VIII

LES CORPS RONDS

LIVRE IX

COURBES USUELLES

LIVRE X

NOTIONS SUR LA TOPOGRAPHIE

COMPLÉMENTS DE GÉOMÉTRIE DANS L'ESPACE

ERRATA DE LA GÉOMÉTRIE PLANE

	Au lieu de :	*Lire :*
Table, p. xii, n°s des paragraphes du Livre II, ch. vii,	**100** *bis* **101** **102**	**101** **102** **102** *bis*
Page 51, n° **58**, 2°,	Si, la distance, OH	Si la distance OH
— 52, *ligne* 3e avant dernière du n° **59**,	$\widehat{TMM'}$ égal à $\widehat{MOH}$	$\widehat{TMM'}$, égal à $\widehat{MOH}$
Page 89, exercice 88 *bis*,	coupe ou ne coupe pas ce cercle, suivant qu'elle est plus grande ou plus petite que la somme des tangentes...	est extérieure ou sécante à ce cercle, suivant qu'elle est ou non comprise entre la somme et la différence des tangentes...
— 96, dernier alinéa (*ligne* 5e par en bas),	Le théorème du n° **101**	Le théorème du n° **102**
Page 107, *ligne* 4,	*la direction de* Ax'	*la direction* Ax'
— 109, *ligne* 10,	CB	CD
— 165, *ligne* 3e avant-dernière de la note,	le côté de l'apothème	le côté et l'apothème
Page 186, *ligne* 8e par en bas,	Pour le démontrer, observer	Pour le démontrer, observons
— 241, *ligne* 7,	n° **224**	n° **244**
— 250, exercice 305,	les rayons qui vont au sommet	les rayons qui vont aux sommets
— 277, *ligne* 30,	par une inversion de pôle A′	par une inversion I′ de pôle A′
— 287, *ligne* 15 du n° **309**,	de plus, les points b', c'; c', b'	de plus, les points b, c'; c, b'
— — fin du n° **309**,	sur ce même axe similitude.	sur ce même axe de similitude.
— 303, *ligne* 5 (fin du premier alinéa de l'exercice 391),	coupe AB en un points fixe	coupe AB en un point fixe
Page 304, dernière *ligne* (exercice 401),	trois cercles de centre A, B, C	trois cercles de centres A, B, C
Page 305, *ligne* 1,	concentriques aux premières	concentriques aux premiers
— 307, 5e *ligne* de l'exercice 418,	côté BC	côté BC_1

LIVRE V

LE PLAN ET LA LIGNE DROITE

CHAPITRE PREMIER

INTERSECTION DES DROITES ET DES PLANS

319 *bis*. Nous savons (Pl., 8)[1] *qu'on appelle* PLAN *une surface telle, que toute droite joignant deux points de cette surface y est contenue tout entière.*

Une telle surface est indéfinie ; toutefois, afin de pouvoir la figurer sur le dessin, on n'en représente qu'une portion limitée, le plus souvent une portion rectangulaire : c'est ce qui est fait dans les figures 233 et suivantes.

D'après la définition précédente, une droite peut occuper, par rapport à un plan, trois positions différentes :

1° Elle peut avoir avec lui deux points communs, et, par conséquent, y être contenue tout entière ;

2° Elle peut avoir avec lui un seul point commun : on dit alors qu'elle *coupe* le plan ;

3° Enfin le plan et la droite peuvent n'avoir aucun point commun : on dit alors qu'ils sont *parallèles* entre eux.

On admet que tout plan divise l'espace en deux régions, situées respectivement des deux côtés de ce plan. On ne peut passer de

(1) L'abréviation Pl., précédant un numéro de paragraphe, signifie qu'il s'agit d'un renvoi à la Géométrie plane.

l'une de ces régions à l'autre sans traverser le plan. En particulier, toute droite qui joint deux points situés de part et d'autre d'un plan, coupe ce plan.

Inversement, on admet que toute droite qui coupe un plan est divisée par le point commun en deux demi-droites, situées de part et d'autre de ce plan.

De la définition du plan résulte encore :

Toute figure égale à un plan est un plan.

Inversement, on admet que deux plans quelconques peuvent être amenés à coïncider, et cela de manière qu'une demi-droite quelconque donnée du premier vienne (avec coïncidence des origines) sur une demi-droite quelconque donnée du second.

320. Nous avons admis (Pl., **8**) l'axiome suivant :

Axiome. — *Par trois points quelconques de l'espace, il passe un plan.*

Nous le compléterons par le théorème réciproque :

Théorème. — *Par trois points non en ligne droite, il ne passe qu'un seul plan.*

Soient trois points A, B, C, non en ligne droite, par lesquels sont supposés passer les deux plans P, P'.

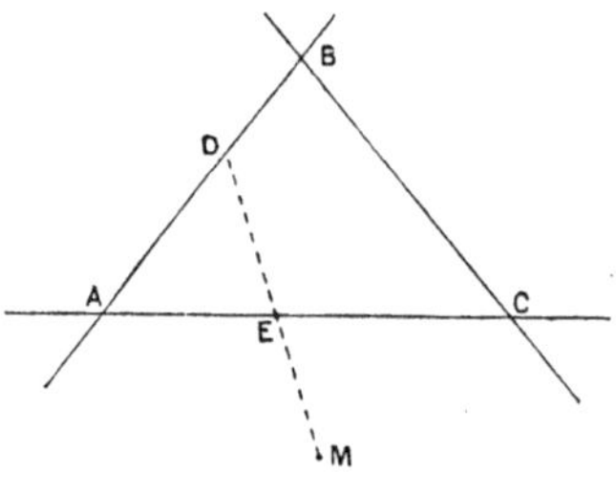

Je dis que ces plans P, P' coïncident.

Remarquons d'abord que ces deux plans ont en commun, en vertu de la définition, les droites AB, AC, BC.

Soit maintenant M un point quelconque du plan P. Par ce point (*fig.* 232), nous pouvons faire passer une droite rencontrant la droite AB en D et la droite AC en E. Le plan P' contient les points D et E, et par conséquent toute la droite DE : donc il contient le point M.

FIG. 232.

Ainsi tout point du plan P appartient au plan P' ; et comme on montrerait de même que tout point du plan P' appartient à P, le théorème est démontré.

On exprime l'ensemble de l'axiome et du théorème précédents en disant que *trois points non en ligne droite déterminent un plan.*

Une droite AB *et un point extérieur* C *déterminent un plan* : car la condition de contenir la droite AB et le point C, ou celle de contenir les trois points A, B, C, reviennent exactement l'une à l'autre.

De même, *deux droites* AB, AC *qui se coupent, déterminent un plan*, celui qui est déterminé par les trois points A, B, C; *deux droites parallèles déterminent un plan*, car, par définition (Pl., **38**), il existe un plan qui les renferme toutes deux, et, d'un autre côté, ce plan est unique, comme contenant l'une d'elles et un point de l'autre (alinéa précédent).

D'après cela, on peut désigner un plan, soit par une seule lettre, soit par les lettres correspondant à trois points non en ligne droite, — ou à une droite et à un point, — ou à deux droites (sécantes ou parallèles) de ce plan.

Remarque. — On voit que *par une droite donnée* D, *passent une infinité de plans*, puisque par cette droite et un point quelconque de l'espace on en peut mener un; par D et un point non situé dans le premier plan, un second, etc.

321. Remarque. — *Si une figure, n'étant pas composée d'un seul point, est telle, que la droite qui joint deux de ses points y est contenue tout entière :*

ou elle est une ligne droite ;

ou elle est un plan ;

ou elle contient tous les points de l'espace.

En effet, la figure en question contient, par hypothèse, au moins deux points A, B et, par suite, la droite AB. Si elle ne contient que cette droite, la proposition est démontrée.

Sinon, soit C un point de la figure extérieur à AB : il suffit de répéter la démonstration du théorème du numéro précédent pour constater que tout point du plan ABC fait partie de la figure. Si celle-ci ne contient aucun autre point, la proposition est démontrée. Sinon, soit D un point de la figure, extérieur au plan ABC (*fig.* 233). La figure considérée contient,

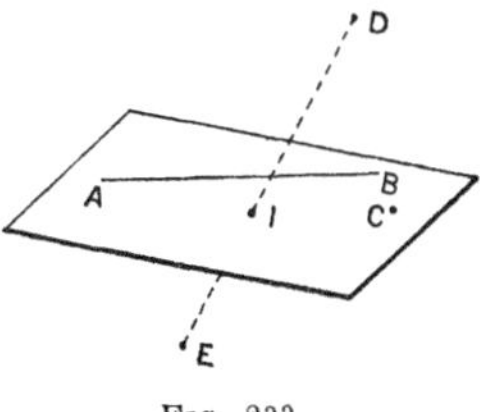

Fig. 233.

tout point E situé, par rapport au plan ABC, du côté où n'est pas le point D. Car la droite DE coupe nécessairement le plan en un point I et, par conséquent, appartient tout entière à la figure, puisqu'elle peut être considérée comme joignant deux points D, I qui en font partie.

Mais, pour la même raison, la figure contient aussi tout point F situé du côté du plan ABC où n'est pas le point E, c'est-à-dire du côté où est le point D.

Elle contient donc tout point de l'espace.

C. Q. F. D.

322. L'axiome de géométrie plane (Pl., **40**) :

Par un point pris hors d'une droite, on ne peut mener qu'une parallèle à cette droite,

subsiste en géométrie de l'espace. Car une parallèle menée par un point C à une droite AB est située dans le plan ABC et on peut appliquer, dans ce plan, l'axiome précité.

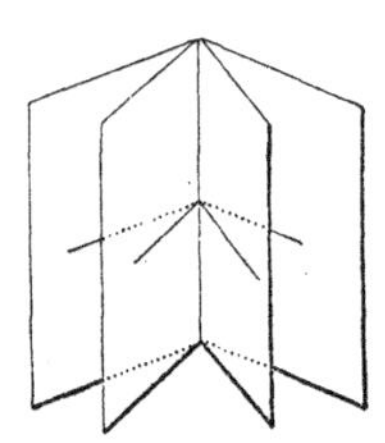

Fig. 234.

De même, *par un point* C, *extérieur à une droite* AB, *on peut abaisser sur cette droite une perpendiculaire et une seule*, cette perpendiculaire devant appartenir au plan ABC, dans lequel le théorème est démontré (Pl., **18**).

Au contraire, *par un point pris sur une droite, on peut mener une infinité de perpendiculaires à cette droite*; à savoir une dans chacun des plans (**320**, Rem.) qui passent par la droite (*fig*. 234).

Il en résulte que deux droites peuvent être perpendiculaires à une même troisième sans être parallèles entre elles.

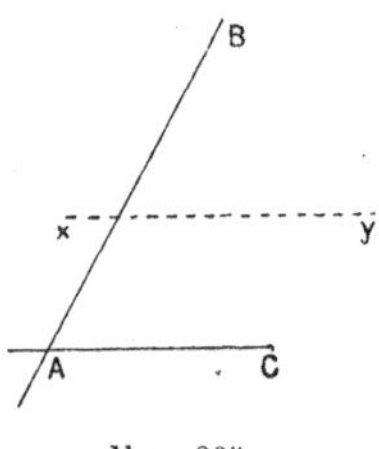

Fig. 235.

323. Le plan ABC peut être considéré comme engendré par une droite qui se meut en passant constamment par le point C et s'appuyant sur la droite AB. Car une telle droite reste toujours dans le plan en question et on peut, d'autre part, la faire passer par un point quelconque de ce plan, à l'exception des points situés sur la parallèle à AB menée par C.

De même, une droite xy, qui se meut en restant parallèle à sa position primitive AC (*fig.* 235) et en s'appuyant sur une droite fixe AB, engendre le plan ABC, ou encore, *le lieu géométrique d'une droite qui se meut en restant parallèle à sa position primitive et s'appuyant constamment sur une droite fixe* (la position primitive et la droite fixe étant supposées sécantes) *est un plan*. En effet, d'après la définition des lieux géométriques (Pl., **33**), cet énoncé exprime le double fait suivant : 1° la droite mobile xy appartient constamment au plan ABC; 2° par tout point de ce plan il passe une droite xy parallèle à AC et rencontrant AB.

324. Théorème. — *Deux plans distincts, qui ont un point commun, en ont une infinité, tous situés en ligne droite.*

Soient les deux plans P, Q (*fig.* 236), qui ont en commun le point A sans cependant coïncider. Le plan Q divise l'espace en deux régions que nous appellerons, pour abréger, le dessus et le dessous de ce plan.

Par le point A, dans le plan P, menons une droite quelconque MAM′. Il se peut que cette droite appartienne tout entière au plan Q, auquel cas il est démontré que les deux plans ont une droite commune.

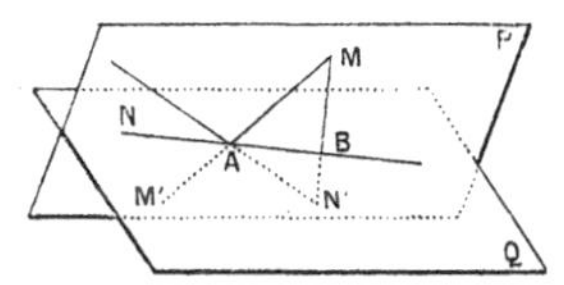

Fig. 236.

S'il n'en est pas ainsi, nous savons que le point A divise notre droite en deux portions situées, l'une en dessus, l'autre en dessous du plan Q. Supposons, pour fixer les idées, que le point M soit au-dessus du plan Q, le point M′ au-dessous.

Opérons de même avec une seconde droite NAN′ du plan P et, si celle-ci n'appartient pas au plan Q, supposons que N soit en dessus, N′ en dessous de ce plan.

Joignons MN′. Cette droite, passant par deux points situés de part et d'autre de Q, traverse forcément ce plan en un point B, qui n'est pas le point A (sans quoi les points M, A, N′ seraient en ligne droite). Les deux plans donnés, ayant en commun les deux points A, B, renferment tous deux la droite AB tout entière.

Ils ne sauraient d'ailleurs avoir de point commun en dehors de AB, sans quoi (**320**) ils ne seraient pas distincts.

D'après cela, deux plans distincts peuvent :

Soit se couper — et alors leur intersection est une ligne droite,

Soit n'avoir aucun point commun. On dit, dans ce dernier cas, qu'ils sont *parallèles*.

Si deux plans se coupent, la droite commune divise chacun d'eux en deux régions (*demi-plans*) situées de côtés différents par rapport à l'autre.

325. Après avoir étudié (**319** *bis*) les situations respectives d'une droite et d'un plan et (n° précédent) celles de deux plans, il nous reste à énumérer les situations respectives de deux droites. Il est clair qu'il n'y a à cet égard, en supposant les droites distinctes, que trois possibilités :

1° Les deux droites se coupent;

2° Elles sont parallèles ;

3° Elles ne sont pas dans un même plan.

On doit remarquer que, si les deux droites sont menées au hasard, c'est en général le troisième cas qui se présentera. Sans essayer de préciser d'une façon absolue le sens de cette affirmation, (ce qui se fait à l'aide de notions étrangères à la géométrie élémentaire), on se rendra compte de son exactitude de la façon suivante : Donnons-nous arbitrairement la première droite AB et un point C de la seconde. Si nous menons celle-ci au hasard par le point C, en général elle ne sera pas contenue dans le plan ABC, de sorte que les deux droites ne seront pas dans un même plan.

326. Nous voyons en particulier que, pour établir le parallélisme de deux droites, il ne suffira pas, comme en géométrie plane, de démontrer qu'elles n'ont aucun point commun. Il est indispensable de prouver, en outre, qu'elles appartiennent à un même plan.

EXERCICES

423. Si un certain nombre de droites sont telles que deux quelconques d'entre elles se rencontrent :

Ou bien toutes ces droites passent par un même point;

Ou bien elles sont toutes dans un même plan.

424. Par un point donné, mener une droite qui rencontre deux droites données, non situées dans un même plan ([1]).

Il existe une infinité de droites rencontrant trois droites données, dont deux quelconques ne sont pas dans un même plan.

425. Si deux triangles ABC, A′B′C′, non situés dans un même plan, sont tels que les côtés BC, B′C′ se coupent, qu'il en soit de même de CA, C′A′, ainsi que de AB, A′B′ :

1° Les trois droites AA′, BB′, CC′ passent par un même point, ou sont parallèles deux à deux ;

2° Les trois points d'intersection de BC avec B′C′, de CA avec C′A′, de AB avec A′B′ sont en ligne droite.

426. Étant donnés un plan P et trois points A, B, C (non en ligne droite) extérieurs à ce plan, trouver :

1° Un point tel que les droites qui le joignent aux points A, B, C coupent le plan P aux sommets d'un triangle homothétique à un triangle donné ;

2° Un point tel que les droites qui le joignent aux points A, B, C coupent le plan P aux sommets d'un triangle égal à un triangle donné ([1]).

426 *bis*. Étant donnés deux triangles ABC, A′B′C′ et un plan P, trouver dans ce dernier plan un triangle $\alpha\beta\gamma$, tel que les droites $A\alpha$, $B\beta$, $C\gamma$ concourent en un même point, et qu'il en soit de même de $A'\alpha$, $B'\beta$, $C'\gamma$ ([1]).

427. Étendre au cas d'un polygone *gauche* (c'est-à-dire d'une ligne brisée fermée dont les côtés ne sont pas situés dans un même plan) et d'un point quelconque de l'espace, le théorème qui fait l'objet de l'exercice 8 *bis* (Pl., liv. I).

(1) Voir la note à la fin des problèmes du Ve livre.

CHAPITRE II

DROITES ET PLANS PARALLÈLES

327. Droites parallèles.

Théorème. — *Si deux droites sont parallèles, tout plan qui coupe l'une coupe l'autre.*

Soient les deux parallèles AB, CD (*fig.* 237) et le plan P, qui passe par le point A sans contenir AB. Ce plan P, distinct forcément du plan ABCD et ayant avec lui le point commun A, le coupera suivant une droite qui ne sera pas AB, et qui, par conséquent, ne sera pas parallèle à CD. Dès lors, étant située dans le plan ABCD, cette droite coupera CD. Le plan P a donc un point commun avec CD; il ne saurait d'ailleurs la contenir, sans quoi, passant par le point A, il coïnciderait avec le plan ABCD, ce qui n'est pas.

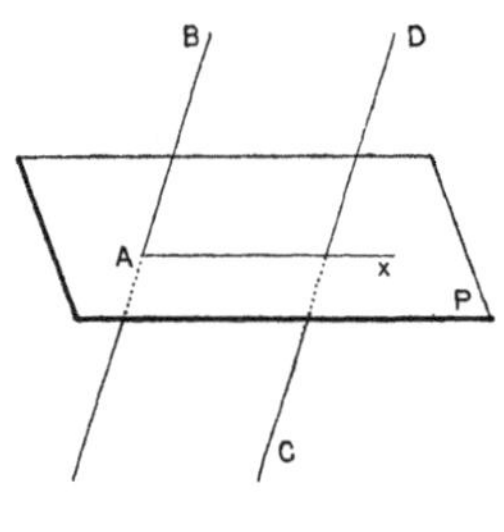

Fig. 237.

Réciproquement, *si deux droites distinctes* AB, CD, *sont telles que tout plan qui coupe l'une coupe l'autre, elles sont parallèles.*

En effet : 1° Ces deux droites sont dans un même plan, sans quoi le plan mené par la première et un point C de la seconde couperait celle-ci, tout en contenant l'autre; 2° elles n'ont aucun point commun, sans quoi un autre plan quelconque mené par AB couperait CD en ce point commun.

328. Théorème. — *Deux droites* A, B, *parallèles à une même troisième* C, *sont parallèles entre elles* (*ou coïncident*).

En effet, tout plan qui coupe A coupe C et, par suite, B.

Remarques. — I. Le même énoncé avait été établi en géométrie plane (Pl., **40**) ; mais il est clair (**326**) que cette démonstration ne saurait suffire en géométrie de l'espace.

II. On remplace souvent, comme en géométrie plane, l'expression *droites parallèles* par celle de *droites de même direction.* Cette manière de parler est justifiée par le théorème précédent.

Comme en géométrie plane, également, nous sommes conduits à considérer deux droites confondues comme un cas particulier de deux droites parallèles : on simplifie ainsi un certain nombre d'énoncés (c'est ce qui arrive évidemment, par exemple, pour le théorème précédent).

329. Droite et plan parallèles.

Théorème. — *Un plan est parallèle à une droite (ou la contient) s'il contient une droite parallèle à la première.*

Plus généralement, *si deux droites sont parallèles, tout plan qui est parallèle à l'une ou la contient, est parallèle à l'autre ou la contient.*

Sous cette dernière forme, cette proposition n'est pas distincte de celle du n° **327**, puisqu'on peut l'énoncer : *si deux droites sont parallèles, tout plan qui ne coupe pas l'une ne coupe pas l'autre.*

Remarque. — Ici encore, l'énoncé prend une forme plus simple si l'on convient de considérer, ainsi que nous le ferons, les droites contenues dans un plan comme cas particulier des droites parallèles à ce plan.

Corollaire I. — *Si une droite* D *est parallèle à un plan* P *et que, par un point du plan* P, *on mène une parallèle à* D, *cette parallèle est contenue tout entière dans* P.

Car elle ne pourrait, sans cela, qu'être parallèle à P ; or, elle a un point commun avec P.

D'après ce corollaire et le théorème précédent, on voit (en tenant compte de la remarque faite ci-dessus) que *la condition nécessaire et suffisante pour qu'un plan soit parallèle à une droite est qu'il contienne au moins une parallèle à cette droite.*

Corollaire II. — *Si deux plans qui se coupent sont parallèles à une même droite* D, *leur intersection est parallèle à cette droite.*

Car si, par un point de cette intersection (*fig.* 238) on mène une parallèle à D, la parallèle ainsi obtenue devra être contenue dans les deux plans considérés (corollaire précédent).

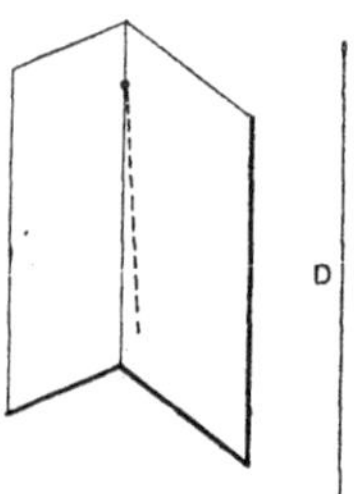

FIG. 238.

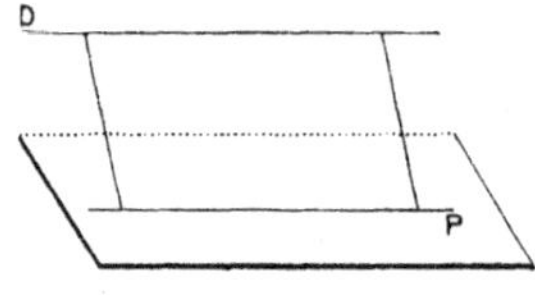

FIG. 238 *bis*.

Corollaire III. — En particulier, *quand une droite* D *est parallèle à un plan* P, *tout plan qui passe par* D *et coupe* P, *le coupe suivant une parallèle à* D (*fig.* 238 *bis*).

330. Plans parallèles.

Un plan qui est parallèle à un autre est parallèle à toutes les droites de cet autre : car, s'il avait un point commun avec une de ces droites, ce point commun appartiendrait aux deux plans.

Réciproquement, *un plan qui est parallèle à toutes les droites d'un second plan* (*distinct du premier*) *est parallèle à celui-ci :* car, s'il y avait un point commun, par celui-ci passeraient des droites du second plan, coupant le premier.

Mais il y a plus, et l'on peut énoncer le théorème suivant :

Théorème. — *Un plan qui est parallèle à deux droites concourantes d'un second plan, distinct du premier, est parallèle à celui-ci.*

Car, si ces deux plans se coupaient, leur intersection devrait (n° précéd., coroll. III) être parallèle à chacune des deux droites dont il est question dans l'énoncé : ce qui ne se peut.

330 *bis*. **Théorème.** — *Par un point extérieur à un plan donné, il passe un plan parallèle au premier, et un seul. Ce plan est le lieu géométrique des droites parallèles au plan donné, menées par le point donné.*

1° Par le point A, extérieur au plan P (*fig.* 239), il passe un plan parallèle à P. Pour l'obtenir, on mènera par le point A des parallèles Ax, Ax' à deux droites D, D' du plan P, non parallèles entre elles. Le plan Axx' est parallèle au plan P (théorème précédent).

2° Tout plan parallèle à P mené par le point A coïncide avec celui que nous venons d'obtenir. Car il doit être parallèle à D et à D' et, par conséquent (**329**, coroll. I), contenir leurs parallèles Ax, Ax';

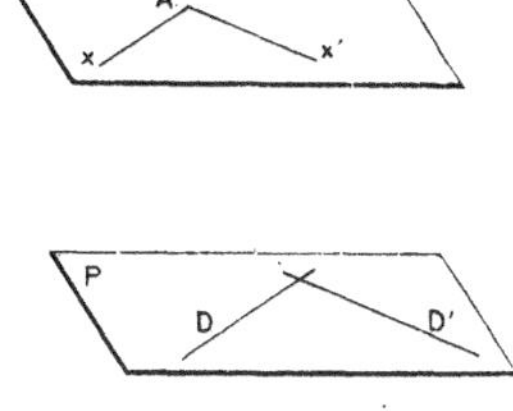

Fig. 239.

3° La démonstration précédente prouve que le plan Q parallèle à P mené par A, renferme toute parallèle menée par A à une droite de P (autrement dit, toute parallèle menée par A au plan P).

Inversement, nous savons que toute droite de Q est parallèle à P, et, par conséquent, tout point M de Q appartient à une droite (la droite AM) parallèle à P et menée par A.

Le plan Q possède donc la double propriété caractéristique du lieu géométrique indiqué dans l'énoncé.

331. Nous ferons, pour le parallélisme de deux plans, une convention analogue à celles des deux numéros précédents et considérerons, comme cas particulier de deux plans parallèles, deux plans confondus.

De la condition nécessaire et suffisante de parallélisme (**330**), ainsi que de la condition analogue trouvée pour le parallélisme d'une droite et d'un plan (**329**), résultent alors les propositions, analogues au théorème du n° **329** :

1° *Une droite* D, *parallèle à un plan* P, *l'est aussi à tout plan parallèle au premier;* car ce second plan est parallèle aux parallèles à D contenues dans P;

2° *Deux plans* P, Q, *parallèles à un même troisième* R, *sont parallèles entre eux.* Car le plan P est parallèle aux droites de R et, par suite, à leurs parallèles contenues dans Q.

Par suite aussi, on a le théorème suivant :

Théorème. — *Quand deux plans sont parallèles :*

1° *Toute droite qui coupe l'un, coupe l'autre;*

2° *Tout plan qui coupe l'un, coupe l'autre, et les deux intersections sont parallèles.*

1° Les deux plans P, Q étant parallèles, toute droite qui coupe P coupe Q. Car si elle était parallèle à Q (ou contenue dans Q) elle serait parallèle à P, ou contenue dans P, ce qui n'est pas ;

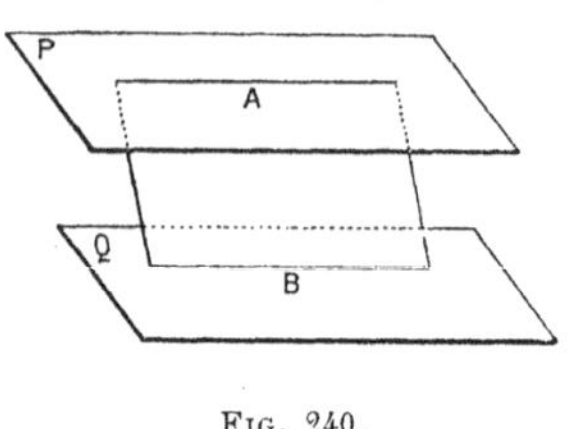

Fig. 240.

2° Tout plan qui coupe P coupe Q (*fig.* 240). Car s'il était parallèle à Q (ou confondu avec lui), il serait parallèle à P ou confondu avec lui, ce qui n'est pas ;

3° Les deux droites A, B, intersections des deux plans parallèles P, Q par un troisième quelconque, sont parallèles entre elles : ceci n'est que l'application du coroll. III du n° **329** à la droite A, parallèle au plan Q.

332. D'après le théorème du n° **328**, le second énoncé du n° **323** peut être remplacé par le suivant : *Le lieu géométrique d'une droite qui se meut en s'appuyant sur une droite fixe* D *et restant parallèle à une autre droite fixe* D′, *non parallèle à la première* (mais sans qu'il soit nécessaire, cette fois, que les droites D, D′ se coupent) *est un plan.*

Il est clair qu'*on peut mener par* D *un plan parallèle à* D′ *et un seul* (le lieu géométrique que nous venons d'obtenir) que l'on déterminera par la droite D et une parallèle à D′ menée par un point de D.

Plus généralement, *par un point de l'espace, on peut mener un plan parallèle à la fois à* D *et à* D′, *et on n'en peut mener qu'un*, celui qui est déterminé par les parallèles à D et à D′ menées par le point considéré.

Par deux droites, non situées dans un même plan, on peut faire passer deux plans parallèles entre eux, et on ne le peut que d'une seule manière. On devra, à cet effet, faire passer, par chaque droite, un plan parallèle à l'autre; et, d'autre part, les plans ainsi obtenus seront parallèles entre eux, puisque chacun d'eux sera parallèle à deux droites concourantes de l'autre.

333. Théorème. — *Deux angles qui ont leurs côtés parallèles sont égaux ou supplémentaires.*

Il suffit évidemment (Pl., **43**) de montrer que deux angles qui ont leurs côtés parallèles et de même sens sont égaux.

Soient les deux angles $\widehat{BAC}$, $\widehat{B'A'C'}$ (*fig.* 241), tels que AB, A'B' soient parallèles et de même sens, ainsi que AC, A'C'. Je dis que ces deux angles sont égaux.

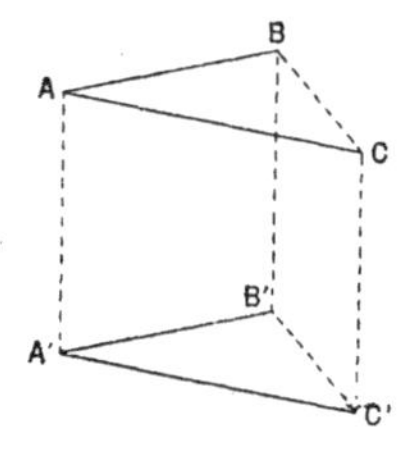

FIG. 241.

Pour le démontrer, prenons, sur les côtés de ces angles, les longueurs AB = A'B', AC = A'C'. Joignons AA', BB', CC'. Le quadrilatère A B A' B', ayant deux côtés égaux et parallèles, est (Pl., **46**) un parallélogramme, de sorte que AA' est égal et parallèle à BB'.

On démontrerait de même que AA' est égal et parallèle à CC'.

Donc aussi BB' et CC' sont égaux et (**328**) parallèles, de sorte que BB'CC' est un parallélogramme et que BC = B'C'. Les triangles ABC, A'B'C' sont alors égaux, comme ayant les trois côtés égaux chacun à chacun et, par conséquent, aussi les angles $\widehat{A}$, $\widehat{A'}$.

C. Q. F. D.

334. Angle de deux droites quelconques.

Définition. — On nomme *angle de deux demi-droites* D, D', *situées ou non dans un même plan* (*fig.* 242), l'angle que forment entre elles les parallèles à D, D', menées par un point quelconque O de l'espace.

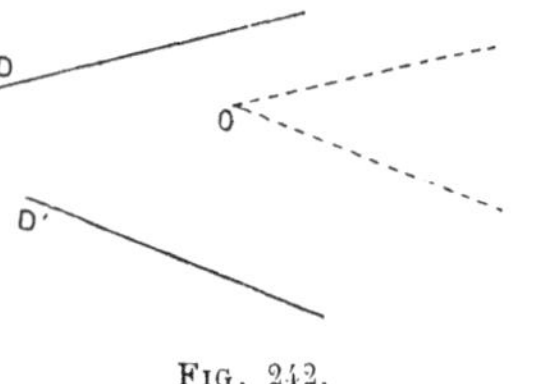

FIG. 242.

Pour que cette définition ait un sens, il faut que la valeur de l'angle en question soit indépendante du choix du point O. Or, c'est ce qui résulte du théorème précédent : car si, par deux points différents O, O', on mène des parallèles à D, D', on a ainsi formé deux angles qui ont leurs côtés parallèles et de même sens.

Lorsque les deux droites D, D' se coupent, l'angle déduit de notre nouvelle définition est d'ailleurs évidemment identique à l'angle de D et de D', au sens que nous avons donné jusqu'ici à ce mot.

On dit que deux droites, situées ou non dans un même plan, sont *perpendiculaires* si leur angle, défini comme il vient d'être dit, est droit.

Remarque. — L'angle de deux droites ne change évidemment pas si l'on remplace chacune d'elles par une de ses parallèles. En particulier, si deux droites sont perpendiculaires, toute parallèle à l'une est perpendiculaire à toute parallèle à l'autre.

335. Théorème. — *Les portions de parallèles comprises entre deux plans parallèles, ou entre une droite et un plan parallèles, sont égales.*

Soient les portions de parallèles AB, A'B', comprises entre les plans parallèles P, Q (*fig.* 243), ou entre la droite AA' et le plan Q

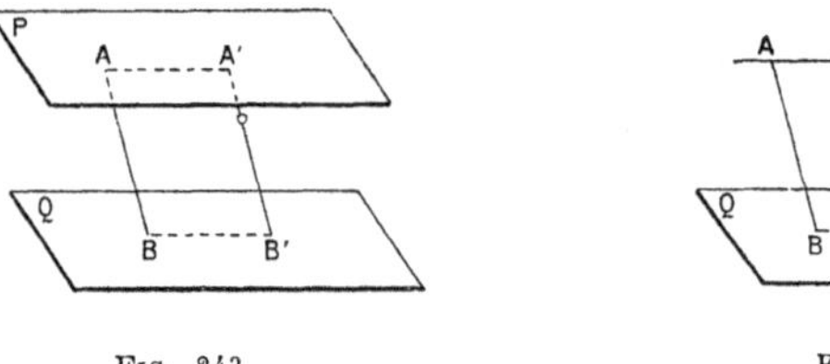

Fig. 243. Fig. 244.

parallèle à cette droite (*fig.* 244). Pour démontrer que ces deux portions de droites sont égales, il suffit de joindre BB' et de remarquer que cette droite est parallèle à AA' (**331**, 3° ou **329**, coroll. III) : les segments AB, A'B' sont dès lors égaux comme côtés opposés d'un parallélogramme.

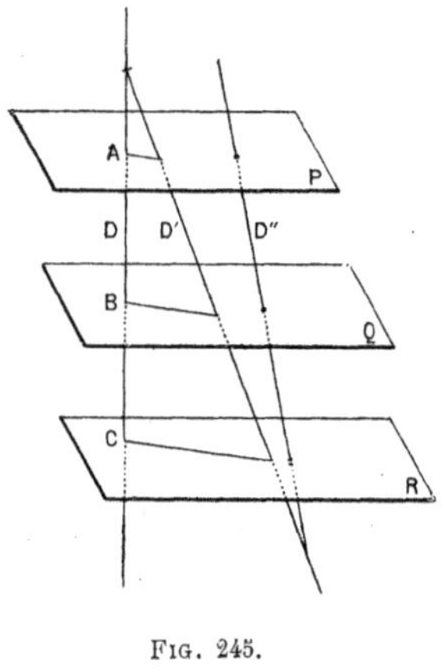

Fig. 245.

336. Théorème. — *Trois plans parallèles interceptent, sur des sécantes quelconques, des segments proportionnels.*

Soient les plans parallèles P, Q, R (*fig.* 245) : je dis que, si ces plans sont coupés par une première droite quelconque en A, B, C et par une seconde droite quelconque en A', B', C', le rapport $\frac{AB}{AC}$ est égal au rapport $\frac{A'B'}{A'C'}$.

En premier lieu, si les deux droites considérées sont dans un même plan (par exemple, les droites D, D', de la *fig.* 245), la proportion à démontrer revient au théorème analogue de géométrie plane (Pl., **113**), puisque le plan DD′ coupe les trois plans P, Q, R suivant trois droites parallèles.

En second lieu, considérons deux droites D, D″ (*fig.* 245) qui ne sont pas dans un même plan. On ramènera ce cas au précédent en considérant une droite D′, située dans un même plan avec D et dans un même plan avec D″ (par exemple, la droite qui joint un point de D à un point de D″, ou la parallèle menée à D″ par un point de D). Le rapport des segments interceptés sur D et le rapport des segments interceptés sur D″, étant tous deux égaux au rapport analogue relatif à D′, sont égaux entre eux.

C. Q. F. D.

Corollaire. — *Deux plans parallèles interceptent, sur des sécantes issues d'un même point, des segments proportionnels.*

Cette proposition n'est autre que la précédente, appliquée aux deux plans donnés et à un troisième parallèle aux premiers, mené par le point donné (*fig.* 246; comparez Pl., **114**).

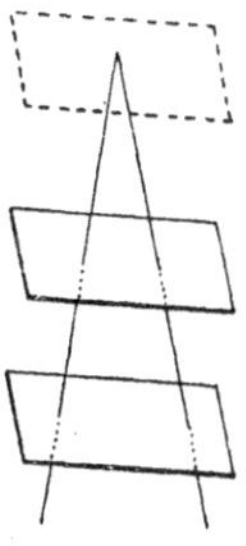

Fig. 246.

337. Il importe de se rappeler qu'en vertu des propositions démontrées dans ce chapitre :

1° *Par un point donné, on peut mener une parallèle à une droite donnée, et une seule ;*

2° *Par un point donné, on peut mener un plan parallèle à un plan donné, et un seul ;*

au contraire,

3° *Par un point donné, on peut mener une infinité de parallèles à un plan donné*, à savoir, toutes les droites du plan parallèle au plan donné mené par le point donné ;

4° *Par un point donné, on peut mener une infinité de plans parallèles à une droite donnée*, à savoir, tous les plans qui passent par la droite menée par le point donné parallèlement à la droite donnée.

Deux droites parallèles ont toutes leurs parallèles communes et tous leurs plans parallèles communs ; et il en est de même pour deux plans parallèles. Mais il n'en est pas de même pour une droite D et un plan P parallèles entre eux : un plan parallèle à D peut occuper, par rapport à P, une situation quelconque ; de même une droite parallèle à P, par rapport à D.

EXERCICES

428. Que deviennent les conclusions de l'exemple 423, lorsqu'on sait seulement que deux quelconques des droites données sont dans un même plan ?

429. Mener une droite parallèle à une droite donnée et rencontrant deux droites données [1].

430. Les milieux des côtés d'un quadrilatère gauche (exerc. 427) sont les sommets d'un parallélogramme. Le centre de ce parallélogramme est au milieu de la droite qui joint les milieux des diagonales du quadrilatère.

Lieu du centre de ce parallélogramme lorsque, trois sommets du quadrilatère restant fixes, le quatrième sommet décrit un plan donné ou une droite donnée.

431. Réciproque du théorème du n° **336**. Si deux droites sont divisées en parties proportionnelles en A, B, C pour l'une, A', B', C' pour l'autre, on peut faire passer, par les droites AA', BB', CC' respectivement, trois plans parallèles entre eux.

432. Étant données deux droites D, D', non situées dans un même plan, quel est le lieu des points obtenus en divisant dans un rapport donné le segment de droite qui joint un point quelconque M de D à un point quelconque M' de D'?

432 *bis*. Même question lorsque les points M, M', au lieu de varier d'une façon quelconque sur les droites données, sont assujettis à la condition que la droite MM' soit parallèle à un plan fixe.

Conclure de là qu'une droite qui varie en rencontrant deux droites fixes et restant parallèle à un plan donné, rencontre une infinité d'autres droites fixes, toutes parallèles à un même plan.

433. Inversement, lorsqu'une droite mobile rencontre trois droites fixes *parallèles à un même plan*, elle est divisée par ces droites dans un rapport constant et reste parallèle à un plan fixe.

434. Montrer que si la droite mobile considérée aux deux exercices précédents s'éloigne indéfiniment, elle tend à devenir parallèle à une direction déterminée.

435. Mener une droite rencontrant trois droites données et qui soit divisée par elles dans un rapport donné [1].

436. Si une droite mobile rencontre deux droites fixes, D, D' et est divisée par celles-ci et un plan fixe (non parallèle à la fois à D, D') dans un rapport constant, elle est parallèle à un plan fixe.

437. Les droites qui joignent deux points pris sur deux côtés consécutifs d'un quadrilatère gauche aux points qui divisent respectivement dans les mêmes rapports les côtés opposés aux premiers, se rencontrent; et chacune d'elles est divisée par l'autre dans le même rapport que les côtés qu'elle ne rencontre pas.

438. Mener, entre deux droites données, une sécante de longueur donnée, parallèlement à un plan donné [1].

(1) Voir la note placée à la fin des problèmes du Ve livre.

CHAPITRE III

DROITE ET PLAN PERPENDICULAIRES

338. Définition. — On dit qu'une droite AB (*fig.* 247) est *perpendiculaire* à un plan P, lorsqu'elle est perpendiculaire à toutes les droites qui passent par son pied dans ce plan.

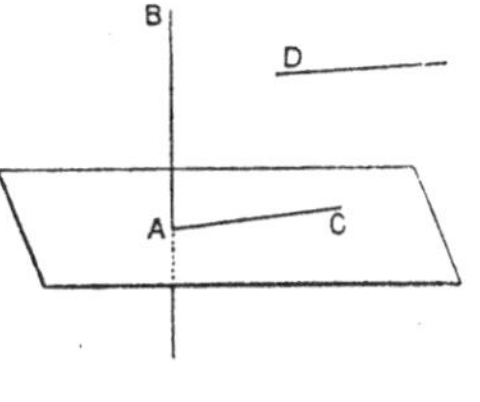

Fig. 247.

Une telle droite est perpendiculaire à toutes les droites du plan.

Plus généralement, *une droite perpendiculaire à un plan est perpendiculaire à toute droite parallèle à ce plan.*

Par exemple, la droite AB (*fig.* 247), perpendiculaire en A au plan P, est perpendiculaire à toute droite D parallèle à ce plan. En effet, par le point A passe une droite AC, parallèle à D et contenue dans le plan P : l'angle $\widehat{BAC}$, qui mesure (**334**) l'angle de AB et de D, est droit en vertu de l'hypothèse.

Réciproquement, si une droite est perpendiculaire à toutes les droites d'un plan, elle ne saurait être parallèle à ce plan (**329**, Coroll. I) : elle le perce donc et, dès lors, lui est perpendiculaire.

339. De la définition résultent encore immédiatement les conséquences suivantes :

1° *Un plan* P *perpendiculaire à une droite est perpendiculaire à toutes ses parallèles;* car toutes les droites du plan P, étant perpendiculaires à la première droite, sont perpendiculaires à la seconde;

2° *Une droite* D, *perpendiculaire à un plan* P, *est perpendiculaire à tout plan parallèle au premier :* car toutes les droites de ce dernier plan sont parallèles à P et, comme telles, perpendiculaires à D.

340. Théorème. — *Le lieu des points également distants de deux points* B, B_1 *est un plan perpendiculaire au milieu de la droite* BB_1.

Démonstration. — Soit A le milieu de BB_1. Les points du lieu situés dans un plan passant par BB_1 (*fig.* 248) sont ceux de la perpendiculaire menée dans ce plan en A à BB_1. Donc le lieu est engendré par toutes ces perpendiculaires. Or, si C, C′ sont deux points du lieu (*fig.* 249), les triangles BCC′, B_1CC' sont égaux, comme ayant les trois côtés égaux chacun à chacun ($BC = B_1C$; $BC' = B_1C'$; le côté CC′ commun). Faisons coïncider ces deux triangles et désignons par C″ un point quelconque de la droite CC′. Les sommets C, C′ restant en coïncidence et le sommet B_1 venant coïncider avec B, nous voyons que B_1C'' vient sur BC″. Donc on a $B_1C'' = BC''$.

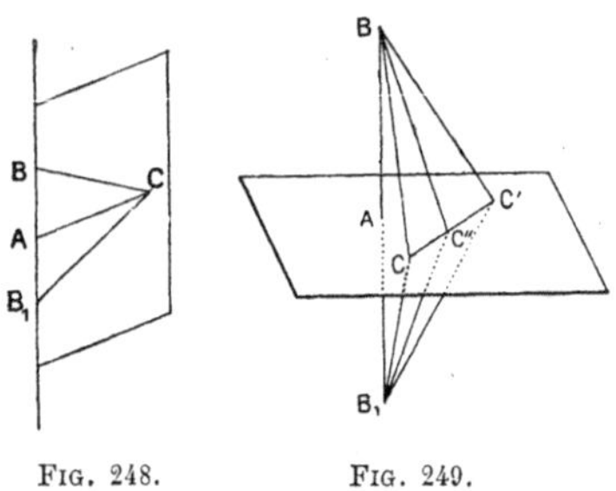

FIG. 248. FIG. 249.

Donc, tout point C″ de CC′ appartient au lieu.

Ce lieu étant tel que la droite qui joint deux de ses points y est contenue tout entière, et renfermant trois points non en ligne droite sans comprendre tous les points de l'espace (puisque le point B, par exemple, n'en fait pas partie), est (**321**) un plan, lequel est évidemment perpendiculaire à BB_1 en A.

REMARQUE. — *Les points plus rapprochés de* B *que de* B_1 *sont ceux qui se trouvent, par rapport au lieu précédent, du même côté que* A. Car, dans un plan quelconque passant par BB_1 — le plan BB_1C, par exemple, — les points plus rapprochés de B que de B_1 sont, par rapport à la droite AC, dans le demi-plan qui contient B (Pl., **32**).

341. Théorème. — *Pour qu'une droite soit perpendiculaire à un plan, il suffit qu'elle soit perpendiculaire à deux droites passant par son pied dans le plan.*

Car soit la droite AB perpendiculaire aux deux droites AC, AC′. Prenons $AB_1 = AB$. Le lieu des points également distants de B et de B_1 contiendra AC et AC′. Il coïncidera donc avec le plan CAC′, lequel est dès lors (théor. précédent) perpendiculaire à AB.

C. Q. F. D.

Corollaire. — *Pour qu'une droite* D *soit perpendiculaire à un plan* P, *il suffit qu'elle soit perpendiculaire à deux droites* D_1, D_2, *non parallèles entre elles, situées dans ce plan ou parallèles à ce plan.*

En effet, si l'on mène, par un point de D, des parallèles à D_1 et à D_2, ces parallèles, distinctes entre elles, déterminent un plan parallèle à P (**330** *bis*) et perpendiculaire à D.

341 *bis*. **Théorème.** — *Par un point* O *de l'espace, on peut mener un plan perpendiculaire sur une droite* D, *et on n'en peut mener qu'un.*

Ce plan est le lieu géométrique des droites perpendiculaires à la droite donnée, menées par le point donné.

Supposons, en premier lieu, le point O situé sur la droite D. Alors si, sur cette droite, nous prenons, à partir de O, deux longueurs égales OA, OB, le lieu des points également distants de A et de B sera un plan perpendiculaire en O à AB. Ce plan sera le lieu des perpendiculaires menées par O à AB et sera, par suite, le seul plan perpendiculaire à cette droite, mené par ce point.

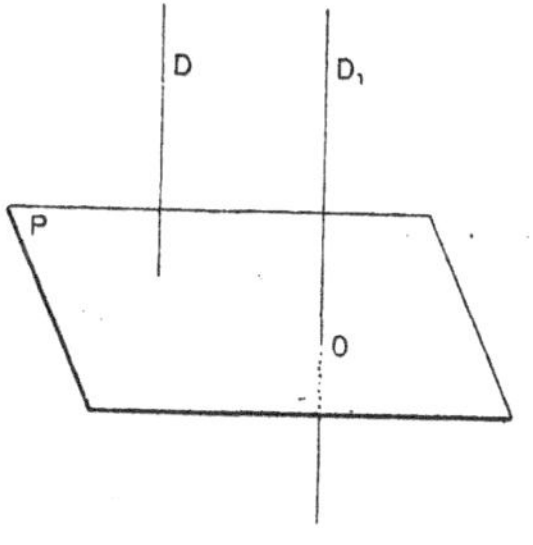

Fig. 250.

Supposons, en second lieu, le point O extérieur à D (*fig.* 250) : par ce point, menons la droite D_1 parallèle à D et le plan P perpendiculaire à D_1. P est le plan cherché et le seul, puisque tout plan perpendiculaire à D_1 est perpendiculaire à D, et réciproquement. De plus, toute perpendiculaire à D menée par O est située dans ce plan P (comme perpendiculaire à D_1) et, réciproquement, toute droite de P est perpendiculaire à D.

L'énoncé est donc complètement démontré.

Remarque. — On voit que, d'après la signification adoptée au n° **334** pour l'expression *droites perpendiculaires*, il n'est plus exact de dire, comme nous l'avons fait au n° **322**, que, d'un point extérieur à une droite donnée, on ne peut mener qu'une droite perpendiculaire à celle-ci : au contraire, de telles perpendiculaires sont en nombre infini.

Mais, lorsque nous parlerons de *la perpendiculaire* menée à une droite D par un point extérieur O, il s'agira, sauf indication contraire, de la perpendiculaire considérée au n° **322**, celle qui coupe D. En particulier, *la distance* du point O à la droite D sera toujours la portion de cette perpendiculaire comprise entre son pied H (point de rencontre avec D) et le point O. Le point H sera, comme en géométrie plane, dit la *projection orthogonale* (ou simplement la *projection*) du point O sur la droite D.

342. Théorème. — 1° *Deux plans perpendiculaires à une même droite sont parallèles entre eux;*

2° *Une droite et un plan perpendiculaires à une même droite sont parallèles entre eux.*

1° Deux plans P, Q, perpendiculaires à une même droite xy, sont parallèles entre eux; car si, par un point de P, on mène un plan parallèle à Q, ce plan sera également perpendiculaire à xy et, comme tel, coïncidera avec P;

2° Un plan P et une droite D, perpendiculaires à une même droite xy, sont parallèles entre eux; car si, par un point de P, on mène une parallèle à D, cette dernière sera perpendiculaire à xy et, par conséquent, contenue dans P.

343. Théorème. — *Par un point donné* O *de l'espace, on peut mener une droite perpendiculaire à un plan donné* P, *et une seule.*

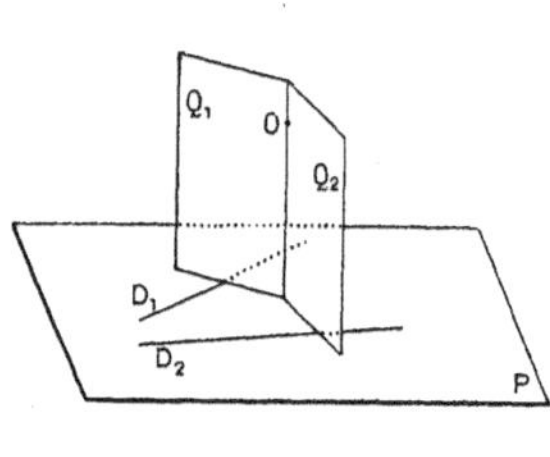

Fig. 251.

Dans le plan P (*fig.* 251), traçons deux droites concourantes D_1, D_2. Une perpendiculaire au plan menée par le point O devra être perpendiculaire tant à D_1 qu'à D_2 et, par suite, appartiendra à la fois aux deux plans Q_1, Q_2, menés par O perpendiculairement à ces deux droites. Inversement, une droite commune à ces deux plans sera perpendiculaire au plan P (**340**, coroll.).

Or les plans Q_1, Q_2 coupent P suivant deux droites différentes, car, dans le plan P, une même droite ne peut être à la fois perpendiculaire aux droites concourantes D_1, D_2. Donc ces plans sont distincts : comme ils ont un point commun, ils se coupent suivant une droite unique, qui est la perpendiculaire cherchée et la seule.

Théorème. — *Deux droites perpendiculaires à un même plan* P *sont parallèles entre elles.*

Car si, par un point de l'une, on mène une parallèle à l'autre, elle coïncidera avec la première (théor. précéd.).

344. Théorème. — *Si, d'un point extérieur à un plan, on mène à ce plan la perpendiculaire et diverses obliques :*

1° *La perpendiculaire est plus courte que toute oblique ;*

2° *Deux obliques également écartées du pied de la perpendiculaire sont égales ;*

3° *De deux obliques inégalement écartées du pied de la perpendiculaire, la plus écartée est plus longue que l'autre.*

1° Du point O (*fig.* 252), menons au plan P la perpendiculaire OH et l'oblique OA. Celle-ci est plus longue que OH, comme oblique à la droite HA, à laquelle OH est perpendiculaire ;

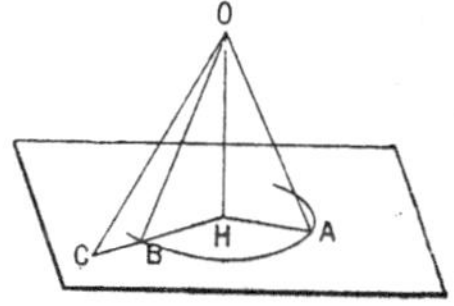

Fig. 252.

2° Les obliques OA, OB, telles que HA = HB, sont égales, à cause de l'égalité des triangles OHA, OHB, qui ont les angles en H égaux (comme droits) et compris entre côtés égaux chacun à chacun ;

3° Les obliques OA, OC étant telles que HA < HC, prenons, sur HC, une longueur HB = HA. L'oblique OB sera égale à OA (2°) et plus petite que OC (Pl., **29**).

Corollaire. — De la dernière partie du théorème précédent résulte que *deux obliques égales sont également écartées du pied de la perpendiculaire.* Combiné avec 2°, cet énoncé montre que *le lieu des points d'un plan situés à une distance constante d'un point* O *de l'espace* (*fig.* 252) *est une circonférence ayant pour centre le pied* H *de la perpendiculaire abaissée du point* O *sur le plan*, puisque les points du plan équidistants du point O sont équidistants du point H, et réciproquement.

345. On nomme *distance* d'un point à un plan, la longueur de la perpendiculaire abaissée de ce point sur le plan (laquelle est, d'après le théorème précédent, le plus court chemin de l'un à l'autre).

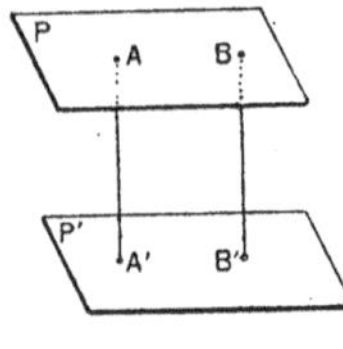

Fig. 253.

Deux plans parallèles sont partout équidistants. Les distances AA′, BB′ de deux points A, B d'un plan P à un plan parallèle P′ (*fig.* 253), sont égales, comme parallèles comprises entre plans parallèles.

De même, *une droite et un plan parallèles sont partout équidistants.*

346. Théorème. — *Le lieu des droites issues d'un point donné et qui font des angles égaux avec deux demi-droites données issues de ce point, est le plan qui passe par la bissectrice de l'angle que forment les demi-droites données et par la perpendiculaire à leur plan, menée en leur point commun.*

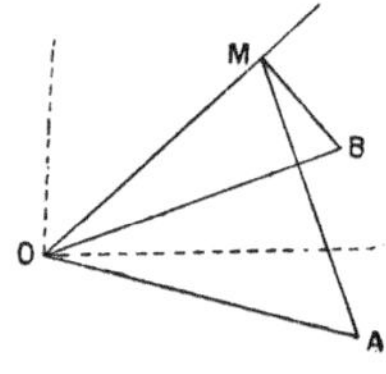

Fig. 254.

Soient les deux demi-droites OA, OB (*fig.* 254), sur lesquelles nous prendrons les segments OA = OB. Si la droite OM fait avec OA et OB des angles égaux, les triangles OAM, OBM seront égaux (comme ayant un angle égal compris entre côtés égaux chacun à chacun) et le point M sera équidistant de A et de B. Il appartiendra donc au plan perpendiculaire au milieu de AB.

Ce plan passe d'ailleurs par la bissectrice de l'angle AOB et par la perpendiculaire menée en O au plan AOB, car ces deux droites appartiennent manifestement au lieu.

EXERCICES

439. Mener dans un plan donné, par un point de ce plan, une droite perpendiculaire à une droite donnée quelconque (1).

440. Lieu des points de l'espace équidistants des trois sommets d'un triangle donné.

441. Lieu des points de l'espace également distants de deux droites concourantes données. Même question pour deux droites parallèles.

(1) Voir la note placée à la fin des problèmes du Ve livre.

442. Lieu des droites passant par un point donné et faisant des angles égaux avec deux droites données, non situées dans un même plan.

443. Mener, par un point donné, une droite faisant des angles égaux avec trois droites données (1).

444. Si une demi-droite fait des angles égaux avec trois demi-droites d'un plan, elle est perpendiculaire au plan.

445. Étant données deux droites concourantes OA, OB, dans quelle région de l'espace sont les demi-droites issues du point commun O et faisant avec OA un angle plus grand qu'avec OB?

446. Le lieu des points tels que la différence des carrés de leurs distances à deux points donnés soit constante est un plan.

447. Démontrer directement (en imitant le texte, n° **340**) la proposition précédente. En conclure à nouveau le théorème du n° **341**.

448. Lieu des points d'un plan donné tels que le rapport de leurs distances à deux points donnés soit constant.

449. Lieu des points d'un plan donné tels que la somme des carrés de leurs distances à deux points donnés soit constante.

450. Lieu des points d'un plan desquels on voit un segment de droite donné sous un angle droit.

Cas où l'une des extrémités du segment est dans le plan donné.

451. Quelle est la plus courte et quelle est la plus longue droite que l'on puisse mener entre un point et un cercle donnés d'une façon quelconque dans l'espace?

452. Étant donnés deux points A, B, situés du même côté d'un plan, trouver dans ce plan le point tel que la somme de ses distances aux deux points A, B, soit minima (1).

453. Étant donnés deux points A, B, situés de part et d'autre d'un plan, trouver dans ce plan le point tel que la différence de ses distances aux points A, B, soit maxima (1).

454. On donne deux droites D, D′, non situées dans un même plan, et on prend, sur ces deux droites respectivement, deux points A, A′; soient M, M′ deux points pris également, l'un sur D, l'autre sur D′, de manière que AM = A′M′.

1° Lorsque, A et A′ restant fixes, la longueur commune des segments AM, A′M′, varie, le plan perpendiculaire au milieu de MM′ passe par l'une ou l'autre (suivant le sens dans lequel sont portés les segments AM, A′M′), de deux droites fixes G_1, G_2, dont tous les points sont également distants des deux droites données ;

2° Lorsque A, A′ varient eux-mêmes de toutes les manières possibles sur ces droites données, chacune des droites G_1, G_2 reste parallèle à un plan fixe ;

3° Chaque droite G_1 rencontre toutes les droites G_2 ;

4° Par tout point équidistant des deux droites données, il passe une droite G_1 et une droite G_2.

(1) Voir la note placée à la fin des problèmes du Ve livre.

CHAPITRE IV

ANGLES DIÈDRES — PLANS PERPENDICULAIRES

347. Définition. — On nomme *angle dièdre* la figure formée par deux demi-plans limités par une droite commune (*fig.* 255). Cette droite est l'*arête* du dièdre ; les deux demi-plans en sont les *faces*.

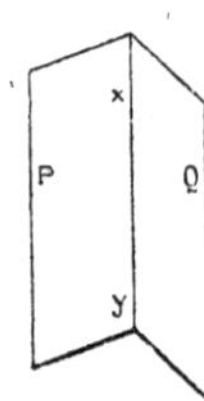

Fig. 255.

On peut désigner un angle dièdre par les lettres représentant ses deux faces, ou par les lettres de son arête, comprises entre les lettres relatives aux faces ; ou encore par les lettres de l'arête seules, s'il ne peut en résulter de confusion avec d'autres dièdres de même arête. Ainsi, le dièdre représenté fig. 255 sera désigné, soit par la notation $\widehat{PQ}$, soit par la notation $\widehat{P.xy.Q}$, soit par la notation $\widehat{xy}$.

348. Définition. — On nomme *angle plan* ou *rectiligne* d'un angle dièdre, l'angle rectiligne $\widehat{BAC}$ formé en élevant, par un même point A de l'arête (*fig.* 256), les perpendiculaires AB, AC à cette arête dans les deux faces : autrement dit, en coupant le dièdre par un plan perpendiculaire à l'arête.

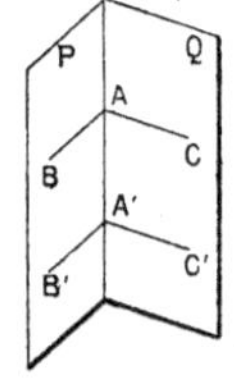

Fig. 256.

La grandeur de l'angle plan ainsi obtenu ne dépend que du dièdre considéré, et non du choix du point A, sommet de cet angle plan, lequel est pris arbitrairement sur l'arête. Supposons, en effet, qu'en prenant successivement pour sommets les points A, A' (*fig.* 256), on obtienne les angles plans $\widehat{BAC}$, $\widehat{A'B'C'}$: ces angles seront égaux, puisque les droites AB, A'B', perpendiculaires à AA′ dans un même plan, sont parallèles et de même sens, et qu'il en est de même de AC, A′C′.

349. Nous avons vu (Pl., **20**) qu'étant donné un angle plan $\widehat{BAC}$, (*fig.* 257) on peut parler du sens de rotation de cet angle, pourvu toutefois que parmi les deux régions R, R′ en lesquelles le plan ABC divise l'espace, on en désigne une, R, où l'on convient de se placer pour regarder ce plan.

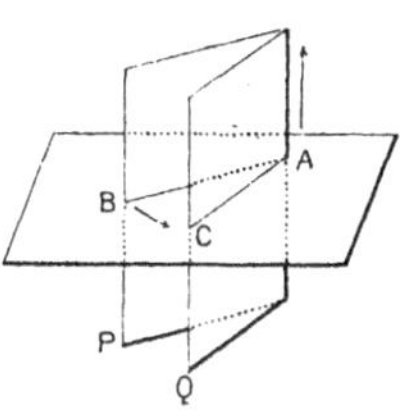

Fig. 257.

Si, par le point A, sommet de l'angle, on élève une perpendiculaire au plan, la fixation de la région R revient au choix d'un sens sur cette perpendiculaire : à savoir, le sens (marqué par une flèche sur la fig. 257) dans lequel on se déplace lorsqu'on quitte le plan pour entrer dans la région en question. Au lieu de l'observateur que nous avons introduit à l'endroit cité de la géométrie plane, nous pourrons considérer un observateur placé suivant la perpendiculaire au plan, de manière que le sens ainsi fixé soit celui qui va de ses pieds à sa tête. Si, regardant l'intérieur de l'angle, cet observateur voit le côté AB à droite de AC, l'angle est *direct;* il est *rétrograde* dans le cas contraire.

D'après ce qui a été dit en géométrie plane, le sens de rotation dépend essentiellement du sens choisi sur la perpendiculaire; il change lorsqu'on change ce dernier. Bien entendu, le sens de rotation de l'angle dépend aussi de l'ordre dans lequel on énonce les côtés.

Soit maintenant un dièdre PQ (*fig.* 257). Appliquons ce qui vient d'être dit à l'angle plan $\widehat{BAC}$ de ce dièdre (le côté AB étant dans la face P, le côté AC dans la face Q). La perpendiculaire au plan $\widehat{BAC}$ n'est autre que l'arête du dièdre : nous devons donc supposer fixé un sens sur cette arête et considérer un observateur placé suivant l'arête, de manière que le sens en question soit celui qui va de ses pieds à sa tête, et regardant l'intérieur du dièdre. Celui-ci sera *direct* si cet observateur voit le côté AB à droite de AC. On peut encore dire que le dièdre sera direct si l'observateur voit la face P à droite de la face Q; sous cette forme, on voit que le sens de rotation ainsi obtenu est le même, quel que soit l'angle plan considéré.

Ainsi nous voyons qu'on peut dire d'un dièdre qu'il est direct ou qu'il est rétrograde, une fois que l'on a fixé un sens sur l'arête de ce dièdre ; mais que, si ce sens n'a pas été fixé, on peut toujours le choisir tel que le dièdre soit direct.

350. Deux dièdres sont dit *égaux* (conformément à la définition générale des figures égales) si on peut les transporter l'un sur l'autre de manière à les faire coïncider.

Deux dièdres sont dits *adjacents* s'ils ont même arête, une face commune et qu'ils soient situés de part et d'autre de la face commune : tels, les dièdres PQ, QR de la figure 258. Alors le dièdre PR, formé par les faces extrêmes, est dit la *somme* des

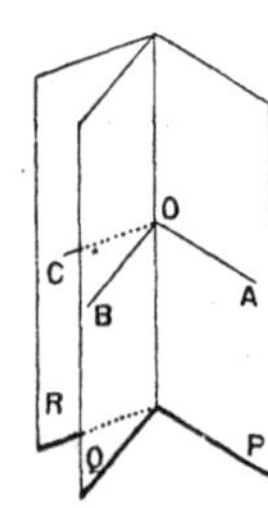

Fig. 258.

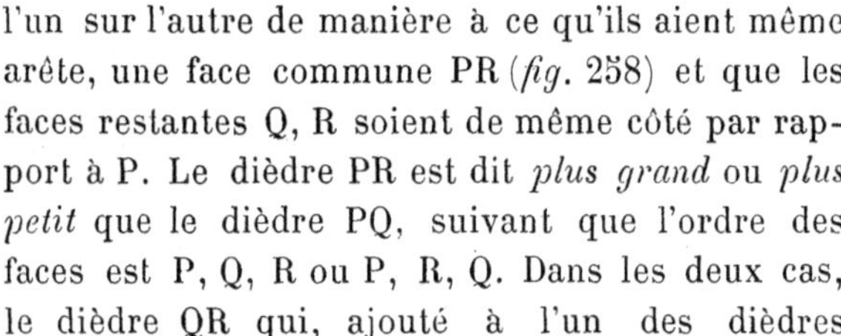
deux premiers : de sorte que, pour faire la somme de deux dièdres, on les transporte l'un à côté de l'autre de manière à les rendre adjacents.

Pour comparer deux dièdres, on les transporte l'un sur l'autre de manière à ce qu'ils aient même arête, une face commune PR (*fig.* 258) et que les faces restantes Q, R soient de même côté par rapport à P. Le dièdre PR est dit *plus grand* ou *plus petit* que le dièdre PQ, suivant que l'ordre des faces est P, Q, R ou P, R, Q. Dans les deux cas, le dièdre QR qui, ajouté à l'un des dièdres

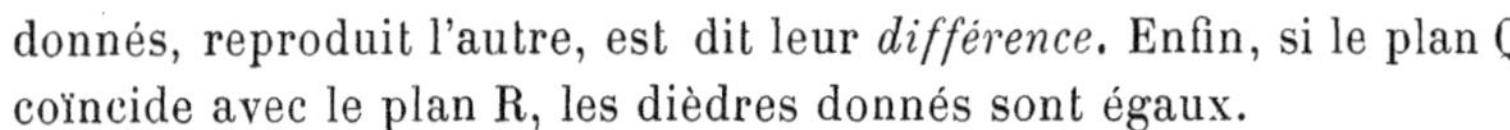
donnés, reproduit l'autre, est dit leur *différence*. Enfin, si le plan Q coïncide avec le plan R, les dièdres donnés sont égaux.

Ces définitions sont, on le voit, entièrement analogues à celles que nous avons données pour les angles ordinaires, en géométrie plane. Seulement, cette fois, leur légitimité n'est pas évidente *a priori*. Il y a, en effet, une infinité de manières de transporter le dièdre PQ, sans qu'il cesse d'avoir l'arête et la face P commune avec le dièdre PR (puisqu'on peut le faire glisser le long de l'arête commune, sans que la face P cesse de coïncider avec elle-même), et il n'est nullement évident que, dans ces différents déplacements, la face Q ne vient pas prendre des positions différentes. Si cette hypothèse se réalisait, il pourrait arriver que cette face Q se trouvât tantôt d'un côté, tantôt de l'autre de la face R et, dès lors, le dièdre PQ pourrait être à la fois plus grand et plus petit que le dièdre PR, suivant la manière dont on s'y prendrait pour les comparer.

Il n'en est rien : c'est ce qui va résulter du théorème suivant.

351. Théorème. — *Deux dièdres égaux ont des rectilignes égaux;*

Deux dièdres inégaux ont des rectilignes inégaux, et au plus grand dièdre correspond le plus grand rectiligne;

A un dièdre somme (ou différence) de deux autres, correspond un rectiligne somme (ou différence) des deux rectilignes primitifs.

1° La première partie est évidente, puisque, lorsqu'on fait coïncider les deux dièdres, ils ont forcément même rectiligne;

2° Si deux dièdres, transportés l'un sur l'autre, comme il a été dit plus haut (par exemple PQ, PR (*fig.* 258)) sont inégaux, de manière que la face Q soit entre P et R : alors, en coupant ces dièdres par un plan perpendiculaire à l'arête commune, on aura, dans ce plan, deux rectilignes $\widehat{AOB}$, $\widehat{AOC}$ tels que OB soit entre OA et OC, par conséquent tels que $\widehat{AOB} < \widehat{AOC}$.

3° Si les dièdres PQ, QR, rendus adjacents, ont pour somme le dièdre PR : alors leurs rectilignes $\widehat{AOB}$, $\widehat{BOC}$, étant, dans leur plan commun, deux angles adjacents, ont bien pour somme l'angle $\widehat{AOC}$, rectiligne de PR.

Il est clair que les réciproques des propositions précédentes sont toutes vraies.

Le théorème que nous venons de démontrer prouve bien, ainsi que nous l'avions annoncé, que l'ordre de grandeur de deux dièdres, leur somme, leur différence, ne dépendent pas de la manière dont on transporte ces dièdres l'un sur l'autre, ou dont on les juxtapose, laquelle ne saurait, en effet, changer l'ordre de grandeur, ni la somme, ni la différence des angles plans. La circonstance dont nous avons parlé à la fin du numéro précédent ne peut donc se présenter.

Un dièdre peut être transporté sur lui-même de manière que chacune de ses faces prenne la place de l'autre (l'arête revenant à sa position primitive, mais avec inversion du sens).

Il suffit évidemment de retourner sur lui-même (Pl., **10**) le rectiligne du dièdre.

352. Théorème. — *Le rapport de deux angles dièdres est égal au rapport de leurs angles plans.*

Ce théorème, comme nous le savons, résulte immédiatement du précédent (comparer Pl., **70**, **113**, **247**). Le lecteur pourra d'ailleurs refaire, dans ce cas, le raisonnement général d'arithmétique, comme nous l'avons fait en géométrie plane (Pl., **70**, **113**).

Corollaire. — *Si l'on a pris, pour unité d'angle dièdre, le dièdre dont le rectiligne est égal à l'unité d'angle plan, tout angle dièdre a même mesure que son rectiligne.*

Il suffit, pour le voir, de prendre, pour le second des deux dièdres dont il est question dans le théorème précédent, le dièdre unité.

Conformément à la conclusion que nous venons d'obtenir, on mesure les dièdres en degrés, minutes et secondes, le nombre de degrés, minutes et secondes d'un dièdre étant le nombre de degrés, minutes et secondes contenus dans son angle plan.

353. Plans perpendiculaires.

Définitions. — On dit qu'un plan est *perpendiculaire* sur un autre, lorsqu'il forme, avec cet autre, deux dièdres adjacents égaux entre eux.

Un dièdre est dit *droit*, lorsqu'une de ses faces est perpendiculaire sur l'autre.

Théorème. — *La condition nécessaire et suffisante pour qu'un dièdre soit droit, est que son angle plan soit droit.*

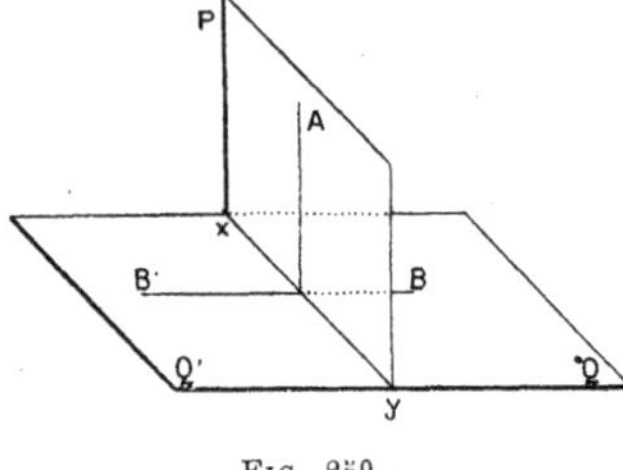

Fig. 259.

1° Soit le dièdre P. xy. Q (*fig.* 259), le plan P étant supposé perpendiculaire sur Q, c'est-à-dire que le dièdre PQ est égal au dièdre adjacent PQ′ formé par le demi-plan P avec le prolongement du demi-plan Q. Menons, perpendiculairement à l'arête xy, un plan qui coupe le demi-plan P suivant OA, le plan Q suivant B′OB : la première de ces droites est bien perpendiculaire sur la seconde, car elle forme avec elle deux angles adjacents $\widehat{AOB}$, $\widehat{AOB'}$, qui sont égaux comme rectilignes de dièdres égaux.

2° Inversement, si l'angle plan $\widehat{AOB}$ (*fig.* 259) d'un dièdre P. xy. Q est droit, en prolongeant le demi-plan Q suivant Q′, on forme un second dièdre PQ′ égal à PQ, puisque son angle plan $\widehat{AOB'}$ est droit comme $\widehat{AOB}$.

Corollaire. — *Si un plan est perpendiculaire à un autre, inversement celui-ci est perpendiculaire au premier.*

354. Théorème. — *Quand deux plans sont perpendiculaires, toute perpendiculaire à leur intersection, menée dans l'un d'eux, est perpendiculaire à l'autre.*

Soit en effet, comme au n° précédent, P. xy. Q (*fig.* 259) un dièdre droit, et soit OA une perpendiculaire menée dans le plan P à xy. Cette droite OA pourra être considérée comme un côté de l'angle plan du dièdre PQ et, par conséquent, sera perpendiculaire au second côté OB de cet angle. Étant déjà perpendiculaire à xy, elle est perpendiculaire au plan Q.

C. Q. F. D.

355. L'hypothèse du théorème précédent peut être considérée comme formée de deux parties; à savoir : 1° les deux plans P, Q sont perpendiculaires l'un à l'autre ; 2° la perpendiculaire OA à l'intersection est située dans le plan P.

Ce théorème a, en conséquence, deux réciproques.

1re **Réciproque.** — *Un plan est perpendiculaire à un autre, s'il contient une perpendiculaire à cet autre.*

Si le plan P contient la droite OA, perpendiculaire au plan Q, il est perpendiculaire au plan Q, puisque l'angle plan AOB du dièdre PQ est droit.

2° **Réciproque.** — *Si deux plans sont perpendiculaires, et que, d'un point de l'un, on abaisse une perpendiculaire sur l'autre, celle-ci est située tout entière dans le premier plan.*

Les plans P et Q étant perpendiculaires, la perpendiculaire abaissée sur le plan Q par un point A du plan P n'est autre (n° préc.) que la perpendiculaire abaissée du point A sur l'intersection des deux plans.

Corollaire I. — Plus généralement,

Un plan est perpendiculaire à un autre, s'il est parallèle à une perpendiculaire à cet autre.

Si le plan P est parallèle à une droite D, perpendiculaire au plan Q, il contiendra (**329**) une parallèle à D et sera (1re récip.) perpendiculaire à P.

Un plan et une droite, perpendiculaires à un même plan, sont parallèles, puisque l'un contient (2e récip.) une parallèle à l'autre.

Corollaire II. — *Quand deux plans qui se coupent sont perpendiculaires à un troisième, leur intersection est perpendiculaire à ce troisième.*

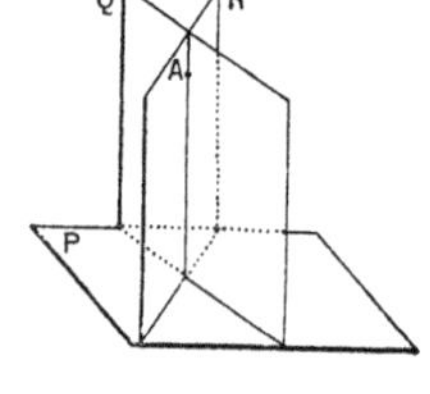

Fig. 260.

Si les deux plans Q, R (*fig.* 260) sont tous deux perpendiculaires à P, et que A soit un de leurs points communs, la perpendiculaire abaissée du point A sur le plan P est contenue (2e récipr.) dans Q et dans R : elle est donc leur intersection.

356. Théorème. — *Par une droite non perpendiculaire à un plan, il passe un plan perpendiculaire au premier, et un seul.*

Ce plan est le lieu géométrique des perpendiculaires au plan donné, menées par les différents points de la droite donnée.

Soit la droite AB, non perpendiculaire au plan P, mais qui peut d'ailleurs être contenue dans ce plan ou extérieure à ce plan (*fig.* 261). Par le point A, menons à P la perpendiculaire Ax, laquelle est distincte de AB, en vertu de l'hypothèse. Le plan xAB, déterminé par ces deux droites, est perpendiculaire à P (**355**, 1re récip.).

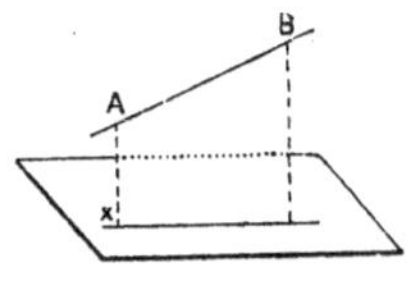

Fig. 261.

Inversement, tout plan mené par AB perpendiculairement à P contient Ax (**355**, 2e récip.) : un tel plan ne peut donc être que confondu avec xAB. D'autre part, il contient, de même, la perpendiculaire menée à P par n'importe quel point de AB et, inversement, par tout point de ce plan passe une perpendiculaire à P, laquelle rencontre AB (comme située dans un même plan avec elle sans lui être parallèle) : ce qui démontre la dernière partie de l'énoncé.

357. *Tous les dièdres droits sont égaux*, comme ayant même rectiligne.

On nomme *dièdre aigu* (*obtus*) un dièdre plus petit (plus grand) que le dièdre droit; *dièdres complémentaires* ou *supplémentaires*, deux dièdres dont la somme est égale à un ou à deux dièdres droits. Il est clair (**351**) qu'à des dièdres aigus, obtus, complémentaires, supplémentaires, correspondent des rectilignes aigus, obtus, complémentaires, supplémentaires, et réciproquement.

D'après cela, *un demi-plan qui coupe un plan indéfini forme avec lui deux dièdres supplémentaires ;* inversement, *quand deux dièdres adjacents sont supplémentaires, leurs faces extérieures sont en prolongement.*

La somme des dièdres formés, du même côté d'un plan, par plusieurs demi-plans coupant le premier suivant la même droite, est égale à deux droits; la somme des dièdres formés par plusieurs demi-plans autour d'une droite commune, à quatre droits.

358. On nomme *dièdres opposés par l'arête*, deux dièdres PQ, P′Q′ (*fig*. 262) tels, que les faces de l'un soient les prolongements des faces de l'autre.

Deux dièdres opposés par l'arête sont égaux, puisque leurs angles plans sont opposés par le sommet.

On remarquera que *deux dièdres opposés par l'arête sont de même sens*, pourvu qu'on choisisse le même sens sur l'arête commune et qu'on prenne, comme première face de l'un, le prolongement de la première face de l'autre. Cela résulte de ce que deux angles opposés par le sommet sont de même sens.

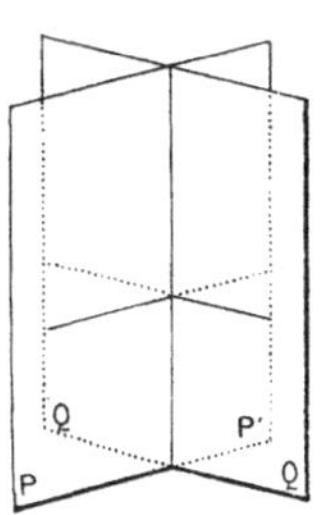

Fig. 262.

358 *bis*. *Deux dièdres qui ont leurs faces parallèles chacune à chacune, sont égaux ou supplémentaires*, comme on le voit en les coupant par un plan perpendiculaire à la direction commune de leurs arêtes, de manière à déterminer les deux rectilignes, lesquels sont égaux ou supplémentaires.

Remarque. — On voit en même temps que, *si les faces parallèles sont de même sens* [1], *les deux dièdres sont de mêmes sens* (*lorsque le sens choisi sur l'arête est le même*).

359. On nomme *plan bissecteur* d'un dièdre, le plan mené par l'arête et qui divise le dièdre en deux parties égales. Il est clair que ce plan peut être considéré comme déterminé par l'arête et la bissectrice d'un angle plan. *Les plans bissecteurs des quatre dièdres formés par deux plans indéfinis qui se coupent, forment deux plans indéfinis, perpendiculaires entre eux.*

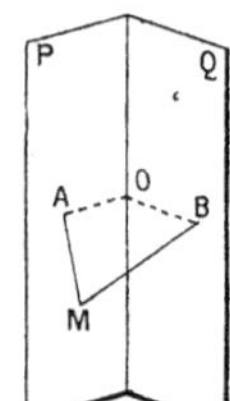

Fig. 263.

Le lieu des points équidistants de deux plans qui se coupent, se compose des plans bissecteurs des dièdres formés par ces deux plans. Car si, d'un point M (*fig.* 263), on abaisse sur les plans P, Q les perpendiculaires MA, MB, le plan MAB est perpendiculaire à P (comme contenant MA) et à Q (comme contenant MB) : il est donc perpendiculaire à leur intersection et détermine l'angle plan $\widehat{AOB}$ du dièdre PQ. Par conséquent, les perpendiculaires MA, MB sont égales ou inégales, suivant que le point M appartient ou non à la bissectrice de cet angle plan ; par conséquent, suivant qu'il appartient ou non au plan bissecteur du dièdre.

360. *Lorsque deux plans* P *et* Q *se coupent, la distance d'un point quelconque du plan* Q *au plan* P *est dans un rapport constant avec la distance du même point à l'arête du dièdre formé par les deux plans, et aussi avec la projection de cette distance sur le plan* P. Car, si M, M′ sont deux points du plan Q (*fig.* 264) ; Mm, M′m' leurs distances au plan P ; MN, M′N′, leurs distances à l'arête du dièdre PQ, les triangles rectangles MmN, M′m'N′ sont semblables, comme ayant un angle aigu égal.

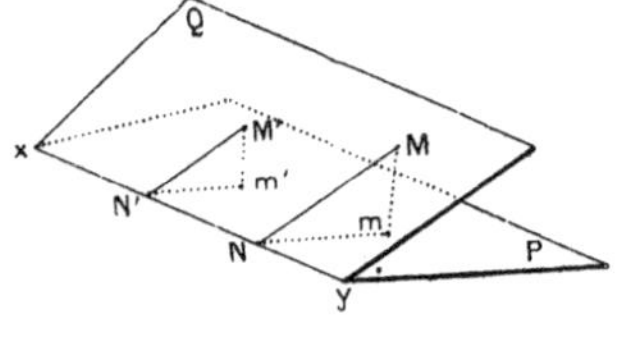

Fig. 264.

Le lieu géométrique des points tels que le rapport de leurs distances à deux plans donnés soit égal à un nombre donné, se compose de deux

(1) Lorsque deux plans parallèles sont coupés par un même troisième, de manière que chacun d'eux soit divisé en deux demi-plans, deux des demi-plans ainsi obtenus sont dits *de même sens* ou *de sens contraires*, suivant qu'ils sont ou non du même côté du plan sécant.

plans passant par l'intersection des premiers (comparer Pl., **157**).

361. D'après les résultats obtenus dans ce chapitre et dans le précédent :

par un point donné, il passe une seule droite perpendiculaire à un plan donné ;

par un point donné, il passe un seul plan perpendiculaire à une droite donnée ;

au contraire :

par un point donné, il passe une infinité de droites perpendiculaires à une droite donnée, à savoir, toutes les droites du plan mené, perpendiculairement à celle-ci, par le point donné;

par un point donné, il passe une infinité de plans perpendiculaires à un plan donné, à savoir, tous les plans qui passent par la perpendiculaire à ce dernier menée par le point donné.

Deux droites perpendiculaires à un même plan sont nécessairement parallèles, mais non pas deux droites perpendiculaires à une même droite.

Deux plans perpendiculaires à une même droite sont nécessairement parallèles, mais non pas deux plans perpendiculaires à un même plan.

On voit que ces conclusions sont précisément inverses des conclusions analogues formulées au n° **337**, pour les droites et plans parallèles.

EXERCICES

455. Les plans également inclinés sur deux plans sécants donnés, sont parallèles à l'une ou à l'autre de deux droites fixes.

456. Lieu des milieux des droites parallèles à une direction fixe et comprises entre deux plans fixes.

457. Lieu du troisième sommet d'un triangle dont les côtés restent parallèles à des droites fixes pendant que les deux premiers sommets sont assujettis à rester respectivement dans deux plans fixes.

458. Même question, lorsque les deux premiers sommets glissent respectivement sur une droite et sur un plan fixes.

459. Lieu des points tels que la somme ou la différence de leurs distances à deux plans donnés soit constante.

460. Lieu des extrémités des segments de droite issus d'un point donné et tels que la somme de leurs projections sur deux droites données ait une valeur donnée.

461. Une demi-droite D, menée par un point de l'arête xy d'un dièdre et intérieure à ce dièdre, est telle que, si le plan perpendiculaire à D en un point P de cette droite coupe les faces du dièdre suivant OA et OB respectivement, le point P est sur la bissectrice de l'angle $\widehat{AOB}$ (le point P étant supposé non situé sur l'arête xy). Montrer que la droite D appartient au plan bissecteur du dièdre.

461 *bis*. Étant donnés un dièdre et une droite D qui rencontre l'arête, mener par cette droite un plan qui soit coupé par les deux faces du dièdre suivant un angle ayant D pour bissectrice. — Cas d'impossibilité ou d'indétermination.

462. Par deux droites fixes D, D′, respectivement, on fait passer deux plans qui varient de manière à rester constamment perpendiculaires entre eux. Trouver le lieu du point où l'arête du dièdre droit ainsi formé rencontre un plan fixe, perpendiculaire à l'une des deux droites données.

CHAPITRE V

PROJECTION D'UNE DROITE SUR UN PLAN. — ANGLE D'UNE DROITE ET D'UN PLAN PLUS COURTE DISTANCE DE DEUX DROITES

362. On nomme *projection orthogonale* (ou simplement *projection*) d'un point sur un plan, le pied de la perpendiculaire abaissée de ce point sur le plan.

La projection d'une figure quelconque est la figure formée par les projections des différents points de la primitive.

La projection d'une ligne droite sur un plan est une ligne droite, sauf si la droite donnée est perpendiculaire au plan (auquel cas la projection se réduit à un point).

En effet, nous avons vu (**356**) que le lieu des perpendiculaires menées au plan donné par les différents points de la droite donnée est un plan. Celui-ci (dit *plan projetant* la droite) coupe bien le plan donné suivant une seconde droite (*fig.* 265).

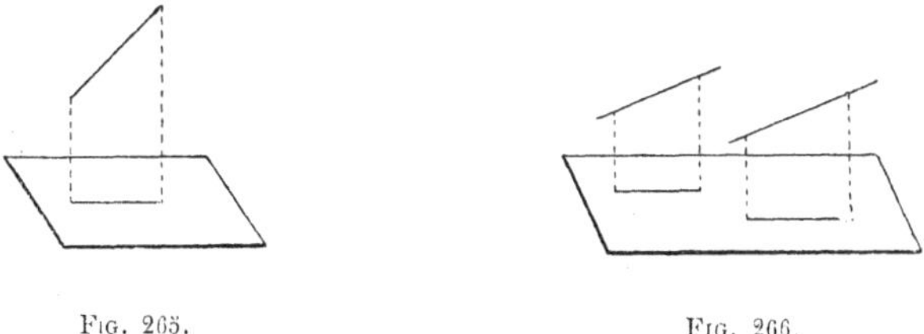

FIG. 265. FIG. 266.

Lorsque la droite donnée est parallèle au plan donné, elle est manifestement parallèle à sa projection.

Les projections de droites parallèles sur un même plan sont parallèles, comme intersections de plans parallèles (les plans projetants, dont chacun contient deux parallèles à l'autre) par un troisième (*fig*. 266).

363. Théorème *de la projection de l'angle droit. — La condition nécessaire et suffisante pour qu'un angle droit se projette suivant un angle droit, est que l'un au moins des côtés soit parallèle au plan de projection.*

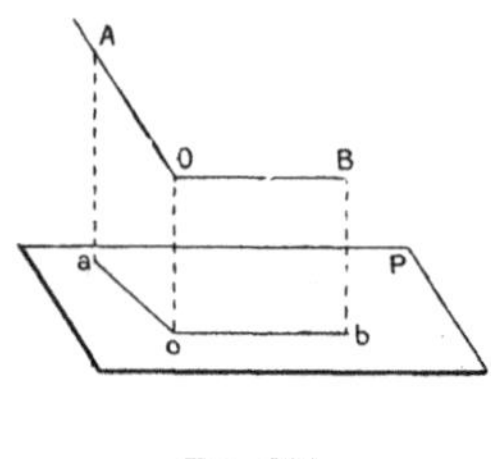

Fig. 267.

1° Soit l'angle droit $\widehat{AOB}$ (*fig.* 267), dont le côté OB est parallèle au plan P, et qui est projeté sur ce plan suivant $\widehat{aob}$. La droite *ob*, parallèle à OB, est perpendiculaire aux deux droites concourantes OA et O*o*. Donc elle est perpendiculaire au plan OA*oa* et, par suite, à *oa* ;

2° Soit l'angle droit $\widehat{AOB}$, qui est projeté sur le plan P suivant l'angle droit $\widehat{aob}$. La droite *ob*, perpendiculaire à *oa* et à O*o*, est perpendiculaire au plan OA*a* et, par suite, à OA. Comme OA est aussi perpendiculaire à OB, il est perpendiculaire au plan OB*ob* — et, par suite (**355**, coroll. I), parallèle au plan P —, à moins que OB et *ob* ne soient parallèles : mais, dans ce dernier cas, c'est OB qui est parallèle à P.

364. Lorsque l'un des côtés de l'angle droit est situé dans le plan de projection, la première partie du théorème précédent peut s'énoncer :

Si, d'un point A *de l'espace, on abaisse une perpendiculaire* A*a sur un plan* P *et une perpendiculaire* AO *sur une droite* OB *de ce plan, la droite* O*a qui joint les pieds de ces deux perpendiculaires est aussi perpendiculaire à* OB (*fig.* 268).

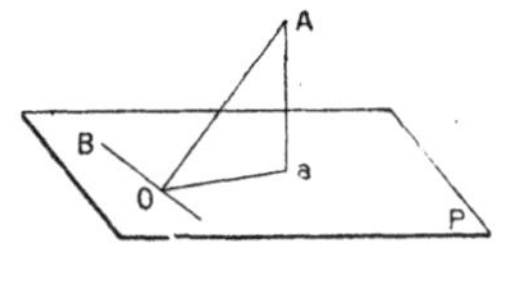

Fig. 268.

Cet énoncé est connu sous le nom de *théorème des trois perpendiculaires*. Il admet les deux réciproques suivantes :

1re **Réciproque**. — *Si, d'un point a d'un plan, on abaisse une perpendiculaire a*O *sur une droite quelconque* OB *de ce plan, la droite qui joint le point* O *à un point quelconque* A *de la perpendiculaire élevée sur ce plan en a, est également perpendiculaire à* OB.

Car la droite OB, perpendiculaire aux deux droites concourantes *a*O, *a*A, est perpendiculaire à leur plan.

2e **Réciproque.** — *Si, d'un point* A *extérieur à un plan* P, *on abaisse la perpendiculaire* AO *sur la droite* OB *de ce plan, et qu'on élève en* O, *dans le plan* P, *la perpendiculaire* O*a à* OB, *la perpendiculaire abaissée du point* A *sur* O*a est perpendiculaire à* P.

Cela résulte, en vertu du théorème du n° **354**, de ce que le plan OA*a* est perpendiculaire à P (comme perpendiculaire à OB).

365. Angle d'une droite et d'un plan.

Théorème. — *Si, par le point d'intersection d'une droite et d'un plan, on mène, dans ce dernier, diverses droites, celle d'entre elles qui fait le plus petit angle avec la droite donnée est la projection de celle-ci sur le plan.*

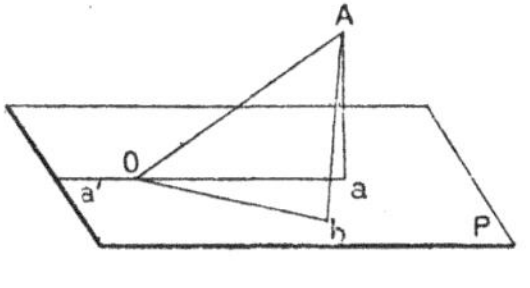

FIG. 269.

Soit OA une demi-droite issue d'un point O du plan P (*fig.* 269) : du point A, abaissons sur le plan P la perpendiculaire A*a*, de manière à déterminer la projection O*a* de OA. Je dis que l'angle $\widehat{AOa}$ est plus petit que l'angle formé par OA avec n'importe quelle autre demi-droite O*b* du plan P.

C'est ce que l'on verra en prenant O*b* = O*a* et joignant A*b*, lequel est (**344**) plus grand que A*a* : les triangles AO*a*, AO*b*, qui ont deux côtés égaux et le troisième inégal, fournissent (Pl., **28**) la démonstration demandée.

Remarque. — Si la droite O*b* tourne autour du point O, dans le plan P, en s'éloignant de O*a*, la distance *ab* va en augmentant, et par suite aussi la distance A*b* : l'angle $\widehat{AOb}$ augmente donc également jusqu'à sa valeur maxima $\widehat{AOa'}$, qui correspond à O*b* situé dans le prolongement de O*a* (*fig.* 269).

L'angle aigu $\widehat{AOa}$ que fait la droite OA avec sa projection sur le plan P est dit l'*angle de la droite et du plan.*

366. *L'angle que fait une droite avec un plan est complémentaire de l'angle aigu que cette droite fait avec une perpendiculaire au plan.* C'est ce qui se voit dans le triangle rectangle OA*a* de la figure 269, triangle dans lequel les angles aigus sont complémentaires.

Il est évident que l'angle d'une droite et d'un plan ne change pas si l'on remplace la droite par une droite parallèle et le plan par un plan parallèle.

367. Ligne de plus grande pente.

Théorème. — *Lorsque deux plans se coupent, la droite du premier qui fait avec le second le plus grand angle possible, est perpendiculaire à l'intersection.*

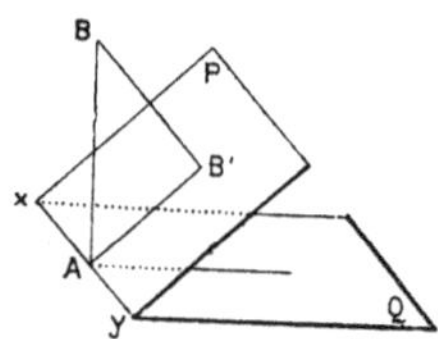

Fig. 270.

Soient les deux plans P, Q, qui se coupent suivant la droite xy (*fig.* 270). D'après le nº précédent, la droite du plan P qui fera le plus grand angle possible avec Q sera celle qui fera le plus petit angle avec une perpendiculaire AB au plan Q. Or la droite du plan P qui fait le plus petit angle avec AB est (**365**) la projection AB′ de AB sur le plan P. Mais cette projection est bien perpendiculaire à xy, car le plan qui projette AB, étant perpendiculaire à Q (puisqu'il passe par AB) et à P, est perpendiculaire à leur intersection.

On voit par là que l'angle maximum n'est autre que l'*angle des deux plans* P *et* Q (on désigne sous ce nom le rectiligne du dièdre PQ).

La figure 270 montre aussi que l'*angle de deux plans est complémentaire de l'angle que fait l'un d'eux avec une perpendiculaire à l'autre.*

Lorsque le plan Q est le plan horizontal, la ligne AB′ a reçu le nom de *ligne de plus grande pente du plan* P.

368. Plus courte distance de deux droites.

Théorème. — *Étant données deux droites non parallèles entre elles, il existe une droite, et une seule, qui les coupe toutes deux à angle droit.*

On lui donne le nom de *perpendiculaire commune* aux deux droites données.

La longueur de cette perpendiculaire commune est la plus courte distance de ces deux droites.

Soient les deux droites AB, A′B′ (*fig.* 271), non parallèles entre elles. Par ces deux droites on peut, et cela d'une seule façon (**332**), faire passer deux plans parallèles P, P'. Toute droite perpendiculaire à la fois à AB et à A'B' est perpendiculaire à P (**341**, coroll.), et, inversement, une perpendiculaire au plan P est perpendiculaire tant à AB qu'à A'B'.

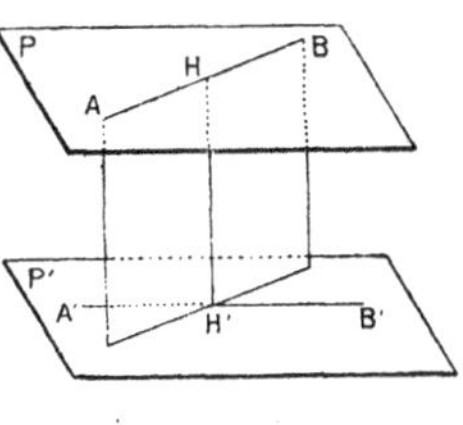

Fig. 271.

Or le lieu des perpendiculaires au plan P qui rencontrent AB est un plan Q; le lieu des perpendiculaires au plan P qui rencontrent A'B' est un plan Q'. Ces deux plans, tous deux perpendiculaires à P, ne sont ni parallèles ni confondus (puisqu'il ne peut exister de plans parallèles à la fois à AB et à A'B' en même temps que perpendiculaires à P): ils se coupent suivant une droite unique HH', perpendiculaire à P, qui est la droite cherchée et la seule.

La distance de AB à A'B', comptée sur la droite HH', est plus courte que la distance MM' de deux autres points quelconques pris respectivement sur AB et sur A'B', puisqu'elle est la plus courte distance des plans parallèles P, P'.

C. Q. F. D.

Si les deux droites se coupent, la perpendiculaire commune passe par le point d'intersection et la plus courte distance est nulle.

Enfin deux droites parallèles ont une infinité de perpendiculaires communes, toutes égales entre elles.

EXERCICES

463. Toute ligne qui se projette, sur deux plans qui se coupent, suivant des lignes droites, est en général une ligne droite. Dans quel cas cette proposition est-elle en défaut?

464. Deux droites telles que leurs projections sur l'un comme sur l'autre de deux plans sécants entre eux, soient parallèles entre elles, sont elles-mêmes parallèles. Cas d'exception analogue à celui qui se présente pour la proposition précédente.

465. Dans un plan donné, par un point donné de ce plan, mener une droite faisant un angle donné avec une droite donnée (1).

Dans un plan donné, par un point de ce plan, mener une droite faisant un angle donné avec un autre plan donné (1).

(1) Voir la note placée à la fin des problèmes du Ve livre.

465 *bis*. Par une droite donnée, faire passer un plan faisant un angle donné avec un plan donné (1). Condition de possibilité.

466. Une droite également inclinée sur les deux faces d'un dièdre coupe ces faces en deux points également distants de l'arête, et inversement.

467. Lieu des droites menées par un point donné et faisant des angles égaux avec deux plans donnés.

468. Lieu des points d'un plan tels que les droites qui les joignent à deux points donnés A, B soient également inclinées sur ce plan.

469. Lorsqu'on projette un angle $\widehat{AOB}$ sur un plan parallèle à sa bissectrice OC, la projection est un angle dont la bissectrice est parallèle à OC.

470. Si l'on projette un angle droit sur un plan qui coupe les côtés eux-mêmes, ou sur un plan qui coupe les prolongements des deux côtés, la projection est un angle obtus ; elle serait, au contraire, un angle aigu, si le plan de projection coupait l'un des côtés et le prolongement de l'autre.

470 *bis*. Un angle est aigu ou obtus en même temps que sa projection sur un plan parallèle à l'un de ses côtés.

471. Le pied de la perpendiculaire commune à deux droites D, D′ est situé, par rapport à un point quelconque M de D, du même côté que la partie de D qui fait, avec la perpendiculaire abaissée du point M sur D, un angle aigu.

471 *bis*. Un point d'une droite fixe D est d'autant plus distant d'une droite fixe D′ qu'il est plus éloigné du pied de la perpendiculaire commune à D et à D′.

472. Le lieu des droites issues d'un point donné et admettant, avec une droite donnée D, une perpendiculaire commune de longueur donnée, se compose de deux plans.

473. Étant donnés une droite D, projetée sur un plan P suivant une droite d, et un point O de l'espace, montrer qu'il existe sur le plan P un point O′ tel que la distance du point O à un point quelconque M de D soit dans un rapport constant avec la distance de O′ à la projection m de M sur le plan P.

473 *bis*. Trouver, sur une droite donnée D, un point tel que ses distances à une autre droite donnée D′ et à un point donné O soient dans un rapport donné. (Employer l'exercice précédent) (1).

(1) Voir la note placée à la fin des problèmes du Ve livre.

CHAPITRE VI

ANGLES POLYÈDRES

369. On nomme *angle polyèdre* la figure formée par plusieurs plans passant par un même point (*sommet* de l'angle polyèdre) et limités à leurs intersections successives (lesquelles sont des demi-droites, appelées *arêtes* de l'angle polyèdre), de manière à enfermer une portion d'espace indéfinie dans un sens (*fig.* 272).

Dans un angle polyèdre, on a à considérer, d'une part, les angles compris entre les arêtes consécutives, et que l'on nomme les *faces;*

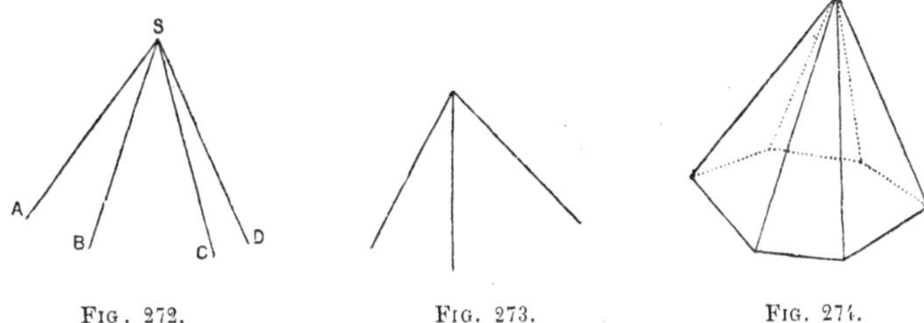

Fig. 272. Fig. 273. Fig. 274.

d'autre part, les *dièdres* compris entre deux faces consécutives et ayant pour arêtes les arêtes de l'angle polyèdre.

Les angles polyèdres les plus simples sont les *trièdres* (*fig.* 273) qui ont trois faces et trois arêtes.

Un angle polyèdre est dit *convexe*, s'il est tout entier d'un même côté par rapport au plan d'une quelconque de ses faces, prolongé indéfiniment, comme il arrive pour un angle polyèdre dont les arêtes passent par les sommets d'un polygone convexe (*fig.* 274); il est dit *concave* dans le cas contraire. Un angle trièdre est forcément convexe.

370. Trièdres symétriques. — Étant donné un trièdre quelconque SABC (*fig.* 275), prolongeons les arêtes au delà du sommet

S, suivant SA′, SB′, SC′. Nous formons ainsi un nouveau trièdre SA′B′C′, qui a tous ses éléments respectivement égaux à ceux du premier : les faces sont en effet égales chacune à chacune (par exemple $\widehat{A'SB'} = \widehat{ASB}$) comme angles opposés par le sommet, les dièdres (par ex. : $S\hat{A} = S\hat{A}'$), comme opposés par l'arête.

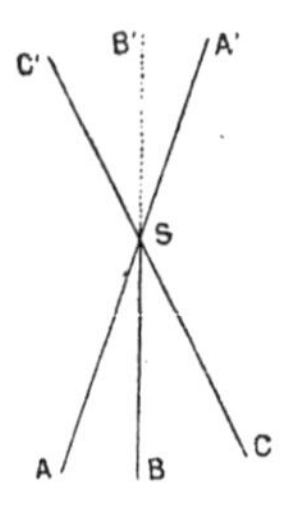

Fig. 275.

Mais, quoique ayant tous leurs éléments égaux, *ces deux trièdres ne sont pas égaux :* on ne peut — ainsi que nous allons le démontrer — les transporter l'un sur l'autre de manière à les superposer.

Remarquons d'abord qu'en général, si l'on faisait coïncider les deux trièdres, ce ne pourrait être qu'en faisant venir SA′ sur SA, SB′ sur SB, SC′ sur SC : c'est ce qui arrivera, en effet, chaque fois que les trois faces du trièdre donné seront inégales, car alors la seule face du trièdre SA′B′C′ capable de coïncider avec BSC est $\widehat{B'SC'}$: de sorte que nécessairement, si les deux trièdres coïncidaient, $\widehat{B'SC'}$ serait venu sur $\widehat{BSC}$ et, par suite, l'arête SA′ sur SA. D'ailleurs, en toute hypothèse, lorsque nous parlerons, dans le présent numéro, d'une superposition des deux trièdres, ce mot sera constamment entendu au sens dont nous venons de parler, c'est-à-dire avec coïncidence des éléments *homologues :* c'est une pareille superposition dont nous allons montrer l'impossibilité.

Notons, en second lieu, que, de quelque façon qu'on s'y prenne pour transporter le second trièdre de manière que SA′ coïncide avec SA et SC′ avec SC, la position finale de ce trièdre est toujours la même. Nous pouvons dès lors opérer cette coïncidence en déplaçant la face $\widehat{A'SC'}$, *dans son plan*, de manière à l'amener sur $\widehat{ASC}$ (puisque, dans leur plan commun, ces deux angles ont le même sens de rotation).

Cela posé, prenons pour plan du tableau le plan ASC et supposons, pour fixer les idées, que l'arête SB vienne en avant de ce plan. Alors l'arête SB′ sera en arrière du même plan (*fig.* 275) ; elle restera forcément en arrière dans le mouvement que nous imprimons au trièdre SA′B′C′, puisque la face A′SC′ se déplace sans quitter le plan du tableau et que, par conséquent, l'arête SB′ ne saurait à aucun moment le traverser. Donc il est impossible que SB′ coïncide avec SB.

C. Q. F. D.

371. Si les deux trièdres précédents ne sont pas superposables, quoique ayant leurs éléments égaux chacun à chacun, cela tient à ce que leur *disposition* n'est pas la même. La définition suivante indique ce qu'il faut entendre par là.

Définition. — On nomme *disposition* d'un trièdre SABC le sens (**349**) du dièdre SA, lorsqu'on prend comme première face de ce dièdre la face SAB et que le sens choisi sur l'arête est le sens SA (*fig.* 275). Ainsi la disposition du trièdre SAB sera dite *directe* si un observateur placé suivant SA, les pieds du côté de S et regardant l'intérieur du trièdre, voit la face SAB à droite de la face SAC; *rétrograde*, dans le cas contraire.

On voit que, d'après cette définition, la disposition d'un trièdre dépend de l'ordre dans lequel on nomme les arêtes.

D'une manière plus précise, la disposition d'un trièdre SABC change chaque fois qu'on permute entre elles deux des arêtes. Cela est évident, d'abord, si les deux arêtes permutées sont SB et SC (puisque cela revient à permuter entre elles les deux faces du dièdre SA); et, d'autre part, les deux dispositions SABC, SBAC, par exemple (résultant l'une de l'autre par permutation des arêtes SA, SB), sont bien inverses l'une de l'autre; car, dans leur plan commun, les angles $\widehat{ASB}$, $\widehat{BSA}$ sont de sens contraires et, par conséquent (Pl., **20**), deux observateurs placés l'un suivant SA, l'autre suivant SB et regardant tous deux l'intérieur de l'angle $\widehat{ASB}$, auront l'intérieur du trièdre, l'un à sa droite, l'autre à sa gauche.

Puisque les dispositions SABC, SBAC sont inverses, les dispositions SABC, SBCA sont les mêmes, de sorte que *la disposition d'un trièdre ne change pas par permutation circulaire des arêtes* (on donne en effet ce nom à l'opération qui consiste à remplacer l'ordre SA, SB, SC par SB, SC, SA ou SC, SA, SB).

La notion de disposition s'applique d'ailleurs à un angle polyèdre quelconque. Un angle polyèdre SABCDE sera dit *direct* si un observateur placé suivant SA, les pieds du côté de S et regardant l'intérieur de l'angle, voit la face SAB à droite de SAD; *rétrograde*, dans le cas contraire. D'après le même raisonnement qui vient d'être fait pour les trièdres, la disposition SABCDE est identique aux dispositions SBCDEA, SCDEAB,... mais inverse des dispositions SEDCBA, SDCBAE, etc.

372. Dans la démonstration du n° **370**, il est clair que la disposition du trièdre SA'B'C' est inverse de celle du trièdre SABC, — autrement dit, que les dièdres SA, SA' sont de sens contraires, — puisque, quand l'arête SA' est venue sur SA et la face A'SC' sur ASC, les secondes faces A'S'B', ASB se sont trouvées de côtés différents du plan ASC.

Mais c'est aussi ce qui peut se voir directement ; car, pour passer du dièdre SA au dièdre SA', il faut : 1° Remplacer le dièdre SA par son opposé par l'arête — ce qui n'en change point le sens (**358**) ; — 2° remplacer, sur l'arête, le sens SA par le sens opposé SA'. Or nous savons que ce dernier changement intervertit le sens du dièdre.

Donc les deux trièdres ont bien une disposition inverse, et il n'est pas étonnant que l'on ne puisse pas arriver à les faire coïncider.

On nomme trièdres *symétriques*, deux trièdres qui ont, comme les précédents, tous leurs éléments correspondants égaux, mais avec une disposition inverse.

373. Théorème. — *Dans tout angle trièdre, une face quelconque est moindre que la somme des deux autres et plus grande que leur différence.*

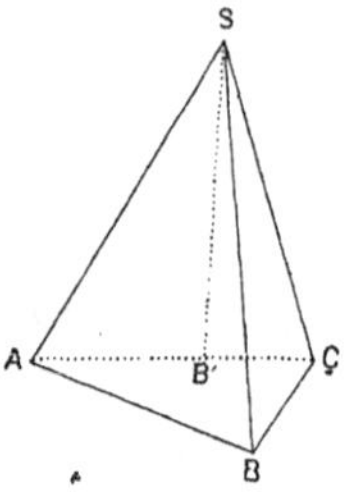

Fig. 276.

Il suffira de démontrer la seconde partie de l'énoncé ; car, dans le trièdre SABC (*fig.* 276), l'inégalité $\widehat{ASC} < \widehat{ASB} + \widehat{BSC}$ est évidente si $\widehat{ASC} < \widehat{ASB}$ et, dans le cas contraire, résulte de l'inégalité $\widehat{ASC} - \widehat{ASB} < \widehat{BSC}$.

Pour démontrer cette dernière, faisons, dans le plan de la face ASC, l'angle $\widehat{ASB'} = \widehat{ASB}$, de manière que $\widehat{B'SC}$ représente la différence $\widehat{ASC} - \widehat{ASB}$. Nous avons à faire voir que $\widehat{B'SC} < \widehat{BSC}$.

Prenons les deux segments SB, SB' égaux entre eux ; puis, par les points B, B', faisons passer un plan qui coupe les deux droites SA, SC (et non leurs prolongements) l'une en A, l'autre en C.

Les deux triangles SAB, SAB' sont égaux, comme ayant un angle égal (en S) compris entre côtés égaux chacun à chacun (SA commun, SB = SB′ par construction) et donnent AB′ = AB : donc B′C, égal à AC — AB, est plus petit que BC. Dès lors, les triangles SBC, SB′C, qui ont deux côtés égaux et le troisième inégal, donnent $\widehat{BSC} > \widehat{B'SC}$.

C. Q. F. D.

Corollaire. — *Dans tout angle polyèdre, une face quelconque est plus petite que la somme des autres.*

Démonstration toute semblable à celle du théorème analogue (Pl., **26**) : pour un angle polyèdre à quatre faces SABCD (*fig.* 272) on aura successivement

$$\widehat{ASD} < \widehat{ASB} + \widehat{BSD} < \widehat{ASB} + \widehat{BSC} + \widehat{CSD},$$

et le même raisonnement servirait à passer au cas d'un angle polyèdre à cinq, six, etc., faces.

373 *bis*. En suivant la même marche qu'en géométrie plane (Pl., **27**), on démontrera :

Théorème. — *Quand un angle polyèdre convexe est intérieur à un angle polyèdre quelconque de même sommet (une ou plusieurs arêtes ou faces pouvant être communes), la somme des faces de l'angle polyèdre enveloppé est plus petite que la somme des faces de l'angle polyèdre enveloppant.*

374. Théorème. — *La somme des faces d'un angle polyèdre convexe est plus petite que quatre droits.*

1° Supposons d'abord qu'il s'agisse d'un trièdre SABC (*fig.* 277). En prolongeant l'arête SA′, nous formons un nouveau trièdre SA′BC, dans lequel on a (théor. préc.) :

$$\widehat{BSC} < \widehat{BSA'} + \widehat{A'SC}, \text{ ou } \widehat{BSC} < 4^{dr} - \widehat{ASB} - \widehat{ASC}$$

ce qui donne bien

$$\widehat{BSC} + \widehat{ASB} + \widehat{ASC} < 4^{dr};$$

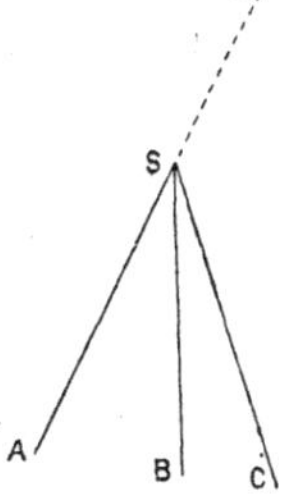

Fig. 277.

2° Soit maintenant l'angle polyèdre convexe à quatre faces

SABCD (*fig.* 278). Prolongeons les deux faces ASB, CSD jusqu'à leur rencontre suivant la droite SI, laquelle est extérieure au trièdre (puisque celui-ci est convexe). La somme des faces de l'angle polyèdre SABCD est plus petite que la somme des faces du trièdre SABI, puisqu'il y a une partie commune $\widehat{BSA} + \widehat{ASD} + \widehat{DSC}$ et que $\widehat{BSC} < \widehat{BSI} + \widehat{ISC}$; cette somme est donc *a fortiori* plus petite que quatre droits.

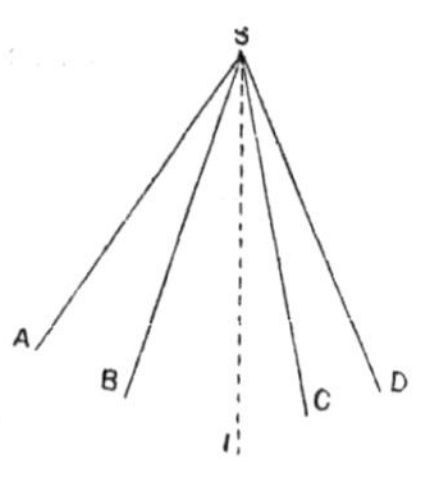

Fig. 278.

On ramènera, de même, le cas de l'angle polyèdre à cinq faces à celui de l'angle polyèdre à quatre faces, en prolongeant, jusqu'à leur rencontre, deux faces contiguës à la même troisième; et ainsi de suite, jusqu'à un nombre quelconque de faces.

Remarque. — Ce théorème peut être considéré comme un cas particulier du précédent (**373** *bis*). La démonstration qui conduit à celui-ci s'applique, en effet, sans modification au cas où les faces de l'angle polyèdre enveloppant sont remplacées par des angles situés autour du sommet, dans un même plan et ayant, par conséquent, 4 *dr* pour somme. Le raisonnement auquel on est ainsi conduit n'est d'ailleurs pas distinct de celui que nous venons de donner.

Comparer, au n° **472**, le raisonnement correspondant relatif aux polygones sphériques.

375. Nous venons de constater que, pour que trois angles α, β, γ puissent être les faces d'un trièdre, il faut: 1° que chacun d'eux soit inférieur à la somme des deux autres; 2° que la somme $\alpha + \beta + \gamma$ soit inférieure à quatre droits.

Nous allons montrer que ces conditions nécessaires sont aussi suffisantes : trois angles α, β, γ satisfaisant à ces conditions sont les faces d'un même trièdre.

Soit, pour fixer les idées, α le plus grand des trois angles donnés. Construisons cet angle en $\widehat{BSC}$ (*fig.* 280) dans le plan du tableau et, du point S comme centre, décrivons une circonférence de rayon quelconque, sur laquelle les côtés de l'angle interceptent l'arc BC.

Pour former un trièdre ayant les trois faces données, il nous suffira de trouver une droite SA faisant avec SB et SC respectivement les angles γ et β. Plus spécialement, nous déterminerons le point A pris sur cette droite de manière que SA = SB = SC.

A cet effet, considérons les demi-droites qui, menées par le point S dans les différents plans qui passent par SB, font avec cette dernière l'angle γ et, sur chacune d'elles, le point M tel que SM = SB. Si, de M, nous abaissons sur SB la perpendiculaire MH (*fig.* 279), tous les triangles rectangles tels que SMH sont égaux entre eux, comme ayant l'hypoténuse égale (SM = SB) et un angle aigu égal (l'angle γ): de sorte que SH a toujours la même longueur et que le point H est unique. Le point M appartient constamment au plan P mené, perpendiculairement à SB, par le point H et qui est perpendiculaire au plan SBC: l'intersection des deux plans contient constamment (**355**) la projection m du point M sur le plan SBC.

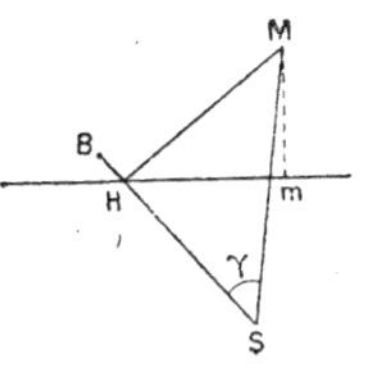

FIG. 279.

Deux positions du point M sont situées dans le plan du tableau : ce sont les extrémités d'arcs correspondant à l'angle au centre γ, portés de part et d'autre du point B, sur la circonférence BC. Nous appellerons m' l'extrémité de l'arc porté dans le sens BC, m'' l'extrémité de l'arc porté en sens inverse : la droite sur laquelle est constamment situé le point m est donc $m'm''$ (*fig.* 280).

Inversement, si m est un point de $m'm''$, intérieur à la circonférence BC (autrement dit, situé sur le segment $m'm''$ et non sur ses prolongements), on peut (Pl., **58**, 3°) — et cela de deux manières différentes — trouver sur la perpendiculaire élevée par m au plan du tableau un point M tel que SM = SB, puisque la distance Sm du point S à cette droite est inférieure à SB. Le triangle SMH sera rectangle (puisque le point M appartient au plan P) et égal à m'SH, puisqu'il a l'hypoténuse égale et le côté de l'angle droit SH commun. Donc le point M est bien tel que $\widehat{MSB} = \gamma$.

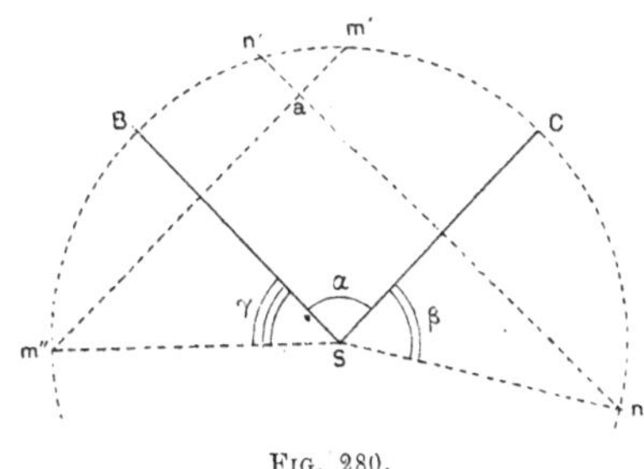

FIG. 280.

De même, les projections, sur le plan du tableau, des points N tels que SN = SB et que $\widehat{NSC} = \beta$ ont pour lieu géométrique la corde qui joint les extrémités des deux arcs Cn', Cn'' égaux à β et portés, le premier dans le sens CB, le second dans le sens opposé (*fig.* 280).

Tenons compte maintenant des hypothèses faites sur les angles α, β, γ.

Puisque α est supérieur à β et à γ, les arcs Bm', Cn' sont tous deux intérieurs à l'arc BC intercepté par l'angle α ; puisque la somme $\beta + \gamma$ est plus grande que α, *ces deux arcs empiètent l'un sur l'autre.*

D'autre part, le plus grand des deux arcs BC a pour mesure 4 *dr* — α :

comme cette quantité (en vertu de l'hypothèse $\alpha + \beta + \gamma < 4$ *dr.*) est supérieure à $\beta + \gamma$, les deux arcs Bm'', Cn'' *n'empiètent pas* l'un sur l'autre.

Donc enfin, en partant du point B, par exemple, les points que nous avons à considérer sur notre circonférence se succèdent dans l'ordre suivant : B, n', m', C, n'', m'', B.

Les points m', m'' étant de part et d'autre de $n'n''$, les deux cordes $m'm''$, $n'n''$ se coupent en un point a intérieur à la circonférence, de sorte qu'il existe deux points A_1, A_2 projetés en a et tels que $SA_1 = SA_2 = SB$. D'après ce qui a été dit plus haut, les deux trièdres SA_1BC, SA_2BC répondent à la question.

Si α était égal à $\beta + \gamma$, ou si la somme $\alpha + \beta + \gamma$ était égale à 4 droits, le point a serait sur la circonférence (les points m', n' coïncidant dans le premier cas, les points m'', n'' dans le second) : il y aurait donc une droite SA, mais située dans un même plan avec BSC.

376. Trièdres supplémentaires.

Lemme. — *Si, par un point d'un plan, on mène deux demi-droites, l'une perpendiculaire, l'autre oblique à ce plan, ces deux demi-droites*

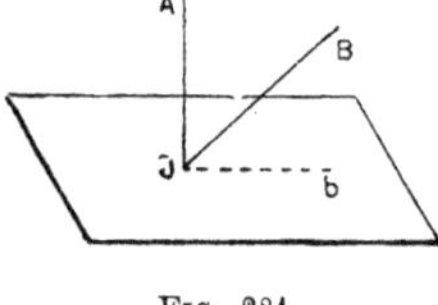

Fig. 281.

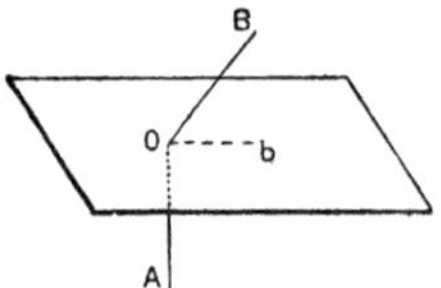

Fig. 282.

forment un angle aigu ou obtus, suivant qu'elles sont du même côté du plan (*fig.* 281) *ou non* (*fig.* 282).

Car la projection Ob, sur le plan considéré, de la demi-droite oblique donnée OB est dans un même plan avec celle-ci et la demi-droite perpendiculaire OA : l'angle $\widehat{AOB}$ est plus petit que $\widehat{AOb}$ si OB et OA sont du même côté de Ob (*fig.* 281), et plus grand que lui dans le cas contraire (*fig.* 282).

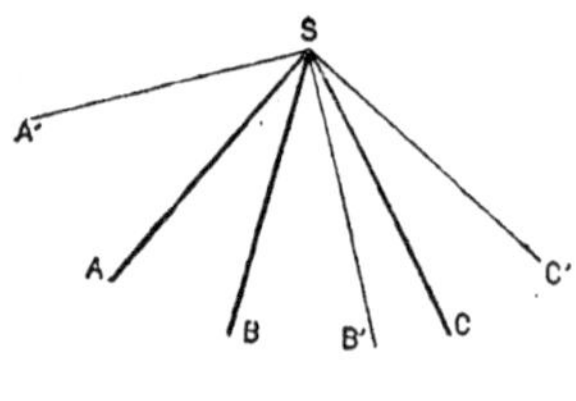

Fig. 283.

377. Définition. — Étant donné un trièdre SABC (*fig.* 283), élevons, par le sommet S, une demi-droite SA′ perpendiculaire au plan SBC, du même côté de ce plan que l'arête SA ; une demi-droite SB′ perpendiculaire au plan SCA, du même côté de ce plan que l'arête SB ; une demi-droite SC′ perpendiculaire au plan SAB, du même côté de ce plan que l'arête SC.

Le trièdre SA′B′C′, qui a les trois demi-droites ainsi construites pour arêtes, est dit *supplémentaire* du premier.

Théorème. — *Si un trièdre est supplémentaire d'un autre, réciproquement celui-ci est supplémentaire du premier.*

Nous avons à montrer que, le trièdre SA′B′C′ ayant été déduit du trièdre SABC comme il vient d'être dit, le trièdre SABC est aussi supplémentaire de SA′B′C′, c'est-à-dire que chaque arête de SABC est perpendiculaire au plan de la face correspondante de SA′B′C′ et située du même côté de ce plan que l'arête opposée à cette face.

Or l'arête SB′, étant perpendiculaire au plan ASC, est perpendiculaire à SA; de même, SC′ est perpendiculaire à SA, comme perpendiculaire au plan ASB. Donc SA est bien perpendiculaire au plan B′SC′.

D'ailleurs SA et SA′, étant du même côté du plan BSC, forment un angle aigu (en vertu du lemme) et sont, par conséquent, du même côté du plan B′SC′ (en vertu du même lemme). Le même raisonnement s'appliquant aux autres arêtes, le théorème est démontré.

378. Théorème. — *Quand deux trièdres sont supplémentaires, les faces de chacun d'eux sont les suppléments des dièdres de l'autre* [1].

Soit B-SA-C (*fig.* 284) un dièdre du premier trièdre: l'arête SB′ du second est perpendiculaire à la face ASC, du même côté de ce plan que la face ASB; l'arête SC′, perpendiculaire à la face ASB et du même côté de cette face que ASC. Le plan B′SC′, étant perpendiculaire à SA, contient le rectiligne bSc du dièdre B-SA-C. Les angles $\widehat{bSC'}$, $\widehat{cSB'}$, sont droits et, dans leur plan commun, de sens contraires (puisque l'un a le même sens que $\widehat{bSc}$, l'autre le même sens que $\widehat{cSb}$): donc si nous prolongeons SC′ suivant SC'_1, les angles droits $\widehat{bSC'_1}$, $\widehat{cSB'}$ sont de même sens et l'angle $\widehat{C'_1SB'}$, résultant de $\widehat{bSc}$ par rotation d'un angle droit dans son plan, est égal à $\widehat{bSc}$: donc $\widehat{B'SC'}$ est supplémentaire de $\widehat{bSc}$.

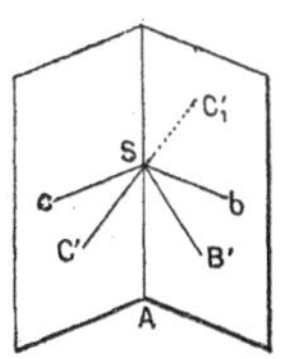

Fig. 284.

C. Q. F. D.

[1] C'est-à-dire des rectilignes de ces dièdres.

379. Le théorème précédent permet de passer de propriétés relatives aux faces d'un trièdre à des propriétés relatives aux dièdres, et inversement. Par exemple, les théorèmes des nos **373-374** nous donnent les conséquences suivantes :

Théorème. — *Dans tout trièdre,*

1° *Chaque dièdre, augmenté de deux droits, est plus grand que la somme des deux autres;*

2° *La somme des trois dièdres est plus grande que deux droits.*

1° Soient A, B, C les dièdres du trièdre considéré. Les faces a, b, c du trièdre supplémentaire seront

$$a = 2^{dr} - A,$$
$$b = 2^{dr} - B,$$
$$c = 2^{dr} - C,$$

et, puisque l'on a (**373**)

$$a < b + c,$$

il viendra

$$2^{dr} - A < 2^{dr} - B + 2^{dr} - C$$

laquelle est bien [1] équivalente à

$$A + 2^{dr} > B + C;$$

2° On a également (**374**)

$$a + b + c < 4^{dr},$$

ce qui donne l'inégalité

$$2^{dr} - A + 2^{dr} - B + 2^{dr} - C < 4^{dr}$$

équivalente [1] à

$$A + B + C > 2^{dr}$$

C. Q. F. D.

Remarque. — La somme $A + B + C$ est évidemment inférieure à 6^{dr}, puisque chacune de ses parties est plus petite que 2^{dr}.

Réciproquement, si trois angles trièdres A,B,C satisfont aux conditions précédentes, ils appartiennent à un même trièdre. Car si a,b,c désignent

(1) Voir *Leçons d'Algèbre* de M. Bourlet, liv. II, chap. III, n° **62**.

les suppléments de A,B,C, les inégalités $A + 2^{dr} > B + C$, $B + 2^{dr} > C + A$, $C + 2^{dr} > A + B$, $A + B + C > 2^{dr}$ sont respectivement équivalentes à $a < b + c$, $b < c + a$, $c < a + b$, $a + b + c < 4^{dr}$. Donc il existe un trièdre ayant pour faces a,b,c et dont le supplémentaire est le trièdre cherché.

380. Cas d'égalité des trièdres.

1er cas d'égalité. — *Deux trièdres sont égaux ou symétriques, lorsqu'ils ont une face égale adjacente à deux dièdres égaux chacun à chacun.*

Soient les trièdres SABC, S'A'B'C' (*fig.* 285) qui ont la face $\widehat{BSC} = \widehat{B'S'C'}$ adjacente aux dièdres $\widehat{SB} = \widehat{S'B'}$; $\widehat{SC} = \widehat{S'C'}$. Supposons d'abord que ces deux trièdres aient même disposition.

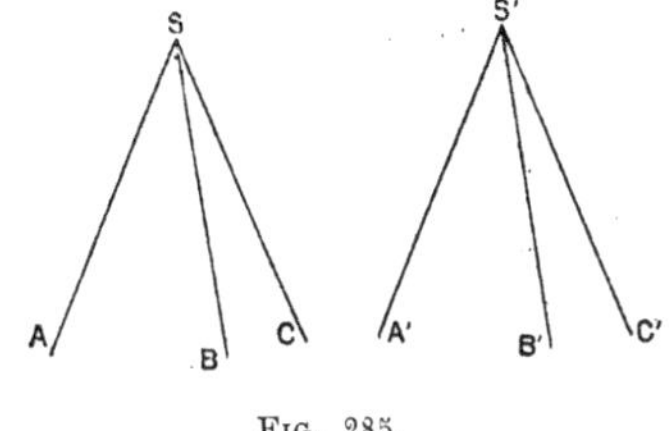

Fig. 285.

Alors, si nous transportons le second sur le premier de manière à amener la face $\widehat{B'S'C'}$ sur son égale $\widehat{BSC}$ (l'arête S'B' suivant SB, l'arête S'C' suivant SC), puisque les dièdres SB, S'B' sont égaux et de même sens, la face A'S'B' prendra la direction ASB; de même, la face A'S'C' prendra la direction ASC et, par conséquent, il y aura coïncidence complète.

Si les deux trièdres n'avaient pas la même disposition, l'un d'eux aurait la même disposition que le symétrique de l'autre et, par conséquent, d'après ce que nous venons de voir, serait égal à ce symétrique.

Remarque. — Le raisonnement précédent montre de plus que *deux trièdres égaux coïncident nécessairement, si une face de l'un coïncide avec la face correspondante de l'autre* (en supposant, bien entendu, que les arêtes en coïncidence se correspondent).

2e cas d'égalité. — *Deux trièdres sont égaux ou symétriques, lorsqu'ils ont un dièdre égal compris entre deux faces égales chacune à chacune.*

Soient les deux trièdres SABC, S'A'B'C' qui ont le dièdre $\widehat{SA} = \widehat{S'A'}$ compris entre les faces $\widehat{ASB} = \widehat{A'S'B'}$, $\widehat{ASC} = \widehat{A'S'C'}$, et que nous supposerons d'abord avoir même disposition. Nous pouvons faire coïncider les dièdres égaux et de même sens $\widehat{SA}$, $\widehat{S'A'}$: alors la face

A'S'B prendra la direction ASB, la face A'S'C' la direction ASC et, comme ces faces sont égales chacune à chacune, l'arête S'B' viendra bien suivant SB, l'arête S'C' suivant SC.

Si les deux trièdres n'avaient pas la même disposition, on prouverait, comme dans le premier cas, qu'ils sont symétriques.

Remarque. — On voit que *deux trièdres égaux coïncident, si un dièdre de l'un coïncide avec son homologue de l'autre.*

381. Troisième cas d'égalité. — *Deux trièdres sont égaux ou symétriques, lorsqu'ils ont les trois faces égales chacune à chacune.*

Soient les deux trièdres SABC, S'A'B'C' qui ont les trois faces égales chacune à chacune ($\widehat{B'S'C'} = \widehat{BSC}$, $\widehat{C'S'A'} = \widehat{CSA}$, $\widehat{A'S'B'} = \widehat{ASB}$) et supposons que les deux trièdres aient la même disposition. Transportons le second trièdre de manière à ce que la face $\widehat{B'S'C'}$ vienne sur son égale $\widehat{BSC}$. La nouvelle position SA_1 de S'A' sera, d'après l'hypothèse que nous venons de faire, du même côté que SA, par rapport au plan BSC.

Si SA_1 ne coïncidait pas avec SA (*fig.* 286), la droite SB, qui fait des angles égaux (par hypothèse) avec SA et SA_1, serait (**346**) dans le plan mené, par la bissectrice de l'angle $\widehat{ASA_1}$, perpendiculairement au plan de cet angle; et il en serait de même de SC. Or cela est absurde, car le plan BSC, qui laisse SA et SA_1 du même côté, ne peut passer par la bissectrice de l'angle $\widehat{ASA_1}$. Donc SA coïncide avec SA_1, et le théorème est démontré.

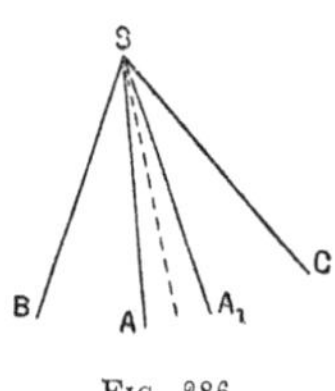

Fig. 286.

Si les dispositions n'étaient pas les mêmes, les deux trièdres seraient symétriques au lieu d'être égaux, ainsi qu'on le verrait comme pour les deux cas précédents.

382. Enfin il existe un

Quatrième cas d'égalité. — *Deux trièdres sont égaux ou symétriques, lorsqu'ils ont les trois dièdres égaux chacun à chacun.*

En effet, les trièdres supplémentaires des premiers (**378**) auront les trois faces égales chacune à chacune et seront, par conséquent, égaux ou symétriques : il en sera, dès lors, de même des proposés, puisque ceux-ci auront tous leurs éléments égaux chacun à chacun.

382 *bis*. *Deux trièdres qui ont leurs arêtes parallèles chacune à chacune et de même sens, sont égaux.*

Car ils ont leurs éléments égaux et (**358** *bis*, Rem.) la même disposition.

Il en résulte évidemment que *deux trièdres qui ont leurs arêtes parallèles chacune à chacune et de sens contraires, sont symétriques.*

383. Trièdre isoscèle.

On nomme *trièdre isoscèle*, celui qui a deux faces égales.

Tout trièdre qui est superposable à son symétrique est isoscèle: nous avons vu en effet (**370**) que, si les trois faces du trièdre étaient inégales, une telle superposition serait forcément impossible.

Réciproquement, *tout trièdre isoscèle est superposable à son symétrique* (*fig.* 287). Soient, en effet, SABC un trièdre qui a les faces $\widehat{ASB}$, $\widehat{ASC}$ égales entre elles; SA'B'C', son symétrique. Si, dans ce dernier, nous permutons les arêtes SB', SC', nous changeons (**371**) sa disposition, qui devient pareille à celle du trièdre SABC. Comme d'ailleurs les trièdres SABC, SA'C'B' ont un dièdre égal ($\widehat{SA} = \widehat{SA'}$) compris entre faces égales chacune à chacune ($\widehat{A'SB'} = \widehat{ASB} = \widehat{ASC}$; $\widehat{A'SC'} = \widehat{ASC} = \widehat{ASB}$), ils sont superposables.

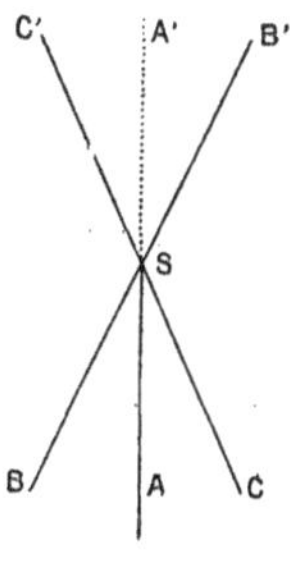

Fig. 287.

Théorème. — *Dans un trièdre isoscèle, les dièdres opposés aux faces égales sont égaux.*

En effet, si nous reprenons le trièdre isoscèle SABC qui vient d'être considéré, nous voyons que le dièdre SB a coïncidé avec le dièdre SC' du trièdre symétrique. Ces deux dièdres sont donc égaux; et il en est, par suite, de même des dièdres SB, SC.

Réciproquement, *si, dans un trièdre, deux dièdres sont égaux, le trièdre est isoscèle.*

Soient, en effet, SABC un trièdre tel que les dièdres SB, SC soient égaux; SA'B'C', son symétrique. Permutons encore les deux arêtes SB', SC' de ce dernier, de manière à lui donner même disposition qu'au premier. Alors les deux trièdres SABC, SA'C'B', qui auront une face égale ($\widehat{BSC} = \widehat{B'SC'}$) comprise entre dièdres égaux chacun à chacun ($\widehat{SC'} = \widehat{SC} = \widehat{SB}$; $\widehat{SB'} = \widehat{SB} = \widehat{SC}$) sont égaux ; d'où résulte la conclusion annoncée.

384. Théorème. — *Dans tout trièdre, les faces opposées à des dièdres inégaux sont inégales et, au plus grand dièdre, est opposée la plus grande face.*

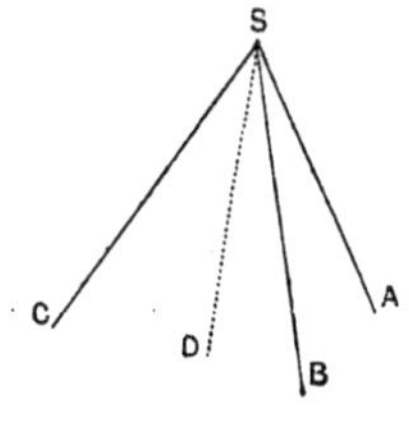

Fig. 288.

Supposons que le trièdre SABC (*fig.* 288) ait le dièdre SB > SC. Par l'arête SB passe dès lors un plan intérieur au dièdre SB et faisant avec la face BSC un angle C.SB.D égal au dièdre SC. Ce plan coupera la face ASC suivant une droite SD intérieure à cette face, et l'on aura (n° précédent) $\widehat{BSD} = \widehat{DSC}$. Mais le trièdre SABD donne (**373**) $\widehat{ASB} < \widehat{ASD} + \widehat{DSB}$, inégalité dont le second membre est égal à $\widehat{ASD} + \widehat{DSC}$ ou à $\widehat{ASC}$.

Corollaire. — Ce théorème peut encore s'énoncer : *Dans un trièdre, deux faces quelconques sont rangées dans le même ordre de grandeur que les dièdres qui leur sont respectivement opposés ;* par conséquent aussi, *dans un trièdre, à deux faces inégales sont opposés des dièdres inégaux et, à la plus grande face, le plus grand dièdre.*

385. La théorie des trièdres offre, ainsi que le lecteur n'a pu manquer de le remarquer, une grande analogie avec celle des triangles rectilignes. Un certain nombre de propositions, telles que le théorème du n° **373**, les propriétés du trièdre isoscèle, les trois premiers cas d'égalité des trièdres, etc., sont manifestement tout à fait semblables [1] aux théorèmes fondamentaux relatifs aux triangles, les dièdres étant substitués aux angles et les faces aux côtés.

Mais il est, d'autre part, bien clair que la ressemblance entre les deux théories n'est que partielle, la différence tenant en grande

(1) Quelques différences sont occasionnées par l'existence des trièdres symétriques; ce dernier fait trouve son analogue dans la notion des figures égales et de sens contraires, lesquelles ne peuvent être superposées sans un déplacement extérieur au plan. Toutefois deux angles opposés par le sommet sont de même sens, tandis que deux trièdres dont les arêtes sont en prolongement les unes des autres sont symétriques.

partie à ce que les côtés — qui sont des longueurs — sont remplacés par les faces du trièdre, c'est-à-dire par des angles. Ainsi, la somme des faces d'un trièdre est plus petite que quatre droits, alors qu'il n'y a aucune limite assignée à la somme des côtés d'un triangle ; — la théorie des triangles semblables n'a pas d'analogue pour les trièdres : si l'on doublait les faces d'un trièdre, le nouveau trièdre ainsi formé n'aurait aucun rapport simple avec le premier ; il pourrait même ne pas exister (si la somme de ses faces était supérieure à quatre droits) : en tout cas, il n'aurait pas les mêmes dièdres que le premier, puisque (4e cas d'égalité) deux trièdres qui ont les mêmes dièdres sont égaux ou symétriques ; — etc.

EXERCICES

474. Démontrer directement la première partie de l'énoncé du n° **373** (sans prendre la seconde partie comme intermédiaire). (On imitera la marche suivie dans le texte, en remarquant qu'on peut supposer la somme de deux faces plus petite que 2 droits, le théorème étant évident sans cela.)

475. La somme des angles que fait une demi-droite issue du sommet d'un trièdre et intérieure à ce trièdre avec les trois arêtes est comprise entre la somme des faces du trièdre et la moitié de cette somme.

475 *bis*. La somme des angles que fait une demi-droite quelconque issue du sommet d'un angle polyèdre avec les arêtes est plus grande que la demi-somme des faces.

476. La somme des angles d'un polygone gauche (exercice 427) de n côtés est plus petite que $2n$-4 droits (imiter la marche suivie Pl., **44** *bis*).

477. La somme des dièdres d'un angle polyèdre convexe à n faces est plus grande que $2n$-4 droits.

478. La somme des angles que fait une droite quelconque avec deux plans perpendiculaires entre eux est plus petite qu'un angle droit, à moins que la droite ne soit perpendiculaire à l'intersection des deux plans.

479. L'angle que fait une arête SA d'un trièdre ABC avec la bissectrice de la face opposée $\widehat{BSC}$ peut être inférieur, égal ou supérieur à la demi-somme des faces $\widehat{ASB}$, $\widehat{ASC}$: il est compris entre cette demi-somme et le supplément de cette demi-somme. Les arêtes SB, SC étant données de position, trouver le lieu de SA d'après la condition que l'angle de SA avec la bissectrice de l'angle $\widehat{BSC}$ soit *égal* à $\dfrac{\widehat{ASB} + \widehat{ASC}}{2}$.

479 *bis*. Dans le trièdre SABC, on mène la bissectrice de l'angle formé par une des arêtes SB, SC et le prolongement de l'autre. L'angle formé par l'arête SA avec cette

droite diffère de l'angle droit d'une quantité comprise entre la demi-somme et la demi-différence des faces $\widehat{ASB}$, $\widehat{ASC}$.

480. Dans tout trièdre isoscèle, le plan bissecteur du dièdre compris entre les deux faces égales est perpendiculaire à la troisième face et la divise en deux parties égales.

481. Réciproquement, un trièdre est isoscèle :

1° Si le plan bissecteur d'un dièdre est perpendiculaire à la face opposée ;

2° Si le plan qui passe par une arête et la bissectrice de la face opposée est perpendiculaire à cette face.

482. Si le plan bissecteur d'un dièdre appartenant à un trièdre passe par la bissectrice de la face opposée, il ne s'ensuit pas nécessairement que le trièdre soit isoscèle.

Il n'est pas exact que, dans un trièdre qui a deux faces inégales, le plan qui passe par leur arête commune et la bissectrice de la troisième face soit plus incliné sur la plus petite des deux premières que sur l'autre. Dans quels cas cette conclusion est-elle vraie, et dans quels cas fausse ?

Étant donné un angle $\widehat{ASB}$, quel est le lieu des arêtes des dièdres dont les faces passent par les côtés de l'angle et le plan bissecteur, par la bissectrice de l'angle ?

483. De la bissectrice d'une face d'un trièdre, on voit la plus grande des deux autres faces sous un angle dièdre obtus et la plus petite sous un angle dièdre aigu.

484. Si, dans un angle polyèdre qui reste toujours convexe, toutes les faces moins une sont constantes, ainsi que tous les dièdres compris entre les faces constantes, moins un, ce dernier dièdre croît ou décroît en même temps que la face variable.

484 *bis*. Soit un angle polyèdre qui reste convexe et dont les faces restent constantes. Cet angle polyèdre étant considéré dans deux positions différentes, on met le signe + aux angles dièdres qui ont augmenté, le signe — aux angles qui ont diminué. Montrer qu'on trouvera au moins quatre changements de signe.

(On constatera : 1° que le nombre des changements de signe est pair ; 2° qu'il ne peut être égal ni à 0 ni à 2).

485. Une droite variable (passant par un point fixe) ne peut tendre en même temps vers deux positions-limites différentes [1].

486. Lorsque deux droites variables tendent chacune vers une position-limite, leur angle tend vers une valeur égale à l'angle des deux positions-limites [1].

487. Lorsque trois droites (passant par un même point fixe) tendent chacune vers une position-limite [1], et qu'elles sont constamment dans un même plan, leurs positions-limites sont dans un même plan.

488. Les plans bissecteurs des dièdres d'un trièdre se coupent suivant une même droite.

Il en est de même lorsqu'on remplace deux des dièdres par leurs suppléments [2].

Les droites ainsi obtenues sont au nombre de quatre ; elles forment le lieu des points également distants des trois faces du trièdre.

489. Les bissectrices des suppléments [2] des faces d'un trièdre sont dans un

(1) Voir la définition du mot *limite* dans la Géométrie plane, page 52, et en Arithmétique (*Leçons* de M. TANNERY, chap. VII et XII).

(2) Nous nommons ici, pour abréger, *supplément* d'un angle (ou d'un dièdre) l'angle (ou dièdre) formé par l'un des côtés de cet angle (ou l'une des faces de ce dièdre) et le prolongement de l'autre.

même plan; de même, les bissectrices de deux faces et du supplément de la troisième. Chacun des plans ainsi obtenus fait des angles égaux avec les trois arêtes.

490. Les plans menés perpendiculairement aux faces d'un trièdre, par les bissectrices de ces faces, se coupent suivant une même droite, perpendiculaire au plan considéré à l'exercice précédent.

Quel est le lieu des points également distants des trois arêtes d'un trièdre ?

491. Les droites menées dans le plan bissecteur du supplément de chaque dièdre d'un trièdre, perpendiculairement à l'arête de ce dièdre et par le sommet, sont dans un même plan, également incliné sur les trois faces.

Quels sont les autres plans également inclinés sur les trois faces ?

492. Les plans menés par chaque arête d'un trièdre et la bissectrice de la face opposée se coupent suivant une même droite.

493. Les plans bissecteurs des suppléments des dièdres d'un trièdre coupent respectivement les faces opposées suivant trois droites d'un même plan.

494. Les plans menés, par chaque arête d'un trièdre, perpendiculairement à la face opposée, se coupent suivant une même droite.

495. Les droites menées, dans chaque face d'un trièdre, par le sommet, perpendiculairement à l'arête opposée, sont dans un même plan.

496. Les projections Sa, Sb, Sc des arêtes SA, SB, SC d'un trièdre sur les faces opposées sont les arêtes d'un nouveau trièdre, dont les dièdres ont pour plans bissecteurs les plans SAa, SBb, SCc (Utiliser ex. 461 et Pl., ex. 71).

497. Que deviennent les droites et plans dont l'existence fait l'objet des exercices 488-495, lorsqu'on passe d'un trièdre à son supplémentaire ?

498. Deux trièdres supplémentaires ont la même disposition.

499. Mener une droite rencontrant deux droites données sous des angles donnés [1].

500. Couper un angle polyèdre à quatre faces par un plan suivant un parallélogramme [1]. Quand ce parallélogramme est-il un losange ou un rectangle ?

PROBLÈMES

PROPOSÉS SUR LE CINQUIÈME LIVRE.

501. Lieu des projections d'un point donné sur les plans qui passent par une droite fixe.

502. Lieu du milieu d'une droite de longueur constante qui s'appuie sur deux droites rectangulaires, non situées dans un même plan.

503. Déduire de l'exercice 425 le théorème analogue dans le plan (Pl., **195**) :

(1) Voir la note placée à la fin des problèmes du Ve livre.

Si les deux triangles ABC, A′B′C′ sont tels que les droites AA′, BB′, CC′ concourent en un même point O, les points d'intersection de BC avec B′C′, de CA avec C′A′, de AB avec A′B′ sont en ligne droite.

(On remarquera que la figure plane ainsi formée peut être considérée comme la projection d'une figure telle que celle qui fait l'objet de l'exercice 425).

504. Huit points A, B, C, D, A′, B′, C′, D′ (dont les quatre premiers ne sont pas dans un même plan, non plus que les quatre derniers) sont tels que les droites AA′, BB′, CC′, DD′ passent par un même point O. Montrer que les droites d'intersection du plan B′C′D′ avec BCD, du plan C′D′A′ avec CDA, du plan D′A′B′ avec DAB, du plan A′B′C′ avec ABC, sont dans un même plan.

Déduire de là le théorème (Pl., **195**) dont il est parlé dans l'exercice précédent (on supposera pour cela les droites OAA′, OBB′, OCC′ dans un même plan).

505. Un plan quelconque divise les côtés d'un polygone gauche dans des rapports qui ont pour produit l'unité. La réciproque est vraie dans le cas du quadrilatère, mais non pour les polygones de plus de quatre côtés.

506. Étant données deux demi-droites OA, OB, issues d'un point O d'un plan et du même côté de ce plan, mener, dans celui-ci, la droite faisant avec OA et OB des angles dont la somme soit minima.

507. Étant données deux demi-droites OA, OB issues d'un point O d'un plan et de côtés différents de ce plan, mener, dans celui-ci, la droite faisant avec OA et OB des angles dont la différence soit maxima.

508. Par un point O pris sur l'arête d'un dièdre, on mène, dans les deux faces, des droites OA, OB faisant avec l'arête un même angle déterminé. Montrer que, si cet angle n'est pas droit, l'angle $\widehat{AOB}$ ne varie pas proportionnellement au dièdre. Le rapport de l'angle $\widehat{AOB}$ au rectiligne du dièdre est-il croissant ou décroissant quand celui-ci augmente?

509. La différence des angles que fait une droite avec deux plans est inférieure à l'angle de ces deux plans.

510. La différence des angles que fait un plan avec deux droites est inférieure à l'angle de ces deux droites.

511. Lorsqu'une droite et un plan variables tendent chacun vers une position-limite, leur angle tend vers l'angle que fait la position-limite de la droite avec la position-limite du plan.

512. Étant donnés deux plans et une droite, faire passer par celle-ci un plan qui forme avec les deux premiers un trièdre isoscèle.

(Distinguer deux cas, suivant que les deux faces égales doivent être dans les deux plans donnés, ou l'une d'elles dans le plan cherché).

513. Si on coupe un trièdre *trirectangle* (c'est-à-dire qui a toutes ses faces droites et, par suite, tous ses dièdres droits) $\widehat{SABC}$ par un plan quelconque :

1° Le triangle de section ABC a pour point de rencontre de ses hauteurs la projection M du point S sur le plan ABC;

2° Chacun des triangles SBC, SCA, SAB est moyen proportionnel entre sa projection sur le plan de section et la section ABC ;

3° La somme des carrés des aires de ces trois triangles est égale au carré de l'aire du triangle ABC.

514. Étant donné un triangle ABC, trouver un trièdre trirectangle dont les arêtes passent par les sommets de ce triangle. — Condition de possibilité.

514 *bis*. Couper un trièdre trirectangle par un plan, de manière que la section soit égale à un triangle donné.

515. Trouver un trièdre trirectangle dont les arêtes se projettent sur un plan passant par le sommet suivant trois droites données. — Condition de possibilité.

516. Si quatre points A, B, C, D sont tels que la droite AB soit perpendiculaire à CD et la droite AC à BD, la droite AD est aussi perpendiculaire à BC.

Les trois sommes $\overline{AB}^2 + \overline{CD}^2$, $\overline{AC}^2 + \overline{BD}^2$, $\overline{AD}^2 + \overline{BC}^2$ sont égales entre elles.

517. Étant donnés trois plans qui se coupent suivant une même droite et une demi-droite (non parallèle à l'intersection commune) dans l'un d'eux, il existe un trièdre tel que chacun des plans donnés passe par une arête et soit perpendiculaire à la face opposée, l'une des arêtes étant la demi-droite donnée.

518. Étant données trois droites dans un même plan et un plan P passant par l'une d'elles, il existe un trièdre tel, que chacune des droites données soit perpendiculaire à l'une des arêtes et située dans la face opposée, l'une de ces faces étant dans le plan P.

(Voir exercices 625-626, les réciproques analogues pour les exercices 488-493).

519. (Généralisation de l'ex. 454). Étant données deux droites D, D′, non situées dans un même plan, soient pris un point A sur D, un point A′ sur D′, puis encore deux points M, M′ sur D et D′ respectivement, tels que AM = A′M′.

Lorsque M, M′ varient (de manière que AM reste égal à A′M′), le plan (exercice 446), lieu des points tels que la différence des carrés de leurs distances à M et à M′ soit égale à une quantité donnée k^2, passe par l'une ou l'autre de deux droites fixes H_1, H_2. Tous les points de H_1 ou de H_2 sont tels que la différence des carrés de leurs distances à D, D′ soit égale à k^2. Lieux de H_1 et de H_2 lorsque (A et A′ restant fixes) on fait varier k.

Lorsque (k ayant une valeur donnée) A et A′ se déplacent, les droites H_1 et H_2 restent parallèles à des plans fixes; toute droite H_1 rencontre une droite H_2 quelconque.

Par tout point tel que la différence des carrés de ses distances à D et à D′ soit égale à k^2, il passe une droite H_1 et une droite H_2.

Nota. — Dans tous les problèmes de construction (exerc. 424, 426, 426 *bis*, etc.), nous supposons, sauf indication spéciale du contraire (voir ci-dessous), qu'on sache :

Faire passer un plan par trois points donnés ;

Prendre l'intersection de deux plans ; d'une droite et d'un plan ;

Effectuer, dans un plan donné d'une façon quelconque dans l'espace, les constructions connues de la géométrie plane.

Cette supposition est purement conventionnelle, puisqu'il n'existe aucun moyen de réaliser pratiquement ces opérations. Toutefois, la Géométrie descriptive apprend à représenter par des figures planes les figures de l'espace ; et, dans ce mode de représentation, les constructions que nous venons d'énumérer peuvent être effectuées avec la règle et le compas.

Nous nommerons constructions *effectives* celles qui devront être réalisées sans le bénéfice de la convention précédente.

LIVRE VI

LES POLYÈDRES

CHAPITRE PREMIER

NOTIONS GÉNÉRALES

386. Définitions. — On nomme *polyèdre* (*fig.* 289) un volume limité par des surfaces toutes planes (1). Les portions de plans qui comprennent ainsi entre elles le polyèdre en sont dites les *faces*. Chaque face, étant limitée par ses intersections avec les faces voisines, est un polygone : les côtés de ce polygone (par exemple AB, *fig.* 289) sont les *arêtes* du polyèdre, et l'on voit que chaque arête est commune à deux faces (2). Les sommets des mêmes polygones (par exemple A, *fig.* 289) sont les *sommets* du polyèdre : chacun d'eux est commun à plusieurs faces (trois au moins) et est le sommet d'un angle polyèdre formé par ces faces (2).

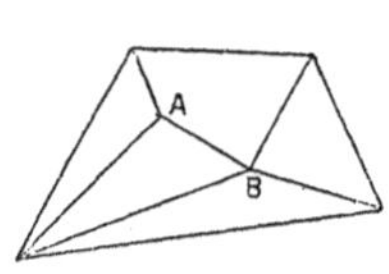

Fig. 289.

On nomme *diagonale* du polyèdre, toute droite qui joint deux

(1) Toutefois, par une restriction analogue à celle qui a été faite en géométrie plane (Pl., **21**), ne sont considérés comme polyèdres que des solides dont la surface-limite est *d'un seul tenant*, autrement dit ne se compose pas de plusieurs parties entièrement séparées les unes des autres.

(2) Dans certains cas singuliers, une arête est commune à plus de deux faces, ou un sommet est sommet commun de plusieurs angles polyèdres formés par les faces du solide ; ces cas exceptionnels, dus en réalité à ce que plusieurs arêtes ou plusieurs sommets viennent se confondre, ne se présentent pas dans les polyèdres convexes. Nous ne les rencontrerons jamais dans ce qui va suivre.

sommets non situés dans la même face ; *plan diagonal*, tout plan qui passe par trois sommets sans être une face.

Un polyèdre est dit *convexe* (*fig.* 292), s'il est situé tout entier d'un seul et même côté par rapport au plan d'une quelconque des faces, prolongé indéfiniment ; il est dit *concave*, dans le cas contraire.

Un polyèdre convexe a pour faces des polygones convexes ; car si une arête F (*fig.* 290) n'était pas tout entière du même côté d'une

Fig. 290. Fig. 291.

arête AB appartenant à cette face, elle ne serait pas tout entière du même côté de la face F′ contiguë à F suivant AB.

De même, l'*angle polyèdre formé par les faces attenant à un même sommet d'un polyèdre convexe est toujours convexe.*

Une droite ne peut couper la surface d'un polyèdre convexe en plus

Fig. 292. Fig. 293.

de deux points : sans quoi (*fig.* 291) les deux points de rencontre extrêmes ne seraient pas du même côté par rapport à la face qui passe par l'un des points de rencontre intermédiaire.

Nous avons classé les polygones plans d'après le nombre de leurs côtés : une pareille classification ne convient pas aux polyèdres, parce que, dans deux polyèdres qui ont le même nombre de faces, celles-ci peuvent être assemblées de façon très différentes : c'est le cas des polyèdres représentés par les fig. 289, 292, 293, lesquels ont chacun six faces.

387. On nomme *surface prismatique* la figure déterminée par des portions de plans parallèles à une même droite (ces plans étant limités à leurs intersections successives [1], toutes parallèles entre elles (Chap. II) et appelées *arêtes* de la surface) (*fig.* 294).

Théorème. — *Les sections d'une surface prismatique par des plans parallèles entre eux (mais non aux arêtes) sont des polygones égaux.*

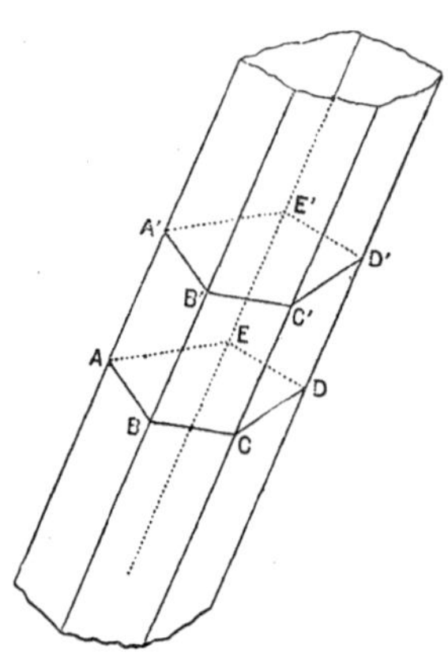

Fig. 294.

Soient ABCDE, A'B'C'D'E' (*fig.* 294) les sections d'une surface prismatique par deux plans parallèles. Pour démontrer que ces deux polygones sont égaux, il nous suffit (Pl., **50**) de démontrer que les triangles ABC, A'B'C' sont égaux et de même sens, ainsi que les triangles ABD, A'B'D'; ABE, A'B'E'. Or, les côtés homologues de ces triangles sont parallèles (par exemple, AC, parallèle à A'C'), comme sections de plans parallèles par un troisième, d'où résulte : d'abord, que ces côtés sont égaux (par exemple, AC = A'C'), comme côtés opposés de parallélogrammes, et ensuite que les angles formés entre eux sont égaux et de même sens (**333**).

On nomme *section droite* d'une surface prismatique, une section par un plan perpendiculaire à la direction commune des arêtes. D'après le théorème précédent, toutes les sections droites d'une même surface prismatique sont des polygones égaux.

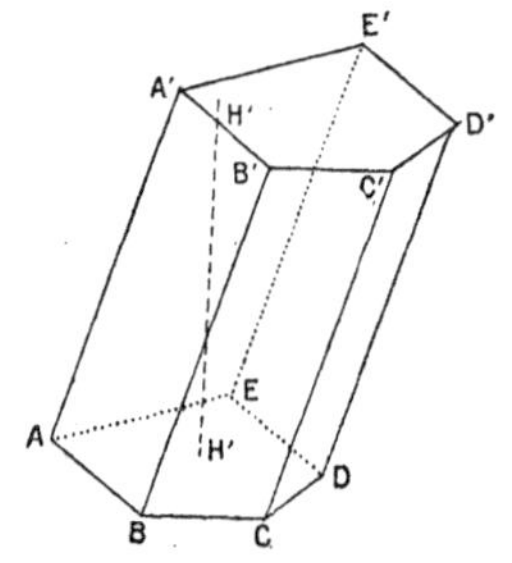

Fig. 295.

On nomme *prisme* un polyèdre compris entre une surface prismatique et deux plans parallèles entre eux (mais non aux arêtes de la surface prismatique) (*fig.* 295). Les faces comprises

(1) Il est sous-entendu que deux plans consécutifs se coupent, et que le dernier coupe le premier.

dans ces deux derniers plans sont les *bases* du prisme, tandis que celles qui appartiennent à la surface prismatique sont les *faces latérales* et que les arêtes de la surface prismatique donnent les *arêtes latérales*. D'après le théorème précédent, les bases d'un prisme sont des polygones égaux. Les faces latérales sont toutes des parallélogrammes, les arêtes latérales sont toutes égales entre elles.

On voit encore que, si l'on se donne la base ABCDE (*fig.* 295) d'un prisme et une arête AA′ en grandeur et direction, il suffira, pour construire le polyèdre, de mener les arêtes BB′, CC′, etc., égales et parallèles à AA′.

On nomme *hauteur* d'un prisme, la distance (**345**) des plans des bases (HH′. *fig.* 295).

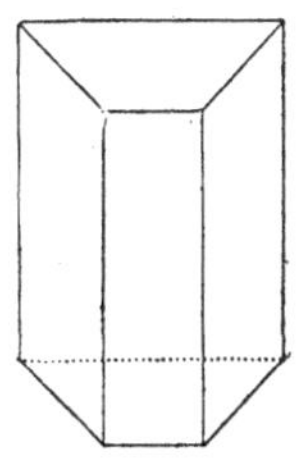

Fig. 296.

Lorsque les bases sont des sections droites de la surface prismatique, le prisme est dit *droit* (*fig.* 296).

Dans ce cas, bien entendu, la hauteur n'est autre que l'arête latérale; les faces latérales sont des rectangles.

On peut classer les prismes d'après le nombre des faces latérales, égal au nombre de côtés du polygone de base. Ainsi un prisme pourra être triangulaire, quadrangulaire, pentagonal (*fig.* 295), etc.

388. Théorème. — *L'aire latérale d'un prisme est égale au produit de l'arête latérale par le périmètre de la section droite.*

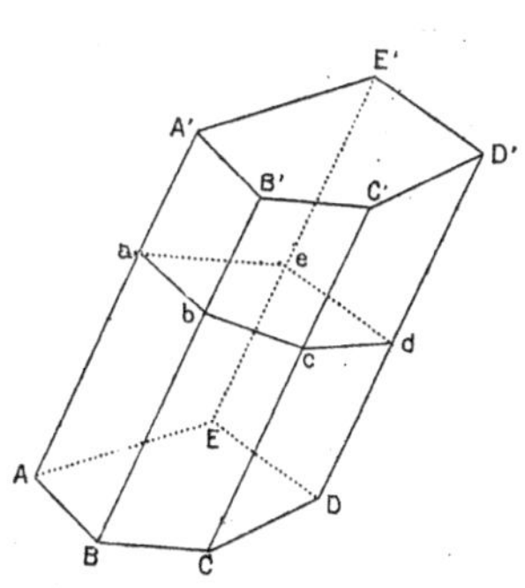

Fig. 297.

Soit le prisme ABCDE A′B′C′D′E′ (*fig.* 297) dont la section droite est *abcde*, de sorte que *ab*, *bc*,... sont tous perpendiculaires à la direction des arêtes latérales. La face ABA′B′, qui est un parallélogramme, est égale au produit de sa base AA′ par sa hauteur, laquelle n'est autre que *ab*; la face BCB′C′, au produit de sa base BB′ par sa hauteur *bc*; etc. Donc l'aire latérale (c'est-à-dire la somme des aires des faces latérales) est bien égale au produit de l'arête latérale, valeur commune de AA′, BB′,... par la somme $ab+bc+cd+de+ea$.

C. Q. F. D.

389. On appelle *parallélépipède* un prisme qui a pour bases des parallélogrammes (*fig.* 292). Toutes les faces sont alors des parallélogrammes.

Un parallélépipède peut être considéré comme prisme de trois façons différentes, deux faces opposées quelconques (dans la *fig.* 292, ABCD et A′B′C′D′, ou ABA′B′ et CDC′D′, ou BCB′C′ et ADA′D′) pouvant être choisies comme bases.

Un parallélépipède a douze arêtes, égales et parallèles quatre à quatre.

Théorème. — *Dans un parallélépipède, les diagonales se coupent en un même point, situé au milieu de chacune d'elles.*

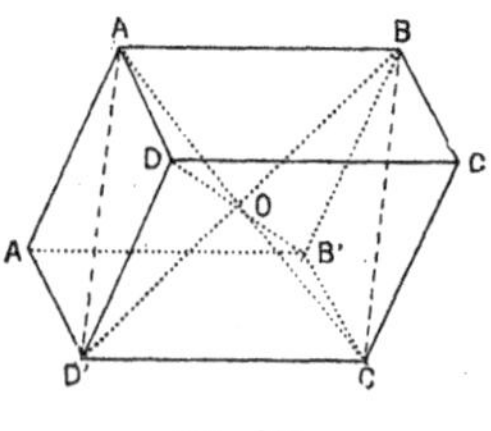

Fig. 298.

Un parallélépipède ABCDA′B′C′D′ (*fig.* 298) a quatre diagonales AC′, BD′, CA′, DB′. Nous avons à prouver que les milieux de deux quelconques d'entre elles, AC′ et BD′, par exemple, coïncident. Or c'est ce qui résulte de ce que la figure ABC′D′ ayant les côtés AB, D′C′ égaux et parallèles, est un parallélogramme, dont les diagonales se divisent mutuellement en parties égales.

390. Un *parallélépipède droit* est un parallélépipède qui est en même temps un prisme droit, c'est-à-dire dont les arêtes latérales sont perpendiculaires au plan de la base.

On nomme parallélépipède *rectangle*, un parallélépipède droit qui a pour base un rectangle. Toutes les faces sont alors des rectangles.

Un parallélépipède rectangle est un prisme droit, quelle que soit la face considérée comme base, puisque chaque arête est perpendiculaire à ses voisines et, par conséquent, aux plans des faces qu'elles déterminent.

Au contraire, un parallélépipède droit qui n'est pas rectangle, n'est un prisme droit que d'une seule façon.

390 *bis*. Les longueurs de trois arêtes, non parallèles entre elles (par exemple des trois arêtes issues d'un même sommet) d'un parallélépipède rectangle, en sont dites les trois *dimensions*.

Deux parallélépipèdes rectangles dont les dimensions sont égales chacune à chacune sont évidemment égaux.

On nomme *cube* un parallélépipède rectangle qui a ses trois dimensions égales entre elles, de sorte que toutes les faces sont des carrés.

Deux cubes de même arête sont égaux.

391. Théorème. — *Dans un parallélépipède rectangle :*

1° *Les diagonales sont égales ;*

2° *Le carré d'une diagonale est égal à la somme des carrés des trois dimensions.*

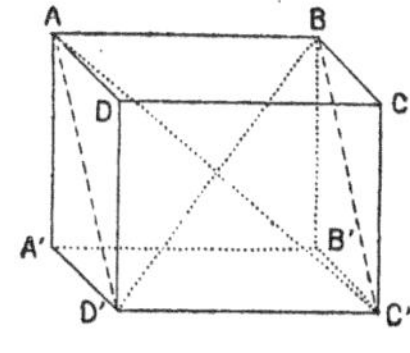

Fig. 299.

Dans le parallélépipède rectangle ABCD A'B'C'D' (*fig.* 299), les diagonales AC', BD' sont égales, car le quadrilatère ABC'D' est un rectangle (la droite AB étant perpendiculaire au plan BCB'C', lequel contient BC').

De plus on a $\overline{AC'}^2 = \overline{BD'}^2 = \overline{AB}^2 + \overline{AD'}^2$, d'après le théorème du carré de l'hypoténuse.

Mais $\overline{AD'}^2$ est, d'après le même théorème, égal a $\overline{AA'}^2 + \overline{A'D'}^2$.

Donc on a bien $\overline{AC'}^2 = \overline{AB}^2 + \overline{AA'}^2 + \overline{A'D'}^2 = \overline{AB}^2 + \overline{AA'}^2 + \overline{AD}^2$.

392. On nomme *pyramide* (*fig.* 293, 300) un polyèdre dont toutes les faces moins une ont un sommet commun (dit *sommet* de la pyramide). Il est clair que cette définition revient à la suivante : une pyramide est le solide obtenu en coupant un angle polyèdre par un plan qui rencontre toutes les arêtes. La face située dans ce plan sécant est dite la *base* de la pyramide : les autres sont les *faces latérales* et les arêtes issues du sommet sont les *arêtes latérales*.

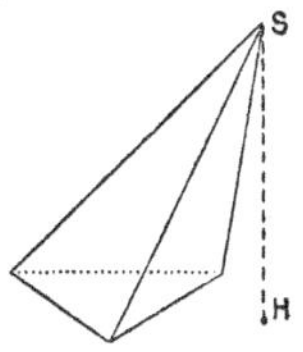

Fig. 300.

Il est clair qu'une pyramide est déterminée par sa base et son sommet : les faces latérales sont les triangles qui ont pour sommet commun le sommet de la pyramide et, pour bases respectives les côtés de sa base.

On nomme *hauteur* d'une pyramide, la perpendiculaire abaissée du sommet sur le plan de la base (*fig.* 300, SH).

393. Théorème. — *La section d'une pyramide par un plan parallèle à sa base est semblable à cette base.*

(Autrement dit, *les sections d'un angle polyèdre par des plans parallèles sont semblables entre elles*).

Le rapport de similitude des deux polygones est égal au rapport des distances de leurs plans respectifs au sommet (ou au rapport des segments que ces plans interceptent, sur une arête quelconque, à partir du sommet).

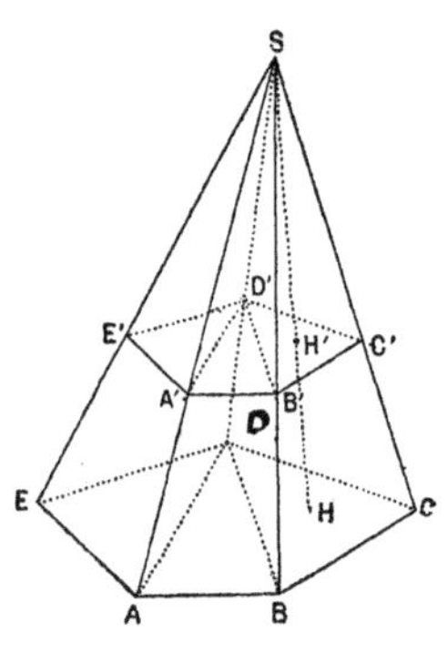

Fig. 301.

Soit la pyramide SABCDE (*fig.* 301) coupée par le plan A'B'C'D'E' parallèle à la base et que nous supposerons, pour fixer les idées, situé du même côté du sommet que cette base. Considérons trois sommets quelconques, A,B et D, par exemple, et les sommets correspondants A', B', D' de la section. Les côtés AB, BD, DA sont respectivement parallèles aux côtés correspondants du triangle A'B'D' et de même sens [1] : ces deux triangles ont donc les angles égaux chacun à chacun ; ils sont semblables et de même sens. Leur rapport de similitude est égal (dans les triangles semblables, SAB, SA'B'), au rapport $\frac{SA}{SA'}$, rapport qui est d'ailleurs égal (**336**, coroll.) aux rapports analogues $\frac{SB}{SB'}$, $\frac{SC}{SC'}$, etc., ainsi qu'au rapport $\frac{SH}{SH'}$ des distances du point S aux deux plans parallèles ABCDE, A'B'C'D'E'.

Si alors nous prenons l'homothétique du polygone A'B'C'D'E' (par rapport à un pôle quelconque situé dans son plan), avec $\frac{SH}{SH'}$ pour rapport d'homothétie, le polygone $A_1B_1C_1D_1E_1$ sera tel que les triangles $A_1B_1C_1$, $A_1B_1D_1$, etc., seront respectivement égaux à ABC, ABD, etc., et de même sens : il sera donc égal à ABCDE (Pl., **50**).

Remarque. — D'une façon générale, le raisonnement précédent montre qu'*en joignant à un point fixe tous les points d'une figure*

(1) Si le plan sécant A'B'C'D'E' et le plan de base étaient de part et d'autre de S, les côtés des deux triangles ABD, A'B'D' seraient parallèles et de sens contraires : les deux triangles eux-mêmes seraient semblables et de même sens, et les conclusions ultérieures subsisteraient sans changement.

plane et coupant les droites de jonction par un plan parallèle à celui de cette figure, on obtient une figure semblable à la première.

C. Q. F. D.

Corollaire. — *Les aires de la base et de la section considérée dans le théorème précédent sont entre elles comme les carrés des distances du sommet à leurs plans respectifs.*

Ceci n'est que l'application, aux polygones en question, du théorème du n° **257** (Pl., liv. IV).

394. Une pyramide *régulière* (SABCDE, *fig.* 293) est celle qui a pour base un polygone régulier et dont la hauteur tombe au centre de la base (SO, *fig.* 293).

Toutes les arêtes latérales d'une pyramide régulière sont égales (comme obliques également écartées du pied de la perpendiculaire SO); toutes les faces latérales sont les triangles isoscèles égaux (comme ayant les trois côtés égaux chacun à chacun). La hauteur issue du sommet, dans l'un quelconque de ces triangles (SH, *fig.* 293) a reçu le nom d'*apothème* de la pyramide régulière.

Théorème. — *L'aire latérale d'une pyramide régulière est égale au demi-produit du périmètre de la base par l'apothème.*

Dans la pyramide régulière SABCDE (*fig.* 293), le triangle SAB a pour mesure le demi-produit de l'apothème SH par le côté AB; le triangle SBC, le demi-produit de l'apothème par le côté BC; et ainsi de suite. Donc l'aire latérale, c'est-à-dire la somme des triangles SAB, SBC, SCD, SDE, SEA, a pour mesure le demi-produit de l'apothème par la somme AB + BC + CD + DE + EA.

394 *bis*. On classe les pyramides d'après le nombre de leurs faces latérales (égal au nombre des côtés de la base) en *triangulaires*, *quadrangulaires*, *pentagonales*, etc.

La pyramide triangulaire a reçu le nom de *tétraèdre* (*fig.* 300). Elle a en tout quatre faces (le moindre nombre qu'un polyèdre puisse posséder) toutes triangulaires. *Un tétraèdre peut être regardé comme pyramide de quatre façons différentes*, une face quelconque pouvant être prise comme base.

395. *Tout polyèdre peut être décomposé en pyramides.*

En effet :

1° Si le polyèdre est convexe, il peut être décomposé en pyramides ayant, pour sommet commun, un sommet du polyèdre et pour bases respectives, les faces qui ne contiennent pas ce sommet; ou encore, ayant pour bases, successivement, toutes les faces du polyèdre et pour sommet commun un point intérieur;

2° Un polyèdre concave peut être décomposé en polyèdres convexes (lesquels se décomposent eux-mêmes en pyramides, ainsi qu'il vient d'être dit) : il suffira, pour cela [1], de prolonger indéfiniment les plans de toutes les faces : on décomposera ainsi l'espace en plusieurs régions, dont un certain nombre, lesquelles seront évidemment des polyèdres convexes, constitueront par leur ensemble le polyèdre donné.

Comme toute pyramide peut être manifestement décomposée en pyramides triangulaires (il suffit de diviser le polygone de base en triangles), *tout polyèdre est décomposable en tétraèdres.*

EXERCICES

520. Toute droite menée par le point d'intersection des diagonales d'un parallélépipède est divisée par ce point et la surface du polyèdre en deux parties égales.

521. Étant données trois droites, dont deux quelconques ne sont pas dans un même plan, construire un parallélépipède qui ait une arête sur chacune d'elles [2].

521 *bis.* Lieu du centre du parallélépipède précédent, lorsque, deux des droites restant fixes, la troisième se meut parallèlement à elle-même dans un plan donné.

522. Si les diagonales d'un parallélépipède sont toutes égales, le parallélépipède est rectangle.

523. Construire un cube, connaissant la longueur d'une de ses diagonales.

524. Soient A, C′ deux sommets opposés d'un parallélépipède ABCDA′B′C′D′; B, D, A′, les sommets voisins du point A; D′, B′, C, les sommets voisins du point C′. Prouver :

1° Que la diagonale AC′ passe par les centres de gravité des triangles BDA′, D′B′C;

2° Qu'elle est divisée par ces deux points en trois parties égales;

3° Si le parallélépipède considéré est un cube, les triangles BDA′, D′B′C sont équilatéraux et la droite AC′ est perpendiculaire à leurs plans.

525. On coupe un cube par un plan perpendiculaire à une de ses diagonales. Étudier la forme de la section, en supposant que le plan prenne toutes les positions possibles sans cesser d'être perpendiculaire à la diagonale.

Cas où le plan de section est perpendiculaire au milieu de la diagonale.

(1) Comparer Pl., **148**.

(2) Bien entendu, dans les problèmes de construction, il est tenu compte de la note placée à la fin des problèmes du livre précédent : on se servira donc de la convention formulée en cet endroit, sauf lorsqu'il sera question de constructions *effectives*.

526. On appelle *tétraèdre régulier* celui dont toutes les arêtes sont égales et, par conséquent, toutes les faces équilatérales.

Montrer que les sommets d'un cube peuvent être divisés en deux groupes, de manière que les sommets de chaque groupe soient ceux d'un tétraèdre régulier.

527. Si un point se déplace dans le plan de la base d'une pyramide régulière et à l'intérieur de cette base, la somme de ses distances aux faces latérales reste constante.

La somme des segments interceptés par les faces latérales sur la perpendiculaire au plan de base menée par ce point reste également constante.

Que deviennent ces propriétés lorsque le point considéré devient extérieur au polygone de base, tout en restant dans son plan?

528. Les droites qui joignent les sommets d'un tétraèdre aux centres de gravité des faces opposées concourent en un même point, qui divise chacune d'elles dans le rapport de 1 à 3.

Les droites joignant les milieux des arêtes opposées passent par le même point, lequel divise chacune d'elles en deux parties égales.

529. Si trois segments de droites, non situés dans un même plan, passent par un même point et y sont divisés chacun en deux parties égales, on peut trouver, et de plusieurs manières, un tétraèdre tel que les milieux de ses arêtes soient les extrémités des segments considérés.

530. Si, par la droite qui joint les milieux des deux arêtes opposées d'un tétraèdre, on mène un plan qui coupe deux autres arêtes opposées, la droite qui joint les points d'intersection est divisée par la première en deux parties égales.

531. Les plans menés perpendiculairement aux arêtes d'un tétraèdre en leurs milieux sont concourants.

532. Les plans bissecteurs des dièdres d'un tétraèdre sont concourants.

533. Si, par chaque arête d'un tétraèdre, on mène un plan tel que le dièdre formé par ce plan avec le plan qui passe par l'arête en question et un point déterminé O de l'espace ait même plan bissecteur que le dièdre du tétraèdre donné qui a la même arête, les six plans ainsi menés passent par un même point O'.

534. Les plans menés, par le milieu de chaque arête d'un tétraèdre, perpendiculairement à l'arête opposée, se coupent en un même point, lequel est en ligne droite avec celui qui fait l'objet de l'exercice 528 et celui qui fait l'objet de l'exercice 531.

535. On mène, dans chacun des angles trièdres d'un tétraèdre, la droite dont l'existence fait l'objet de l'exercice 491. Dans quelles conditions ces quatre droites sont-elles concourantes? — Montrer qu'alors les quatre hauteurs du tétraèdre se coupent également en un même point.

(Les sommets du tétraèdre ont alors la disposition considérée à l'exercice 516 : un tel tétraèdre est dit à *arêtes orthogonales*).

536. Résoudre une question analogue pour la droite dont l'existence fait l'objet de l'exercice 490 (Réponse : les sommes des arêtes opposées doivent être égales entre elles).

537. Même question pour la droite dont l'existence fait l'objet de l'exercice 492.

538. Étant données les longueurs des arêtes d'un tétraèdre, trouver *effectivement* (1) les quatre hauteurs.

(1) Voir la note placée à la fin des problèmes du Ve livre.

CHAPITRE II

VOLUME DU PRISME

396. Deux polyèdres sont dit *adjacents* lorsqu'ils ont une ou plusieurs faces (ou portions de faces) communes en étant, à cela près, entièrement extérieurs l'un à l'autre.

Étant donnés deux polyèdres adjacents P, P′, si l'on supprime les faces communes, on forme un troisième polyèdre P″, qui n'est autre que l'ensemble des deux premiers et qui en est dit la *somme*.

397. Définir les volumes des polyèdres, c'est faire correspondre à chaque polyèdre une grandeur (dite *volume* du polyèdre) possédant les propriétés suivantes :

I. *Deux polyèdres égaux ont le même volume, quelles que soient leurs situations dans l'espace ;*

II. *Le polyèdre* P″, *somme de deux polyèdres adjacents* P *et* P′, *a pour volume la somme des volumes de* P *et de* P′.

Nous admettrons qu'une pareille correspondance existe ([1]).

Il est d'ailleurs clair, comme pour les aires en géométrie plane, que, du moment qu'elle existe, elle existe d'une infinité de façons : car on peut évidemment remplacer la grandeur en question par une grandeur proportionnelle, sans que les propriétés I et II soient altérées. Aussi étudierons-nous plus particulièrement les rapports des volumes entre eux, ou encore les mesures des volumes.

On doit, à cet effet, commencer par désigner un certain polyèdre dont le volume sera pris pour unité : la mesure d'un volume quelconque sera le rapport de ce volume à l'unité.

Nous convenons, ici dans et tout ce qui va suivre, de prendre pour unité de volume, le volume du cube qui a pour arête l'unité de longueur.

(1) Voir à la fin du volume (note F) la démonstration de ce fait.

Cette convention, ainsi que la convention analogue du n° **244** (Pl., liv. IV) sera implicitement supposée dans tous les théorèmes relatifs aux volumes.

Deux polyèdres qui ont même volume (sans être, en général, égaux) sont dits *équivalents*.

Remarque. — De la propriété II résulte qu'*un polyèdre* P′, *entièrement intérieur à un autre polyèdre* P, *a un volume plus petit que celui de* P.

398. Parallélépipède rectangle.

Théorème. — *Deux parallélépipèdes rectangles qui ont même base sont entre eux comme leurs hauteurs.*

D'après les considérations que nous avons déjà invoquées plusieurs fois, il suffit d'établir :

1° Que deux parallélépipèdes rectangles de même base et de même hauteur ont même volume : ce qui n'est autre que l'application de la propriété I, puisque de tels parallélépipèdes sont égaux ;

2° que si trois parallélépipèdes P, P′, P″ ont même base et que la hauteur de P″ soit la somme des hauteurs de P et de P′, le volume de P″ est la somme des volumes de P et de P′.

C'est ce qui résulte de la propriété II, puisque, si l'on divise la hauteur de P″ (*fig.* 302) en deux segments égaux respectivement,

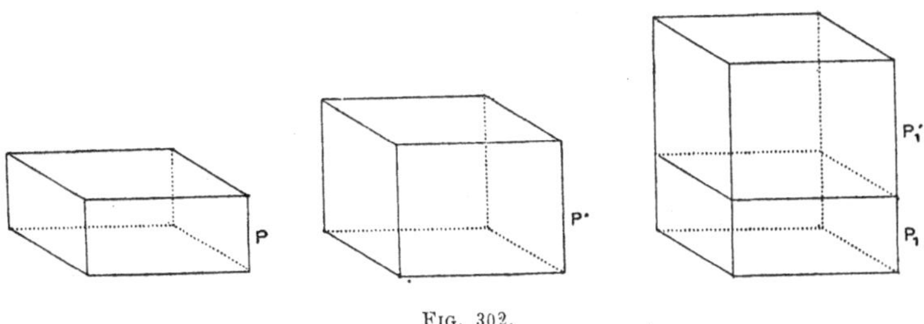

Fig. 302.

l'un à la hauteur de P, l'autre à celle de P′ et que, par le point de division on mène un plan parallèle à la base de P″, on décompose ce dernier en deux paralélépipèdes P_1, P'_1 égaux, l'un à P, l'autre à P′.

Le théorème est donc démontré. Nous engageons d'ailleurs le lecteur à répéter, sur cet exemple, la démonstration du théorème général d'arithmétique, comme nous l'avons fait plusieurs fois en Géométrie plane.

Comme n'importe quelle face d'un parallélépipède rectangle peut être prise comme base, il y a lieu d'énoncer le théorème précédent sous la forme suivante :

Deux parallélépipèdes rectangles qui ont deux dimensions communes sont entre eux comme les troisièmes dimensions.

399. Théorème. — *Deux parallélépipèdes rectangles sont entre eux comme les produits de leurs trois dimensions.*

Nous venons de voir que, lorsque deux dimensions d'un parallélépipède rectangle restent constantes et que la troisième varie seule, le volume est proportionnel à cette troisième dimension. La proposition actuelle n'est donc que l'application de ce théorème d'arithmétique [1] : *Une grandeur qui est proportionnelle à plusieurs autres, est proportionnelle à leur produit.*

Toutefois, en raison de l'importance de cette proposition, nous reprendrons, en l'appliquant au cas qui nous occupe, la marche suivie en arithmétique, comme nous l'avons fait pour l'aire du rectangle.

Cette marche consiste, — en appelant a, b, c les trois dimensions du premier parallélépipède P ; a', b', c', celles du second parallélépipède P', — à considérer deux parallélépipèdes auxiliaires P_1, P_2 dont l'un a pour dimensions a', b, c et l'autre a', b', c.

Dans les deux parallélépipèdes P, P_1, la première dimension diffère seule : on a donc (n° précédent)

$$\frac{P}{P_1} = \frac{a}{a'}.$$

De même, le parallélépipède P_2 ne diffère de P_1 que par la dimension b changée en b' : on a donc

$$\frac{P_1}{P_2} = \frac{b}{b'}.$$

(1) Tannery, *Leçons d'Arithmétique*, ch. XI.

Enfin, les parallélépipèdes P_2, P' ne diffèrent que par la dernière dimension ; donc

$$\frac{P_2}{P'} = \frac{c}{c'}.$$

Dans les égalités précédentes, les premiers membres représentent des rapports de volumes (les rapports mutuels des parallélépipèdes P, P_1, P_2, P') et les seconds membres, des rapports de longueurs. Mais nous savons (Pl., **106**) que ces rapports ne changent pas de valeur si nous remplaçons les grandeurs de chaque espèce par les nombres qui les mesurent, relativement à une même unité. Nous admettrons donc, conformément à la convention du n° **69** (Pl., liv. II), qu'on a choisi une certaine unité de volume, une certaine unité de longueur et que les lettres P, P_1, P_2, P' ; a, b, c, a', b', c' désignent, non plus les volumes et les longueurs de ce nom, mais les nombres qui leur servent respectivement de mesures. Dans ces conditions, si nous multiplions membre à membre les égalités précédentes, ce qui donne

$$\frac{P}{P_1} \cdot \frac{P_1}{P_2} \cdot \frac{P_2}{P'} = \frac{a}{a'} \cdot \frac{b}{b'} \cdot \frac{c}{c'},$$

le premier membre, qui est un produit de fractions, pourra s'écrire $\frac{P\,P_1\,P_2}{P_1\,P_2\,P'}$. On pourra également diviser le numérateur et le dénominateur par $P_1\,P_2$, et il viendra

$$\frac{P}{P'} = \frac{abc}{a'b'c'}$$

C. Q. F. D.

400. Introduisons maintenant la supposition faite en commençant, à savoir que l'on prend pour unité de volume le cube qui a pour arête l'unité de longueur : alors le théorème précédent nous donne la *mesure du parallélépipède rectangle.*

Théorème. — *Le volume d'un parallélépipède rectangle est égal au produit de ses trois dimensions.*

Cet énoncé n'a de sens que moyennant la convention établie précédemment (Pl., **69**) : sa signification est celle-ci :

Le nombre *qui mesure le volume d'un parallélépipède rectangle est égal au produit des* nombres *qui mesurent ses trois dimensions.*

C'est ce qui résulte du théorème précédent, lorsqu'on prend, pour le second parallélépipède P′, le cube qui a pour arête l'unité de longueur et dont le volume est, par hypothèse, pris pour unité de volume. Alors, les nombres a', b', c', P′ étant tous égaux à 1, le théorème précédent donne simplement

$$P = abc$$

C. Q. F. D.

On voit clairement, par la démonstration même qui précède, que l'exactitude du théorème est subordonnée à la convention formulée plus haut, d'après laquelle on prend pour unité de volume le cube construit sur l'unité de longueur.

Si donc on veut que ce théorème (et les suivants) soient vrais, on peut choisir arbitrairement l'unité de longueur, mais, ce choix une fois fait, celui de l'unité de volume, comme celui de l'unité d'aire, est déterminé. On exprime souvent ce fait en disant que l'unité de volume est, comme l'unité d'aire, une unité *dérivée*.

401. Ayant appris à mesurer le volume du parallélépipède rectangle, nous déduirons de cette mesure celle du parallélépipède droit et de celle-ci, celle du parallélépipède oblique. Cette double déduction s'opérera au moyen du théorème suivant :

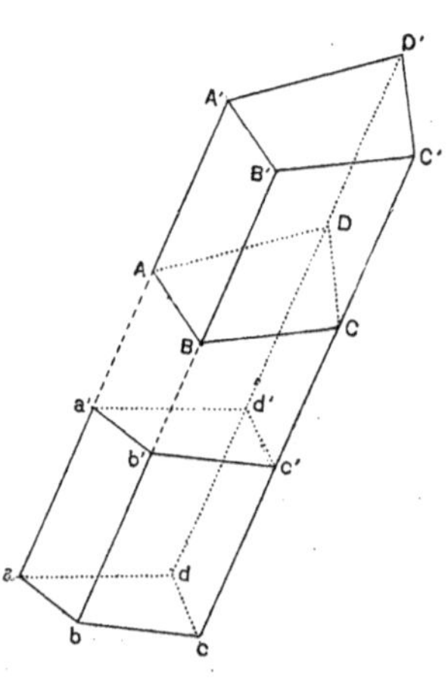

Fig. 303.

Théorème. — *Tout prisme oblique est équivalent au prisme droit qui a pour base la section droite et pour hauteur l'arête latérale.*

Soit le prisme oblique ABCDA′B′C′D′ (*fig.* 303). Prolongeons toutes les arêtes latérales dans un même sens : soit, pour fixer les idées, l'arête A′A au delà du point A, l'arête B′B au delà du point B, etc.; puis menons les deux sections droites $a'b'c'd'$, $abcd$, coupant toutes deux les prolongements des arêtes, comme l'indique la figure, et telles que la distance mutuelle des deux plans de section soit égale à l'arête latérale du prisme donné ABCD A'B'C'D'. Nous avons à prouver que celui-ci est équivalent au prisme droit *abcd a'b'c'd'*.

A cet effet, ajoutons à ces deux prismes un même polyèdre, le solide *a'b'c'd'*ABCD. Il nous suffit de faire voir que les deux polyèdres *abcd*ABCD, *a'b'c'd'*A'B'C'D' ainsi obtenus sont équivalents.

Or nous allons voir que ces deux derniers polyèdres sont égaux.

Transportons, en effet, le second de ces polyèdres sur le premier, de manière à faire coïncider les bases égales *a'b'c'd'*, *abcd*. L'arête *a'*A', perpendiculaire au plan *a'b'c'd'* en *a'*, viendra suivant une perpendiculaire au plan *abcd* menée par *a* : elle coïncidera donc avec *a*A en direction, et aussi en sens, car les deux trièdres *a'*A'*b'd'*, *a*A*bd* ont la même disposition (puisque les dièdres suivant *a'*A' et *a*A sont de même sens). Mais, d'autre part, *a'*A' et *a*A, sont égaux, comme se composant d'une partie commune *a'*A ajoutée à des segments égaux *aa'*, AA'. Donc le point A' vient coïncider avec le point A.

Le même raisonnement s'appliquant à tous les autres sommets, la superposition est complète. Les deux polyèdres *abcd*ABCD, *a'b'c'd'*A'B'C'D' sont bien égaux, et, par suite, les deux prismes ABCDA'B'C'D', *abcda'b'c'd'*, équivalents.

C. Q. F. D.

402. Parallélépipède droit.

Théorème. — *Le volume d'un parallélépipède droit est égal au produit de sa base par sa hauteur.*

Soit le parallélépipède droit ABCDA'B'C'D' (*fig.* 304), qui est droit si nous considérons ABCD comme base, de sorte que les arêtes AA', BB', CC', DD' sont perpendiculaires au plan ABCD, mais qui n'est pas rectangle, la face ABCD n'ayant pas ses angles droits. Si nous l'envisageons, au contraire, comme prisme ayant pour bases les faces ABA'B', CDC'D' et pour arêtes latérales AD, BC, A'D', B'C', ce même

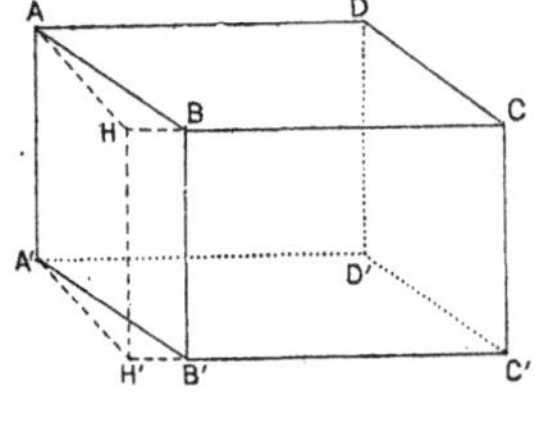

FIG. 304.

parallélépipède sera un prisme oblique, auquel nous pourrons appliquer le théorème précédent.

Nous mènerons donc la section droite, que nous pourrons faire passer par AA′ (puisque cette arête est perpendiculaire à AD). Cette section droite AA′HH′ est un rectangle, puisque AA′ est perpendiculaire au plan ABCD. Donc le parallélépipède droit qui a pour base AA′HH′ et pour hauteur AD est un parallélépipède rectangle. Son volume est, comme nous le savons, AA′ $\times$ AH $\times$ AD.

Comme AH $\times$ AD est la surface de la base ABCD du parallélépipède donné, celui-ci est bien mesuré par le produit de cette base et de la hauteur AA′.

403. Prisme droit.

Du volume du parallélépipède droit résulte celui du prisme droit.

Théorème. — *Le volume d'un prisme droit est égal au produit de sa base par sa hauteur.*

1° Soit d'abord un prisme droit triangulaire ABCA′B′C′ (*fig.* 305). Achevons les parallélogrammes ABCD, A′B′C′D′ (D, D′ étant les sommets opposés à A, A′) : ces parallélogrammes sont les bases d'un parallélépipède droit ABCDA′B′C′D′, composé du prisme triangulaire donné et du prisme triangulaire BCDB′C′D′. Or ce second prisme est égal au premier.

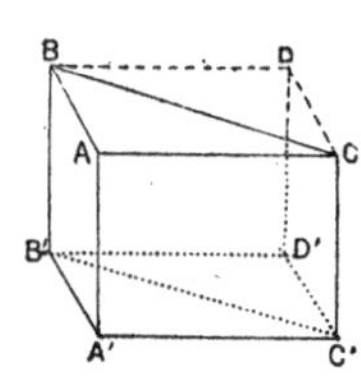

Fig. 305.

En effet, les triangles ABC, DCB, moitiés d'un même parallélogramme, sont égaux et de même sens de rotation. Si le second de ces triangles se déplace dans son plan de manière à venir coïncider avec le premier, en entraînant le prisme BCDB′C′D′, l'arête DD′, perpendiculaire au plan de base en D, viendra coïncider avec AA′ en direction et aussi en sens (puisqu'elle n'a pas changé de côté par rapport au plan de base) ; comme elle est égale à AA′, le point D′ viendra en A′. De même les sommets B′, D′ viendront respectivement en D′, B′, et le second prisme coïncidera avec le premier.

Ces deux prismes étant égaux, leur somme, c'est-à-dire le parallélépipède, est double de l'un d'eux. Donc le prisme ABCA′B′C′ a bien pour mesure la moitié du parallélogramme ABCD (par conséquent le triangle ABC) multipliée par la hauteur.

2° Soit le prisme polygonal ABCDEA'B'C'D'E' (*fig.* 306). On peut le décomposer en prismes triangulaires ayant pour bases respectives les triangles dans lesquels on peut décomposer la base ABCDE. Ces prismes ayant même hauteur, leur somme s'obtient en multipliant cette hauteur par la somme des bases, c'est-à-dire par la base totale ABCDE.

C. Q. F. D.

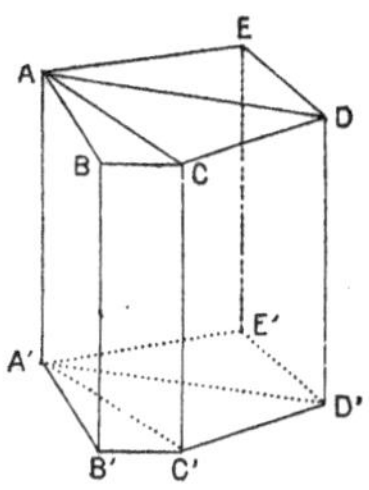

Fig. 306.

Corollaire. — *Le volume d'un prisme oblique est égal au produit de sa section droite par son arête latérale.* Cela résulte du théorème précédent, en vertu du théorème du n° **401**.

Deux prismes qui ont même section droite et même arête latérale, sont équivalents.

404. Parallélépipède quelconque.

Théorème. — *Le volume d'un parallélépipède quelconque est égal au produit de sa base par sa hauteur.*

Soit le parallépipède ABCDA'B'C'D' (*fig.* 307). Nous allons montrer que son volume est égal au produit de la base ABCD par la hauteur correspondante.

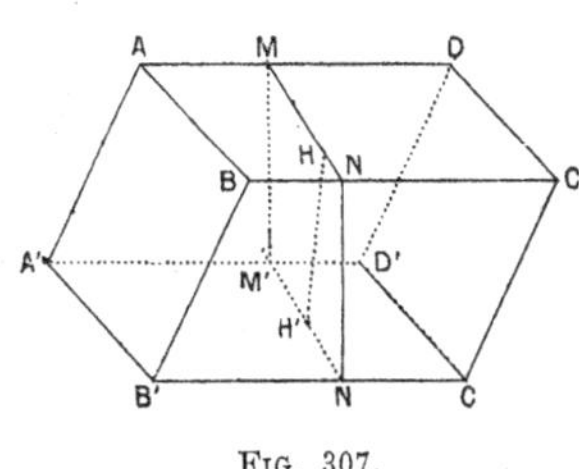

Fig. 307.

A cet effet, nous considérerons tout d'abord le solide comme un prisme ayant pour base la face ABA'B', prisme en général oblique et auquel nous appliquerons le théorème du n° **401**.

Ce théorème nous montre que, en désignant par MNM'N' la section droite du prisme, celui-ci est équivalent au parallélépipède droit qui a pour base MNM'N' et pour hauteur AD; de sorte que son volume est mesuré (théor. préc.) par AD × surf. MNM'N', ou encore par AD × MN × HH', en désignant par HH' la hauteur du parallélogramme MNM'N'. MN est la hauteur du parallélogramme ABCD, de sorte que AD × MN représente la surface de la base du parallélépipède donné.

D'autre part, HH′ représente la hauteur de ce même parallélépipède ; car, étant menée dans le plan MNM′N′, perpendiculairement à l'arête du dièdre droit M′. MN. A, elle est perpendiculaire au plan ABCD (**354**).

Comme nous trouvons, pour le volume considéré, l'expression surf. ABCD × HH′, le théorème est démontré.

405. Prisme quelconque.

Lemme. — *Le plan qui passe par deux arêtes opposées d'un parallélépipède divise ce solide en deux prismes triangulaires équivalents.*

Soit le parallélépipède ABCDA′B′C′D′, que le plan ACA′C′ divise en deux prismes triangulaires ABCA′B′C′, ACDA′C′D′ (*fig.* 308).

Si nous coupons la figure par un plan perpendiculaire à AA′, ce plan déterminera les sections droites *abc*, *acd* des deux prismes triangulaires : ces sections seront égales, puisque *abcd* est un parallélogramme. Les deux prismes, ayant même section droite et même arête latérale, sont bien équivalents (**403**, coroll.).

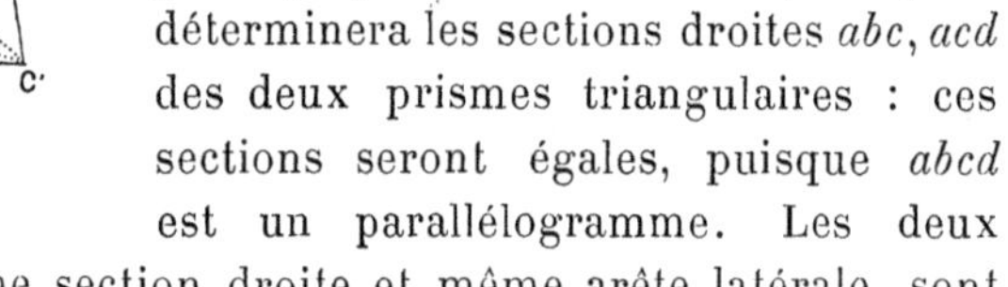

Fig. 308.

Théorème. — *Le volume d'un prisme est égal au produit de sa base par sa hauteur :*

1° Considérons d'abord un prisme triangulaire ABCA′B′C′ (*fig.* 309). Le parallélogramme ABCD, qui a trois sommets communs avec le

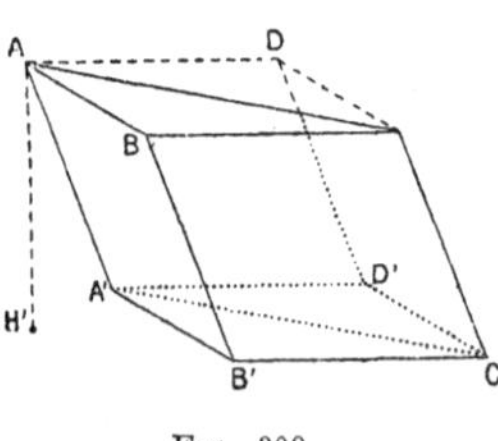

Fig. 309.

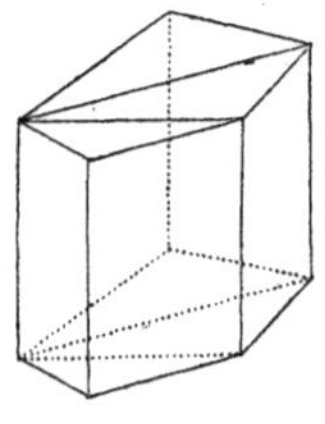

Fig. 310.

triangle ABC, sert de base à un parallélépipède qui est (lemme précéd.) double du prisme donné. Celui-ci a donc pour mesure le produit de sa hauteur par la moitié du parallélogramme ABCD, c'est-à-dire par le triangle ABC.

2° Si le prisme donné est polygonal, on le décomposera en prismes triangulaires (voir la fig. 310) et l'on raisonnera comme au n° **403**, 2°.

EXERCICES

539. Le volume d'un prisme triangulaire est égal au demi-produit d'une face latérale quelconque par la distance de cette face à l'arête opposée.

540. Sur trois parallèles données, on prend trois longueurs égales entre elles AA', BB', CC'. Démontrer que le volume du prisme ainsi formé ne dépend que de la position des parallèles données et de la longueur commune des arêtes AA', BB', CC', mais non de la place occupée par ces segments sur les droites qui les portent.

541. Sur trois faces SBC, SCA, SAB d'un tétraèdre, comme bases inférieures, on construit trois prismes, quelconques d'ailleurs, extérieurs au tétraèdre. I étant le point d'intersection des plans des bases supérieures, on construit, sur la quatrième face ABC comme base, un prisme ayant son arête latérale égale et parallèle à SI. Montrer que ce dernier prisme est équivalent à la somme des trois premiers.

542. Étant donnés un rectangle ABCD dont le plan est P, les côtés a, b, et un point S situé à une distance h du plan P, on considère la pyramide de sommet S et de base ABCD; on coupe cette pyramide par un plan Q parallèle à P et, dans le rectangle de section, on inscrit un quadrilatère q ayant trois côtés parallèles aux diagonales du rectangle. Enfin, on considère le prisme droit R dont l'une des bases est ce parallélogramme, l'autre étant dans le plan P.

1° Déterminer la distance du point S au plan Q de manière que la somme des 12 arêtes du prisme R ait une valeur donnée 4 m. — Cas d'impossibilité.

2° Parmi tous les prismes R qui correspondent à la même position du plan Q, lequel a le plus grand volume? Étudier les variations de ce volume maximum lorsque le plan Q se déplace.

CHAPITRE III

VOLUME DE LA PYRAMIDE

406. Lemme. — *Les sections faites, dans deux pyramides de bases équivalentes et de même hauteur, par des plans menés parallèlement aux bases et à la même distance des sommets, sont équivalentes.*

Soient, en effet, H la hauteur commune des deux pyramides, h la distance de chaque section au sommet correspondant : le rapport de cette section à la base correspondante est (**393**, coroll.) $\frac{h^2}{H^2}$, par conséquent le même dans les deux pyramides. Les sections étant proportionnelles aux bases, si celles-ci sont équivalentes, les sections le sont aussi.

Théorème. — *Deux pyramides triangulaires de bases équivalentes et de même hauteur sont équivalentes.*

Soient les pyramides triangulaires SABC, S′A′B′C′ (*fig.* 311) dans

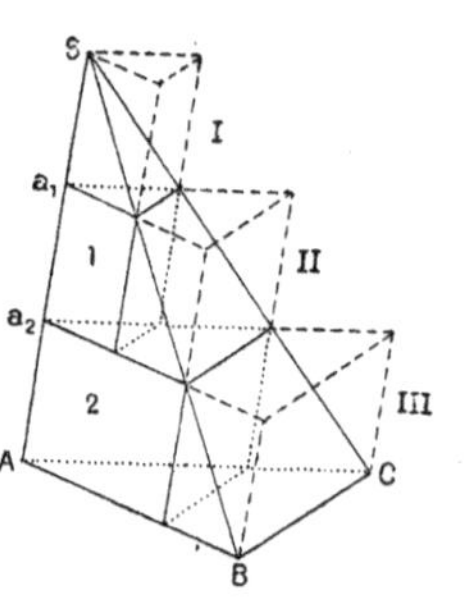

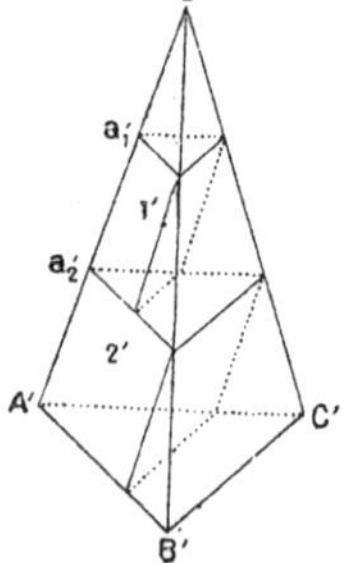

Fig. 311.

lesquelles les bases ABC, A′B′C′ sont équivalentes, tandis que les hauteurs correspondantes ont la même longueur H ; soient V, V′ leurs volumes.

Divisons l'arête SA en un certain nombre de parties égales, trois, par exemple, $Sa_1 = a_1a_2 = a_2A$. Par les points de division a_1, a_2, menons des sections $a_1b_1c_1$, $a_2b_2c_2$ parallèles à la base : les plans de ces sections divisent la hauteur en trois parties égales. Si nous répétons la même construction sur la seconde pyramide — autrement dit, si nous divisons S'A' en trois parties égales et que nous menions par les points de division les sections $a'_1b'_1c'_1$, $a'_2b'_2c'_2$ parallèles à la base A'B'C' —, les sections obtenues sont équivalentes chacune à chacune, d'après le lemme précédent.

Construisons deux prismes, l'un ayant pour base le triangle $a_1b_1c_1$ et pour l'une de ses arêtes latérales a_1a_2 (de sorte que sa seconde base sera dans le plan $a_2b_2c_2$ et deux de ses faces latérales dans les plans SAB, SAC); l'autre ayant pour base le triangle $a_2b_2c_2$ et pour l'une de ses arêtes latérales a_2A (de sorte que sa seconde base sera dans le plan ABC, deux faces latérales étant toujours dans les plans SAB, SAC). Nous désignerons par les chiffres 1 et 2 les prismes ainsi construits, qui sont *intérieurs* à la pyramide SABC, et forment, par leur ensemble, un solide qu'on peut appeler *inscrit* à cette pyramide.

Si nous opérons de même dans la seconde pyramide, en construisant des prismes 1', 2' qui aient respectivement pour bases $a'_1b'_1c'_1$, $a'_2b'_2c'_2$ et pour arêtes latérales $a'_1a'_2$, a'_2A', ces prismes seront respectivement équivalents aux premiers, comme ayant des bases équivalentes (ainsi que nous l'avons remarqué) et même hauteur (le tiers de la hauteur commune H).

La somme s_3 des volumes des prismes intérieurs a donc la même valeur de part et d'autre et elle est plus petite que le volume de chacune des deux pyramides.

Construisons, en second lieu, trois prismes extérieurs désignés sur la figure par les chiffres I, II, III, ayant respectivement pour bases $a_1b_1c_1$, $a_2b_2c_2$, ABC et pour arêtes latérales a_1S, a_2a_1, Aa_2. Ces trois prismes forment, par leur ensemble, un solide *circonscrit* à la pyramide SABC, c'est-à-dire la comprenant tout entière à son intérieur et ayant, par conséquent, un volume plus grand. Si nous opérons de même pour la pyramide S'A'B'C' (1), nous obtiendrons un solide circonscrit équivalent au premier, pour les mêmes raisons que

(1) Pour simplifier la figure, les prismes extérieurs n'ont été figurés que sur la première pyramide.

précédemment, et le volume commun S_3 de ces deux solides sera supérieur au volume de chacune des deux pyramides.

Les volumes V, V′ étant ainsi tous deux compris entre S_3 et s_3, leur différence est moindre que $S_3 - s_3$.

Or les prismes I, II sont respectivement équivalents[1] aux prismes 1, 2 comme ayant mêmes bases $a_1b_1c_1$, $a_2b_2c_2$ et même hauteur $\frac{H}{3}$: la différence $S_3 - s_3$ est donc égale au volume du prisme III, c'est-à-dire (**405**) à surf. ABC $\times \frac{H}{3}$.

Si, au lieu de diviser SA en trois parties égales, nous avions pris le nombre des divisions égales à n, nous construirions, dans chaque pyramide, n-1 prismes intérieurs, n prismes extérieurs, et le raisonnement précédent nous montrerait que la différence entre V et V′ est inférieure à surf. ABC $\times \frac{H}{n}$, c'est-à-dire à la n^e partie du prisme de base ABC et de hauteur H.

Mais cette quantité peut être rendue aussi petite que l'on veut, en prenant n assez grand. La conclusion à laquelle nous arrivons ne peut donc avoir lieu si V et V′ ne sont pas égaux.

C. Q. F. D.

Corollaire. — Le raisonnement qui précède montre que *le volume de la pyramide* SABC *est la limite commune des volumes* S_n, s_n, *lorsque* n *augmente indéfiniment*, puisque ce volume V diffère de chacune des quantités $S_n - s_n$ moins qu'elles ne diffèrent entre elles, et que la différence $S_n - s_n$ tend vers zéro.

407. Théorème. — *Le volume d'une pyramide est égal au tiers du produit de sa base par sa hauteur.*

1° Nous démontrerons d'abord le théorème pour une pyramide triangulaire SABC (*fig.* 312). A cet effet, nous mènerons les droites BD, CE, égales à parallèles à SA, de manière à former le prisme ABCSDE qui a pour base ABC et pour arête latérale AS. Ce prisme a même base et même hauteur que la pyramide. Nous allons voir que celle-ci en est le tiers.

(1) Il est aisé de voir que les prismes I, II sont respectivement *égaux* aux prismes 1, 2, mais nous ne démontrons pas ce fait, dont nous n'avons pas à nous servir.

Si nous enlevons, de ce prisme, le tétraèdre donné SABC, il restera une pyramide quadrangulaire SBCDE, dont la base est le parallélogramme BCDE et le sommet, S. En décomposant le parallélogramme en deux triangles par la diagonale BE, nous décomposerons la pyramide quadrangulaire en deux tétraèdres SBCE, SBDE.

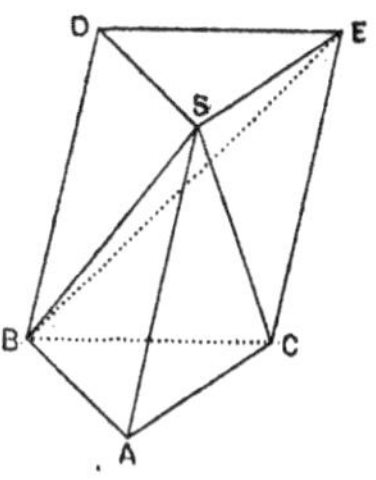

Fig. 312.

Ces derniers sont équivalents entre eux, comme ayant des bases égales (les deux moitiés du parallélogramme BCDE) et même hauteur (la perpendiculaire abaissée du point S sur le plan BCDE).

Mais le tétraèdre SBDE peut être considéré comme ayant pour sommet B et pour base SDE, et l'on voit alors qu'il est équivalent à SABC, les bases ABC, SDE étant égales, et la hauteur étant, de part et d'autre, égale à celle du prisme.

Les trois tétraèdres dont se compose ce prisme étant équivalents entre eux, le volume du tétraèdre SABC est égal au tiers de celui du prisme, donc au tiers du produit de la base ABC par la hauteur.

2° Pour étendre le théorème à une pyramide polygonale, il suffit de la décomposer en pyramides triangulaires. On répétera alors le raisonnement du n° **403**, 2°.

Corollaires. — *Deux pyramides qui ont même base, sont entre elles comme leurs hauteurs. Deux pyramides qui ont même hauteur, sont entre elles comme leurs bases.*

408. La connaissance du volume de la pyramide peut être considérée comme le but essentiel de la théorie des volumes des polyèdres, développée dans ce chapitre.

Elle permet, en effet (ce à quoi la connaissance du volume du prisme n'aurait pas suffi), d'obtenir les volumes de tous les polyèdres. Car pour évaluer le volume d'un polyèdre quelconque, on n'aura qu'à le décomposer en pyramides.

Nous allons indiquer deux applications de cette méthode.

Tronc de pyramide.

Définition. — On appelle *tronc de pyramide à bases parallèles*, ou simplement *tronc de pyramide*, la portion d'une pyramide comprise entre la base et une section parallèle à la base (*fig.* 313). Cette section est la *base supérieure* du tronc, la base primitive en étant la *base inférieure.*

La hauteur est la distance des plans des bases.

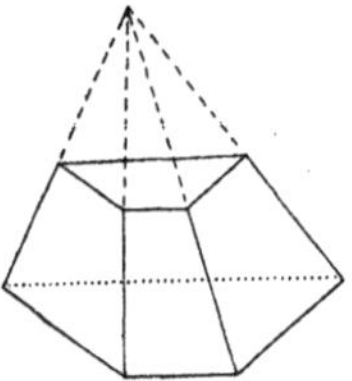

Fig. 313.

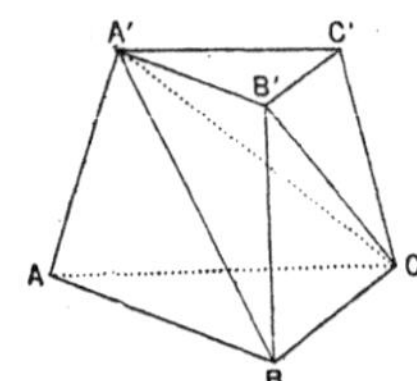

Fig. 314.

Théorème. — *Un tronc de pyramide est équivalent à la somme de trois pyramides ayant pour hauteur commune, la hauteur du tronc et pour bases respectives, la base supérieure, la base inférieure et une moyenne proportionnelle entre ces deux bases.*

1° Supposons d'abord qu'il s'agisse d'un tronc de pyramide triangulaire ABCA'B'C' (*fig.* 314). Le plan A'BC décompose ce solide en deux pyramides. L'une A'ABC a bien pour base la base ABC du tronc et, pour hauteur, celle du tronc : c'est la première pyramide dont il est question dans l'énoncé. L'autre est la pyramide quadrangulaire A'BCB'C', laquelle peut à son tour se décomposer, par le plan diagonal A'B'C, en deux tétraèdres A'B'C'C et A'B'BC.

A'B'C'C est la seconde pyramide de l'énoncé, puisqu'on peut la considérer comme ayant pour base A'B'C' et pour sommet C.

Pour évaluer le tétraèdre restant A'B'BC, comparons-le d'abord au tétraèdre A'ABC obtenu en premier lieu. Les deux solides peuvent être considérés comme ayant pour sommet commun C et pour bases respectives A'B'B, A'AB : ils ont alors même hauteur. Mais les triangles A'B'B, A'AB, étant considérés comme ayant pour bases respectives A'B', AB, ont même hauteur (la hauteur du trapèze A'B'AB) : ces deux triangles et, par suite, les deux tétraèdres sont donc entre eux comme les côtés A'B', AB.

Comparons maintenant à A'B'BC le second tétraèdre déjà obtenu A'B'C'C, en leur donnant le même sommet A'. Nous voyons, par un raisonnement tout semblable au précédent, que ces deux tétraèdres sont entre eux comme les triangles B'CC', B'BC, lesquels à leur tour, ayant même hauteur (celle du trapèze B′C′BC), sont dans le rapport $\frac{B'C'}{BC}$.

Or ce rapport $\frac{B'C'}{BC}$ est égal (**393**) au rapport, obtenu tout à l'heure, $\frac{A'B'}{AB}$.

Donc on a aussi
$$\frac{A'B'BC}{A'ABC} = \frac{A'B'C'C}{A'B'BC},$$

autrement dit, le troisième tétraèdre A′B′BC est moyen proportionnel entre les deux premiers. Il est donc (n° précéd., coroll.) équivalent à une pyramide ayant même hauteur que les deux premières et une base moyenne proportionnelle entre les deux premières bases, c'est-à-dire à la troisième pyramide de l'énoncé.

C. Q. F. D.

2° Supposons maintenant que le tronc de pyramide soit polygonal, et décomposons sa base inférieure en triangles (*fig.* 314 *bis*) de surfaces B_1, B_2,... Les plans, menés par les côtés de ces triangles et le sommet S de la pyramide dont fait partie le tronc, décomposent la base supérieure en triangles B'_1, B'_2..., respectivement semblables aux premiers, et le tronc de pyramide donné en troncs de pyramides triangulaires.

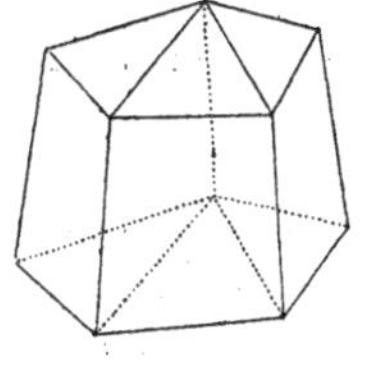

FIG. 314 *bis*.

En appliquant à ceux-ci le théorème démontré en 1°, nous voyons que le tronc de pyramide donné équivaut à la somme de pyramides ayant, pour hauteur commune, la hauteur du tronc, et pour bases respectives :

1° Les triangles B_1, B_2,... — La somme de ces pyramides est une pyramide de même hauteur, ayant pour base la base inférieure B du tronc, somme de tous ces triangles ;

2° Les triangles B'_1. B'_2... — La somme de ces pyramides est une pyramide de même hauteur, ayant pour base la base supérieure B′ du tronc, somme des triangles B'_1, B'_2,... ;

3° Les triangles b_1, b_2,..., respectivement moyens proportionnels entre B_1 et B'_1, entre B_2 et B'_2,... — La somme de ces pyramides est une pyramide ayant toujours la même hauteur (la hauteur du tronc) et dont la base est $b_1 + b_2 \ldots$

Il nous reste à faire voir que la somme $b_1 + b_2 + \ldots$ est moyenne proportionnelle entre B et B′.

Or ceci résulte [1] de ce que les parties $B_1, B_2 \ldots$ sont (**393**, Coroll.) proportionnelles à $B'_1, B'_2, \ldots$

En effet, le rapport $\frac{B_1}{b_1} = \frac{b_1}{B'_1}$ est la racine carrée du rapport $\frac{B_1}{B'_1}$ (puisqu'on peut écrire $\frac{B_1}{B'_1} = \frac{B_1}{b_1} \cdot \frac{b_1}{B'_1}$); par conséquent, puisque les rapports $\frac{B_1}{B'_1}, \frac{B_2}{B'_2}, \ldots$ sont égaux entre eux, les rapports $\frac{B_1}{b_1}, \frac{B_2}{b_2}, \ldots$ sont égaux et aussi les rapports $\frac{b_1}{B'_1}, \frac{b_2}{B'_2}, \ldots$

On peut donc écrire

$$\frac{B_1}{b_1} = \frac{B_2}{b_2} = \ldots = \frac{B_1 + B_2 + \ldots}{b_1 + b_2 + \ldots}$$
$$= \frac{b_1}{B'_1} = \frac{b_2}{B'_2} = \ldots = \frac{b_1 + b_2 + \ldots}{B'_1 + B'_2 + \ldots}$$

Donc $b_1 + b_2 + \ldots$ est bien moyen proportionnel entre B et B′.

C. Q. F. D.

La moyenne proportionnelle entre B et B′ est $\sqrt{BB'}$. Si donc h est la hauteur d'un tronc de pyramide dont les bases sont mesurées par B, B′, le volume est

$$V = \frac{Bh}{3} + \frac{B'h}{3} + \frac{\sqrt{BB'} \cdot h}{3} = \frac{h}{3}(B + B' + \sqrt{BB'}).$$

409. Tronc de prisme. — Définition. — On nomme *tronc de prisme*, le polyèdre limité par une surface prismatique et deux faces planes (dites encore *bases* du tronc), les plans de celles-ci n'étant pas (comme dans le cas du prisme) parallèles entre eux.

(1) Si $B_1, B_2, \ldots$, n'étaient pas proportionnels à $B'_1, B'_2, \ldots$, la somme $b_1 + b_2 \ldots +$ serait *plus petite* que la moyenne proportionnelle entre B et B′ (Voir, dans les *Leçons d'Algèbre* de M. Bourlet, l'exercice 55, page 161, où l'on remplacera les lettres $a, a', \ldots, b, b', \ldots$ respectivement par $\sqrt{B_1}, \sqrt{B_2}, \ldots, \sqrt{B'_1}, \sqrt{B'_2}, \ldots$).

Théorème. — *Un tronc de prisme triangulaire équivaut à la somme de trois pyramides ayant, pour base commune, l'une des bases du tronc et, pour sommets respectifs, les trois sommets de l'autre base.*

Soit le tronc de prisme ABCDEF (*fig.* 315), dont les bases sont ABC, DEF, les arêtes latérales AD, BE, CF.

Le plan BCD détache de ce tronc de prisme une première pyramide DABC, qui est une de celles dont il est question dans l'énoncé.

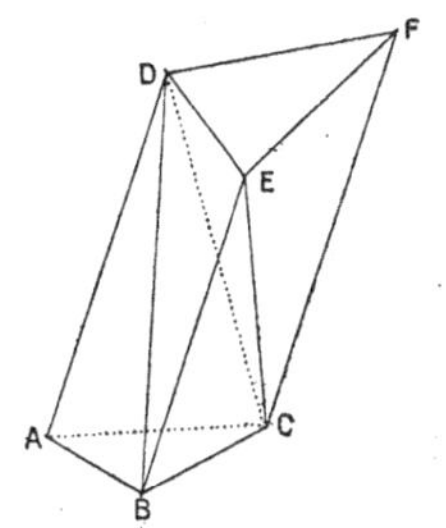

FIG. 315.

Reste la pyramide quadrangulaire DBCEF, que le plan diagonal DCE décompose en deux tétraèdres DBCE, DCEF.

Considérons le tétraèdre DBCE : nous n'en changerons pas le volume en remplaçant le sommet D par A, car nous ne changeons pas ainsi la base BCE, non plus que la hauteur, puisque les deux points A, D, situés sur une même parallèle au plan de la base, sont également distants de ce plan. Or le tétraèdre ABCE, pouvant être considéré comme ayant pour base ABC et pour sommet E, constitue la seconde pyramide de l'énoncé.

Nous ferons subir la même transformation au troisième tétraèdre DCEF, que nous remplacerons par ACEF : ce qui ne changera pas le volume, pour la même raison que tout à l'heure. Mais, si l'on considère le tétraèdre ACEF comme ayant pour base ACF et pour sommet E, on voit qu'on peut de même remplacer ce dernier par le point B, la droite BE étant parallèle au plan ACF. On obtient ainsi le tétraèdre ABCF, qui est précisément la troisième pyramide de l'énoncé.

C. Q. F. D.

Corollaire. — *Un tronc de prisme triangulaire a pour volume le produit de sa section droite par la moyenne arithmétique* [1] *de ses arêtes latérales.*

En effet, dans la figure précédente, la pyramide DABC est le tiers du prisme de base ABC et d'arête latérale AD : elle a donc pour mesure le tiers du produit de AD par la section droite *abc* de la sur-

(1) Voir, pour la définition de la moyenne arithmétique, BOURLET, *Leçons d'Algèbre*, n° 127, page 385, note 2.

face prismatique. Les deux autres pyramides étant de même mesurées par $\frac{BE}{3} \times abc$, $\frac{CF}{3} \times abc$, le volume du tronc de prisme est égal à

$$\frac{(AD + BE + CF)}{3} \times abc \text{ (1)}.$$

EXERCICES

543. Démontrer directement la formule qui donne le volume de la pyramide triangulaire, en considérant celle-ci comme limite de la somme des prismes inscrits (n° **406**, Coroll.). (On emploiera la formule qui donne la somme des carrés des n premiers nombres entiers, Bourlet, *Leçons d'Algèbre*, page 402.)

544. Trouver le volume du tétraèdre régulier (ex. 526) dont l'arête est a.

545. Deux tétraèdres qui ont un angle trièdre égal ou symétrique sont entre eux comme les produits des arêtes qui comprennent cet angle.

546. Deux tétraèdres qui ont en commun une arête et le dièdre suivant cette arête, sont entre eux comme les produits des faces qui comprennent ce dièdre.

547. Trouver un point tel qu'en le joignant aux sommets d'un tétraèdre donné, on divise celui-ci en quatre tétraèdres équivalents.

548. On donne trois parallèles, non situées dans un même plan. Sur l'une d'elles, on prend un segment de longueur donnée AB; sur les deux autres, respectivement, deux points arbitraires C, D.

Montrer que le volume du tétraèdre ainsi formé ne dépend pas de la position des points A, C, D, non plus que du choix, entre les trois parallèles données, de la droite sur laquelle sont pris A et B, pourvu que AB ait toujours la même longueur.

549. Par chaque sommet d'un tétraèdre, ou même un plan parallèle à la face opposée. Quel est le rapport du nouveau tétraèdre ainsi formé au premier?

550. Par chaque arête d'un tétraèdre, on mène un plan parallèle à l'arête opposée. Quel est le rapport du parallélépipède ainsi formé au tétraèdre donné?

551. Le volume d'un tétraèdre est le sixième du produit obtenu en multipliant la plus courte distance de deux arêtes opposées par l'aire du parallélogramme qui a ses côtés respectivement égaux et parallèles à ces deux arêtes.

552. En portant sur deux droites données D, D′, des segments respectivement égaux à a, a', on obtient quatre points formant un tétraèdre dont le volume ne varie pas lorsque les segments en question se déplacent sur leurs droites respectives sans changer de longueur.

553. On donne deux segments AB, CD et on considère les droites L telles que les deux tétraèdres ayant une arête commune sur L, l'arête opposée à celle-là étant AB pour l'un, CD pour l'autre, soient dans un rapport donné. Lieu de celles de ces droites qui passent par un point donné.

Cas où AB et CD sont dans un même plan. Montrer qu'alors la droite L rencontre toujours l'une ou l'autre de deux droites fixes.

(1) On trouvera plus loin (Compl., **608**) d'autres formes sous lesquelles on peut mettre l'expression du volume du tronc de prisme.

554. Soit AD la diagonale du parallélogramme dont deux côtés adjacents sont AB, AC. Montrer que si EF est un segment quelconque, le tétraèdre ADEF équivaut à la somme ou à la différence des tétraèdres ABEF, ACEF.

555. On prolonge, au delà du sommet, les arêtes d'une pyramide et on coupe ces prolongements par un plan parallèle à la base. Exprimer la somme des deux pyramides, étant données les deux bases B, B′ et la distance h de leurs plans.

PROBLÈMES

PROPOSÉS SUR LE SIXIÈME LIVRE

556. Couper un tétraèdre par un plan de manière que la section soit un parallélogramme. Il y a trois directions de plans répondant à la question. Trouver, pour chacune de ces directions, le parallélogramme maximum.

Mener la section de manière qu'elle soit un losange. Exprimer le côté de ce losange à l'aide des longueurs des arêtes du tétraèdre.

557. En joignant trois sommets d'un tétraèdre régulier au milieu de la hauteur abaissée du quatrième sommet, on obtient trois droites rectangulaires deux à deux.

558. Si la somme de deux arêtes opposées d'un tétraèdre est égale à celle de deux autres arêtes opposées, la même relation a lieu entre les dièdres correspondants.

559. Si les perpendiculaires abaissées, des sommets d'un tétraèdre, sur les faces d'un second tétraèdre, concourant en un même point, il en est de même des perpendiculaires abaissées, des sommets du second tétraèdre, sur les faces du premier.

560. Si un tétraèdre est à arêtes orthogonales (ex. 535), le parallélépipède qu'on en déduit dans l'ex. 550 a toutes ses arêtes égales.

561. Si d'un point O pris sur la base ABC d'un tétraèdre SABC, on mène des parallèles Oa, Ob, Oc aux arêtes SA, SB, SC, jusqu'à rencontre avec les faces SBC, SCA, SAB respectivement, on a

$$\frac{Oa}{SA} + \frac{Ob}{SB} + \frac{Oc}{SC} = 1.$$

562. Le plan bissecteur d'un dièdre d'un tétraèdre divise l'arête opposée dans le rapport des aires des faces qui comprennent le dièdre.

563. Trouver les rapports mutuels des triangles en lesquels une face d'un tétraèdre est divisée par les plans bissecteurs des dièdres formés par les autres faces.

564. On coupe une pyramide triangulaire SABC par un plan parallèle à la base ABC. Soient D, E, F les points de rencontre de ce plan avec les arêtes SA, SB, SC. Trouver, lorsque le plan de section se déplace parallèlement à lui-même :

1° Le lieu décrit par le point d'intersection des plans AEF, BFD, CDE ;

2° Le lieu décrit par le point d'intersection des plans BCD, CAE, AB F.

565. Tout polyèdre peut être décomposé en troncs de prismes ayant leurs arêtes latérales parallèles à une même direction donnée quelconque.

566. Mener, dans un prisme, une section parallèle aux bases, telle que la pyramide ayant son sommet en un point de la base supérieure, sa base dans le plan de base inférieure et dont les arêtes passent par les sommets de la section, soit équivalente au prisme.

567. La somme des pyramides ayant pour bases les faces latérales d'un prisme et pour sommet commun un point intérieur quelconque, est constante. Dans quel rapport est-elle avec le volume du prisme?

568. Tout plan mené par les milieux de deux arêtes opposées d'un tétraèdre, divise ce solide en deux parties équivalentes.

569. On divise les six arêtes d'un tétraèdre dans des rapports donnés. Trouver le rapport du polyèdre convexe (octaèdre) qui a pour sommets les points de division au tétraèdre.

570. On considère deux triangles équilatéraux ABC, DEF, situés dans des plans parallèles et tels que les points ABC et les projections de points D, E, F sur le plan ABC soient les sommets d'un hexagone régulier. On joint le centre de chacun des triangles aux trois sommets de l'autre. Quelle est la forme du solide commun aux deux pyramides ainsi formées? Quel est son volume?

571. Par chaque sommet d'un parallélépipède, on mène un plan parallèle à celui qui passe par les trois sommets voisins. Étudier le solide S ainsi formé. Construire P, connaissant S. Trouver le rapport des volumes des deux polyèdres.

Qu'offre de particulier le solide S, lorsque P est un parallélépipède rectangle; — un rhomboèdre [1]; — un cube?

572. Par deux sommets opposés A, C d'un carré ABCD, on mène des perpendiculaires AA′, CC′ à son plan, et l'on choisit, sur la première, le point A′ tel que sa distance au centre du carré soit double du côté $a = AB$; sur la seconde, le point C′ tel que sa distance au point A′ soit double de a.

1° Montrer que le plan A′BD est perpendiculaire à A′C′;

2° Exprimer, à l'aide de a, les volumes des tétraèdres A′ABD, C′CBD, C′A′BD.

573. On coupe un cube d'arête a par les plans passant par les milieux des arêtes aboutissant à chaque sommet; on supprime les 8 pyramides ainsi déterminées et on obtient un polyèdre P′ dont on demande l'aire et le volume, ainsi que le nombre et la nature des faces, des angles polyèdres et des arêtes.

574. On sait qu'un plan divise les faces latérales d'un prisme triangulaire dans des rapports donnés. A quelles conditions doivent satisfaire ces rapports pour que ce plan divise le prisme en deux troncs de prisme? Trouver le rapport des volumes de ces deux troncs. Construire le plan.

575. Le polyèdre délimité par deux polygones quelconques B, B′ situés dans des plans parallèles et, d'autre part, par des triangles ou des trapèzes formés avec les sommets de B et ceux de B′, a pour volume

$$V = \frac{1}{6} h (B + B' + 4B'')$$

où h est la distance des plans de B et de B′, B″ la section du polyèdre par un plan parallèle à ceux-ci et également distant de l'un et de l'autre.

(Décomposer le polyèdre en pyramides ayant pour sommet commun un point de B″).

Déduire de là le volume du tronc de pyramide.

576. Évaluer le volume compris entre deux rectangles dont les côtés sont parallèles entre eux et quatre trapèzes ayant chacun pour bases un côté du premier rectangle et un côté du second.

Les dimensions des deux rectangles seront désignées par a, b; a', b'; la distance de leurs plans par h.

(1) On nomme *rhomboèdre*, un parallélipipède dont toutes les faces sont des losanges égaux.

LIVRE VII

DÉPLACEMENTS — SYMÉTRIES SIMILITUDE

CHAPITRE PREMIER

DÉPLACEMENTS

410. *Deux figures* F, F′ *sont égales, si l'on peut trouver trois points non en ligne droite* A, B, C *de l'une, auxquels correspondent les points* A′, B′, C′ *de l'autre, de manière que, si* M *est un point quelconque de* F *et* M′ *son homologue dans* F′, *la figure* ABCM *soit égale à la figure* A′B′C′M′.

Supposons, en effet, qu'il en soit ainsi et transportons la figure F′ de manière que le triangle A′B′C′ vienne sur le triangle ABC (qui lui est manifestement égal dans ces conditions).

Soient alors M et M′ deux points correspondants des deux figures. En général, le point M′ n'est pas dans le plan A′B′C′ et les droites A′B′, A′C′, A′M′ forment un trièdre égal, par hypothèse, à A.BCM. Lorsque A′B′C′ est superposé à ABC, ces deux trièdres coïncident (**380**, Rem.) et A′M′ prend la direction AM. Comme A′M′ = AM, le point M′ vient sur M.

La même conclusion subsiste si M′ est dans le plan A′B′C′, en vertu de ce que nous savons (Pl., **50**, Rem. II) sur les figures planes égales.

Les figures F, F′ ont donc été ainsi complètement superposées.

Le raisonnement montre en outre que *deux figures égales qui ont trois points homologues communs, non en ligne droite, coïncident.*

Il en résulte que *deux déplacements qui produisent le même effet sur trois points* A, B, C *non en ligne droite, sont identiques entre eux.*

C. Q. F. D.

Car les deux figures F′, F qui résultent d'une même figure quelconque F par ces deux déplacements, coïncident, comme ayant trois points homologues communs.

411. Rotations.

Considérons deux figures égales ayant *deux* points homologues communs A, B.

D'après la définition de la ligne droite (Pl., **5**), la droite AB a la même position dans les deux figures, et il en est de même d'un point quelconque *m* de cette droite, puisque le segment A*m* doit avoir la même grandeur et le même sens de part et d'autre.

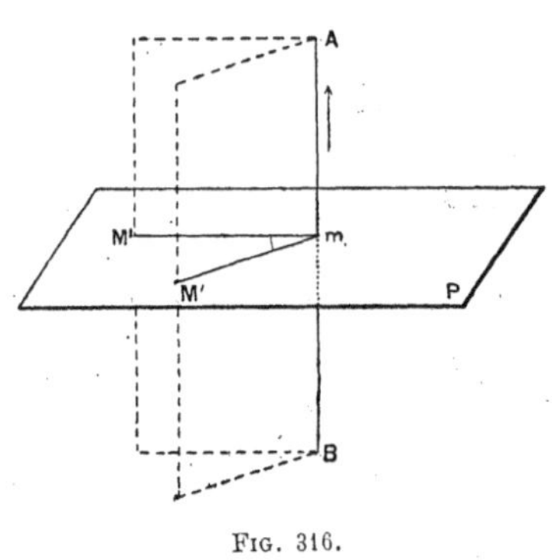

Fig. 316.

Ainsi *les deux figures ont en commun tous les points d'une droite.*

Considérons la portion de la figure située dans un plan quelconque perpendiculaire à AB, par exemple dans le plan P qui est perpendiculaire à AB au point *m* (*fig.* 316), et composée, par conséquent, de points M tels que M*m* soit perpendiculaire à AB. A ces points correspondront, dans la seconde figure donnée, des points jouissant de la même propriété (le point *m* restant le même) et, par conséquent, situés dans le même plan P.

Nous avons donc, dans ce plan, deux figures égales et de même sens [1], qui ont un point commun *m* et, par suite, se déduisent l'une de l'autre par une rotation autour de ce point (Pl., **100**). L'angle de cette rotation est l'angle plan du dièdre que forme un plan quelconque passant par AB dans la première figure avec le plan homologue de la seconde. *Cet angle de rotation est donc le même dans tous les plans* P.

Définition. — On donne, en géométrie de l'espace, le nom de *rotation* à l'opération par laquelle on déduit l'une de l'autre les deux

(1) Parce que deux droites issues de *m* forment, avec l'axe, un trièdre dont la disposition doit être la même dans les deux figures données.

figures dont il vient d'être parlé ; autrement dit, à l'opération qui consiste, étant donnée une droite AB (dite *axe de rotation*), et un angle (dit *angle de rotation*), à faire tourner chaque point de la figure primitive, dans le plan mené par ce point perpendiculairement à l'axe et autour du point de rencontre du plan en question avec l'axe, d'un angle égal à l'angle de rotation (*fig.* 316).

On doit avoir choisi un sens sur l'axe et indiqué, une fois pour toutes, si les rotations effectuées sont directes ou rétrogrades par rapport au sens ainsi choisi (**349**).

Si l'on est libre de choisir à sa volonté le sens de l'axe, on peut évidemment toujours le prendre tel que la rotation soit directe.

Réciproquement, *deux figures déduites l'une de l'autre par une rotation, sont égales.*

Car, si M, M′ en sont deux points correspondants, m leur projection (commune, en vertu de l'hypothèse) sur l'axe AB, on peut déplacer la première figure de manière à amener l'angle droit $\widehat{MmA}$ sur son égal $\widehat{M'mA}$. Ce déplacement, n'ayant pas changé les positions des points de AB, est, d'après ce qui précède, une rotation dont l'axe est AB et l'angle évidemment égal à $\widehat{MmM'}$. Cette rotation qui, par hypothèse, change la première figure en une figure égale, coïncide donc avec la rotation donnée, puisqu'elle a même axe et même angle.

412. Symétrie par rapport à une droite.

L'angle de rotation peut être de 180° : alors le point M′ correspondant à un point quelconque M de la première figure sera le symétrique (Pl., **99**) de M par rapport à sa projection m sur l'axe (*fig.* 317).

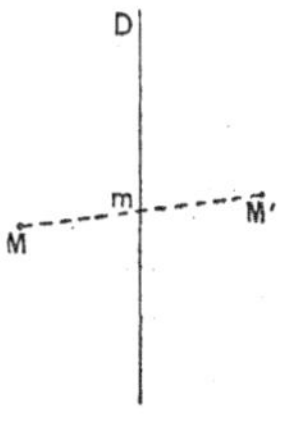

On donne à la rotation de 180° autour d'une droite le nom de *symétrie* ou encore de *transposition* par rapport à cette droite.

Dans ce cas, il est inutile d'indiquer le sens de la rotation. La symétrie est *réciproque*, c'est-à-dire qu'en appliquant la même construction au point trouvé M′, on retomberait sur le point M.

FIG. 317.

Il résulte de ce qui précède que *deux figures symétriques l'une de l'autre par rapport à une droite, sont égales entre elles.*

413. Translations.

Définition. — Si, par les différents points A, B, C, ... d'une figure F, on mène des droites AA', BB', CC', ... toutes parallèles entre elles, de même sens et égales, les points A', B', C', ... forment une figure F' qui est dite (voir Pl., **51**) déduite de la première par la *translation* AA' (*fig.* 318).

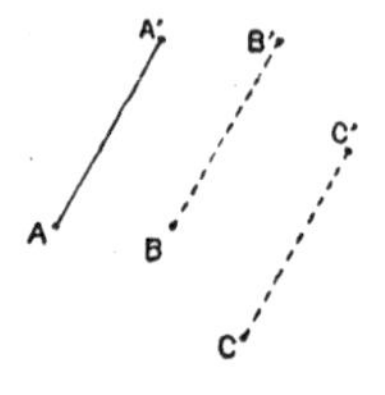

Fig. 318.

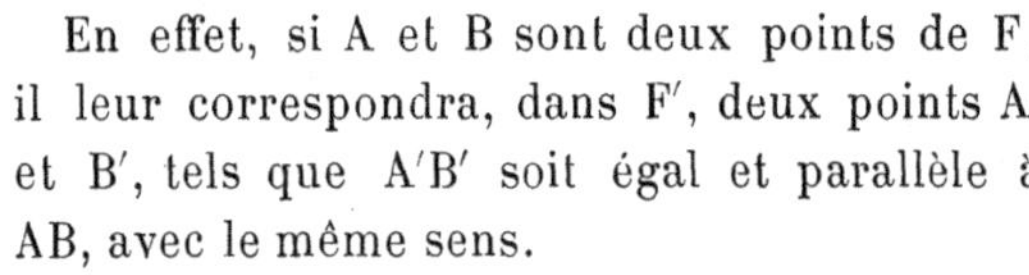

Cette nouvelle figure est égale à F.

En effet, si A et B sont deux points de F, il leur correspondra, dans F', deux points A' et B', tels que A'B' soit égal et parallèle à AB, avec le même sens.

A trois points A, B, C de F, correspondront trois points A', B', C', tels que le triangle A'B'C' soit égal à ABC. En particulier, l'angle $\widehat{B'A'C'}$, par exemple, est égal à $\widehat{BAC}$. De plus, le plan A'B'C' est parallèle à ABC.

Soient alors A, B, C, M quatre points de F. Si ces points sont dans un même plan, la figure ABCM est (Pl., **50**) égale à celle que forment les points homologues A', B', C', M'.

Si, au contraire, les quatre points A, B, C, M ne sont pas dans un même plan, le trièdre ABCM est égal au trièdre homologue A'B'C'M' (**382** *bis*). Si l'on fait coïncider ces deux trièdres, comme A'B', A'C', A'M' sont respectivement égaux à AB, AC, AM, les deux figures ABCM, A'B'C'M' coïncident : d'où (**410**) l'égalité des figures F, F'.

Par exemple, *les projections d'une même figure sur deux plans parallèles sont deux figures égales.* Car elles se déduisent l'une de l'autre par une translation égale à la distance des deux plans et perpendiculaire à leur direction.

414. Déplacements hélicoïdaux.

Définition. — On nomme *déplacement hélicoïdal* (1) le déplacement résultant (2) d'une rotation R et d'une translation T, cette dernière étant parallèle à l'axe de la première.

L'ordre des deux opérations est indifférent (ce qui n'arriverait pas si la translation n'était pas parallèle à l'axe de rotation (3)). Autrement dit, si M' est la nouvelle position que vient occuper le point M, après une rota-

(1) La raison de cette dénomination sera donnée plus loin, (**547**).
(2) Voir, pour le sens de ce mot, Pl., **103**, liv. II.
(3) Voir exercice 622.

tion R d'un angle donné autour de l'axe D (*fig.* 319); M'_1, la nouvelle position que vient occuper le point M′ par une translation déterminée T parallèle à D, on retomberait sur le même point M'_1 en faisant subir au point M la translation T, de manière à obtenir un point M_1, et faisant ensuite tourner ce point M_1 de l'angle donné autour de D.

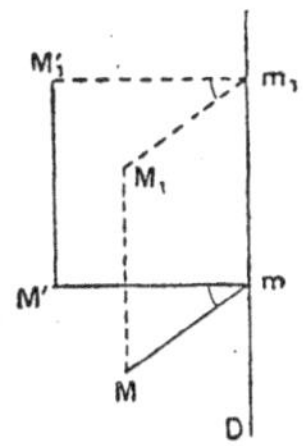

Fig. 319.

Si, en effet, *m* est la projection commune des points M,M′ sur l'axe; m_1, la projection du point M_1, la figure $M_1m_1M'_1$ se déduit évidemment de la figure MmM' par la translation MM_1. Elle est donc, comme celle-ci, un triangle isoscèle dont le plan est perpendiculaire à D et dont l'angle est celui de la rotation R : ce qui démontre l'exactitude de notre affirmation.

Le déplacement hélicoïdal comprend évidemment, comme cas particuliers, la rotation (lorsque la translation T est nulle) et la translation (lorsque la rotation R est nulle.)

Remarque. — Lorsqu'on se donne un déplacement hélicoïdal, un sens déterminé est par là même donné sur l'axe, à savoir le sens de la translation. On dira donc qu'un déplacement hélicoïdal est direct (ou encore *sinistrorsum*), ou bien au contraire qu'il est rétrograde (ou *dextrorsum*) suivant que la rotation est directe ou rétrograde par rapport au sens de la translation.

415. Nous avons vu que deux figures égales qui ont deux points communs (1) peuvent être amenées à coïncider par une rotation.

Deux figures égales qui ont un point commun peuvent être amenées à coïncider par deux rotations successives.

Soient, en effet, A le point commun; B,B′ deux points homologues. On a $AB = AB'$ et, par conséquent, le point B′ viendra coïncider avec B si l'on fait tourner la seconde figure autour d'une perpendiculaire au plan BAB′, d'un angle égal à $\widehat{B'AB}$. Les deux figures ayant alors deux points communs, une seconde rotation amènera la coïncidence complète.

Deux figures égales quelconques peuvent être amenées à coïncider par une translation suivie de deux rotations. Car, si A,A′ sont deux points homologues quelconques, la translation A′A imprimée à la seconde figure amène le point A′ sur le point A, après quoi on est ramené au cas précédent.

Mais ces combinaisons de translations et de rotations peuvent être simplifiées et remplacées par un seul déplacement hélicoïdal.

A cet effet, nous procéderons comme en géométrie plane (Pl., **102-103**), en étudiant d'abord la composition des transpositions.

416. Deux symétries par rapport à la même droite se détruisent : nous savons (**412**) que, si M′ est le symétrique du point M par rapport à la droite D, M″ le symétrique de M′ par rapport à cette même droite, le point M″ coïncide avec le point M.

(1) C'est-à-dire telles que deux points coïncident avec leurs homologues.

Théorème. — *Deux transpositions successives, par rapport à deux axes différents, équivalent :*

1° *Si les deux axes sont parallèles, à une translation parallèle à la perpendiculaire commune aux deux axes et double de celle qui amènerait le premier axe sur le second;*

2° *Si les deux axes sont concourants, à une rotation autour de leur perpendiculaire commune, double de celle qui amènerait le premier axe sur le second;*

3° *Si les deux axes ne sont pas dans un même plan, à un déplacement hélicoïdal, ayant pour axe leur perpendiculaire commune et double de celui qui amènerait le premier axe sur le second.*

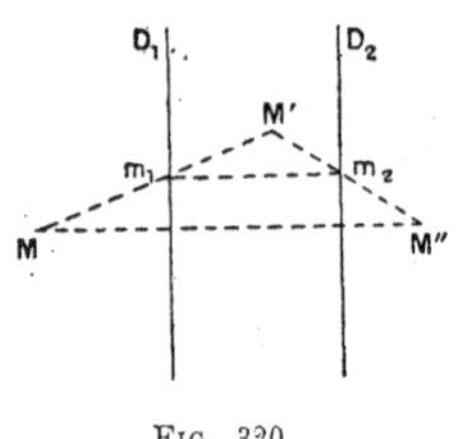

Fig. 320.

1° Soient les axes parallèles D_1, D_2 (*fig.* 320), M un point quelconque de la figure primitive, projeté en m_1 sur D_1 ; M', son symétrique par rapport à D_1 ($m_1M' = Mm_1$), projeté en m_2 sur D_2 ; M'', le symétrique de M' par rapport à D_2 ($m_2M'' = M'm_2$). Le plan mené par M perpendiculairement aux droites D_1, D_2 contient MM' (qui est perpendiculaire à D_1) et M'M'' (qui est perpendiculaire à D_2). Donc m_1m_2 est une perpendiculaire commune aux deux axes et il est clair (Pl., **55**) que M'' se déduit de M par une translation parallèle à cette perpendiculaire commune et double de cette perpendiculaire commune.

2° Soient les deux axes D_1, D_2 (*fig.* 321) concourants en O ; P, leur plan ; Ox, la perpendiculaire à ce plan menée par le point O; et, comme tout à l'heure, M, M', M'' trois points dont les deux premiers sont symétriques l'un de l'autre par rapport à D_1 (la droite qui les joint coupant D_1 en m_1), les deux derniers par rapport à D_2 (la droite qui les joint coupant D_2 en m_2).

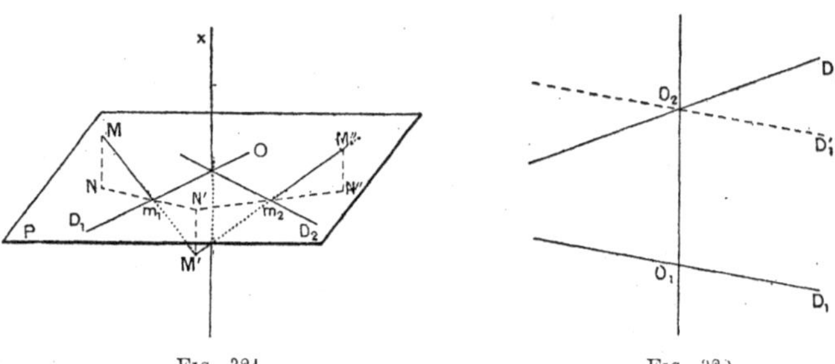

Fig. 321. Fig. 322.

Le plan P étant son propre symétrique tant par rapport à D_1 que par rapport à D_2, si nous projetons les points M, M', M'' en N, N', N'' sur ce plan, les points N et N'' seront symétriques de N' par rapport à D_1 et D_2 respectivement. N'' se déduira donc de N (Pl., **102**) par une rotation autour de Ox, d'angle égal au double de celui des deux axes.

Mais les droites NM, N''M'' sont égales, parallèles toutes deux à Ox et de même sens (contraire à celui de N′M′) : il est, dès lors, clair que la même rotation d'axe Ox qui amène N sur N″ amène aussi M sur M″.

3° Soient les deux axes D_1, D_2 (*fig.* 322), non situés dans un même plan ; O_1O_2, leur perpendiculaire commune. Par le point O_2, menons la parallèle D'_1 à D_1. Entre les deux rotations de 180° que nous avons à composer, intercalons deux rotations successives de 180° autour de D_1' : ce qui est indifférent puisque ces deux rotations se détruisent.

Les deux symétries successives par rapport à D_1, D'_1, se composent en une translation parallèle à O_1O_2 et double de O_1O_2 ; les deux symétries relatives à D'_1, D_2, en une rotation autour de O_1O_2, double de celle qui amènerait D'_1 sur D_2 : le théorème est donc démontré.

Réciproque. — *Tout déplacement peut être décomposé en deux symétries par rapport à deux droites différentes.*

Ces deux droites doivent :

S'il s'agit d'une translation, être perpendiculaires à cette translation ;

S'il s'agit d'une rotation ou d'un déplacement hélicoïdal, être perpendiculaires à l'axe et le rencontrer.

A ces conditions près, on peut choisir arbitrairement l'une des droites, l'autre étant alors déterminée.

Si, par exemple, c'est l'axe de la première symétrie qui est pris arbitrairement sous les conditions indiquées, le second axe se déduira du premier par une translation égale à la moitié de la translation et une rotation égale à la moitié de la rotation données. Ce second axe étant ainsi déterminé, les deux symétries produisent bien, en vertu du théorème précédent, un déplacement résultant identique au déplacement donné.

417. Théorème. — *Un nombre quelconque de déplacements hélicoïdaux ont pour déplacement résultant un déplacement hélicoïdal unique.*

S'il s'agit de rotations concourantes, le déplacement résultant est une rotation qui concourt avec les premières.

S'il s'agit de translations, le déplacement résultant est une translation.

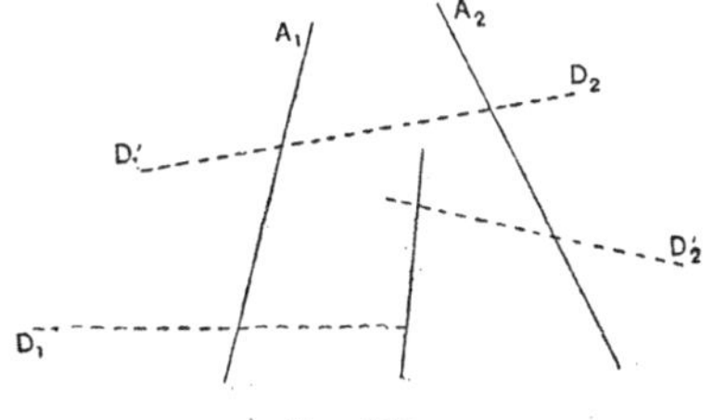

Fig. 323.

Il suffit évidemment[1] de démontrer le théorème pour deux déplacements : car pour en composer trois, on pourra composer les deux premiers, puis le déplacement résultant avec le troisième ; et ainsi de suite.

Soient donc deux déplacements hélicoïdaux[2] d'axes A_1, A_2 (*fig.* 323).

(1) Comparer Pl., **103**.

(2) Si l'un des déplacements donnés, le premier par exemple, est une translation, on prendra pour l'axe A, dans le raisonnement qui va suivre, une droite quelconque parallèle à cette translation.

Nous pourrons remplacer le premier par deux symétries d'axes D_1, D'_1, et cela, en prenant arbitrairement la seconde droite D'_1 parmi celles qui coupent à angle droit l'axe A_1. Nous pourrons de même remplacer le second déplacement par deux symétries d'axes D_2, D'_2, et cela, en prenant arbitrairement le premier axe D_2 parmi ceux qui coupent à angle droit A_2.

Nous ferons en sorte que D'_1 et D_2 coïncident : il suffira, pour cela de les faire coïncider toutes deux avec la perpendiculaire commune à A_1, A_2. Alors les symétries par rapport à ces deux axes se détruisent, et il reste les symétries par rapport à D_1, D'_2, lesquelles donnent bien un déplacement hélicoïdal unique.

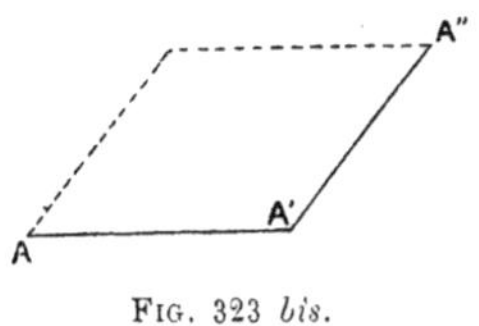

FIG. 323 *bis*.

Si les déplacements donnés sont des rotations et que les axes A_1, A_2 concourent en un point O, la droite D'_1 passera par ce même point et il en sera de même de D_1 et de D'_2. Le déplacement résultant sera donc une rotation d'axe passant par O.

Si les déplacements donnés sont des translations, les droites D'_1, D_1, D'_2 sont parallèles entre elles et le déplacement résultant est une translation.

Ce dernier fait est, d'ailleurs, évident *à priori*, et il est clair que la translation résultante est la diagonale d'un parallélogramme qui a pour côtés les deux composantes (*fig.* 323 *bis*).

C. Q. F. D.

418. Il suffit évidemment de combiner le théorème précédent avec les remarques du n° **415** pour arriver à l'énoncé que nous avions en vue :

Théorème. — *Deux figures égales peuvent toujours être amenées à coïncider :*

S'il y a un point commun, par une rotation ; dans le cas général, par un déplacement hélicoïdal.

EXERCICES

577. On fait tourner une figure invariable S autour d'un axe fixe D, l'angle de rotation étant quelconque ; après quoi, on fait tourner une partie S' de la figure S autour d'un axe D' qui fait partie de S (le reste de la figure S restant fixe), l'angle de rotation étant également quelconque.

Montrer qu'on peut, en général, disposer des deux angles de rotation de manière à rendre une droite donnée de S' parallèle à une droite donnée arbitraire de l'espace (ou, ce qui revient au même, un plan arbitraire de S' parallèle à un plan donné arbitraire de l'espace). Quels sont les cas d'exception ?

578. On fait tourner une figure invariable S autour d'un axe fixe D, l'angle de rotation étant quelconque; après quoi, on fait tourner une partie S′ de la figure S autour d'un axe D′ qui fait partie de S, puis une partie S″ de S′ autour d'un axe D″ qui fait partie de S′, les deux angles de rotation étant également quelconques.

Montrer qu'on peut disposer des angles des trois rotations de manière que toutes les droites de la figure S″ deviennent parallèles aux droites correspondantes d'une figure donnée S''_0 égale à S″.

579. Trouver une rotation transformant respectivement deux points donnés en deux autres points donnés (la distance des deux premiers points étant, bien entendu, supposée égale à celle des deux autres).

Dans quels cas le problème est-il indéterminé ?

580. Construire l'axe de la rotation qui transforme deux demi-droites concourantes données OA, OB en deux demi-droites OA′, OB′ concourantes avec les premières (l'angle $\widehat{A'OB'}$ étant égal à $\widehat{AOB}$).

581. Étant admis que deux figures égales F, F′ qui ont un point commun, dérivent l'une de l'autre par une rotation, en déduire que deux figures égales quelconques dérivent l'une de l'autre par un déplacement hélicoïdal.

(On montrera qu'il y a des droites de F qui sont parallèles à leurs homologues de F′. Soient alors P un plan de F perpendiculaire aux droites en question; P′, son homologue; *f*, la partie de F située dans P; *f*′, la partie correspondante de F′. On appliquera à *f* et à la projection de *f*′ sur P le théorème du n° **102**. (Pl., liv. II.))

582. Quels sont les différents déplacements qui laissent inaltérée une droite donnée ?

583. Il y a une infinité de rotations qui transforment l'une dans l'autre deux droites données D, D′. Les axes de ces rotations ne sont autres que les droites appelées G_1, G_2 dans l'exercice 454.

Parmi ces rotations, il y en a deux dont l'angle est de 180°.

584. Tout déplacement hélicoïdal qui transforme l'une dans l'autre les deux droites données D, D′ a son axe A parallèle à celui d'une des rotations considérées dans l'exercice précédent.

Quel est le lieu de l'axe A, lorsqu'en donne la direction de cet axe ?

Trouver ce lieu : 1° directement; 2° en utilisant la composition des déplacements et les deux exercices précédents. On prouvera que l'axe A rencontre toujours, à angle droit, l'une ou l'autre de deux droites fixes (suivant qu'il est parallèle à une droite G_1 ou à une droite G_2).

585. Trouver le lieu de l'axe d'un déplacement hélicoïdal, connaissant la direction de cet axe et deux points homologues.

586. Construire l'axe d'un déplacement hélicoïdal, connaissant un point de cet axe, la grandeur de la translation et deux points homologues.

587. Un déplacement donné quelconque peut, en général, être décomposé en deux rotations, dont une suivant une droite donnée quelconque. Quels sont les cas d'exception ?

588. On compose un déplacement hélicoïdal donné avec une quelconque des translations T parallèles à une direction donnée. Lieu de l'axe du nouveau déplacement ainsi obtenu, lorsqu'on fait varier la grandeur de la translation T. Montrer qu'en général il y a un et un seul de ces déplacements qui se réduit à une rotation.

589. On compose une rotation donnée avec une rotation donc l'axe est fixe et rencontre le premier, mais dont l'angle est variable. Lieu de l'axe de la rotation résultante.

590. Composer une rotation donnée avec une rotation d'axe donné rencontrant le premier mais d'angle inconnu, de manière que le déplacement résultant soit une transposition (ou plus généralement, une rotation d'angle donné).

591. Composer un déplacement hélicoïdal donné avec un déplacement inconnu, mais d'axe donné, de manière que le déplacement résultant soit une transposition.

592. Deux rotations (d'angles non nuls) dont les axes ne sont pas dans un même plan, ne se composent jamais suivant une rotation.

593. Lorsqu'un déplacement hélicoïdal ne se réduit ni à une translation, ni à une rotation, il n'existe aucun plan qui reste inaltéré par ce déplacement.

594. Mener, par un point donné, deux droites qu'un déplacement donné transforme l'une dans l'autre.

595. Étant donné un déplacement, trouver deux droites homologues entre elles, qui soient situées dans un même plan donné.

596. Construire un angle polyèdre, connaissant les bissectrices des faces.

Le problème peut-il être indéterminé ?

Connaissant toutes les bissectrices, moins deux, trouver le lieu de ces dernières, de manière que l'indétermination ait lieu.

597. Déduire de la composition des rotations le lieu des symétriques d'un point donné, par rapport à toutes les droites qui passent par un point fixe et sont situées dans un plan fixe.

598. Décomposer une rotation R en deux rotations S, S' dont les angles soient entre eux, l'axe de la rotation S étant, d'autre part donné et concourant avec celui de R. Quel est le lieu décrit par l'axe de la rotation S' lorsque l'axe de la rotation S décrit un plan ?

598 *bis*. Décomposer un déplacement hélicoïdal en deux déplacements hélicoïdaux S, S' composés de translations égales entre elles et de rotations égales entre elles, tous deux dextrorsum ou tous deux sinistrorsum, l'axe du déplacement S étant donné.

599. Trouver deux déplacements hélicoïdaux d'axes donnés qui se composent suivant un déplacement d'axe également donné.

CHAPITRE II

SYMÉTRIES

419. Définitions. — Deux points M, M′ sont dits (comme en géométrie plane) *symétriques par rapport à un point* O (ou encore par rapport au *centre* O) (*fig.* 324) lorsque le point O est le milieu de la droite MM′.

Deux points M, M′ sont dits *symétriques par rapport à un*

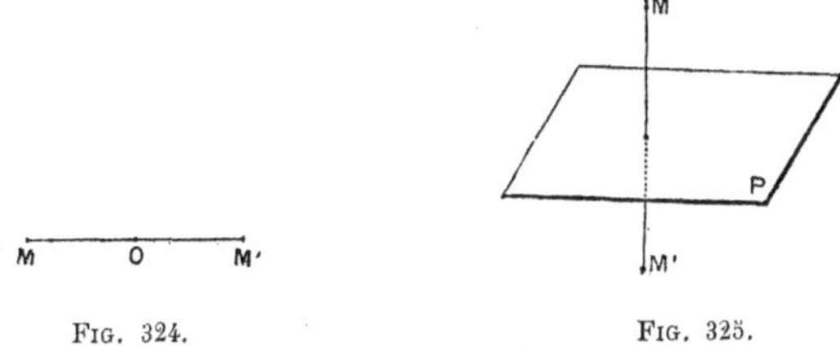

Fig. 324. Fig. 325.

plan P (*fig.* 325), lorsque la droite qui les joint est perpendiculaire à ce plan et divisée par lui en deux parties égales.

La *symétrique d'une figure* F, par rapport à un point ou à un plan, est la figure formée par les symétriques des différents points de F.

419 *bis*. Coïncident avec leurs symétriques par rapport à un point :

— le centre de symétrie ;

— les droites qui passent par ce point, et non d'autres droites : car toute droite qui coïncide avec sa symétrique doit contenir deux points symétriques l'une de l'autre, ce qui exige qu'elle passe par le centre ;

— les plans qui passent par le centre (et non d'autres plans, pour une raison tout analogue).

Coïncident avec leurs symétriques par rapport à un plan :

— les points du plan de symétrie, et non d'autres points ;

— les droites situées dans le plan de symétrie et celles qui lui sont perpendiculaires ;

— le plan de symétrie et les plans qui lui sont perpendiculaires.

420. Théorème. — *Deux figures symétriques d'une même troisième, par rapport à deux centres différents, sont égales entre elles.*

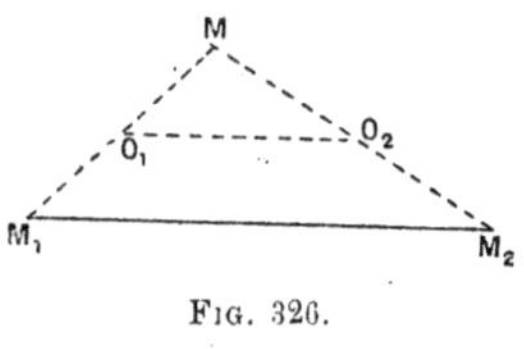

Fig. 326.

Si, en effet, M_1 et M_2 sont les symétriques de M par rapport aux deux centres O_1, O_2 (*fig.* 326), la droite M_1M_2 est (Pl., **55**) parallèle à O_1O_2 et double de O_1O_2.

Donc, les figures symétriques d'une même troisième, par rapport à O_1 et O_2 respectivement, se déduisent l'une de l'autre par une translation parallèle à O_1O_2 et double de O_1O_2.

Théorème. — *Deux figures symétriques d'une même troisième, l'une par rapport à un point, l'autre par rapport à un plan, sont égales entre elles.*

Il suffit, d'après le théorème précédent, de faire la démonstration pour une situation déterminée du centre de symétrie : elle sera, par cela même, faite pour toutes les autres positions de ce point.

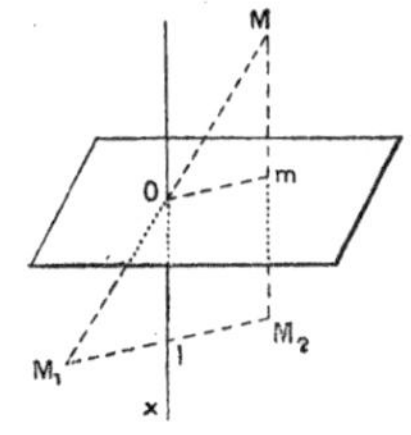

Fig. 327.

Nous pouvons, par conséquent, supposer que le centre de symétrie O est situé dans le plan de symétrie P. Dans ces conditions, nous allons faire voir que *les symétriques d'une même figure* F, *l'une par rapport au point* O, *l'autre par rapport au plan* P, *se déduisent l'une de l'autre par une rotation de* 180° *autour d'une droite :* cette droite est la perpendiculaire Ox au plan P, menée par le point O.

Soient, en effet, M un point quelconque de F (*fig.* 327) ; M_1, son symétrique par rapport à O ; M_2, son symétrique par rapport à P, de sorte que la droite MM_2, perpendiculaire au plan P, a son milieu m dans ce plan. La droite Ox, parallèle à MM_2 et menée par le milieu de MM_1, rencontre en son milieu le troisième côté M_1M_2 du triangle MM_1M_2.

D'ailleurs, M_1M_2 est parallèle à Om (qui joint les milieux de MM_1 et de MM_2) et, par suite, perpendiculaire à Ox. Donc, les points M_1, M_2 sont bien symétriques l'un de l'autre par rapport à Ox.

C. Q. F. D.

Corollaire. — *Deux figures symétriques d'une même troisième* F, *par rapport à deux plans différents, sont égales entre elles*, puisqu'elles sont égales à la symétrique de la figure F par rapport à un point quelconque de l'espace.

On peut d'ailleurs (exercice 600) constater directement que ces figures se déduisent l'une de l'autre par une rotation ou une translation convenable.

421. Théorème. — *Une figure plane est égale à sa symétrique par rapport à un point ou à un plan quelconque.*

Le théorème est évident lorsque le plan de symétrie coïncide avec le plan de la figure, puisque celle-ci coïncide alors avec sa symétrique. Il est dès lors vrai dans tous les cas, d'après le numéro précédent.

En particulier, *la figure symétrique d'un plan est un plan ;*

La figure symétrique d'une droite est une droite; la figure symétrique d'un segment de droite est un segment de droite égal au premier;

Deux angles symétriques l'un de l'autre sont égaux ;

La figure symétrique d'une circonférence est une circonférence ; etc.

421 *bis*. Corollaires. — I. *Une droite et un plan, perpendiculaires entre eux, ont pour symétriques une droite et un plan perpendiculaires entre eux :* cela résulte de la définition du plan perpendiculaire à une droite, puisqu'un angle droit a pour symétrique un angle droit.

II. *L'angle d'une droite et d'un plan est égal à l'angle de leurs symétriques :* cela résulte de la définition et du corollaire précédent. De même :

III. *Deux dièdres symétriques sont égaux.*

422. Théorème. — *Deux dièdres symétriques l'un de l'autre, par rapport à un point ou à un plan, sont de sens contraires (lorsque les sens choisis sur les arêtes se correspondent).*

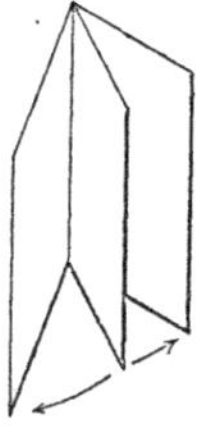

Fig. 328.

Si, en effet, le plan de symétrie est le plan de l'une des faces (*fig.* 328), les arêtes coïncident (et cela en direction *et sens*) pendant que les faces non communes sont de part et d'autre de la face commune.

Corollaire. — *Dans deux figures symétriques, les trièdres correspondants ont leurs dispositions inverses.*

Remarque. — Cette dernière proposition résulte d'ailleurs immédiatement du nº **372** : car si on prend pour centre de symétrie le sommet d'un des trièdres considérés, on retombe évidemment sur la construction des trièdres symétriques indiquée au nº **370**.

Les *trièdres symétriques* considérés en cet endroit satisfont donc bien à la définition générale des figures symétriques, telles que nous les considérons actuellement.

D'après ce qui précède — au lieu que deux figures symétriques par rapport à une droite sont superposables — deux figures symétriques par rapport à un point ou à un plan, tout en ayant tous leurs côtés, tous leurs angles, tous leurs dièdres égaux à chacun, *ne sont pas en général superposables*, parce que leur disposition est inverse.

423. Théorème. — *Deux polyèdres symétriques sont équivalents.*

Nous distinguerons deux cas :

1° *Les polyèdres considérés sont des pyramides.*

Ces pyramides ont leurs bases égales (**421**) ; leur hauteurs sont d'ailleurs symétriques l'une de l'autre (**421** *bis*, Coroll. I) et, par conséquent, égales : elles sont donc équivalentes ;

2° *Cas général.* Décomposons l'un des polyèdres donnés en pyramides. L'autre sera décomposable en pyramides, symétriques respectivement des premières. Ces pyramides étant équivalentes chacune à chacune, les polyèdres totaux le sont aussi.

C. Q. F. D.

424. On dit qu'une figure *admet pour axe de symétrie* la droite D, lorsqu'elle coïncide avec sa symétrique par rapport à D.

De même, une figure est dite *admettre un plan* ou *un centre de symétrie*, lorsqu'elle coïncide avec sa symétrique par rapport à ce plan ou à ce centre.

Une figure F qui a un plan P ou un centre C de symétrie [1] est

(1) Il est clair que la même conclusion ne s'appliquerait pas au cas où, au lieu d'un centre ou d'un plan de symétrie, la figure F admettrait un *axe* de symétrie.

superposable à sa symétrique F′ par rapport à un point C′ ou à un plan P′ quelconque, puisque F et F′ peuvent être considérées comme symétriques d'une même figure (à savoir F elle-même) l'une par rapport à P ou à C, l'autre par rapport à P′ ou à C′.

Toutefois, il faut bien observer que, dans la superposition de F et de F′, ce ne sont pas, en général, les points homologues (c'est-à-dire symétriques l'un de l'autre par rapport à P′ ou à C′) que l'on arrive à faire coïncider. C'est, par exemple, ce qui se produit dans le cas du trièdre isoscèle (**383**) : un trièdre isoscèle est effectivement (voir exercice 480) une figure qui a un plan de symétrie.

EXERCICES

600. Deux figures sont symétriques d'une même troisième, par rapport à deux plans différents. Quel est le déplacement qui amène la première à coïncider avec la seconde ?

(Distinguer deux cas, suivant que les deux plans sont concourants ou parallèles).

601. Même question pour deux figures symétriques d'une même troisième, l'une par rapport à un plan, l'autre par rapport à un point non situé dans ce plan.

602. Une figure limitée en tous sens peut-elle avoir deux centres de symétrie ?

603. Tout plan mené par le point d'intersection des diagonales d'un parallépipède divise celui-ci en deux parties équivalentes.

604. *Symétrie oblique.* — Un point quelconque M étant considéré, soit M′ le point tel que la droite MM′ soit parallèle à une droite fixe D et divisée en deux parties égales par un plan P (sécant à D) : le point M′ est dit dériver de M par *symétrie oblique.*

Prouver que :

La figure obliquement symétrique d'une droite est une droite ;

La figure obliquement symétrique d'un plan est un plan.

Deux polyèdres obliquement symétriques l'un de l'autre sont équivalents. (On peut utiliser pour cela l'ex. 565.)

605. Même question lorsque le point M′ est défini, à l'aide du point M, par la condition que la droite MM′ soit parallèle à un plan fixe P et divisée en deux parties égales par une droite fixe D (sécante à P).

On démontrera que cette transformation peut se ramener à deux symétries obliques, telles qu'elles ont été définies à l'exercice précédent, ou encore à une symétrie oblique et une symétrie par rapport à un point.

606. Appliquer les conclusions de l'exercice précédent à l'exercice 568.

607. Si une figure F est égale à la symétrique, par rapport à un plan, d'une figure F′, les deux figures peuvent être amenées à coïncider par une rotation précédée ou suivie d'une symétrie par rapport à un plan perpendiculaire à l'axe de rotation ou par rapport à un point situé sur cet axe.

608. Inscrire, dans un angle polyèdre convexe donné, un angle polyèdre tel que la somme de ses faces soit minima. Cas du trièdre.

CHAPITRE III

HOMOTHÉTIE ET SIMILITUDE

425. Définition. — De même qu'en géométrie plane, nous nommerons *homothétique* d'un point quelconque M, par rapport à un point O, appelé *centre d'homothétie*, et à un nombre k, appelé *rapport d'homothétie* ou *de similitude*, le point M′ obtenu en joignant OM et portant sur cette droite, à partir du point O′, un segment donné par la relation

$$\frac{OM'}{OM} = k.$$

Pour achever de définir l'homothétie, on doit indiquer s'il faut prendre le segment OM′ dans le sens OM (homothétie *directe*) ou dans le sens opposé (homothétie *inverse*).

La symétrie par rapport à un point est, ainsi que nous l'avons noté (Pl., **140**, Rem.), un cas particulier d'homothétie inverse, le cas où le rapport de similitude est égal à 1.

426. Le théorème déjà énoncé en géométrie plane (n° **141**) :

Théorème. — *Dans deux figures homothétiques, la droite qui joint deux points quelconques de l'une des figures et celle qui joint les points homologues de l'autre sont toujours parallèles et dans le rapport de similitude; elle sont de même sens ou de sens contraires, suivant que l'homothétie est directe ou inverse,*

subsiste, avec sa démonstration, en géométrie de l'espace. Il en est de même des

Corollaires. — I. *La figure homothétique d'une droite est une droite parallèle à la première;*

d'où résulte, moyennant le n° **330** :

II. *La figure homothétique d'un plan est un plan parallèle au premier ;*

Il en est de même également des corollaires.

III. *Deux angles homothétiques l'un de l'autre sont égaux.*

La figure homothétique d'un triangle est un triangle semblable au premier

et (moyennant le corollaire II et le théorème du n° **393**)

IV. *La figure homothétique d'un polygone plan est un polygone semblable au premier;*

Plus généralement, *la figure homothétique d'une figure plane est une figure plane semblable à la première* [1].

V. *La figure homothétique d'une circonférence est une circonférence, les centres étant homothétiques l'un de l'autre et le rapport des rayons étant égal au rapport de similitude.*

Enfin les corollaires I et II donnent :

VI. *Une droite et un plan perpendiculaires ont pour homothétiques une droite et un plan perpendiculaires*

et, moyennant les n° **358** *bis*, **384** *bis* :

VII. *Dans deux figures homothétiques,*

Les dièdres homologues sont égaux;

Les angles polyèdres homologues sont égaux si l'homothétie est directe; symétriques, si l'homothétie est inverse.

427. La réciproque du théorème précédent :

Réciproque. — *Deux figures étant données, s'il existe deux points* O, O′ *tels que la droite qui joint le point* O *à un point* M *quelconque de la première figure et celle qui joint le point* O′ *au point* M′ *homologue de la seconde soient constamment parallèles et dans un rapport donné* k (*toujours de même sens ou toujours de sens contraires*), *les deux figures sont homothétiques,*

subsiste également et se démontre comme en géométrie plane, moyennant la convention qui consiste à considérer, comme cas

(1) Il peut sembler que cette proposition ne soit autre que la définition des figures semblables (Pl., **146**). Il n'en est rien : deux figures semblables sont en effet telles que l'une soit égale à une homothétique de l'autre *par rapport à un point de son plan* (seule espèce d'homothétie considérée en géométrie plane); au lieu que cette dernière restriction n'est point supposée dans l'énoncé actuel.

limite de deux figures homothétiques, deux figures égales qui se déduisent l'une de l'autre par une translation.

Il en résulte, comme en géométrie plane (**144**) :

Théorème. — *Deux figures homothétiques d'une même troisième sont homothétiques entre elles; le rapport d'homothétie est le quotient des rapports primitifs, et cette homothétie est directe ou inverse, suivant que les homothéties primitives sont de même nom ou de noms contraires.*

Les trois centres d'homothétie sont sur une même ligne droite (dite *axe d'homothétie*).

La démonstration de cette dernière partie de l'énoncé : *les trois centres sont en ligne droite*, peut toutefois être simplifiée lorsqu'on fait intervenir l'homothétie dans l'espace.

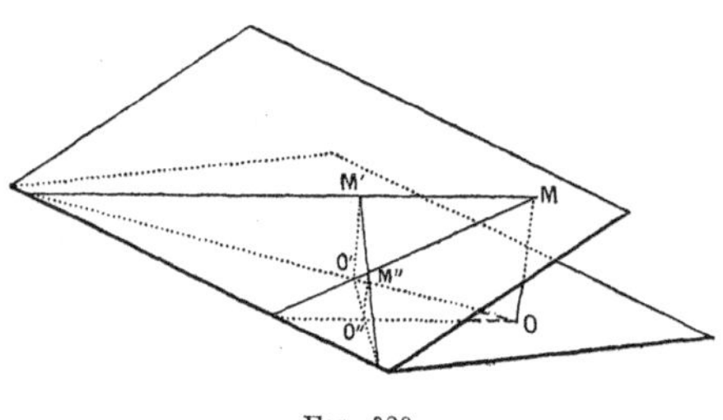

Fig. 329.

Soient, en effet, O un point de la première figure (*fig.* 329), O' et O'' ses homologues dans la seconde et dans la troisième; M, un point de la première figure, situé en dehors du plan OO'O''; M', M'' ses homologues. Le centre d'homothétie des deux premières figures est à l'intersection de OO', MM'; celui de la première et de la troisième, à l'intersection de OO'', MM''; celui des deux dernières, à l'intersection de O'O'', M'M''. Ces trois centres sont donc évidemment sur une même droite, à savoir l'intersection des plans OO'O'', MM'M''.

Remarque. — *Si les deux homothéties primitives sont de même nom, avec le même rapport de similitude, les deux figures homothétiques d'une même troisième se déduisent l'une de l'autre par translation.* C'est le cas limite auquel il a été fait allusion tout à l'heure.

428. Théorème. — *Lorsque quatre figures sont homothétiques entre elles, les six centres d'homothétie sont dans un même plan* (dit *plan d'homothétie*) *et forment un quadrilatère complet dont les côtés sont les quatre axes d'homothétie des figures prises trois à trois.*

Désignons par F_1, F_2, F_3, F_4 les quatre figures; par S_{12}, S_{13}, etc., les centres d'homothétie des figures F_1, F_2; F_1, F_3; etc. Les points S_{12}, S_{13}, S_{23} sont sur une même droite, l'axe d'homothétie des figures F_1, F_2, F_3. Le point S_{12} est d'ailleurs, avec les points S_{14} et S_{24}, sur une seconde droite, l'axe d'homothétie des figures F_1, F_2, F_4. Un plan passant par ces deux droites (et ce plan existe toujours [1], puisque les deux droites ont un point commun) contiendra les deux autres axes d'homothétie : celui de F_1, F_3, F_4 (dont il contiendra les points S_{13}, S_{14}) et celui de F_2, F_3, F_4 (dont il contiendra les points S_{23}, S_{24}) : il contiendra donc les six centres, lesquels auront bien la disposition indiquée par l'énoncé.

429. Définition. — Deux figures sont dites *semblables* si l'une d'elles est égale à l'une des homothétiques *directes* de l'autre.

Cette définition concorde d'ailleurs (**426**, Coroll. IV), dans le cas des figures planes, avec celle qui a été donnée en géométrie plane.

Des différents corollaires du n° **426** résulte d'ailleurs :

Théorème. — *Deux polyèdres semblables ont leurs faces homologues semblables, avec le même rapport de similitude, et leurs angles polyèdres homologues égaux chacun à chacun.*

Nous allons démontrer la réciproque :

Réciproque. — *Si deux polyèdres ont leurs faces semblables chacune à chacune, avec le même rapport de similitude, leurs angles polyèdres égaux chacun à chacun, ces éléments étant pareillement assemblés* [2] *: ils sont semblables.*

Nous allons d'abord démontrer que *si deux polyèdres ont leurs faces égales et leurs angles polyèdres égaux chacun à chacun et pareillement assemblés, ils sont égaux.*

Pour cela, nous transporterons l'un des polyèdres sur l'autre, de manière qu'une de ses faces — soit, par exemple, la face F, dont

(1) Il peut ne pas être unique, si les deux axes d'homothétie qui le déterminent coïncident : les centres S_{12}, S_{13}, ... sont alors tous en ligne droite.

(2) C'est-à-dire que ces éléments se correspondent dans les deux polyèdres de manière qu'à deux faces du premier, contiguës suivant une arête, correspondent, dans le second, deux faces respectivement semblables aux premières et aussi contiguës entre elles; qu'à des faces formant un angle polyèdre, correspondent des faces (semblables aux premières) formant l'angle polyèdre égal au premier, etc.

les sommets sont A, B, C, D, E (*fig.* 330) — vienne coïncider avec la face homologue (et par conséquent égale) F′ (aux sommets A′, B′, C′, D′, E′) de l'autre.

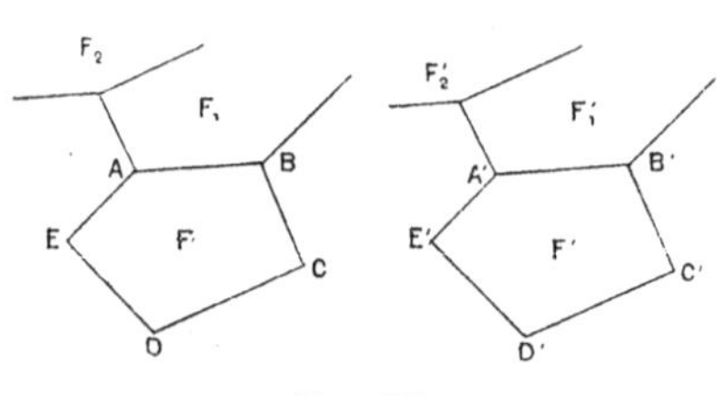

Fig. 330.

Alors l'angle polyèdre en A et l'angle polyèdre en A′, figures égales entre elles qui ont trois points communs non en ligne droite (puisque les faces F et F′ sont entièrement superposées), coïncident; et comme on peut raisonner de même pour chaque sommet de F, on voit que toute face F_1 du premier polyèdre, contiguë à F, coïncide avec son homologue.

Mais on peut recommencer le raisonnement précédent, en partant de F_1, et démontrer la même conclusion pour toute face F_2 contiguë à F_1, ; continuant ainsi de proche en proche, on peut manifestement montrer que la coïncidence est établie pour toutes les faces. Les deux polyèdres sont donc bien égaux.

Prenant alors, conformément à l'énoncé, deux polyèdres P, P′ qui ont toutes leurs faces semblables, avec le même rapport de similitude k, et leurs angles polyèdres égaux, ces éléments étant pareillement assemblés, nous considérerons le polyèdre P_1, homothétique direct de P avec k pour rapport d'homothétie. Ce polyèdre aura toutes ses faces égales et tous ses angles polyèdres égaux aux faces et aux angles polyèdres homologues de P′; il sera donc égal à P′, et les polyèdres P, P′ sont semblables.

C. Q. F. D.

430. Théorème. — *Deux polyèdres semblables peuvent être décomposés en pyramides semblables et pareillement assemblées.*

Il suffira, à cet effet, après avoir amené les deux solides dans la position où ils sont homothétiques, de décomposer l'un d'eux en pyramides (**395**) et l'autre, en pyramides homothétiques des premières.

On démontrerait d'ailleurs, par une marche analogue à celle qui a été suivie dans le plan (Pl., **149**) et à celle du n° précédent, que, *réciproquement, deux polyèdres, composés de pyramides semblables et pareillement assemblées sont semblables.*

431. Théorème. — *Le rapport des volumes de deux polyèdres semblables est égal au cube du rapport de similitude.*

Comme précédemment (**423**), nous distinguerons deux cas :

1° *Les polyèdres sont des pyramides.*

Soient B et H la base et la hauteur de la première pyramide ; B′ et H′, la base et la hauteur de la seconde ; k le rapport de similitude : on a (Pl., **257**)

$$B' = k^2 B, \quad H' = kH$$

et le rapport des volumes sera

$$\frac{\frac{1}{3}B'.H'}{\frac{1}{3}.B.H} = \frac{B'}{B} \cdot \frac{H'}{H} = k^3.$$

2° *Cas général.* — On décomposera les polyèdres donnés en pyramides semblables et pareillement assemblées. Deux pyramides correspondantes quelconques étant dans le rapport k^3, leurs sommes sont, en vertu d'un théorème connu sur les proportions ([1]), dans le même rapport.

C. Q. F. D.

EXERCICES

609. Si deux figures se correspondent point par point, de manière que la ligne joignant deux points quelconques de l'une soit parallèle à celle qui joint les points homologues de l'autre, elles sont homothétiques.

610. Si deux figures se correspondent point par point, de manière que A, B, C, étant trois points quelconques de l'une, A′, B′, C′ leurs homologues dans l'autre, l'angle $\widehat{B'A'C'}$ soit toujours égal à $\widehat{BAC}$, elles sont semblables, ou l'une est semblable à la symétrique de l'autre.

(1) TANNERY, *Leçons d'Arithmétique*, n° **218**. Comparer Pl., **257**.

611. Deux figures semblables (mais non égales) peuvent être amenées à coïncider à l'aide d'une rotation, suivie d'une homothétie directe par rapport à un point situé sur l'axe de rotation.

Énoncé analogue pour deux figures dont l'une est semblable à la symétrique de l'autre.

612. Deux figures limitées en tout sens ne peuvent pas être homothétiques entre elles de plus de deux façons différentes.

613. Lieu du centre d'une homothétie dans laquelle les homologues de trois points donnés sont respectivement dans trois plans donnés.

614. Lieu du centre d'une homothétie dans laquelle le rapport de similitude est donné, sachant que l'homologue d'une droite donnée D rencontre une droite donnée D'.

615. Lieu des droites menées par un point donné et divisées dans un rapport donné par ce point et deux plans donnés ; par trois plans concourants donnés.

616. Prouver que l'on peut trouver, d'une infinité de façons, deux polyèdres, P, Q, tels que leurs volumes soient dans le même rapport que leurs surfaces. Déterminer Q, connaissant P et un polyèdre semblable à Q.

PROBLÈMES

PROPOSÉS SUR LE SEPTIÈME LIVRE

617. Deux tétraèdres sont égaux ou symétriques :

1° S'ils ont un dièdre égal compris entre faces égales chacune à chacune ;

2° S'ils ont un angle trièdre égal ou symétrique, compris entre arêtes égales chacune à chacune ;

3° S'ils ont une face égale adjacente à trois dièdres égaux chacun à chacun ;

4° S'ils ont une arête égale adjacente à deux trièdres égaux ou symétriques chacun à chacun ;

5° S'ils ont leurs six arêtes égales chacune à chacune.

Il est toutefois sous-entendu, dans tous ces énoncés, que les éléments égaux ou symétriques sont assemblés de la même façon.

618. Déduire des cas d'égalité énoncés à l'exercice précédent, des cas de similitude des tétraèdres.

619. Étant donnés une droite D et deux points A, B, trouver sur D le point M tel que MA + MB soit minimum, et le point N tel que NA — NB soit maximum.

620. Trouver, sur une droite donnée, le point tel que la somme de ses distances à deux droites parallèles données soit minima.

621. Que deviennent les énoncés des exercices 604 et 605 lorsque la droite MM' est divisée par le plan P (ex. 604) ou la droite D (ex. 605) dans un rapport donné quelconque, et non en deux parties égales ?

622. Une rotation et une translation obliques entre elles se composent suivant un déplacement hélicoïdal dont l'axe est parallèle à celui de la rotation. Si l'on change l'ordre des deux opérations, on a deux mouvements dont les axes sont symétriques l'un de l'autre par rapport au plan qui passe par l'axe de la rotation et par la perpendiculaire commune menée à ce dernier et à la translation.

623. Plus généralement, en composant deux déplacements donnés dans un ordre déterminé, puis dans l'ordre inverse, on obtient deux déplacements dont les axes sont symétriques l'un de l'autre par rapport à la perpendiculaire commune aux deux axes primitifs (la grandeur de la rotation et celle de la translation résultantes étant d'ailleurs les mêmes dans les deux cas).

624. L'ordre dans lequel on compose deux déplacements n'est indifférent que si ces déplacements sont :

1° Ou deux déplacements de même axe;

2° Ou deux translations;

3° Ou deux rotations de 180° autour d'axes qui se coupent à angle droit.

625. Étant donnés trois plans P, Q, R passant par une même droite D et, dans l'un d'eux, une droite SA sécante à D en S, il existe, en général :

1° Un trièdre ayant une arête suivant SA et tels que P, Q, R soient les plans bissecteurs de ses dièdres ou de leurs suppléments (ex. 488). Discuter, suivant les cas, si c'est l'une ou l'autre de ces deux circonstances qui se présente. Lorsque, P, Q, R et S restant fixes, SA varie, le plan de la face opposée à SA passe par une droite fixe;

2° Un trièdre tel que P, Q, R soient chacun perpendiculaire à une des deux faces, en passant par la bissectrice de cette face ou celle de son supplément, l'une de ces bissectrices étant SA. Discussion analogue à celle de 1°. Lieu des arêtes du trièdre lorsque SA varie, P, Q, R et S restant fixes;

3° Un trièdre tel que P, Q, R passent chacun par une de ses arêtes et la bissectrice de la face opposée ou de son supplément, l'une de ces bissectrices étant SA.

626. Étant données trois droites concourantes S*a*, S*b*, S*c* d'un même plan, il existe, en général :

1° Un trièdre tel que S*a*, S*b*, S*c* soient les droites dont il est question dans l'exercice 489, l'une des faces étant dans un plan donné P passant par S*a*. Lieux des arêtes de ce trièdre lorsque P tourne autour de S*a*;

2° Un trièdre tel que S*a*, S*b*, S*c* soient les droites dont il est question dans l'exercice 491, l'un des plans bissecteurs mentionnés en cet endroit étant un plan donné P mené par S*a*;

3° Un trièdre tel que S*a*, S*b*, S*c* soient les droites dont il est question dans l'exercice 493, l'un des plans bissecteurs mentionnés en cet endroit étant un plan donné P passant par S*a*.

627. (Généralisation de la 1re partie de l'ex. précédent). Construire un angle polyèdre, connaissant les bissectrices des suppléments de ses faces. — Le problème est, en général, possible lorsque le nombre des faces est pair. Lorsque ce nombre est impair, le problème est, au contraire, impossible ou indéterminé. Quel est, dans ce dernier cas, le lieu d'une arête de l'angle polyèdre cherché?

Lorsqu'on donne toutes les bissectrices moins une, quel est le lieu sur lequel doit se trouver cette dernière pour que le problème soit possible?

628. Étant donnés trois plans P, Q, R passant par une même droite D et, dans l'un d'eux, une droite SA sécante à D en S, trouver un trièdre tel que P, Q et R passent chacun par une de ses arêtes et la bissectrice de la face opposée, l'une des arêtes étant SA. (Utiliser ex. 597.)

LIVRE VIII

LES CORPS RONDS

CHAPITRE PREMIER

DÉFINITIONS GÉNÉRALES — CYLINDRE

432. Parmi les surfaces qui ne sont pas planes, les plus simples sont les surfaces *cylindriques*, les surfaces *coniques* et les surfaces de *révolution*.

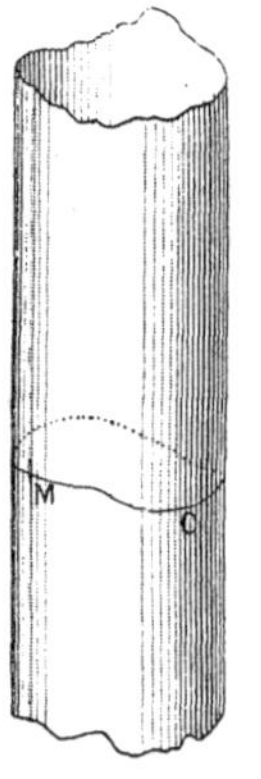

Fig. 331.

On nomme surface *cylindrique* (*fig*. 331), ou simplement *cylindre*, la surface engendrée par une droite, dite *génératrice*, qui se déplace en restant parallèle à une droite fixe.

Il est clair qu'on déterminera une surface cylindrique en se donnant : 1° la direction commune des génératrices ; 2° un point de chacune d'elles. On prend, en général, ces points de manière qu'ils varient continûment lorsque la génératrice varie continûment et forment une ligne (C, *fig*. 331), qui est dite la *directrice*.

Il est clair qu'on peut considérer comme directrice toute ligne tracée sur la surface et rencontrant toutes les génératrices. Il est souvent avantageux de prendre pour directrice une courbe plane.

Le plan est une surface cylindrique, à savoir celle qu'on obtient (**332**) en prenant pour directrice une droite.

433. Définition. — Une droite est dite *tangente à une surface*, en un point A de cette surface, lorsqu'elle est tangente en A à une ligne tracée sur la surface.

Théorème. — *Toutes les tangentes que l'on peut mener à une surface cylindrique, en un point de cette surface, sont dans un même plan.*

Ce plan est dit le *plan tangent au cylindre*, mené au point considéré.

Le plan tangent au cylindre en un point contient la génératrice qui passe par ce point et est le même tout le long de cette génératrice.

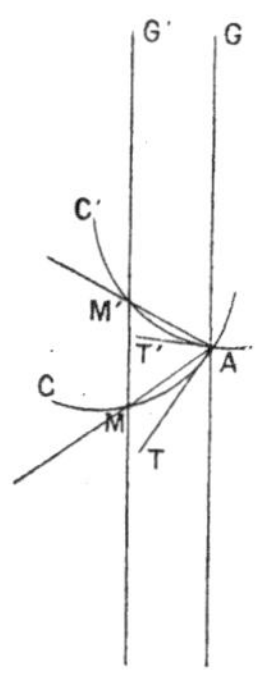

Fig. 332.

Soient A le point donné (*fig*. 332); G, la génératrice qui passe par ce point; C, une courbe tracée sur la surface par le point A et admettant une tangente AT, distincte [1] de G; C', une autre courbe tracée par A sur la surface et admettant une tangente AT'. Soient maintenant M' un point de C', voisin de A; M, le point où la génératrice G' du point M' vient rencontrer la courbe C [2] : les deux droites AM, AM' sont, avec G, dans un même plan (le plan des deux génératrices G, G'). Donc leurs positions limites seront aussi [3] dans un même plan avec G : autrement dit, toutes les droites telles que AT' seront dans le même plan GAT.

Ce plan contient bien la droite G et est bien le même en tous les points de G (comme position limite [3] du plan GG').

434. *Une surface cylindrique peut être considérée comme le lieu des positions que vient occuper la directrice, lorsqu'on lui fait subir successivement les différentes translations parallèles aux génératrices.* Car, dans ces différentes translations, chaque point de la directrice se déplace évidemment sur la génératrice correspondante et décrit toute cette génératrice.

Les sections d'une surface cylindrique par des plans parallèles entre

(1) Nous ne considérerons pas le cas où il ne passerait pas par le point A, de courbe ayant une tangente distincte de G. Ce cas, qui n'est pas théoriquement impossible, ne se présente pas dans les cylindres que l'on a à considérer habituellement.

(2) On démontre que ce point existe nécessairement lorsque la tangente AT est distincte de G.

(3) Nous admettons ici (voir Pl., **104**, note) les propositions suivantes : *Quand trois droites variables issues d'un même point sont dans un même plan, il en est de même de leurs positions limites (si celles-ci existent). — Quand une droite variable et un plan variable qui la contient tendent chacun vers une position limite, la position limite du plan contient la position limite de la droite.* Ces propositions se démontrent d'ailleurs aisément (V. Exercices 486 et 487).

eux (mais non parallèles aux génératrices) (*fig.* 333) *sont égales.* Car elles se déduisent l'une de l'autre par translation (**335**).

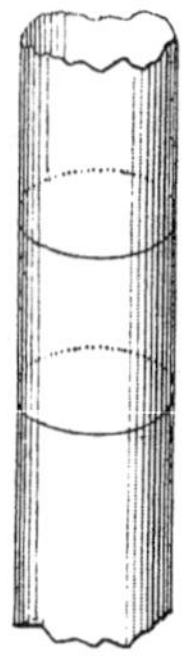

En particulier, on désigne sous le nom de *sections droites* du cylindre, les sections par des plans perpendiculaires aux génératrices. On voit que toutes les sections droites d'un même cylindre sont égales entre elles.

Dans le cas où le plan sécant est parallèle à la direction commune des génératrices, la section se compose évidemment d'une ou plusieurs de celles-ci.

Fig. 333.

435. On nomme plus spécialement *cylindre* le volume obtenu en coupant une surface cylindrique par deux plans parallèles (*fig.* 334) et limité, par conséquent, par une portion de surface cylindrique et deux aires planes égales entre elles (dites *bases*).

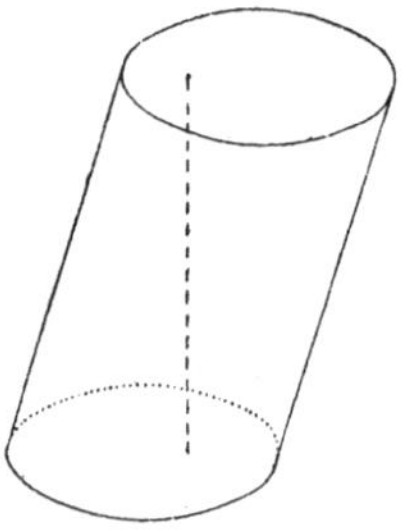

La *hauteur* du cylindre est la distance des plans des bases.

Un cylindre est dit *droit*, lorsque ses génératrices sont perpendiculaires aux plans des bases : autrement dit, lorsque celles-ci sont des sections droites.

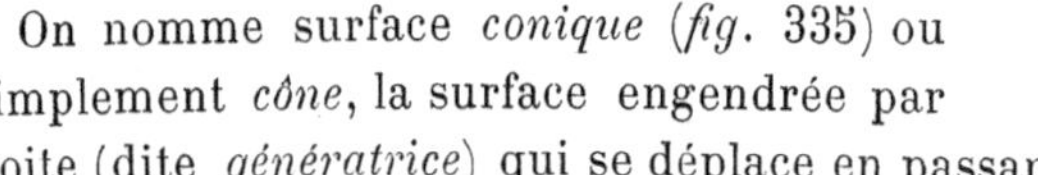

Fig. 334.

436. On nomme surface *conique* (*fig.* 335) ou plus simplement *cône*, la surface engendrée par une droite (dite *génératrice*) qui se déplace en passant par un point fixe (dit *sommet* du cône).

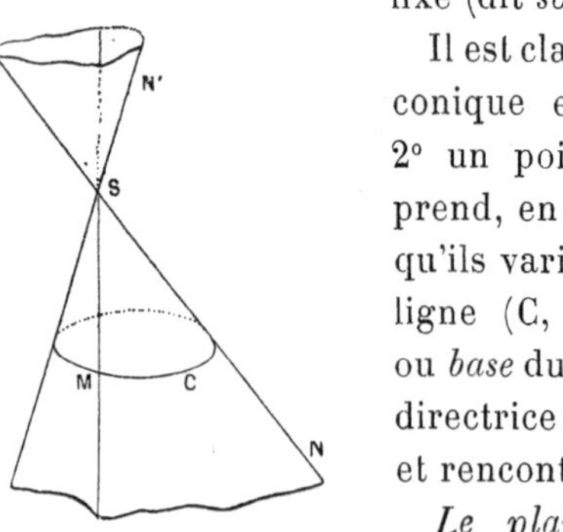

Fig. 335.

Il est clair qu'on déterminera une surface conique en se donnant : 1° le sommet; 2° un point de chaque génératrice. On prend, en général, ces points de manière qu'ils varient continûment et forment une ligne (C, *fig.* 335), qui est dite *directrice* ou *base* du cône. On peut considérer comme directrice toute ligne tracée sur la surface et rencontrant toutes les génératrices.

Le plan est une surface conique, à savoir celle qu'on obtient en prenant pour directrice une droite (**323**).

Théorème. — *Les tangentes que l'on peut mener à une surface conique, en un point autre que le sommet, sont toutes dans un même plan.*

Ce plan est dit le *plan tangent* au cône au point considéré.

Le plan tangent au cône contient la génératrice du point de contact et est le même en tous les points d'une même génératrice.

Même démonstration que pour le cylindre (**433**).

Une surface conique peut être considérée comme le lieu des positions que vient occuper la directrice, lorsqu'on lui fait subir successivement toutes les homothéties qui ont pour centre le sommet.

Lorsque la directrice est fermée, ses homothétiques directes forment une première portion ou *nappe* du cône, pendant que ses homothétiques inverses forment la seconde nappe.

Ces deux nappes sont alors séparées l'une de l'autre par le sommet (*fig.* 335).

Les sections d'un même cône par des plans parallèles sont semblables (**393**, Rem.).

La section d'un cône par un plan passant par le sommet se compose évidemment d'une ou plusieurs génératrices.

437. On appelle, plus spécialement, *cône*, le volume obtenu en coupant une nappe de surface conique par un plan, autrement dit, limité par une aire plane (dite *base*) et une portion de surface conique (*fig.* 336).

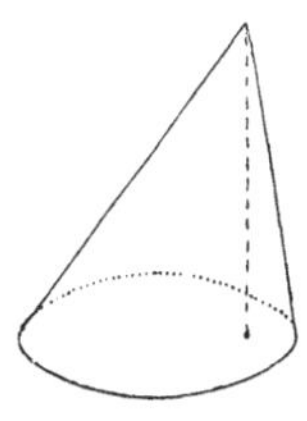

Fig. 336.

La *hauteur* du cône est la distance du sommet au plan de la base.

On nomme *tronc de cône* (*fig.* 337) le volume obtenu en coupant un cône par un plan parallèle à la base; autrement dit, limité par une portion de surface conique et deux aires planes semblables (dites *bases*). La *hauteur* du tronc du cône est la distance des plans des bases.

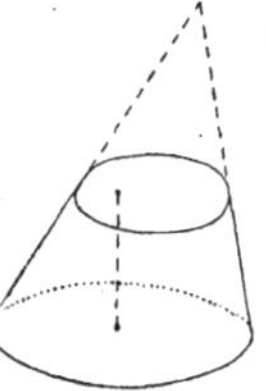

Fig. 337.

438. On nomme *surface de révolution*, la surface engendrée par une ligne C qui se déplace en tournant autour d'un axe fixe, l'angle de rotation prenant successivement toutes les valeurs possibles.

Dans ces conditions, un point quelconque M de C se déplacera, d'après ce que nous savons, dans le plan mené par ce point perpendiculairement à l'axe : il décrira dans ce plan, un cercle ayant son centre sur l'axe.

Ce cercle est dit un *parallèle* de la surface.

Comme il passe un parallèle par tout point de la surface, on voit qu'*une surface de révolution peut être considérée comme le lieu décrit par un cercle qui varie* (en changeant, en général, de rayon) *de manière que son centre décrive une droite, son plan restant perpendiculaire à cette droite.*

On achèvera de définir la surface en imposant au cercle variable la condition de rencontrer constamment la ligne donnée C. Comme, une fois l'axe donné, il suffit de se donner un point quelconque d'un parallèle pour le déterminer entièrement, on voit que *la ligne* C *peut être remplacée par n'importe quelle autre courbe tracée sur la surface et rencontrant tous les parallèles.*

On choisit, le plus souvent, pour la ligne C, la section de la surface par un plan quelconque passant par l'axe. Cette section MM' (*fig.* 338), dite *méridienne* de la surface, est évidemment symétrique par rapport à l'axe, puisqu'elle contient les points diamétralement opposés de chaque parallèle. On pourra, par conséquent, se contenter d'en considérer une moitié, par exemple la partie située d'un seul et même côté de l'axe.

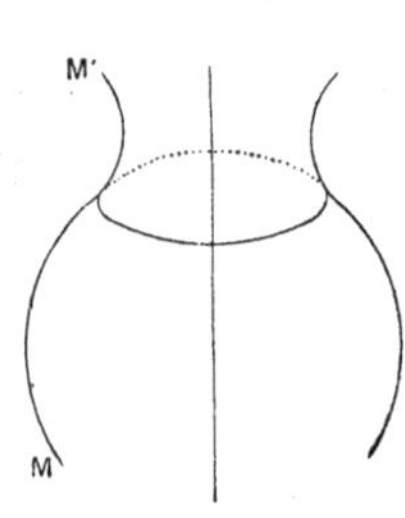

Fig. 338.

On nomme *méridiens* les diverses positions occupées par la méridienne, lorsque son plan tourne autour de l'axe. Par chaque point de la surface, il passe évidemment un méridien.

Une surface de révolution admet une infinité de plans de symétrie : elle est symétrique par rapport à tout plan passant par l'axe, car un parallèle quelconque jouit de cette propriété, en vertu du n° **419** *bis* et du n° **62** (Pl., liv. II).

On démontre qu'en un point quelconque d'une surface de révolution existe, en général, un *plan tangent*, c'est-à-dire que les tangentes que l'on peut mener aux différentes courbes tracées sur la surface par ce point, sont dans un même plan. Ce plan doit, d'après ce qui précède, coïncider avec son symétrique par rapport au plan méridien qui passe au point considéré, et, par suite, être perpendiculaire à ce dernier plan.

439. Après le plan, les surfaces cylindriques les plus simples sont celles qui ont pour directrices des cercles.

Parmi celles-là, on considère, en particulier, celle qui a pour section droite un cercle et qui est la *surface cylindrique de révolution* : cette surface est, en effet, celle qu'on obtient en faisant tourner une droite D autour d'un axe A qui lui est parallèle, car, dans ce mouvement, la droite reste constamment parallèle à A, pendant qu'un quelconque de ces points décrit un cercle dont le plan est perpendiculaire à A; et inversement, tout cylindre dont la section droite est un cercle peut être obtenu de cette manière, l'axe A étant la parallèle menée par le centre du cercle à la direction des génératrices.

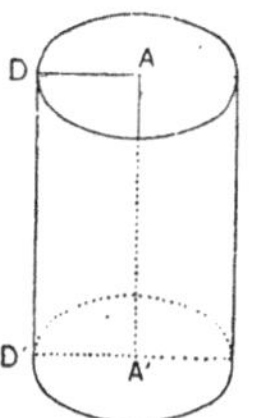

Fig. 339.

En coupant la surface cylindrique de révolution par deux plans de sections droites, on obtient le *cylindre droit à base circulaire* ou *cylindre de révolution* (*fig.* 339), que l'on peut encore considérer comme la figure engendrée par un rectangle AA'DD' (*fig.* 339) tournant autour d'un de ses côtés.

Un cylindre de révolution est manifestement défini quand on se donne le cercle de base et la hauteur (ainsi que le sens dans lequel elle doit être portée). Deux cylindres de révolution qui ont même rayon de base et même hauteur, sont égaux.

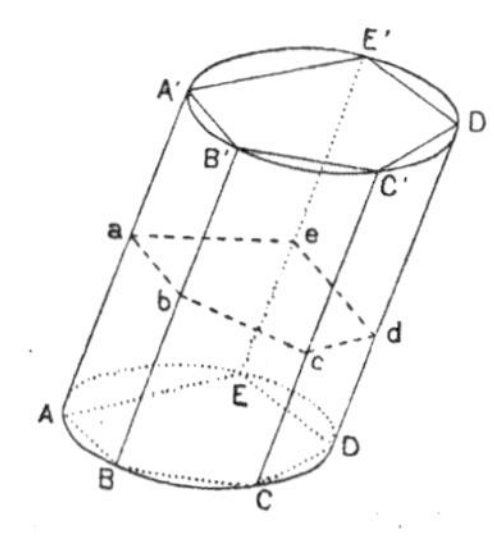

Fig. 340.

440. Surface latérale du cylindre. Un cylindre étant donné (*fig.* 340), inscrivons dans la première courbe de base un polygone quelconque : ce polygone sera la base d'un prisme ABCDEA'B'C'D'E' (*fig.* 340) ayant pour arêtes des génératrices du cylindre et pour seconde base un polygone inscrit dans la seconde base de celui-ci : prisme qui sera dit *inscrit* au cylindre.

L'*aire latérale* du cylindre est, par définition, la limite vers laquelle tend l'aire latérale d'un prisme inscrit, lorsque le nombre des côtés du polygone de base augmente indéfiniment, de manière que chacun d'eux tende vers zéro.

Dans le cas du cylindre droit à base circulaire, nous allons prouver l'existence de cette limite et en trouver la valeur.

Théorème. — *L'aire latérale d'un cylindre droit à base circulaire est égale au produit du périmètre de la base par la hauteur.*

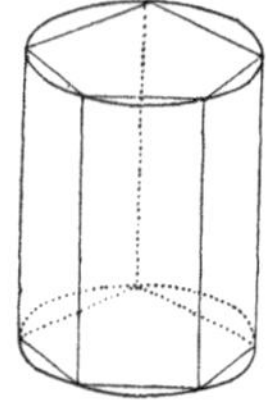

Fig. 341.

En effet, l'aire latérale du prisme inscrit (*fig.* 341) est égale (**388**), au périmètre de la section droite (qui se confond ici avec la base) multiplié par l'arête latérale.

Si l'on augmente indéfiniment le nombre des côtés du polygone de base, de manière que chacun d'eux tende vers zéro, le périmètre de ce polygone tend, ainsi que nous l'avons démontré (Pl., **176-177**), vers une limite, qui est la longueur de la circonférence de base du cylindre; l'arête du prisme étant d'ailleurs constamment égale à la hauteur du cylindre, le théorème est démontré [1].

Corollaire. — Soient R le rayon de base du cylindre, h sa hauteur. *L'aire latérale est* $2\pi Rh$, puisque la circonférence de base a pour longueur $2\pi R$.

Pour avoir l'*aire totale* du cylindre, il faudrait ajouter, bien entendu, les aires des deux cercles de bases. L'aire totale est donc $2\pi Rh + 2\pi R^2 = 2\pi R\,(h + R)$.

441. Volume du cylindre.

Le volume d'un cylindre est, par définition, la limite vers laquelle tend le volume d'un prisme inscrit, lorsque le nombre des côtés du polygone de base augmente indéfiniment, de manière que chacun d'eux tende vers zéro.

Dans le cas du cylindre à base circulaire, droit ou non, nous allons prouver l'existence de cette limite et en trouver la valeur.

(1) Le raisonnement s'applique à un cylindre quelconque, du moment que l'on a pu définir (Pl., **179**, note) la longueur de la courbe de section droite de ce cylindre : c'est-à-dire, du moment que le périmètre d'un polygone inscrit dans cette courbe et dont le nombre de côtés augmente indéfiniment tend vers une limite (voir fig. 340). La conclusion est évidemment la suivante : *L'aire latérale d'un cylindre quelconque est égale au périmètre de la section droite, multiplié par l'arête.*

Théorème. — *Le volume du cylindre à base circulaire est égal à la surface de base, multipliée par la hauteur.*

Le volume du prisme inscrit est, en effet, égal au produit de la surface de sa base par sa hauteur : cette dernière est commune au prisme et au cylindre, pendant que la surface de base du prisme a pour limite la surface de base du cylindre (1).

Corollaire. — Soient, comme précédemment, R le rayon du cylindre ; h sa hauteur. *Le volume est* $\pi R^2 h$.

Remarque. — Nous avons défini l'aire latérale et le volume d'un cylindre comme limites de l'aire latérale et du volume d'un prisme inscrit. Nous serions évidemment arrivés à la même limite en considérant l'aire latérale et le volume d'un prisme *circonscrit* (on désigne sous ce nom un prisme ayant pour bases des polygones circonscrits aux courbes de bases et dont les arêtes sont parallèles et égales aux génératrices du cylindre).

EXERCICES

629. Si une droite a plus de deux points communs avec une surface cylindrique à base circulaire, elle est une génératrice de la surface.

630. Trouver le lieu des milieux des cordes interceptées par une surface cylindrique à base circulaire sur des droites issues d'un point fixe.

631. Mener, par un point donné de l'espace, un plan tangent à un cylindre de révolution donné.

632. Lieu des centres des homothéties de rapport donné et telles que l'homologue d'une droite donnée rencontre un cercle donné.

633. Trouver le lieu des points de l'espace tels que leurs projections sur les côtés d'un triangle donné soient trois points en ligne droite.

634. Démontrer que les seules surfaces de révolution, qui soient en même temps des cylindres, sont les cylindres de révolution définis au n° **439**.

635. Calculer les dimensions du litre qui sert à mesurer les grains et du litre qui sert à mesurer les liquides, sachant que ces deux instruments ont tous deux la forme cylindrique, la hauteur étant, dans le premier, égale au diamètre de la base et, dans le second, double de ce diamètre.

636. Quel est le rapport des volumes engendrés par un rectangle tournant successivement autour de deux côtés consécutifs ?

637. Étant donnés un cercle et deux diamètres rectangulaires, trouver un rectangle ayant deux côtés suivant ces diamètres, un sommet sur la circonférence et qui, en tournant autour d'un de ses côtés, engendre un cylindre de surface totale donnée. Maximum de cette surface totale.

(1) Le raisonnement s'applique évidemment à un cylindre de base quelconque, en admettant toutefois que la définition (Pl., **260**, note) de l'aire d'une courbe fermée s'applique à la courbe de base de ce cylindre. Moyennant cette condition, on a donc le théorème suivant : *Le volume d'un cylindre quelconque est égal au produit de sa base par sa hauteur.*

638. Étant donné un cylindre droit à base circulaire, évaluer la portion de l'aire latérale comprise entre la base, un plan P passant par un diamètre de la base et deux génératrices quelconques (voir la figure ci-contre). Montrer que l'aire ainsi définie est *quarrable*, c'est-à-dire qu'on peut construire un rectangle équivalent (on suppose qu'on a tracé le cercle de base, marqué sur sa circonférence les pieds des deux génératrices, donné la longueur interceptée par le plan P sur l'une d'elles et la direction du diamètre commun aux deux plans).

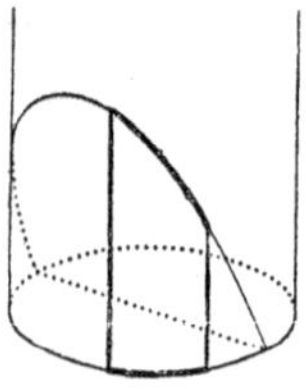

(On imitera la méthode du n° **440**, en remplaçant d'abord la surface cylindrique par une surface prismatique inscrite).

639. En coupant une surface cylindrique à base circulaire par deux plans non parallèles entre eux (mais ne se coupant pas à l'intérieur de la surface), on obtient un solide (qu'on peut appeler *tronc de cylindre*). Montrer que l'aire latérale et le volume de ce solide sont les mêmes que ceux d'un cylindre limité par la même surface cylindrique et deux plans parallèles à la base du cylindre menés aux points où la parallèle aux génératrices menée par le centre de cette base rencontre les plans donnés.

CHAPITRE II

CONE — TRONC DE CONE

442. Parmi les cônes, on distingue ceux qui ont pour bases des cercles.

En particulier, un cône dont la base est un cercle et dont le sommet est sur la perpendiculaire élevé au plan du cercle par son centre, a reçu le nom de *cône droit à base circulaire* ou *cône de révolution*.

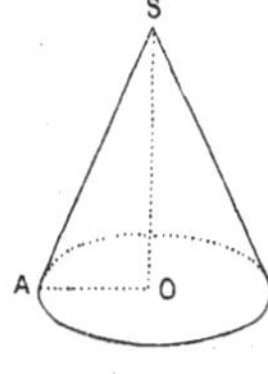

Fig. 342.

Ce cône (*fig*. 342), considéré comme surface conique illimitée, est, en effet la surface de révolution qui a pour méridienne une droite sécante à l'axe; considéré comme solide limité, c'est la figure engendrée par un triangle rectangle qui tourne autour d'un de ses côtés.

Un cône droit est évidemment déterminé lorsqu'on donne son cercle de base et sa hauteur, avec le sens dans lequel celle-ci doit être portée. Deux cônes droits de même rayon de base et de même hauteur soit égaux.

La longueur commune des génératrices d'un cône droit a reçu le nom d'*arête latérale* ou d'*apothème* du cône. On donne le nom d'*angle au sommet* du cône à l'angle que forment entre elles deux génératrices situées dans un même plan méridien, angle évidemment double de l'angle compris entre l'une d'elles et l'axe.

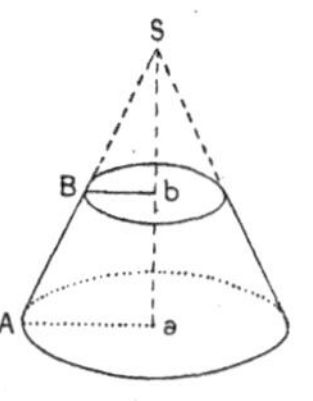

Fig. 343.

Il est clair que le *tronc de cône de révolution* peut s'obtenir en faisant tourner un trapèze rectangle AB*ab* (*fig*. 343) autour du côté perpendiculaire aux bases.

Remarque. — Si la génératrice est perpendiculaire à l'axe, la surface dégénère en un plan.

443. Aire latérale du cône de révolution.

Si, dans la base d'un cône quelconque, on inscrit un polygone quelconque, la pyramide qui a pour base ce polygone et dont le sommet est le même que celui du cône, est dite *inscrite* à celui-ci.

On nomme *aire latérale* du cône, la limite vers laquelle tend l'aire latérale d'une pyramide inscrite, lorsque le nombre des côtés du polygone de base augmente indéfiniment, de manière que chacun d'eux tende vers zéro.

Nous allons, dans le cas du cône de révolution, prouver l'existence de cette limite et en trouver la valeur.

Théorème. — *L'aire latérale du cône droit est égale au demi-produit de la circonférence de base par l'arête latérale.*

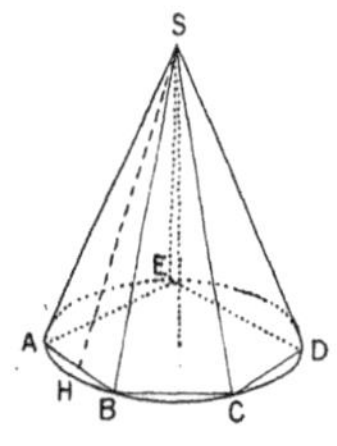

Fig. 344.

Dans le cône donné, de sommet S (*fig.* 344), inscrivons la pyramide SABCDE. L'aire latérale de cette pyramide est la somme des triangles SAB, SBC, SCD, ..., autrement dit, la somme des demi-produits obtenus en multipliant chacune des bases AB, BC, CD .... de ces triangles par la hauteur correspondante. Elle est donc égale [1] à la demi-somme $\frac{AB + BC + \dots}{2}$, multipliée par une quantité a intermédiaire entre la plus grande et la plus petite des hauteurs.

Lorsque le nombre des côtés du polygone de base augmente indéfiniment de manière que chacun d'eux tende vers zéro, la somme $AB + BC + \dots$ tend vers la longueur de la circonférence de base. Quant aux hauteurs, si nous considérons, par exemple, la hauteur SH (*fig.* 344) du triangle SAB, laquelle tombe au milieu H de AB, nous voyons, dans le triangle SAH, qu'elle est comprise entre SA et SA — AH, lequel est égal à $SA - \frac{AB}{2}$. Elle tend donc vers SA lorsque AB tend vers zéro et, lorsque le plus grand des côtés AB, BC, ... tend vers zéro, la plus grande et la plus petite des hauteurs considérées précédemment tendent vers l'arête latérale du cône. Il en est donc de même de a et le théorème est démontré [2].

(1) Tannery, *Leçons d'Arithmétique*, n° **212**, page 180.

(2) Contrairement à ce qui a été vu pour le cylindre, et à ce qu'on va voir plus loin pour le volume du cône, la démonstration relative à l'aire du cône de révolution n'est point valable

Corollaire. — Appelons maintenant a l'arête latérale du cône, et soit R le rayon de base. *L'aire latérale sera* $\frac{1}{2}\, 2\pi R \times a = \pi R a$.

L'aire totale du cône s'obtiendra en ajoutant, à l'aire latérale, celle de la base, ce qui donnera $\pi R a + \pi R^2 = \pi R\,(a + R)$.

REMARQUE. — Si, au lieu de pyramides inscrites au cône, nous avions considéré des pyramides *circonscrites*, c'est-à-dire ayant pour bases des polygones circonscrits à la base du cône (le sommet restant le même), nous aurions constaté que les surfaces latérales de ces pyramides tendent vers la même limite que les surfaces latérales des pyramides inscrites. Le raisonnement précédent peut en effet se répéter dans ces nouvelles conditions, avec cette seule modification que, dans une pyramide circonscrite SA′B′C′D′,... (*fig.* 345), les hauteurs des triangles SA′B′, SB′C′,... sont constamment égales à l'apothème du cône, car elles tombent (**364**) aux points de contact des côtés A′B′, B′C′,... avec le cercle de base.

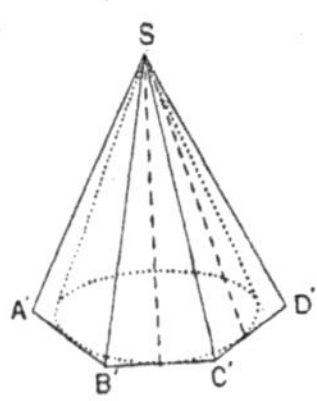

FIG. 345.

444. Volume du cône.

On nomme *volume* d'un cône quelconque, la limite vers laquelle tend le volume d'une pyramide inscrite, lorsque le nombre des côtés du polygone de base augmente indéfiniment de manière que chacun d'eux tende vers zéro.

Dans le cas du cône à base circulaire, nous allons prouver l'existence de cette limite et en trouver la valeur.

Théorème. — *Le volume d'un cône à base circulaire est égal au tiers du produit de la surface de base par la hauteur.*

Ce théorème se déduit immédiatement du théorème relatif au volume de la pyramide, en remarquant que l'aire du polygone qui sert de base à la pyramide tend, par définition, vers l'aire du cercle qui sert de base au cône, lorsqu'on augmente le nombre des côtés dans les conditions indiquées [1].

Corollaire. — Soient R le rayon de base ; h la hauteur. *Le volume est* $\frac{1}{3}\pi R^2 h$.

en dehors de ce cas spécial. Pour les autres espèces de cône (et en particulier pour le cône *oblique* à base circulaire), on peut démontrer l'existence de la limite, mais non en donner d'évaluation élémentaire, du moins en général.

(1) Le raisonnement et sa conclusion s'étendent évidemment à un cône quelconque, pourvu que l'on puisse définir l'aire de la base.

Remarque. — Il est clair qu'on serait arrivé au même résultat en substituant, aux pyramides inscrites, des pyramides circonscrites.

445. Aire latérale du tronc de cône de révolution.

Si, dans le cône dont fait partie un tronc de cône donné on inscrit une pyramide, le plan de base supérieure du tronc détache de cette pyramide un tronc de pyramide, qui est dit *inscrit* au tronc de cône.

On nomme *aire latérale* du tronc de cône, la limite vers laquelle tend l'aire latérale d'un tronc de pyramide inscrit, lorsque le nombre des côtés des polygones augmente indéfiniment, de manière que chacun de ces côtés tende vers zéro.

Cette définition est manifestement équivalente à la suivante : L'aire latérale d'un tronc de cône est la différence des aires des deux cônes qui font partie de la même surface conique que le tronc et qui ont bases respectives les deux bases de ce tronc.

Théorème. — *L'aire latérale d'un tronc de cône de révolution est égale à la demi-somme des deux circonférences de bases, multipliée par l'arête latérale.*

Soit le tronc de cône ABA'B' (*fig.* 346), dont l'arête latérale est AA' et qui fait partie d'un cône SAB de sommet S. L'aire latérale de ce cône est la différence des aires latérales du cône SAB et du cône SA'B' qui a pour base la petite base du tronc.

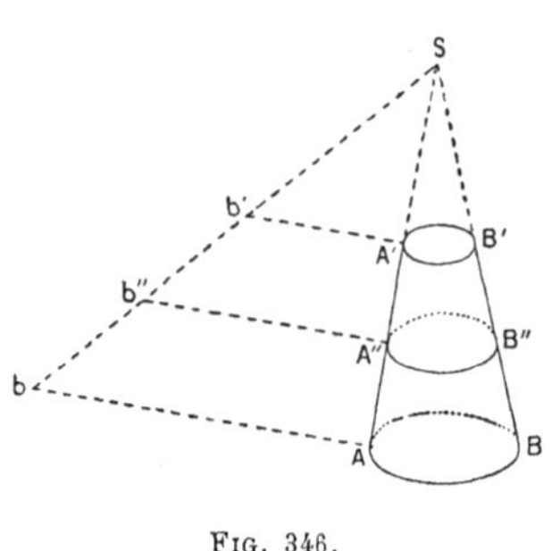

Fig. 346.

Par le point A, menons à SA une perpendiculaire Ab égale à la longueur de la circonférence de base AB, et joignons Sb. Si, par le point A', nous menons une parallèle A'b' à Ab, jusqu'à rencontre en b' avec Sb, cette droite A'b' sera égale à la longueur de la seconde circonférence de base A'B'. Car le rapport des deux circonférences de bases A'B', AB, c'est-à-dire le rapport de leurs rayons, est égal à $\frac{SA'}{SA}$ ou à $\frac{A'b'}{Ab}$, et l'on a, d'autre part, circ. AB $=$ Ab.

Dès lors, l'aire latérale du cône SAB est égale (**443**) à celle du triangle SAb et l'aire latérale du cône SA'B', à celle du triangle SA'b. L'aire du tronc de cône donné équivaut donc à celle trapèze rectangle AA'bb', laquelle a bien l'expression indiquée par l'énoncé.

Corollaires. — I. *Si* R, R' *sont les rayons des bases; a, l'arête, l'aire latérale est* π (R + R')a.

II. *L'aire latérale d'un tronc de cône est égale au produit de l'arête par la circonférence obtenue en coupant le solide par un plan parallèle aux bases et équidistant de ces bases.*

Car un tel plan passe par le milieu A'' (*fig.* 346) de AA' : la longueur de la circonférence de section est (d'après un raisonnement tout semblable à celui qui a été fait tout à l'heure) égale à la droite A''b'' parallèle à Ab et limitée à Sb. Le produit de cette circonférence par l'arête AA' équivaut donc (Pl., **252** *bis*) à l'aire du trapèze AA'bb'.

C. Q. F. D.

Remarque. — On peut considérer le cylindre et le cône comme des cas limites du tronc de cône : le premier correspondant à l'hypothèse où le trapèze qui engendre le tronc de cône devient un rectangle (ses bases étant égales) ; le second, à l'hypothèse où ce trapèze se réduit à un triangle (une des bases étant nulle).

Les corollaires précédents continuent à s'appliquer et donnent bien : pour R' = R, l'aire du cylindre (**440**) ; pour R' = 0, l'aire du cône (**443**).

446. Volume du tronc de cône.

Le *volume du tronc de cône* est la limite vers laquelle tend le volume d'un tronc de pyramide inscrit, lorsque les côtés des polygones de bases tendent tous vers zéro. Il est évidemment égal à la différence des volumes de deux cônes, les mêmes dont il a été question dans le numéro précédent, à propos de l'aire latérale.

Théorème. — *Un tronc de cône à base circulaire est équivalent à la somme de trois cônes ayant pour hauteur commune la hauteur du tronc et, pour bases respectives, les deux bases de ce tronc et une moyenne proportionnelle entre ces deux bases.*

Car le tronc de pyramide inscrit est, d'après le théorème du n° **408**, équivalent à la somme de trois pyramides, qui tendent respectivement vers les trois cônes dont parle l'énoncé.

Corollaire. — *Si* R *et* R′ *sont les rayons des bases, h la hauteur, le volume est* $\frac{1}{3}\pi h\,(R^2 + R'^2 + RR')$.

Car les bases du tronc sont respectivement mesurées par πR^2 et $\pi R'^2$, dont la moyenne proportionnelle est $\sqrt{\pi R^2 \times \pi R'^2} = \pi RR'$.

EXERCICES

640. Si une droite a plus de deux points communs avec une surface conique à base circulaire, elle est une génératrice de la surface.

641. Montrer que les seules surfaces de révolution qui soient en même temps des cônes sont les cônes de révolution définis au n° **442**.

642. Mener, par un point donné, un plan tangent à un cône à base circulaire donné.

643. Si un cône de révolution est tangent aux deux faces d'un dièdre, les génératrices de contact font des angles égaux avec l'arête. Le plan mené par l'axe du cône et l'arête du dièdre fait des angles égaux avec les faces, et fait aussi des angles égaux avec les plans méridiens des génératrices de contact.

644. Quel est le lieu des axes des cônes de révolution tangents à deux plans donnés?

645. Quel est le lieu des axes des cônes de révolution qui passent par deux droites concourantes données?

646. Lieu des points tels que le rapport de leurs distances à un point et à un plan passant par ce point soit constant.

647. Démontrer qu'un cône à base circulaire, mais quelconque d'ailleurs (c'est-à-dire, en général, non de révolution), admet toujours un plan de symétrie et que la surface conique dont il fait partie admet un axe de symétrie.

648. Faire passer un cône de révolution par trois droites données concourantes, mais non situées dans un même plan. Quel est le nombre des solutions?

Montrer que deux quelconques de cônes de révolution qui passent par les trois droites données ont une quatrième droite commune (laquelle peut être confondue avec l'une des trois premières). Construire la position de cette quatrième droite.

649. La condition pour qu'un angle polyèdre convexe à quatre faces soit inscriptible à un cône de révolution est que la somme de deux dièdres opposés soit égale à la somme des deux autres, ou sinon, qu'il en soit lorsqu'on remplace une ou plusieurs arêtes par leurs prolongements.

650. Quelle est la condition pour qu'un angle polyèdre à quatre faces soit inscriptible à deux cônes de révolution? — pour qu'il soit inscriptible à trois cônes de révolution? Dans ce dernier cas, les axes des trois cônes forment un trièdre trirectangle.

651. Trouver un cône (ou un cylindre) de révolution tangent à trois plans donnés. Quel est le nombre des solutions?

Deux cônes quelconques tangents aux trois plans donnés ont un quatrième plan tangent commun. Construire ce plan.

652. Quelles conditions doivent remplir les faces d'un angle polyèdre à quatre faces pour que cet angle soit circonscriptible à un cône de révolution? Dans quels cas l'angle polyèdre est-il conscriptible à plus d'un cône de révolution?

653. Parmi les génératrices d'un cône de révolution, quelle est celle qui fait le plus petit ou le plus grand angle avec une droite donnée?

654. L'angle au sommet d'un cône de révolution est plus grand que l'angle de deux génératrices non situées dans le même plan méridien.

655. On coupe un cône à base circulaire par un plan parallèle à la base, mais situé au delà du sommet et formant, par conséquent, avec la seconde nappe de la surface conique, un second cône homothétique, du premier. Évaluer le volume du solide (*tronc de cône de seconde espèce*) formé par l'ensemble des deux cônes, connaissant les rayons des deux cercles et la distance de leurs plans.

656. Inscrire, dans un cône de révolution donné, un cylindre de surface latérale donnée. Maximum de celle-ci.

657. On donne deux cônes de révolution égaux SAB, S'A'B', placés de façon que les plans des cercles de bases AB, A'B' sont parallèles et que le sommet de chacun des cônes est dans le plan du cercle de base de l'autre. On coupe ces deux cônes par un plan P parallèle aux plans des deux bases et situé entre ces plans; ce plan P coupe le premier cône suivant un cercle CD et le second cône suivant un cercle C'D'. On désigne par r, l, h, le rayon de la base, l'arête, la hauteur de chacun des cônes, par x la distance du sommet S au point de rencontre du plan P et de l'arête SA et par y la distance du sommet S au plan P.

1° Déterminer x de façon que le rapport de la somme des surfaces latérales des deux troncs de cône ABCD, A'B'C'D' et de la surface latérale du cône SAB soit égal à un nombre donné λ. Discuter.

2° Déterminer y de façon que le rapport de la somme des volumes des troncs de cônes ABCD, A'B'C'D' au volume du cône SAB soit égal à un nombre donné μ. Discuter.

CHAPITRE III

GÉNÉRALITÉS SUR LA SPHÈRE

447. Définition. — On nomme *sphère* (*fig.* 347), le lieu géométrique des points de l'espace situés à une distance donnée d'un point donné, appelé *centre* de la sphère.

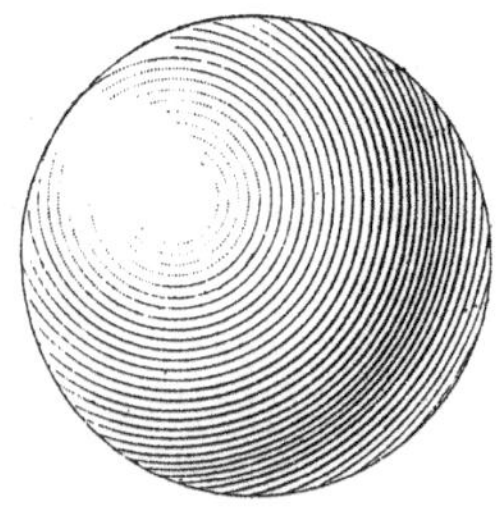

Fig. 347.

La droite qui joint le centre à un point de la surface est dite un *rayon*. Une droite qui joint deux points de la surface et qui, de plus, passe par le centre, est dite un *diamètre*. Il résulte de la définition que tous les rayons sont égaux entre eux et qu'un diamètre est double d'un rayon.

Un plan qui passe par le centre de la sphère est dit *plan diamétral*. La sphère sépare l'une de l'autre deux régions de l'espace : l'une, comprenant les points dont la distance au centre est moindre que le rayon, est dite *intérieure* à la sphère(1) ; au contraire, les points dont la distance au centre est plus grande que le rayon sont dits *extérieurs* à la surface. On ne peut passer de l'une des deux régions à l'autre par un chemin continu sans traverser la surface.

La définition de la sphère, jointe à celle de la circonférence (Pl., **56**) montre évidemment que la section d'une sphère par un plan diamétral est une circonférence de même centre et de même rayon que la sphère : une telle circonférence est dite *grand cercle* de la sphère.

Théorème. — *La surface engendrée par la révolution d'une demi-circonférence autour de son diamètre est une sphère.*

(1) On donne également, dans le langage courant, le nom de *sphère* à la région située à l'intérieur de la surface : cette manière de parler n'introduit aucune confusion dans les raisonnements.

Réciproquement, *toute sphère peut être considérée comme engendrée de cette façon, l'axe étant un diamètre quelconque de la surface.*

1° Soit une demi-circonférence du centre O (*fig.* 348) tournant autour de son diamètre AB. La distance OM d'un point quelconque de la demi-circonférence au. centre O ne changera pas dans ce déplacement, de sorte que le point M sera constamment sur une sphère S ayant même centre et même rayon que la circonférence donnée.

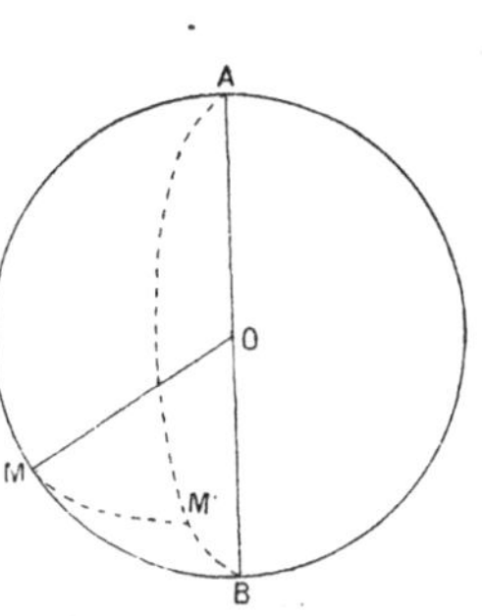

Fig. 348.

Inversement, tout point M' de la sphère ainsi obtenue est tel que la distance OM' soit égale à OA. Il appartient donc à une circonférence, section de la sphère par le plan AM'B, et qui est une des positions que vient prendre la circonférence donnée dans son mouvement de révolution autour de l'axe;

2° Soit AB un diamètre quelconque d'une sphère donnée O. Par AB, faisons passer un plan qui coupe la sphère suivant une circonférence de centre O. La sphère engendrée par la révolution d'une des moitiés de cette circonférence autour de l'axe AB coïncide manifestement avec la sphère donnée.

Remarque. — On voit que la *sphère est de révolution autour d'un quelconque de ses diamètres.*

Par conséquent (**438**), *la sphère admet tous ses plans diamétraux comme plans de symétrie.*

448. Intersection d'une droite et d'une sphère. Pour étudier l'intersection d'une droite xy et d'une sphère S (*fig.* 349), faisons passer un plan par la droite xy et le centre O de la sphère. Tout point commun à la droite et à la sphère appartenant forcément au grand cercle, section de la sphère par ce plan, les conclusions du n° **58** (Pl., liv. II), nous permettent d'énoncer les propositions suivantes :

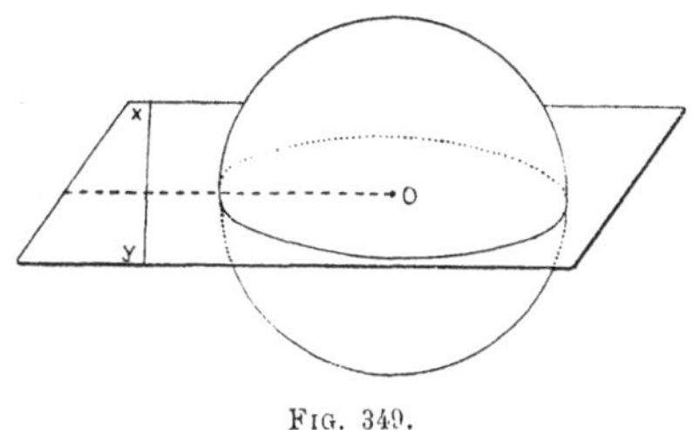

Fig. 349.

1° *Une droite ne rencontre pas une sphère, si la distance de cette droite au centre est plus grande que le rayon ;*

2° *Si cette distance est plus petite que le rayon, la droite et la sphère se coupent en deux points. La corde interceptée sur la droite est d'autant plus petite que la distance de la droite au centre est plus grande; le centre se projette au milieu de cette corde ;*

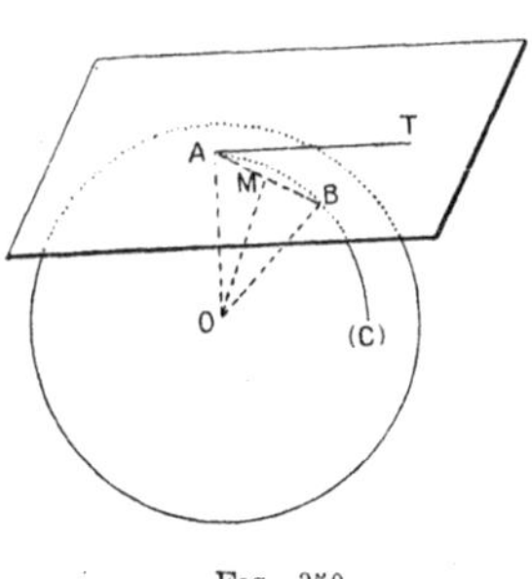

Fig. 350.

3° *Enfin, dans le cas intermédiaire où la distance de la droite au centre est égale au rayon, la droite n'a, avec la sphère, qu'un point commun.*

On dit alors qu'elle est *tangente* à la sphère (AT, *fig.* 350).

On voit qu'*une tangente à la sphère est perpendiculaire au rayon du point de contact*, et qu'inversement, *toute droite perpendiculaire à l'extrémité d'un rayon est tangente.*

449. La définition que nous venons de donner de la tangente à la sphère n'est pas celle que nous avons indiquée, d'une façon générale, pour la tangente à une surface quelconque (**433**). Nous allons faire voir que ces deux définitions sont entièrement équivalentes l'une à l'autre.

Par un point A de la sphère (*fig.* 350), soit tracée une courbe quelconque (C), que nous supposerons avoir une tangente AT. Nous avons à démontrer que AT est tangente à la sphère, au sens du numéro précédent.

Or la tangente AT est la limite d'une sécante AB, lorsque le point B tend vers le point A. Le point M, projection du centre AB, est le milieu de AB : il tend donc, dans les conditions dont nous venons de parler, vers le point A ; d'où résulte nécessairement la conséquence demandée.

Inversement, toute droite AT perpendiculaire à l'extrémité d'un rayon de la sphère est tangente au moins à une courbe tracée sur la surface, à savoir le grand cercle situé dans le plan OAT.

449 *bis*. De ce qui précède, résulte le théorème suivant :

Théorème. — *Le lieu des tangentes à la sphère en un de ses points est le plan perpendiculaire au rayon qui aboutit en ce point* (*fig.* 350).

Ce plan est dit *plan tangent à la sphère*, au point considéré.

Nous avons donc démontré, pour la sphère, un théorème analogue à celui qui avait été précédemment établi pour les cylindres (**433**) et pour les cônes (**436**).

Toutefois, nous avons à noter une différence importante : un plan tangent à la sphère n'a manifestement qu'*un seul* point de contact. Le cylindre et le cône présentaient, au contraire, cette particularité que le plan tangent était le même en *une infinité* de points (à savoir, tous les points d'une même génératrice).

450. Intersection d'une sphère et d'un plan.

Théorème. — *Si la distance d'un plan au centre d'une sphère est supérieure au rayon de celle-ci, les deux surfaces n'ont aucun point commun.*

Si la distance du plan au centre de la sphère est moindre que le rayon, les deux surfaces se coupent suivant un cercle, dont le centre est la projection du centre de la sphère sur le plan.

Enfin, dans le cas intermédiaire où il y a égalité, le plan n'a qu'un point commun avec la sphère; il est (**449** *bis*) *tangent à cette surface.*

Si, en effet, par la projection C du centre O de la sphère sur le plan considéré P, on mène, dans celui-ci, une série de droites

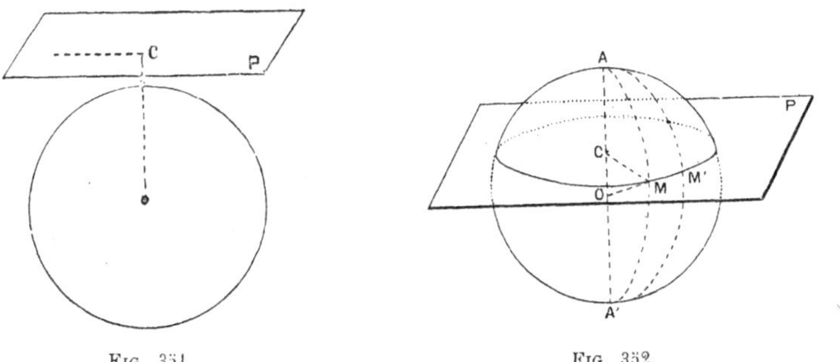

Fig. 351. Fig. 352.

(*fig.* 351, 352), la distance du centre à l'une quelconque d'entre elles est la même que celle du même point au plan.

Si donc cette distance est plus grande que le rayon, aucune des droites ainsi menées ne coupe la sphère (**448**).

Si cette distance est égale au rayon, les droites en question sont tangentes.

Si elle est plus petite que le rayon, toutes ces droites coupent la sphère. Le lieu des points communs est, d'après la définition de la sphère et le théorème du n° **344**, une circonférence de centre C.

Ce dernier point résulte d'ailleurs de ce que le diamètre OC peut être considéré (**447**, Rem.), comme un axe de révolution de la sphère. Si, en effet, M est un point commun à celle-ci et au plan, ce point, en tournant autour de OC, engendre un cercle de centre C qui appartient à la fois à la sphère (engendrée par la révolution du demi-grand cercle AMA′ situé dans le plan OCM) et au plan P (engendré par la demi-droite CM ; **442**, Rem.).

Inversement, si M′ est un autre point quelconque commun à la sphère et au plan, le demi-grand cercle AMA′ peut être amené, par une rotation autour de OC, à coïncider avec le demi-grand cercle AM′A′, situé dans le plan OCM′. Le point M qui, dans ce mouvement, n'a pas cessé d'appartenir au plan P, se trouve alors amené à l'intersection de ce plan et du demi-grand cercle AM′A′, c'est-à-dire au point M′. Ce dernier est donc bien une des positions que vient prendre le point M en tournant autour de OC.

Corollaires. — I. *Une sphère de rayon* R *et un plan situé à une distance d du centre se coupent suivant un cercle dont le rayon r est donné par la formule*

$$r = \sqrt{R^2 - d^2}.$$

C'est ce qui se voit dans le triangle rectangle OCM (*fig.* 352), lequel a pour hypoténuse R et pour côtés de l'angle droit r, d.

La formule précédente justifie la dénomination de *grand cercle*, donnée plus haut à la section de la sphère par un plan passant par le centre, section dont le rayon est R. On voit en effet que toutes les autres sections de la sphère (lesquelles sont appelées *petits cercles*) ont un rayon inférieur à R.

II. *Toute sphère qui contient trois points d'un cercle, contient ce cercle tout entier.* Car le plan de ce cercle coupe la sphère suivant un cercle, forcément identique au premier (Pl., **57**).

III. *Le lieu des centres des sphères qui passent par un cercle donné est la droite* (dite *axe* du cercle) *perpendiculaire au plan du cercle en son centre.*

En effet, il résulte de ce que nous venons de voir que les centres des sphères qui contiennent le cercle donné sont tous sur la droite en question, et que, réciproquement, la sphère qui a pour centre un point quelconque de cette droite et qui passe par un point du cercle donné, contient ce cercle tout entier.

451. Théorème. — *Deux cercles qui ont deux points communs sans être situés dans un même plan, déterminent une sphère.*

Soient les deux cercles C, C′ (*fig.* 353) dont les plans sont P, P′ et qui ont les deux points communs A, B.

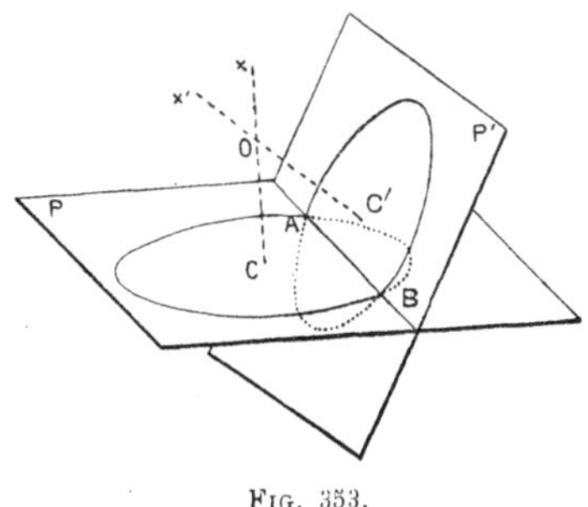

Fig. 353.

Toute sphère passant par le cercle C aura son centre sur la perpendiculaire Cx, élevée par le centre de ce cercle au plan P, et réciproquement, toute sphère ayant son centre sur cette droite et passant par A contiendra tout le cercle C. En particulier, il résulte tout d'abord de là et du n° **340** que la droite Cx est dans le plan perpendiculaire au milieu de AB.

De même, toute sphère passant par le cercle C aura son centre sur la perpendiculaire C′x', élevée par le centre de ce cercle au plan P′ ; et, réciproquement, toute sphère ayant son centre sur cette droite et passant par le point A, contiendra tout le cercle C′. En particulier, cette droite est dans le plan perpendiculaire au milieu de AB.

Les deux droites Cx, C′x' sont dans un même plan ; elles ne sont ni parallèles ni confondues (sans quoi les plans P, P′, qui leur sont respectivement perpendiculaires, seraient eux-mêmes parallèles ou confondus, ce qui n'est pas). Elles se coupent donc en un point unique O.

La sphère de centre O et de rayon OA répond, et répond seule, à la question.

Remarques. — I. On verrait de même que *deux cercles, qui sont tangents entre eux sans être dans un même plan* (*fig.* 354), *déterminent une sphère.*

Il faudrait seulement, dans la démonstration précédente, remplacer le plan perpendiculaire au milieu de AB par le plan mené au point de contact, perpendiculairement à la tangente commune.

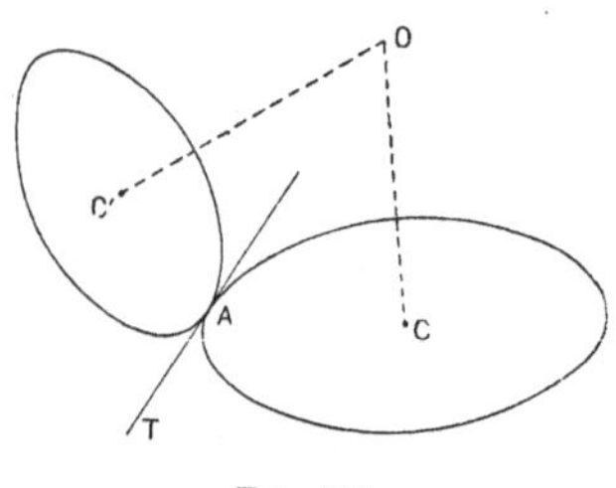

Fig. 354.

II. Si les deux cercles donnés étaient dans un même plan, ce serait ce plan qui remplacerait la sphère. Le plan est un cas-limite de la sphère, comme la droite est un cas-limite du cercle (Pl., **90**, Rem.).

Théorème. — *Un cercle et un point extérieur à son plan déterminent une sphère.*

Quatre points, non situés dans un même plan, déterminent une sphère.

1° La condition, imposée à la sphère cherchée de passer par un cercle et un point extérieur à son plan, peut être remplacée (**450**, Coroll. II) par celle de contenir deux cercles qui ont deux points communs : à savoir, le cercle donné et celui qu'on peut mener par deux points de ce cercle et le point donné ;

2° De même, la condition, imposée à une sphère, de passer par quatre points donnés A,B,C,D, peut être remplacée par celle de contenir deux cercles qui se coupent en deux points : le cercle ABC et le cercle ABD.

Corollaire. — *Une sphère ne peut avoir deux centres, ni, par suite, deux rayons différents.*

452. Cône et cylindre circonscrits à la sphère.

Théorème. — *Le lieu des tangentes que l'on peut mener à une sphère par un point extérieur est un cône de révolution.*

Ces tangentes sont toutes égales entre elles.

Le lieu de leurs points de contact est un petit cercle de la sphère.

Les plans tangents au cône, lieu des tangentes, sont tangents à la sphère. Ce sont les seuls plans jouissant de cette propriété qu'on puisse mener par le point donné.

Soient O le centre de la sphère donnée (*fig.* 355), S le point donné. Soit T le point de contact d'une tangente menée par S à l'un quelconque des grands cercles dont les plans passent par OS. Si nous faisons tourner la droite ST autour de l'axe OS, elle ne cessera pas d'être tangente à la sphère, puisque celle-ci est de révolution autour de OS.

Les tangentes ainsi obtenues (à savoir les positions successives de ST) et qui satisfont évidemment aux conditions de l'énoncé, sont d'ailleurs les seules que l'on puisse mener du point S à la sphère : car une telle tangente est, d'après la démonstration du n° **449**, tangente au grand cercle situé dans le plan qui passe par son point de contact et les points O, S.

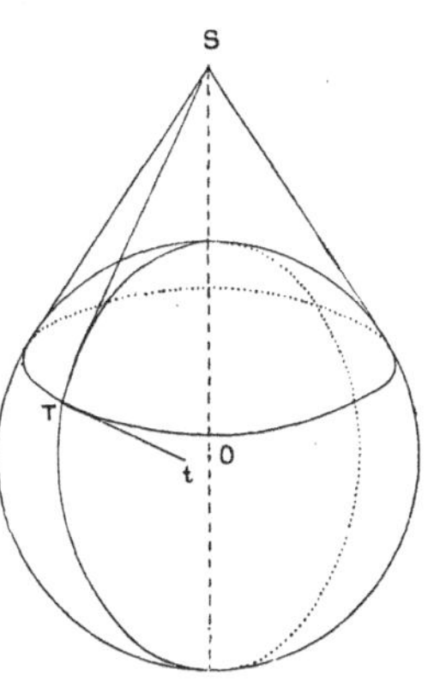

FIG. 355.

En chacune des positions du point T, le cône et la sphère ont même plan tangent, à savoir celui qui est déterminé par la droite ST et la tangente T*t* au cercle lieu du point T.

Nous obtenons ainsi une série de plans tangents menés du point S à la sphère : ce sont d'ailleurs les seuls, car, si le plan tangent en un point T passe par le point S, la droite ST est tangente.

REMARQUE. — On dit que le cône dont nous venons de parler est *circonscrit* à la sphère, et celle-ci *inscrite* au cône.

Inversement, *le long d'un petit cercle quelconque, on peut inscrire un cône à la sphère :* le sommet de ce cône sera le point où le plan tangent en un point quelconque du cercle coupe le diamètre perpendiculaire au plan de ce cercle.

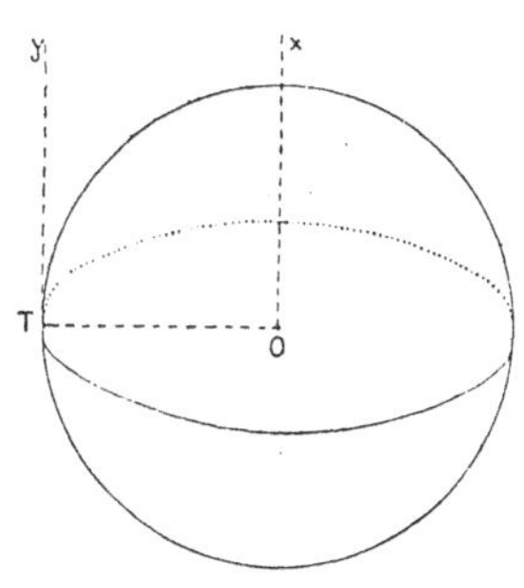

FIG. 356.

Théorème. — *Le lieu des tangentes menées à une sphère, parallèlement à une droite donnée, est un cylindre de révolution. Les plans tangents à ce cylindre sont tangents à la sphère. Ce sont les seuls plans qui jouissent de cette propriété, tout en étant parallèles à la droite donnée.*

Le lieu de leurs points de contact est le grand cercle dont le plan est perpendiculaire à la droite donnée.

Soit Ox (*fig.* 356) la parallèle à la droite donnée, menée par le centre de la sphère. Soit Ty une tangente menée, parallèlement à cette droite, à un grand cercle dont le plan passe par Ox. On pourra, comme tout à l'heure, faire tourner cette droite Ty autour de Ox, sans qu'elle cesse d'être tangente à la sphère. Elle décrira, dans ces conditions, un cylindre de révolution et le point T décrira un grand cercle, car le rayon OT, perpendiculaire à la tangente, décrira le plan mené par O perpendiculairement à la direction donnée.

On verrait, comme plus haut, que les seules tangentes à la sphère parallèles à Ox, sont les génératrices du cylindre dont nous venons de parler et que ce cylindre est *circonscrit* à la sphère, c'est-à-dire tangent (1) à cette surface en tous les points du cercle que décrit le point T.

Inversement, *le long d'un grand cercle quelconque, on peut circonscrire à la sphère un cylindre*, celui qui a pour section droite le grand cercle.

452 *bis*. *Par une droite entièrement extérieure à une sphère, on peut mener deux plans tangents à cette sphère.*

Soient D la droite donnée (*fig*. 357); C, le cercle de contact du cône circonscrit à la sphère, ayant pour sommet un point P de cette droite. Le plan du cercle C coupe D en un point I, extérieur à C (puisqu'il est extérieur à la sphère). Du point I, on peut mener deux tangentes IT, IT′ au cercle C. Le plan tangent à la sphère au point T n'est autre (n° précédent) que le plan TIP.

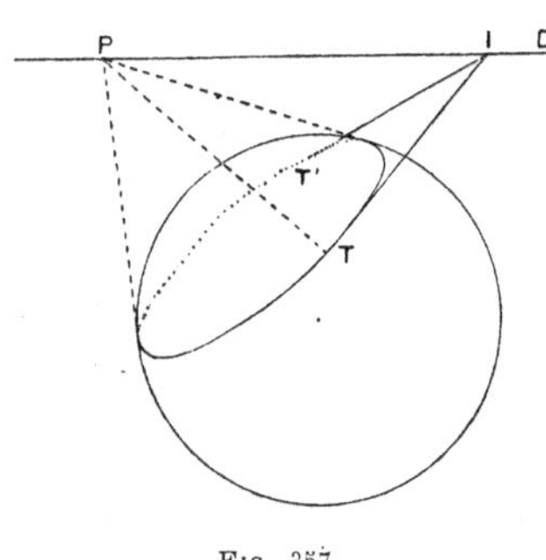

Fig. 357.

Inversement, tout plan tangent à la sphère passant par P doit (n° précédent) être tangent au cône dont il vient d'être question. S'il passe également par I, il coïncide avec l'un des deux que nous venons d'obtenir.

On peut mener à une sphère deux plans tangents parallèles à un plan donné. Leurs points de contact sont les extrémités du diamètre perpendiculaire au plan donné.

453. Intersection de deux sphères.

Théorème. — *Si deux sphères distinctes ont un point commun en dehors de la ligne des centres, leur intersection est un cercle, dont*

(1) Par analogie avec la définition donnée en géométrie plane, on dit que deux surfaces sont *tangentes* en un de leurs points communs, lorsqu'elles ont même plan tangent en ce point.

le plan est perpendiculaire à cette ligne et le centre, situé sur cette ligne.

Soient, en effet, O, O′ deux sphères qui ont en commun un point A, situé en dehors de la ligne OO′. Le point A, en tournant autour de OO′, engendrera un cercle qui appartiendra à la fois aux deux surfaces. Celles-ci n'ont d'ailleurs aucun point commun en dehors de ce cercle, en vertu du n° **451**.

453 *bis*. La situation respective de deux sphères dépend de l'ordre de grandeur dans lequel sont rangées la distance OO′ des centres, la somme R + R′ des rayons et la différence R — R′ de ces mêmes rayons. Cette dépendance est indiquée par le théorème suivant :

Théorème. — *Deux sphères sont :*

1° *Extérieures* (*fig.* 358), *si la distance des centres est supérieure à la somme des rayons ;*

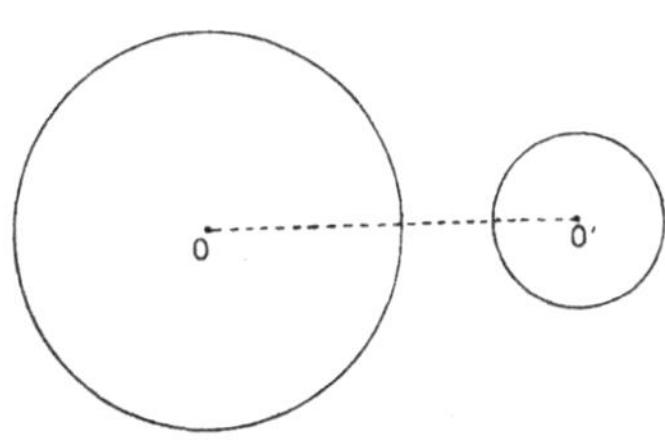

Fig. 358.

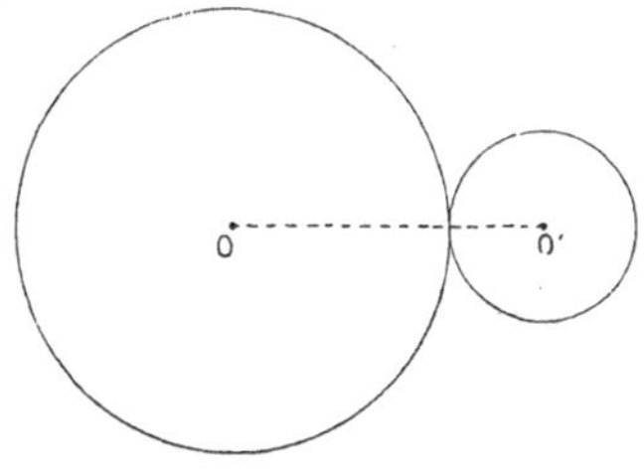

Fig. 359.

2° *Tangentes extérieurement* (*fig.* 359), *si la distance des centres est égale à la somme des rayons ;*

3° *Sécantes suivant un cercle* (*fig.* 360), *si la distance des centres est comprise entre la somme des rayons et leur différence ;*

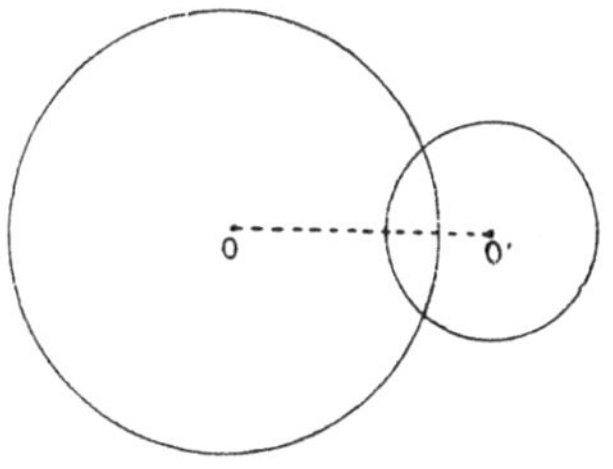

Fig. 360.

4° *Tangentes intérieurement* (*fig.* 361), *si la distance des centres est égale à la différence des rayons.*

5° *Intérieures* (*fig.* 362), *si la distance des centres est plus petite que la différence des rayons.*

La démonstration est identiquement la même qu'en géométrie plane (Pl., **66**) sauf en 3°, où il suffit de remarquer qu'en coupant la figure par un plan quelconque passant par la ligne des centres, on obtient, dans les deux sphères, deux grands cercles sécants entre

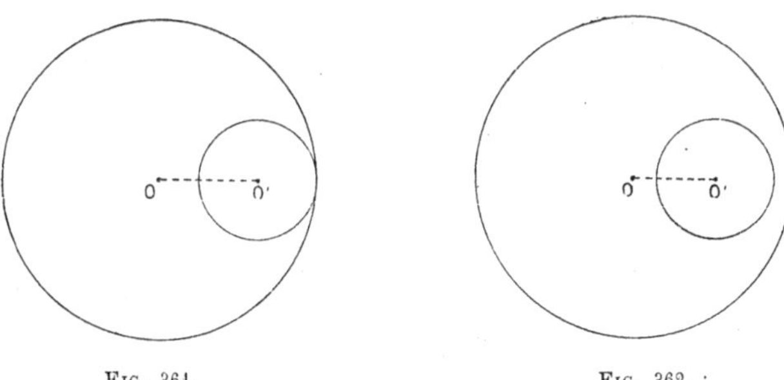

Fig. 361. Fig. 362.

eux, de sorte que ces surfaces ont un point commun en dehors de la ligne des centres : après quoi, on est ramené au numéro précédent.

454. Intersection de trois sphères.

Si trois sphères ont un point commun en dehors du plan qui contient les trois centres, elles en ont un second, symétrique du premier par rapport à ce plan, puisque celui-ci est un plan de symétrie commun des trois surfaces.

D'après cela trois sphères peuvent :

Soit n'avoir ancun point commun ;

Soit avoir un seul point commun situé dans le plan des centres (les trois plans tangents se coupant suivant une ligne droite, perpendiculaire au plan des centres);

Soit avoir deux points communs ;

Soit avoir en commun trois points *et, par suite, un cercle entier.*

455. Puissance d'un point par rapport à une sphère.

Théorème. — *Si, par un point donné de l'espace, on mène différentes sécantes à une sphère, le produit des segments issus du point donné et aboutissant respectivement aux deux points d'intersection de chacune d'elles avec la surface est le même pour toutes les sécantes.*

Soient A le point donné (*fig.* 363) ; ABB', ACC', deux quelconques des sécantes. Le plan de ces deux droites coupe la sphère suivant un cercle, lequel donne bien

$$AB \cdot AB' = AC \cdot AC'.$$

Le produit dont il est question dans l'énoncé ne dépend donc que de la sphère et de la position du point donné A.

Ce produit, précédé du signe + si le point A est extérieur, du signe — si ce point est intérieur, est dit la *puissance* du point par rapport à la sphère.

La démonstration précédente montre que *si, par un point donné, on mène différents plans coupant une sphère donnée suivant des cercles,*

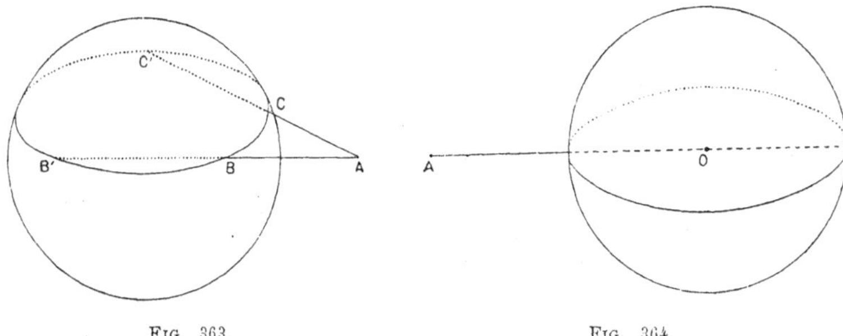

Fig. 363. Fig. 364.

le point donné a, par rapport à tous ces cercles, la même puissance, à savoir la puissance de ce point par rapport à la sphère.

Considérons, en particulier, un plan passant par le point donné et coupant la sphère suivant un grand cercle : nous voyons immédiatement (*fig.* 364) que, comme pour le cercle en géométrie plane, *la puissance d'un point par rapport à une sphère est représentée par l'expression* $d^2 - R^2$, *où* R *est le rayon de la sphère, d la distance du point au centre* [1].

Dans le cas du point extérieur, la puissance est égale au carré de la tangente.

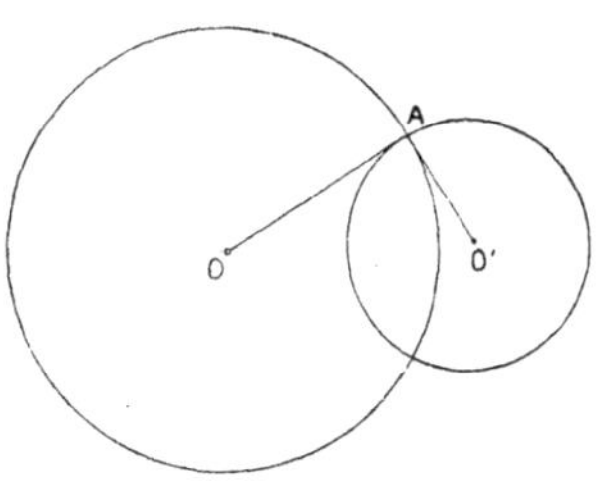

Fig. 365.

456. On appelle *angle de deux surfaces*, en un de leurs points communs, l'angle dièdre formé par les deux plans tangents.

D'après cela, l'angle de deux sphères est (**378**) égal à l'angle des rayons qui aboutissent au point commun, ou à son supplément. Si

(1) Comparer Pl., **134**.

les deux sphères se coupent orthogonalement, ces deux rayons sont perpendiculaires entre eux.

Lorsque deux sphères sont orthogonales, le carré du rayon de chacune d'elles est égal à la puissance de son centre par rapport à l'autre [1]. Car le rayon de la première sphère qui aboutit en un point commun est tangent à la seconde sphère (*fig.* 365). Réciproquement, *si le carré du rayon d'une sphère est égal à la puissance de son centre par rapport à une sphère, ces deux sphères se coupent à angle droit.*

457. Plan radical de deux sphères.

Théorème. — *Le lieu des points qui ont même point par rapport à deux sphères, est un plan perpendiculaire à la ligne des centres.*

Ce plan est dit *plan radical* des deux sphères considérées.

Démonstration. — Un plan quelconque P, mené par la ligne des centres des deux sphères données, les coupe suivant deux grands cercles C,C′ (*fig.* 366). La portion du lieu cherché, située dans le plan P, se compose de l'axe radical de ces deux cercles.

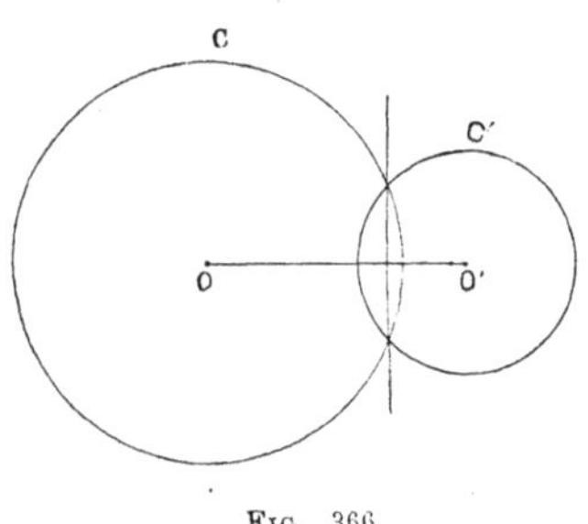

Fig. 366.

Lorsque le plan P tourne autour de la ligne des centres, l'axe radical qui vient d'être considéré engendre un plan, lequel constitue le lieu cherché.

Lorsque les deux sphères se coupent, le plan radical n'est autre que le plan du cercle *c* d'intersection, car tout point situé dans ce plan a pour puissance, tant par rapport à l'une que par rapport à l'autre sphère, sa puissance par rapport au cercle *c*. Ce qui précède montre que les points de ce plan sont les seuls à avoir même puissance par rapport aux deux sphères ; le même fait peut d'ailleurs se reconnaître directement (Comparer Pl., **137**).

Le plan radical ou, du moins, la portion de ce plan extérieure aux deux sphères (dans le cas où celles-ci se coupent) est [2] le lieu des centres des sphères orthogonales à la fois aux deux premières.

(1) Comparer Pl., **135**.
(2) Comparer Pl., **138**.

Si les sphères données sont concentriques, le plan radical est rejeté à l'infini[1].

458. Théorème. — *Les plans radicaux de trois sphères prises deux à deux se coupent suivant une même droite* (*sauf dans le cas où les trois centres sont en ligne droite et où les trois plans radicaux sont parallèles entre eux ou tous confondus*).

En effet, si S, S′, S″ sont les trois sphères considérées dont les centres ne sont pas en ligne droite, le plan radical de S et de S′ coupe le plan radical de S et de S″ suivant une droite, laquelle est le lieu des points qui ont même puissance par rapport aux trois sphères et se trouve, par conséquent, située dans le plan radical de S′ et de S″.

La droite dont nous venons de démontrer l'existence se nomme *axe radical* des trois sphères. Elle n'est d'ailleurs autre que la perpendiculaire au plan des trois centres, menée par le centre radical des grands cercles suivant lequel ce plan coupe les sphères données.

L'axe radical (ou du moins sa partie extérieure aux trois sphères), est le lieu des centres des sphères qui coupent les premières orthogonalement.

Si les trois centres sont en ligne droite, les trois plans sont tous perpendiculaires à cette droite.

Si le plan radical de S, S′ coïncide avec le plan radical de S, S″, il sera aussi le plan radical de S′, S″, puisque tous les points de ce plan auront même puissance par rapport aux trois sphères.

Théorème. — *Les six plans radicaux de quatre sphères prises deux à deux* (*ou les quatre axes radicaux de ces quatre sphères prises trois à trois*) *se coupent en un même point* (dit *centre radical* des quatre sphères), *sauf le cas où les quatre centres sont dans un même plan, les plans radicaux étant alors parallèles à une même droite.*

Car si les plans radicaux de S avec S′, de S avec S″, de S avec S‴ se coupent en un point I, ce point aura même puissance par rapport aux quatre sphères S, S′, S″, S‴ et appartiendra, par suite, aux autres plans radicaux.

Il sera (s'il est extérieur aux quatre sphères) le centre d'une sphère qui les coupera toutes quatre orthogonalement.

(1) Comparer Pl., **136**, Rem. II.

459. Sphères homothétiques.

La figure homothétique d'une sphère est une sphère, le rapport des rayons étant égal au rapport d'homothétie et les deux centres se correspondant.

Si, en effet, O est le centre de la sphère donnée, O′ son homothétique ; M un point quelconque de ladite sphère, M′ son homologue, le segment O′M′ est, avec OM, dans un rapport égal au rapport d'homothétie (**426**) : ce segment est donc bien constant.

460. Réciproquement, *deux sphères quelconques sont deux figures homothétiques, et cela de deux façons différentes* [1] : *l'homothétie étant directe dans un cas, inverse dans l'autre.*

En effet, si O, O′ sont les centres des deux sphères ; OM, O′M′ deux rayons parallèles et de même sens, mais quelconques d'ailleurs (le point M prenant successivement toutes les positions possibles sur la première sphère), les segments OM, O′M′ satisfont aux conditions énumérées dans l'hypothèse du n° **427**.

La même conclusion subsisterait si OM, O′M étaient des rayons parallèles et de sens contraires : le théorème est donc démontré.

Le théorème résulte encore, d'ailleurs, de ce que les grands cercles obtenus en coupant les sphères par un plan passant par la ligne des centres sont homothétiques entre eux, le centre et le rapport d'homothétie étant indépendants du choix du plan sécant.

Remarque. — *Deux sphères ne peuvent être homothétiques de plus de deux façons différentes.* Car, d'après le numéro précédent, dans toute homothétie qui transforme la première sphère en la seconde, les centres se correspondent et le rapport d'homothétie est égal au rapport des rayons. Or il n'y a que deux points qui divisent la ligne des centres dans un rapport égal à celui des rayons [2].

On nomme, comme en géométrie plane, *centre de similitude externe* et *centre de similitude interne*, les centres des deux homothéties dont l'existence vient d'être constatée.

461. La propriété qui appartient aux sphères, d'être homothétiques de deux manières différentes, leur est commune avec toutes les figures douées de centres de symétrie.

(1) Toutefois, il importe de remarquer que deux sphères égales ne peuvent être considérées comme homothétiques que moyennant l'extension donnée à ce mot au n° **427**.

(2) Voir aussi exercice 612.

Soient, en effet, F une figure quelconque; F_1, sa symétrique par rapport à un point O. Toute homothétique F′ de F sera (**427**) homothétique de F_1, le centre d'homothétie étant en général différent du premier et les homothéties étant de noms contraires.

Si maintenant la figure F admet le point O comme centre de symétrie, elle coïncide avec F_1 : elle est, par conséquent, homothétique à F′ de deux manières différentes.

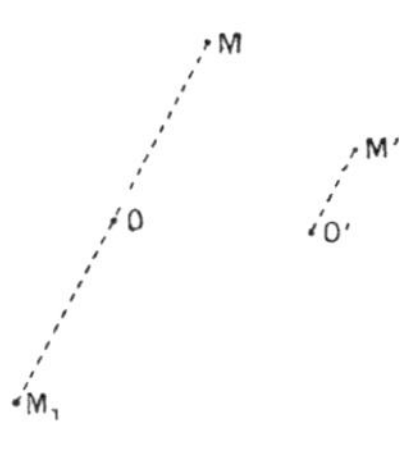

Fig. 367.

Les deux homologues M, M_1 (*fig.* 367) d'un même point M′ de F′ sont toujours symétriques l'un de l'autre par rapport au point O. On choisira entre les deux homothéties en indiquant lequel de ces deux points on fait correspondre au point M′.

462. *Trois sphères ont quatre axes d'homothétie*, comme trois cercles en géométrie plane.

Ces quatre axes d'homothétie sont, en effet, les mêmes que ceux des grands cercles déterminés par le plan des trois centres.

Quatre sphères ont huit plans d'homothétie (**428**). Car, ayant pris un point M sur la première sphère O, et menant, dans les trois autres O′, O″, O‴, les diamètres $M'M'_1$, $M''M''_1$, $M'''M'''_1$ parallèles au rayon OM, on pourra choisir, parmi les extrémités de chacun de ces diamètres, le point qui sera l'homologue du point M dans l'homothétie correspondante. Une fois choisis ainsi les trois homologues du point M, on aura un plan d'homothétie bien déterminé. Or ce triple choix peut se faire de huit façons différentes : car on peut d'abord choisir entre les points M'_1, M'_1, ainsi qu'entre les points M'', M''_1, ce qui peut se faire de quatre manières, et à chacune des quatre combinaisons ainsi obtenues en correspondent deux, différentes entre elles par le choix fait entre M''' et M'''_1.

Chaque axe d'homothétie des trois premières sphères, correspondant au choix fait entre M′ et M'_1 d'une part, M″ et M''_1 de l'autre, *est contenu dans deux plans d'homothétie; chaque centre d'homothétie, dans quatre.*

463. Plans tangents communs à deux sphères.

Tout plan tangent commun à deux sphères passe par un centre de similitude : le centre de similitude externe, si le plan tangent est extérieur (c'est-à-dire laisse les deux sphères d'un même côté); le centre de similitude interne, si le plan tangent est intérieur (c'est-à-dire laisse les deux sphères de part et d'autre).

Cela résulte de ce que les rayons OA, O'A' (*fig.* 368) qui aboutissent aux deux points de contact, sont parallèles entre eux, comme étant tous deux perpendiculaires au plan tangent commun.

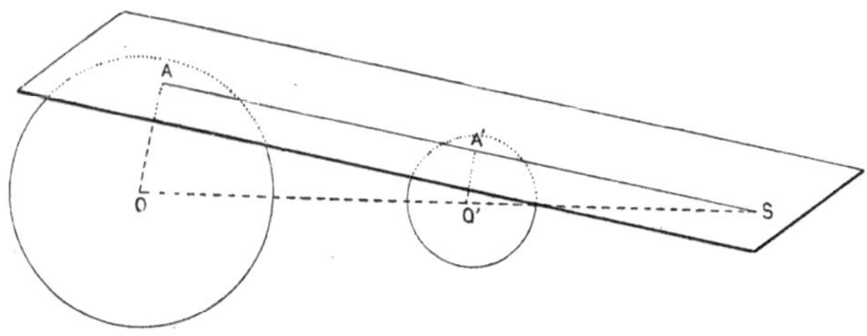

Fig. 368.

Réciproquement, tout plan tangent à l'une des sphères, mené par un des centres de similitude, est tangent à l'autre sphère, en raison de l'homothétie des deux figures par rapport à ce point.

Les plans tangents communs à deux sphères sont donc les plans tangents à l'un ou à l'autre des deux cônes circonscrits à l'une d'elles et ayant pour sommets les centres de similitude, si ces cônes existent.

Si on se reporte aux raisonnements du n° **452**, on voit immédiatement que l'un quelconque de ces deux cônes a pour méridienne une tangente commune menée, par le centre de similitude correspondant, aux grands cercles C, C' déterminés, dans les deux sphères données, par un plan passant par la ligne des centres. Les deux cônes existeront donc si les deux sphères sont extérieures; un seul d'entre eux, si les sphères se coupent; aucun, si elles sont intérieures l'une à l'autre.

464. Plans tangents communs à trois sphères.

Tout plan tangent commun à trois sphères passe par un de leurs axes de similitude : il doit, en effet (n° précéd.), passer par un centre de similitude de la première et de la seconde sphère donnée et par un centre de similitude de la première et de la troisième.

Inversement, tout plan, tangent à l'une des sphères et passant par un de leurs axes de similitude, est tangent aux deux autres sphères.

D'après cela, à chaque axe de similitude des trois sphères, pourvu qu'il soit sans point commun avec ces sphères, correspondent deux plans tangents communs passant par cet axe. Si aucun des quatre axes de similitude ne coupe les sphères, il y aura huit plans tangents communs. Si cette condition n'est pas remplie, le nombre des plans tangents s'abaisse de deux ou plusieurs unités : il peut n'y avoir aucun plan tangent commun (par exemple si deux des sphères données sont intérieures l'une à l'autre).

EXERCICES

658. Une surface telle que le cercle qui passe par trois quelconques de ses points y soit contenu tout entier, est une sphère (ou un plan).

659. Si des cercles, en nombre quelconque, sont tels que deux quelconques d'entre eux se coupent en deux points :

Ou bien tous ces cercles ont deux points communs ;

Ou bien ils appartiennent tous à une même sphère.

660. Quelle est la surface engendrée par une circonférence, lorsqu'elle tourne autour d'un axe qui se projette sur son plan suivant un de ses diamètres ?

661. Lieu des projections d'un point donné sur les plans qui passent par un point fixe.

661 *bis*. Lieu des centres des sections faites dans une sphère par des plans qui passent par un point fixe ou par une droite fixe.

662. Le centre d'une sphère est fixe, pendant que son rayon varie. Lieu du cercle de contact du cône circonscrit à cette sphère, ayant pour sommet un point donné.

663. Lieu des points d'où l'on peut mener à une sphère trois tangentes formant un trièdre trirectangle.

664. Lieu des points d'où l'on peut mener à une sphère trois plans tangents formant un trièdre trirectangle.

665. Le lieu des points tels que le rapport de leurs distances à deux points donnés soit constant, est une sphère.

666. Le lieu des points tels que leurs distances à trois points donnés soient proportionnelles à trois nombres donnés, est un cercle orthogonal à toutes les sphères qui passent par les trois points donnés.

667. Lieu des points tels que les cônes circonscrits à deux sphères données et ayant ces points pour sommets soient égaux.

Même problème, lorsqu'il y a trois sphères données.

668. Lieu des points tels que la somme des carrés de leurs distances à deux points donnés, multipliés respectivement par des coefficients donnés, soit constante.

669. Lieu des points dont les puissances par rapport à deux sphères données soient entre elles comme deux nombres donnés.

Même problème, lorsqu'il y a trois sphères données et trois nombres donnés.

670. Lieu des extrémités d'un segment égal et parallèle à un segment fixe, sachant que ces extrémités sont respectivement sur deux sphères données.

672. Trouver un triangle se déduisant par une translation d'un triangle donné et ayant ses sommets sur trois sphères données.

673. Un plan fixe quelconque est coupé par des sphères qui passent par un même cercle suivant des cercles ayant même axe radical.

674. Trouver une sphère, connaissant un cercle et le plan tangent en un point de ce cercle.

675. Plus généralement, trouver une sphère qui passe par un cercle donné et soit tangente à un plan ou à une sphère donnée.

676. Faire passer, par un cercle donné, une sphère orthogonale à une sphère donnée.

677. Trouver une sphère ayant son centre sur une droite donnée, tangente à une droite donnée et passant par un point donné.

678. Trouver une sphère ayant son centre sur une droite donnée, tangente à une droite donnée et à un plan donné.

679. Trouver une sphère passant par un cercle donné et tangente à un autre cercle donné. Discussion.

680. Trouver une sphère coupant à angle droit deux cercles donnés [1]. Cas d'impossibilité.

681. Une sphère varie en passant par un cercle fixe C. Lieu du cercle de contact du cône circonscrit à la sphère, ayant pour sommet un point donné du plan de C. — Lieu des points de contact des plans tangents menés à la sphère par une droite donnée du plan de C. — Lieu de la droite d'intersection des plans tangents en deux points du cercle.

Qu'arrive-t-il lorsqu'une sphère varie en passant par deux points fixes A, B et restant tangente à une droite fixe qui rencontre AB prolongée?

682. Une sphère variable passe par deux points fixes, et est tangente à un plan fixe ou à une sphère fixe. Lieu du point de contact.

682 *bis*. Trouver une sphère passant par deux points donnés et tangente à deux plans donnés.

683. Une sphère variable est tangente à deux droites fixes et a son centre dans le plan mené parallèlement à ces deux droites, à égale distance de l'une et de l'autre. Trouver le lieu de ce centre.

684. Il existe, en général, une sphère et une seule tangente aux côtés d'un quadrilatère gauche. Mais si la somme de deux côtés est égale à celle des deux autres, le nombre des sphères tangentes aux quatre côtés est infini. Trouver, dans ces conditions, le lieu des centres des sphères. Quelle est celle dont le rayon est le plus petit ?

Déduire de là la solution de l'exercice 558.

(1) Une sphère et un cercle se coupent à angle droit lorsque la tangente au cercle, menée par un point commun, est perpendiculaire au plan tangent à la sphère au même point.

684 *bis*. Quelles sont les conditions pour qu'il existe une sphère tangente aux six arêtes d'un tétraèdre?

685. Inscrire ou ex-inscrire une sphère à un tétraèdre.

686. Une sphère varie en restant tangente à un plan fixe en un point fixe. Lieu des points de contact des plans tangents parallèles à un plan donné.

687. Si un cercle variable rencontre deux cercles fixes chacun en deux points, son plan passe par un point fixe.

688. Trouver un cercle qui divise deux cercles donnés en deux parties égales.

688 *bis*. Trouver un cercle qui soit divisé par deux cercles donnés en deux parties égales.

689. Trouver un cercle tangent à deux cercles donnés.

690. Si deux sphères n'ont aucun point commun, il existe deux points (*points limites*) tels que les sphères réduites à ces points, aient, avec les sphères données, même plan radical. Toute sphère orthogonale aux deux premières passe par les points limites.

691. Si trois sphères qui n'ont pas même plan radical n'ont aucun point commun, les sphères qui leur sont orthogonales passent par un cercle fixe. Ce cercle est le lieu des points tels que les sphères réduites à ces points aient, avec les sphères données, même axe radical.

La sphère orthogonale à quatre sphères données (si elle existe) est le lieu des points tels que les sphères réduites à ces points aient, avec les sphères données, même centre radical.

Quel est le lieu des points limites de deux sphères dont chacune varie en passant par un cercle fixe ?

692. Autour d'un point fixe comme sommet, on fait tourner un trièdre trirectangle dont les arêtes rencontrent une sphère donnée. Montrer :

1° Que la somme des carrés des cordes interceptées par la sphère sur les trois arêtes reste constante ;

2° Qu'il en est de même de la somme des carrés des six segments qui vont du sommet aux points d'intersection des arêtes avec la sphère ;

3° Que la somme des aires des cercles d'intersection de la sphère avec les trois faces est également constante.

693. Dans les mêmes conditions, si l'on fait passer un plan par trois des points d'intersection considérés à l'exercice précédent, le lieu de la projection du sommet du trièdre sur ce plan est une sphère (ex. 513, 1° et Pl., ex. 70).

Si le sommet du trièdre est sur la sphère, le plan en question passe par un point fixe, lequel est le centre de gravité du triangle formé par les trois points d'intersection des arêtes avec la sphère.

694. On peut choisir trois sphères de manière que leurs huit plans tangents communs (**464**) existent. (Il suffira, les centres étant choisis, de prendre les rayons suffisamment petits.)

CHAPITRE IV

GÉOMÉTRIE SPHÉRIQUE — TRIANGLES SPHÉRIQUES

465. *Par deux points de la sphère, il passe un grand cercle ; et un seul, sauf si ces deux points sont diamétralement opposés.*

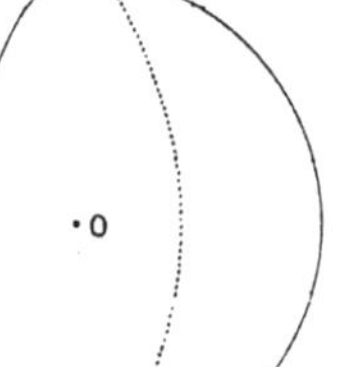

Fig. 369.

Car par deux points A, B (*fig.* 369) de la surface et le centre O passe un plan, lequel est unique si A et B ne sont pas en ligne droite avec le centre.

Remarques I. — La propriété que nous venons de constater établit une analogie entre les grands cercles de la sphère et les lignes droites en géométrie plane. Mais cette analogie n'est pas complète, puisqu'il y a exception pour les points diamétralement opposés.

II. Les points A et B divisent le grand cercle qui les contient en deux arcs. Lorsqu'on parle de *l'arc de grand cercle* qui joint A et B, on a plus spécialement en vue celui des deux qui est plus petit qu'une demi-circonférence.

466. Le diamètre perpendiculaire au plan d'un cercle de la sphère coupe la surface en deux points, qu'on nomme les *pôles* de ce cercle (*fig.* 370).

Chacun d'eux est également distant de tous les points du cercle. Si celui-ci est un grand cercle, la distance d'un quelconque de ses points au pôle est égale à la corde d'un quadrant, ainsi qu'on le reconnaît immédiatement à l'inspection de la figure 371.

Inversement, le lieu des points d'une sphère situés à une distance constante (moindre que le diamètre) d'un point de cette surface, est un cercle ayant ce point pour pôle.

D'après cela, on voit qu'on peut décrire un cercle sur une sphère comme sur un plan, à l'aide d'un compas dont l'une des pointes est placée en l'un des deux pôles de ce cercle. Toutefois, il est nécessaire (surtout si l'ouverture est un peu grande) d'employer un compas (dit compas *sphérique*) à branches courbes et non droites.

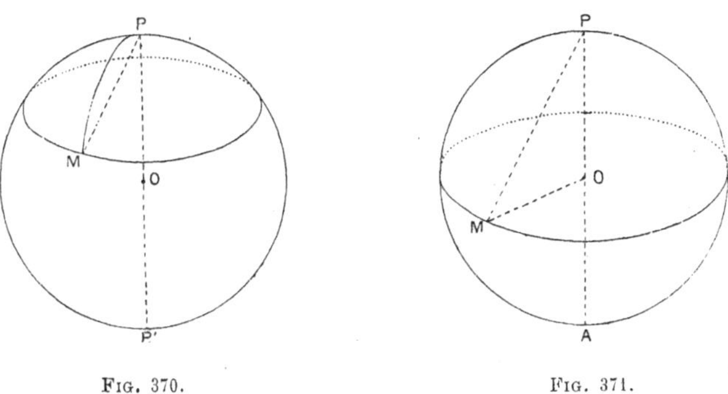

FIG. 370. FIG. 371.

L'arc de grand cercle qui joint le pôle d'un cercle de la sphère à un point quelconque de ce cercle a également la même grandeur, quel que soit ce point. On lui donne le nom de *rayon sphérique* du cercle. Le rayon sphérique d'un grand cercle est égal à un quadrant.

Un cercle quelconque divise la sphère en deux régions, dites *calottes sphériques*, situées de part et d'autre du plan de ce cercle. Chacune de ces calottes comprend un des pôles et est formée par les points dont la distance à ce pôle est plus petite que la distance de ce même pôle aux points du cercle.

S'il s'agit d'un petit cercle, on donne souvent le nom de région *intérieure* à ce petit cercle, à la plus petite des deux calottes sphériques, celle dont le rayon sphérique est inférieur à un quadrant. Cette région intérieure est évidemment celle qui est située du côté du plan du cercle où n'est pas le centre de la sphère.

467. Angle de deux grands cercles.

Théorème. — *L'angle* (Pl., **60** *bis*) *de deux demi-grands cercles, terminés à leur diamètre commun, est égal à l'angle des demi-plans qui les contiennent. Il a pour mesure l'arc intercepté, entre eux, sur le grand cercle qui a pour pôles leurs points communs.*

Soient les deux demi-grands cercles AMA′, ANA′ (*fig.* 372), qui se coupent en A, A′.

Soient Ax, Ay les tangentes à ces courbes au point A. Ces tangentes, étant toutes deux perpendiculaires à AA′, déterminent l'angle plan du dièdre M·AA′·N.

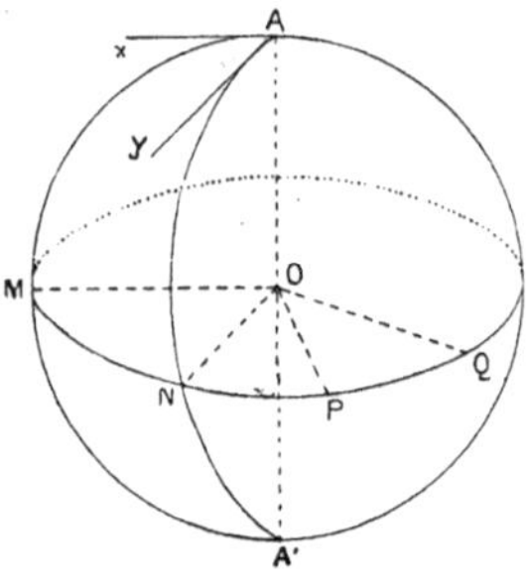

Fig. 372.

D'autre part, le grand cercle qui a pour pôles A, A′, a son plan perpendiculaire à AA′. Ce plan coupe les demi-plans AA′M, AA′N suivant deux droites OM, ON qui forment également entre elles l'angle plan du dièdre M·AA′·N. Mais cet angle est précisément l'angle au centre correspondant à l'arc de grand cercle MN : ce qui démontre la seconde partie du théorème.

468. Une autre expression de l'angle de deux grands cercles est encore donnée par le théorème suivant :

Théorème. — *L'angle de deux demi-grands cercles est mesuré par l'arc de grand cercle qui joint leurs pôles, ou par son supplément.*

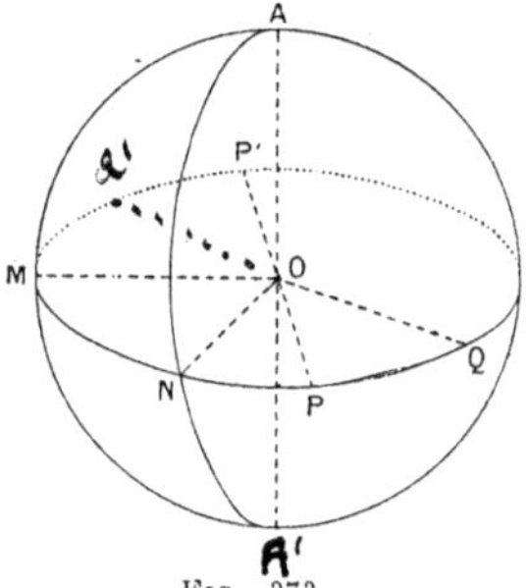

Fig. 373.

Soient, comme tout à l'heure, AMA′, ANA′ (*fig.* 373) deux demi-grands cercles qui coupent en M, N le grand cercle dont le plan est perpendiculaire à AA′. Ce dernier grand cercle contient les pôles P, P′, Q, Q′ des deux premiers : car les diamètres PP′, QQ′, respectivement perpendiculaires à AMA′, ANA′, sont tous deux perpendiculaires à AA′. De plus PP′, QQ′ sont respectivement perpendiculaires aux rayons OM, ON de la sphère : leur angle est donc égal à $\widehat{MON}$ ou à son supplément.

Remarque. — Chacun des deux grands cercles considérés ayant deux pôles, l'arc de grand cercle qui joint un pôle de l'un à un pôle de l'autre peut être choisi de quatre façons différentes.

Supposons que les pôles P, Q (*fig.* 373) soient tels que les trièdres O·AMP, O·ANQ aient même disposition. Alors ces deux trièdres, étant trirectangles, sont égaux et, comme ils ont l'arête OA commune, ils se déduisent l'un de l'autre par rotation autour de cette droite. Ceci revient à dire que les angles $\widehat{MON}$ (angle des deux demi-grands cercles) et $\widehat{POQ}$ sont égaux.

D'ailleurs, si l'on remplace le pôle P par son opposé P' (*fig.* 373), la disposition du trièdre O·AMP change évidemment. Comme l'angle $\widehat{MOP'}$ est supplémentaire de $\widehat{MOP}$, on voit que l'*arc de grand cercle qui joint les deux pôles a même mesure que l'angle des deux demi-grands cercles ou que son supplément, suivant que les trièdres* O·AMP, O·ANQ *ont ou non même disposition.*

La disposition du trièdre O·AMP dépend d'ailleurs du sens de rotation de l'angle $\widehat{AOM}$, vu du point P. Donc *l'angle de deux demi-grands cercles, en un de leurs points communs, est égal à l'arc de grand cercle qui joint leurs pôles, si l'on choisit ceux-ci de telle manière que chacun des deux demi-grands cercles, vu de son pôle, paraisse tourner dans le sens direct, quand on le suit à partir du point commun considéré.*

469. Théorème. — *Le lieu des points d'une sphère également distants de deux points donnés sur cette surface, est le grand cercle perpendiculaire au milieu de celui qui joint les deux points donnés.*

Soient A, B, les deux points donnés (*fig.* 374). Le plan perpendiculaire au milieu de AB passe par le centre O de la sphère (puisque OA = OB) et coupe, par conséquent, la surface suivant un grand cercle, qui est le lieu cherché (**340**). Celui-ci passe d'ailleurs par le milieu de l'arc de grand cercle AB (point équidistant de A et de B); de plus, en vertu du n° **467**, il est perpendiculaire à cet arc; car leurs deux plans sont évidemment perpendiculaires entre eux.

Remarque. — Le lieu précédent divise la surface en deux hémisphères qui contiennent (**340**, Remarque) l'un les points plus rapprochés de A que de B, l'autre les points plus rapprochés de B que de A.

470. Problème. — *Trouver le rayon d'une sphère solide, à l'aide de constructions effectuées sur la surface et de constructions planes.*

Première solution. — Prenant deux points quelconques A, B sur la surface (*fig.* 374), traçons, avec une même ouverture de compas, deux cercles ayant ces deux points comme pôles respectifs. Un point M, commun à ces deux cercles, étant également distant de A et de B, appartiendra au grand cercle obtenu au n° précédent. En répétant la

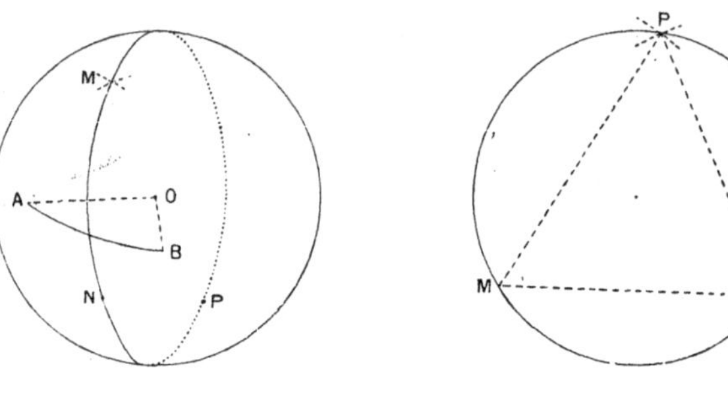

FIG. 374. FIG. 375.

même construction avec d'autres ouvertures de compas, on aura deux autres points N, P du même grand cercle. Relevant alors au compas les distances MN, NP, PM, on pourra construire, sur un plan (*fig.* 375), un triangle égal à MNP, et le cercle circonscrit à ce triangle aura, pour rayon, le rayon cherché.

Deuxième solution. — D'un point quelconque C de la sphère comme pôle, avec une ouverture de compas déterminée, décrivons un cercle, sur lequel nous prendrons trois points M, N, P. Nous pourrons, comme il vient d'être expliqué, déterminer le rayon de ce cercle en construisant un triangle égal à MNP.

Or la connaissance de ce rayon et de celle de la distance CM (égale

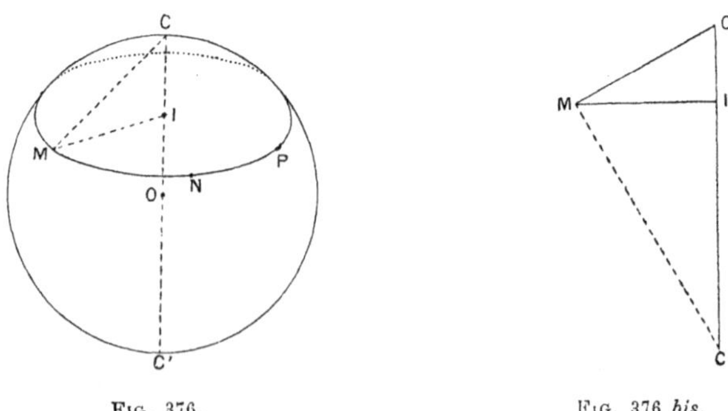

FIG. 376. FIG. 376 *bis*.

à l'ouverture de compas initiale) permettent de trouver le rayon de la sphère; car, si I est le centre du cercle MNP (*fig*. 376), le triangle CIM est rectangle et peut être construit sur un plan (puisqu'on en connaît l'hypoténuse CM et un côté MI) : prolongeant alors (*fig*. 376 *bis*) le côté CI et menant, en M, la perpendiculaire à CM jusqu'à rencontre en C′ avec CI prolongé, la longueur CC′ sera le diamètre de la sphère.

470 *bis*. **Problème.** — *Joindre deux points donnés d'une sphère solide par un arc de grand cercle.*

De chacun des points donnés comme pôle, décrivons un grand cercle (ce que nous savons faire après la résolution du problème précédent). Ces deux grands cercles se coupent en deux points, qui sont manifestement les pôles du grand cercle cherché.

Remarque. — Il est clair que la solution de ce problème, combinée avec la deuxième solution du problème précédent, permet de *tracer le grand cercle perpendiculaire au milieu de l'arc de grand cercle qui joint deux points donnés* (**462**).

471. Polygones sphériques.

On donne le nom de *polygone sphérique* à toute portion de sphère limitée par des arcs de grands cercles (appelés *côtés* du polygone), plus petits qu'une demi-conférence, limités à leurs intersections successives.

Un polygone sphérique est dit *convexe* (*fig*. 377) lorsqu'il est

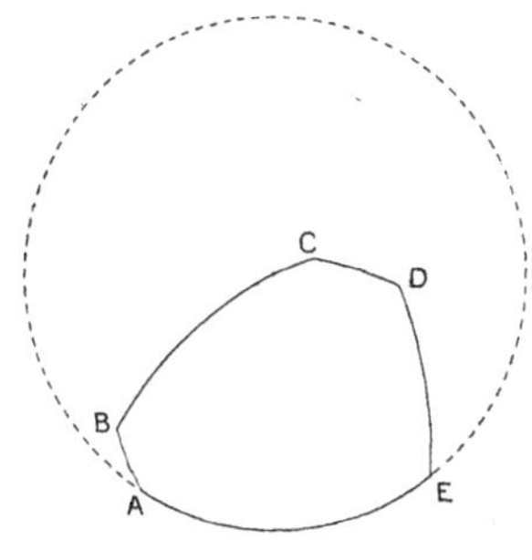

Fig. 377.

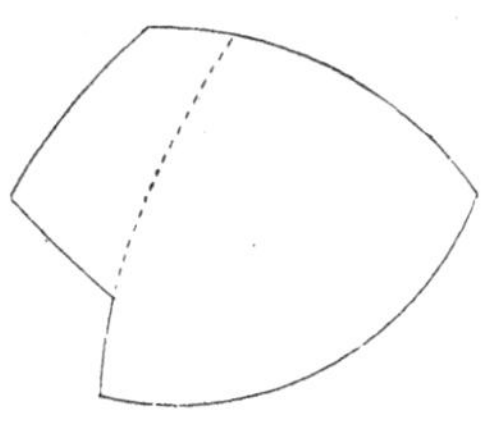

Fig. 378.

situé d'un seul côté par rapport à chacun des grands cercles dont font partie ses côtés; *concave* (*fig*. 378), dans le cas contraire.

Les polygones sphériques se classent, comme les polygones plans, d'après le nombre de leurs côtés, le plus simple (1) étant le *triangle sphérique* (*fig.* 379).

Un triangle sphérique est toujours un polygone convexe. Car, dans le triangle ABC (*fig.* 379), si l'arc de grand cercle AC n'était pas tout

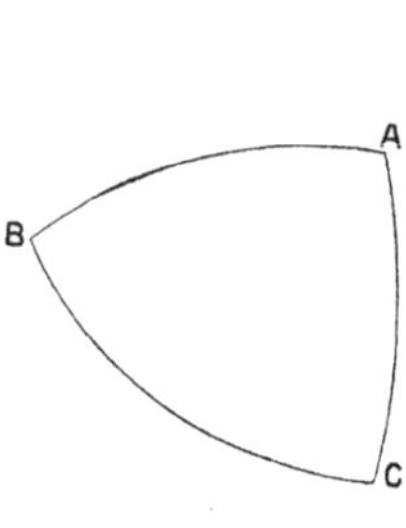

Fig. 379.

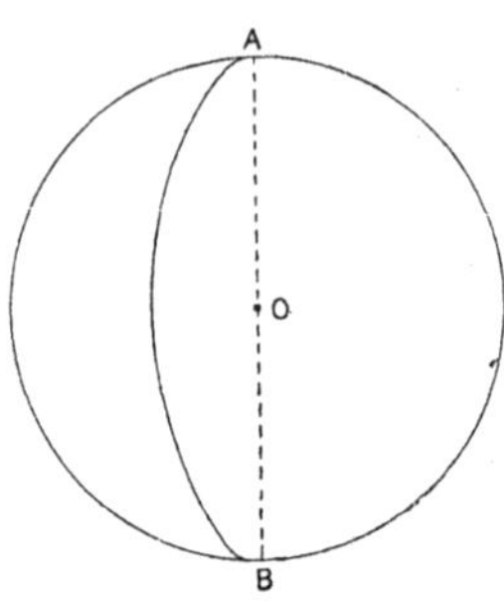

Fig. 380.

entier du même côté par rapport au grand cercle AB, il couperait ce dernier en un point (autre que A) situé entre A et C et serait, par conséquent, plus grand qu'une demi-circonférence, contrairement à la définition.

Relations entre les polygones sphériques et les angles polyèdres.

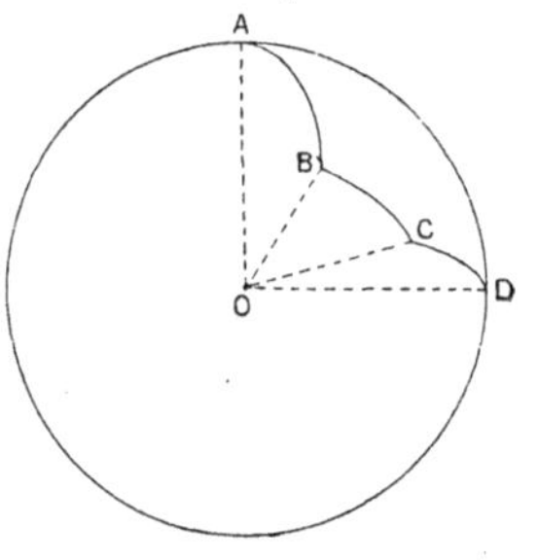

Fig. 381.

A tout polygone sphérique correspond un angle polyèdre, ayant pour sommet le centre de la sphère et pour arêtes les droites qui joignent ce centre aux différents sommets (*fig.* 381).

Les faces $\widehat{AOB}$, $\widehat{BOC}$, etc. (*fig.* 381) *de cet angle polyèdre sont les angles au centre correspondant aux côtés* AB, BC, etc., *du polygone.*

Les dièdres de l'angle polyèdre ont, d'après le théorème du n° **469**, *leurs rectilignes égaux aux angles du polygone.*

Inversement, tout angle polyèdre ayant pour sommet le centre

(1) Deux demi-grands cercles terminés au même diamètre comprennent entre eux une figure (fig. 380), dite *fuseau sphérique* (Compléments, n° **693**), qui peut évidemment être considérée comme un *biangle*. Seulement les côtés de cette sorte de polygone sont *égaux* et non *inférieurs* à une demi-circonférence.

d'une sphère coupe celle-ci suivant un polygone sphérique ayant, avec l'angle polyèdre, les relations que nous venons d'indiquer.

471 *bis*. D'après cela, on voit que, de toute propriété relative aux faces et aux dièdres d'un angle polyèdre, on peut déduire une propriété relative aux côtés et aux angles du polygone sphérique correspondant, et inversement.

Par exemple, le théorème du n° **373** nous donnera le suivant : *Un côté quelconque d'un polygone sphérique est plus petit que la somme des autres* (d'où résulte : *un côté quelconque d'un triangle sphérique est plus grand que la différence des deux autres*).

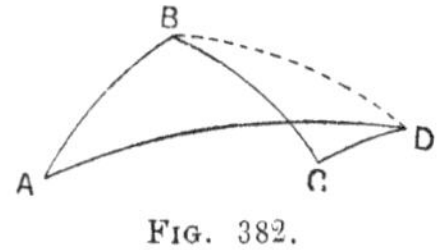

FIG. 382.

On voit dès lors, comme en géométrie plane (Pl., **26**), que *l'arc de grand cercle* (*moindre qu'une demi-circonférence*) *qui joint deux points est plus court que toute ligne polygonale sphérique terminée aux mêmes extrémités* (*fig.* 382) [1].

Cet arc de grand cercle est dit mesurer la *distance sphérique* des deux points donnés.

En nous bornant au cas d'un triangle sphérique, le théorème du n° **375** nous montre qu'inversement, trois arcs de grands cercles, moindres qu'une demi-circonférence et dont chacun est moindre que la somme des deux autres, tandis que la somme des trois est inférieure à une circonférence entière, sont égaux aux côtés d'un même triangle sphérique.

472. *Quand un polygone sphérique convexe est intérieur à un polygone sphérique quelconque* (*un ou plusieurs sommets ou*

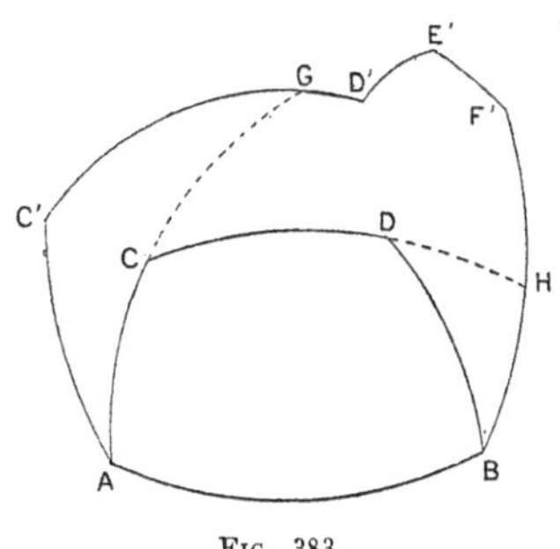

FIG. 383.

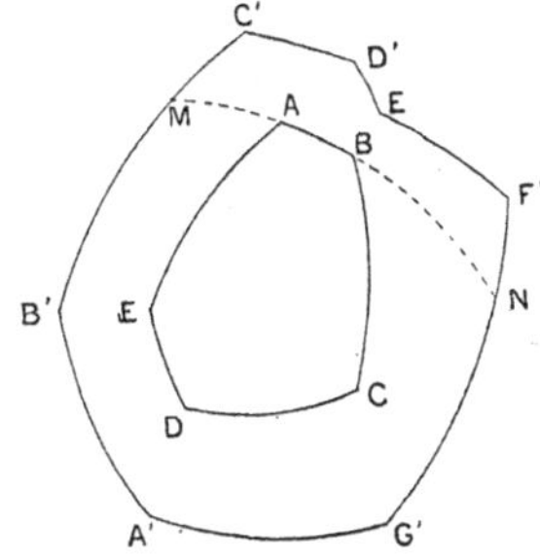

FIG. 383 *bis*.

côtés pouvant être communs) (*fig.* 383, 383 *bis*), *le périmètre du*

(1). La figure montre la construction à effectuer.

polygone enveloppé est inférieur à celui du polygone enveloppant.

Cet énoncé est, d'après ce que nous venons de dire, identique à celui du n° **373** *bis*, un polygone sphérique étant manifestement convexe ou concave en même temps que l'angle polyèdre correspondant. Mais on peut refaire le raisonnement sur la figure sphérique : c'est ce que montrent les figures 383, 383 *bis*, où, pour plus de facilité, les notations ont été prises conformes à celles de la Géométrie plane (Pl., **27**).

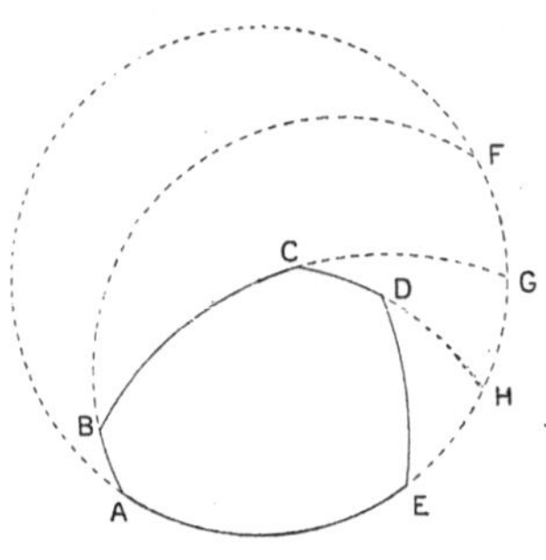

Fig. 384.

La démonstration continue à s'appliquer quand le polygone enveloppant est remplacé par une circonférence de grand cercle (voir *fig.* 384). Donc :

Le périmètre d'un polygone sphérique convexe est inférieur à la circonférence d'un grand cercle, énoncé qui équivaut à celui du n° **374**.

473. La *disposition* d'un triangle sphérique ABC est le sens de l'angle $\widehat{BAC}$ de ce triangle, vu de l'extérieur de la sphère. Il est clair que cette disposition est la même que celle du trièdre correspondant.

Deux triangles sphériques sont dits *symétriques*, lorsqu'ils ont tous leurs éléments égaux chacun à chacun, mais diffèrent par la disposition.

C'est ce qui arrive, en particulier, pour deux triangles symétriques l'un de l'autre par rapport au centre de la sphère, c'est-à-dire tels que les sommets de l'un soient diamétralement opposés aux sommets de l'autre.

474. Triangles sphériques polaires.

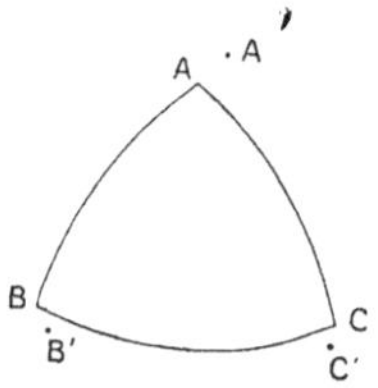

Soit ABC un triangle sphérique (*fig.* 385). Soient A′, celui des deux pôles du grand cercle BC qui est situé (par rapport à ce grand cercle) dans le même hémisphère que A ; B′, celui des deux pôles du grand cercle CA qui est (par rapport au grand cercle CA), dans le même hémisphère que B ; C′, celui des pôles du grand cercle AB qui

Fig. 385.

est dans le même hémisphère que C. Le triangle sphérique A'B'C' est dit le triangle *polaire* de ABC.

Si l'on se reporte à la définition des trièdres supplémentaires (**377**), on voit que *le trièdre qui correspond au triangle* A'B'C' *est le supplémentaire du trièdre qui correspond au triangle* ABC.

Dès lors, les théorèmes des n^os^ **377**, **378** donnent immédiatement les conclusions suivantes :

Si un triangle sphérique est polaire d'un autre : réciproquement, celui-ci est polaire du premier.

Si deux triangles sphériques sont polaires l'un de l'autre, chaque côté de l'un est supplémentaire de l'angle correspondant de l'autre.

474 *bis*. Nous venons de déduire les propriétés des triangles polaires de celles des trièdres supplémentaires. Mais on peut également démontrer directement les mêmes propositions, en suivant, relativement aux triangles sphériques, la marche correspondante à celle qui a été suivie pour les trièdres.

On démontrera d'abord les lemmes suivants :

Lemmes. — I. *L'arc de grand cercle qui joint un point quelconque* B *de la sphère à l'un des pôles* A *d'un grand cercle donné, est plus petit ou plus grand qu'un quadrant, suivant que le pôle* A *est ou non, par rapport au grand cercle donné, dans le même hémisphère que le point* B.

Car le grand cercle AB et le grand cercle donné se coupent en un point I (*fig.* 386, 386 *bis*), tel que l'arc AI soit égal à un quadrant. Cet arc AI est d'ailleurs évidemment supérieur ou inférieur à AB,

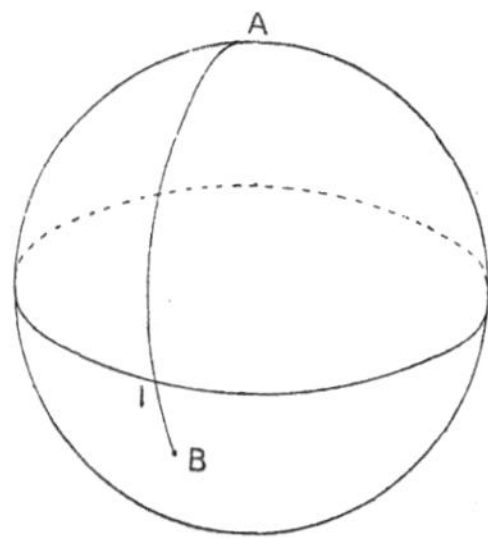

FIG. 386.

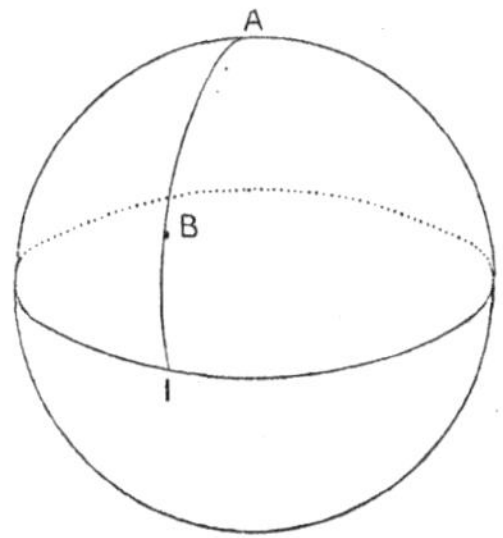

FIG. 386 *bis*.

suivant que les points A et B sont du même côté (*fig.* 386) ou de côtés différents (*fig.* 386 *bis*) du point I.

II. *Étant donnés deux demi-grands cercles* AMA′, ANA′ (*fig.* 387) *terminés à un diamètre commun, si* P *est le pôle du premier situé, par rapport à celui-ci, dans le même hémisphère que le second, et* Q, *le pôle du second situé, par rapport à lui, dans le même hémisphère que le premier, l'arc de grand cercle* PQ (¹) *est supplémentaire de l'angle des deux demi-grands cercles donnés.*

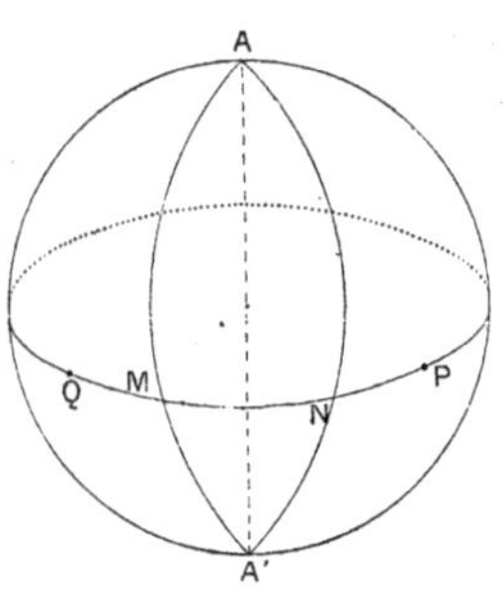

Fig. 387.

D'après le nº **468**, il suffit, pour arriver à cette conclusion, de démontrer que, si M et N sont les points où nos deux demi-grands cercles rencontrent le grand cercle de pôle A, les arcs MP et NQ sont de sens contraires. Or, cela est manifeste, puisque, d'après l'hypothèse, l'arc MP a le sens MN et l'arc NQ, le sens NM.

Cela posé, il est aisé de démontrer la première propriété des triangles polaires, à savoir que *si un triangle est polaire d'un autre, inversement celui-ci est polaire du premier.*

Soit, en effet, ABC un triangle sphérique (*fig.* 385) dont A′B′C′ est le polaire. C′ étant un pôle de AB, l'arc de grand cercle AC′ est égal à un quadrant, et il en est de même de l'arc AB′, pour une raison analogue : d'où résulte que A est un pôle de l'arc de grand cercle B′C′ (**470** *bis*).

Ce pôle est d'ailleurs bien, par rapport au grand cercle B′C′, dans le même hémisphère que le point A. Car cette conclusion et la partie de l'hypothèse d'après laquelle le point A′ est, par rapport au grand cercle BC, du même côté que A, expriment, en vertu du lemme I, un seul et même fait : à savoir, que l'arc de grand cercle AA′ est inférieur à un quadrant.

Quant à la propriété d'après laquelle *chaque côté d'un triangle sphérique est le supplément de l'angle correspondant du triangle polaire du premier*, elle résulte évidemment du lemme II : car les sommets du premier triangle sont bien déduits des côtés du second comme le veut l'hypothèse de ce lemme.

(¹) Voir **465**, Remarque II.

Des propriétés fondamentales des triangles polaires, on déduit, comme au n° **379**, les théorèmes suivants :

Chaque angle d'un triangle sphérique, augmenté de deux droits, est plus grand que la somme des deux autres ;

La somme des angles d'un triangle sphérique est comprise entre deux droits et six droits.

475. La notion de *polygones sphériques polaires* s'étend au cas où le nombre des côtés est quelconque. C'est ce que nous allons voir en nous bornant toutefois, pour simplifier, aux polygones convexes.

Soit, par exemple, le polygone ABCDE (*fig.* 388), lequel est supposé convexe. Désignons par P le pôle du grand cercle AB, pris dans l'hémisphère qui contient le polygone par Q, le pôle de BC, pris dans l'hémisphère qui contient le polygone ; par R, le pôle de CD, par S le pôle de DE, par T celui de EA, chacun de ces pôles étant pris, par rapport au grand cercle correspondant, du même côté que le polygone donné.

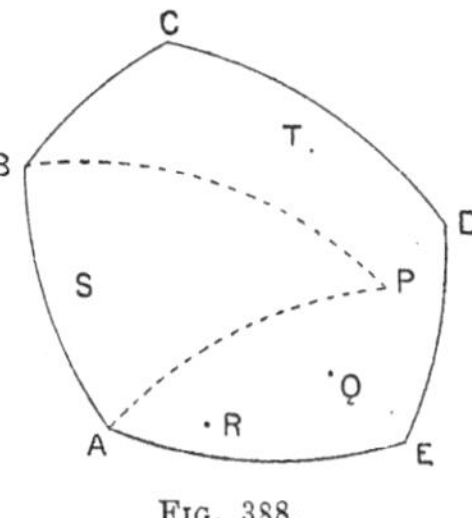

FIG. 388.

Les points P,Q,R,S,T sont les sommets d'un nouveau polygone sphérique, qui est dit le *polaire* du premier.

Nous allons voir que, réciproquement, le polaire du polygone PQRST est le polygone donné ABCDE.

Pour cela, nous remarquerons que les distances sphériques PA, PB sont égales à un quadrant, mais que les distances PC, PD, PE sont inférieures à un quadrant, puisque les points C,D,E sont, par rapport au grand cercle AB, dans l'hémisphère qui contient le point P. De même les distances QB, QC sont égales à un quadrant, les distances QD, QE, QA inférieures à un quadrant; et ainsi de suite, chaque pôle étant distant d'un quadrant des sommets situés sur le côté qui lui correspond, et situé à une distance moindre qu'un quadrant des autres sommets.

Les distances PB, QB étant égales à un quadrant, le point B est un pôle du grand cercle PQ; de même, C est un pôle du grand cercle QR; et ainsi de suite.

D'ailleurs, les distances BR, BS, BT sont, d'après ce qui vient d'être dit, inférieures à un quadrant. Donc (n° précédent, lemme I) les points R,S,T sont d'un même côté du grand cercle PQ, celui où est situé le point B.

Le même raisonnement pouvant se répéter pour les autres côtés du polygone PQRST, nous voyons : 1° que ce polygone est convexe comme le premier ; 2° que les points B,C,D... sont bien déduits de ses côtés, comme les points P,Q,R... l'ont été des côtés du polygone ABCDE.

Quant à cette proposition que les côtés d'un polygone sont les suppléments des angles du polygone polaire, elle se démontre comme pour les triangles.

476. De même que les propositions des numéros précédents, celles qui vont suivre correspondent, pour la plupart, à des théorèmes démontrés au livre V (n^{os} **380-384**) et peuvent soit se déduire de ces théorèmes, soit se démontrer directement par une marche exactement calquée sur celle qui a été suivie au livre V.

Cas d'égalité des triangles sphériques.

Sur une même sphère ou sur des sphères égales, deux triangles sphériques sont égaux ou symétriques :

1° *Lorsqu'ils ont un côté égal adjacent à deux angles égaux chacun à chacun ;*

2° *Lorsqu'ils ont un angle égal compris entre deux côtés égaux chacun à chacun ;*

3° *Lorsqu'ils ont les trois côtés égaux chacun à chacun ;*

4° *Lorsqu'ils ont les trois angles égaux chacun à chacun.*

Propriétés du triangle sphérique isoscèle.

Tout triangle sphérique isoscèle est superposable à son symétrique ; inversement, tout triangle sphérique égal à son symétrique est isoscèle.

Dans un triangle sphérique isoscèle, les angles opposés aux côtés égaux sont égaux. Inversement, tout triangle sphérique qui a deux angles égaux est isoscèle.

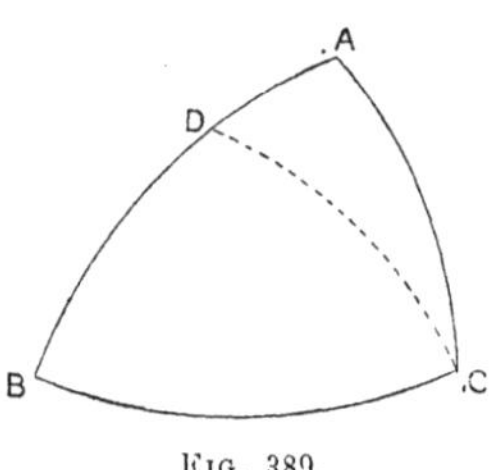

Fig. 389.

Théorème. — *Dans un triangle sphérique, à des angles inégaux correspondent des côtés inégaux, et inversement ; au plus grand angle correspond le plus grand côté (fig. 389)* (1).

476 *bis*. **Théorème**. — *Si deux triangles sphériques d'une même sphère ont un angle inégal compris entre côtés égaux chacun à chacun, les troisièmes côtés sont inégaux et au plus grand angle est opposé le plus grand côté.*

Soient les deux triangles sphériques ABC, A'B'C', tels que l'on ait

(1) Pour suivre la marche analogue à celle qui a été suivie au V° livre (n° **384**), il faut, étant donné le triangle ABC dans lequel $\widehat{B} < \widehat{C}$, tracer, jusqu'à rencontre avec AB, l'arc de grand cercle CD tel que $\widehat{DCB} = \widehat{B}$. Cette construction est représentée sur la figure 389.

$\widehat{A} > \widehat{A'}$, $AB = A'B'$, $AC = A'C'$. Supposons que ces deux triangles aient même disposition et transportons le second sur le premier, de manière à faire coïncider les côtés égaux $A'B'$, AB. Le côté $A'C'$ viendra alors suivant un arc de grand cercle AC_1 égal à AC, mais intérieur à l'angle $\widehat{A}$ (*fig* 390).

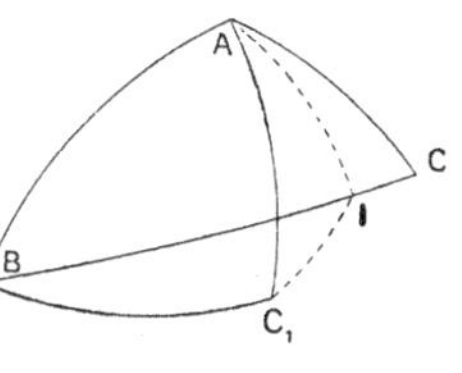

Fig. 390.

Menons l'arc de grand cercle qui divise en deux parties égales l'angle $\widehat{C_1AC}$, Cet arc de grand cercle passe, lui aussi, à l'intérieur de l'angle $\widehat{BAC}$ et coupe, par conséquent, l'arc BC en un point I situé entre B et C. Menons encore l'arc de cercle C_1I.

Les deux triangles sphériques ACI, AC_1I sont symétriques [1], comme ayant un angle égal (en A, par construction) compris entre côtés égaux chacun à chacun (AI commun; $AC = AC_1$). Donc on a $C_1I = CI$.

Or le triangle BC_1I donne

$$BC_1 < BI + IC_1.$$

Donc aussi

$$BC_1 < BI + IC,$$

ou

$$BC_1 < BC.$$

C. Q. F. D.

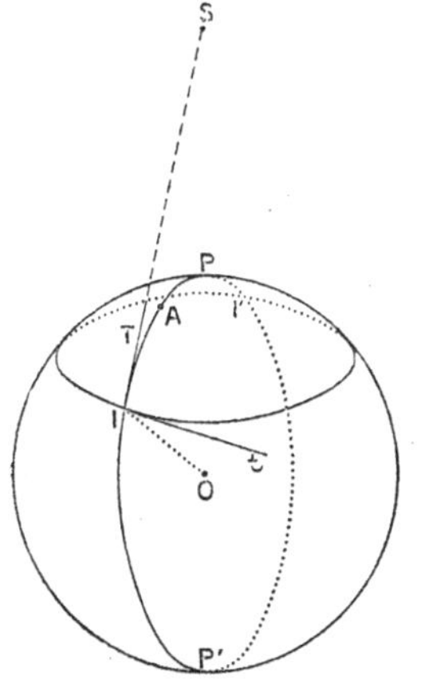

Fig. 391.

477. Théorème. — *La condition nécessaire et suffisante pour qu'un grand cercle et un cercle quelconque se coupent à angle droit est que le premier contienne les pôles du second.*

Soient I un point commun aux deux cercles; IT, It, les tangentes au grand et au petit cercle en ce point ; P, P' les pôles du petit cercle; O, le centre de la sphère (*fig*. 391).

La condition indiquée dans l'énoncé est suffisante : car, si le grand cercle passe par P, P', son plan contient deux droites non parallèles entre elles et toutes deux perpendiculaires

(1) Les dispositions sont inverses, puisque les deux triangles sont de part et d'autre du côté commun AI.

à It : à savoir, le diamètre PP′ et le rayon OI. Ce plan, et par suite la tangente IT, sont donc perpendiculaires à It.

La condition est d'ailleurs nécessaire : car, si les deux cercles se coupent à angle droit, le plan du grand cercle contient les deux droites IT, OI, perpendiculaires à It. Il est donc lui-même perpendiculaire à cette droite, par suite au plan du petit cercle et contient, dès lors, le diamètre PP′, perpendiculaire à ce dernier plan menée par le point O.

Corollaire. — *Par un point pris sur une sphère, on peut mener un grand cercle perpendiculaire à un cercle donné de cette sphère: et on n'en peut mener qu'un seul, si le point donné n'est pas un pôle du cercle donné.*

Le grand cercle répondant à la question, sera déterminé par le point donné A et les pôles P, P′ du cercle cherché.

On remarquera qu'il existe deux *arcs* de grand cercle issus du point A et perpendiculaires au cercle donné; à savoir, ceux qui aboutissent aux deux points I, I′ où ce cercle est coupé par le grand cercle dont l'existence vient d'être établie [1].

477 *bis*. Le théorème qui précède est un cas particulier du suivant:

Théorème. — *La condition nécessaire et suffisante pour que deux cercles de la sphère se coupent à angle droit, est que le plan de l'un d'eux passe par le sommet du cône (ou du cylindre) circonscrit suivant l'autre.*

Tout d'abord, dans le cas où le premier cercle est un grand cercle, cette proposition résulte de la démonstration précédente: car, dans celle-ci, la droite IT, tangente au grand cercle IPP′, passe (**452**) par le sommet S du cône circonscrit suivant le petit cercle considéré.

Mais tout cercle qui coupe celui-ci à angle droit en I doit être tangent à IT; car IT est la seule tangente à la sphère en I qui soit perpendiculaire à It. Donc le plan d'un tel cercle devra passer par le point S.

Inversement, tout cercle passant en I et dont le plan passe par S est tangent à IT et, par conséquent, la condition est aussi suffisante.

478. Théorème. — *Si, par un point d'une sphère, on mène les deux arcs de grand cercle perpendiculaires à un cercle donné et divers arcs de grands cercles obliques au même cercle, les arcs perpendiculaires sont, l'un plus court, l'autre plus long que tous les arcs obliques.*

(1) Nous considérons exclusivement, ici, les arcs issus du point A et terminés à leur *premier* point d'intersection avec le cercle donné. Si l'on ne tenait pas compte de cette restriction, le nombre des arcs perpendiculaires serait supérieur à deux : par exemple, l'arc AP′I′ (fig. 391) répondrait encore à la question.

Un arc oblique est d'autant plus long que son extrémité est plus éloignée de celle de l'arc perpendiculaire le plus court.

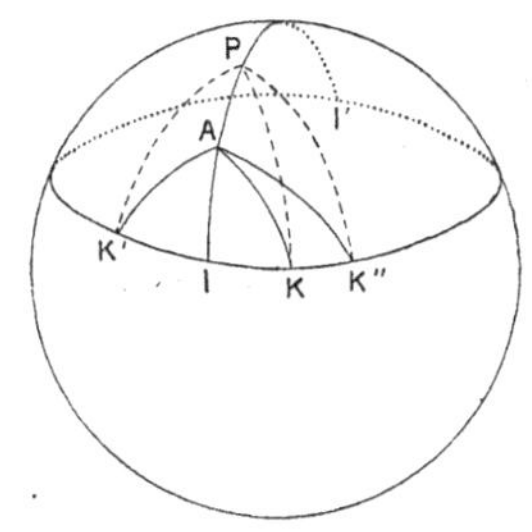

Fig. 392.

Soient A le point donné; P, celui des pôles du cercle donné qui est, par rapport à ce cercle, du même côté que le point A; AI, AI', les deux arcs de grand cercle perpendiculaires, dont le second est celui qui contient le point P à son intérieur; AK, AK', AK'' les divers arcs obliques (*fig.* 392).

1° L'arc AK est supérieur à AI, mais inférieur à AI'. Car si nous menons l'arc de grand cercle PK, le triangle sphérique APK donne

$$AK > PK - PA, \quad AK < PK + PA,$$

alors que l'on a

$$PK - PA = PI - PA = AI$$
$$PK + PA = PI' + PA = AI';$$

2° Supposons que les points K, K' du cercle donné soient tels que les arcs IK, IK' soient égaux. Il en est alors de même des cordes de ces arcs et le point I est également distant des deux points K, K'. Comme le point P jouit de la même propriété, le lieu des points de la sphère également distants de K et de K' est le grand cercle PI. Celui-ci contenant le point P, les cordes AK, AK' sont bien égales, et aussi, par conséquent, les arcs de grands cercles correspondants.

3° Soit maintenant, sur le cercle donné, un point K'' tel que IK'' > IK. Nous pouvons d'ailleurs supposer [1], moyennant ce qui vient d'être établi (2°), que les deux points K, K'' sont du même côté du point I. Menons les arcs de grands cercles PK, PK''. Le point K étant intérieur à l'angle $\widehat{K''PI}$, on a $\widehat{KPI} < \widehat{K''PI}$.

Les triangles sphériques APK, APK'' ont donc un angle inégal (en A) compris entre côtés égaux chacun à chacun, et l'on a bien AK < AK''.

C. Q. F. D.

(1) Comparer Pl. **29**.

L'arc de grand cercle AI est dit la *distance sphérique* du point A au cercle KIK'I'. Cette dénomination est justifiée par le théorème qui précède.

479. Outre les constructions que nous avons précédemment appris à réaliser sur la sphère (n° **470**-**470** *bis*), on peut effectuer, sur cette surface, la plupart des constructions analogues à celles que nous avons indiquées en géométrie plane (liv. II, chap. VI). Nous donnons, à cet égard, un certain nombre d'exemples aux exercices (exercice 702).

EXERCICES

695. Si on joint un point pris dans l'intérieur d'un triangle sphérique aux trois sommets par des arcs de grands cercles, la somme de ces arcs est plus petite que le périmètre du triangle et plus grande que la moitié de ce périmètre.

696. Si deux triangles sphériques rectangles sont tels que les côtés de l'angle droit du premier soient respectivement plus petits que les côtés de l'angle droit du second, l'hypoténuse du premier est plus petite que celle du second.

697. Si la médiane d'un triangle sphérique (arc de grand cercle qui joint un sommet au milieu du côté opposé) est égale à un quadrant, elle est en même temps bissectrice de l'angle qui la comprend.

Si elle est plus petite qu'un quadrant, elle est plus grande que la bissectrice de l'angle en question, limitée au troisième côté. Elle est, au contraire, plus petite que cette bissectrice si elle est plus grande qu'un quadrant.

698. Si, dans un quadrilatère sphérique convexe, les côtés opposés sont égaux, les diagonales se coupent mutuellement en parties égales. Leur point d'intersection est le pôle du grand cercle qui passe par les points d'intersection des côtés opposés (Utiliser liv. VII). Deux sommets consécutifs et les points diamétralement opposés aux deux autres sommets sont sur un même cercle.

Dans un quadrilatère (*losange sphérique*) dont les quatre côtés sont égaux, les diagonales sont, en outre, perpendiculaires entre elles.

Si, les côtés opposés étant égaux, les diagonales sont égales, leur point d'intersection et les points d'intersection des côtés opposés sont les sommets d'un triangle trirectangle. Les quatre angles du quadrilatère sont alors égaux entre eux.

699. Si un grand cercle varie en restant constamment tangent à un petit cercle fixe C, et qu'on prenne, parmi les deux pôles du grand cercle, celui qui est situé dans le même hémisphère que C, ce pôle décrit un petit cercle C', qui est dit *polaire* du premier.

La relation entre C et C' est réciproque, c'est-à-dire que le polaire de C' n'est autre que C.

700. Les grands cercles bissecteurs des angles d'un triangle sphérique se coupent aux deux mêmes points diamétralement opposés. Il en est de même des trois médianes et des trois hauteurs (grands cercles menés par chaque sommet perpendiculairement au côté opposé).

701. Connaissant la distance des pôles de deux cercles et leurs rayons sphériques, trouver les conditions pour que ces cercles se coupent. Examiner successivement le cas où les rayons sont plus petits qu'un quadrant, de sorte que les pôles donnés sont intérieurs, et le cas où cette restriction n'est pas donnée.

702. Résoudre *effectivement* (voir page 59, note), à l'aide de constructions sphériques et, au besoin, de constructions planes, les problèmes suivants :

a) Trouver le point diamétralement opposé à un point donné ;

b) Faire passer un grand cercle par deux points donnés ;

c) Faire passer un cercle par trois points donnés de la sphère. Trouver les pôles d'un cercle donné ;

d) Mener, d'un point donné, un grand cercle perpendiculaire sur un cercle donné ;

e) Diviser en deux parties égales l'angle de deux grands cercles. Diviser en deux parties égales un arc de cercle quelconque.

f) Construire un triangle sphérique connaissant les trois côtés; discussion (ex. 701) ;

g) Par un point donné de la sphère, mener un grand cercle faisant avec un grand cercle donné un angle égal à un angle donné. Minimum de cet angle ;

Construire un triangle sphérique :

h) connaissant deux côtés et l'angle compris ;

i) connaissant deux côtés et l'angle opposé à l'un d'eux ;

j) connaissant un côté et deux angles (1) (discussion);

k) connaissant les trois angles;

l) Construire un triangle sphérique rectangle, connaissant l'hypoténuse et un angle adjacent ou un côté ;

m) Tracer un cercle tangent à un cercle donné en un point donné et passant par un autre point donné.

n) Tracer le grand cercle tangent à un cercle donné en un point donné de ce cercle ;

o) Mener, d'un point quelconque de la sphère, un grand cercle tangent à un petit cercle donné (pour cette construction et la suivante, utiliser ex. 699). Discussion ;

p) Mener un grand cercle tangent à deux petits cercles donnés. Discussion ;

q) Mener, d'un point donné comme pôle, un cercle qui coupe un cercle donné à angle droit ;

r) Construire un petit cercle tangent à trois grands cercles donnés ;

s) Construire un cercle tangent à un cercle donné en un point donné et tangent à un autre cercle donné.

703. Tracer un grand cercle sur lequel deux petits cercles donnés interceptent des arcs égaux à des arcs donnés.

704. Étant donnés, sur une sphère, un grand cercle C et, sur ce grand cercle un point A, placer (à l'aide de constructions planes et sphériques) le point qui, lorsqu'on considère la sphère donnée comme sphère céleste, le grand cercle donné comme équateur et le point A comme origine des ascensions droites, a une ascension droite et une déclinaison (2) données.

705. Étant donnés trois cercles sur la sphère, il existe un cercle et un seul qui partage chacun d'eux en deux parties égales. Quel est le plan de ce cercle ?

(1) On remarquera que, si les angles donnés ne sont pas tous deux adjacents au côté donné, on ne peut pas procéder comme en Géométrie plane (**85**, constr. 8) : il faut recourir à la considération des triangles polaires (**474**), comme pour la construction suivante.

(2) Tisserand et Andoyer, *Leçons de Cosmographie*, n^os^ **9-12**.

706. Étant donnés deux grands cercles tangents à un même petit cercle C, un troisième grand cercle quelconque tangent à C forme avec les deux premiers un triangle sphérique de périmètre constant.

707. Construire (effectivement) un triangle sphérique connaissant un côté, un angle adjacent et la somme des deux autres côtés (donnée par un arc de grand cercle égal à cette somme).

708. Construire (effectivement) un triangle sphérique, connaissant un angle, une hauteur (ex. 700) et le périmètre. (Utiliser ex. 706 ; deux cas à distinguer).

709. Trouver les conditions pour qu'un quadrilatère sphérique soit circonscriptible à un cercle. (Comparer ex. 652.)

710. D'un point de la sphère, extérieur à un petit cercle donné, on lui mène les deux grands cercles tangents (ex. 702, *o*); pour quelle position du point ces deux grands cercles font-ils le plus petit angle ?

711. Le grand cercle qui passe par les milieux M, N des côtés AB, AC d'un triangle sphérique coupe le grand cercle BC aux milieux des deux arcs qui ont pour extrémités le point B et le point diamétralement opposé à C. Le pôle du grand cercle MN est également distant de B et de C et les arcs de grands cercles qui le joignent à B et à C font entre eux un angle double de l'angle au centre correspondant à l'arc de grand cercle MN.

CHAPITRE V

SURFACE ET VOLUME DE LA SPHÈRE

480. Théorème. — *La surface engendrée par un segment de droite tournant autour d'un axe situé avec lui dans un même plan et ne le traversant pas, a pour mesure la projection du segment sur l'axe, multipliée par la circonférence qui a son centre sur l'axe et touche le segment en son milieu* (1).

La surface engendrée par un segment de droite AB (*fig.* 394) tournant autour d'un axe xy situé avec lui dans un même plan et ne le traversant pas, est en général, celle d'un tronc de cône dont les circonférences de bases ont pour rayons les perpendiculaires Aa, Bb abaissées des points A, B sur l'axe.

Exceptionnellement, le tronc de cône se réduit à un cône, lorsque

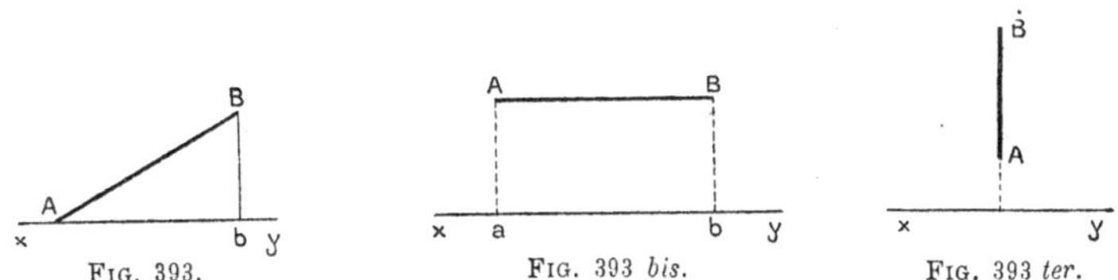

FIG. 393. FIG. 393 *bis*. FIG. 393 *ter*.

le segment a une extrémité sur l'axe (*fig.* 393), ou à un cylindre, lorsque le segment est parallèle à l'axe (*fig.* 393 *bis*) (2).

Soient M le milieu de AB; Mm, la perpendiculaire abaissée de ce

(1) L'expression ainsi obtenue cesse d'avoir un sens lorsque le segment est perpendiculaire à l'axe (fig. 393 *ter*). Cette circonstance ne se présentera pas dans les raisonnements qui suivront.

(2) Dans le cas, exclu par la note précédente, où le segment donné serait perpendiculaire à l'axe, on aurait une couronne circulaire ou un cercle.

point sur l'axe. La surface latérale du tronc de cône a pour mesure (**445**) le produit 2π AB. Mm ; et cette expression est encore valable lorsque le tronc de cône est remplacé, soit par un cône, soit par un cylindre (**445**, Rem.).

Par le point M, menons la perpendiculaire à AB, jusqu'à rencontre en O avec l'axe. D'autre part, par le point A, menons la parallèle AH à l'axe, jusqu'à rencontre en H avec Bb. Le segment AH est égal à ab, c'est-à-dire à la projection de AB sur l'axe. D'autre part, les triangles ABH, MmO sont semblables, comme ayant leurs côtés perpendiculaires, et donnent

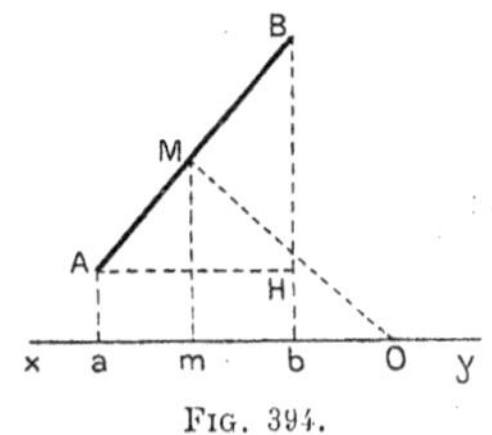

Fig. 394.

$$\frac{AB}{OM} = \frac{AH}{Mm},$$

ce qui s'écrit

$$AB \cdot Mm = OM \cdot AH.$$

Donc

$$\text{Surf. AB} = 2\pi \text{ AB. } Mm = 2\pi \text{ OM} \cdot \text{AH} = 2\pi \text{ OM. } ab.$$

C. Q. F. D.

481. Aire de la zone.

Définition. — On nomme *zone*, la portion de surface sphérique comprise entre deux plans parallèles (*fig.* 395). Les circonférences situées dans ces deux plans et qui limitent, par conséquent, la zone, en sont dites les *bases*. La distance des deux plans de bases est la *hauteur* de la zone.

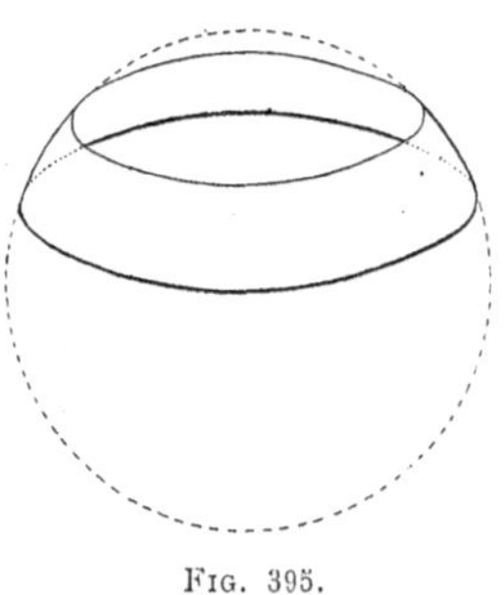
Fig. 395.

L'une quelconque des deux portions que l'on détermine dans une surface sphérique en la coupant par un plan, est dite une *calotte sphérique*. On peut évidemment considérer la calotte sphérique comme une zone dans laquelle un des plans de bases est tangent à la sphère.

La zone (ou la calotte) peut être encore définie comme la surface engendrée par la révolution d'un arc de cercle AB (*fig.* 396, 396 *bis*) autour d'un diamètre sans point commun avec lui (cas de la zone) ou passant par une de ses extrémités (cas de la calotte). La *hauteur* est alors la projection de l'arc AB sur l'axe.

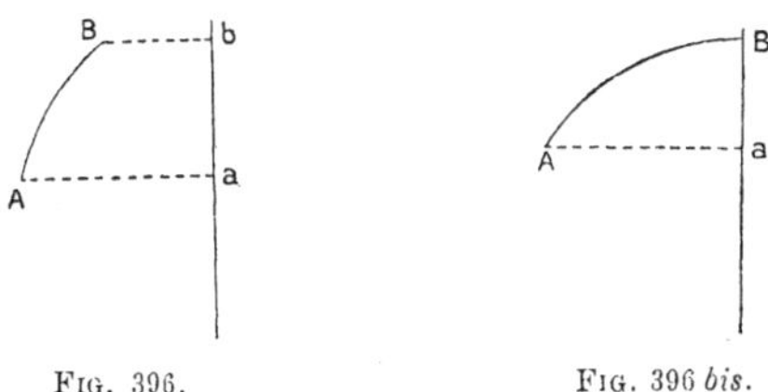

FIG. 396. FIG. 396 *bis*.

482. Pour définir l'*aire* de la zone, nous remplacerons d'abord l'arc AB par une ligne brisée (ACDEB, *fig.* 397) inscrite dans cet arc. L'aire de la zone sera, par définition, la limite vers laquelle tend l'aire engendrée par cette ligne en tournant autour de l'axe, lorsque le nombre des côtés de la ligne augmente indéfiniment de manière que chacun d'eux tende vers zéro.

L'existence de cette limite et son expression résultent des deux théorèmes suivants :

Théorème. — *L'aire engendrée par une ligne brisée inscrite à un cercle, en tournant autour d'un diamètre qui ne la coupe pas, est égale à la projection de la ligne brisée sur le diamètre, multipliée par la longueur d'une circonférence dont le rayon est compris entre la plus petite et la plus grande des distances du centre aux côtés de la ligne brisée.*

Soit la ligne brisée ACDEB (*fig.* 397) inscrite dans un cercle de centre O et tournant autour du diamètre xy, lequel ne la traverse pas (une des extrémités de la ligne brisée, ou les deux, pouvant être sur xy). Soient a, c, d, e, b, les projections des sommets sur xy.

Les perpendiculaires aux milieux H, K, L, M des côtés de la ligne brisée concourant toutes en O, le théorème du n° **480** donne ici [1] :

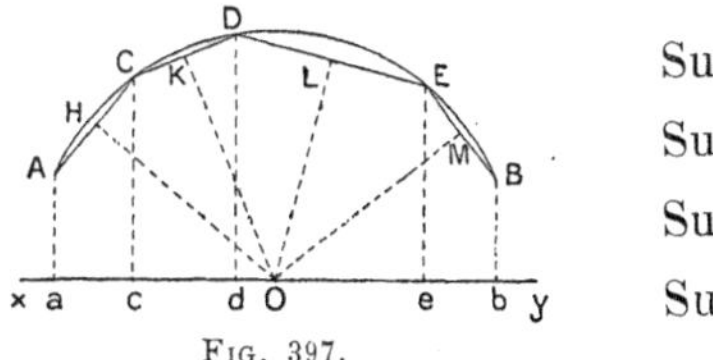

FIG. 397.

$$\text{Surf. AC} = 2\pi\,\overline{ac}\cdot\overline{OH}$$
$$\text{Surf. CD} = 2\pi\,\overline{cd}\cdot\overline{OK}$$
$$\text{Surf. DE} = 2\pi\,\overline{de}\cdot\overline{OL}$$
$$\text{Surf. EB} = 2\pi\,\overline{eb}\cdot\overline{OM}$$

(1) Le cas d'exception signalé à la page 169, note 2, ne peut se présenter dans le raisonnement actuel, une corde d'un cercle ne pouvant être perpendiculaire à un diamètre sans être traversée par lui.

La surface engendrée par la ligne ACDEB est donc mesurée par

$$2\pi\,(\overline{ac}\cdot\overline{OH}+\overline{cd}\cdot\overline{OK}+\overline{de}\cdot\overline{OL}+\overline{eb}\cdot\overline{OM}).$$

Or, d'après un théorème connu d'arithmétique [1], l'expression entre parenthèses est égale au produit de la somme $ac + cd + de + eb$, c'est-à-dire de ab, par une quantité comprise entre la plus grande et la plus petite des quantités OH, OK, OL, OM : ce qui démontre le théorème.

Corollaire. — Si la ligne brisée est régulière, les distances OH, OK, OL, OM, sont toutes égales à l'apothème de cette ligne brisée.

Donc l'*aire engendrée par une ligne brisée régulière tournant autour d'un axe situé dans son plan, passant par son centre et ne la traversant pas, est égale à la projection de cette ligne sur l'axe, multipliée par la longueur de la circonférence inscrite.*

483. Théorème. — *L'aire engendrée par un arc de cercle tournant autour d'un diamètre qui ne le traverse pas, est égale à la projection de l'arc sur le diamètre, multipliée par la longueur de la circonférence entière.*

Autrement dit, l'*aire de la zone est égale au produit de sa hauteur par la circonférence d'un grand cercle.*

Soient, en effet, l'arc AB, de centre O, tournant autour du diamètre xy ; ab, la projection de AB sur xy. Si, dans l'arc AB, nous inscrivons une ligne brisée ACDEB, celle-ci, en tournant autour de xy, engendrera une aire égale au produit de $2\pi\cdot\overline{ab}$ par une quantité intermédiaire entre la plus grande et la plus petite des distances du centre aux côtés de la ligne brisée.

Si maintenant on augmente indéfiniment le nombre des côtés, de manière que chacun d'eux tende vers zéro, toutes les distances dont il vient d'être question tendent vers le rayon $OA = R$ de la circonférence.

Donc l'aire engendrée a bien une limite, indépendante de la loi suivant laquelle on fait croître le nombre des côtés de la ligne brisée (pourvu que tous ces côtés tendent vers zéro) et cette limite est

$$2\pi\,R\cdot\overline{ab}.$$

C. Q. F. D.

(1) Tannery, *Leçons d'Arithmétique*, n° **212**, page 180.

REMARQUE. — Le raisonnement précédent et sa conclusion sont applicables au cas d'une calotte sphérique.

Corollaire. — On voit, par le théorème précédent, que *deux zones d'une même sphère sont proportionnelles à leurs hauteurs.*

484. Aire de la sphère.

Théorème. — *L'aire de la sphère de rayon* R *est* $4\pi R^2$.

En effet, le raisonnement du numéro précédent est encore applicable lorsque l'arc AB devient la demi-circonférence. La projection *ab* est alors le diamètre 2R; la zone engendrée n'est autre que la sphère entière. La surface de cette sphère est donc mesurée par le produit

$$2\pi R \times 2R = 4\pi R^2.$$

C. Q. F. D.

Corollaire. — *La surface de la sphère est égale à quatre fois la surface d'un grand cercle.*

REMARQUE. — On voit que *les surfaces de deux sphères sont proportionnelles aux carrés de leurs rayons.*

485. Théorème. — *Le volume engendré par un triangle tournant autour d'un axe situé dans son plan, passant par un de ses sommets et ne le traversant pas, a pour mesure le produit de la surface que décrit le côté opposé au sommet situé sur l'axe, par le tiers de la hauteur correspondante.*

Nous distinguerons trois cas :

1° *Un des côtés du triangle est situé sur l'axe.*

Soit le triangle ABC (*fig.* 398, 398 *bis*) dont le côté AB est situé sur

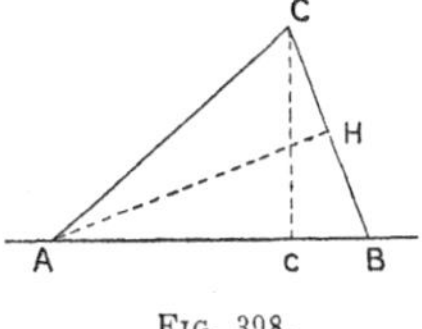

FIG. 398.

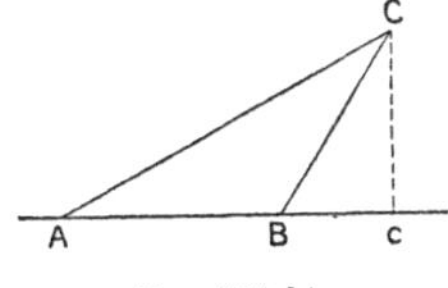

FIG. 398 *bis*.

l'axe *xy*. Par le sommet C, menons, sur cet axe, la perpendiculaire C*c*. Les deux triangles rectangles AC*c*, BC*c* engendreront, en tournant autour de xy, deux cônes ayant pour base commune le cercle de rayon cC, pour hauteurs respectives Ac, Bc, et dont les volumes seront respectivement $\frac{1}{3}\pi\overline{Cc}^2\cdot\overline{Ac}$, $\frac{1}{3}\pi\overline{Cc}^2\cdot\overline{Bc}$. Le volume engendré par ABC sera la somme ou la différence des deux cônes ainsi obtenus, suivant que le point c sera sur le segment AB (*fig.* 398) ou sur un de ses prolongements, par exemple au delà du point B (*fig.* 398 *bis*) : on aura donc

$$\text{Vol. ABC} = \frac{1}{3}\pi\cdot\overline{Cc}^2\cdot\overline{Ac} + \frac{1}{3}\pi\overline{Cc}^2\cdot\overline{BC} = \frac{1}{3}\overline{Cc}^2(\overline{Ac}+\overline{Bc})$$

dans le premier cas, et

$$\text{Vol. ABC} = \frac{1}{3}\pi\overline{Cc}^2\cdot\overline{Ac} - \frac{1}{3}\pi\overline{Cc}^2\cdot\overline{Bc} = \frac{1}{3}\pi\overline{Cc}^2(\overline{Ac}-\overline{Bc})$$

dans le second.

Mais comme on a, dans le premier cas,

$$AB = Ac + Bc$$

et, dans le second,

$$AB = Ac - Bc,$$

il vient, en toute hypothèse,

$$\text{Vol. ABC} = \frac{1}{3}\pi\overline{Cc}^2\cdot AB.$$

D'autre part, si AH est la hauteur du triangle issue du point A, on a

$$Cc\cdot AB = BC\cdot AH\ :$$

car ces deux produits représentent tous deux le double de l'aire du triangle ABC. On peut donc écrire

$$\text{Vol. ABC} = \frac{1}{3}\pi\overline{Cc}\cdot BC\cdot AH,$$

ce qui donne

$$\text{Vol. ABC} = \frac{1}{3}AH\cdot\text{Surf. BC},$$

car la surface décrite par le côté BC est celle d'un cône et a pour mesure (**443**) $\pi\ \overline{BC} \cdot \overline{Cc}$.

2° *Le côté opposé au sommet situé sur l'axe est parallèle à l'axe.*

Soit le triangle ABC (*fig.* 399, 399 *bis*) dans lequel le sommet A est situé sur l'axe xy, tandis que le côté BC est parallèle à cet axe. Menons encore la hauteur AH et projetons les points B, C en b, c sur l'axe. Lorsqu'on fait tourner la figure autour de cet axe, le rectangle BbAH engendre un cylindre et le triangle ABb engendre un cône ; comme ces deux solides ont même base (le cercle de rayon bB) et même hauteur (Ab), le cône est le tiers du cylindre : leur différence, c'est-à-dire le volume engendré par le triangle ABH, est les $\frac{2}{3}$ du cylindre engendré par le rectangle AbBH.

De même, le volume engendré par le triangle ACH est les $\frac{2}{3}$ du cylindre engendré par AcCH.

Donc le volume engendré par le triangle ABC, lequel est la somme (*fig.* 399) ou la différence (*fig.* 399 *bis*) des volumes engendrés par les deux triangles précédents, est les $\frac{2}{3}$ du cylindre engendré par le rectangle BbCc, ce cylindre étant la somme ou la différence des

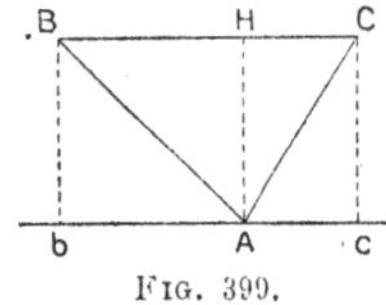

FIG. 399.

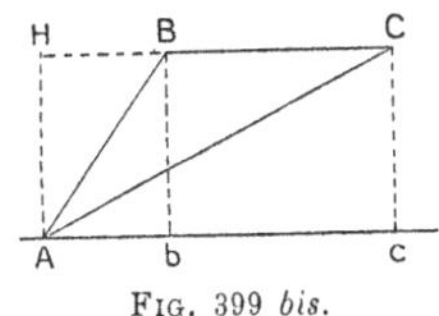

FIG. 399 *bis*.

deux cylindres que nous venons de considérer. Autrement dit, on a

$$\text{Vol. ABC} = \frac{2}{3}\,\text{Vol. B}b\text{C}c = \frac{2}{3}\,\pi\,\overline{\text{B}b}^2 \cdot \overline{\text{BC}}$$

$$= \frac{1}{3}\,\text{AH} \times 2\pi\,\text{B}b \cdot \text{BC} = \frac{1}{3}\,\text{AH} \times \text{surf. BC}.$$

3° *Cas général.*

Soit le triangle ABC (*fig.* 400) dont le sommet A est sur l'axe xy, le côté BC n'étant pas parallèle à cet axe. Soit D le point de rencontre de xy avec BC prolongé. On a (1°), en appelant toujours AH la hauteur issue de A,

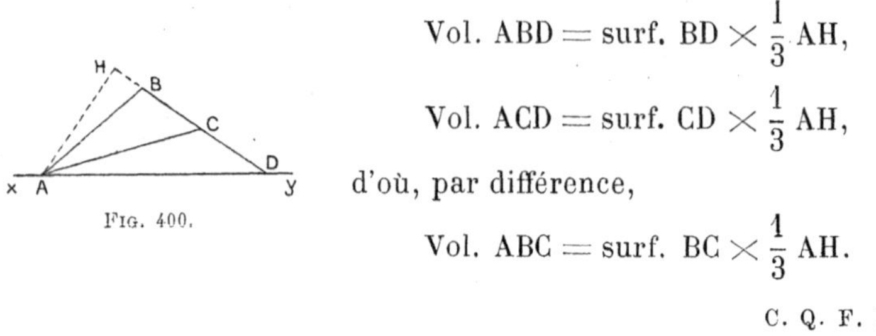

Fig. 400.

$$\text{Vol. ABD} = \text{surf. BD} \times \frac{1}{3}\,\text{AH},$$

$$\text{Vol. ACD} = \text{surf. CD} \times \frac{1}{3}\,\text{AH},$$

d'où, par différence,

$$\text{Vol. ABC} = \text{surf. BC} \times \frac{1}{3}\,\text{AH}.$$

C. Q. F. D.

486. Volume du secteur sphérique.

Définition. — On nomme *secteur sphérique*, la figure engendrée par un secteur circulaire tournant autour d'un diamètre qui ne le traverse pas. Dans ce mouvement, l'arc qui sert de base au secteur circulaire engendre une zone, qui est dite *base* du secteur sphérique.

Pour définir le volume du secteur sphérique, nous remplacerons le secteur circulaire par un secteur polygonal inscrit. Le volume du secteur sphérique sera, par définition, la limite vers laquelle tend le volume engendré par ce secteur polygonal, lorsque le nombre des côtés de la ligne brisée qui lui sert de base augmente indéfiniment, de manière que chacun d'eux tende vers zéro.

Les théorèmes suivants montrent l'existence de cette limite et en fournissent l'expression, laquelle est indépendante de la loi suivant laquelle on construit les lignes brisées inscrites.

Théorème. — *Le volume engendré par un secteur polygonal* (Pl., **253** *bis*) *en tournant autour d'un axe situé dans son plan, passant par son centre et ne le traversant pas, est égal au tiers de la surface engendrée par la ligne brisée qui sert de base au secteur, multiplié par une quantité intermédiaire entre la plus grande et la plus petite des distances du centre aux côtés de cette ligne.*

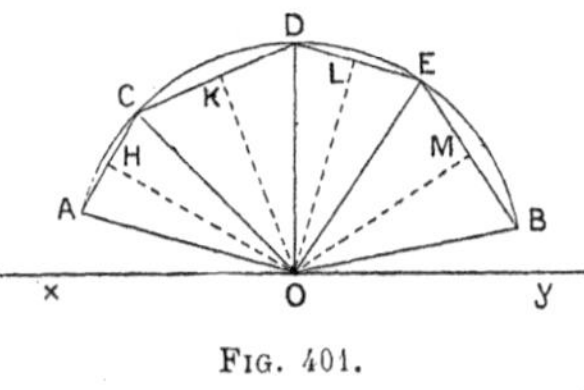

Fig. 401.

Soit le secteur polygonal OACDEB (*fig.* 401), tournant autour d'un axe xy passant par son centre O, situé dans son plan et ne le traversant pas. Les triangles OAC, OCD, ODE, OEB engendrent respectivement des volumes dont l'expression est fournie par le théorème précédent. On a ainsi, en désignant par OH, OK, OL, OM, les distances du centre aux côtés AC, DC, DE, EB :

$$\text{Vol. OAC} = \frac{1}{3} \text{ surf. AC} \times \text{OH}$$

$$\text{Vol. OCD} = \frac{1}{3} \text{ surf. CD} \times \text{OK}$$

$$\text{Vol. ODE} = \frac{1}{3} \text{ surf. DE} \times \text{OL}$$

$$\text{Vol. OEB} = \frac{1}{3} \text{ surf. EB} \times \text{OM}.$$

En faisant la somme et recourant encore au théorème d'arithmétique déjà appliqué n° **482**, on voit bien que le volume engendré par le secteur est égal au tiers de la somme surf. AC + surf. CD + surf. DE + surf. EB, — c'est-à-dire au tiers de la surface qu'engendre la ligne ACDEB, — multiplié par une quantité intermédiaire entre la plus grande et la plus petite des quantités OH, OK, OL, OM.

C. Q. F. D.

Corollaire. — Si le secteur polygonal est régulier, les lignes OH, OK, OL, OM sont toutes égales à l'apothème de la ligne brisée régulière ACDEB.

Donc *le volume engendré par un secteur polygonal régulier tournant autour d'un axe situé dans son plan, passant par son centre et ne le traversant pas, est égal à la surface engendrée par la ligne brisée qui sert de base au secteur, multipliée par le tiers de l'apothème.*

Théorème. — *Le volume du secteur sphérique est égal à la zone qui lui sert de base, multipliée par le tiers du rayon.*

En effet, si l'on augmente indéfiniment le nombre des côtés d'une ligne brisée inscrite dans l'arc AB (*fig.* 401) qui engendre la zone de base, — et cela de manière que chacun d'eux cités tende vers zéro, — la surface engendrée par cette ligne brisée inscrite tend vers la surface de zone, pendant que les distances OH, OK, etc. (*fig.* 401), des différents côtés au centre tendent toutes vers le rayon. Donc le volume engendré par le secteur polygonal correspondant tend bien vers la limite indiquée dans l'énoncé.

Corollaire. — *Si* R *est le rayon de la sphère, h la hauteur de la zone qui sert de base au secteur, le volume de celui-ci est* $\frac{1}{3}\pi R^2 h$.

Cette expression est bien, en effet, le produit de $\frac{1}{3}$ R par l'aire de la zone, trouvée au n° **483**.

487. Volume de la sphère.

Théorème. — *Le volume de la sphère de rayon* R *est* $\frac{4}{3}\pi R^3$.

En effet, les raisonnements qui précèdent sont applicables à la figure engendrée par un demi-cercle tournant autour de son diamètre, c'est-à-dire au volume de la sphère. On doit alors, dans l'expression indiquée au corollaire du numéro précédent, remplacer la hauteur h par 2R; ce qui conduit bien au résultat annoncé.

Corollaire. — *Le volume de la sphère de diamètre* D *est* $\frac{1}{6}\pi D^3$.

Il suffit, pour le voir, de remplacer R, par $\frac{D}{2}$, dans l'expression $\frac{4}{3}\pi R^3$.

Remarque. — On voit que *les volumes des deux sphères sont proportionnels aux cubes de leurs rayons* (*ou de leurs diamètres*).

488. Volume de l'anneau sphérique.

On nomme *anneau sphérique* le solide engendré par la révolution d'un segment de cercle (Pl., **263**) autour d'un diamètre qui ne le traverse pas.

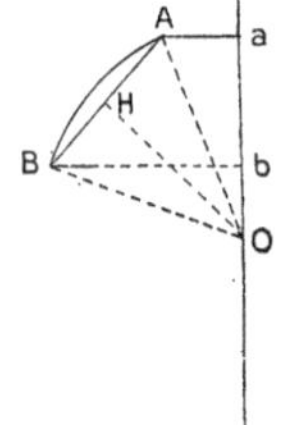

Fig. 402.

Le volume engendré par un segment de cercle tournant autour d'un diamètre qui ne le traverse pas (volume de l'*anneau sphérique*) *est le sixième du volume du cylindre qui a pour base la corde du segment et pour hauteur la projection de cette corde sur l'axe.*

Soit le segment de cercle compris entre l'arc AB d'une circonférence O (*fig.* 402) et sa corde, tournant autour de l'axe xy qui passe par O. Soit encore ab la projection AB sur xy.

Lorsque la figure tourne autour de xy, le secteur circulaire OAB engendre un volume qui est mesuré (**486**) par le produit $\frac{2}{3}\pi\overline{OA}^2\,\overline{ab}$.

D'autre part, le triangle rectiligne OAB engendre, dans les mêmes conditions, un volume égal (**485**) à surf. AB $\times \frac{1}{3}$ OH (en désignant par OH la distance du centre à la corde AB), c'est-à-dire (**480**) à

$$2\pi\, \overline{ab}.\, \overline{OH} \times \frac{1}{3}\, \overline{OH} = \frac{2}{3}\pi\, \overline{OH}^2 . \overline{ab}.$$

La différence des deux volumes précédents est évidemment constituée par le volume de l'anneau sphérique : celui-ci a donc pour mesure

$$\frac{2}{3}\pi\, \overline{OA}^2 . \overline{ab} - \frac{2}{3}\pi\, \overline{OH}^2 . \overline{ab} = \frac{2}{3}\pi \overline{ab}\, (\overline{OA}^2 - \overline{OH}^2).$$

Mais, dans le triangle OAH, on a

$$\overline{OA}^2 - \overline{OH}^2 = \overline{AH}^2 = \frac{\overline{AB}^2}{4}.$$

Donc

$$\text{Vol. anneau AB} = \frac{2}{3}\pi \overline{ab}\, \frac{\overline{AB}^2}{4} = \frac{1}{6}\pi \overline{AB}^2 . \overline{ab}.$$

C. Q. F. D.

489. Volume du segment sphérique.

On nomme *segment sphérique* la portion de sphère comprise entre deux plans parallèles : volume limité, en général, par une zone et

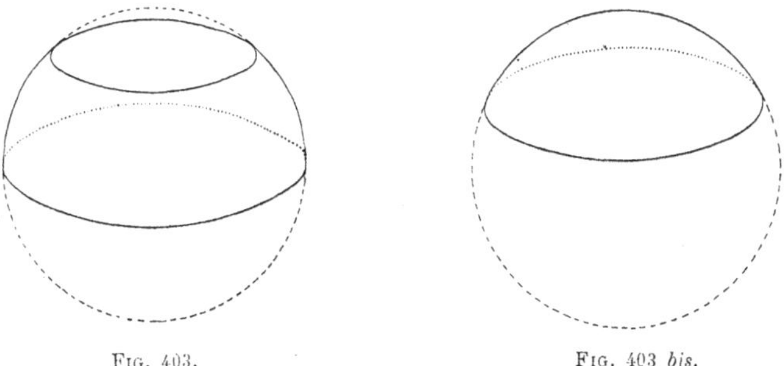

FIG. 403. FIG. 403 *bis*.

deux cercles dont les plans sont parallèles entre eux (*fig.* 403), ces cercles étant dits les *bases* du segment. Le segment sphérique peut aussi être à une seule base, c'est-à-dire limité par un cercle et une calotte sphérique (*fig.* 403 *bis*); le plan de l'autre base doit être alors, pour l'application des raisonnements, réputé tangent à la sphère.

La *hauteur* du segment est la distance des plans des deux bases.

Le segment sphérique est équivalent à la demi-somme des deux cylindres qui ont pour hauteur commune, la hauteur du segment et pour bases respectives les deux bases de ce segment, augmentée de la sphère qui a la hauteur pour diamètre.

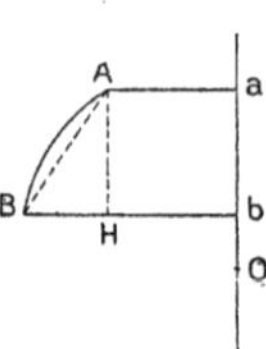

FIG. 404.

Soit le segment sphérique engendré par la révolution du trapèze mixtiligne $aABb$ (*fig.* 404) autour de l'axe ab et limité, par conséquent, d'une part par deux cercles de rayons respectifs aA, bB, d'autre part par la zone qu'engendre l'arc AB. Ce solide est manifestement la somme du tronc de cône engendré par le trapèze *rectiligne* $AaBb$ et de l'anneau sphérique AB.

Le tronc de cône a pour volume

$$\frac{1}{3}\pi\,\overline{ab}\,(\overline{Aa}^2 + \overline{Bb}^2 + \overline{Aa}\cdot\overline{Bb})\,;$$

l'anneau sphérique a pour volume

$$\frac{1}{6}\,\pi\overline{ab}\cdot\overline{AB}^2.$$

Nous trouvons donc comme somme

$$\frac{1}{6}\,\pi\,\overline{ab}\,(\overline{AB}^2 + 2\overline{Aa}^2 + 2\overline{Bb}^2 + 2\overline{Aa}\cdot\overline{Bb}).$$

Mais $\overline{AB}^2$ peut s'exprimer à l'aide de Aa, Bb et ab ; car, si l'on mène par le point A la parallèle AH à l'axe, jusqu'à rencontre en H avec Bb, le triangle rectangle ABH donne

$$\overline{AB}^2 = \overline{AH}^2 + \overline{BH}^2,$$

et comme, d'autre part, on a [1]

$$AH = ab\,; \quad BH = Bb - Hb = Bb - Aa,$$

(1) Nous supposons, pour fixer les idées, que Bb soit plus grand que Aa : autrement dit, que l'on a désigné par B celle des extrémités de l'arc donné qui est le plus éloignée de l'axe.

il vient

$$\overline{AB}^2 = \overline{ab}^2 + (Bb - Aa)^2.$$

Le volume du segment est donc

$$\frac{1}{6}\pi\overline{ab}\left[\overline{ab}^2 + (Bb - Aa)^2 + 2\overline{Aa}^2 + 2\overline{Bb}^2 + 2\overline{Aa}\cdot\overline{Bb}\right]$$

$$= \frac{1}{6}\pi\overline{ab}\left(\overline{ab}^2 + \overline{Aa}^2 - 2\overline{Aa}\cdot\overline{Bb} + \overline{Bb}^2 + 2\overline{Aa}^2 + 2\overline{Aa}\cdot\overline{Bb} + 2\overline{Bb}^2\right),$$

ou, toutes réductions faites,

$$\frac{1}{6}\pi\overline{ab}^3 + \frac{1}{2}\pi\overline{ab}\left(\overline{Aa}^2 + \overline{Bb}^2\right),$$

ce qui est bien la somme de la sphère et des deux demi-cylindres indiqués dans l'énoncé.

EXERCICES

712. Partager la surface d'une sphère en parties équivalentes par des plans passant par une droite donnée, extérieure à la sphère.

713. Une sphère varie en passant constamment par le centre d'une sphère fixe. Montrer que celle-ci intercepte sur la sphère variable une calotte d'aire constante.

714. Un cylindre est circonscrit à une sphère. Montrer que la zone de la sphère comprise entre deux plans perpendiculaires à l'axe du cylindre est équivalente à l'aire cylindrique comprise entre les deux mêmes plans.

715. Un cylindre étant circonscrit à une sphère, on mène à celle-ci un plan tangent P perpendiculaire à l'axe du cylindre et l'on prend la section droite ainsi déterminée dans ce dernier comme base d'un cône ayant pour sommet le centre de la sphère. Montrer :

1° Que si l'on coupe les trois solides par un même plan parallèle à P, le cercle, section du cylindre, a une aire équivalente à la somme des cercles suivant lesquels sont coupés respectivement le cône et la sphère.

2° Que si l'on coupe les trois solides par deux plans parallèles à P, le volume intercepté, entre ces deux plans, dans le cylindre, est la somme des volumes interceptés dans le cône et dans la sphère.

716. Montrer que les volumes du cylindre, du cône, du tronc de cône et du segment sphérique satisfont tous à la relation :

$$V = \frac{h}{6}\left(B + B' + 4\,B''\right),$$

h, B, B′, B″ désignant, comme à l'exercice 575, la hauteur du solide, les aires des deux bases (la base supérieure du cône étant nulle) et l'aire de la section menée, parallèlement aux bases, à égale distance de ces deux bases.

717. Deux petits cercles polaires l'un de l'autre (ex 699) sont tels que si l'on prenait pour unité de longueur la longueur d'un grand cercle et pour unité de surface l'aire de la demi-sphère, le nombre qui mesure la longueur de l'un serait égal à l'unité, moins le nombre qui mesure la calotte sphérique intérieure à l'autre.

718. Pour tous les polyèdres circonscrits à une même sphère, le rapport du volume à la surface est le même.

719. L'énoncé précédent subsiste encore pour un cylindre, un cône ou un tronc de cône circonscrits à la sphère (on dit qu'un cylindre, un cône ou un tronc de cône sont circonscrits à la sphère, si : 1° la surface cylindrique ou conique est circonscrite à cette sphère ; 2° les plans de bases sont tangents à la même sphère) ; ou plus généralement, pour tout solide limité par des portions de surfaces cylindriques ou coniques circonscrites et par des plans tangents.

720. Quel est le rapport des volumes engendrés par un parallélogramme tournant successivement autour de deux côtés adjacents !

721. Construire (effectivement) un triangle, connaissant les rayons des sphères équivalentes aux volumes qu'engendre ce triangle en tournant successivement autour de chacun de ses côtés.

722. Calculer le rayon d'un cercle tracé sur une sphère de rayon R, sachant que l'aire de ce cercle est égale à la différence des calottes qu'il détermine.

Quelle est la hauteur du cône circonscrit suivant ce cercle ?

723. Trouver, sur une sphère donnée, une calotte qui soit dans un rapport donné avec l'aire du cercle qui lui sert de base.

724. Couper une sphère par un plan de manière que l'un des segments sphériques (à une base) obtenus soit dans un rapport donné avec le secteur sphérique limité par la même calotte.

725. On prend un cercle d'une sphère comme base d'un cône qui a pour sommet l'un des pôles du cercle. Trouver le cercle de manière que le volume du cône soit dans un rapport donné avec le segment sphérique qui a pour base unique le même cercle et qui contient le cône.

Vers quelle limite tend le rapport du cône au segment sphérique, lorsque leur hauteur commune tend vers zéro?

726. Construire un segment sphérique appartenant à une sphère donnée, connaissant son volume (égal à celui d'une sphère de rayon donné) et l'aire de la zone qui le limite (égale à celle d'un cercle donné).

Quel est le maximum du volume du segment, lorsque l'aire de la zone est donnée?

727. Tracer, sur une sphère, trois cercles tangents entre eux deux à deux, ayant leurs plans parallèles à une même droite, dont les deux premiers soient égaux entre eux et divisent en quatre parties équivalentes l'une des calottes déterminées par le troisième.

728. Soient A le point de contact de deux circonférences O et O′ tangentes extérieurement ; T, T′ les points de contact d'une tangente commune extérieure à ces circonférences. Montrer que le volume compris entre le tronc de cône engendré par TT′ (dans sa révolution autour de la ligne des centres) et la sphère qui passe par les cercles de bases de ce tronc de cône est double de la portion de ce même tronc de cône

extérieure aux sphères S, S′, engendrées par les circonférences données, et que cette portion est équivalente à la somme des anneaux sphériques situés respectivement dans les sphères S, S′, à l'extérieur des cônes engendrés par les cordes AT, AT′. Exprimer ces volumes à l'aide des rayons des circonférences données.

PROBLÈMES

PROPOSÉS SUR LE LIVRE VIII

729. Lieu des centres des sphères qui coupent deux sphères données suivant des grands cercles. — Même problème lorsqu'il y a trois sphères données.

730. Lieu des centres des sphères qui sont coupées par deux (ou trois) sphères données suivant des grands cercles.

731. Si le centre radical de quatre sphères leur est intérieur, il est le centre d'une sphère qui est coupée par chacune des premières suivant un grand cercle.

732. Lieu des génératrices de contact des plans tangents menés par un point donné de l'espace aux cônes de révolution qui passent par les côtés d'un angle donné (se ramène à l'exerc. 681 par la considération des sphères inscrites aux cônes considérés).

Par deux points donnés A, B d'une sphère, on fait passer un petit cercle variable et, par un point C situé le grand cercle AB, on mène un grand cercle tangent à ce petit cercle. Quel est le lieu du point T de contact ? Montrer qu'on a $\overline{CT}^2 = \frac{CA.\ CB.\ R}{d}$, en désignant par R le rayon de la sphère et par d la distance du centre à la corde AB.

733. On considère deux droites rectangulaires entre elles, non situées dans un même plan, et on les coupe par un plan variable, mais parallèle à un plan fixe. Montrer que la sphère qui a pour points diamétralement opposés les deux points d'intersection passe par un cercle fixe.

734. Sur deux droites données D, D′ on prend, à partir de deux points fixes A, A′ deux segments AM, A′M′ dont le rapport $\frac{A'M'}{AM}$ soit égal à un nombre donné k, et on considère la sphère (ex. 665) lieu des points P tels que $\frac{PM'}{PM} = k$.

Montrer que si les points M, M′ varient sur leurs droites respectives (de manière que le rapport $\frac{A'M'}{AM}$ soit constamment égal à k), les sphères obtenues, comme il vient d'être dit, appartiennent à l'une ou à l'autre de deux séries (suivant les sens dans lesquels sont portés les segments AM, A′M′), les sphères de la première série passant toutes [1] par un même cercle C_1 ; les sphères de la seconde série passant toutes par un même cercle C_2.

La direction du plan du cercle C_1, comme celle du plan du cercle C_2, est indépendante du choix des points A, A′ lorsque les droites D, D′ et le rapport k sont donnés. Lorsque k varie, ces plans restent parallèles à une droite fixe.

(1) Il est d'abord nécessaire de prouver que deux sphères de la même série se coupent. C'est ce que l'on fera aisément à l'aide de l'exercice 733.

Tout point appartenant à un cercle C_1 ou C_2 est tel que ses distances aux deux droites données soient entre elles dans le rapport k. Inversement, par tout point tel que le rapport de ses distances à D et à D' soit égal à k, il passe un cercle C_1 et un cercle C_2.

735. Étant données deux sphères et un point P, le lieu d'une droite passant par P, joignant entre eux deux points pris respectivement sur les deux sphères et qui soit divisée par ces points et le point P dans un rapport donné, est un cône à base circulaire.

Ce cône peut se réduire à un plan. Trouver le lieu du point P pour qu'il en soit ainsi.

736. Le lieu des arêtes des dièdres droits dont les faces passent respectivement par deux droites concourantes données est un cône à base circulaire (ex. 462).

737. Le lieu des points tels que le rapport de leurs distances à deux droites concourantes données soit constant est un cône circulaire oblique (ex. 734).

738. Le lieu des bissectrices des angles dont un côté est fixe et dont l'autre côté décrit un plan fixe (en passant constamment par le point d'intersection de ce plan avec le premier côté) est un cône (généralement oblique) à base circulaire.

739. Lieu des sommets d'un angle polyèdre dont les quatre faces passent respectivement par les côtés d'un quadrilatère plan donné, sachant que cet angle polyèdre peut être coupé (ex. 500) suivant un rectangle.

Même problème, lorsqu'au lieu d'être un rectangle, on sait que la section peut être un losange.

Même problème, lorsqu'on sait que l'angle polyèdre peut être coupé suivant un carré. Lieu du centre du carré (cône oblique à base circulaire).

740. On considère un tronc de cône dans lequel la hauteur est moyenne proportionnelle entre les diamètres des deux bases : Démontrer qu'on peut inscrire une sphère (ex. 719) à ce solide (Pl., ex. 135).

Montrer que la surface latérale de ce tronc de cône est équivalente à celle d'un cercle ayant pour rayon l'arête latérale.

Construire les rayons des bases, connaissant la hauteur et l'arête latérale.

741. Construire trois sphères passant respectivement par les sommets d'un triangle donné, tangentes en ces sommets au plan du triangle et tangentes entre elles deux à deux. Calculer leur rayons, connaissant les côtés du triangle.

742. Sur la sphère céleste, on considère les points M tels que leur ascension droite soit égale à leur déclinaison [1] :

1° Trouver le lieu des projections des points M sur le plan de l'équateur :

2. Trouver le lieu des droites AM, A étant, sur l'équateur, le point origine des ascensions droites.

743. Étant donnés trois points A, B, C, en ligne droite (B entre A et C), on décrit, sur BC comme diamètre, un demi-cercle auquel on mène la tangente AD; soit M un point de l'arc BD. On propose de déterminer le point M de sorte qu'en joignant MC, MA et en faisant tourner la figure autour de AC, le volume engendré par le triangle MAC soit partagé dans le rapport donné k par la zone qu'engendre l'arc MB. Trouver les limites de k en fonction du rapport h de OA à OB, O étant le milieu de BC.

744. On donne un carré ABCD, dont le côté est égal à $2a$, et on considère un point M dans le plan de ce carré.

(1) TISSERAND et ANDOYER, *Leçons de Cosmographie*, nos 9-12.

1° Calculer la somme S des volumes engendrés par les triangles MAB, MBC, MCD, MDA tournant respectivement, le premier autour de AB, le second autour de BC, le troisième autour de CD, le quatrième autour de DA.

2° Démontrer que la somme S ne dépend que des quantités a et d, en désignant par d la distance du point M au centre du carré, et trouver le lieu géométrique du point M lorsque ce point se déplace de manière que la somme S reste équivalente au volume du cône de hauteur a et de rayon donné r.

3° Déterminer, sur le lieu précédent, les positions de M pour lesquelles le rapport des volumes engendrés par le triangle MAB, tournant successivement autour de MA et de MB, est égal à un nombre donné m.

745. Soit un trapèze OAMB dans lequel le côté OB est perpendiculaire aux bases OA, BM. On suppose que les sommets O et A sont fixes et que le sommet B se déplace sur la droite fixe Oy perpendiculaire à OA. On fait tourner la figure autour de Oy.

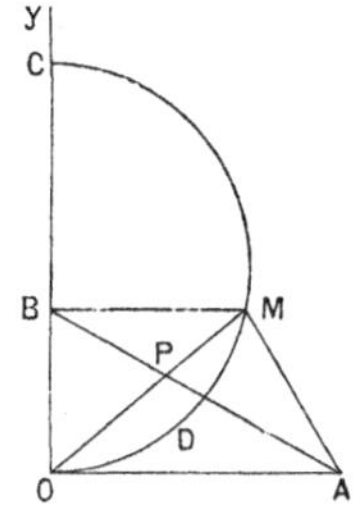

1° On suppose que les volumes engendrés par les triangles OAB et ABM sont équivalents et on demande de trouver, dans le plan AOy, le lieu géométrique du point M ainsi que le lieu géométrique du point de rencontre P des diagonales OM et AB.

2° Soit ODMC la demi-circonférence tangente en O à OA et passant par M; on fait tourner la figure autour de Oy et on suppose que les volumes engendrés par le triangle OAB et par la surface ODMA (limitée par les droites OA, AM et par l'arc de cercle ODM) sont équivalents. Trouver, dans cette deuxième hypothèse, le lieu décrit par M dans le plan AOy.

3° Déterminer le point M, sachant que les volumes décrits par les triangles OAB et ABM et par la surface ODMA sont équivalents. (On désignera par a la longueur donnée OA.)

LIVRE IX

COURBES USUELLES

CHAPITRE PREMIER

ELLIPSE

490. Définition. — On nomme *ellipse*, la courbe (*fig.* 405) lieu [1] des points M d'un plan tels, que la somme de leurs distances à deux points fixes F, F′ de ce plan, appelés *foyers*, soit égale à une longueur donnée.

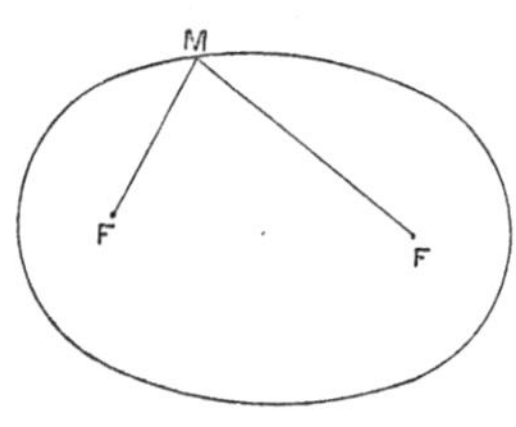

Fig. 405.

Le triangle MFF′ montre évidemment que cette longueur MF + MF′ doit être supérieure [2] à la distance FF′.

Les droites MF, MF′ sont dites les *rayons vecteurs* aboutissant au point M.

Si les points F, F′ sont confondus, les distances MF, MF′ étant forcément égales entre elles, la définition précédente conduit évidemment à une circonférence ayant pour rayon la moitié de la longueur donnée. Ainsi *la circonférence est une forme-limite d'ellipse.*

Remarque. — *Toute courbe homothétique à une ellipse est une ellipse*, car si f, f', m sont les homologues de F, F′, M dans une homothétie déterminée (de rapport de similitude k) on a (Pl., **141**)

(1) Il apparaîtra par la suite (**497**) que ce lieu n'est pas, en général, une droite.

(2) Le lieu des points M tels que la somme MF + MF′ soit *égale* à FF′ est évidemment le segment de droite FF′. Celui-ci est donc une forme-limite d'ellipse de foyers F et F′.

$fm + f'm = k$ (FM + F'M), de sorte que si FM + F'M est constant, il en est de même de $fm + f'm$.

Dès lors, *toute courbe semblable à une ellipse est une ellipse.*

491. Tracé de la courbe par points.

D'après la définition que nous venons de donner, on voit que l'on obtiendra autant de points de l'ellipse qu'on voudra par la construction suivante :

Désignons par $2a$ la somme donnée des rayons vecteurs, et divisons cette longueur $2a$ en deux segments quelconques, qui serviront de rayons respectifs à deux circonférences de centres F, F' (*fig.* 406). Si ces circonférences se coupent, leurs points communs M, M' appartiendront à l'ellipse; et il est clair que tout point de l'ellipse peut être obtenu par ce moyen.

En permutant les deux rayons — c'est-à-dire en traçant une circonférence de centre F' et de rayon MF, ainsi qu'une circonférence de centre F et de rayon MF' — on aura deux nouveaux points M_1, M'_1 de la courbe.

Pour que les deux circonférences se coupent, la longueur $2a$, somme de leurs rayons étant supposée supérieure à FF' (sans quoi nous savons qu'il n'y aurait pas de courbe), il suffit que la différence de ces mêmes rayons soit inférieure à FF'.

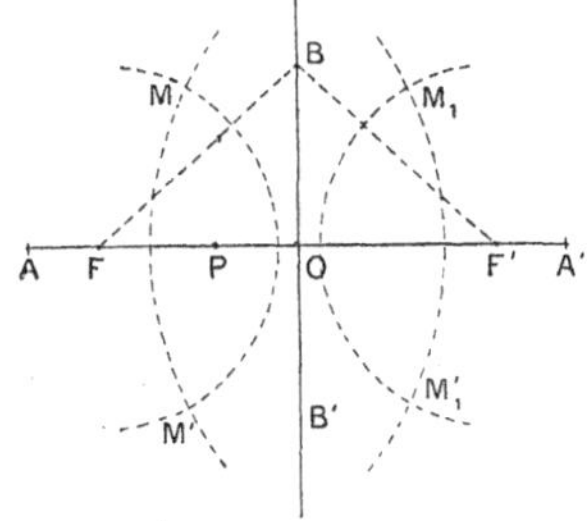

FIG. 406.

En particulier, les circonférences seront tangentes intérieurement lorsque la différence des rayons sera FF'. On aura ainsi un point A de la courbe situé sur FF' prolongé au delà du point F si l'on suppose que le plus petit rayon soit celui de la circonférence ayant pour centre F, et un point A' situé sur FF' prolongé au delà de F' si l'on fait la supposition inverse (*fig.* 406).

Soit $2c$ la distance FF', on aura :

$$\text{FA} + \text{F'A} = \text{FA'} + \text{F'A'} = 2a$$
$$\text{F'A} - \text{FA} = \text{FA'} - \text{F'A'} = 2c$$

ce qui donne

$$\text{FA} = \text{F'A'} = a - c$$
$$\text{F'A} = \text{FA'} = a + c$$

L'on remarquera que la distance AA' est égale à $FA + FA' = FA + F'A$ et *représente*, par conséquent, *la longueur donnée* $2a$.

Puisque la longueur AA' est égale à la somme donnée des rayons vecteurs, on peut représenter les rayons des deux circonférences qui viennent d'être considérées par PA, PA' respectivement, P étant un point du segment AA' (fig. 406).

On voit sans difficulté que les circonférences se coupent ou ne se coupent pas, suivant que le point P fait ou non partie du segment FF'.

492. Tracé de la courbe d'un mouvement continu.

Il est encore manifeste que si, fixant en F, F' les deux extrémités d'un fil qui a la longueur $2a$, on tend ce fil par une pointe (*fig.* 407), cette dernière décrira d'un mouvement continu l'ellipse, ou plus exactement la partie de l'ellipse située d'un côté déterminé de FF'.

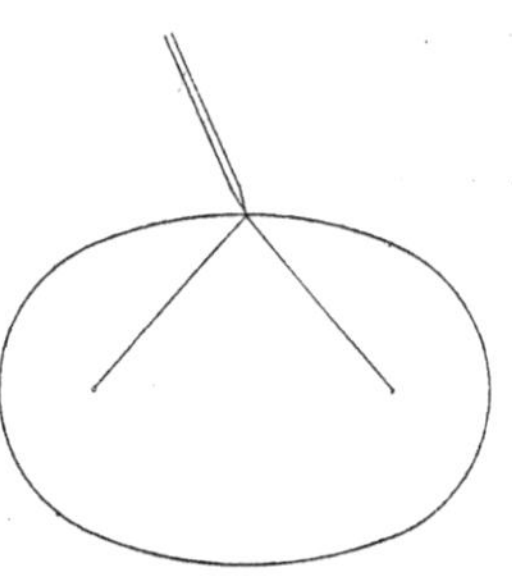

FIG. 407.

Cette construction est d'un usage très commode et très fréquent sur le terrain : elle a fait donner à l'ellipse le nom d'*ovale des jardiniers*.

Dans les tracés sur le papier, au contraire, on n'emploie ni cette construction, ni la précédente : les méthodes véritablement usitées sont fondées sur des propriétés toutes différentes de l'ellipse (voir *Compl.*, nº **740**).

493. Axes et centre de symétrie.

Si nous reprenons la construction par points du nº **491**, nous voyons que les points M, M' sont symétriques l'un de l'autre par rapport à FF'. Chaque point de la courbe ayant ainsi son symétrique, l'*ellipse admet la droite* FF' *comme axe de symétrie.*

D'autre part, les points F, F' sont symétriques l'un de l'autre par rapport à une droite, à savoir la perpendiculaire au milieu O de FF'. Dès lors, à tout point M situé sur l'ellipse, correspond, dans la symétrie par rapport à cette droite, un point M_1 qui appartient aussi à la courbe, puisqu'on a $FM_1 = F'M$, $F'M_1 = FM$ (il est clair que les points M et M_1 ne sont autres que ceux qui sont désignés par ces lettres sur la figure 406). Donc *la perpendiculaire au milieu de* FF' *est encore un axe de symétrie de l'ellipse.*

Enfin, les deux points F, F′ sont symétriques l'un de l'autre par rapport à un point, à savoir le point O. On voit évidemment par un raisonnement tout analogue à celui qui vient d'être présenté, que *le point* O *est centre de symétrie de l'ellipse.* (Les points M, M_1' de la figure 406 sont symétriques l'un de l'autre par rapport au point O.)

494. Nous avons trouvé plus haut que l'axe FF′ coupait l'ellipse en deux points A, A′ dont la distance était égale à la longueur donnée $2a$ (*fig.* 406); il est d'ailleurs clair que ces points sont symétriques l'un de l'autre par rapport au point O, de sorte qu'on a $OA = OA' = a$.

Pour trouver les points où la courbe est coupée par la perpendiculaire au milieu de FF′, il suffit de remarquer que ces points sont équidistants de F et de F′ et que, par conséquent, si B est l'un d'entre eux, on a : $BF = BF' = \frac{2a}{2} = a$.

Il existe évidemment deux points B, B′ satisfaisant à cette double condition. On désigne par b la valeur commune des distances OB, OB′. *Cette longueur b est inférieure à a* : dans le triangle rectangle OBF, on a

$$\overline{OB}^2 = b^2 = \overline{BF}^2 - \overline{OF}^2 = a^2 - c^2,$$

en désignant par c, comme précédemment, la distance OF, moitié de FF′.

En raison de l'inégalité $b < a$, l'axe AA′ est dit *grand axe*, et l'axe BB′, le *petit axe* de l'ellipse.

Les quatre points A, A′, B, B′ sont les *sommets* de la courbe.

495. Cercles directeurs.

Théorème. — *Le lieu des centres des cercles tangents à un cercle donné et passant par un point donné intérieur à ce cercle, est une ellipse.*

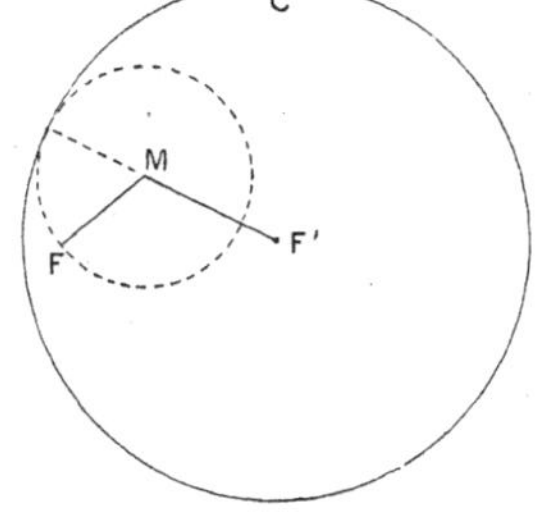

Fig. 408.

Soient en effet F′ le centre du cercle donné (*fig.* 408), R son rayon, F le point donné. Si le cercle de centre M et de rayon MF est tangent au cercle donné, le contact étant forcément intérieur, on a (Pl., **66**)

$$R - MF = MF'$$

ou

$$MF + MF' = R.$$

Réciproquement, cette condition entraîne le contact des deux cercles.

C. Q. F. D.

D'ailleurs, *toute ellipse peut être considérée comme le lieu du centre d'un cercle tangent à un cercle fixe et passant par un point fixe intérieur à ce cercle.* Il suffit, pour cela, de prendre, comme cercle donné, le cercle qui a pour centre un des foyers et pour rayon le grand axe.

Un tel cercle est dit *cercle directeur* de l'ellipse. Il est clair qu'il y a deux cercles directeurs, puisqu'il y a deux foyers.

496. Forme de la courbe. Points intérieurs et points extérieurs.

L'*ellipse ne s'étend pas indéfiniment*, puisqu'elle est tout entière intérieure à l'un de ses cercles directeurs.

L'ellipse sépare l'une de l'autre deux régions du plan : à savoir, celle qui contient les points M tels que $MF + MF' < 2a$, et celle qui contient les points M tels que $MF + MF' > 2a$.

La première est dite *intérieure* à l'ellipse : elle est évidemment limitée en tous sens, étant intérieure à chacun des cercles directeurs ; la seconde est dite *extérieure* à la courbe.

On ne peut évidemment passer de l'une de ces régions à l'autre, par un chemin continu, sans traverser la courbe. Au contraire, chacune des régions intérieure et extérieure est *d'un seul tenant*, c'est-à-dire qu'on peut passer de n'importe quel de ses points à n'importe quel autre sans traverser la courbe. Ce fait, que nous retrouverons d'ailleurs plus loin, devient évident, si l'on part d'une autre définition de l'ellipse, définition dont l'équivalence avec la première sera démontrée aux *compléments* (**733**) :

Toute ellipse est la projection d'un cercle sur un plan.

On voit sans difficulté (voir plus loin, nº **503**) que les points extérieurs sont les centres de cercles passant par l'un des foyers et coupant le cercle directeur qui a pour centre l'autre foyer, pendant que les points intérieurs sont les centres de cercles passant par l'un des foyers et sans point commun avec le cercle directeur qui a pour centre l'autre foyer.

497. Intersection d'une droite et d'une ellipse.

Problème. — *Trouver les points de rencontre d'une droite avec une* *ellipse* (celle-ci n'étant pas tracée, mais donnée par ses foyers et son grand axe).

Soient F, F′ les foyers donnés, C le cercle directeur qui a pour centre F′, D la droite donnée. Le problème posé revient (**495**) au suivant :

Tracer un cercle tangent à C, *passant par* F, *et ayant son centre sur* D.

Mais cette troisième condition peut, si la droite D ne passe pas par le foyer F, se remplacer par une autre, celle de passer par le point *f*, symétrique de F par rapport à D : car tout cercle passant par F et ayant son centre sur D passe par *f* et, inversement, tout cercle passant par F et *f* a son centre [1] sur D. La question est donc celle-ci :

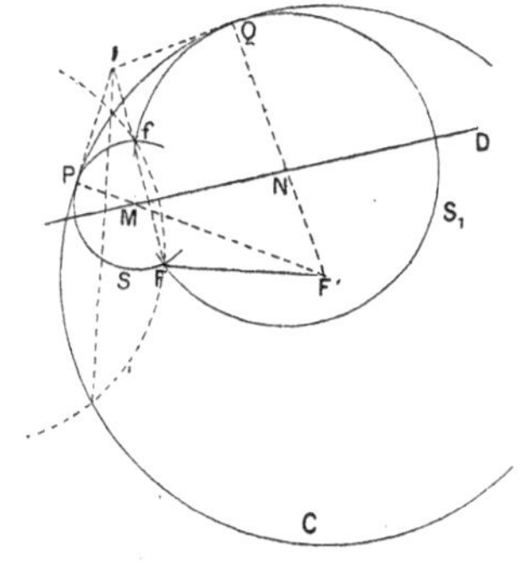

Fig. 409.

Tracer, par les points F *et* *f*, *un cercle tangent au cercle* C.

Cette question a été résolue précédemment (Pl., **159**, Constr. 15).

D'après ce qui a été dit en cet endroit, on devra (*fig.* 409) :

Faire passer par les points F, *f* un cercle qui coupe le cercle C;

Mener la corde commune aux deux cercles jusqu'à rencontre en I avec la droite F*f*;

Mener, du point I, les tangentes au cercle C.

En joignant les points de contact de ces tangentes (si elles existent) au point F′, on aura deux droites qui couperont la droite D aux centres des deux cercles cherchés, c'est-à-dire aux deux points d'intersection de la droite D avec l'ellipse [2].

Si la droite D passait par le point F, le point *f* coïnciderait avec F, et la condition, imposée à la circonférence cherchée, d'avoir son centre sur D, ne pourrait plus être remplacée par celle de passer

(1) Le centre cesserait d'exister si le cercle se réduisait à une droite. Cette circonstance ne peut évidemment se présenter ici; mais il n'en est pas de même dans l'étude de l'hyperbole.

(2) Cette dernière partie de la construction serait en défaut si la droite D passait par le point F′; la construction devrait alors être achevée comme il est expliqué ci-dessous (cas où D passe par F).

par F et f, mais par celle d'être tangente en F à la droite Fx (*fig.* 410) menée par ce point perpendiculairement à D. On serait donc ramené au problème suivant :

Tracer un cercle tangent à C, *passant par* F *et tangent en ce point à la droite* Fx.

Ce problème est susceptible d'une solution toute semblable à la précédente. Les raisonnements sur lesquels celle-ci repose subsistent, en effet, lorsqu'on y remplace les mots : *circonférence passant par* F *et* f par : *circonférence tangente en* F *à* Fx.

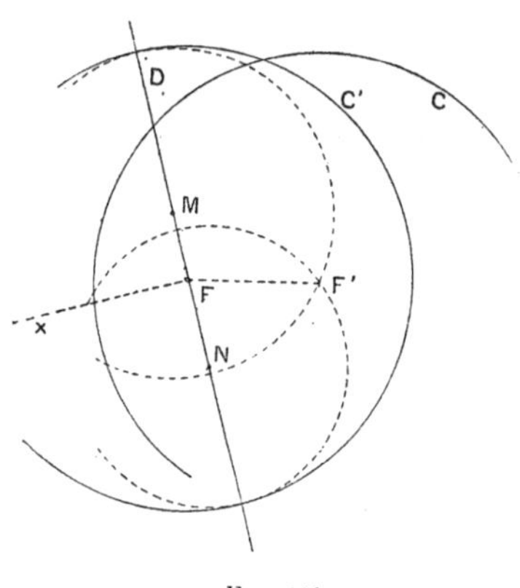

Fig. 410.

Mais il est plus simple, ici, d'intervertir les foyers et de chercher un cercle ayant son centre sur D, passant par F' et tangent au cercle directeur C' qui a pour centre F (*fig.* 410). Le point de contact est alors immédiatement connu : c'est l'une des extrémités du diamètre situé sur D ; après quoi, on est ramené à la construction 13 du livre II (Pl., **90**).

497 *bis. Discussion.* — D'après les résultats obtenus au n° **159**, la condition nécessaire et suffisante de possibilité est que les points F, f soient du même côté du cercle C.

Le point F est, par hypothèse, intérieur à C. Donc :

Si le symétrique f de l'un des foyers, par rapport à la droite D, *est intérieur au cercle directeur* C *qui a pour centre l'autre foyer, cette droite coupe l'ellipse en deux points.*

Si le point f est extérieur au cercle directeur C, *la droite* D *n'a aucun point commun avec l'ellipse.*

Enfin, *si le point f est sur le cercle* C, *il y a un point commun unique*, que l'on doit regarder comme représentant *deux points communs confondus*. Car les tangentes menées du point I (*fig.* 409) au cercle C sont alors confondues l'une avec l'autre.

On dit, dans ce dernier cas, que la droite D est *tangente* à l'ellipse.

498. La droite D a nécessairement certains de ses points extérieurs à l'ellipse : à savoir, ceux qui sont extérieurs à un cercle directeur.

Si donc cette droite ne coupe pas l'ellipse, *elle lui est entièrement extérieure*, puisqu'on ne peut passer d'un point extérieur à un point intérieur sans traverser la courbe.

Si, au contraire, la droite et l'ellipse se coupent en deux points M, N (*fig.* 411), les deux prolongements de M N sont, pour la même raison, extérieurs à l'ellipse.

Il résulte de là que *le segment de droite, qui a pour extrémités deux points intérieurs à une ellipse, est tout entier intérieur à cette courbe*, car celle-ci coupe la droite sur laquelle est situé le segment en deux points situés sur les prolongements de ce segment.

On exprime ce fait en disant que la région intérieure à l'ellipse est *convexe* (1).

On voit, en particulier, que la région intérieure à l'ellipse est d'un seul tenant, ainsi que nous l'avons annoncé plus haut.

Le segment de droite qui joint deux points M, N (*fig.* 411) *situés sur l'ellipse est également intérieur à la courbe.* Car on peut prendre, dans le voisinage des points M, N, respectivement, deux points M_1, N_1 qui soient intérieurs à l'ellipse (il suffit de joindre M et N à un point intérieur p et de prendre M_1, N_1 sur les segments de droites Mp, Np). Tous les points du segment de droite M_1N_1 possèdent alors (d'après ce que nous venons de voir) la même propriété. Mais, lorsque les points M_1, N_1 se déplacent continûment pour venir coïncider respectivement avec M, N, les points du segment M_1N_1 viennent sur ceux du segment MN. Ces derniers ne peuvent donc être extérieurs à l'ellipse : ils lui sont intérieurs ou sont situés sur elle, cette dernière hypothèse ne se réalisant (d'après ce qui précède) que pour deux d'entre eux, les points M et N.

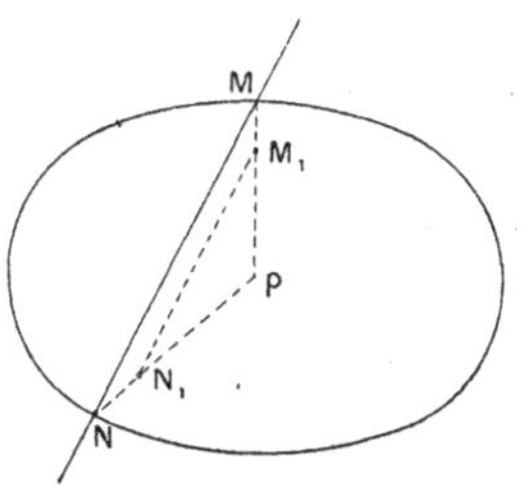

Fig. 411.

(1) Un polygone tel que la droite qui joint deux points quelconques pris dans son intérieur y est contenue tout entière, est, effectivement, un polygone convexe ; et, réciproquement, tout polygone convexe possède cette propriété.

Ainsi, *si une droite est sans point commun avec une ellipse, elle lui est entièrement extérieure;*

Si elle la coupe en deux points, le segment compris entre ces deux points est à l'intérieur de l'ellipse; ses prolongements, à l'extérieur.

Enfin (toujours pour des raisons analogues), *si la droite est tangente à l'ellipse, tous ses points sont extérieurs à la courbe, sauf le point de contact.*

L'ellipse et la région intérieure à cette courbe sont tout entières d'un même côté par rapport à une tangente, puisque le segment de droite qui joint deux points situés sur la courbe ou intérieurs à elle ne peut couper la tangente.

499. Nous allons faire voir que la définition qui vient d'être donnée (**497** *bis*) de la tangente à l'ellipse concorde avec la définition générale des tangentes (Pl., **59**); autrement dit, que, si M est un point fixe d'une ellipse, N, un point qui se déplace sur la courbe en se rapprochant indéfiniment du premier, la droite MN tend vers une position-limite, qui est tangente à l'ellipse, au sens du n° **497** *bis*.

C'est ce qui résulte tout d'abord du raisonnement qui a été fait plus haut. Soient, en effet, comme précédemment (*fig.* 409), C, le cercle directeur qui a le foyer F′ pour centre ; P, Q, les points de contact de ce cercle avec les circonférences S, S_1, qui passent par F et qui ont pour centres respectifs M, N ; f, le second point d'intersection de ces deux circonférences (symétrique de F par rapport à MN) ; I, le point de concours des tangentes en P, Q.

Lorsque le point N s'approche du point M, le point Q s'approche du point P et il en est de même du point I ; mais, comme on a

$$\overline{IP}^2 = \overline{IF}.\overline{If}$$

et que IF tend vers une limite différente de zéro, la distance If tend également vers zéro et le point f se rapproche indéfiniment du point P.

Donc la droite MN tend vers la perpendiculaire au milieu de IP, laquelle est bien tangente au sens du n° **497** *bis*.

499 *bis*. Nous allons établir le même fait directement : nous prendrons à cet effet le résultat à démontrer sous la forme suivante :

Théorème. — *La tangente à l'ellipse est bissectrice de l'angle formé par l'un des rayons vecteurs du point de contact et le prolongement de l'autre.*

Soient M un point d'une ellipse qui a pour foyers F, F′ (*fig.* 412) ; N, un autre point de la courbe, voisin du premier. Si (comme nous le supposons pour fixer les idées) le rayon vecteur FN est plus grand que le rayon vecteur FM, le rayon vecteur F′N devra être inférieur, de la même quantité, au rayon vecteur F′M : de sorte que, si on décrit, du point F comme centre, une circonférence de rayon FN, jusqu'à rencontre en P avec FM prolongé et, du point F′ comme centre, une circonférence de rayon F′N jusqu'à rencontre en P′ avec F′M, on aura MP = MP′.

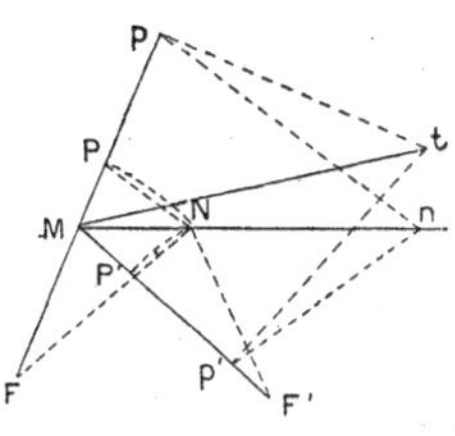

Fig. 412.

Sur le prolongement de MP, prenons arbitrairement un point p ; menons, par ce point, la parallèle pn à la droite PN, jusqu'à rencontre en n avec MN prolongé ; puis, par le point n, la parallèle np' à la droite NP′, jusqu'à rencontre en p' avec MF′. Les segments Mp, Mn, Mp' étant évidemment proportionnels à MP, MN, MP′, on aura Mp' = Mp.

Supposons maintenant que le point N se déplace sur la courbe en se rapprochant indéfiniment de M, les points P et P′ tendront également vers M. Par contre, nous conserverons au point p une position fixe sur le prolongement de FM : alors p' restera également fixe. D'autre part, la droite pn, parallèle à PN, sera perpendiculaire à la bissectrice de l'angle $\widehat{\text{PFN}}$ (puisque le triangle FPN est isoscèle), et tendra, par suite, vers une perpendiculaire à FM lorsque N tendra vers M. Un raisonnement analogue s'appliquant à $p'n$, on voit que le point n tend vers une position-limite, t, obtenue par la rencontre des perpendiculaires élevées à FM, F′M par les points p, p' respectivement. La droite Mn tend donc vers Mt.

Mais cette droite Mt est bien bissectrice de l'angle $\widehat{p'\text{M}p}$: car les deux triangles rectangles pMt, p'Mt sont égaux, comme ayant l'hypoténuse commune et un côté de l'angle droit égal (Mp = Mp').

C. Q. F. D.

L'énoncé que nous venons de démontrer équivaut bien, d'ailleurs à la définition que nous avons donnée plus haut de la tangente à l'ellipse : car la droite Mt, issue d'un point M de l'ellipse, est bissectrice de l'angle formé par le rayon vecteur F′M et le prolongement de FM, le symétrique f du point F par rapport à cette droite s'obtient en portant, sur F′M prolongé, la longueur Mf = MF et appartient, par conséquent, au cercle directeur de centre F′ ; et, d'autre part, inversement, si le symétrique f du foyer par rapport à une droite D appartient au cercle directeur, cette droite n'a, avec l'ellipse, qu'un seul point M commun (**497** *bis*), celui qu'on obtient en la coupant par la droite F′f : l'angle $\widehat{fMF}$ a bien alors, pour bissectrice, la droite D, axe de symétrie du triangle fMF.

Corollaires. — I. De ce qui précède résulte évidemment :

Le lieu des symétriques d'un foyer d'une ellipse, par rapport à ses tangentes, est le cercle directeur qui a pour centre l'autre foyer.

II. Le théorème du numéro précédent donne la solution du problème suivant :

Problème. — *Mener la tangente en un point de l'ellipse.*

III. *La normale à l'ellipse* (Pl., **60**) *en un de ses points est bissectrice de l'angle des deux rayons vecteurs qui aboutissent en ce point*, puisque les bissectrices de deux angles adjacents supplémentaires sont perpendiculaires entre elles.

500. Théorème. — *Le lieu des projections des foyers d'une ellipse sur ses tangentes est le cercle qui a le grand axe pour diamètre.*

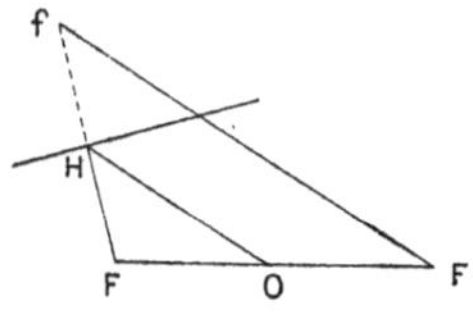

FIG. 413.

En effet, la projection H (*fig.* 413) du foyer F sur une tangente peut être considérée comme le milieu du segment de droite qui joint ce foyer F à son symétrique f par rapport à la tangente. Le lieu du point H, lorsque la tangente varie, est donc la ligne homothétique du lieu du point f (c'est-à-dire du cercle directeur de centre F′), le centre d'homothétie étant F et le rapport d'homothétie 1/2.

C'est donc un cercle dont le centre est le milieu de F F′ — c'est-à-dire le centre de l'ellipse — et le rayon, égal au demi-grand axe (moitié du rayon du cercle directeur). C. Q. F. D.

Remarques. — On voit que le lieu est le même, quel que soit le foyer que l'on projette sur les différentes tangentes.

Le cercle décrit sur le grand axe comme diamètre, lieu des projections des foyers sur les tangentes, est dit le *cercle principal* de l'ellipse.

Réciproquement, *si le sommet d'un angle droit décrit un cercle, pendant que l'un des côtés passe par un point fixe intérieur à ce cercle, l'autre côté reste tangent à une ellipse fixe.*

Car il existe toujours une ellipse (et une seule) ayant le cercle donné pour cercle principal et le point donné pour foyer. (L'autre foyer sera symétrique du premier par rapport au centre du cercle donné ; le grand axe, égal au diamètre de ce cercle.)

501. Problème. — *Mener à l'ellipse une tangente parallèle à une direction donnée.*

La solution consiste à chercher, soit le symétrique *f* d'un des foyers F par rapport à la tangente cherchée, soit la projection H de ce foyer sur cette tangente.

Adoptons, par exemple, cette seconde méthode [1]. Nous connaissons deux lieux du point H, à savoir le cercle principal (nº précéd.) et la perpendiculaire menée du point F sur la direction donnée (*fig.* 414). L'intersection de ces deux lignes fera connaître les projections de F sur les tangentes cherchées, lesquelles sont, par suite, au nombre de deux.

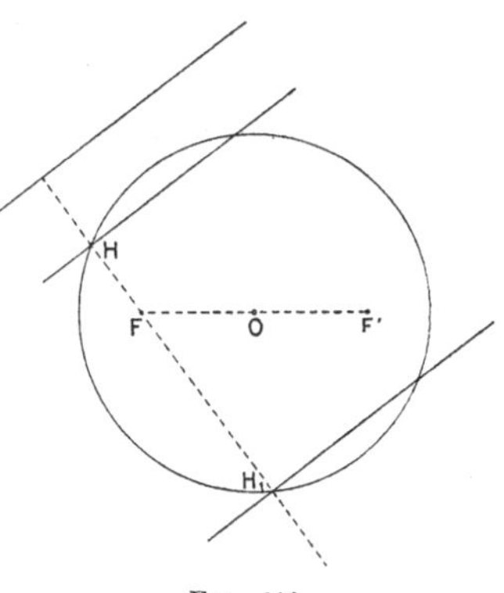

Fig. 414.

Ces deux tangentes existent toujours : car, le point F étant intérieur au cercle principal, une droite issue de F coupe toujours ce cercle.

Remarque. — *Deux tangentes parallèles sont symétriques l'une de l'autre par rapport au centre de l'ellipse.*

(1) Le lecteur retrouvera aisément la construction effectuée à l'aide de la première méthode en la comparant au besoin à celle qui est donnée plus loin, nº **503**, ou à la construction analogue relative à l'hyperbole (**517**).

Car, en vertu de la symétrie de la courbe par rapport à ce point, si une droite est tangente à l'ellipse, sa symétrique l'est aussi.

502. Théorème. — *Le produit des distances d'un foyer d'une ellipse donnée à deux tangentes parallèles quelconques est constant et égal au carré du demi-petit axe.*

Car on voit immédiatement que si FH, FH_1 sont ces deux distances (*fig.* 414), le produit FH. FH_1 est égal à la puissance de F par rapport au cercle principal.

Celui-ci ayant son rayon OA égal à a et la distance OF étant égale à c, la puissance en question est $c^2 - a^2 = -b^2$.

C. Q. F. D.

Théorème. — *Le produit des distances des foyers d'une ellipse à une tangente quelconque est égal au carré du demi-petit axe.*

Cet énoncé revient au précédent : car les points F, F′ étant symétriques l'un de l'autre par rapport au centre O (*fig.* 415), la distance F′H′ de l'un d'eux à une tangente quelconque est égale à la distance FH_1 de l'autre à la tangente parallèle.

Corollaire. — *La différence des carrés des distances du centre d'une ellipse à une tangente et à sa parallèle menée par un foyer est égale au carré du demi-petit axe.*

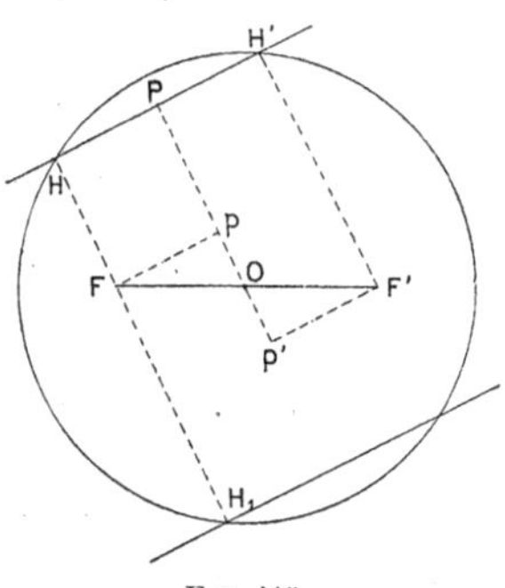

Fig. 415.

Si, en effet, nous projetons le centre en P sur la tangente et en p, p' (*fig.* 415) sur ses parallèles menées par les deux foyers, les distances de ceux-ci à la tangente sont respectivement égales à pP, $p'P$, c'est-à-dire à la somme et à la différence des distances OP, Op. Leur produit est donc égal à $(OP - Op)(OP + Op) = \overline{OP}^2 - \overline{Op}^2$: d'où résulte la proposition énoncée.

Réciproquement, *si le produit des distances d'une droite aux deux foyers de l'ellipse est égal au carré du demi-petit axe et que cette droite laisse ces deux foyers d'un même côté, elle est tangente à l'ellipse.*

Car la différence des carrés des distances du centre à cette droite D et à sa parallèle menée par le foyer est égale au carré du demi-petit axe (le raisonnement qui vient d'être fait, pour démontrer le corollaire précédent, étant encore applicable).

Cette relation fait connaître la distance de la droite D au centre et montre qu'elle est la même que celle de l'une des tangentes de même direction menée à l'ellipse. La droite D coïncide donc avec une de ces tangentes.

Par conséquent, *une droite qui varie dans un plan, de manière que le produit de ses distances à deux points fixes (situés du même côté par rapport à elle) soit constant, reste tangente à une ellipse fixe.*

503. Problème. — *Mener une tangente à une ellipse par un point donné de son plan.*

Soit à mener, par un point donné P, une tangente à une ellipse de foyers F, F'.

Comme précédemment, nous chercherons le point f, symétrique du foyer F par rapport à la tangente cherchée, ou encore le point H, projection de F sur cette tangente.

Adoptons, par exemple, la première méthode (1) : un premier lieu géométrique du point f sera le cercle directeur de centre F' (*fig.* 416).

D'autre part, puisque la droite cherchée doit passer par le point P, on doit avoir $Pf = PF$. Ceci donne un second lieu du point f, à savoir, la circonférence de centre P et de rayon PF : ce qui achève la détermination de ce point f.

Inversement, si f est un point commun aux deux circonférences dont nous venons de parler, la perpendiculaire au milieu de Ff passera par P (puisque l'on a $Pf = PF$) et sera tangente à l'ellipse (puisque f appartient au cercle directeur de centre F').

Discussion. — Les deux circonférences pouvant se couper en deux points, le problème pourra avoir deux solutions.

C'est ce qui arrivera si l'on peut construire un triangle ayant pour côtés la distance des centres des deux circonférences et leurs deux rayons, c'est-à-dire les longueurs PF', PF et $2a$ (grand axe de l'ellipse).

Il faudra, pour cela, et il suffira :

1° Que la différence entre PF et PF' soit inférieure à $2a$. Cette

(1) Si l'on voulait chercher le point H, on aurait, comme lieux géométriques de ce point, le cercle principal et le cercle décrit sur PF comme diamètre.

condition est toujours remplie, car, dans le triangle PFF′, on reconnaît que la différence entre PF et PF′ est au plus égale à FF′, lequel est plus petit que $2a$;

2° Que la somme PF + PF′ soit supérieure à $2a$.

Cette dernière condition est celle qui exprime que le point P est extérieur à l'ellipse. S'il en est ainsi, et alors seulement, le cercle décrit du point P comme centre avec PF pour rayon coupera le cercle directeur de centre F′.

Par conséquent, *par un point extérieur à une ellipse, il passe deux tangentes à cette courbe; par un point intérieur, il n'en passe aucune.*

Enfin, par un point situé sur la courbe, passe une tangente unique (celle que nous avons appris à construire au n° **499** *bis*, Coroll. II) et que l'on doit regarder comme représentant *deux tangentes confondues* (puisque le cercle de rayon PF a, avec le cercle directeur, deux points communs confondus).

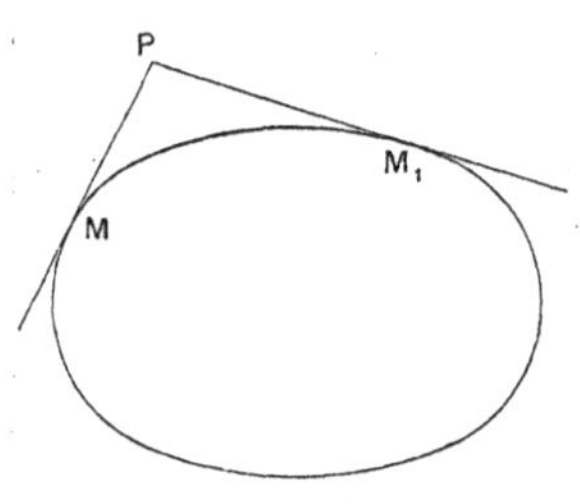

Fig. 416 *bis*.

Remarque. — Si PM, PM_1 (*fig.* 416 *bis*) sont les tangentes menées du point P à l'ellipse, celle-ci est tout entière intérieure à l'angle MPM_1 : car elle est tout entière (**498**) d'un même côté de PM, celui où est situé le point M_1 et tout entière d'un même côté de PM_1, celui où est situé le point M.

504. Théorèmes de *Poncelet.* — *Si, d'un point extérieur à une ellipse, on lui mène les deux tangentes :*

1° *Ces deux tangentes sont vues, de l'un quelconque des deux foyers, sous des angles égaux;*

2° *La bissectrice de l'angle qu'elles forment est la même que celle de l'angle formé par les droites qui joignent le point donné aux foyers.*

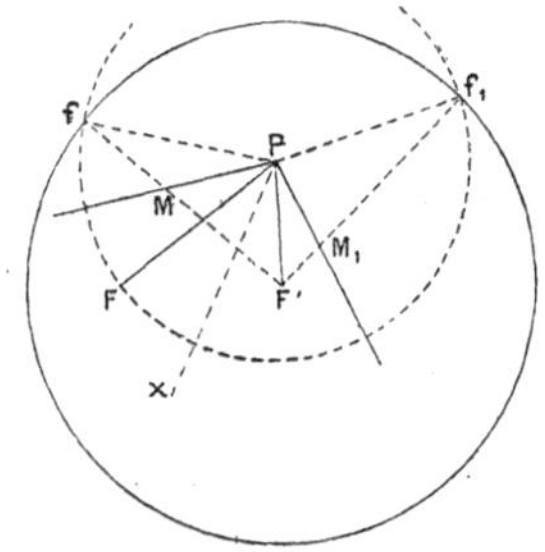

Fig. 416.

Soient toujours F, F′ les foyers de l'ellipse, $2a$ son grand axe, P le point donné.

1° Si, pour trouver les deux tangentes menées du point P à la courbe, on applique la construction qui vient d'être indiquée, on obtiendra deux points f, f_1 (*fig.* 416), symétriques de F par rapport à ces deux tangentes et symétriques l'un de l'autre par rapport à la droite PF' (ligne des centres des deux circonférences qui ont servi à les obtenir). Les angles $\widehat{fF'P}$, $\widehat{PF'f_1}$ sont donc égaux entre eux : or, les droites $F'f$, $F'f_1$ passent par les points de contact M, M_1 des deux tangentes considérées ;

2° Les points f, f_1 étant symétriques l'un de l'autre par rapport à PF', les angles $\widehat{fPF'}$, $\widehat{F'Pf_1}$ sont aussi égaux entre eux.

Soit alors Px la bissectrice de l'angle $\widehat{FPF'}$ et, parmi les deux tangentes PM, PM_1 menées du point P à l'ellipse, supposons, pour fixer les idées [1], que PM soit celle qui est du même côté de cette bissectrice que la droite PF.

L'angle $\widehat{MPx}$ est alors égal à $\widehat{MPF}$ (moitié de $\widehat{fPF}$) plus $\widehat{FPx}$ (moitié de $\widehat{FPF'}$) : il est donc la moitié de la somme $\widehat{fPF} + \widehat{FPF'}$, c'est-à-dire de $\widehat{fPF'}$.

De même l'angle $\widehat{xPM_1}$ est la différence entre l'angle $\widehat{FPM_1}$, moitié de l'angle $\widehat{FPf_1}$, et l'angle $\widehat{FPx}$, moitié de $\widehat{FPF'}$; il est donc égal à la moitié de l'angle $\widehat{F'Pf_1}$, différence entre $\widehat{FPf_1}$ et $\widehat{FPF'}$.

Les angles $\widehat{fPF'}$, $\widehat{F'Pf_1}$ étant égaux entre eux, les angles $\widehat{MPx}$, $\widehat{xPM_1}$ le sont aussi.

D'ailleurs la droite Px est intérieure à l'angle $\widehat{MPM_1}$: car cette propriété appartient aux demi-droites PF, PF', puisqu'elles passent à l'intérieur de l'ellipse (n° précéd., Remarque). Donc la droite Px est la bissectrice de l'angle MPM_1.

C. Q. F. D.

Corollaire. — *L'angle de l'une des tangentes avec la droite* PF *est égal à l'angle de l'autre tangente avec la droite* PF'.

Car ces angles sont symétriques l'un de l'autre par rapport à la bissectrice Px.

(1) Cette supposition n'a rien d'essentiel. Un raisonnement analogue à celui que nous donnons dans le texte montre, *quelle que soit la disposition des droites*, que l'angle $\widehat{MPx}$ est moitié de $\widehat{fPF'}$ et l'angle $\widehat{xPM_1}$, moitié de $\widehat{F'Pf_1}$ (Comparer Pl., **102** *bis*).

505. Théorème. — *Le lieu des sommets des angles droits circonscrits à l'ellipse est un cercle concentrique à la courbe et dont le rayon est égal à l'hypoténuse du triangle rectangle qui a pour côtés les deux demi-axes.*

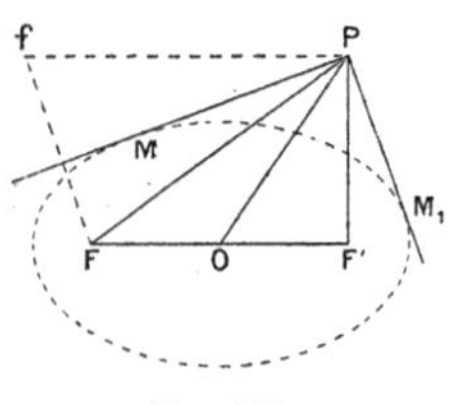

FIG. 417.

Reprenons, en effet, la figure précédente, en supposant (*fig.* 417) que les deux tangentes PM, PM_1 se coupent à angle droit. Alors l'angle $\widehat{fPF'}$ sera également droit : car étant (ainsi que nous l'avons vu) double de $\widehat{MPx}$, il est toujours égal à $\widehat{MPM_1}$. Dès lors, le triangle fPF' nous donne

$$\overline{Pf}^2 + \overline{PF'}^2 = \overline{fF'}^2.$$

Mais fF' est égal à $2a$ et, d'autre part, Pf est égal à PF. Le point P est donc tel que la somme des carrés de ses distances aux deux foyers soit égale à $4a^2$.

Inversement, si le point P jouit de cette propriété, le triangle fPF' sera rectangle et l'angle $\widehat{MPM_1}$ sera droit.

Or le lieu des points qui jouissent de la propriété précédente résulte du théorème relatif à la médiane d'un triangle (Pl., **128**). Ce théorème donne en effet ici (en appelant toujours O le centre de l'ellipse et c la distance OF) :

$$\overline{PF}^2 + \overline{PF'}^2 = 4a^2 = 2c^2 + 2\,\overline{OP}^2,$$

ou

$$\overline{OP}^2 = 2a^2 - c^2.$$

Ainsi le lieu cherché est une circonférence de centre O et de rayon égal à $\sqrt{2a^2 - c^2}$.

Mais la quantité $2a^2 - c^2$ est égale à $a^2 + b^2$, en appelant $2b$ le petit axe de l'ellipse : car on a (**494**) $b^2 = a^2 - c^2$. Le cercle qui répond à la question a donc pour rayon $\sqrt{a^2 + b^2}$.

Ce cercle a reçu le nom de cercle *orthoptique* de l'ellipse.

EXERCICES

746. La région extérieure à l'ellipse est d'un seul tenant. (Il suffit de remarquer que, par un point extérieur, on peut toujours mener une droite entièrement extérieure. Pour joindre deux points extérieurs A, B par un chemin entièrement extérieur, on appliquera à chacun de ces deux points la remarque précédente.)

747. Si une droite D coupe une ellipse, et qu'on joigne à un foyer F′ le symétrique f de l'autre foyer F par rapport à D, la droite fF' coupe D en un point nécessairement intérieur à l'ellipse.

Déduire de là le théorème du n° **499** *bis* sur la tangente à l'ellipse.

748. Lieu des sommets, lieu du point d'intersection des diagonales et lieu du point d'intersection des côtés non parallèles d'un trapèze dans lequel on donne une base en grandeur et position, l'autre base en grandeur, et la somme des côtés non parallèles. Même problème lorsque c'est la somme des diagonales qui est donnée.

748 *bis*. Dans un trapèze isoscèle (Pl., ex. 26), un des côtés non parallèles est donné en grandeur et position, et l'on connaît la longueur commune des diagonales. Lieu du point d'intersection de ces diagonales. Montrer : 1° que la tangente au lieu n'est autre que l'axe de symétrie du trapèze ; 2° que le produit des longueurs des bases du trapèze est constant.

749. Un cercle varie en restant tangent à une droite fixe en un point fixe A. Lieu du point de concours des tangentes menées à ce cercle par deux points B, C, pris sur la tangente fixe et d'un même côté de A.

750. Si un angle droit pivote autour d'un point intérieur à un cercle, les cordes qu'il intercepte sont tangentes à une ellipse fixe (Pl., ex. 201).

751. Déduire de la construction de la tangente à l'ellipse la solution de l'exercice 363 de la géométrie plane, en admettant qu'il y a une position qui correspond au minimum, et que cette position est intérieure au triangle.

752. Lieu des points où les rayons vecteurs aboutissant à un point d'une ellipse rencontrent la perpendiculaire abaissée du centre sur la tangente.

753. Le centre du cercle inscrit au triangle qui a pour sommets un point quelconque M d'une ellipse donnée et les deux foyers, divise dans un rapport constant, le segment de normale compris entre M et le grand axe.

754. La projection du segment de normale considéré à l'exercice précédent sur l'un des rayons vecteurs du point M est constante.

755. Mener une normale à une ellipse par un point de l'axe focal. Dans quelle région de celui-ci doit se trouver le point en question pour que le problème ait une solution (autre que l'axe lui-même) ?

Lieu du pied de la normale lorsque l'ellipse varie, ses foyers restant fixes.

756. Mener une tangente commune à une ellipse et à un cercle ayant son centre sur l'axe focal.

Trouver les points d'intersection des deux courbes.

757. Les quatre rayons vecteurs qui joignent les foyers d'une ellipse à deux points M, M′ de la courbe sont tangents à un même cercle. Ce cercle a pour centre le point de concours des tangentes en M et en M′.

758. Déduire le second théorème de Poncelet (**504**) du théorème du n° **502**.

759. Mener par un point donné A, une droite laissant deux points donnés B, C d'un même côté et telle que le produit des distances de ces deux points à cette droite soit maximum.

760. Dans une ellipse, la portion d'une tangente mobile comprise entre deux tangentes fixes est vue du foyer sous un angle constant.

Cas où les deux tangentes sont menées aux extrémités A, A′ du grand axe.

761. La circonférence qui a pour diamètre le segment TT d'une tangente quelconque compris entre les tangentes AT, A′T′ menées aux extrémités du grand axe, passe par les foyers.

Le produit des segments AT, A′T′ est constant.

762. Deux tangentes fixes, symétriques l'une de l'autre par rapport au petit axe de l'ellipse, sont coupées par une tangente mobile en deux points qui sont, avec les foyers, sur un même cercle.

763. Lieu du centre d'une ellipse égale à une ellipse donnée et qui reste tangente à deux droites rectangulaires fixes.

764. Dans quelle région du plan sont situés les points d'où l'on voit une ellipse sous un angle aigu?

765. Il existe une infinité de triangles circonscrits à une ellipse et inscrits au cercle directeur qui a pour centre un des foyers. Le point de rencontre des hauteurs de chacun de ces triangles est le second foyer de la courbe (Pl., ex. 70). Les triangles considérés ont également tous le même centre de gravité.

766. F étant un foyer d'une ellipse, il existe une droite D (appelée *directrice*) telle que la distance d'un point quelconque M de la courbe à cette droite soit dans un rapport constant avec la distance du même point au foyer F.

(Cette droite est l'axe radical du point F et du cercle directeur ayant pour centre l'autre foyer F′. On appliquera à ce cercle directeur, au cercle-point F et au point M, l'exercice 148 de la géométrie plane.)

767. Inversement, on considère le lieu des points d'un plan tels que le rapport de leurs distances à un point fixe et à une droite fixe de ce plan soit égal à un nombre donné k. Montrer que, si k est plus petit que 1, ce lieu est une ellipse.

768. Mener, par un foyer d'une ellipse, une droite coupant la courbe sous un angle donné. Minimum de cet angle.

769. On mène, d'un foyer d'une ellipse, la droite qui coupe chaque tangente sous un angle donné α. Le lieu du point d'intersection est un cercle. Ce cercle est tangent à l'ellipse en chacun de ses points communs avec elle, lesquels, s'ils existent, sont symétriques l'un de l'autre par rapport au petit axe.

770. Inversement, la droite menée par un point quelconque d'un cercle et faisant un angle constant avec la droite qui joint ce point à un point intérieur fixe, est tangente à une ellipse fixe.

771. Lieu du point de concours des tangentes menées en deux points M, M′ d'une ellipse, tels que FM soit parallèle à F′M′ (F et F′ étant les foyers).

Plus généralement, trouver le lieu des points de rencontre des tangentes menées à une ellipse donnée, de foyers F et F′, en deux points M, M′ de la courbe tels que F′M et F′M′ fassent entre eux un angle donné.

CHAPITRE II

HYPERBOLE

506. Définition. — On nomme *hyperbole*, le lieu des points M d'un plan tels que la différence de leurs distances à deux points fixes F, F′ de ce plan, appelés *foyers*, soit égale à une longueur donnée.

Il n'est pas fait de distinction relativement au sens dans lequel doit être prise cette différence : on considérera comme appartenant à la même hyperbole les points pour lesquels la différence donnée est obtenue en retranchant le rayon vecteur MF de MF′ et ceux pour lesquels elle est obtenue en retranchant MF′ de MF.

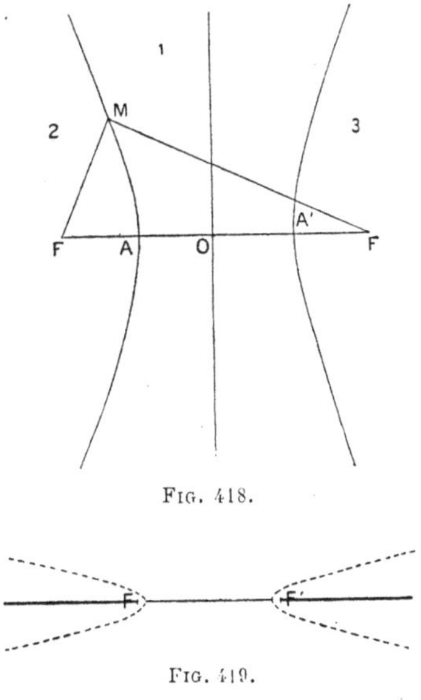

Fig. 418.

Fig. 419.

On voit par là que l'hyperbole se compose de deux parties ou *branches*, lesquelles sont entièrement séparées l'une de l'autre : car on ne peut aller d'un point de l'une (pour lequel MF est inférieur à MF′) à un point de l'autre (pour lequel MF est supérieur à MF′) sans passer par une série de points tels que la différence de leurs distances à F et à F′ soit moindre que la longueur donnée, et qui ne font pas partie de l'hyperbole. On voit, en particulier, que les deux branches sont séparées l'une de l'autre par la perpendiculaire au milieu de FF′ (*fig.* 418), lieu des points également distants de F et de F′.

Pour que la courbe existe, il faut que la différence donnée soit moindre que FF′. Si cette différence devenait égale à FF′, le lieu se composerait évidemment des deux prolongements de cette droite, auxquelles viendraient respectivement se réduire les deux branches de l'hyperbole (*fig.* 419) [1].

Si, au contraire, la différence donnée devient nulle, le lieu se réduit [2] à la perpendiculaire au milieu de FF′.

REMARQUE. — *Toute courbe semblable à une hyperbole est une hyperbole.*

Pour construire la courbe par points, il suffit de tracer, des points F, F′ comme centres, deux cercles tels que la différence de leurs rayons soit égale à la longueur $2a$. L'intersection de ces deux cercles fournira deux points de l'une des branches de la courbe, et en permutant les rayons, on aura deux points de l'autre branche.

Pour qu'il y ait intersection (la différence $2a$ étant supposée inférieure à la distance $2c$ des foyers), il faut et il suffit que la somme des deux rayons soit supérieure à $2c$. On voit que rien n'empêche de prendre ces rayons aussi grands qu'on le veut : par conséquent *les deux branches de l'hyperbole s'étendent indéfiniment* (*fig.* 418).

La valeur minima de la somme des rayons correspond à deux cercles tangents extérieurement. On obtient ainsi deux points A, A′ situés sur le segment FF′, et dont les distances aux foyers sont respectivement égales à $c + a$, $c - a$. On verra, comme pour l'ellipse, que la distance AA′ est égale à la longueur donnée $2a$.

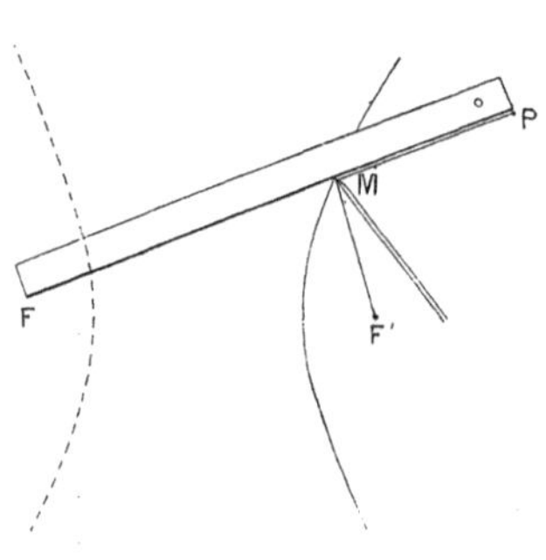

FIG. 418 *bis*.

On pourrait imaginer une construction permettant de tracer la courbe (ou, plus exactement, une portion de la courbe) d'un mouvement continu. On emploierait, à cet effet, une règle (*fig.* 418 *bis*) dont une extrémité serait fixée au point F et un fil dont une extrémité serait fixée au point F′, l'autre en un point P du bord de la règle. Si, faisant pivoter la règle autour de F, on tend le fil par une pointe, en un point M tel que la portion MP soit appliquée le long de la règle,

(1) La figure montre, en outre, la forme que prend une hyperbole dans laquelle la différence donnée est très voisine de FF′.

(2) Les deux branches viennent chacune s'appliquer sur la perpendiculaire en question.

le point M décrira une portion d'hyperbole (la différence entre MF et MF′ étant égale à la différence entre la longueur FP et la longueur du fil).

507. Axes et centre de symétrie.

On verra, comme pour l'ellipse, que l'hyperbole a un centre de symétrie, le milieu de FF′, et deux axes de symétrie, la droite FF′ et la perpendiculaire en son milieu. Le premier coupe l'hyperbole en deux points, ainsi que nous l'avons vu : on lui donne le nom d'*axe transverse* et les points d'intersection sont dits les *sommets*. Le second, au contraire, n'a évidemment aucun point commun avec la courbe. Toutefois, par analogie avec ce qui a lieu pour l'ellipse (**494**), on désigne sous le nom de *longueur de l'axe non transverse*, une longueur dont la moitié b est donnée par la relation [1]

$$b^2 = c^2 - a^2.$$

On ne doit d'ailleurs pas perdre de vue que cette analogie n'est pas complète. Alors que la relation $b^2 = a^2 - c^2$, obtenue pour l'ellipse, donnait $a^2 = c^2 + b^2$, la relation actuelle donne

$$a^2 = c^2 - b^2,$$

qui diffère de la première en ce que b^2 est changé en $-b^2$.

Une hyperbole pour laquelle b est égal à a (autrement dit c^2 à $2a^2$) est dite *équilatère*.

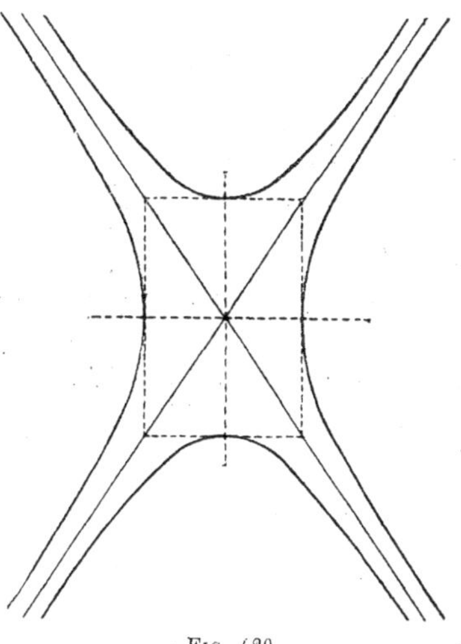

Fig. 420.

Deux hyperboles sont dites *conjuguées* lorsque l'une a pour axe transverse, en grandeur et direction, l'axe non transverse de l'autre, et réciproquement (*fig.* 420).

508. Cercles directeurs.

Théorème. — *Le lieu des centres des cercles tangents à un cercle donné et passant par un point donné extérieur à ce cercle, est une hyperbole.*

(1) Rappelons que, dans l'hyperbole, c est nécessairement plus grand que a.

Soient F le point donné, F′ le centre du cercle donné, R son rayon. Il existera deux sortes de cercles passant par F et tangents au cercle donné ; le contact peut, en effet, être extérieur ou intérieur.

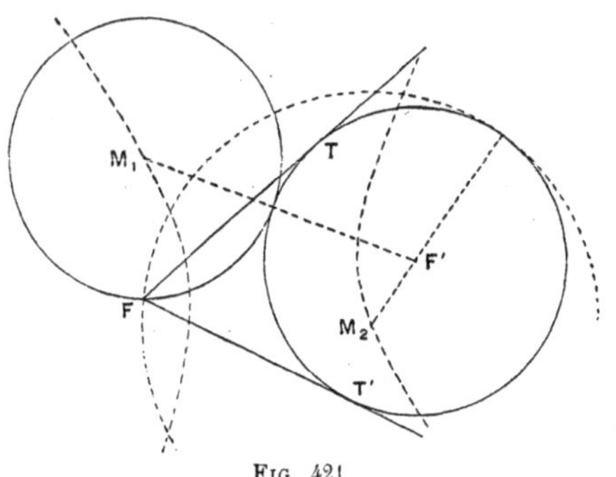

Fig. 421.

Soit M_1 le centre d'un cercle passant par F et tangent extérieurement au cercle donné (*fig.* 421). La somme R + M_1F étant égale à M_1F', la différence M_1F' — M_1F sera égale à R, et réciproquement, cette condition est suffisante pour le contact extérieur.

Soit M_2 le centre d'un cercle passant par F et auquel le cercle donné est tangent intérieurement : ce sera la différence M_2F — M_2F' qui sera égale à R, et réciproquement cette condition est suffisante pour le contact intérieur.

Les points M_1, M_2 font donc bien partie, ainsi que nous voulions le démontrer, d'une même hyperbole de foyers F, F′. On voit même que le lieu du point M_1 est la branche voisine du point F, le lieu du point M_2, la branche voisine du point F′.

Le passage entre les cercles à contact extérieur et les cercles à contact intérieur se fait par l'intermédiaire des deux *droites* FT, FT′ (*fig.* 421) menées par le point F tangentiellement au cercle donné et que l'on doit considérer comme des cercles ayant leurs centres rejetés à l'infini (Pl., **90**) sur l'hyperbole.

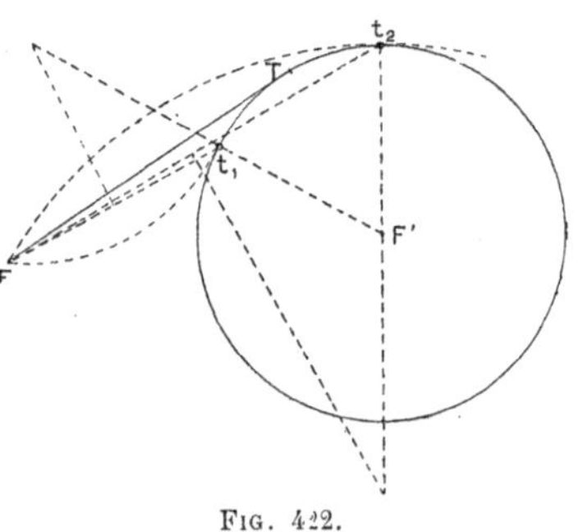

Fig. 422.

(1) Si t_1, t_2 sont deux points du cercle donné, voisins du point T, mais l'un plus rapproché de FF′, l'autre plus éloigné (*fig.* 422), l'angle $\widehat{Ft_1F'}$ est obtus, l'angle $\widehat{Ft_2F'}$ aigu, ainsi qu'il est aisé de s'en assurer : de sorte que la perpendiculaire au milieu de Ft_1 coupe le rayon $F't_1$ prolongé au delà du point t_1, tandis que la perpendiculaire au milieu de Ft_2 coupe le rayon $F't_2$ prolongé au delà du point F′. Les points t_1, t_2 sont donc les points de contact de

Réciproquement, toute hyperbole peut être considérée comme le lieu du centre d'un cercle tangent à un cercle fixe et passant par un point fixe extérieur à ce cercle. Le point fixe sera l'un des foyers, le cercle fixe aura pour centre l'autre foyer et pour rayon l'axe transverse.

Un tel cercle est dit *cercle directeur* de l'hyperbole. Celle-ci a donc deux cercles directeurs.

509. Points intérieurs et points extérieurs.

Un point est dit *extérieur* à l'hyperbole si la différence de ses distances aux deux foyers est moindre que l'axe transverse.

Un point est dit, au contraire, *intérieur* à la courbe si la différence de ses distances aux foyers est plus grande que l'axe transverse.

Il est clair qu'il y a deux sortes de points intérieurs : ceux qui sont plus près de F que de F′ (qu'on peut appeler *intérieurs à la branche de courbe voisine de* F) et ceux qui sont plus près de F′ que de F (*intérieurs à la branche de courbe voisine de* F′). Ces deux sortes de points forment évidemment deux régions (numérotées 2 et 3 sur la fig. 418) entièrement séparées l'une de l'autre et entre lesquelles on ne peut tracer de chemin continu sans traverser : 1° les deux branches de la courbe ; 2° entre ces deux branches, la région des points extérieurs.

Au contraire, on constate (Voir exercices 772, 775) que les trois régions que nous venons de définir sont chacune d'*un seul tenant* (**496**) et que les deux intérieures sont même *convexes*.

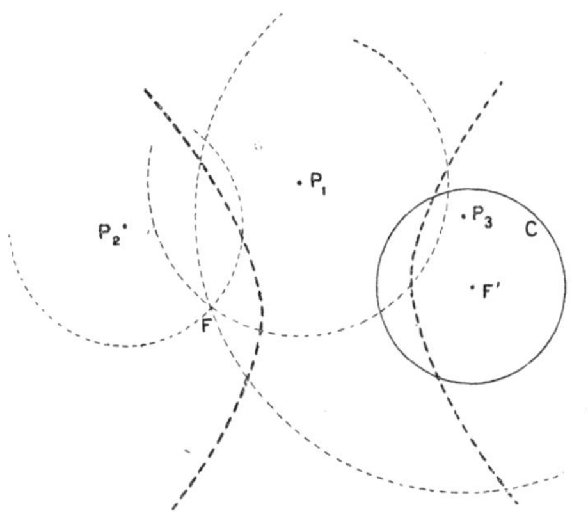

Fig. 423.

510. Soit P un point du plan (*fig.* 423). Pour que le cercle de centre P et de rayon PF coupe le cercle direc-

cercles passant par F et tangents au cercle donné, mais l'un extérieurement, l'autre intérieurement. Les centres de ces cercles sont situés sur des branches différentes de l'hyperbole et très éloignés sur ces branches (puisque les droites $F't_1$, $F't_2$ sont presque perpendiculaires à Ft_1, Ft_2).

teur de centre F′, il faut et il suffit que l'on puisse former un triangle ayant pour côtés PF′, PF, $2a$, autrement dit :

1° Que la somme PF + PF′ soit supérieure à $2a$. Cette condition est toujours remplie, car la somme PF + PF′ est au moins égale à FF′, lequel est plus grand que $2a$;

2° Que la différence entre PF et PF′ soit inférieure à $2a$: condition qui exprime que le point P est extérieur à l'hyperbole.

Ainsi les points extérieurs à la courbe sont centres de cercles passant par le foyer F et sécants au cercle directeur de centre F′. Les points intérieurs sont centres de cercles passant par F et sans point commun avec le cercle directeur de centre F′.

Si le point P est intérieur à la branche voisine de F, on a $PF' - PF > 2a$ ou $PF' > PF + 2a$: *le cercle de centre* P *et de rayon* PF *et le cercle directeur sont extérieurs l'un à l'autre.*

Si le point P est intérieur à la branche voisine de F′, on a $PF - PF' > 2a$ ou $PF' < PF - 2a$: *le cercle de centre* P *et de rayon* PF *comprend le cercle directeur à son intérieur.*

511. Intersection d'une droite et d'une hyperbole.

Problème. — *Trouver les points de rencontre d'une droite avec une hyperbole* (celle-ci n'étant pas tracée, mais donnée par ses foyers et son axe transverse).

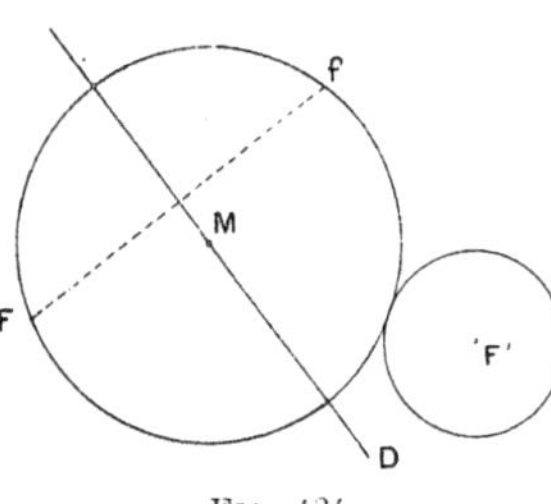

Fig. 424.

Même solution que dans le cas de l'ellipse (**497**), le problème revenant encore à faire passer, par le foyer F et par son symétrique *f* relatif à la droite donnée D, une circonférence tangente au cercle directeur de centre F′ (*fig.* 424).

Discussion. — Le point F étant ici extérieur au cercle directeur, il devra en être de même du point *f*.

Ainsi, *si le symétrique f du foyer* F *par rapport à une droite* D *est intérieur au cercle directeur de centre* F′, *la droite n'a aucun point commun avec l'hyperbole.*

Si, au contraire, le point *f* est extérieur au cercle directeur, il y aura deux circonférences C, C′ tangentes à ce dernier et passant par F et *f*.

Si aucune de ces circonférences ne se réduit à une droite, leurs centres donneront *deux points de rencontre de la droite et de l'hyperbole.*

Enfin, *si le point f est situé sur le cercle directeur, il y aura une seule circonférence tangente*, et par conséquent (si cette circonférence ne se réduit pas à une droite) *un point commun (représentant deux points communs confondus).*

On dit alors que la droite D est *tangente* à l'hyperbole.

512. L'une des circonférences C, C' se réduira à une droite, si le point f appartient à l'une des tangentes FT, FT', menées de F au cercle directeur de centre F' (*fig.* 425), c'est-à-dire si la droite D (perpendiculaire à Ff) est parallèle à l'un des rayons F'T, F'T'. Dans ce cas, la droite n'a plus qu'un point commun avec l'hyperbole, l'autre point commun devant être considéré (d'après ce que nous avons vu) comme rejeté à l'infini (et non comme confondu avec le premier, ainsi qu'il arrivait dans le cas où la droite était tangente) (¹).

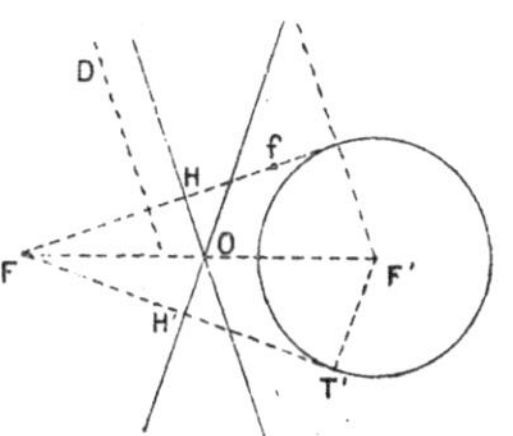

Fig. 425.

Les directions F'T, F'T' sont dites *directions asymptotiques* de l'hyperbole.

Les *deux* circonférences C, C' se réduiront à la droite FT lorsque le point f viendra coïncider avec T, et alors seulement (puisque C et C' ne peuvent se confondre l'une avec l'autre que si le point f est sur le cercle directeur). *Alors les deux points communs de la droite* D *avec l'hyperbole sont rejetés à l'infini* (²).

Une telle droite, perpendiculaire au milieu H de FT ou au milieu H' de FT' (*fig.* 425) passe manifestement par le centre de l'hyperbole.

On donne le nom d'*asymptotes* à ces droites menées par le centre de l'hyperbole perpendiculairement à FT, FT' et, par conséquent,

(1) On remarquera qu'une droite parallèle à une direction asymptotique n'est pas dite *tangente*, quoiqu'elle n'ait qu'un point commun avec la courbe.

(2) On pourrait être tenté d'étendre cette conclusion au cas où le point f coïnciderait avec le point F, intersection de FT et de FT'. Il est clair qu'une telle manière de raisonner serait inexacte, en raison de la modification que doit subir le raisonnement général, lorsque la droite D passe en F (497).

telles que les deux points de rencontre de chacune d'elles avec la courbe soient rejetés à l'infini.

513. Dans le triangle rectangle FOH, l'hypoténuse est égale à c et un côté de l'angle droit, OH, à a : l'autre côté de l'angle droit est, dès lors, égal à la longueur b du demi-axe non transverse, défini au n° **507**.

Si donc, par le point A, extrémité de l'axe transverse (*fig.* 426), nous menons une perpendiculaire à cet axe, sur laquelle nous prendrons une longueur AC égale à l'autre demi-axe b (ou, ce qui revient au même, si nous définissons le point C par la rencontre de cette perpendiculaire avec une perpendiculaire menée à l'extrémité d'un segment OB ayant la longueur et la direction du demi-axe non transverse), le triangle OAC sera égal à OHF, de sorte que l'angle $\widehat{COA}$ sera égal à $\widehat{HOF}$, et que la droite OC aura la direction de l'asymptote OH.

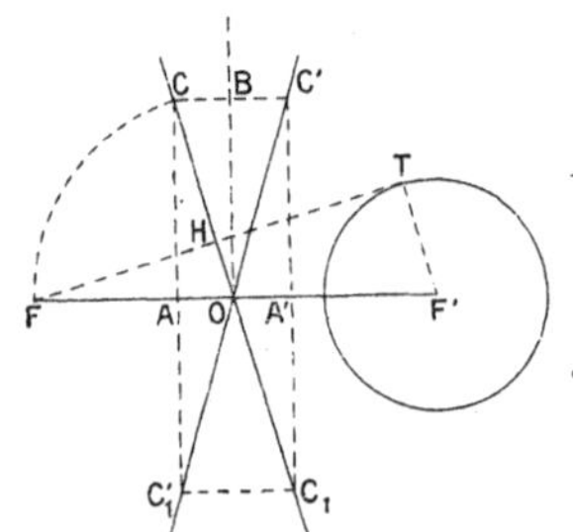

Fig. 426.

Par conséquent, *les asymptotes de l'hyperbole sont les diagonales du rectangle* $CC'C_1C'_1$ (*fig.* 426) *construit sur les axes.*

Il en résulte que *deux hyperboles conjuguées* (**507**) *ont les mêmes asymptotes* (*fig.* 420).

Si l'hyperbole est équilatère, et dans ce cas seulement, le rectangle $CC'C_1C'_1$ est un carré et *les asymptotes sont rectangulaires.*

Remarque. — Il est clair qu'on aurait encore pu construire le point C par l'intersection de la perpendiculaire AC avec une circonférence ayant O comme centre et OF comme rayon (*fig.* 426).

514. On démontrera, comme pour l'ellipse (**499**), que la définition donnée plus haut (**511**) de la tangente à l'hyperbole concorde avec la définition générale des tangentes, et que l'on a les théorèmes suivants :

Théorème. — *La tangente à l'hyperbole est bissectrice de l'angle des deux rayons vecteurs qui aboutissent au point de contact* [1].

Corollaire. — *La normale à l'hyperbole en un de ses points est*

[1] Les figures 427, 428, où les notations sont conformes à celles que nous avons employées au n° **499**, représentent les constructions effectuées pour démontrer ce théorème.

bissectrice de l'angle formé par un des rayons vecteurs qui aboutissent en ce point et par le prolongement de l'autre.

Théorème. — *Le lieu des symétriques d'un foyer d'une hyperbole*

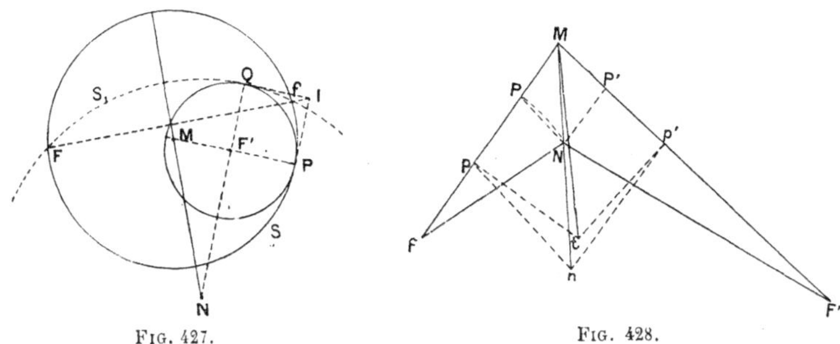

Fig. 427. Fig. 428.

par rapport aux tangentes est le cercle directeur qui a pour centre l'autre foyer.

Toutefois, pour l'exactitude complète de cette dernière proposition, il est nécessaire de considérer les asymptotes de la courbe comme des tangentes (puisque les symétriques du foyer F par rapport à ces droites sont les points T, T′ (*fig.* 429), situés sur le cercle directeur de centre F′) ; et, de fait, *une asymptote est la limite d'une tangente dont le point de contact s'éloigne indéfiniment sur la courbe.* En effet, un point M très éloigné sur l'hyperbole est le centre d'un cercle passant en F et qui touche le cercle directeur de centre F′ en un point P (*fig.* 429) très rapproché, soit de T, soit de T′. La perpendiculaire au milieu de FP sera la tangente à la courbe en M, et, lorsque P tendra vers T, cette tangente tendra vers la perpendiculaire au milieu de FT, c'est-à-dire vers l'asymptote.

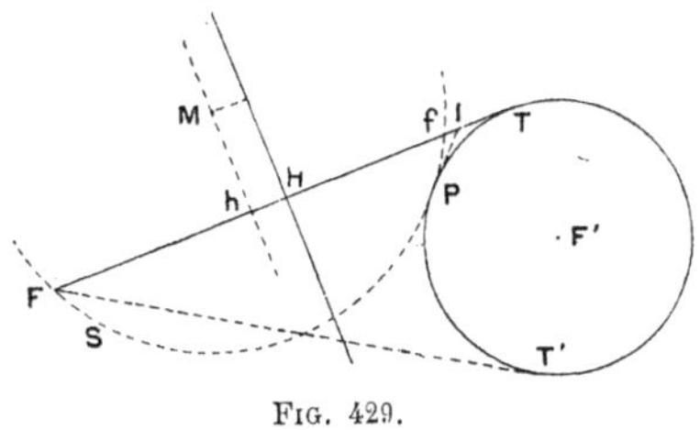

Fig. 429.

D'ailleurs, un grand nombre de raisonnements relatifs aux tangentes s'appliquent aux asymptotes. C'est, par exemple, le cas du raisonnement donné au n° **499**, relativement à la tangente à l'ellipse.

Autrement dit [1], soit encore P le point de contact du cercle directeur

[1] On s'assurera que le raisonnement présenté ici correspond bien à celui du n° **499**, l'un des cercles S, S_1 considérés en ce dernier endroit étant simplement réduit à la droite FT.

qui a pour centre F′ avec un cercle S (*fig.* 429) ayant pour centre un point M très éloigné sur l'hyperbole. Le point de rencontre I de la tangente FT avec la tangente commune aux deux cercles en P tend vers T en même temps que P ; et l'on démontrera, exactement comme au n° **499**, qu'il en est de même du point f (autre que F) où la circonférence S rencontre FT. Or la perpendiculaire au milieu h de Ff passe en M, de sorte que la distance hH (H désignant, comme précédemment, le milieu de FT) représente *la distance du point* M *à l'asymptote.* Donc *cette distance tend vers zéro lorsque le point* M *s'éloigne indéfiniment*, puisque le point f tend vers T et, par conséquent, le point h vers H.

515. Dans le cas de l'ellipse, le centre était intérieur à la courbe et, par conséquent, toute droite menée par ce point était sécante. Il n'en est pas de même ici. En effet, lorsque la droite D tourne autour du centre O (*fig.* 430), le point f, symétrique de F par rapport à cette droite, décrit le cercle qui a FF′ pour diamètre (puisque l'on a constamment Of = OF). Or, ce cercle est divisé par les points T, T′ en deux arcs, l'un (celui qui contient le foyer F) extérieur au cercle directeur de centre F′, l'autre intérieur à ce cercle.

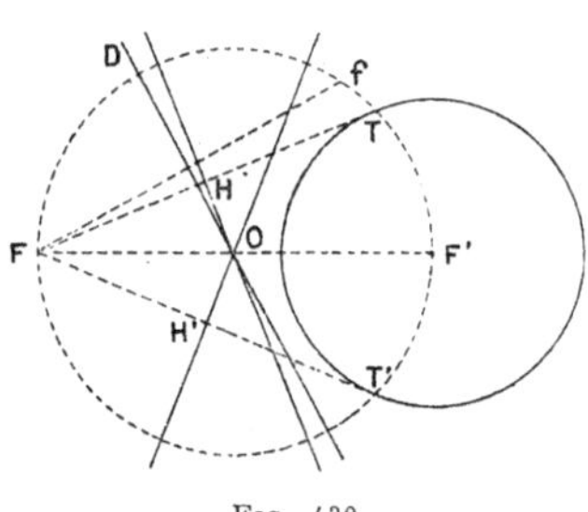

Fig. 430.

La droite D ne coupera l'hyperbole que si le point f est sur l'arc extérieur, c'est-à-dire si elle passe dans l'angle $\widehat{HOH'}$ et dans son opposé par le sommet.

Donc, *des quatre angles que forment entre elles les asymptotes, deux* (*opposés par le sommet l'un à l'autre*) *contiennent à eux seuls toute la courbe :* ce sont ceux qui contiennent les foyers.

516. Les deux théorèmes suivants se démontrent exactement comme pour l'ellipse :

Théorème. — *Le lieu des projections des foyers d'une hyperbole sur ses tangentes est le cercle* (dit *cercle principal*) *décrit sur l'axe transverse comme diamètre.*

Réciproquement, *si le sommet d'un angle droit décrit un cercle, pendant qu'un des côtés passe par un point fixe extérieur à ce cercle, l'autre côté reste tangent à une hyperbole fixe.*

517. Problème. — *Mener à l'hyperbole une tangente parallèle à une direction donnée.*

Comme dans le cas de l'ellipse (**501**), on cherchera soit le symétrique f du foyer F par rapport à la tangente cherchée, soit la projection du même foyer sur cette tangente.

Adoptant, par exemple, la première méthode, le point f sera déterminé (*fig.* 431) par l'intersection du cercle directeur de centre F′ avec la perpendiculaire menée de F sur la direction donnée.

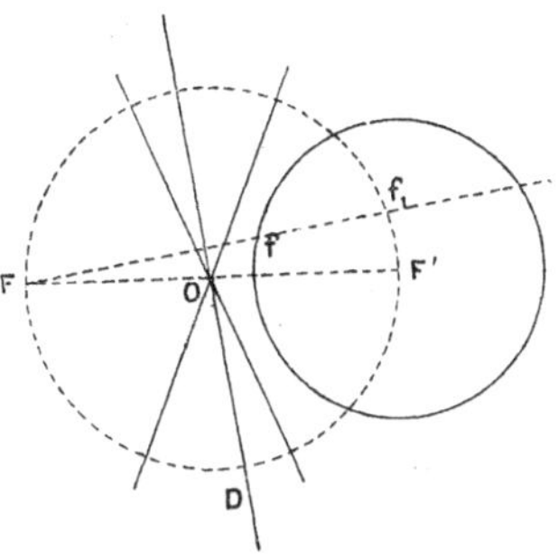

Fig. 431.

Discussion. — Contrairement à ce qui arrivait pour l'ellipse, le problème n'est pas toujours possible. La condition de possibilité est que la perpendiculaire à la direction donnée menée par F coupe le cercle directeur de centre F′; ou, ce qui revient au même, que le point f_1 où cette perpendiculaire rencontre le cercle décrit sur FF′ comme diamètre, et qui est la projection de F′ sur cette perpendiculaire, soit intérieur au cercle directeur.

Mais (**515**) le point f_1 est symétrique de F par rapport à la droite D menée par le centre, parallèlement à la direction donnée; et, si ce point est intérieur au cercle directeur, c'est que la droite D ne coupe pas l'hyperbole.

Donc, *on ne peut mener, à l'hyperbole, une tangente parallèle à une direction déterminée que si la parallèle à cette direction menée par le centre est, par rapport aux asymptotes, dans l'angle qui ne comprend pas la courbe.*

518. Théorème. — *Le produit des distances d'un foyer d'une hyperbole donnée à deux tangentes parallèles quelconques est constant et égal au carré du demi-axe non transverse.*

Théorème. — *Le produit des distances des foyers d'une hyperbole à une tangente quelconque est égal au carré du demi-axe non transverse.*

Corollaire. — *La différence des carrés des distances du centre d'une* *hyperbole à une tangente et à sa parallèle menée par un foyer est égale au carré du demi-axe non transverse.*

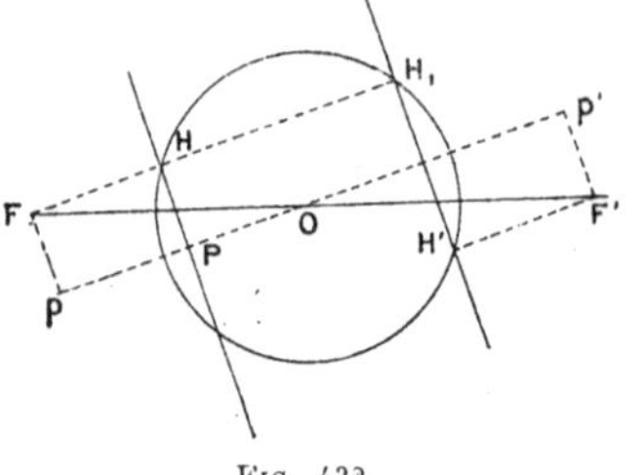

Fig. 432.

Mêmes démonstrations (*fig.* 432) que pour l'ellipse (**502**). Toutefois, contrairement à ce qui arrivait pour l'ellipse :

Un foyer d'une hyperbole est extérieur à deux tangentes parallèles quelconques (*fig.* 432).

Une tangente quelconque laisse les deux foyers *de part et d'autre*.

La distance du centre à une tangente est *plus petite* que la distance du même point à la parallèle à cette tangente, menée par le foyer.

Ces dissemblances correspondent manifestement à ce fait que b^2, qui représente (pour ne prendre que la dernière des trois propositions) la différence des carrés des distances du centre à la tangente et à sa parallèle menée par le foyer, est changé (**507**) en $-b^2$. Il n'est pas étonnant que cette différence change de sens, puisque la quantité qui la représente change de signe.

Réciproquement, *lorsqu'une droite varie de manière que le produit de ses distances à deux points fixes soit constant et qu'elle laisse ces deux points de part et d'autre, elle est tangente à une hyperbole fixe ayant ces points pour foyers.*

519. Problème. — *Mener une tangente à l'hyperbole par un point donné du plan.*

Même solution que pour l'ellipse (**503**).

Il faut et il suffit, pour que le problème soit possible, que le cercle qui a pour centre le point donné et qui passe par F coupe le cercle directeur de centre F′, c'est-à-dire (**510**) *que le point donné soit extérieur à l'hyperbole.*

On démontrera, comme pour l'ellipse (**504**) :

Théorèmes de *Poncelet.* — *Si, d'un point extérieur à une hyperbole, on lui mène les deux tangentes :*

1° *Ces deux tangentes sont vues, de l'un quelconque des deux foyers, sous des angles égaux ;*

2° *La bissectrice de l'angle qu'elles forment est la même que celle de l'angle formé par les droites qui joignent le point donné aux foyers, ou lui est perpendiculaire* (1).

L'angle formé par l'une des tangentes avec la droite qui joint le point donné à l'un des foyers est égal à l'angle formé par l'autre tangente avec la droite aboutissant à l'autre foyer, ou supplémentaire de cet angle.

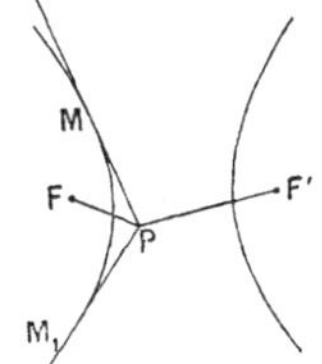

Fig. 433.

520. Problème. — *Trouver le lieu des sommets des angles droits circonscrits à l'hyperbole.*

On démontrera, comme pour l'ellipse (**505**), que la condition nécessaire et suffisante pour que les tangentes menées d'un point P à l'hyperbole soient rectangulaires est que l'on ait

$$\overline{OP}^2 = 2a^2 - c^2.$$

La quantité $2a^2 - c^2$ est ici égale à $a^2 - b^2$, puisque l'on a $b^2 = c^2 - a^2$.

Si a est plus grand que b, *le lieu cherché est un cercle* (cercle *orthoptique*) *concentrique à l'hyperbole et de rayon égal à* $\sqrt{a^2 - b^2}$; sinon, *il n'existe aucun point possédant la propriété demandée.*

Dans la fig. 426 du n° **513**, la condition $a > b$ exprime que l'angle $\widehat{COA}$, du triangle rectangle OAC_4, est plus petit que 45°. Donc *le lieu n'existe que si l'angle formé par les asymptotes et comprenant la courbe est aigu* : ce qui était évident *a priori* (**517**).

Si $a = b$, le centre est le seul point d'où l'on voie la courbe sous un angle droit : cet angle est l'angle des asymptotes (**513**).

EXERCICES

772. La région extérieure à l'hyperbole est d'un seul tenant (comparer ex. 746).

773. Quelles sont les droites qui coupent une hyperbole en deux points d'une même branche, et quelles sont celles qui la coupent en deux points situés sur des

(1) Dans l'hyperbole, la bissectrice de l'angle formé par les droites qui vont aux foyers, tout en faisant des angles égaux avec les deux tangentes, peut (*fig.* 433) ne pas être comprise dans l'angle qu'elles forment, mais dans l'angle formé par l'une d'elles et le prolongement de l'autre.

branches différentes? (On cherchera dans quelles régions du plan doit se trouver, dans l'un ou l'autre cas, le symétrique d'un foyer par rapport à la droite).

Si une droite coupe les deux branches d'une hyperbole le segment intercepté, entre les points d'intersection, sur la droite, est à l'extérieur de la courbe et ses prolongements, à l'intérieur. L'inverse a lieu si la droite est sécante en deux points d'une même branche.

774. Dans quelles régions du plan sont situés les points tels que les points de contact des tangentes menées par l'un d'eux à l'hyperbole, soient sur des branches différentes?

775. Les régions intérieures à l'hyperbole sont convexes.

(La méthode donnée pour l'ellipse (**498**) s'applique moyennant l'ex. 773).

776. Étendre à l'hyperbole la solution des exercices 754 à 758, 763, 764, 768, 769, 771.

Moyennant quelle modification l'exercice 747 s'étend-il à l'hyperbole?

777. Que devient l'exercice 748 lorsque c'est la différence des côtés non parallèles ou des diagonales du trapèze qui est constante, et non leur somme; — l'exercice 749, lorsque les points B et C sont de part et d'autre de A sur la tangente fixe; — les exercices 750, 770, lorsque le point fixe est extérieur au cercle fixe?

778. Dans un trapèze isoscèle, deux sommets opposés restent fixes, et la longueur commune des côtés non parallèles reste constante. Trouver le lieu du point de rencontre de ces côtés non parallèles. Démontrer, relativement à ce lieu, les propriétés énoncées à l'exercice 718 *bis*.

779. Lieu des centres des cercles tangents à deux cercles donnés.

780. Lieux géométriques du second foyer et du centre d'une ellipse qui a un foyer fixe et passe par deux points donnés.

Même lieu lorsque, au lieu d'une ellipse, on considère une hyperbole.

781. Lieu du second foyer (et lieu du centre) d'une ellipse ou d'une hyperbole dont on connaît un foyer et deux tangentes. Distinguer la portion du lieu qui correspond à une ellipse et celle qui correspond à une hyperbole.

782. Même problème lorsqu'on connaît un foyer, un point et une tangente.

783. S'il existe une ellipse ayant pour foyers les points F, F′ et tangente en G, G′ respectivement aux droites OG, OG′, il existe une hyperbole ayant pour foyers G, G′ et tangente en F, F′ respectivement aux droites OF, OF′. Quelle est la réciproque?

784. Lieux des points de contact des rayons vecteurs aboutissant en un point M d'une ligne hyperbole avec le cercle inscrit au triangle formé par ces rayons vecteurs et l'axe transverse.

Quel est le problème analogue pour l'ellipse?

785. Une ellipse et une hyperbole *homofocales* — c'est-à-dire qui ont les mêmes foyers — se coupent à angle droit.

786. Étant donnés trois points A, B, C, mener par A une droite du plan ABC, laissant B et C de part et d'autre et telle que le produit des distances de ces deux derniers points à cette droite soit maximum.

787. Étendre à l'hyperbole la solution des exercices 760-762.

Le segment d'une tangente mobile compris entre les asymptotes est vu d'un foyer sous un angle constant. Ses extrémités sont, avec les deux foyers, sur un même cercle.

788. Énoncer les théorèmes de Poncelet (**519**) pour le cas où l'une des tangentes considérées devient une asymptote.

Montrer que les démonstrations données dans le texte, pour le cas général, s'appliquent à ce cas limite.

789. Les asymptotes d'une hyperbole (telles qu'elles ont été obtenues au n° **512**) sont les seules droites telles que la distance d'un point de la courbe à l'une d'elles tende vers zéro, lorsque ce point s'éloigne indéfiniment. (Cela revient à dire que lorsqu'une parallèle à une droite D tend vers D, l'un de ses points d'intersection avec la courbe ne peut s'éloigner indéfiniment que si D est une asymptote.)

790. Deux hyperboles, telles que l'angle des asymptotes qui comprend la courbe ait même grandeur de part et d'autre, sont semblables.

Construire une hyperbole, connaissant les asymptotes et un point; — connaissant les asymptotes et une tangente.

791. Étendre à l'hyperbole l'exercice 766.

Quel est le lieu des points d'un plan tels que le rapport de leurs distances à un point fixe et à une droite fixe de ce plan soit égal à un nombre donné, plus grand que un?

792. Le lieu du sommet d'un angle droit dont les côtés sont respectivement tangents à deux ellipses (ou à deux hyperboles, ou à une ellipse et à une hyperbole) données, homofocales entre elles, est une circonférence.

Inversement si le sommet d'un angle droit décrivant une circonférence, un côté reste tangent à une ellipse ou à une hyperbole fixe concentrique au cercle, il en est de même de l'autre côté.

CHAPITRE III

PARABOLE

521. Définition. — On nomme *parabole* la courbe (*fig.* 434) lieu des points M d'un plan également distants d'un point F (appelé *foyer*) et d'une droite D (appelée *directrice*) donnés dans ce plan.

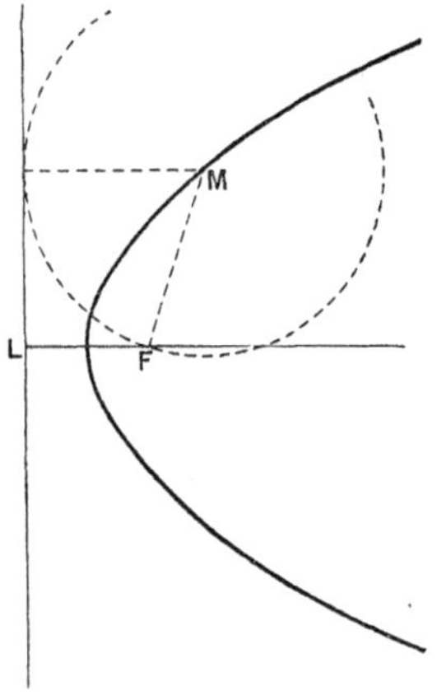

Fig. 434.

Si le point F était situé sur la droite D, le lieu se composerait évidemment de la droite Fx (*fig.* 435), perpendiculaire à D (et d'elle seule, puisque la

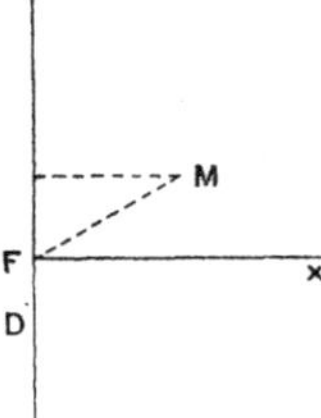

Fig. 435.

perpendiculaire menée sur D par un point M extérieur à Fx serait plus courte que la droite MF, oblique à D). Cette droite est donc une forme limite de parabole. Il sera d'ailleurs sous-entendu, dans ce qui va suivre, que le foyer sera pris extérieur à la directrice. La distance FL (*fig.* 434) du foyer à la directrice est dite le *paramètre* de la parabole.

Toute courbe semblable à une parabole est une parabole.

Pour tracer la courbe par points, il est clair, d'après la définition, qu'il suffira de décrire (*fig.* 436) : 1° une circonférence de centre F et de rayon quelconque ; 2° une parallèle à la directrice, à une distance de cette directrice égale au rayon de la circonférence, autrement dit, menée par un point m pris sur la perpendiculaire FL dont il vient d'être question, et tel que Lm soit égal à ce rayon.

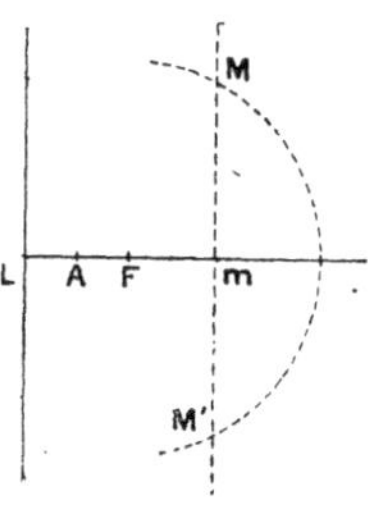

Fig. 436.

Un point commun aux deux lignes ainsi obtenues est un point de la parabole, et tout point de la parabole peut être obtenu de cette façon.

Pour qu'un tel point commun existe, il faut et il suffit que le rayon, c'est-à-dire Lm, soit supérieur à Fm : par conséquent, *que le point m soit du même côté que* F, *par rapport au milieu* A *de* FL.

La parabole n'a donc aucun point situé du côté de la directrice où n'est pas le foyer.

Le point de la courbe le plus rapproché de la directrice est le point A. Ce point est dit le *sommet* de la parabole. Par contre, le point m peut s'éloigner autant qu'on le veut au delà de F, de sorte que *la parabole s'étend indéfiniment.*

On pourrait décrire la parabole (ou du moins une portion de parabole), d'un mouvement continu à l'aide d'une règle fixée suivant la directrice d'une équerre dont un côté serait appliqué contre cette règle (*fig.* 437) et d'un fil, de longueur égale à l'autre côté de l'équerre et dont une extrémité P serait attachée au sommet libre de celle-ci, l'autre extrémité étant fixée au foyer. L'équerre glissant le long de la règle, on tendrait constamment le fil par une pointe M de manière à appliquer la partie PM sur le côté de l'équerre. Le point M décrirait manifestement la parabole.

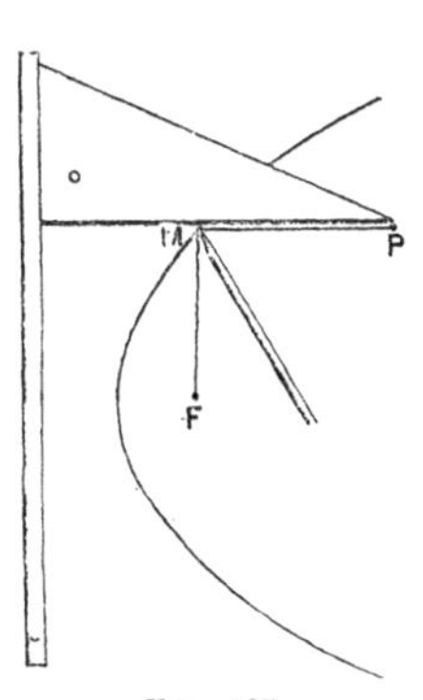

Fig. 437.

Les deux points d'intersection d'une parallèle à la directrice et d'une circonférence de centre F sont symétriques l'un de l'autre par rapport à la perpendiculaire FL abaissée du foyer sur la directrice : de sorte que la courbe admet cette droite comme *axe* de symétrie.

522. La définition de la parabole équivaut manifestement à celle-ci :

La parabole est le lieu des centres des cercles passant par le foyer et tangents à la directrice (*fig.* 434).

La parabole sépare l'une de l'autre deux régions du plan : l'une est formée des points plus rapprochés du foyer que de la directrice : ces points sont dits *intérieurs ;* ils sont centres de cercles passant par le foyer et sans point commun avec la directrice ; l'autre comprend les points *extérieurs*, plus rapprochés de la directrice que du foyer et, par conséquent, centres de cercles passant par le foyer et coupant la directrice. On ne peut passer de l'une de ces régions à l'autre sans traverser la courbe. Au contraire, chacune des régions ainsi obtenues est d'un seul tenant (Voir n° **524**, exercice 793).

523. Intersection d'une droite et d'une parabole.

Problème. — *Trouver les points de rencontre d'une droite et d'une parabole.*

Soit f le symétrique du foyer F par rapport à la droite donnée. Le problème reviendra à faire passer par les points F, f une circonférence tangente à la directrice.

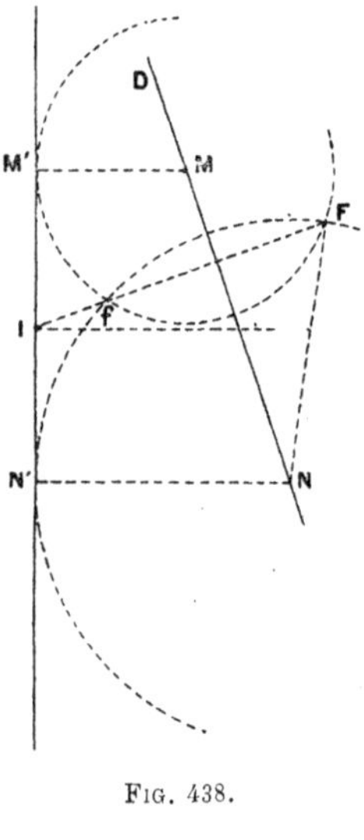

Nous savons (Pl., **159**) qu'on devra prolonger Ff jusqu'à rencontre en I avec la directrice et reporter sur celle-ci, de part et d'autre de I, une longueur égale à la moyenne proportionnelle de IF et de If (*fig.* 438). On obtiendra ainsi le point de contact d'un cercle répondant à la question et en élevant en ce point de contact une perpendiculaire à la directrice jusqu'à rencontre avec la droite donnée, on aura un des points de rencontre demandés.

Fig. 438.

La solution doit être modifiée lorsque la droite donnée D passe par le foyer. La condition imposée à la circonférence inconnue de passer par le point f est alors remplacée par celle d'être tangente, en F, à la perpendiculaire à D. On prolongera cette perpendiculaire jusqu'à rencontre en I avec la directrice et on prendra sur celle-ci, de part et d'autre du point I, une longueur égale à IF. Il est clair que cette solution n'est qu'un cas limite de la précédente.

Si la droite Ff est parallèle à la directrice (c'est-à-dire *si la droite* D *est parallèle à l'axe*), *le point* I *est rejeté à l'infini, ainsi qu'un des points de contact*, l'autre étant évidemment à l'intersection de la directrice avec D (*fig.* 438 *bis*).

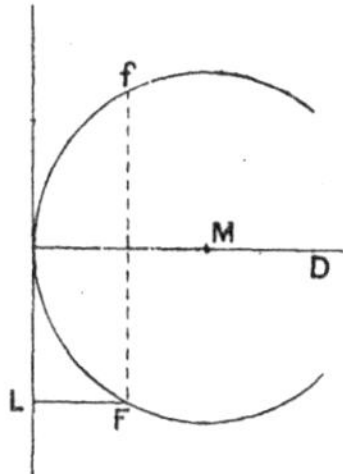

Fig. 438 *bis*.

Ainsi l'axe est une direction asymptotique de la parabole. C'est d'ailleurs la seule. D'autre part, comme il n'arrive jamais que les deux points d'intersection soient rejetés à l'infini, *la parabole n'a pas d'asymptote.* Cette proposition est également vraie lorsqu'on dédéfinit une asymptote comme une droite telle que la distance d'un point de la courbe à cette droite tende vers zéro lorsque le point s'éloigne indéfiniment : c'est ce que l'on verra en imitant la marche indiquée à l'ex. 789).

Si les points F et f sont de part et d'autre de la directrice, le problème est impossible ; et il n'y a pas d'autre condition de possibilité (Pl., **159**, Constr. 14). Ainsi *une droite coupe ou ne coupe pas une parabole, suivant que le foyer et son symétrique par rapport à cette droite sont ou non du même côté de la directrice.*

Enfin, si le point f, symétrique du foyer par rapport à la droite donnée, est sur la directrice, les deux points communs sont confondus : nous dirons que la droite est *tangente.*

524. Si la droite donnée D n'est pas parallèle à l'axe, un point M pris très loin (dans un sens ou dans l'autre) sur cette droite est nécessairement extérieur à la parabole. Car soient i le point où D coupe la directrice, M′ la projection de M sur la directrice (*fig.* 439) : Mi est plus grand que MM′ et la différence Mi — MM′ augmente indéfiniment à mesure que M s'éloigne (puisqu'elle est proportionnelle à Mi, le triangle MM′i restant constamment semblable à lui-même), tandis que la différence Mi — MF (si tant est que Mi soit supérieur à MF) est moindre que la longueur fixe iF. Donc, si le point M est suffisamment éloigné du point i, dans un sens ou dans l'autre, MF sera supérieur à MM′.

Fig. 439.

D'après cela, on peut appliquer à la parabole les raisonnements présentés, au n° **498**, relativement à l'ellipse et conclure :

La région intérieure à une parabole est convexe.

Si une droite est sans point commun avec une parabole, elle lui est entièrement extérieure.

Si elle la coupe en deux points, le segment compris entre ces deux points est à l'intérieur de la parabole; ses prolongements, à l'extérieur.

Si la droite est tangente, tous ses points sont extérieurs à la parabole, sauf le point de contact. La parabole et sa région intérieure sont alors tout entières du même côté de la droite.

On voit aisément que, si une droite est parallèle à l'axe et, par conséquent (numéro précédent), coupe la courbe en un seul point, elle est divisée par ce point commun en deux demi-droites, dont l'une (celle qui contient le point de rencontre de la droite avec la directrice) est tout entière extérieure à la parabole ; l'autre, tout entière intérieure.

525. Nous aurons, comme précédemment, à prouver que la définition donnée tout à l'heure, de la tangente à la parabole, concorde avec celle que l'on déduirait de la définition générale des tangentes.

C'est ce que nous ferons par des raisonnements tout semblables à ceux qui ont été employés pour l'ellipse (**499**, **499** *bis*) et l'hyperbole M étant un point de la parabole, c'est-à-dire le centre d'un cercle passant par F et tangent à la directrice en M', soit N un second point de la courbe voisine du premier, le cercle de centre N et de rayon NF étant tangent à la directrice en N'. Ces deux cercles ont un second point d'intersection f, symétrique de F par rapport à MN, et la droite Ff coupe la directrice au milieu I de M'N' (*fig.* 438).

Lorsque le point N' tend vers M', il en est de même du point I. Comme on a, d'autre part, $\overline{\text{IM}'}^2 = \overline{\text{IF}}.\overline{\text{I}f}$, et que IF tend vers une limite différente de zéro, la distance If tend vers zéro. Le point f tend donc, lui aussi, vers M' et la droite MN tend vers la perpendiculaire au milieu de M'F, laquelle est, par conséquent, la tangente cherchée.

Le triangle isoscèle M'MF montre, d'ailleurs, évidemment que ce résultat équivaut au suivant :

Théorème. — *La tangente à la parabole divise en deux parties* *égales l'angle formé par le rayon vecteur de point du contact et la perpendiculaire abaissée de ce point sur la directrice.*

Nous pouvons, d'un autre côté, démontrer cette même proposition en imitant le raisonnement du n° **499** *bis*. Si, pour fixer les idées, le rayon vecteur FN est plus petit que FM (*fig.* 440), la distance NN′ du point N à la directrice devra être plus petite, — et cela de la même quantité, — que la distance analogue MM′. Autrement dit, si, du point N, nous abaissons la perpendiculaire NP sur MM′ (de manière que M′P = N′N) et si, du point N comme centre, avec FN comme rayon, nous décrivons un arc de cercle, jusqu'à rencontre en Q avec le rayon vecteur FM, on aura MP = MQ.

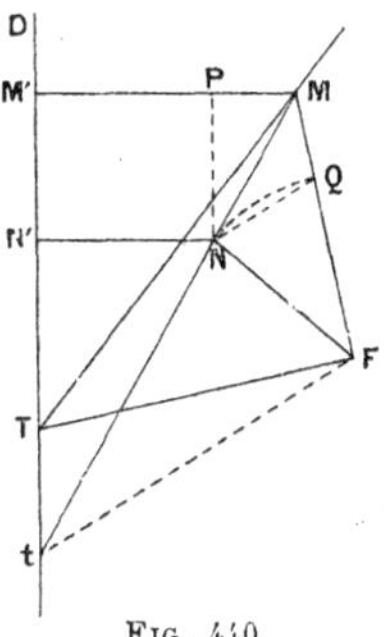

Fig. 440.

Prenons alors, sur MP prolongé, un point déterminé, par exemple le point M′ : la parallèle à PN menée par ce point ne sera autre que la directrice. Si, par le point *t* où cette directrice coupe la droite MN prolongée, nous menons une parallèle à NQ, cette parallèle interceptera sur MF un segment égal à MM′, puisqu'elle formera avec les droites MM′, M′*t*, MF une figure semblable à MNPQ [1] : autrement dit, elle passera par le point F. D'autre part, lorsque le point N tend vers M, l'angle de NQ avec MF tend vers 1 *dr.* [1]; donc la droite F*t* tend vers la perpendiculaire FT élevée en F à FM, et la droite M*t*, vers la droite MT qui joint le point M au point T où la perpendiculaire en question coupe la directrice.

D'ailleurs, cette droite MT est bien bissectrice de l'angle $\widehat{M'MF}$, en vertu de l'égalité des triangles rectangles [1] MM′T, MFT.

Corollaire. — *La normale à la parabole est bissectrice de l'angle que forme le rayon vecteur du point de contact avec le prolongement de la perpendiculaire abaissée de ce point sur la directrice* [1].

526. De ce qui précède résulte :

Théorème. — *Le lieu des symétriques du foyer d'une parabole par rapport à ses tangentes est la directrice.*

Par suite, aussi :

(1) Comparer n° **499** *bis*.

Théorème. — *Le lieu des projections du foyer d'une parabole sur ses tangentes est la tangente au sommet.*

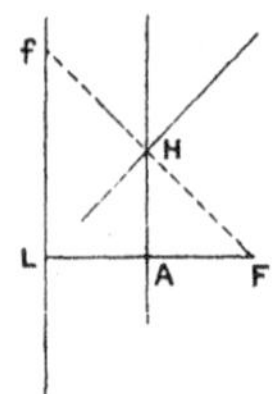

Fig. 441.

En effet, ce lieu est (comparer **500**) homothétique du précédent par rapport au point F, avec 1/2 comme rapport d'homothétie.

C'est donc la perpendiculaire élevée au milieu A de la droite FL distance du foyer à la directrice, (*fig.* 441) : autrement dit, la tangente au sommet.

Inversement. — *Si le sommet d'un angle droit décrit une droite, pendant qu'un des côtés passe par un point fixe, l'autre côté reste tangent à une parabole fixe :* celle qui a le point donné pour foyer et la droite donnée pour tangente au sommet.

527. Problème. — *Mener à la parabole une tangente parallèle à une direction donnée.*

Le symétrique du foyer par rapport à la tangente cherchée se trouve à l'intersection de la directrice avec la perpendiculaire à la direction donnée, menée par le foyer.

Il y a toujours une solution (et une seule) sauf quand la direction donnée est parallèle à l'axe (la perpendiculaire étant alors parallèle à la directrice et la tangente rejetée à l'infini).

528. Problème. — *Mener une tangente à la parabole par un point de son plan.*

Soit à mener, à une parabole de foyer F (*fig.* 442) une tangente par un point donné P. Le symétrique *f* du point F par rapport à cette tangente se trouvera : 1° sur la directrice ; 2° sur la circonférence de centre P et de rayon PF.

Inversement, tout point commun à ces deux lignes sera le symétrique du foyer par rapport à une tangente répondant à la question.

Le problème est possible si la circonférence de centre P et de rayon PF coupe la directrice, c'est-à-dire si le point P est extérieur à la courbe.

Si le point P est intérieur, il n'y a aucune solution ; si le point P est sur la courbe, une solution unique, la tangente en ce point, représentant deux tangentes confondues.

Remarque. — De même que l'ellipse, la parabole est comprise tout entière dans l'angle formé par deux tangentes.

529. Théorèmes. — *Si, d'un point, on mène à une parabole les deux tangentes :*

1° *Ces tangentes sont vues du foyer sous des angles égaux ;*

2° *Leurs projections sur la directrice sont égales ;*

3° *L'angle qu'elles forment a même bissectrice que l'angle formé par la droite qui joint le point donné au foyer et par la demi-droite menée parallèlement à l'axe, vers l'intérieur de la parabole.*

1° Reprenons la figure du n° précédent et soient f, f_1 les symétriques du foyer par rapport aux deux tangentes ; M, M_1 les points de contact, lesquels s'obtiennent en coupant les tangentes par les perpendiculaires à la directrice. Nous voulons démontrer que l'on a $\widehat{MFP} = \widehat{M_1FP}$.

Or l'angle $\widehat{MFP}$ est égal $\widehat{MfP}$, puisqu'il est son symétrique par rapport à PM ; de même l'angle $\widehat{M_1FP}$ est égal à $\widehat{M_1f_1P}$.

Mais les angles $\widehat{MfP}$, $\widehat{M_1f_1P}$ sont égaux entre eux, car ils sont évidemment (Pl., **62**) symétriques l'un de l'autre par rapport à la perpendiculaire Pp abaissée du point P sur la directrice ; la proposition est donc démontrée.

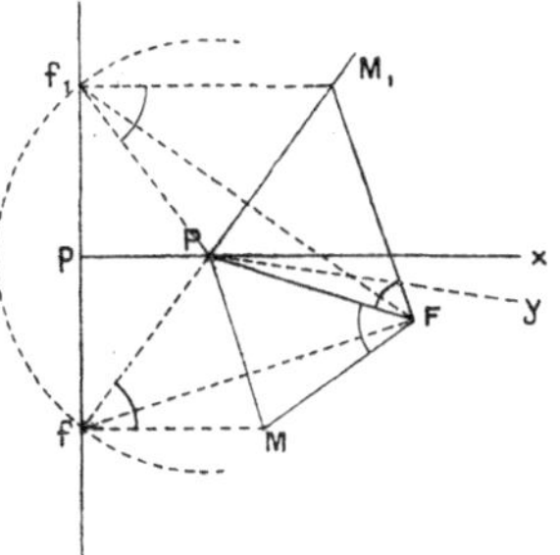

Fig. 442.

2° Les projections des deux tangentes sur la directrice sont les segments pf, pf_1, manifestement égaux entre eux.

3° Soient Px la parallèle à l'axe, menée vers l'intérieur de la parabole (c'est-à-dire, suivant les cas, la demi-droite Pp ou son prolongement) ; Py la bissectrice de l'angle $\widehat{FPx}$.

On montrera, comme au n° **504**, que l'angle $\widehat{yPM}$ est la moitié de l'angle $\widehat{xPf}$ et l'angle $\widehat{yPM_1}$, la moitié de l'angle $\widehat{xPf_1}$.

Mais les angles $\widehat{xPf}$, $\widehat{xPf_1}$ sont égaux entre eux : donc la droite Py fait des angles égaux avec les deux tangentes. Elle est d'ailleurs intérieure à leur angle, puisque les deux droites PF, Px sont intérieures à cet angle (n° précéd., Rem.) : elle en est donc la bissectrice.

530. Théorème. — *Le lieu des sommets des angles droits circonscrits à la parabole est la directrice.*

En effet, dans la figure précédente, si l'angle $\widehat{MPM_1} = \widehat{MPF} + \widehat{FPM_1}$ est droit, la somme des angles $\widehat{fPF}$, $\widehat{FPf_1}$, respectivement doubles de $\widehat{MPF}$, $\widehat{FPM_1}$ est égale à deux droits, de sorte que le point P est sur la droite ff_1, et réciproquement.

531. La définition donnée, en premier lieu, de la parabole est très différente de celles qui ont été données de l'ellipse et de l'hyperbole ; mais il n'en est pas de même de celle qui lui a été substituée au n° **522**, laquelle est évidemment analogue aux définitions de l'ellipse et de l'hyperbole données aux n^{os} **495**, **508**. Cette analogie se retrouve dans les théorèmes qui viennent d'être démontrés. Elle peut être précisée par le théorème suivant.

Théorème. — *La parabole est la limite d'une ellipse (ou d'une hyperbole) dont un foyer et le sommet voisin restent fixes, pendant que l'autre foyer s'éloigne indéfiniment sur l'axe.*

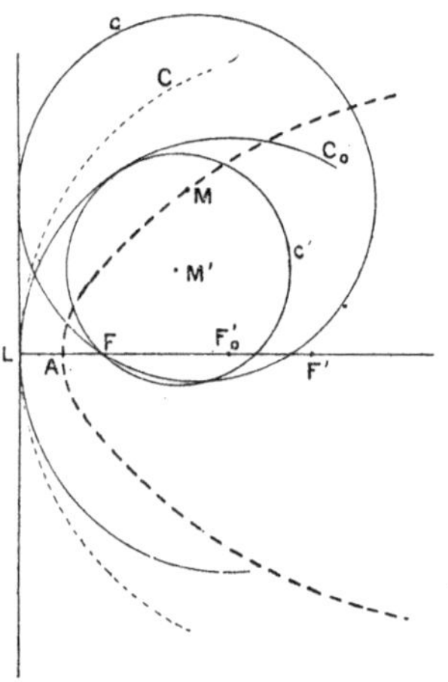

Fig. 443.

Soient F le foyer d'une parabole, A le sommet, de sorte que la directrice est la perpendiculaire à FA menée par le point L, symétrique de A par rapport à F (*fig.* 443). Considérons une ellipse E ayant pour foyers le point F et un point F' situé sur AF prolongé au delà de F. Le cercle directeur C qui a F' pour centre passe par le point L (puisque celui-ci est situé sur le prolongement de F' A et tel que AL = AF) et est tangent en ce point à la directrice de la parabole.

Un point M *de la parabole (autre que le sommet) est extérieur à toute ellipse telle que* E. Car il est le centre d'un cercle *c* passant par F et touchant la directrice, lequel doit, par conséquent, couper le cercle C, puisque celui-ci passe entre le point F et la directrice.

Il est clair que le même raisonnement s'appliquerait à un point *extérieur* à la parabole.

Au contraire, soit M′ un point intérieur à la parabole, mais d'ailleurs aussi voisin de la courbe qu'on le voudra. Je dis que *l'on pourra trouver sur l'axe un point* F'_0 *tel que, pour toute position du point* F′ *située au delà de* F'_0, *l'ellipse* E *comprenne le point* M′ *à son intérieur.*

En effet, le cercle c' de centre M′ et de rayon M′F n'a aucun point commun avec la directrice. On peut, dès lors, trouver un cercle C_0, ayant pour centre un point F'_0, situé du même côté du point L que F, tangent en L à la directrice et auquel c' soit tangent intérieurement [1]. Un cercle C, tangent à C_0 et ayant pour centre un point F′ de l'axe situé au delà de F'_0, comprendra à son intérieur le cercle C_0 et, par suite, le cercle c'. Par conséquent, le point M′ sera bien intérieur à l'ellipse E qui aura F et F′ pour foyers, C pour cercle directeur.

Il résulte de ce que nous venons de voir que si M est un point quelconque de la parabole, M′ un point intérieur à la courbe, mais aussi voisin qu'on le veut de M, l'ellipse E, lorsque son second foyer F′ sera suffisamment éloigné, traversera le segment de droite MM′. En un mot, *l'ellipse* E, *toujours intérieure à la parabole, s'en rapproche indéfiniment à mesure que le point* F′ *s'éloigne sur l'axe.*

Soit de même une hyperbole H qui a pour foyers le point F et un point F′ de l'axe, situé, par rapport à la directrice, du côté où n'est pas le point F, le cercle directeur C de centre F′ étant tangent en L à la directrice (*fig.* 444). Nous considérerons plus spécialement la branche de cette hyperbole voisine de F, branche dont le sommet n'est autre que le sommet A de la parabole [2].

Tout point M *pris sur la parabole ou à son intérieur est intérieur à la branche d'hyperbole :* car le cercle c de centre M et de rayon MF est sans point commun avec C, ces deux lignes étant de part et d'autre de la directrice.

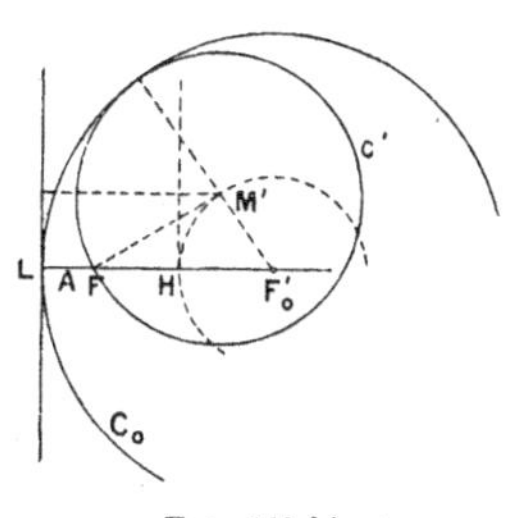

FIG. 443 *bis*.

(1) La parallèle menée à la directrice, à une distance égale au rayon M′F de c' et du côté de cette directrice où est la courbe, *fig.* 443 *bis*, laisse le point M′ et la directrice de part et d'autre (puisque la distance du point M′ à la directrice est supérieure à M′F). Donc le cercle passant par M′ et tangent à cette parallèle au point H où elle rencontre l'axe, aura son centre F'_0 au delà de H. Le cercle concentrique à celui-là et passant par L remplit les conditions indiquées.

(2) La seconde branche de l'hyperbole s'éloigne tout entière indéfiniment avec le point F′.

Au contraire, *tout point* M′ *extérieur à la parabole devient extérieur à l'hyperbole lorsque le point* F′ *est suffisamment éloigné.* En effet, le cercle c' de centre M′ et de rayon M′F a des points P du côté de la directrice où n'est pas le point F. On peut donc choisir le point F′ de manière que le cercle C_0 ayant ce point pour centre et passant en L coupe c' (il suffit de faire passer le cercle C par un point P, à l'aide de la constr. 13, liv. II, n° **90**). Si F'_0 est la position ainsi trouvée du point F′, tous les cercles C dont les centres sont situés au delà de F'_0 couperont également c', puisqu'ils passent entre C_0 et la directrice. Les hyperboles qui auront ces cercles pour cercles directeurs et F pour foyer laisseront donc le point M′ à l'extérieur.

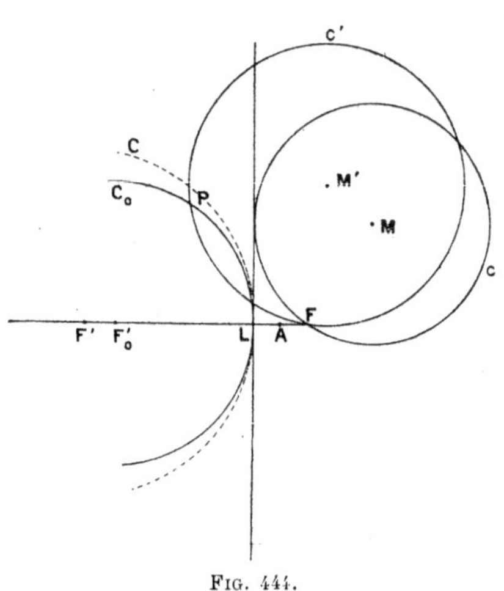

Fig. 444.

Il en résulte, comme tout à l'heure, que les hyperboles H, tout en étant extérieures à la parabole, s'en rapprochent indéfiniment à mesure que le point F′ s'éloigne.

Les trois courbes (ellipse, hyperbole, parabole), dont nous avons constaté l'analogie, ont été réunies sous la dénomination commune de *coniques*. La raison de cette dénomination est donnée plus loin (**720**).

532. Diamètres de la parabole.

Théorème. — *Le lieu des milieux des cordes d'une parabole parallèles à une même direction est une parallèle à l'axe* (ou, plus exactement, *la portion de cette parallèle située à l'intérieur de la courbe*).

Reprenons, en effet, la figure du n° **523**. Lorsque la droite D se déplace en restant parallèle à une direction fixe, le point f, symétrique du foyer par rapport à D, décrit une perpendiculaire à cette direction passant par le point F, et le point I, intersection de Ff avec la directrice, reste fixe.

Or, si M,N sont les deux points d'intersections de D avec la parabole, M′ et N′, leurs projections sur la directrice (*fig.* 438), le point I est le milieu de M′N′. Le milieu de MN est donc sur la parallèle à l'axe menée par I, laquelle est fixe ainsi que nous venons de le voir.

Inversement, tout point pris sur la parallèle à l'axe mené par I et à l'intérieur de la parabole sera le milieu de la corde interceptée par la courbe sur la parallèle à D menée par ce point.

La droite, lieu des milieux des cordes interceptées par la parabole sur les droites parallèles à une même direction, est dite le *diamètre* conjugué de cette direction.

Remarque. — I. Il est clair que *le diamètre conjugué d'une direction coupe la parabole au point de contact de la tangente parallèle à cette direction* : ceci n'est que l'application du raisonnement précédent au cas où les points M et N sont confondus.

II. — Il y a une direction (et une seule) à laquelle ne correspond aucun diamètre : *c'est celle de l'axe de la parabole*, puisqu'une parallèle à l'axe ne coupe la courbe qu'en un point à distance finie.

532 *bis*. Théorème. — *Le point de concours des tangentes menées à la parabole aux extrémités d'une corde quelconque est sur le diamètre conjugué de la direction cette corde.*

Nous avons vu en effet (**529**), que si, d'un point P du plan, on mène les tangentes PM, PM_1 à la parabole, ces tangentes ont leurs projections pf, pf_1 (*fig.* 442) sur la directrice égales, de sorte que le point p est le milieu de ff_1. Dès lors il est clair que la parallèle à l'axe, menée par le point P, passe par le milieu de MM_1.

533. Définitions. — Soient données dans un plan deux droites concourantes Ox, Oy (*fig.* 445), dites *axes de coordonnées*, leur point commun O étant dit *origine* des coordonnées.

Un point M quelconque étant pris dans le plan, menons, par ce point, la parallèle Mm à l'axe Oy. Le segment Om intercepté par cette droite sur l'axe Ox est dit l'*abscisse* du point M et le segment mM, l'*ordonnée* du même point.

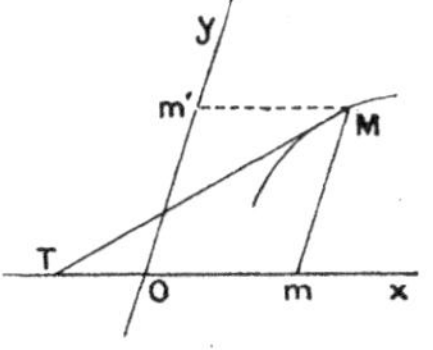

Fig. 445.

Si l'on faisait jouer à l'arc Ox le rôle de l'axe Oy et inversement, c'est-à-dire si l'on menait par M une parallèle Mm' à l'axe Ox jusqu'à rencontre en m' avec Oy, cela reviendrait à intervertir l'abscisse et l'ordonnée, ainsi que le montre le parallélogramme OmMm'.

L'abscisse et l'ordonnée d'un point en sont dites les *coordonnées*. Leur connaissance détermine complètement la position du point, si l'on a soin d'indiquer le *sens* dans lequel chacune d'elles doit être portée : savoir, si le segment Om doit être porté d'un côté ou de l'autre du point O et le segment mM, d'un côté ou de l'autre du point m. On convient, conformément à ce qui a été dit en Géométrie plane (Pl. 185, 186) et en Algèbre (*Leçons* de M. Bourlet, ch. I, II), d'indiquer le sens par le *signe* que l'on donne à chacune des coordonnées : l'abscisse Om étant comptée positivement dans le sens Ox, négativement dans le sens opposé, l'ordonnée mM étant comptée positivement lorsqu'elle est de même sens que la demi-droite Oy, négativement dans le cas contraire.

Par le point M, soit tracée une courbe admettant en ce point une tangente. Si T est le point où cette tangente coupe l'axe Ox, le segment Tm est dit la *sous-tangente* de la courbe en M.

De même, on appelle *sous-normale* le segment intercepté à partir du point m, sur Ox, par la normale à la courbe.

Théorème. — *La parabole étant rapportée à son axe et à la tangente au sommet, la sous-tangente en un point quelconque est double de l'abscisse du point de contact.*

Soient M un point de la parabole, m sa projection sur l'axe, M′ sa projection sur la directrice, T le point de rencontre de l'axe avec la tangente en M ; le foyer, le sommet et la projection du foyer sur la directrice étant toujours désignés par F, A, L (*fig.* 446). Nous avons à montrer que le point A est le milieu de Tm.

Or le triangle MFT est isoscèle. Car les angles $\widehat{MTF} = \widehat{TMM'}$ et $\widehat{TMF}$ sont égaux ; donc on a $FT = FM = MM' = mL$. Donc le segment $AT = FT - FA$ est égal au segment $Am = Lm - AL$.

534. Théorème. — *La parabole étant rapportée à son axe et à la tangente au sommet, la sous-normale est constante et égale au paramètre.*

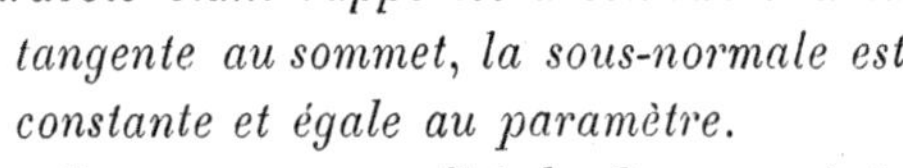

Fig. 446.

Reprenons, en effet, la figure précédente et menons la normale MN, laquelle est parallèle à FM′, puisque cette dernière droite est perpendiculaire à la tangente. Le parallélogramme M′M FN montre que l'on a $FN = MM' = mL$ et, par conséquent, le segment mN, différence entre LN et Lm, est égal au paramètre LF, qui est la différence entre LN et FN.

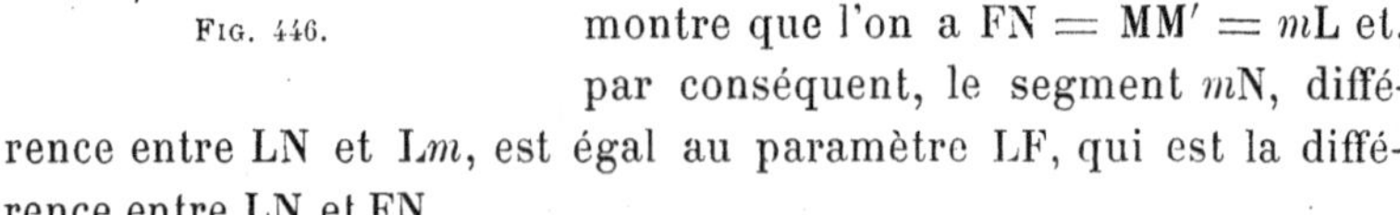

535. Théorème. — *La parabole étant rapportée à son axe et à la tangente au sommet, le carré de l'ordonnée d'un point de la courbe est proportionnel à l'abscisse.*

En effet, dans le triangle rectangle TMN, la droite Mm est la hauteur : on a donc

$$\overline{Mm}^2 = \overline{mT} \cdot \overline{mN} = 2\,\overline{Am} \cdot \overline{FL} \text{ (533, 534)}.$$

Ainsi, l'ordonnée est moyenne proportionnelle entre le double de l'abscisse et le paramètre.

Inversement :

Si l'abscisse d'un point (situé du même côté de la tangente au sommet que le foyer), multipliée par le double du paramètre, est égale au carré de l'ordonnée, ce point est sur la parabole.

Cette proposition résulte de la précédente : si, par le point considéré M, on mène une parallèle à l'axe, cette parallèle coupe la parabole en un point qui coïncide forcément avec M (comparer **502**, réciproque) parce qu'il n'existe, sur cette parallèle, qu'*un seul* point satisfaisant à la condition précédente.

La parabole est donc le lieu des points satisfaisant à cette condition.

Par conséquent aussi, *étant donnés deux axes rectangulaires, le lieu des points tels que leurs abscisses, toutes de même sens, multipliées par une longueur constante* $2p$, *donnent des produits égaux aux carrés de leurs ordonnées, est une parabole.*

Ceci résulte de ce que nous venons de dire (Comparer **500**, Réc.), en vertu de ce fait qu'il existe une parabole ayant pour axe et pour tangente au sommet les axes donnés et pour paramètre la longueur p (c'est celle qui aura pour foyer le point situé sur l'axe et d'abcisse $\frac{p}{2}$ et pour directrice la parallèle à la tangente au sommet, menée par le point symétrique du foyer par rapport à celle-ci). Cette parabole est le lieu cherché.

536. Plus généralement, supposons la parabole rapportée *à un diamètre et à la tangente à l'extrémité de ce diamètre.*

Théorème. — *La parabole étant rapportée à un diamètre et à la tangente à l'extrémité de ce diamètre, la sous-tangente est double de l'abscisse du point de contact.*

Soient Ox le diamètre, Oy la tangente à son extrémité (*fig.* 447) ; M, un point de la courbe, dont l'abcisse est Om et l'ordonnée mM. La tangente en M coupe Oy en P et Ox en T.

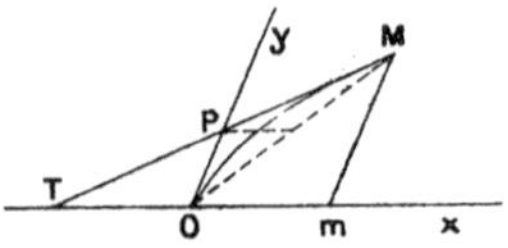

FIG. 447.

Le diamètre qui passe en P, c'est-à-dire la parallèle à Ox menée par ce point, passant au milieu de OM (**532** *bis*), le triangle MOT montre que le point P est le milieu de MT, d'où résulte, dans le triangle TmM, que le point O est le milieu de Tm.

Théorème. — *La parabole étant rapportée à un diamètre et à la tangente à l'extrémité de ce diamètre, le carré de l'ordonnée est proportionnel à l'abcisse.*

Ox et Oy ayant la même signification que dans la figure précédente, soit M un point de la courbe, dont l'abcisse est Om et l'ordonnée mM, sa projection sur la directrice étant M′ (*fig.* 448).

Si f est le symétrique du foyer F par rapport à Mm, la droite Ff passe (**523**) par le point I où Ox rencontre la directrice et l'on a

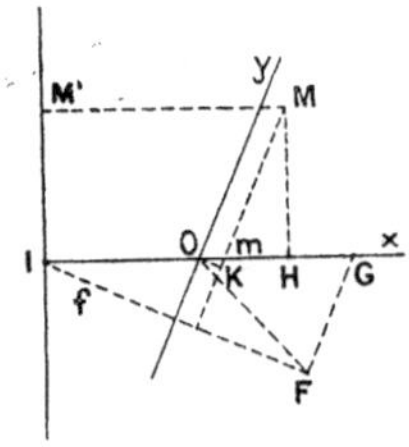

FIG. 448.

$$\overline{IM'}^2 = \overline{IF}\cdot\overline{If}.$$

Mais puisque f est le symétrique de F par rapport à Mm, I le symétrique de F par rapport à Oy (**526**), la distance If est (Pl., **102** *bis*) double de la distance OK (*fig.* 448) des deux parallèles Oy, mM, tandis que IM′ est égal à la distance MH des deux parallèles Ox, MM′. L'égalité précédente peut donc s'écrire

$$\overline{MH}^2 = 2\overline{OK}\cdot\overline{IF}.$$

Enfin, si, par le point F, nous menons la parallèle à Oy, jusqu'à rencontre en G avec Ox, les trois triangles MHm, OKm, IFG sont semblables et donnent

$$\frac{MH}{\overline{Mm}} = \frac{OK}{\overline{Om}} = \frac{IF}{\overline{IG}}.$$

L'égalité $\overline{MH}^2 = 2OK \cdot IF$ étant homogène par rapport à MH, OK, IF, nous pouvons remplacer ces quantités par leurs valeurs proportionnelles et il vient

$$\overline{Mm}^2 = 2Om.\ IG,$$

ce qui démontre le théorème : car IG est indépendant de la position du point M sur la courbe.

La droite Oy, parallèle à FG, divisant en deux parties égales le côté IF du triangle IFG, le point O est le milieu de IG. La longueur IG est double de IO (ou encore du rayon vecteur OF).

Inversement, si le carré de l'ordonnée d'un point est égal au double de l'abscisse du même point, multiplié par IG, *ce point est sur la parabole* (*du moins s'il est du même côté qu'elle par rapport à* Oy).

Ceci résulte (comparer n° précéd., n° **502**) de ce que, sur une parallèle à Ox, il n'existe qu'un point satisfaisant à la condition précédente.

Par conséquent aussi, *étant donnés deux axes quelconques* Ox, Oy, *le lieu des points situés, par rapport à* Oy, *du même côté que la demi-droite* Ox *et tels que les carrés de leurs ordonnées soient égaux à leurs abscisses, multipliée par une longueur constante* $2p'$, *est une parabole.* Il suffit, pour le voir, de montrer qu'il existe une parabole tangente à Oy en O, ayant son axe parallèle à Ox et telle que la longueur désignée, dans le raisonnement précédent, par IG soit égale à p'. Or on obtiendra une telle parabole en portant, sur Ox prolongé au delà du point O, une longueur OI égale à $\frac{p'}{2}$ et prenant pour directrice, la perpendiculaire en I à Ox, pour foyer, le symétrique de I par rapport à Oy.

EXERCICES

793. La région extérieure à la parabole est d'un seul tenant (comparer 746).

794. Toutes les paraboles sont semblables entre elles.

795. Trouver le lieu des points tels que la somme ou la différence de leurs distances à un point donné et à une droite donnée soit constante.

796. Mener une normale à une parabole par un point de son axe. Dans quelle région de celui-ci doit se trouver le point donné pour que le problème ait une solution (autre que l'axe)?

Lieu du pied de la normale, lorsque la parabole varie de manière à ce que son foyer et la direction de son axe restent fixes.

797. Deux paraboles *homofocales*, c'est-à-dire qui ont même foyer et même direction d'axe, ne peuvent se couper qu'à angle droit.

798. M étant un point quelconque du plan, on décrit, sur la droite qui joint ce point à un point fixe A, comme diamètre, une circonférence, à laquelle on mène une tangente D′ parallèle à une droite donnée D. Lieu du point M tel que sa distance à la droite D′ soit constante.

799. La tangente en un point G d'une hyperbole de foyers F et F′ coupe une asymptote en O. Montrer qu'il existe une parabole de foyer G′ tangente en F et F′ à OF et à OF′.

Réciproque. — Montrer que cette proposition n'est qu'un cas particulier de l'exercice 783.

800. Étendre à la parabole l'exercice 760.

La portion d'une tangente variable à une parabole, comprise entre deux tangentes fixes, est projetée sur la directrice suivant un segment de longueur constante.

801. Si un point parcourt une tangente fixe à une parabole, l'angle du rayon vecteur joignant ce point au foyer avec la seconde tangente menée du même point à la courbe est constant.

802. Si P est l'intersection des tangentes menées en M et M_1 à une parabole de foyer F,

1° La distance PF est moyenne proportionnelle entre FM et FM_1,

2° Le rapport $\frac{PM}{PM_1}$ est égal à $\left(\frac{FM}{FM_1}\right)^2$.

803. Construire une parabole, connaissant :

1° Le foyer et deux points;

2° La directrice et deux points. Condition de possibilité. (Les deux points étant donnés tout d'abord, il faut que la directrice ne coupe pas un certain cercle. Lorsqu'elle est tangente à ce cercle, il y a deux solutions confondues. Montrer que les tangentes menées par les deux points donnés à la parabole obtenue sont alors rectangulaires).

3° Le foyer et deux tangentes;

4° La directrice et deux tangentes;

5° Le foyer, un point et une tangente. Condition de possibilité ;

6° La directrice, un point et une tangente. La tangente et la directrice étant d'abord données, dans quelles régions doit se trouver le point pour que le problème soit possible?

7° Deux tangentes et leurs points de contact (appliquer **532** *bis*);

8° La direction d'axe et trois points.

804. Le lieu des foyers des paraboles tangentes à trois droites données est le cercle circonscrit au triangle formé par ces trois droites (ex. 801 ou Pl., ex. 72).

Montrer (Pl., exercice 373) que les directrices des paraboles en question passent par le point de rencontre des hauteurs du triangle.

805. Construire la parabole tangente à quatre droites données.

806. Lieu des sommets des angles droits dont les côtés sont respectivement tangents à deux paraboles homofocales (ex. 797) données.

807. Si d'un point P, on mène, à une parabole de foyer F, les tangentes PM, PM_1, le centre O du cercle PMM_1 est sur le cercle PFF_1, et le segment OP est vu de F sous un angle droit.

808. Deux tangentes d'une parabole sont divisées par trois autres tangentes quelconques en partie proportionnelles. Cas où les deux premières tangentes sont égales entre elles.

809. Réciproquement, si cinq droites sont telles que deux d'entre elles soient divisées semblablement par les trois autres, elles sont en général tangentes à une même parabole (ex. 805). Quels sont les cas d'exception ?

Déduire de là l'exercice 356 de la Géométrie plane.

810. Dans l'exercice 214 de la Géométrie plane, chaque droite de la figure mobile reste tangente à une parabole fixe.

811. Deux tangentes d'une parabole étant données, si on leur mène des parallèles par un point I de la corde de contact, la diagonale du parallélogramme ainsi formé qui ne passe pas par le point I est tangente à la courbe.

812. Si, d'un point de la base d'un triangle, on abaisse des perpendiculaires sur les deux autres côtés, la droite qui joint les pieds de ces perpendiculaires est tangente à une parabole fixe (ex. 809). Le foyer de cette parabole est le pied de la

hauteur du triangle. La directrice est la droite qui joint les pieds des deux autres hauteurs (appliquer **530**).

813. Dans un triangle rectangle, le sommet de l'angle droit est fixe, un autre sommet parcourt une droite fixe, pendant que l'hypoténuse reste perpendiculaire à cette droite fixe. Lieu du troisième sommet.

Plus généralement, les côtés d'un angle droit pivotent respectivement autour de deux points fixes. Lieu de l'intersection de l'un de ces côtés avec la perpendiculaire à une droite fixe, menée à son point de rencontre avec l'autre côté.

814. Lieu des projections du foyer d'une parabole sur les normales.

815. Le lieu des points obtenus en multipliant les coordonnées de chaque point d'une parabole par des nombres constants est une nouvelle parabole.

816. Lieu de l'intersection des normales rectangulaires à une parabole.

CHAPITRE IV

HÉLICE

537. Définitions. — Soit une courbe plane (C) (*fig.* 449) telle que l'on puisse définir la longueur d'un arc quelconque de cette courbe (Pl., **179**, Note). C'est ce qui arrive, en particulier, dans le cas où la courbe (C) est un cercle. Nous pouvons, de plus, démontrer, dans ce cas, le théorème suivant :

Théorème. — *Le rapport d'un arc à sa corde tend vers l'unité lorsque l'arc tend vers zéro.*

Il résulte, en effet, du n° **179** qu'un arc de cercle (plus petit qu'une demi-circonférence) est compris entre sa corde et la somme des tangentes menées à ses extrémités et terminées à leur point d'intersection : le rapport de la corde à l'arc est donc plus petit que 1, mais plus grand que le rapport de la corde à la somme des tangentes aux extrémités; or il résulte du n° **177** que ce dernier rapport tend vers 1 lorsque l'arc tend vers zéro [1].

Nous venons de faire le raisonnement pour un arc de cercle; mais il subsiste (en vertu des remarques faites n° **179**, Note) pour tous les arcs de courbes dont on peut définir la longueur.

Prenons, d'autre part, une droite indéfinie O_1x_1 (*fig.* 449), sur laquelle nous aurons choisi un sens positif. Nous pourrons faire correspondre à chaque point de (C) un point de O_1x_1, de manière que l'arc compris entre deux points quelconques de (C) soit égal à la distance des deux points qui leur correspondent sur la droite.

Pour cela, nous prendrons sur (C) un point O et, sur O_1x_1, un point O_1, que nous ferons correspondre l'un à l'autre.

Nous nommerons *abscisse curviligne* d'un point M de la courbe,

[1] Voir aussi BOURLET, *Trigonométrie*, n° **99**, p. 110.

relative à l'*origine* O, la longueur de l'arc OM, prise positivement dans un certain sens (par exemple, celui qui est marqué par une flèche sur la figure 449), négativement dans le sens opposé.

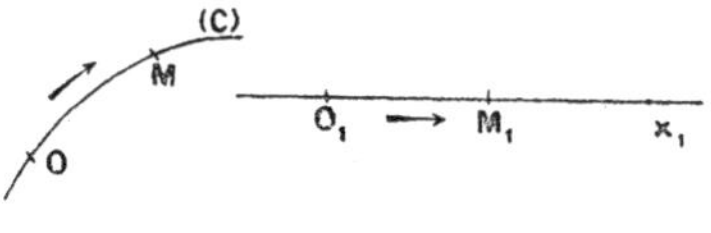

FIG. 449.

Nous ferons correspondre, à chaque point M de (C), le point M_1 de la droite O_1x_1 dont l'*abscisse rectiligne* O_1M_1 est égale, en grandeur et signe, à l'abscisse curviligne de M.

Si la courbe (C) est indéfinie dans les deux sens, on a ainsi associé à chaque point de cette courbe un point déterminé de la droite O_1x_1, et inversement.

Supposons, au contraire, que la courbe (C) soit fermée (*fig.* 450) et soit l sa longueur. Les abscisses comprises entre 0 et l, — autrement dit, les points de la droite compris entre le point O_1 et l'extrémité d'un segment $O_1\,O'_1 = l$ porté dans le sens positif —, correspondront aux différents points de la courbe, l'abscisse l correspondant, comme l'abscisse O, au point O lui-même.

Pour les abscisses supérieures à l, nous adopterons la convention usitée en trigonométrie [1], savoir :

S'il s'agit d'une abscisse comprise entre l et $2l$, égale, par exemple à $l + h$ (h étant une longueur comprise entre 0 et l), nous la considérerons comme étant la somme d'un arc égal à l (arc dont l'extrémité sur (C) est le point O, comme nous venons de le voir) et d'un arc

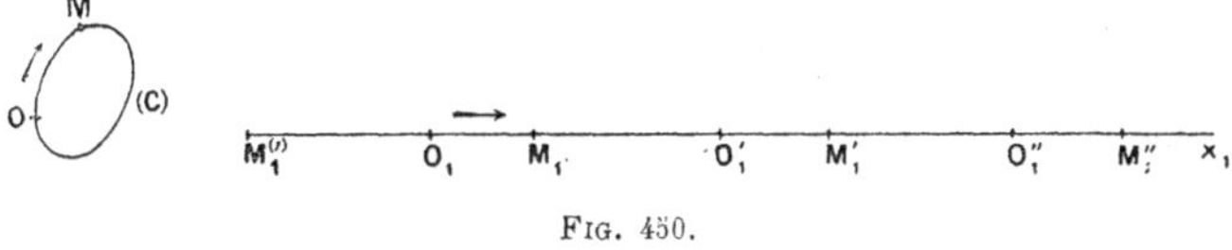

FIG. 450.

$OM = h$: l'abscisse $l + h$ correspondra donc au même point M de (C) que l'abscisse h; et par conséquent, le point M'_1 de O_1x_1 tel que $M_1M'_1 = l$ (*fig.* 450) correspondra au même point de (C) que M_1. L'abscisse $2l$ correspondra encore au point O.

S'il s'agit d'une abscisse comprise entre $2l$ et $3l$, égale à $2l + h$ (h étant compris entre 0 et l), nous la considérerons comme somme

(1) Voir BOURLET, *Leçons de Trigonométrie*, ch. I, nos **13** et suiv.

d'un arc égal à $2l$, arc dont l'extrémité est le point O, et d'un arc égal à h. Le point correspondant de (C) sera donc le même que pour l'abscisse h;

Et ainsi de suite.

Des considérations toutes semblables s'appliqueront d'ailleurs [1] aux abscisses négatives.

D'après ces conventions, nous voyons qu'*un point de la droite* O_1x_1 *correspondra à un point parfaitement déterminé de* (C), mais qu'*à un point de* (C) *correspondront une infinité de points* M_1, M'_1, M''_1, ..., $M_1^{(i)}$, $M_1^{(i')}$, ... (*fig.* 450) *de* O_1x_1, *séparés les uns des autres par des intervalles égaux à* l.

538. Soient un cylindre droit, ayant pour base une courbe quelconque (C), et une génératrice Oy de ce cylindre, coupant la courbe (C) en un point O, qui sera dit l'*origine* des coordonnées curvilignes (*fig.* 451).

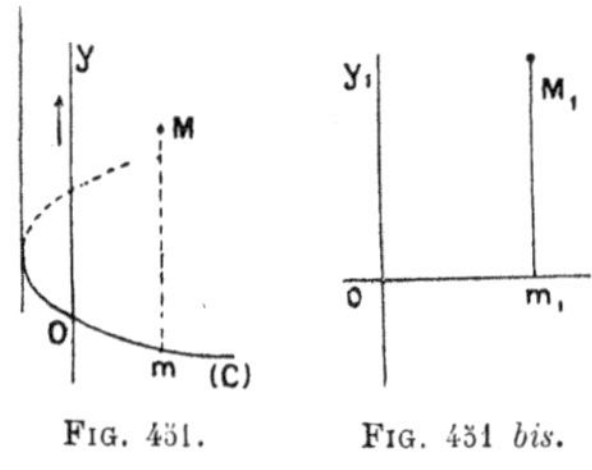

Fig. 451. Fig. 451 *bis*.

Pour définir un point M sur la surface du cylindre, il suffira de se donner :

1° Le point m où la génératrice menée par M coupe la courbe (C), ce qui se fera, en se donnant l'*abscisse curviligne* Om de ce point, rapportée à l'origine O;

2° Le segment de génératrice mM, qui sera dit l'*ordonnée* de M. Cette ordonnée sera prise avec le signe + ou avec le signe —, suivant le sens dans lequel elle devra être portée, un sens positif ayant été indiqué sur la direction des génératrices du cylindre.

L'abscisse curviligne et l'ordonnée d'un point en seront dites les *coordonnées* sur le cylindre.

Soient, d'autre part, dans un plan, deux axes rectangulaires O_1x_1, O_1y_1. Nous ferons correspondre, au point M du cylindre, le point M_1 du plan qui aura, par rapport aux axes O_1x_1, O_1y_1, mêmes coordonnées que le point M sur la surface cylindrique.

D'après ce que nous avons vu au numéro précédent, si la courbe (C) est indéfinie, le point M_1 ainsi défini sera unique; si, au contraire,

(1) Bourlet, *Leçons de Trigonométrie*, ch. I, nos **13** et suiv.

la courbe (C) est fermée et de longueur l, un point M du cylindre correspondra à une infinité de points M_1, M'_1,... du plan, situés sur une même parallèle à Ox, à des intervalles égaux à l (*fig.* 452).

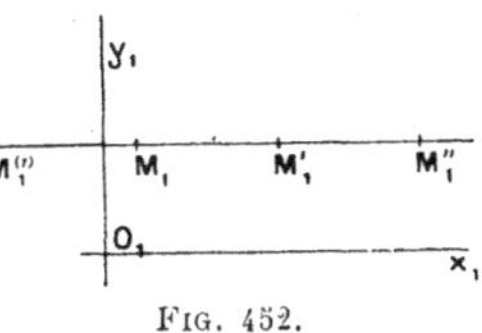

FIG. 452.

Une figure F étant donnée sur le cylindre, son *développement* sera la figure plane F_1 formée des points M_1 qui correspondent, ainsi qu'il vient d'être dit, aux différents points M de F.

Inversement, *enrouler* sur le cylindre une figure plane F_1, ce sera construire la figure F correspondante.

539. La raison d'être de ces locutions apparaîtra si l'on substitue au cylindre considéré un prisme.

Soit donné un prisme ABCD... A'B'C'D'... (*fig.* 453). Construisons, dans un plan :

Un parallélogramme $A_1B_1\ A'_1B'_1$, égal à la face AB A'B' ;

Un parallélogramme $B_1C_1\ B'_1C'_1$, égal [1] à la face BC B'C' et adjacent à $A_1B_1\ A'_1B'_1$ suivant le côté commun $B_1B'_1$;

Un parallélogramme $C_1D_1\ C'_1D'_1$, égale à CD C'D' et adjacent à $B_1C_1\ B'_1C'_1$ suivant le côté commun $C_1C'_1$;

et ainsi de suite.

Nous aurons ainsi étalé sur le plan l'aire latérale du prisme. Or la construction précédente revient à *développer* cette aire latérale, au sens

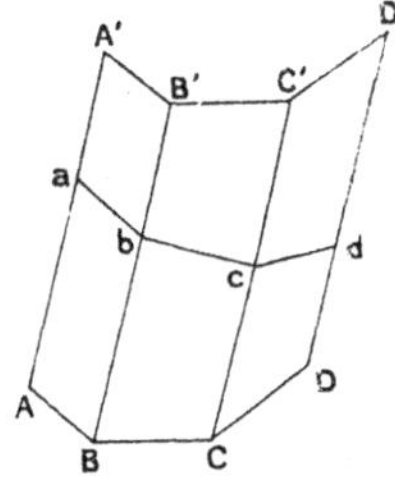

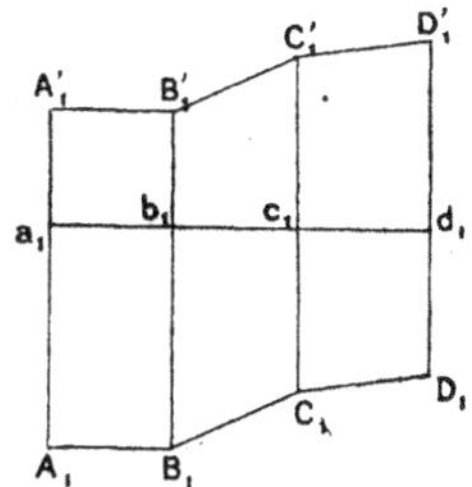

FIG. 453.

du n° précédent, le rôle de la ligne de base (C) étant joué par une section droite quelconque *abcd*... (*fig.* 453) du prisme. C'est ce dont on se convaincra facilement en remarquant que les différents côtés *ab*, *bc*, *cd*,...

(1) Dans ces deux parallélogrammes égaux, il est sous-entendu que c'est le point B_1 qui correspond au point B, le point C_1 au point C.

de cette section droite se transforment en segments a_1b_1, b_1c_1,... tous en prolongement les uns des autres.

Pour définir le développement d'un cylindre, on pourrait remplacer ce cylindre par un prisme inscrit, développer ce dernier comme il vient d'être dit, puis passer à la limite en supposant que le nombre des côtés du polygone de base augmente indéfiniment de manière que chacun d'eux tende vers zéro. Il est clair, d'après les remarques précédentes, qu'on retomberait ainsi sur le développement, tel qu'il a été défini au n° précédent.

540. Pour définir le développement F_1 d'une figure cylindrique F, nous avons dû nous donner sur le cylindre : 1° une génératrice Oy ; 2° une courbe de base (C). Mais on remarquera que la forme de la figure F_1 ne changerait pas si l'on substituait à la génératrice Oy une autre génératrice $O'y'$ (*fig.* 454) ou à la courbe de base (C) une autre section droite (C′) du même cylindre.

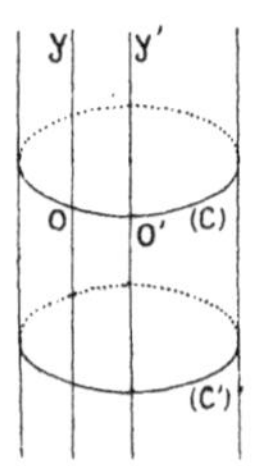

Fig. 454.

Le premier changement revient, en effet, à augmenter toutes les abscisses d'une même quantité, à savoir l'arc O′O et par conséquent, à faire subir à la figure F_1 une translation parallèle à O_1x_1 et égale à cette quantité O′O.

Le second changement revient de même à augmenter toutes les ordonnées d'une quantité, à savoir la distance des deux plans parallèles qui contiennent les lignes (C) et (C′) ; ou, par conséquent, à faire subir à la figure F_1 une translation parallèle à O_1y_1.

Au reste, la remarque que nous venons de faire serait évidente si l'on considérait le développement comme obtenu par le procédé indiqué au n° précédent.

541. On nomme *hélice* la ligne obtenue en enroulant sur un cylindre une ligne droite.

Si cette ligne droite est parallèle à la direction O_1y_1 (*fig.* 452) qui correspond aux génératrices du cylindre, elle se transformera, par l'enroulement, en une de ces génératrices.

Si, au contraire, la ligne droite donnée est parallèle à l'axe des abscisses O_1x_1, elle se transformera en une section droite (C).

Les sections droites et les génératrices sont donc des cas particuliers d'hélices. Toutefois, dans ce qui va suivre, lorsque l'on parlera d'hélice, il sera souvent sous-entendu que ces deux cas limites sont exclus.

542. Puisque (**540**) la forme du développement d'une figure est indépendante du choix de la courbe de base et de l'origine O des coordonnées, nous pourrons toujours supposer que cette origine est sur l'hélice. C'est ce que nous ferons désormais.

Dans ces conditions, nous aurons le théorème suivant.

Théorème. — *L'ordonnée d'un point de l'hélice est proportionnelle à son abscisse curviligne.*

Ce théorème, d'après la définition de l'hélice, revient au suivant :

Dans un plan $O_1x_1y_1$, *l'ordonnée d'un point d'une droite passant par l'origine* O_1 *est proportionnelle à son abscisse.*

Or soient M_1, N_1 (*fig.* 455) deux points de la droite, ayant pour abscisses O_1m_1, O_1n_1 et pour ordonnées m_1M_1, n_1N_1. Les triangles semblables $O_1m_1M_1$, $O_1n_1N_1$ montrent bien que l'on a

$$\frac{m_1M_1}{O_1m_1} = \frac{n_1N_1}{O_1n_1}$$

C. Q. F. D.

543. Tangente à l'hélice.

La courbe de base (C) étant supposée admettre une tangente en chacun de ses points, nous allons démontrer qu'il en est de même pour l'hélice, et trouver la position de cette tangente.

Théorème. — *La tangente à l'hélice fait avec l'arête du cylindre un angle constant.*

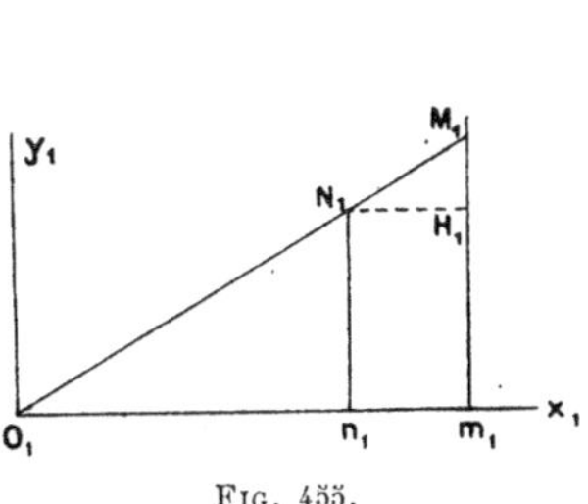

Fig. 455.

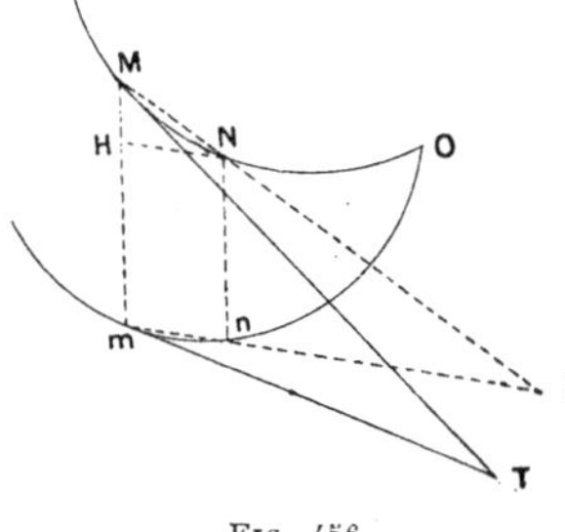

Fig. 456.

Soient (*fig.* 456) O l'origine, M un point de l'hélice obtenue en enroulant sur le cylindre la droite O_1M_1 (*fig.* 455), et correspondant au point M_1 de cette droite. Soient encore N un point de l'hélice voisin de M et correspondant au point N_1 de la droite O_1M_1 ; m, n, les projections des points M, N sur le plan de base ; m_1, n_1, les projections de M_1, N_1 sur l'axe O_1x_1 ; I, le point où MN coupe le plan de base. Menons la parallèle NH à mn, jusqu'à rencontre en H avec mM, et la parallèle N_1H_1 à m_1n_1, jusqu'à rencontre en H_1 avec m_1M_1. On a évidemment $NH = mn$, $N_1H_1 = m_1n_1$. De plus le segment MH, étant égal à la différence des ordonnées mM, nN, est égal au segment M_1H_1, différence des ordonnées m_1M_1, n_1N_1.

Or les triangles semblables IMm, MNH donnent

$$\frac{mI}{Mm} = \frac{NH}{HM} = \frac{mn}{HM}$$

et les triangles semblables $O_1M_1m_1$, $M_1N_1H_1$,

$$\frac{O_1m_1}{M_1m_1} = \frac{M_1H_1}{N_1H_1} = \frac{m_1n_1}{H_1M_1};$$

d'où, par division (puisque $Mm = M_1m_1$; $HM = H_1M_1$),

$$\frac{mI}{O_1m_1} = \frac{mn}{m_1n_1}$$

Mais m_1n_1 n'est autre que l'arc mn de la courbe (C). Son rapport au segment de droite mn tend donc vers l'unité lorsque le point n se rapproche indéfiniment de m. Donc le rapport $\frac{mI}{O_1m_1}$ tend aussi vers 1 et le segment mI tend vers O_1m_1.

La direction mI ayant pour limite, dans les mêmes conditions, la tangente mT à la courbe (C) en m, le point I tend vers le point T obtenu en portant sur cette tangente une longueur $mT = O_1m_1$.

La sécante MI tendant vers la position MT lorsque le point N tend vers M, la droite MT est la tangente à l'hélice en M.

L'angle que fait cette tangente avec la génératrice Mm est égal à $\widehat{O_1M_1m_1}$, car, du moment que l'on a $Mm = M_1m_1$, $mT = O_1m_1$, les triangles rectangles MmT, $M_1m_1O_1$ sont égaux. Cet angle est donc constant et égal à $\widehat{M_1O_1y_1}$

C. Q. F. D,

Corollaires. — I. *L'hélice fait avec les différents plans de sections droites un angle constant*, complémentaire de celui qu'elle fait avec les génératrices.

II. On appelle *sous-tangente* à l'hélice la projection mT, sur le plan de base, de la portion de tangente MT interceptée entre ce plan et le point de contact.

On voit que la *sous-tangente à l'hélice est égale à l'abscisse curviligne du point de contact :* on a $m\mathrm{T} = \mathrm{O}_1 m_1 =$ arc Om.

544. Plus généralement, soit une courbe quelconque MN tracée sur le cylindre, laquelle aura pour développement une courbe $\mathrm{M}_1\mathrm{N}_1$ (*fig.* 457) et non une droite. Donnons aux lettres m, n, m_1, n_1, I le même sens qu'au numéro précédent et soit I_1 le point où la droite $\mathrm{M}_1\mathrm{N}_1$ coupe l'axe $\mathrm{O}_1\, x_1$.

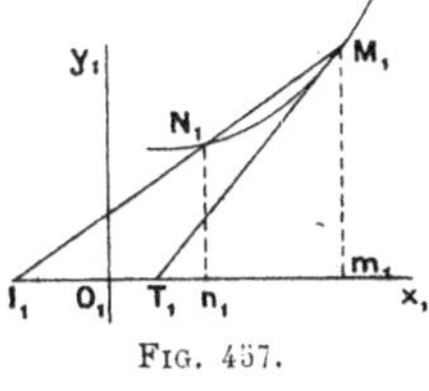

Fig. 457.

En raisonnant comme tout à l'heure, on verra que le rapport $\dfrac{m\mathrm{I}}{m_1\mathrm{I}_1}$ tend vers l'unité lorsque le point N se rapproche indéfiniment de M.

Mais si la courbe $\mathrm{M}_1\mathrm{N}_1$ a une tangente en M_1, le point I_1 tend vers l'intersection T_1 de cette tangente avec $\mathrm{O}_1\, x_1$, et $m_1\,\mathrm{I}_1$ tend vers $m_1\,\mathrm{T}_1$. Le segment mI tend donc aussi vers $m_1\,\mathrm{T}_1$ et la droite MI tend vers une position limite, obtenue en portant, sur la tangente à (C) en m, un segment $m\mathrm{T} = m_1\mathrm{T}_1$ et joignant mT. Cette position limite MT est, dès lors, la tangente à la courbe MN. Elle fait (ainsi qu'on le verra comme au n° précédent) avec Mm un angle égal à $\widehat{\mathrm{T}_1\mathrm{M}_1 m_1}$.

On a donc le théorème suivant :

Théorème. — *L'angle que fait une ligne tracée sur le cylindre avec la génératrice qui passe par un de ses points est égal à l'angle que fait le développement de cette ligne avec l'ordonnée correspondante.*

Corollaire. — *L'angle de deux lignes tracées sur le cylindre est égal à l'angle de leurs développements.* Car l'angle des deux lignes cylindriques est égal à la somme ou à la différence des angles qu'elles font avec la génératrice qui passe en leur point commun (puisque leurs tangentes sont dans un même plan avec cette génératrice) (*fig.* 458) et, par conséquent, à la somme ou à la différence des

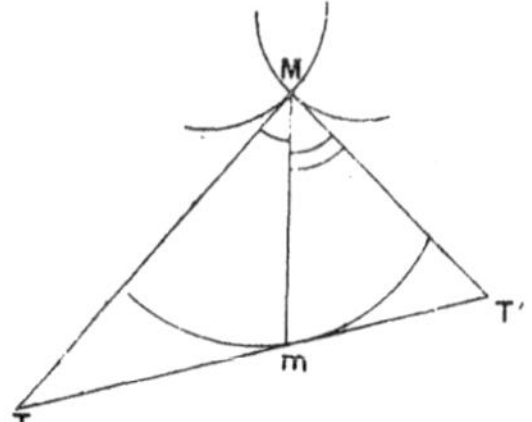

FIG. 458.

angles que font les développements avec l'ordonnée correspondant à cette génératrice.

545. On nomme *développante* d'une courbe (C) le lieu des points T obtenus en portant, sur la tangente en un point quelconque M de (C) (*fig.* 459), un segment MT égal à l'abscisse curviligne OM (rapportée à une origine O prise sur la courbe), ce segment étant porté en sens contraire de celui qui correspond à OM, c'est-à-dire du côté de M où se trouvent les projections des points de la courbe voisins de M et qu'on rencontre en cheminant de M vers O.

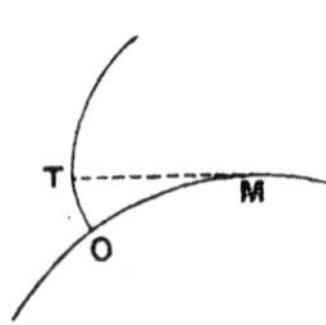

FIG. 459.

C'est le lieu que décrirait l'extrémité libre d'un fil primitivement enroulé sur la courbe, ayant son autre extrémité fixée en un point de cette courbe, et qu'on déroulerait en ayant soin de le maintenir toujours tendu.

Il résulte du corollaire II du n° **543** que *le lieu des traces des tangentes à l'hélice sur le plan de base est une développante de la courbe de base.*

546. Les conditions précédentes s'appliquent, quelle que soit la courbe de base (C).

Supposons maintenant que celle-ci soit fermée, et soit l sa longueur. Alors, si nous portons sur l'axe $O_1\,x_1$ une longueur $O_1o_1' = l$ et que, par le point o_1', nous menions une parallèle $o_1'\,y_1'$ à O_1y_1, nous savons (**537**, **538**) que la bande plane comprise entre les parallèles O_1y_1, $o_1'y_1'$ vient recouvrir, après enroulement, le cylindre entier, la droite $o_1'y_1'$ venant sur la même génératrice Oy que la droite O_1y_1.

Une droite issue du point o_1 et coupant $o'_1y'_1$ en un point O'_1 (*fig.* 460) s'enroulera suivant une hélice issue du point O et revenant couper la génératrice Oy en un point o' tel que

$OO' = o'_1O'_1.$

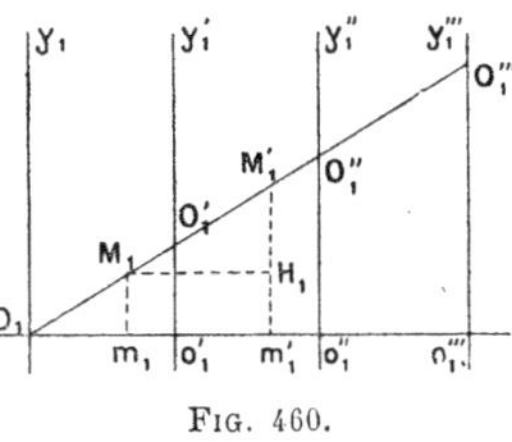

Fig. 460.

Si nous menons à O_1y_1 les parallèles $o''_1\,y''_1$, $o'''_1y'''_1$, etc., situées à la distance l les unes des autres et dont la première est située à la distance l de $O'_1y'_1$, nous aurons ainsi partagé le plan en bandes qui, après enroulement, viendront toutes recouvrir la première : deux parallèles m_1M_1, $m'_1M'_1$ à O_1y_1, situées à une distance l l'une de l'autre, venant suivant la même génératrice du cylindre.

Si M_1, M'_1 sont les points où ces deux parallèles coupent la droite $O_1O'_1$, la *différence* $m'_1M'_1 - m_1M_1$ *est constante et égale à* $o'_1O'_1$, comme on le voit en menant la parallèle M_1H_1 à O_1x_1, jusqu'à rencontre en H_1 avec $m'_1\,M'_1$, et remarquant que les triangles $M_1H_1M'_1$, $O_1o'_1O'_1$ sont égaux, puisqu'ils sont équiangles et ont le côté $M_1H_1 = l = O_1o'_1$.

Donc les points M_1, M'_1 viendront s'enrouler suivant deux points M, M' situés sur la même génératrice et séparés par une distance $MM' = o'_1O'_1$.

On appelle *spires* les portions d'hélice suivant lesquelles viennent s'enrouler les segments $O_1O'_1$, $O'_1O''_1$, $O''_1O'''_1$,... déterminés sur la droite $O_1O'_1$ par les parallèles $o'_1\,y'_1$, $o''_1y''_1$, $o'''_1y'''_1$, précédemment tracées.

Toutes les spires sont égales entre elles : elles se déduisent les unes des autres par une translation parallèle aux génératrices et de grandeur égale à $o'_1\,O'_1$: car à chaque point M d'une spire, obtenu par enroulement d'un point M_1 de la droite, correspond un point M' de la spire suivante, obtenu par enroulement d'un point M'_1, et tel que le segment MM' soit situé sur une génératrice et égal à $o'_1O'_1$.

La longueur $o'_1O'_1$ est dite le *pas* de l'hélice.

547. Hélice circulaire.

Supposons, enfin, que la courbe (C) soit un cercle et, par conséquent, le cylindre donné un cylindre de révolution.

Alors un point quelconque M de l'hélice peut être considéré comme obtenu en faisant tourner le point O autour de l'axe du cylindre, d'un angle quelconque, ce qui donnera un point m du cercle de base, puis transportant ce point, parallèlement à l'axe, d'une longueur proportionnelle à l'arc Om, par conséquent proportionnelle à l'angle dont le point O a tourné.

Autrement dit, un point quelconque de l'hélice se déduit du point O par un déplacement hélicoïdal dans lequel la translation et l'angle de rotation sont dans un rapport constant ([1]).

Mais on peut dire plus : un tel déplacement hélicoïdal non seulement transforme le point O en un autre point M de l'hélice, mais encore *transforme tout autre point* P *de celle-ci en un point* Q *également situé sur la courbe :* il fait *glisser l'hélice sur elle-même.*

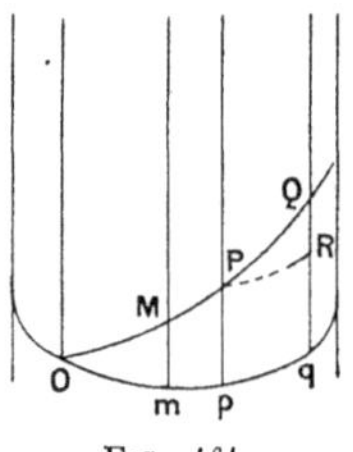

Fig. 461.

En effet, des deux opérations dont se compose le déplacement hélicoïdal, la première, à savoir la rotation, a pour effet d'augmenter l'abscisse curviligne Op du point P d'une quantité pq (*fig.* 461) égale à Om, le point P venant alors en R sans que l'ordonnée soit changée ; la seconde — la translation — d'augmenter l'ordonnée (sans changer l'abscisse) d'une quantité $RQ = qQ - pP$ égale à mM.

Or on a $\dfrac{pP}{\text{abscisse } Op} = \dfrac{mM}{\text{abscisse } Om}$,

puisque les points M et P sont sur l'hélice. La valeur commune de ces rapports est égale à $\dfrac{pP + mM}{Op + Om}$, c'est-à-dire à $\dfrac{qQ}{Oq}$. Le point Q est donc bien un point de l'hélice.

Ce qui précède fait comprendre l'origine de la locution *déplacement hélicoïdal :* on voit qu'un tel déplacement a la propriété de faire glisser sur elle-même une hélice.

Remarques. — I. Si l'on admettait que l'hélice a une tangente, le théorème du n° **543** serait évident pour l'hélice tracée sur le cylindre de révolution. Si, en effet, M et P sont deux points de cette hélice (*fig.* 462), le déplacement hélicoïdal qui a même axe que le cylindre et qui amène le point M sur P fait glisser l'hélice sur elle-même et, par conséquent, amène la tangente en M sur la tangente en P. Ces deux tangentes doivent donc faire le même angle avec la direction des génératrices du cylindre, puisque celle-ci n'a pas changé dans le déplacement hélicoïdal en question.

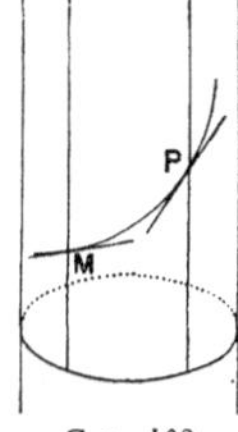

Fig. 462.

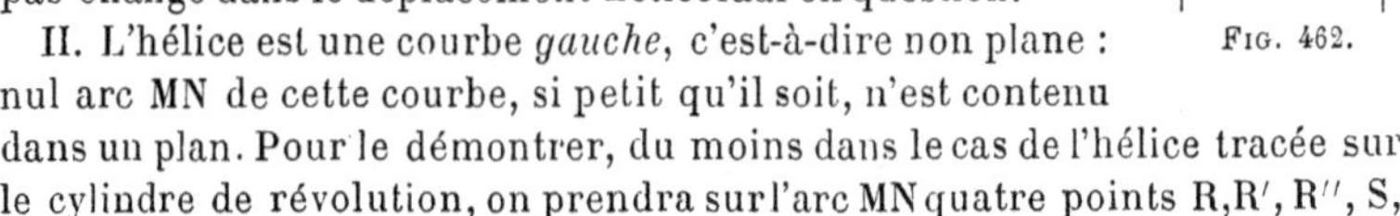

II. L'hélice est une courbe *gauche*, c'est-à-dire non plane : nul arc MN de cette courbe, si petit qu'il soit, n'est contenu dans un plan. Pour le démontrer, du moins dans le cas de l'hélice tracée sur le cylindre de révolution, on prendra sur l'arc MN quatre points R, R′, R″, S,

(1) Le *pas* est évidemment la valeur que prend la translation lorsque la rotation est d'une circonférence entière.

que l'on pourra toujours supposer situés sur une même spire, et l'on remarquera : 1° que, si un plan P contenait tout l'arc MN, il pourrait être considéré comme déterminé par les trois points R, R′, R″, ceux-ci n'étant pas *en ligne droite* (exercice 629); 2° que, si les points R′, R″ ont été pris suffisamment rapprochés de R, le déplacement hélicoïdal qui amène R sur S amène ces points R′, R″ en des positions S′, S″ également intérieures à l'arc MN, de sorte que le plan S S′ S″ coïnciderait forcément avec le plan P, si celui-ci existait. On est alors ramené à l'exercice 593 [1].

548. Sens de l'hélice.

Soit un point M qui se meut sur l'hélice de manière que sa projection sur l'axe du cylindre se déplace dans le sens positif (*fig.* 463). Alors, l'abscisse curviligne Om de ce point variant toujours dans le même sens, le point m décrira le cercle de base dans un sens déterminé. Si, pour un observateur placé suivant l'axe du cylindre de manière que le sens positif soit celui qui va de ses pieds à sa tête (sens marqué par une flèche sur la figure 463), le point m paraît se mouvoir dans le sens direct, l'hélice sera dite *directe* ou *sinistrorsum* (*fig.* 463) ; dans le cas contraire, l'hélice sera dite *rétrograde* ou *dextrorsum*.

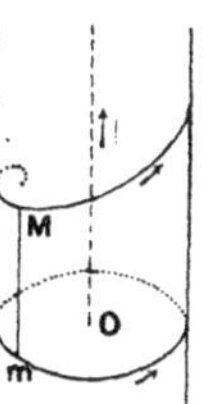

Fig. 463.

Le sens d'une hélice ne dépend pas du sens positif choisi sur l'axe du cylindre. Si, en effet, on changeait ce sens positif, il faudrait changer le sens dans lequel se déplace le point M sur l'hélice et, par conséquent, le sens dans lequel se déplace le point m sur le cercle. Mais, en même temps, on devrait changer le sens dans lequel est placé l'observateur sur l'axe du cylindre, de sorte que cet observateur continuerait à voir le point m tourner dans le même sens.

On voit par là que deux hélices tracées sur des cylindres égaux et ayant le même pas ne sont cependant pas superposables, si elles sont de sens différents. C'est évidemment le cas de deux hélices symétriques l'une de l'autre par rapport à un plan ou à un point.

549. Problème. — *Construire la projection de l'hélice sur un plan parallèle aux génératrices du cylindre.*

Nous nous baserons sur le principe suivant de Géométrie descriptive :

(1) Cette démonstration ne s'applique qu'à l'hélice tracée sur le cylindre de révolution. Mais on démontre, par des considérations empruntées au calcul infinitésimal, qu'une hélice ne peut être plane que : 1° si elle se réduit à l'une de ses deux formes limites (**541**) ou, 2° si le cylindre se réduit à un plan.

La projection verticale d'un point de l'espace se trouve sur la perpendiculaire à ligne de terre menée par la projection horizontale du même point, à une distance de cette ligne de terre égale à la cote.

Nous appliquerons ce principe en prenant, pour plan vertical, le plan donné et pour plan horizontal, le plan de base : ce qui est possible, puisque ces deux plans sont perpendiculaires.

1° *Hélice quelconque.* — L'hélice sera projetée horizontalement suivant la courbe de base (C) (*fig.* 464). Un point m quelconque

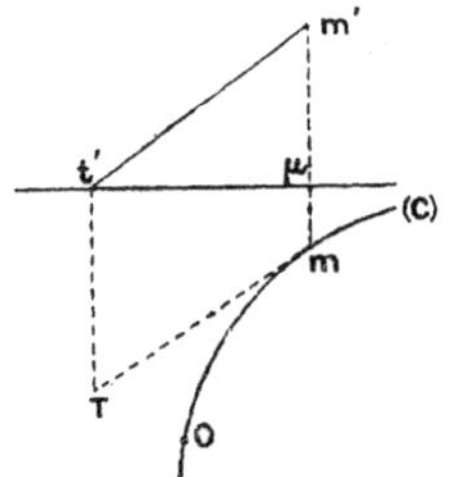

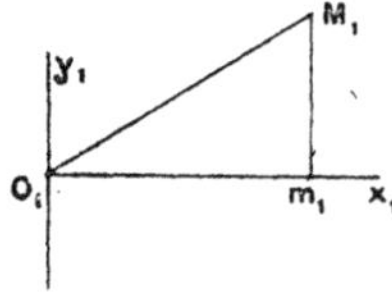

Fig. 464.

de cette courbe servira de projection horizontale à un point de l'hélice dont on pourra (d'après le principe qui vient d'être invoqué) trouver la projection verticale si l'on connaît sa cote. Mais cette cote (distance au plan horizontal) n'est autre que ce que nous avons appelé jusqu'ici l'*ordonnée* du point. Si l'on s'est donné, dans le plan $O_1x_1y_1$ (*fig.* 464), la droite O_1M_1 dont l'enroulement produit l'hélice, on portera, sur l'axe O_1x_1, une longueur O_1m_1 égale à l'arc Om, abscisse curviligne du point m, et l'ordonnée du point m_1, limitée en M_1 à la droite donnée, sera la cote cherchée. On n'aura plus, pour trouver la projection verticale m', qu'à abaisser du point m la perpendiculaire $m\mu$ sur la ligne de terre et à porter sur cette droite un segment $\mu m'$ égal à m_1M_1.

Pour trouver la tangente à la projection en m', il suffira de remarquer que la trace de la tangente à l'hélice sur le plan horizontal est connue : elle s'obtient en portant, sur la tangente en m à (C), un segment mT égal à l'abscisse curviligne Om. Le point T, qui a la cote 0, est projeté verticalement en un point t' (*fig.* 464) de la ligne de terre et $m't'$ est la tangente cherchée.

2° *Cas de l'hélice circulaire.* — La construction précédente ne peut, en général, s'effectuer que par approximation, le problème de trouver un segment de droite égal à un arc de courbe donné n'étant pas de ceux que l'on sait résoudre avec la règle et le compas : c'est, nous le savons, ce qui arrive lorsque la courbe (C) est un cercle.

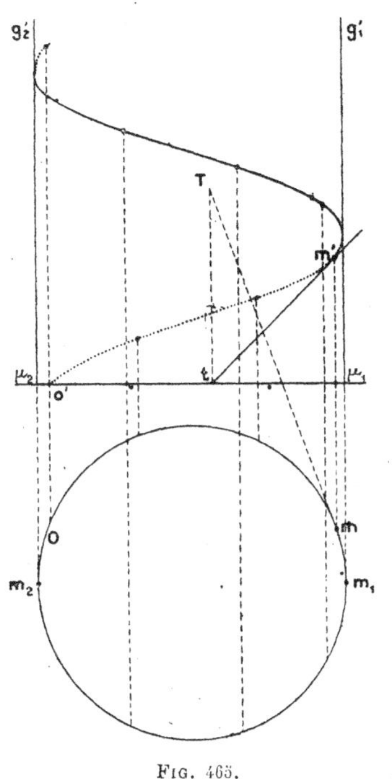

Fig. 465.

Dans ce dernier cas, toutefois, on peut tourner la difficulté en supposant qu'on se donne, non pas la droite dont l'enroulement engendre l'hélice, mais le pas de cette dernière. On peut alors construire, avec la règle et le compas, non pas un point quelconque de l'hélice projetée, mais (ce qui revient pratiquement au même) *une série de points de cette courbe, aussi rapprochés qu'on le veut les uns des autres.*

A cet effet, nous inscrirons, dans le cercle (C) de base, un polygone régulier, par exemple un octogone (*fig.* 465), ayant un sommet à l'origine O. Si le pas est donné, nous saurons trouver les ordonnées des points projetés aux sommets de ce polygone. Si, par exemple, m (*fig.* 465) est l'extrémité du troisième côté à partir du point O, l'arc Om est les $\frac{3}{8}$ de la circonférence : l'ordonnée du point m est donc les $\frac{3}{8}$ du pas (celui-ci étant l'ordonnée qui correspond à une abscisse curviligne égale à la circonférence entière).

Comme on sait inscrire dans la circonférence des polygones réguliers d'un nombre de côtés aussi grand qu'on veut, on peut ainsi obtenir, comme nous l'avions annoncé, les projections de points de l'hélice aussi rapprochés qu'on le veut les uns des autres.

Il est toutefois essentiel d'observer que la difficulté reparaîtrait si l'on voulait trouver la droite dont l'enroulement donne l'hélice, ou encore si l'on voulait (ainsi qu'il a été expliqué tout à l'heure) trouver la tangente en un point de la courbe projetée. Ces deux constructions nécessitent la connaissance de la longueur des arcs pris sur la circonférence de base : elles ne peuvent donc pas s'effectuer exactement, du moins au point de vue théorique.

Pratiquement, la question ne se pose pas de même. Nous avons signalé (Pl., exercices 188, 189) deux constructions approchées de la longueur d'une circonférence : La seconde de ces constructions donnerait, pour la longueur d'une circonférence de 10 centimètres de rayon, une erreur d'environ $\frac{1}{100}$ de millimètre : erreur beaucoup plus petite que celles qui s'introduisent dans l'emploi de la règle et du compas.

550. La projection, ainsi obtenue, de l'hélice circulaire sur un plan parallèle à l'axe, est une courbe connue sous le nom de *sinusoïde*. On voit aisément (voir ex. 833) qu'elle admet pour centre de symétrie tout point p' où elle coupe la projection de l'axe. Il en résulte qu'en un pareil point il y a *inflexion*, c'est-à-dire que la courbe traverse sa tangente. En effet, à tout point q', pris sur cette courbe et voisin de p', correspond un point r', symétrique de q' par rapport à p', et il est clair : 1° que le point r' s'approche indéfiniment de p' en même temps que q'; 2° que ces deux points sont de côtés différents de la tangente en p'.

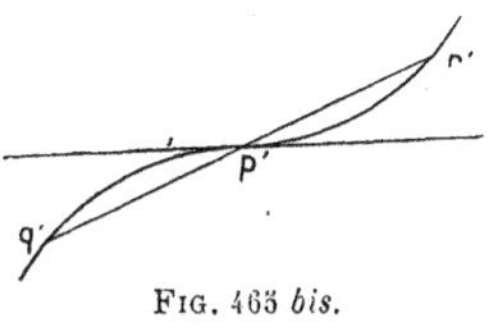

FIG. 463 *bis*.

Le point μ, dont il est question au n° précédent, ne peut pas s'éloigner indéfiniment : il est évidemment compris entre les points d'intersection μ_1, μ_2 de la ligne de terre avec les tangentes $\mu_1 m_1$, $\mu_2 m_2$, menées à (C) perpendiculairement à cette ligne. La projection verticale de l'hélice — comme d'ailleurs la projection verticale de toute figure tracée sur le cylindre — est donc comprise entre deux droites parallèles $\mu_1 g'_1$, $\mu_2 g'_2$, projections de deux génératrices du cylindre et qui en forment le *contour apparent*.

La projection verticale de l'hélice a d'ailleurs des points sur ces droites de contour apparent : en un quelconque de ces points elle est tangente au contour apparent, ainsi qu'on le reconnaît immédiatement en appliquant la construction de la tangente indiquée au n° précédent ([1]).

(1) D'une façon générale, une courbe quelconque (L) tracée sur le cylindre et qui coupe une génératrice de contour apparent, se projette verticalement suivant une courbe tangente à la

EXERCICES

817. L'hélice tracée sur un cylindre de révolution admet comme axe de symétrie la perpendiculaire abaissée de l'un quelconque de ses points sur l'axe du cylindre. En conclure que la projection de la courbe sur un plan parallèle à l'axe admet comme centre de symétrie tout point où elle rencontre la projection de l'axe.

818. De chaque point d'une hélice, tracée sur un cylindre de révolution, on abaisse une perpendiculaire sur l'axe du cylindre. Lieu des symétriques d'un point donné de l'espace par rapport à ces droites (ou des projections d'un point donné sur ces droites).

819. Sur la tangente en chaque point d'une hélice, on prend une longueur constante l. Montrer que le lieu de l'extrémité de cette longueur est l'une ou l'autre de deux hélices (suivant le sens dans lequel est portée la longueur l). Déterminer l de manière que la tangente à l'hélice ainsi obtenue fasse avec l'axe du cylindre un angle donné ; ou encore, de manière à ce qu'elle fasse avec la tangente au point correspondant de l'hélice primitive un angle donné.

Quelle relation y a-t-il entre deux valeurs de l, lorsqu'on sait que les hélices obtenues à l'aide de ces deux valeurs ont leurs tangentes aux points correspondants perpendiculaires entre elles ?

820. Étant données deux hélices tracées sur un même cylindre, dont la base est une courbe fermée, il existe, sur le même cylindre, une infinité d'autres hélices qui passent par les points communs aux deux premières.

Si, en un point commun, on mène les tangentes à toutes ces hélices, trois consécutives de ces tangentes forment avec la tangente à la section droite du cylindre un faisceau harmonique.

820 *bis*. Par la tangente en un point M d'une hélice, on mène un plan parallèle à la tangente en un autre point M′ de la courbe. Trouver la position limite (plan *osculateur*) du plan ainsi mené, lorsque le point M′ se rapproche indéfiniment du point M, celui-ci restant fixe.

821. On coupe un cylindre de révolution par un plan quelconque : soit C_1, ce que devient la section ainsi obtenue, lorsqu'on développe le cylindre.

Montrer qu'il existe une hélice, tracée sur un cylindre de révolution convenablement choisi, dont la projection sur un plan parallèle à l'axe de ce cylindre (**549**, 2°) est égale à C_1.

Réciproquement, la projection d'une hélice circulaire sur un plan parallèle à l'axe du cylindre de révolution sur lequel elle est tracée se transforme en une courbe plane, si on l'enroule sur un cylindre de révolution dont la section droite ait une longueur égale au pas de l'hélice.

822. Une figure tracée sur un cylindre de révolution a même aire que son développement.

projection de la génératrice, sauf dans le cas où la tangente à (L) est parallèle au plan de base et, par conséquent, perpendiculaire au plan vertical de projection.

PROBLÈMES

PROPOSÉS SUR LE NEUVIÈME LIVRE

823. Construire une conique, connaissant un foyer, deux tangentes et un point. Cas où le point donné est le point de contact de l'une des tangentes.

824. Construire une conique connaissant un foyer, deux points et une tangente.
Construire une conique connaissant un foyer et trois points (se ramène au problème des cercles tangents; il en est de même de l'exercice suivant).

825. Trouver les points de rencontre de deux coniques ayant un foyer commun.

826. Trouver les tangentes communes à deux coniques ayant un foyer commun.

827. Les droites qui sont divisées harmoniquement par deux cercles fixes (les points d'intersection avec un même cercle étant conjugués entre eux) sont tangentes à une ellipse ou à une hyperbole fixe (la première ou la seconde de ces deux hypothèses se réalisant suivant la nature de l'angle que font les rayons qui aboutissent en un point d'intersection des circonférences données). La conique ainsi obtenue ne dépend que de la distance des centres et de la somme des carrés des rayons.

828. Une droite telle que les cordes interceptées sur elle par deux cercles fixes soient dans un rapport donné, est tangente à une conique fixe. Cas des cordes égales.
(On démontrera, à l'aide de l'exercice **149** de la géométrie plane, qu'il existe au moins un point fixe dont la projection sur la droite considérée décrit un cercle ou une droite).

829. On considère le lieu des points tels que leurs distances à deux points donnés, multipliées par des coefficients donnés, aient une somme ou une différence constante, trouver la tangente en un point quelconque de ce lieu.
(Imiter la méthode du n° **499** *bis*).

830. Une ellipse roule [1] sur une ellipse égale, les deux courbes ayant originairement leurs grands axes en prolongement l'une de l'autre (avec contact en un sommet). Quels lieux décrivent les foyers de l'ellipse mobile?
Même problème pour une hyperbole ou une parabole.

831. Si la droite qui joint un point F du plan au sommet d'un angle est également inclinée sur les droites qui vont de F à deux points A, B pris respectivement sur les côtés, il existe une conique tangente à ces côtés aux points A, B respectivement et ayant F pour foyer.

832. Si un angle constant pivote autour d'un point fixe du plan, la droite qui joint entre eux les points où les côtés de cet angle coupent respectivement deux droites fixes est tangente à une conique fixe. La nature de cette conique (ellipse, parabole

(1) On dit qu'une courbe invariable C *roule* sur une courbe fixe C_1, si 1° les deux courbes sont constamment tangentes entre elles; 2° d'une position à une autre, le point de contact décrit, sur les deux courbes, des arcs égaux et dont le sens correspond (voir la signification de cette locution, n° **545**) à la même direction sur la tangente commune en ce point.

ou hyperbole), est indépendante de la position du sommet fixe de l'angle constant : comment dépend-elle de la grandeur de celui-ci (les deux droites fixes étant données) ?

833. Deux points O, O′ pris dans le plan d'un triangle ABC, et situés l'un par par rapport à l'autre comme il est expliqué à l'exercice 197, sont les foyers d'une même conique inscrite au triangle (c'est-à-dire tangente à ses trois côtés).

Déduire de là l'exercice 804.

834. Construire une conique, connaissant un foyer et trois tangentes. Étant données les trois droites, dans quelle région du plan doit être situé le foyer pour que la conique soit une hyperbole ?

La droite variable PP′ considérée à l'exercice 397 de la Géométrie plane est tangente à une ellipse fixe. Si, dans une série de cercles ayant même axe radical, on mène les diamètres dont les extrémités sont sur l'une ou l'autre de deux droites fixes, parallèles à la ligne des centres et équidistantes de cette ligne, ces diamètres sont tangents à une conique fixe.

835. Plus généralement, on coupe une série de cercles ayant même axe radical par deux droites fixes, symétriques l'une de l'autre par rapport à la ligne des centres. La droite qui joint les points d'intersection non symétriques entre eux est tangente à une conique fixe, dont les foyers sont les points communs aux cercles de la série ou leurs points limites, suivant que les uns ou les autres existent. (Utiliser ex. 832 et dans le cas où les points limites existent, Pl., ex. 278.)

Qu'arrive-t-il dans le cas où l'on considère des cercles tous tangents entre eux ?

836. Si, d'un point P pris dans le plan d'une ellipse ou d'une hyperbole de foyers F, F′, on mène à la conique les tangentes PM, PM_1,

1° Le rapport $\frac{\overline{PM}^2}{\overline{MF}\cdot\overline{MF'}}$ est égal au rapport analogue $\frac{\overline{PM_1}^2}{\overline{M_1F}\cdot\overline{M_1F'}}$ (leur valeur commune est $\frac{b^2}{R^2}$, R étant le rayon du cercle dont l'existence est démontrée à l'exercice 757).

2° On a aussi $\frac{\overline{PF}^2}{\overline{FM}\cdot\overline{FM_1}} = \frac{\overline{PF'}^2}{\overline{F'M}\cdot\overline{F'M_1}}$.

837. Si une conique est tangente aux trois côtés d'un triangle, les droites qui joignent chaque sommet au point de contact du côté opposé sont concourantes (utiliser ex. précéd. pour l'ellipse et l'hyperbole, ex. 802 pour la parabole).

838. Les notations étant les mêmes que pour l'exercice précédent et O étant le centre de la conique, les triangles POM et POM_1 sont équivalents. Chacun d'eux est la moitié du triangle qui a pour côté PF, PF′ et l'axe transverse.

(On remarquera que l'aire du triangle POM est moyenne arithmétique entre celles des triangles PMF et PMF′, et on fera la même construction qu'au n° **505**).

La droite OP divise MM_1 en deux parties égales.

839. M étant un point quelconque d'une parabole P, on mène la normale en M, jusqu'à rencontre en N avec l'axe de la courbe. On mène en N la perpendiculaire à la normale, jusqu'à rencontre en I avec la parallèle à l'axe menée par M. Enfin, on mène par I la perpendiculaire à l'axe, jusqu'à rencontre en *m* avec la normale.

Trouver le lieu du point *m* :

1° Lorsque, M étant fixe, on prend successivement pour P toutes les paraboles qui passent en M et ont pour foyer un point donné;

2° Lorsque, M étant fixe, on prend pour P toutes les paraboles qui passent en M et ont pour directrice une droite donnée ;

3° Lorsque, M décrivant une droite Δ, on prend pour P toutes les paraboles tangentes à Δ en M et ayant un foyer donné ;

4° Lorsque, M décrivant une droite Δ, on prend pour P toutes les paraboles tangentes à Δ en M et ayant une directrice donnée.

840. Généralisation des ex. 766, 791). Une ellipse ou une hyperbole étant donnée, on peut trouver, d'une infinité de manières, un cercle ayant son centre sur l'axe focal et une droite perpendiculaire à cet axe, tels que la tangente menée au cercle, par un point quelconque M de la conique, soit dans un rapport constant avec la distance du même point à la droite.

Si le cercle obtenu a des points communs avec la conique donnée, il lui est tangent en ces points, lesquels sont généralement au nombre de deux.

On considérera la conique comme le lieu des centres des cercles des tangentes à deux circonférences données (ex. 779) : la droite cherchée sera l'axe radical de ces deux circonférences et le cercle cherché, celui qui est coupé à angle droit (Pl., **228**), par tous les cercles C).

841. Une ellipse ou une hyperbole étant donnée, on peut trouver, d'une infinité de manières, un cercle ayant son centre sur l'axe non focal et une droite perpendiculaire à cet axe, tels que la puissance d'un point quelconque M de la courbe par rapport au cercle soit dans un rapport constant avec le carré de la distance du même point à la droite.

(On considérera un cercle et une droite H jouissant de la même propriété, mais coupant tous deux à angles droit l'axe focal (ex. préc.); K étant alors une droite perpendiculaire à H et coupant celle-ci en P, on remplacera le carré de la distance du point M à H par le carré de la distance du même point à KP, diminué du carré de la distance de ce point à K).

842. Inversement, le lieu des points M tels que leur puissance par rapport à un cercle fixe soit dans un rapport constant avec leur carré de leur distance à une droite fixe, est une ellipse ou une hyperbole, ayant un de ses axes suivant la perpendiculaire menée du centre du cercle fixe sur la droite fixe. Dans quel cas cet axe est-il l'axe focal et dans quel cas l'axe non focal?

Si la puissance du point M par rapport au cercle fixe doit être positive, on cherchera à engendrer le lieu comme il est expliqué à l'exercice 840, le point M étant considéré comme centre d'un cercle tangent à deux cercles fixes. Ceux-ci peuvent être considérés comme déterminés par la triple condition : 1° de couper orthogonalement un cercle que l'on peut construire; 2° d'avoir leurs centres ω sur une droite donnée passant par le centre O du cercle donné; 3° d'avoir leur rayons dans un rapport donné avec les distance ω O correspondantes.

Si la puissance du point M par rapport au cercle fixe doit être négative, ou si (cette puissance devant être positive) le problème qui consiste à chercher les points ω n'a pas de solution, on transformera la question comme il est indiqué à l'exercice précédent. On démontrera qu'après cette transformation le lieu pourra assurément être ramené à l'exercice 840.

Le problème qui consiste à chercher les points ω ne cesse d'avoir une solution que si le cercle donné et la droite donnée se coupent, le rapport donné étant supérieur à une certaine limite. Si le rapport donné est égal à cette limite, le lieu se réduit à deux droites, tangentes au cercle donné).

843. On donne une parabole et une droite D perpendiculaire à l'axe. Trouver, sur ce dernier, un point A tel que la différence des carrés des distances d'un point quelconque M de la courbe à ce point et la droite D soit indépendante de la position du point M.

Inversement, quel est le lieu des points tels que la différence des carrés de leurs distances à un point et à une droite soit constante ?

(Comparer ex. 840).

844. On donne une ellipse E, et, dans le plan de cette ellipse, on prend une droite H, perpendiculaire à l'un des axes de l'ellipse. On fait correspondre (ex. 840, 841) à la droite H un cercle que nous désignerons par la notation (H), situé dans le plan de l'ellipse et assujetti aux conditions suivantes : son centre est sur celui des axes de l'ellipse qui est perpendiculaire à la droite H et le rapport entre la puissance d'un point M de l'ellipse par rapport au cercle (H) et le carré de la distance du même point M à la droite H est indépendant de la position du point M sur l'ellipse.

1° Déterminer la position du centre du cercle (H) ainsi défini ; la grandeur de son rayon et la valeur du rapport, qui est le même pour toutes les droites H. Donner les conditions de possibilité du problème, et, quand ces conditions sont remplies, reconnaître, d'après la position de la droite H, comment le cercle (H) qui lui correspond est situé par rapport à l'ellipse E et par rapport à la droite H.

En particulier : indiquer dans quels cas le cercle (H) ou n'a aucun point en dehors de l'ellipse, ou n'a aucun point à l'intérieur de l'ellipse.

2° Soient H et K deux droites perpendiculaires l'une à l'un des axes de l'ellipse, l'autre à l'autre. Soit P le point de concours de ces deux droites et soient (H) et (K) les cercles qui correspondent à ces deux droites. Démontrer que la ligne des centres des cercles (H) et (K) passe par le point P.

3° L'axe radical de ces cercles ne passe par P que si ces cercles sont tangents.

Montrer, à cet effet, que le point P est un point limite de ces deux cercles.

Trouver le lieu des positions que doit occuper le point P pour que les cercles (H) et (K) soient tangents.

4° Soient H, H′ deux droites perpendiculaires au grand axe de l'ellipse ; et soient (H), (H′) les deux cercles que l'on fait correspondre à ces droites.

Démontrer que, si un point M se déplace sur l'ellipse E, la somme ou la différence des longueurs des tangentes menées du point M aux deux cercles est constante, selon que l'arc d'ellipse parcouru par ce point M est ou n'est pas compris entre les droites H et H′. Modifier, comme il convient, l'énoncé de cette propriété pour le cas où les droites H et H′ seraient perpendiculaires au petit axe de l'ellipse au lieu d'être perpendiculaires au grand axe.

845. Trouver la droite H de l'exercice précédent, de manière que le cercle (H) passe par un point donné du plan. Même problème pour la parabole.

846. Lorsque deux coniques ont leurs axes parallèles ou perpendiculaires, leurs points d'intersection sont tous sur une même circonférence (ex. 766, 791).

Lorsqu'il s'agit de deux paraboles à axes rectangulaires entre eux, le centre de ce cercle est le quatrième sommet d'un parallélogramme dont deux sommets opposés sont aux deux foyers et le troisième au point de rencontre des directrices. Les points d'intersection des deux paraboles n'existent qu'autant que l'angle en ce troisième sommet est aigu.

847. Si un cercle est tangent à une ellipse ou à une hyperbole en deux points M,M′ symétriques l'un de l'autre par rapport à l'axe non focal :

1° Le centre O de ce cercle, les points M et M′, le point de rencontre des tangentes en ces points et les deux foyers F,F′ de la conique appartiennent à une même circonférence.

2° Le rapport $\frac{\mathrm{OF}}{\mathrm{OM}}$ est indépendant de la position du point M, lorsque la conique est donnée (utiliser Pl., **237**) ;

3° Inversement, un cercle dont le centre O se meut sur une droite fixe, pendant que son rayon est dans un rapport constant avec la distance du centre à un point fixe F, est (du moins tant que le point O varie entre certaines limites) bitangent à une conique fixe ;

4° Le rapport des sinus des angles que font le rayon allant à un des points M, M′ de contact et la droite OF avec la perpendiculaire à la droite fixe est constant.

(Autrement dit, *le rayon* OM, *normal à la conique fixe, est le rayon réfracté correspondant à un rayon incident passant par le point fixe* F et situé dans le plan de la figure, la surface réfractante étant le plan perpendiculaire à ce dernier mené par la droite fixe).

848. Le lieu des points de contact des tangentes ou des normales menées, par un point fixe O de l'axe non focal, à une ellipse ou à une hyperbole qui varie de manière que ses foyers restent fixes, est un cercle.

Ce cercle coupe à angle droit le cercle analogue (ex. 755) relatif au cas où le point O est sur l'axe focal.

849. Trouver le lieu des foyers des coniques bitangentes à deux cercles fixes.

On devra distinguer quatre cas :

1° Les cercles donnés ont tous deux leurs centres sur l'axe focal de la conique considérée ;

2° Les cercles donnés ont tous deux leurs centres sur l'axe non focal de la conique (utiliser ex. 847, 2°).

3°, 4° Les deux cercles donnés ont leurs centres, le premier sur l'axe focal, le second sur l'axe non focal, ou inversement (utiliser ex. 844, 3°).

(Tous les lieux en question sont des cercles ou des droites).

850. Lieu des foyers des coniques tangentes à un cercle donné en deux points donnés.

851. Par chaque point m' d'une circonférence, on mène une parallèle à une direction fixe du plan de cette circonférence et, sur cette parallèle, on porte une longueur mp proportionnelle à l'abscisse curviligne du point m.

Montrer que la courbe (*cycloïde droite*, *allongée* ou *raccourcie*), lieu du point p, peut être considérée : 1° comme le lieu d'un point invariablement lié à un cercle qui roule (page 254, note) sur une droite fixe ; 2° comme la projection, parallèlement à une direction fixe [1], d'une hélice circulaire sur le plan de base du cylindre.

Dans quel cas la direction de la projection est-elle celle d'une tangente à l'hélice ?

(1) Voir plus loin (**616**) le sens de cette locution.

LIVRE X

NOTIONS SUR LA TOPOGRAPHIE

CHAPITRE PREMIER

GÉNÉRALITÉS. PLANIMÉTRIE

551. La *topographie* est l'art de déterminer la forme d'un terrain. Nous nous proposons uniquement, ici, d'exposer les principes géométriques sur lesquels repose la topographie, en renvoyant, pour les indications pratiques et les détails de toute espèce, aux traités spéciaux. Il est, d'ailleurs, à peine utile d'ajouter que la lecture de ceux-ci ne saurait être poursuivie utilement si on ne la complète en effectuant soi-même, sur le terrain, les opérations étudiées.

Nous nous bornons aux méthodes approximatives qui suffisent dans la pratique courante. Les opérations de grande précision nécessitent une série de précautions auxquelles nous ferons allusion, chemin faisant, mais dont nous ne saurions donner même une idée sans dépasser le cadre de cet ouvrage.

552. On appelle *verticale* en un point la direction de la pesanteur en ce point.

On détermine pratiquement cette direction comme position d'équilibre du *fil à plomb*, c'est-à-dire d'un fil auquel est suspendu un corps pesant. Lorsqu'on voudra, par exemple, s'assurer qu'une tige est verticale, il faudra constater qu'elle est parallèle à la direction du fil à plomb.

Cette direction n'est pas la même en des points différents de la surface du globe, puisque la terre a sensiblement la forme d'une sphère (1) et que les verticales vont concourir au centre de cette sphère. Mais elle change très lentement (2) et l'on peut admettre, dans la topographie usuelle (mais non, bien entendu, dans les opérations de précision), que les verticales menées par les différents points du terrain que l'on veut étudier sont parallèles entre elles.

Un plan est dit vertical lorsqu'il est parallèle à la verticale.

553. Un plan *horizontal* est celui qui est perpendiculaire à la verticale.

Une droite est également dite horizontale quand elle est perpendiculaire à la verticale.

Lorsqu'un liquide est en équilibre, sa surface libre (considérée sur une étendue telle qu'on puisse y admettre le parallélisme des verticales) a la forme d'un plan horizontal (3).

On utilise cette propriété pour s'assurer qu'une direction est horizontale. L'instrument employé à cet effet est connu sous le nom de *niveau à bulle d'air*. C'est un tube de verre légèrement convexe, enchâssé dans une monture métallique AB (*fig.* 466) et dans lequel on a versé un liquide qui le remplit incomplètement de manière à y laisser une bulle d'air. On reconnaît que l'axe du tube est horizontal lorsque la surface libre du liquide affleure entre deux traits C, D (*fig.* 466), marqués à l'avance sur le verre.

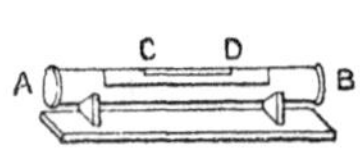

FIG. 466.
Niveau à bulle d'air.

On voit que le niveau à bulle d'air sert à reconnaître l'horizontalité d'une droite.

Pour constater l'horizontalité d'un plan, on constate l'horizontalité de deux droites de ce plan.

Il faut que ces deux droites ne soient pas parallèles, et

(1) TISSERAND et ANDOYER, *Leçons de Cosmographie*, livre II.

(2) Il résulte de la manière même dont a été obtenu le mètre que les verticales en deux points du globe font entre elles un angle de 90° lorsque ces points sont distants d'environ 10 000 kilomètres. Dès lors, pour une altération de 1° dans la direction de la verticale, il faut un déplacement de $\frac{10\,000}{90} = 111$ km. Une altération d'une minute correspond encore, comme on le voit, à un déplacement d'environ 2 kilomètres.

(3) Le fait cesse d'être exact aux bords de la surface, la direction de celle-ci étant alors altérée par l'effet d'une action due aux parois et nommée *capillarité* (voir ci-après, n° 574).

on doit même les choisir à peu près perpendiculaires l'une à l'autre (¹).

554. Pour rendre un plan matériel (par exemple une planche ou un plateau métallique) horizontal, on opère par tâtonnements, en modifiant progressivement la direction de ce plan, jusqu'à ce que, par l'emploi du niveau à bulle d'air, on constate l'horizontalité parfaite.

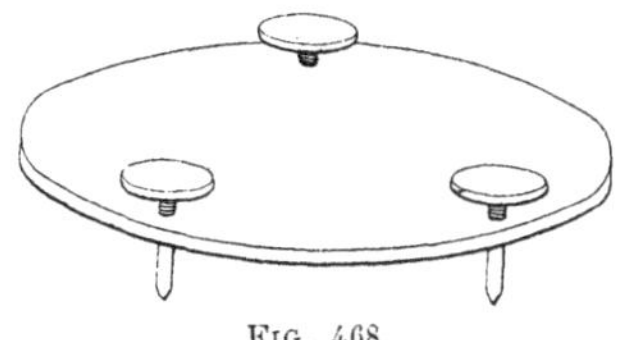

Fig. 468.

Pour pouvoir déplacer le plan de manière à modifier arbitrairement sa direction, on emploie plusieurs dispositifs.

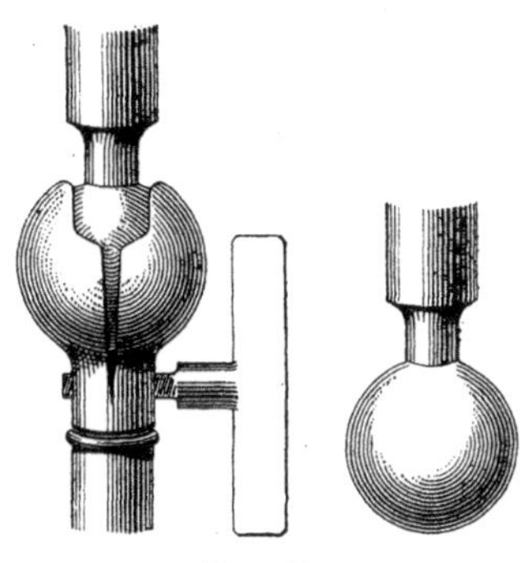

Fig. 469.

1° On peut faire supporter le plan en question par trois vis (*fig.* 468) dont l'action permet d'élever ou d'abaisser à volonté trois points du plan. Cette disposition, permettant d'opérer les déplacements par degrés insensibles, est adoptée, à l'exclusion de toute autre, toutes les fois qu'une certaine précision est nécessaire.

2° On obtient le même résultat, mais beaucoup plus grossièrement, à l'aide du *genou à coquilles* (*fig.* 469). Dans ce mode de suspension, le plan mobile porte une sphère pleine qui vient remplir exactement une sphère creuse fixée au support (²), la première sphère pouvant tourner arbitrairement à l'intérieur de la seconde.

3° Dans un autre système de genou, le plan mobile n'est pas lié à son support directement, mais par l'intermédiaire d'un cylindre intermédiaire C (*fig.* 470), de manière que le plan peut tourner autour de l'axe AA′ du cylindre, ce dernier pouvant,

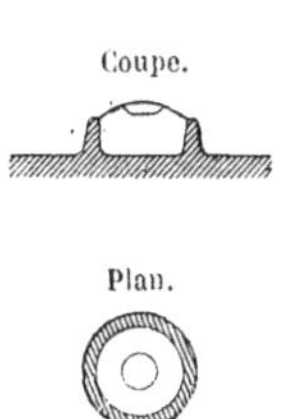

Fig. 467.

(1) Dans certains appareils, on emploie des niveaux à bulle d'air de forme arrondie (*fig.* 467) : lorsqu'il y a horizontalité, la bulle d'air vient se placer dans un cercle tracé sur la face supérieure de l'instrument ; on n'a alors besoin que d'une seule opération pour reconnaître l'horizontalité d'un plan.

(2) La sphère creuse est formée de deux parties ou *coquilles*, d'où le nom de l'instrument.

d'autre part, tourner autour d'un axe B (*fig.* 470) perpendiculaire au premier et fixé au support. Cette disposition permet bien (ex. 577, 578) de donner au plan une direction arbitraire.

Dans l'un comme dans l'autre des deux appareils précédents, il existe des vis permettant de supprimer toute mobilité, une fois l'horizontalité obtenue.

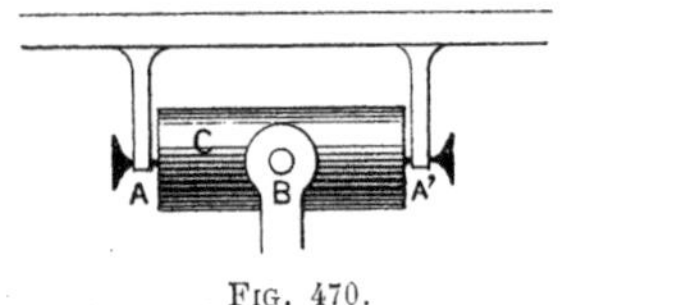

Fig. 470.

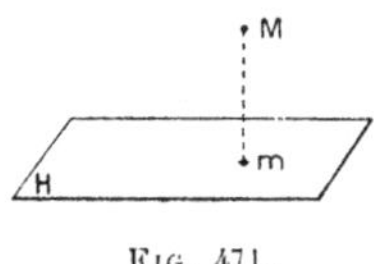

Fig. 471.

555. Soit choisi une fois pour toutes un plan horizontal déterminé H (*fig.* 471), dit *plan de comparaison*. Un point quelconque M sera déterminé si l'on se donne sa *projection horizontale m* (*fig.* 471) (projection sur le plan H) et sa *cote* (1) *m*M. Il serait, toutefois, d'une manière générale, nécessaire d'indiquer le sens dans lequel cette cote doit être portée ; mais cette nécessité disparaît si l'on a pris, ainsi qu'on le fait généralement en topographie, le plan de comparaison au-dessous de tous les points de la figure étudiée (2).

D'après cela, on voit qu'on connaîtra entièrement la forme d'une figure, en particulier d'un terrain, si l'on a déterminé :

1° Sa projection horizontale, qui en est encore dite le *plan ;*

2° Les cotes des différents points,

d'où deux sortes d'opérations en topographie : la *planimétrie* et le *nivellement*.

556. Levé du plan.

Lever le plan d'un terrain, c'est noter tous les éléments qui déterminent la forme et les dimensions de ce plan.

Lorsqu'on a levé le plan d'un terrain, on est à même de construire, sur le papier, une figure semblable à la projection horizontale de ce terrain, avec un rapport de similitude donné. C'est ce qu'on nomme *rapporter* le plan sur le papier, et le rapport de similitude en question se nomme l'*échelle* du plan ainsi tracé.

(1) Voir le cours de Géométrie descriptive.

(2) Il est d'ailleurs clair qu'au besoin on pourrait indiquer le sens de la longueur *m*M par le signe donné à la cote.

Les opérations fondamentales de la planimétrie sont : 1° la détermination d'une droite ; 2° la mesure d'une longueur ; 3° la mesure d'un angle.

557. Détermination d'un alignement.

Au point de vue de la planimétrie, un point du terrain peut être évidemment considéré comme déterminé si l'on connaît sa projetante, c'est-à-dire la verticale qui passe par ce point. On représente sur le terrain cette projetante par un *jalon*, c'est-à-dire par une tige, munie d'une marque destinée à la faire reconnaître de loin, et que l'on plante dans le sol bien verticalement (à l'aide du fil à plomb).

De même la direction d'une droite n'est intéressante à connaître en planimétrie que par le plan vertical ou *alignement* qui la contient.

L'alignement est déterminé par les deux extrémités de la droite. Si ces extrémités sont assez éloignées l'une de l'autre, les jalons qui les représentent peuvent, dans les opérations usuelles, être assimilés à des droites géométriques, sans que l'incertitude due à leur épaisseur dépasse la grandeur des erreurs admises.

Pour des raisons diverses, on peut avoir besoin de *jalonner* un alignement, c'est-à-dire de placer des jalons intermédiaires sur cet alignement, ou encore de le prolonger au delà de l'extrémité primitive.

On reconnaît que trois jalons font partie du même alignement si l'on peut placer l'œil de manière à ce que le premier jalon masque en même temps les deux autres.

Le jalonnement d'un alignement nécessite — comme d'ailleurs les opérations de topographie en général — la présence de deux opérateurs. L'un d'eux vérifie l'alignement, comme il vient d'être dit ; l'autre se déplace sur les indications du premier, en transportant le jalon à poser, jusqu'à ce que l'alignement soit réalisé.

558. On a besoin, ainsi qu'on le verra plus loin, de pouvoir déterminer un alignement par deux verticales dont la distance ne dépasse pas les dimensions des instruments que nous décrirons aux nos **560-561**.

On arrive à ce résultat par l'emploi de l'*alidade à pinnules*.

Une *pinnule* est une plaque allongée (*fig.* 472) percée, sur une moitié de sa longueur, d'une fente rectiligne étroite *ab*, et sur l'autre d'une fenêtre rectangulaire que traverse un fil fin *cd*. Le fil étant dans le prolongement de la fente, une droite est ainsi déterminée.

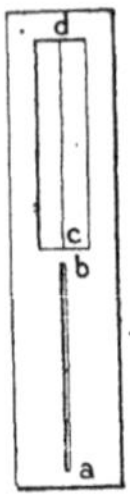

Fig. 472.

Une *alidade* est une règle munie à ses deux extrémités, de pinnules perpendiculaires à son plan (voir *fig.* 476). Ces pinnules sont disposées de manière que le fil de l'une soit en face de la fente de l'autre et inversement. En plaçant l'œil de manière que le premier fil masque la seconde fente et que la première fente laisse apercevoir le second fil, on vise un plan déterminé avec l'exactitude voulue.

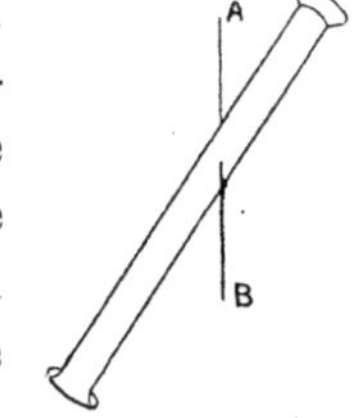

Fig. 473.

Une précision plus grande est obtenue par l'emploi des lunettes. Si une lunette est mobile autour d'une droite AB (*fig.* 473) perpendiculaire à son axe, ce dernier se meut dans un plan, lequel est vertical si la droite AB est horizontale.

559. Mesure directe d'une longueur.

On mesure les longueurs sur le terrain à l'aide de la *chaîne d'arpenteur*, qui est un décamètre divisé en *chaînons* de 20 centimètres chacun.

Si la droite à mesurer est parfaitement horizontale, on portera la chaîne sur cette droite autant de fois qu'on pourra le faire ; il restera, en général, un dernier segment moindre qu'un décamètre, et qu'on évaluera en comptant les chaînons et mesurant la fraction de chaînon qu'il comprend. On devra prendre soin :

1° Que, dans chacune de ses positions successives, la chaîne soit bien tendue ;

2° Qu'elle soit bien dans l'alignement donné (n° précéd.) ;

3° Que dans chaque position, l'extrémité postérieure de la chaîne soit à la place exacte où était l'extrémité antérieure dans la position précédente.

On marque, à cet effet, à l'aide d'une petite tige de fer, appelée *fiche*, que l'on plante dans le sol, l'endroit où arrive l'extrémité antérieure de la chaîne avant de relever celle-ci.

Mais dans la pratique, la droite à lever n'est jamais horizontale. C'est alors (d'après ce qui précède) sa projection horizontale qu'il s'agit de mesurer.

On y arrive en tendant la chaîne horizontalement, dans chacune de ses positions successives, et plaçant chaque fiche (à l'aide du fil à plomb) dans la verticale qui passe par l'extrémité antérieure de la chaîne [1]. Par exemple, la figure 474 représente un alignement AB sur lequel la chaîne a été reportée trois fois en $A B_1$, $A_2 B_2$, $A_3 B_3$, un dernier segment $A_4 B_4$ étant plus petit que la longueur de la chaîne. Si tous ces segments sont dans un même plan et horizontaux, que les points A_2, A_3, A_4, B_4 soient bien sur les verticales menées respectivement par B_1, B_2, B_3, B, la somme des quatre segments $A_1 B_1$, $A_2 B_2$, $A_3 B_3$, $A_4 B_4$ (soit trois fois la longueur de la chaîne, plus le segment $A_4 B_4$) représentera bien la projection horizontale de AB.

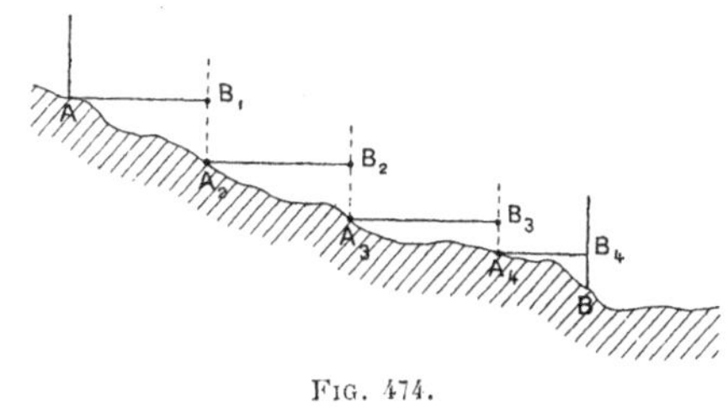

Fig. 474.

L'horizontalité de la chaîne, sa parfaite tension, etc., ne peuvent être obtenues qu'assez approximativement dans la pratique : néanmoins, avec des opérateurs exercés, on arrive à ne pas dépasser une erreur de $\frac{1}{1000}$. Dans les opérations très précises, on est obligé, pour éviter les causes d'erreur dont nous venons de parler et d'autres sur lesquelles nous n'insisterons pas, à une série de précautions délicates et compliquées. Aussi, dans ces derniers levés et même dans les levés usuels, réduit-on les mesures *directes* de longueur au moindre nombre possible, toutes les autres longueurs étant évaluées indirectement, comme il est expliqué ci-après (n° **563**) [2].

(1) Nous nous plaçons dans l'hypothèse où la droite à lever est descendante, ce qui revient à dire que l'on part de l'extrémité la plus élevée de cette droite. C'est d'ailleurs ainsi que l'on procède généralement.

(2) Il ressort avec évidence de ce qui est dit au n° **563**, que l'on ne peut se dispenser de mesurer directement au moins une longueur.

Dans les opérations de précision, on mesure *deux* droites ou *bases*, situées aussi loin que possible l'une de l'autre. Si les opérations ont été bien conduites, la valeur de la seconde base, calculée à l'aide de la première, doit coïncider avec la valeur mesurée directement.

560. Mesure directe d'un angle.

La projection horizontale de l'angle de deux droites AB, AC n'est évidemment autre que l'angle plan du dièdre formé par les alignements qui les contiennent : c'est ce que montre la simple inspection de la *fig.* 475.

L'instrument le plus généralement usité pour la mesure des angles sur le terrain est le *graphomètre* (*fig.* 476).

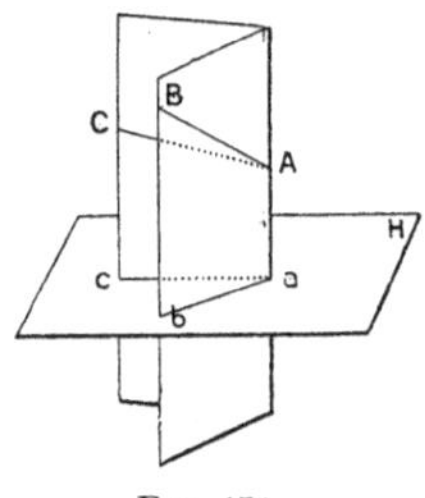

FIG. 475.

FIG. 476. — Graphomètre.

Il se compose d'un demi-cercle métallique ou *limbe*, monté sur genou (**554**) et, de plus, mobile dans son plan. Ce limbe, sur lequel est tracée une division en degrés et minutes ([1]), porte en outre deux alidades : l'une est fixe et a l'un de ses bords le long de la ligne 0° — 180° de la graduation ; l'autre alidade est mobile autour du centre du limbe.

Pour mesurer l'angle de deux alignements, on installe le graphomètre de manière que son centre soit dans la verticale du sommet de l'angle. On rend le limbe horizontal en faisant mouvoir le genou, puis on fait tourner ce limbe dans son plan de manière à amener l'alidade fixe dans le premier des deux alignements donnés. Plaçant ensuite la seconde alidade dans le second de ces deux alignements, il ne reste plus qu'à lire l'angle cherché.

Dans des instruments plus exacts, on substitue aux alidades une lunette mobile. C'est ce qui est réalisé dans le *théodolite* ([2]), instru-

(1) En réalité, le limbe n'est gradué qu'en degrés et demi-degrés. Un dispositif spécial appelé *vernier*, et sur lequel nous n'insisterons pas, permet de lire les minutes.

(2) TISSERAND et ANDOYER, *Leçons de Cosmographie*, n° 5, page 6.

ment qui remplace le graphomètre dans les mesures de précision.

On sait [1] qu'on appelle *azimuth* d'une direction, l'angle que fait l'alignement vertical qui contient cette direction avec un plan vertical fixe pris comme origine. L'angle de deux alignements peut évidemment être considéré comme la différence de leurs azimuths.

On prend souvent, comme direction origine, la direction sud-nord (plan méridien du lieu). Pour permettre d'évaluer les azimuths ainsi définis, le graphomètre est, en général, muni d'une boussole.

561. La *planchette* est un instrument qui permet, en même temps, de lever un plan et de le rapporter sur le papier.

Elle se compose, comme son nom l'indique, d'une planche bien plane, montée sur genou, pouvant également pivoter et glisser sur elle-même dans son plan et sur laquelle on tend une feuille de papier à dessin (*fig.* 477).

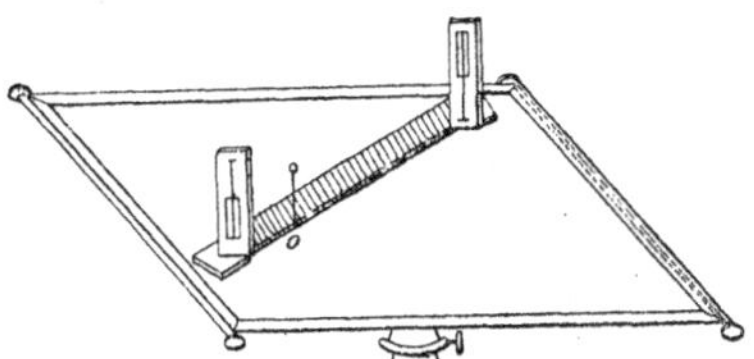

Fig. 477. — Planchette.

Une alidade mobile peut être posée à volonté sur la planchette. Le bord de cette alidade porte une petite échancrure qui permet de la faire pivoter autour d'une aiguille o (*fig.* 477) piquée à volonté dans le papier.

Soit à lever un angle à la planchette.

En général, le sommet o de l'angle et un côté oa sont marqués d'avance sur le papier. Il faut alors :

1° A l'aide du genou, rendre l'instrument horizontal ;

2° Par les mouvements de l'appareil dans son plan, s'arranger pour que le sommet o marqué sur le papier soit dans la verticale du sommet donné sur le terrain [2] et pour que, plaçant l'alidade suivant oa, cette alidade soit dans le premier alignement donné.

Toute cette première partie du travail se nomme la *mise en station* de l'instrument.

On fait alors pivoter l'alidade autour de l'aiguille piquée en o

(1) Tisserand et Andoyer, *Leçons de Cosmographie*, n° 4, page 5.

(2) Le point o peut être à 3 ou 4 centimètres de la verticale du sommet donné sans qu'il en résulte d'erreur dépassant les limites admises.

jusqu'à ce qu'elle vise le second alignement donné, et on trace un trait de crayon ob le long du bord, dans cette nouvelle position. L'angle $\widehat{boa}$ représente évidemment l'angle cherché.

Cette manière de procéder peut sembler, au premier abord, plus exacte que celle dans laquelle on fait usage du graphomètre, puisque, *théoriquement*, l'angle $\widehat{boa}$ obtenu est rigoureusement égal à l'angle qu'il s'agit d'évaluer, tandis que la lecture au graphomètre ne donne cet angle qu'à une ou deux minutes près.

En réalité, c'est le contraire qui a lieu : en raison des petites dimensions du dessin tracé sur la planchette, les erreurs dues à l'épaisseur du trait de crayon, aux petites déviations de l'alidade, etc., sont notablement supérieures à celles qu'introduit l'emploi du graphomètre. Mais la planchette, instrument inférieur au point de vue de l'exactitude, a souvent pour elle l'avantage de la rapidité.

562. Levé d'un triangle.

Un levé de plan quelconque peut se ramener (voir ci-après) à une série de levés de triangles. Or, cette dernière opération peut toujours être effectuée à l'aide de celles que nous avons décrites aux trois numéros précédents. Pour lever un triangle, il suffit d'avoir mesuré :

1° Un côté et deux angles ;

2° Ou deux côtés et l'angle compris ;

3° Ou les trois côtés.

En particulier, on peut alors rapporter le triangle sur le papier, à une échelle donnée quelconque. Si, par exemple, on a mesuré un côté AB et les deux angles adjacents $\widehat{A}$, $\widehat{B}$, on tracera sur la feuille un segment de droite ab qui soit avec la longueur mesurée dans un rapport égal à l'échelle donnée [1]. Puis, si l'on a opéré avec le graphomètre, il restera à construire, à l'aide du rapporteur [2], deux droites ac, bc faisant avec ab des angles respectivement égaux à ceux qui ont été levés sur place.

(1) Comme précédemment pour les lectures angulaires, des artifices spéciaux permettent de déterminer le segment ab au 1/10 de millimètre près, quoique les règles servant aux mesures ne soient divisées qu'en millimètres.

(2) Le rapporteur, en raison de ses petites dimensions, ne permet d'obtenir que des approximations assez grossières dans la mesure des angles. Aussi, lorsqu'on veut une certaine exactitude, doit-on construire le triangle à l'aide de ses trois côtés, calculés s'ils ne sont pas connus directement (voir numéro suivant).

Si, au contraire, on a employé la planchette, le tracé des droites *ac*, *bc* aura été effectué (**561**) au moment même du levé sur le terrain.

563. Mesure indirecte des longueurs et des angles. De ce que nous venons de dire résulte qu'on peut connaître une longueur ou un angle sans les avoir mesurés directement. Il suffit de lever un triangle ayant pour un de ses éléments la longueur ou l'angle en question ; cet élément peut alors être considéré comme déterminé.

Si l'on veut obtenir effectivement la mesure — en mètres, s'il s'agit d'une longueur; en degrés et minutes, s'il s'agit d'un angle — on pourra rapporter le triangle sur le papier, à une échelle prise arbitrairement. La grandeur cherchée sera :

Si c'est un angle, égale à l'angle homologue de la figure ainsi tracée ;

Si c'est une longueur, égale à la longueur homologue, multipliée par un rapport inverse de l'échelle choisie.

Si celle-ci n'est pas trop petite, l'erreur commise dans la mesure sur le papier, multipliée par le rapport inverse dont nous venons de parler, pourra ne pas donner un produit supérieur à l'erreur admise, et en particulier à l'erreur provenant des opérations sur le terrain qui ont donné les éléments directement connus.

S'il en est autrement, il faudra, soit construire sur le terrain un triangle égal ou semblable à celui qu'on a levé — moyen évidemment très incommode et que nous ne mentionnons que pour mémoire — soit recourir à la trigonométrie, laquelle fait connaître le résultat cherché sans introduire aucune erreur nouvelle (1).

564. La remarque qui précède est d'une application constante en topographie. Citons-en immédiatement deux conséquences :

1° *On peut lever un angle sans employer d'autre instrument que la chaîne.*

Il suffira de lever les trois côtés d'un triangle ayant l'angle donné parmi ses éléments.

Par conséquent, *on peut lever un plan quelconque avec la chaîne*

(1) Bourlet, *Leçons de Trigonométrie*, livre III. — Les quantités fournies par les calculs trigonométriques ne le sont qu'avec une certaine approximation ; mais l'erreur provenant de ce fait est d'ordre de beaucoup inférieur à celui des erreurs qui résultent des mesures sur le terrain.

seule, puisque nous ramènerons tout levé de plan à des mesures de longueurs et d'angles.

2° *On peut mesurer la distance (horizontale) de deux points* A, B (*fig.* 478) *dont le second est inaccessible, quoique visible*. Il suffit, évidemment, de mesurer une distance AC et de viser les deux angles $\widehat{BAC}$, $\widehat{BCA}$.

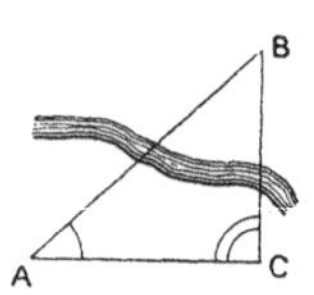

FIG. 478.

On voit seulement qu'il est nécessaire, pour déterminer exactement la position du point B, d'observer ce point, non seulement du point A, mais d'un autre point C. La visée faite du point A ne peut servir qu'à faire connaître la direction de la droite AB et ne peut donner à elle seule la longueur de cette droite.

Remarquons encore que le procédé est en défaut lorsqu'on prend le point C sur la droite AB. Il est même inapplicable si l'angle en B est trop aigu, car alors l'intersection des droites AB, CB détermine mal le point B.

565. Triangulation.

Il est aisé de comprendre comment un levé quelconque peut être ramené à des levés de triangles.

Supposons qu'on ait déjà levé un plan comprenant un certain nombre de points A, B, C, ..., K, L (*fig.* 479) et qu'on veuille *rattacher* à ce levé un nouveau point M, c'est-à-dire lever la figure formée par les points A, B, C, ..., K, L, M.

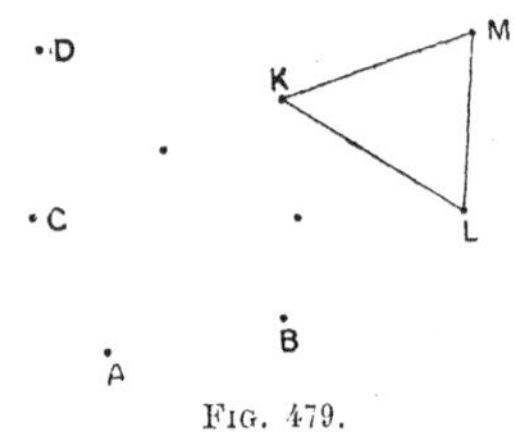

FIG. 479.

Il suffira, pour cela, de lever le triangle formé par le point M et deux des points appartenant à la figure primitive, les points K et L, par exemple (triangle dans lequel le côté KL doit déjà être regardé comme connu, puisqu'il appartient à la figure déjà levée). Si l'on a noté en outre le sens de ce triangle, autrement dit si l'on a observé de quel côté se trouve M par rapport à la droite KL, le problème est bien résolu : car si, connaissant par avance les points A, B, C, ..., K, L, on se donnait les éléments et le sens du triangle KLM, cela suffirait pour que la position du point M fût déterminée.

Donc, pour lever le plan de la figure composée des points A, B, C, ..., on mesurera d'abord la distance de deux d'entre eux, A, B, puis on rattachera un troisième point C aux deux premiers; un quatrième point D au levé ABC, et ainsi de suite.

La méthode comporte évidemment un certain degré d'arbitraire. En particulier, on peut évaluer une quelconque des distances CD, CE, ... de plusieurs manières différentes. On a ainsi un moyen de vérification des opérations.

La série de levés de triangles par laquelle on obtient le plan d'un terrain quelconque se nomme une *triangulation*.

566. Dans les levés simples que l'on rencontre usuellement, il est commode de réduire au moindre nombre possible les mises en station du graphomètre ou de la planchette : d'où les deux méthodes dites par *intersections* et par *rayonnement*.

Dans la méthode par *intersections*, on chaîne un alignement AB, auquel on rattache tous les autres points de la figure. A cet effet, M étant un point quelconque, on visera les angles en A et B du triangle ABM. Cette méthode n'exige, comme on le voit, que deux mises en station, en A et en B. Elle suppose qu'on ait choisi la *base* AB de manière à ce qu'aucun des angles tels que $\widehat{AMB}$ ne soit trop aigu (**564**).

Dans la méthode par *rayonnement*, on donne à tous les triangles un même sommet A et l'on mesure : 1° les angles en A ; 2° les côtés issus de A. On n'a ainsi qu'une seule mise en station, en A.

567. Levé d'un polygone par cheminement.

On peut lever un polygone par une méthode toute semblable à celle qui sert pour un triangle, à savoir, en en mesurant les côtés et les angles.

Il n'est pas nécessaire, théoriquement, de mesurer tous les côtés et tous les angles du polygone; il suffit de connaître tous ces éléments, moins trois. Par exemple, on aura levé le pentagone ABCDE (*fig.* 480) si on a déterminé les angles $\widehat{B}$, $\widehat{C}$, $\widehat{D}$ et les côtés AB, BC, CD, DE : car on aura ainsi rattaché les différents sommets les uns aux autres par l'intermédiaire des triangles ABC, BCD, CDE (dans chacun desquels on connaît deux côtés et l'angle compris), et il ne restera plus qu'à joindre EA.

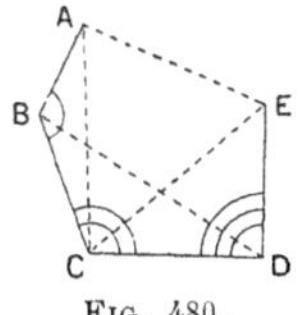

FIG. 480.

On voit, en même temps, que le cheminement n'est qu'un mode particulier de triangulation.

Dans la pratique, on relève tous les côtés et tous les angles, afin d'obtenir des vérifications.

La première de ces vérifications peut être faite dès la levée des angles : elle consiste à s'assurer que la somme de ceux-ci est bien égale à autant de fois deux droits qu'il y a de côtés moins deux.

La seconde ne se fait (du moins si l'on n'emploie pas la trigonométrie) qu'au moment où l'on rapporte le plan sur papier. Le polygone doit se fermer exactement si le levé a été bien fait (1).

568. Emploi de l'équerre d'arpenteur.

L'équerre d'arpenteur est un instrument qui sert à mener des perpendiculaires sur le terrain. Elle consiste en un prisme octogone (*fig.* 481) dont quatre faces (2) sont munies de pinnules. Ce prisme est porté sur une tige, parallèle aux arêtes du prisme, et que l'on enfonce *verticalement* dans le sol. Si p, p' (*fig.* 482) sont les pinnules portées par deux faces opposées ; q, q', celles qui appartiennent à deux autres faces également opposées, on a ainsi déterminé deux alignements pp', qq'. L'équerre est *juste* lorsque ces deux alignements sont perpendiculaires entre eux.

Les deux problèmes fondamentaux que l'on

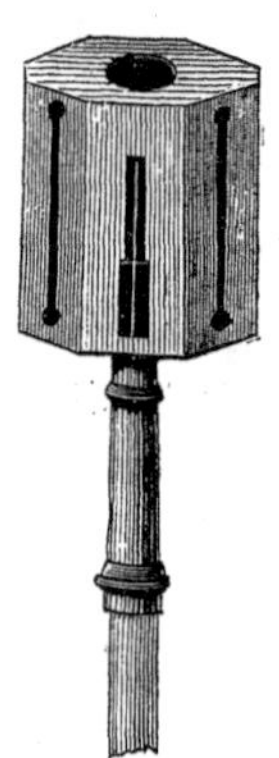

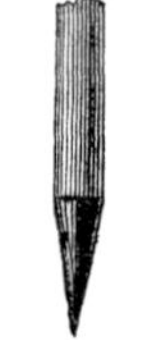

Fig. 481.
Équerre d'arpenteur.

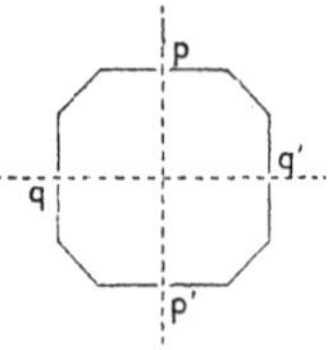

Fig. 482.

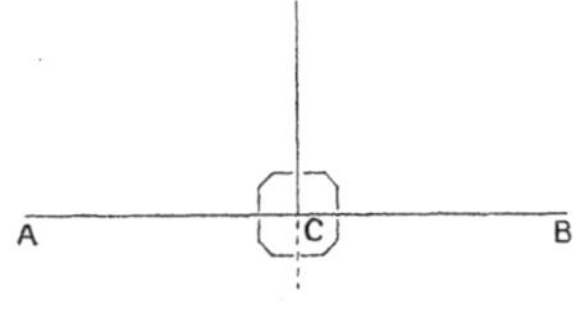

Fig. 483.

peut résoudre avec l'équerre supposée juste sont les suivants :

1° *Élever une perpendiculaire à un alignement* AB (*fig.* 483) *par un point* C *pris sur cet alignement.*

(1) Dans la pratique on n'arrive pas, en général, à une fermeture rigoureusement exacte. Mais l'erreur de fermeture ne doit pas dépasser une limite assez faible.

(2) En réalité, les huit faces portent des pinnules. Mais nous ne décrivons ici, pour simplifier, que ce qui est essentiel pour le fonctionnement de l'appareil.

On place l'équerre au point C de manière qu'un de ses plans de visée soit dans l'alignement donné ; le plan de visée perpendiculaire donnera l'alignement cherché.

2° *Abaisser d'un point* C, *extérieur à un alignement* AB, *une perpendiculaire sur cet alignement.*

Cette opération est la plus délicate de la topographie usuelle. Il faut, en effet, procéder par tâtonnement et déplacer l'équerre jusqu'à ce qu'on l'ait amenée à une position O située dans l'alignement AB et telle que la perpendiculaire élevée en O à AB (problème précédent) passe par C.

569. Soient un alignement jalonné sur le terrain, projeté horizontalement suivant Ox (*fig.* 484), et un autre alignement, perpendiculaire au premier, projeté horizontalement suivant Oy, et qui ne joue un rôle que dans le raisonnement. On peut déterminer, à l'aide de la chaîne et de l'équerre, les coordonnées de la projection horizontale d'un point quelconque M par rapport aux axes Ox, Oy. Il suffira d'abaisser, du point M, la perpendiculaire MM′ sur Ox (n° précédent) et de chaîner OM′, M′M.

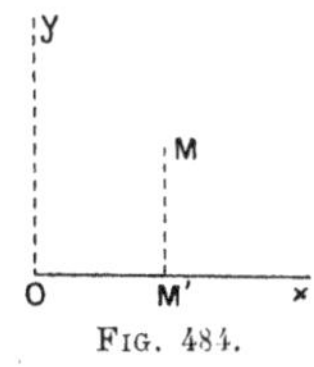

Fig. 484.

La connaissance de ces coordonnées détermine entièrement, comme nous le savons, la position de M par rapport aux axes Ox, Oy. Il suffira donc de répéter l'opération précédente avec un nombre quelconque de points donnés pour *lever, avec la chaîne et l'équerre, le plan de la figure formée par ces points.*

Rien n'empêche, d'ailleurs, de lever séparément différentes parties de la figure avec des axes différents pour chacune de ces parties.

570. En général, lorsqu'on veut lever le plan d'un terrain quelconque, on divise l'opération en deux parties.

On fait d'abord choix d'un certain nombre de points importants suffisamment éloignés les uns des autres et formant un polygone (*polygone topographique* ou *canevas*). On lève ce polygone avec le plus grand soin possible : on peut employer à cet effet l'une quelconque des méthodes que nous venons d'indiquer et opérer :

1° *Par cheminement*, à la chaîne et au graphomètre — ou même à la chaîne seule (en employant la remarque du n° **564**). Toutefois, cette dernière méthode, très longue et même peu exacte, n'est employée que dans les levés très peu étendus ;

2° *Par intersections*, si l'on a pu trouver une base qui ne soit vue d'aucun des sommets du polygone sous un angle trop aigu ;

3° *Par rayonnement ;*

4° Plus généralement, par une *triangulation* quelconque ;

5° *A l'équerre* (numéro précédent).

Toutefois, il faut observer que les deuxième et troisième méthodes (et souvent la dernière) deviennent inapplicables lorsque le terrain offre trop d'obstacles à la vue.

On n'emploie pas, en général, la planchette dans le levé du canevas, à cause de sa moindre exactitude.

571. Le canevas une fois levé, on y rattache les autres points intéressants en appliquant toujours les mêmes principes, mais

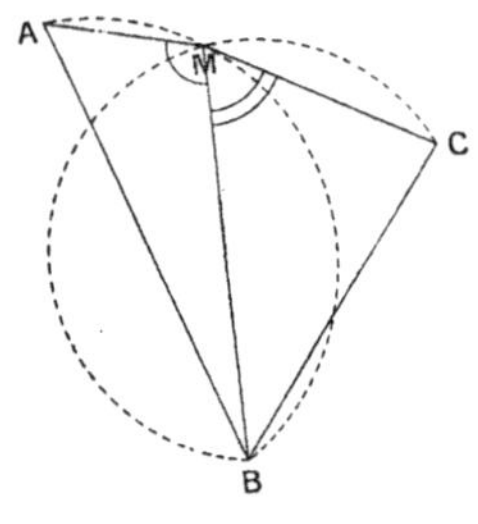

Fig. 485.

visant un peu plus à la rapidité. La planchette est employée avec avantage dans cette partie du travail.

En dehors des méthodes précédemment décrites, un moyen simple de rattacher un point M au canevas consiste à viser de ce point trois points déjà relevés, A, B, C, et à noter les angles $\widehat{AMB}$, $\widehat{BMC}$. La connaissance de ces deux angles donne deux lieux du point M, à avoir deux segments de cercles (*fig.* 485) décrits l'un sur la corde AB, l'autre sur la corde BC. On n'a plus qu'à prendre, sur le papier, le point, autre que B, où se coupent les deux cercles. La trigonométrie permet d'ailleurs [1] de déterminer tous les éléments des triangles ABM, BCM.

(1) *Leçons de trigonométrie rectiligne* de M. Bourlet, n° **179**.

572. La remarque du n° **563** se généralise évidemment en ce sens que, pour connaître une longueur ou un angle, on peut rattacher les deux extrémités de la longueur, ou le sommet de l'angle et deux points pris sur ses côtés, à un levé que l'on effectue.

C'est ainsi que l'on procède, par exemple : pour *trouver la distance de deux points* A, B, *tous deux inaccessibles*, *mais visibles*

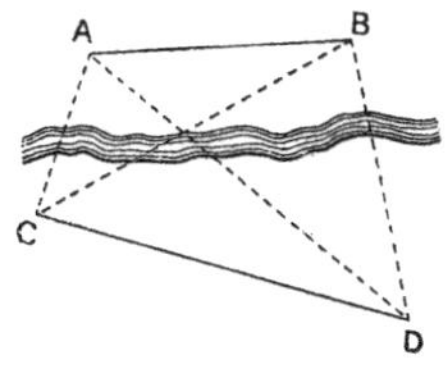

FIG. 486.

(*fig*. 486). On mesure une base CD à laquelle on rattache les deux points donnés, par intersections [1].

573. Lorsque le plan à lever contient une ligne (par exemple, une route ou le bord d'une rivière (*fig*. 487)), on lèvera des points M, M',

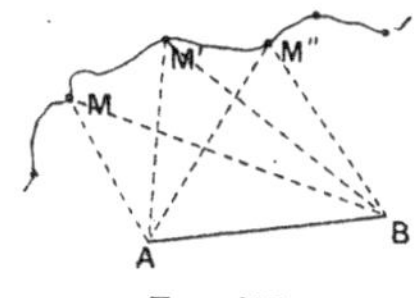

FIG. 487.

M'', ..., pris sur cette ligne et assez rapprochés les uns des autres pour faire connaître suffisamment sa forme.

(1) *Leçons de trigonométrie rectiligne* de M. BOURLET, n° 177.

CHAPITRE II

NIVELLEMENT

574. Nivellement direct.

On mesure la différence des cotes de deux points à l'aide du *niveau d'eau*.

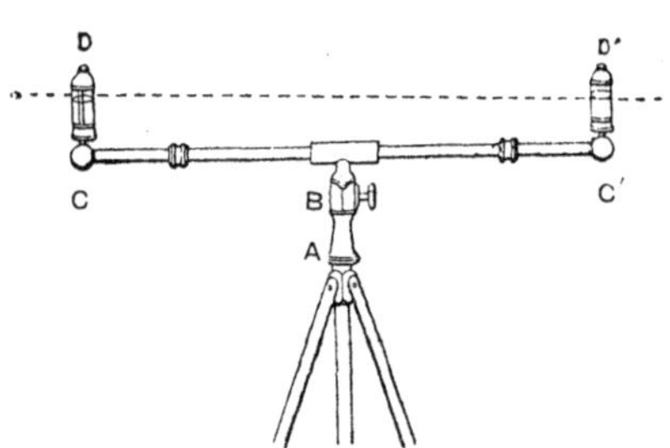

Fig. 488. — Niveau d'eau.

Cet appareil se compose (*fig.* 488) de deux fioles en verre F, F', communiquant entre elles par un tube TT' perpendiculaire à leur direction, qui aboutit au fond de chacune d'elles, et que l'on remplit incomplètement d'eau colorée. Le tout est porté sur un axe A que l'on installe verticalement. En vertu du principe des *vases communiquants*, établi en hydrostatique, les surfaces libres du liquide dans les deux fioles font partie d'un seul et même plan horizontal.

Le principe des vases communiquants n'est toutefois pas applicable sans modification, à cause de l'action de la *capillarité*, action dont l'effet est : 1° de relever toute la surface libre de l'eau dans chaque fiole, d'une petite quantité dépendant du diamètre de cette fiole; 2° de relever les bords de cette surface, de manière que celle-ci cesse d'être horizontale dans le voisinage de la paroi et prend la forme indiquée (*fig.* 489).

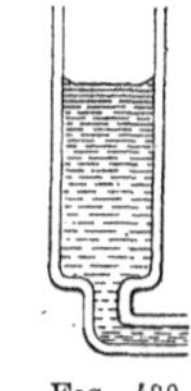
Fig. 489.

Mais, si les fioles sont exactement de même calibre, les actions capillaires sont identiques de part et d'autre. On a soin, en construisant l'appareil, que cette condition soit remplie. Lorsqu'il en est ainsi, les bords *ab*, *a'b'* des deux surfaces libres font partie d'un seul et même plan horizontal.

En plaçant l'œil suivant une tangente commune intérieure aux deux circonférences *ab*, *a'b'* et s'assurant qu'on voit bien ces deux lignes sous l'aspect de deux petites droites en prolongement l'une de l'autre (*fig.* 490), on vise une droite horizontale bien déterminée.

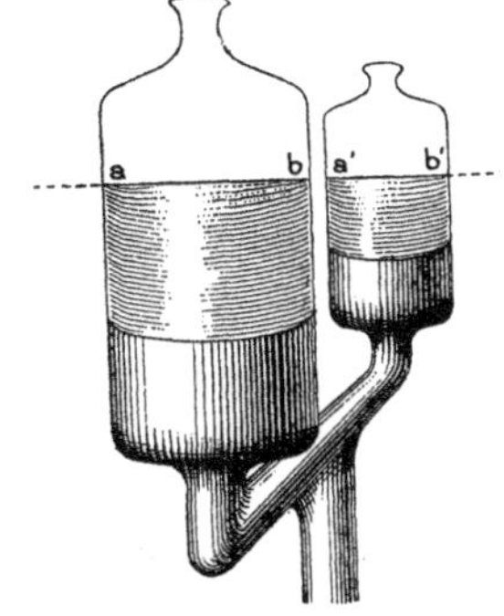

Fig. 490.

575. Pour pouvoir viser successivement toutes les directions d'un même plan horizontal, il suffit évidemment de faire tourner l'appareil autour de l'axe A, si celui-ci est bien vertical. La hauteur de l'eau dans les fioles reste alors invariable et la droite considérée tout à l'heure engendre un plan horizontal, dit *plan de visée* de l'appareil.

Lorsque l'axe A autour duquel tourne le niveau n'est pas exactement vertical, la conclusion précédente n'est pas applicable en général. Toutefois, on peut encore admettre, même dans ces conditions, que le niveau du liquide reste invariable dans la rotation, si l'on a constaté : 1° que les deux fioles sont de même diamètre intérieur (c'est ce que nous avons déjà supposé) ; 2° que l'axe aboutit au milieu du tube.

En effet, en toute hypothèse, le volume du liquide compris dans l'appareil demeure constant. Or, ce volume comprend : 1° le volume du tube horizontal, lequel est toujours le même ; 2° les volumes compris dans les fioles. Ceux-ci, puisque les fioles sont cylindriques et de même calibre, sont proportionnels aux hauteurs[1] PQ, P'Q' (*fig.* 491) occupées par le liquide dans chacune d'elles, de sorte que leur somme est proportionnelle à la somme PQ + P'Q'.

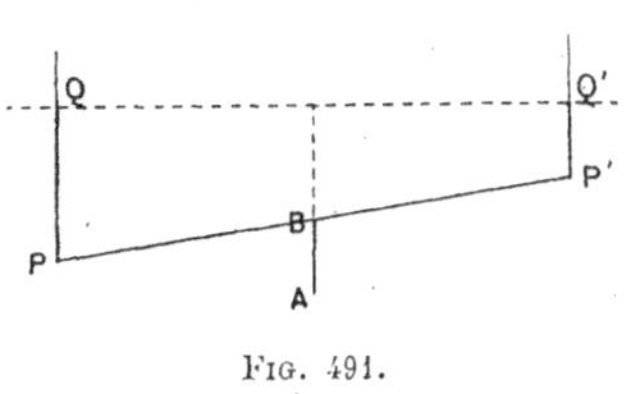

Fig. 491.

Le volume total étant constant, nous voyons que, lors d'une

(1) Nous raisonnons comme si les fioles restaient verticales, ce qui n'est évidemment pas exact ; mais, lorsque les inclinaisons sont petites, l'erreur provenant de ce fait est tout à fait négligeable.

rotation autour d'un axe non vertical, la hauteur occupée par le liquide dans l'une des fioles augmentera pendant qu'elle diminuera dans l'autre, mais que *la somme de ces hauteurs ne changera pas.*

Or, le trapèze [1] PQ P′Q′ montre que cette somme est double de la distance verticale qui existe entre le milieu du tube et le niveau supérieur du liquide. Ce dernier devra donc rester invariable si le milieu du tube est sur l'axe. Il est même aisé de voir (exercice 855) que si la distance du milieu du tube à l'axe est petite, en même temps que l'angle de cet axe avec la verticale, la variation du plan de visée sera négligeable. On peut donc toujours, dans la pratique, considérer ce plan de visée comme fixe.

576. L'opération fondamentale exécutable avec le niveau d'eau est la suivante :

Étant donné un point M (*fig.* 492) *situé plus bas que le plan de visée de l'appareil, déterminer la cote de ce point au-dessous de ce plan.*

Il suffira à cet effet, de trouver, sur la verticale du point M, le point M′ qui est situé dans le plan de visée de l'appareil, et de noter la distance MM′.

C'est ce qu'on réalise à l'aide de la *mire*, c'est-à-dire d'une règle graduée portant une plaque carrée mobile, appelée *voyant*, laquelle est partagée en

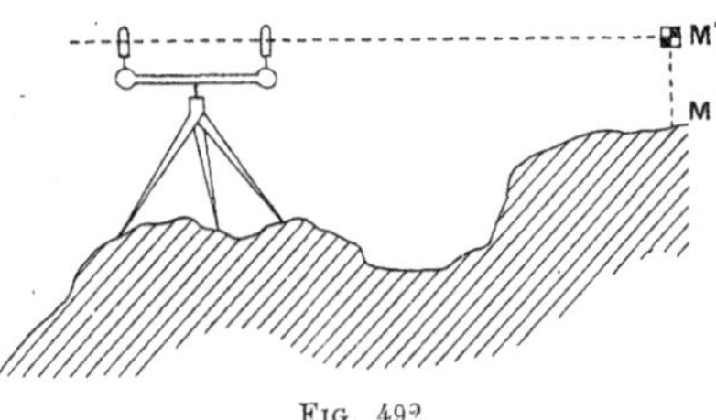

Fig. 492.

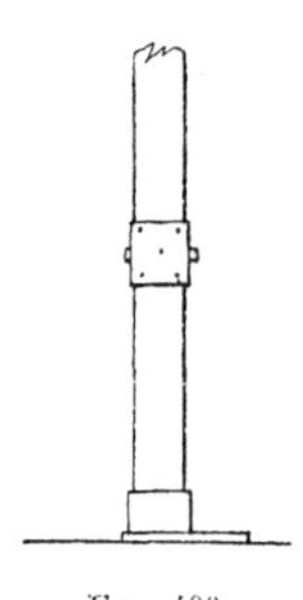
Fig. 493.

quatre parties peintes alternativement en blanc et en couleur (*fig.* 493) de manière que le centre en soit très nettement visible de loin.

Un aide place cette règle bien verticalement au point M, puis, sur les indications de l'opérateur, fait monter ou descendre le

(1) Nous réduisons, pour simplifier, le tube et les fioles à des droites.

voyant le long de la règle jusqu'à ce que son centre soit en M', dans le plan de visée du niveau. Il ne reste plus qu'à lire sur la graduation de la règle, la longueur MM'.

Il faut supposer toutefois : 1° que le point M, ou tout au moins le point M' peut être aperçu de l'endroit où est placé le niveau ; 2° que la distance horizontale des deux appareils ne soit pas trop grande, car la petite erreur commise par l'opérateur sur la direction de la visée a évidemment une influence croissante avec la distance en question ; 3° que la différence de cote cherchée ne soit pas supérieure à 2 mètres si la mire est *simple*, et à 4 mètres si la mire est à *coulisse*, c'est-à-dire se compose de deux règles pouvant glisser l'une sur l'autre, de manière à pouvoir s'allonger jusqu'au double de la longueur primitive. Cette dernière ne peut d'ailleurs dépasser 2 mètres, afin que l'extrémité de la première règle puisse être atteinte sans difficulté.

577. Nivellement simple.

Soit à *déterminer la différence de cote de deux points* M, N.

On installe le niveau d'eau de manière que son plan de visée soit supérieur aux deux points donnés et l'on mesure (n° précéd.) la cote de chacun de ces points au-dessous de ce plan de visée. Il ne reste plus qu'à soustraire l'une de l'autre les cotes ainsi mesurées.

On pourra faire les deux lectures sans aucun dérangement du niveau, si celui-ci est dans l'alignement MN. Sinon, on fera tourner l'appareil autour de son axe. On pourra, en employant ce dernier procédé, déterminer avec une seule mise en station du niveau, les différences existant entre les cotes d'une série de points visibles d'un même poste d'observation.

Pour que la méthode précédente soit applicable, il faut (n° précéd.) : 1° que l'on ait pu placer le niveau de manière à apercevoir en même temps les points donnés ; 2° que la distance horizontale de ces points au niveau d'eau ne soit pas trop grande ; 3° que les différences de cote cherchées soient assez petites.

578. Nivellement composé.

Si l'une ou l'autre des conditions que nous venons d'énumérer n'est pas remplie, il faut recourir au *nivellement composé*, c'est-à-dire faire choix d'un certain nombre de points auxiliaires P, Q,... S, tels que l'on puisse mesurer, par nivellement simple, les différences de cote qui existent entre M et P, entre P et Q, ..., entre S et N. La somme algébrique des quantités trouvées donne évidemment le résultat cherché.

579. Nivellement indirect.

De même que la mesure des angles et des longueurs horizontales, le nivellement peut s'effectuer indirectement.

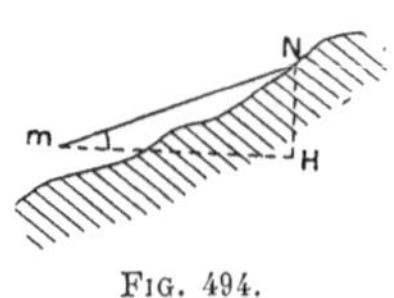

Fig. 494.

Soit, en effet, à mesurer la différence de cote entre un point *m* où l'on peut placer l'œil et un point N quelconque.

Soit H (*fig.* 494) la projection du point *m* sur la verticale du point N. Le triangle rectangle *m*NH sera complètement déterminé et, par conséquent, la différence de cote cherchée NH connue, si l'on a pu mesurer : 1° Le côté *m*H ; 2° l'angle en *m*, lequel n'est autre que l'angle de la direction *m*N avec le plan horizontal, ou la *hauteur* (1) de cette direction.

La première mesure est du ressort de la planimétrie : elle s'effectue, — directement ou indirectement suivant les cas, — à l'aide des méthodes exposées au chapitre précédent.

Pour mesurer la hauteur de la direction *m*N, on peut se servir du graphomètre, dont on installe le limbe verticalement de manière que le plan de visée de l'alidade fixe soit horizontal, en faisant ensuite passer le plan de visée de l'alidade mobile par la droite *m*N.

Mais, ainsi que nous venons de le voir, le nivellement indirect comporte une opération de planimétrie : de sorte que, la plupart du temps, lorsqu'on emploie cette méthode, on effectue concurremment le levé et le nivellement. Il y a, dans ces conditions, tout avantage à employer le théodolite, qui permet de mesurer, *à la fois et pour une même position de l'instrument*, l'azimuth et la hauteur d'une direction.

580. Pour obtenir effectivement la mesure de NH, on pourra, ainsi que nous l'avons dit plus haut :

1° Soit employer la trigonométrie (2) : c'est ce que l'on fait toujours lorsqu'on vise à une grande exactitude ;

(1) Tisserand et Andoyer, *Leçons de Cosmographie*, n° 4, page 5.
(2) *Leçons de trigonométrie rectiligne* de M. Bourlet, liv. III, ch. I et aussi n° 173-174.

2° Soit construire sur le papier un triangle semblable à *m*NH ;

3° Soit construire un tel triangle sur le terrain. Ceci conduit à un procédé de mesure très simple, en ce qu'il n'exige l'emploi d'aucun instrument angulaire. On plante, bien verticalement, dans l'alignement *m*N, une tige H'N' (*fig.* 495), sur laquelle on marque le point H' qui est situé dans le même plan horizontal que *m* et le point N qui est situé sur le rayon visuel *m*N. On a ainsi réalisé le triangle *m*H'N' semblable à *m*HN et la mesure de la distance horizontale *m*H, ainsi que des longueurs *m*H', H'N' fait connaître la cote cherchée par une simple proportion.

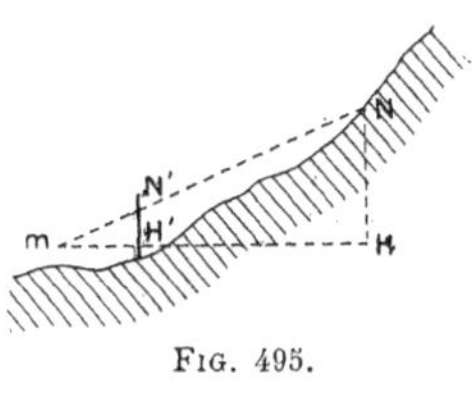

Fig. 495.

581. Si maintenant on veut la différence de cote existant entre deux points M, N du terrain, on pourra, suivant les cas :

Soit placer l'œil en *m*, au-dessus du point M, et ajouter (ou retrancher) à la différence de cote NH la distance verticale des points *m*,M, évaluée directement. C'est, par exemple, ainsi qu'on procède lorsqu'on emploie la méthode indiquée en 3° au numéro précédent ;

Soit opérer par différence, absolument comme avec le niveau d'eau.

Le nivellement indirect peut ainsi être considéré comme une opération tout à fait analogue au nivellement direct, le plan horizontal mené par le point *m* considéré aux deux numéros précédents remplaçant le plan de visée du niveau d'eau.

Seulement, au lieu que ce dernier devait toujours être *au-dessus* des points visés, la différence de cote ne dépassant d'ailleurs pas 4 mètres, on peut mesurer, par nivellement indirect, des dénivellations de sens et de grandeurs quelconques. Le nivellement indirect pourra donc être *simple* dans des circonstances où le nivellement direct serait forcément *composé*.

Mais il est, de plus, une série de circonstances (mesure de la hauteur d'un clocher, d'une montagne inaccessible, etc., etc.) où le nivellement direct est impraticable, au lieu que le nivellement indirect s'applique à tout point visible.

582. Ayant ainsi déterminé les différences mutuelles des cotes, il suffit, pour connaître ces cotes elles-mêmes, de se donner l'une d'entre elles. Cette dernière inconnue dépend d'ailleurs évidemment du choix du plan horizontal de comparaison, de sorte qu'on peut la considérer comme arbitraire. Par exemple, on pourra faire passer le plan de comparaison par le point le plus bas du terrain donné et, par conséquent, prendre pour ce point la cote zéro.

Pour changer de plan de comparaison, il suffit d'ailleurs d'augmenter ou de diminuer toutes les cotes d'une même quantité, égale à la distance de l'ancien plan au nouveau. C'est ce qu'on devra faire, par exemple, lorsqu'on aura nivelé, indépendamment l'un de l'autre et avec des plans de comparaison différents, deux terrains voisins et qu'on voudra réunir en un seul les deux nivellements.

Si enfin on veut comparer entre eux des nivellements portant sur des régions très différentes, il importe d'avoir un niveau [1] de comparaison commun pour toutes ces opérations. On compte alors les cotes au-dessus du *niveau de la mer :* les cotes ainsi estimées prennent le nom d'*altitudes* des points correspondants.

On a effectué, par des opérations de précision, un *nivellement général* du territoire français, de manière à faire connaître les altitudes d'un très grand nombre de points. Pour rapporter un nivellement quelconque au niveau de la mer, il suffira donc d'y rattacher un point qui ait fait partie du nivellement général.

583. Représentation des cotes. Courbes de niveau.

Un plan étant rapporté sur le papier, il faut encore arriver à donner une idée nette du relief du terrain ainsi figuré. On arrive à ce résultat à l'aide des *courbes de niveau.*

On appelle *courbe de niveau* (*fig.* 496, 501) le lieu des points qui ont une même cote donnée, autrement dit la section de la surface du terrain par un plan horizontal.

On détermine une telle courbe en plantant (à l'aide du niveau d'eau) des piquets en des points suffisamment rapprochés les uns des autres et ayant la cote donnée, puis relevant, par intersections ou par toute autre méthode de planimétrie, les positions de ces piquets.

On représente le relief d'un terrain en figurant les courbes de niveau dont les cotes diffèrent les unes des autres d'une même

(1) Nous disons *niveau* de comparaison et non *plan* de comparaison, puisque, pour des points très éloignés les uns des autres, il n'est plus possible d'admettre le parallélisme des plans horizontaux.

quantité ou *équidistance* (dépendant, bien entendu, de la nature du terrain et de l'échelle du plan).

Si l'équidistance a été convenablement choisie, la forme et la disposition des courbes de niveau permettront de se rendre compte de toutes les particularités du relief. En particulier, le terrain sera d'autant plus incliné que les courbes de niveau, pour une même équidistance, seront plus rapprochées les unes des autres.

Sur beaucoup de cartes topographiques, le relief est figuré par des hachures tracées entre les courbes de niveau successives, normalement à ces courbes, par conséquent d'autant plus courtes que ces dernières sont plus voisines les unes des autres ou que la pente est plus forte, les hachures étant d'ailleurs d'autant plus rapprochées et plus grosses qu'elles sont plus courtes. Ce mode de figuration a toutefois l'inconvénient de surcharger la carte sans donner aucun renseignement que ne fournisse le tracé des courbes de niveau.

Indépendamment du figuré général du terrain, la carte porte indication des cotes d'un certain nombre de points importants.

584. Lorsqu'on veut représenter les ondulations du terrain le

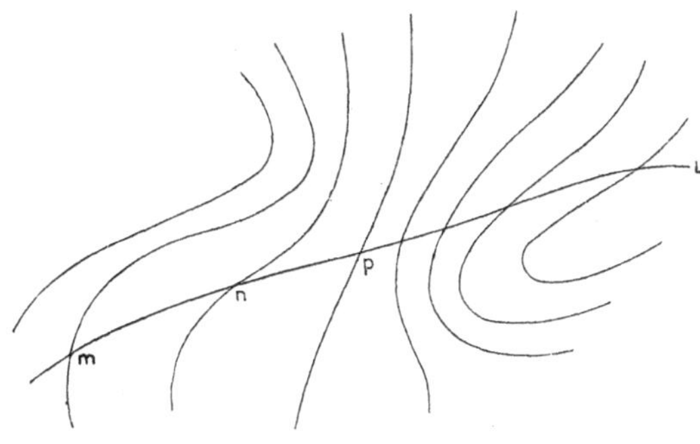

FIG. 496.

long d'une ligne donnée dont la projection est figurée en L (*fig.* 496) sur le plan, on a recours aux *profils*.

On nomme *profil* la figure obtenue en développant (**538**) le cylindre qui projette horizontalement la ligne considérée. Il est clair que si L est une ligne droite, le profil n'est autre que la section même du terrain par le plan vertical qui projette cette droite.

Puisque le tracé des courbes de niveau donne, à lui seul, la forme du terrain, il doit permettre de construire le profil suivant une ligne quelconque L.

On remarquera, à cet effet, qu'on connaît les ordonnées ou cotes d'un certain nombre de points m, n, p, ... (*fig.* 496) de la ligne L, à savoir, des points où cette ligne coupe les courbes de niveau. On relèvera, sur le plan, les abscisses curvilignes des mêmes

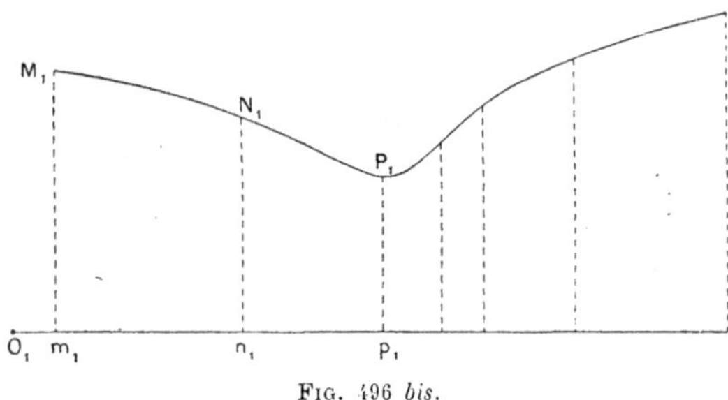

FIG. 496 *bis*.

points, que l'on reportera en O_1m_1, O_1n_1, O_1p_1, ... (*fig.* 496 *bis*), et l'on aura ainsi, aux extrémités des ordonnées m_1M_1, n_1N_1, ... une série de points du profil cherché.

585. Pour terminer ce qui concerne la planimétrie et le nivellement, nous dirons un mot de quelques simplifications qui peuvent être apportées dans ces deux opérations.

Les *méthodes photographiques*, qui présentent l'avantage important de réduire à la plus courte durée possible les opérations à effectuer sur place, sont fréquemment appliquées à la topographie. La place occupée par l'image d'un objet sur l'épreuve photographique dépend, en effet, de la direction du rayon lumineux joignant ce point au centre optique de la lentille objective. On peut dès lors en déduire, moyennant certaines précautions dans le détail desquelles nous n'entrerons pas, l'azimuth et la hauteur de cette direction. Il suffira donc d'avoir deux photographies, prises de deux points séparés l'un de l'autre par une distance connue, pour en déduire, par *intersections*, le levé et le nivellement du terrain ainsi doublement reproduit.

586. Nous avons, d'autre part, remarqué, à propos de la méthode par intersections, que nous ne pouvions pas obtenir la position relative de deux points A, B en visant simplement le point B du point A et qu'il était nécessaire de compléter cette visée, soit en chaînant l'alignement AB, soit en rattachant le point B à un *troisième* point C, non en ligne droite avec les deux premiers.

Il existe cependant un moyen d'échapper à cette nécessité. C'est de se servir d'un principe emprunté au *Cours de Cosmographie* [1] : *Les diamètres apparents d'un même objet, vu à différentes distances, sont inversement proportionnels à ces distances.*

D'après cela, si un aide se transporte au point B avec un *voyant* de dimensions connues, l'observation du diamètre apparent sous lequel ce voyant apparaît du point A fera connaître la distance AB.

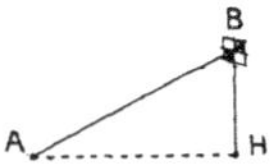

B

A H

Fig. 497.

Il faut observer que c'est la distance AB elle-même qui est ainsi mesurée et non pas (comme lorsqu'on opère à la chaîne) sa projection horizontale AH (*fig.* 497). Mais on pourra évaluer cette dernière si on lit la hauteur du rayon visuel AB, puisque, dans le triangle rectangle ABH, on connaîtra l'hypoténuse et un angle aigu.

On peut, en se fondant sur ce principe, lire et noter sur le papier, en même temps, l'azimuth, la hauteur et la longueur de la droite qui joint un point quelconque M à un point O choisi une fois pour toutes, et, par conséquent, obtenir par *rayonnement* le levé et le nivellement d'un terrain, avec une seule visée pour chaque point.

(1) Tisserand et Andoyer, *Leçons de Cosmographie*, page 88.

CHAPITRE III

ARPENTAGE

587. L'*arpentage* a pour objet de trouver l'aire d'un terrain, ou, plus exactement, l'aire de sa projection horizontale. C'est, en général, cette dernière qui est utile à connaître. Les terrains que l'on arpente sont, en effet, le plus ordinairement destinés à la culture ou à la bâtisse : or, comme c'est verticalement que les végétaux croissent et que les constructions sont élevées, les dimensions des édifices, ou le nombre de plantes d'une espèce déterminée, qui peuvent trouver place sur un terrain donné, ne dépendent que de la projection horizontale de ce terrain.

588. Toute méthode par laquelle on a pu lever le plan d'un terrain permet, par cela même, de l'arpenter. Pour mesurer, en effet, l'aire d'un terrain polygonal, on le considérera comme une somme de triangles et, du moment que l'on aura les éléments nécessaires pour déterminer chaque triangle (lesquels seront fournis par le levé), les formules de la trigonométrie permettront d'en calculer la surface.

Si l'on a mesuré les trois côtés de chaque triangle, on en aura l'aire par la formule (Pl., **251**)

$$S = \sqrt{p(p-a)(p-b)(p-c)}.$$

589. L'arpentage est le plus ordinairement effectué par des opérateurs qui ne sont pas en état de se livrer à des calculs trigonométriques : l'instrument employé est alors l'équerre d'arpenteur.

Pour arpenter un polygone, on pourrait le décomposer en triangles dont on mesurerait la base et (avec l'équerre) la hauteur.

Mais on préfère opérer différemment et faire choix tout d'abord d'une droite xy (*fig.* 498) ou *base*, par exemple la plus grande diagonale AE du polygone, sur laquelle on abaisse des perpendiculaires $\mathrm{B}b$, $\mathrm{C}c$, $\mathrm{D}d$, $\mathrm{F}f$, $\mathrm{G}g$ (*fig.* 498) de tous les sommets. On a ainsi décomposé le polygone en triangles ($\mathrm{AB}b$, $\mathrm{AG}g$, $\mathrm{D}d\mathrm{E}$, $\mathrm{F}f\mathrm{E}$, *fig.* 498) et en trapèzes rectangles ($\mathrm{B}b\mathrm{C}c$, $\mathrm{C}c\mathrm{D}d$, $\mathrm{G}g\mathrm{F}f$, *fig.* 498), dont on sait évaluer les aires par les formules connues.

Sur la figure 498, tous les triangles et trapèzes sont *additifs* : il peut en être autrement : sur la figure 498 *bis*, par exemple, l'aire

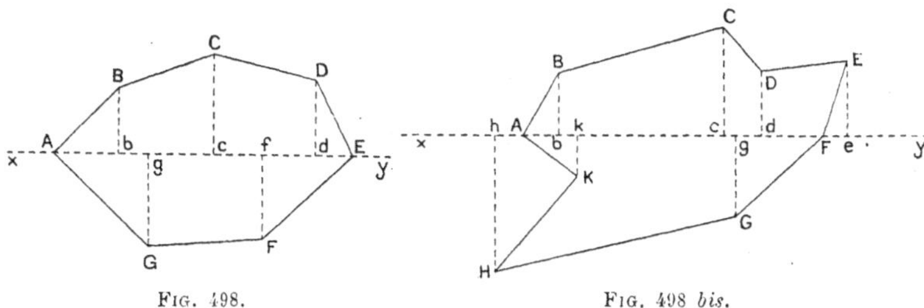

Fig. 498. Fig. 498 *bis*.

du polygone s'obtient en retranchant, de la somme $\mathrm{AB}b + \mathrm{B}b\mathrm{C}c + \mathrm{C}c\mathrm{D}d + \mathrm{D}d\mathrm{E}e + \mathrm{FG}g + \mathrm{G}g\mathrm{H}h + \mathrm{K}k\mathrm{A}$, la somme $\mathrm{FE}e + \mathrm{H}h\mathrm{K}k$.

Il est clair que, dans cette manière d'arpenter, on opère comme s'il s'agissait d'un levé à l'équerre, la base jouant le rôle d'axe des abscisses.

590. Quant au cas où le terrain est limité par un contour curviligne, il se ramène au précédent en remplaçant la courbe par un polygone d'un nombre suffisamment grand de côtés.

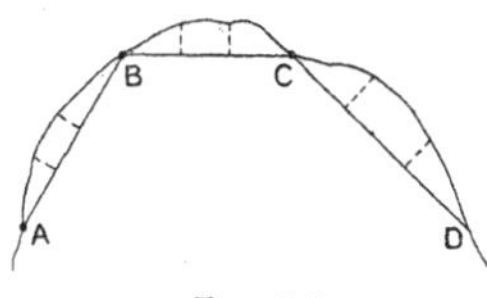

Fig. 499.

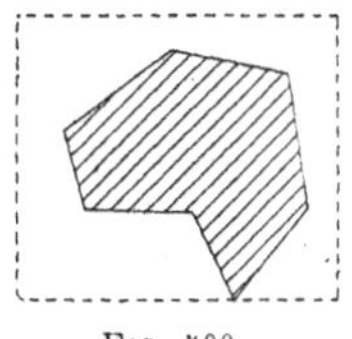

Fig. 500.

On commence par inscrire un premier polygone ABCD... (*fig.* 499) d'un nombre de côtés peu élevé, que l'on arpente comme nous l'avons dit au numéro précédent, puis on évalue la partie comprise entre la courbe et chaque côté en prenant ce côté pour base ([1]).

(1) Il existe des formules d'approximation permettant d'arriver, pour ces aires mixtilignes, à des résultats un peu plus exacts que ceux que l'on obtiendrait par la sommation pure et simple des trapèzes.

591. Il peut être nécessaire d'arpenter un terrain dans lequel on ne peut pénétrer (*fig.* 500). On entoure alors ce terrain d'un polygone facile à mesurer, par exemple d'un rectangle (*fig.* 500) et l'on arpente la partie de ce dernier comprise à l'extérieur du terrain proposé : il ne reste plus qu'à faire la différence des deux résultats.

592. Cubage.

On peut se proposer d'évaluer le volume d'un terrain compris à l'intérieur du cylindre qui projette sur un plan horizontal déterminé une aire S (*fig.* 501) prise sur ce terrain.

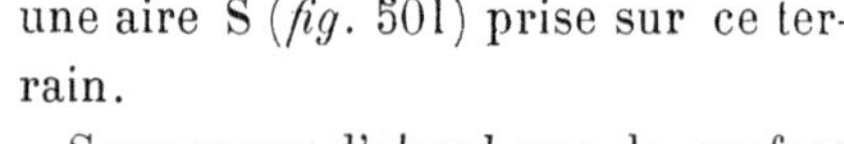

Fig. 501.

Supposons d'abord que la surface S soit comprise entre deux courbes de niveau consécutives C, C′. Alors on pourra, avec une approximation suffisante, considérer tous ses points comme ayant au-dessus du plan horizontal donné, une même cote, par exemple une moyenne entre la cote de C et la cote de C′. Le volume à évaluer sera alors celui d'un cylindre ayant pour hauteur cette cote et pour base, la projection horizontale de S.

Si maintenant l'aire S est quelconque, on pourra toujours (*fig.* 501) la décomposer en parties comprises entre courbes de niveau consécutives et que l'on traitera comme il vient d'être dit.

592 *bis*. Le plus ordinairement, toutefois, l'aire S a la forme d'une bande étroite tracée dans le voisinage d'une certaine ligne L

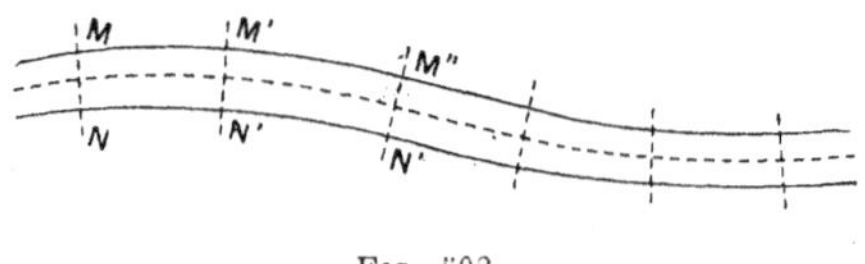

Fig. 502.

(*fig.* 502). C'est ce qui arrive lorsque le cubage proposé est destiné à l'établissement d'une route.

Dans ce cas, la méthode que nous venons d'indiquer n'est pas la plus commode : il convient plutôt de déterminer une série de *profils en travers*, c'est-à-dire de profils (**584**) suivant des alignements MN, M'N'... normaux à L et de considérer le volume compris entre chacun de ces profils et le suivant comme un cylindre ayant pour hauteur la distance des deux profils et pour base l'un d'eux.

EXERCICES

852. Vérifier si une équerre d'arpenteur est juste.

853. Mener, à un alignement donné, une perpendiculaire par un point extérieur sans employer d'autre instrument que la chaîne et sans tâtonnement (appliquer Pl., **126**).

854. Diviser un alignement en deux parties égales, à l'aide du graphomètre seul.

854 *bis*. Porter sur un alignement donné, à partir d'un point donné, une longueur égale à celle d'un autre alignement donné à l'aide du graphomètre seul.

855. Un niveau d'eau a un tube horizontal de 1 mètre de long, porté par un axe qui aboutit à 1 centimètre du milieu du tube. On a installé l'appareil de manière que l'axe passe avec la verticale un angle dont la tangente est $\frac{1}{10}$. Calculer approximativement la variation maximum du plan de visée, lorsque l'appareil tourne autour de son axe. Le résultat obtenu dépend-il de la longueur du tube?

856. Prolonger un alignement au delà d'un obstacle qui arrête la vue.

857. Montrer qu'on peut remplacer le niveau d'eau par un miroir plan dont on peut faire varier la direction en la maintenant verticale.

858. Montrer que le point M (fig. 485, n° **571**) d'un plan, tel que les droites qui le joignent à trois points donnés A, B, C fassent entre elles des angles donnés, peut s'obtenir de la manière suivante : on construit sur BC, CA, AB comme bases, des triangles BCa, CAb, ABc tous semblables au triangle T dont les angles sont égaux aux angles donnés ou à leurs suppléments (les sommets homologues étant pris convenablement chaque fois). Les droites Aa, Bb, Cc concourent en un même point, qui répond à la question. Les points a, b, c ne sont autres que ceux où les droites MA, MB, MC rencontrent respectivement les segments de cercles MBC, MCA, MAB.

COMPLÉMENTS DE GÉOMÉTRIE DANS L'ESPACE

CHAPITRE PREMIER

CENTRE DES DISTANCES PROPORTIONNELLES

593. Problème. — *Étant données, en grandeur et signe, les abscisses* IA *et* IB *de deux points* A, B *d'une droite, rapportées à un point* I *de la même droite, trouver l'abscisse du point* M *qui divise le segment* AB *dans un rapport donné (en grandeur et en signe)* $\frac{\mathrm{MA}}{\mathrm{MB}} = -\frac{q}{p}$.

On a
$$\mathrm{MA} = \mathrm{IA} - \mathrm{IM}$$
$$\mathrm{MB} = \mathrm{IB} - \mathrm{IM}$$

et, par conséquent,

$$\frac{\mathrm{IA} - \mathrm{IM}}{\mathrm{IB} - \mathrm{IM}} = -\frac{q}{p}.$$

Cette équation, où tout est connu, sauf OM, est du premier degré par rapport à cette quantité. Elle fait connaître l'abscisse cherchée

$$\mathrm{IM} = \frac{p.\overline{\mathrm{IA}} + q.\overline{\mathrm{IB}}}{p + q}.$$

Comme nous devions nous y attendre (Pl., **110**), cette expression est infinie pour $q = -p$, et dans ce cas seulement.

Corollaire. — Par le point I, faisons passer une droite ou un plan quelconque (*fig.* 503) et soient $\mathrm{AA_1} = a$, $\mathrm{BB_1} = b$, $\mathrm{MM_1} = m$ les distances des points A, B, M à cette droite ou à ce plan. Nous supposons d'ailleurs ces distances comptées en grandeur et signe, un sens positif ayant été choisi sur leur direction commune. On aura alors

$$m = \frac{pa + qb}{p + q}.$$

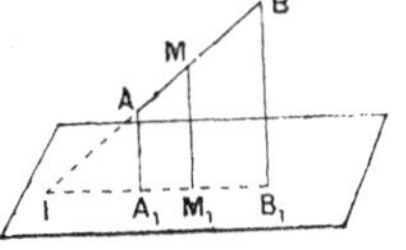

Fig. 503.

En effet, les grandeurs a, b, m sont, en grandeur et signe (Pl., **190**), proportionnelles à IA, IB, IM. L'équation précédente étant homogène par rapport à ces dernières quantités, on peut donc les y remplacer par a, b, m : ce qui donne le résultat annoncé.

Remarque I. — Ce résultat ne serait d'ailleurs aucunement mis en défaut si les distances a, b, m, au lieu d'être comptées sur des perpendiculaires au plan considéré, étaient comptées suivant des parallèles à une même direction quelconque (non parallèle à ce plan).

Remarque II. — Nous savons (Pl., **113**) que le rapport $\frac{M_1A_1}{M_1B_1}$ a également la même valeur $\frac{-q}{p}$.

594. Soient donnés un certain nombre de points A, B, C, D, ... (fig. 504) et les nombres p, q, r, s, ..., positifs ou négatifs, mais non tous nuls, correspondant respectivement à ces points. Soient M le point qui divise AB dans le rapport $-\frac{q}{p}\left(\frac{MA}{MB} = -\frac{q}{p}\right)$; M', le point qui divise MC dans le rapport $-\frac{r}{p+q}\left(\frac{M'M}{M'C} = -\frac{r}{p+q}\right)$; M'', le point qui divise M'D dans le rapport $\frac{-s}{p+q+r}\left(\frac{M''M'}{M''D} = -\frac{s}{p+q+r}\right)$; etc.

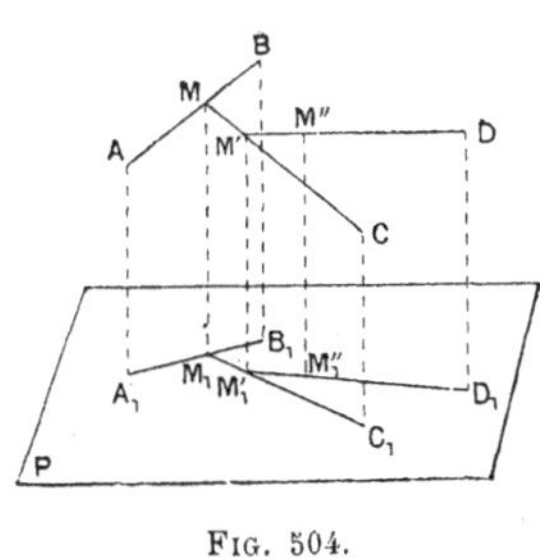

Fig. 504.

Si a, b, c, d, ... sont les distances des points A, B, C, D, ... à un plan quelconque P, la distance m du point M au même plan sera (n° précédent)

$$m = \frac{pa + qb}{p + q}.$$

La distance m' du point M′ à ce plan sera

$$m' = \frac{(p+q)m + rc}{(p+q)+r} = \frac{pa+qb+rc}{p+q+r};$$

de même la distance du point M″ sera

$$m'' = \frac{(p+q+r)m' + sd}{(p+q+r)+s} = \frac{pa+qb+rc+sd}{p+q+r+s}.$$

Continuons ainsi jusqu'à ce que nous ayons utilisé tous les points donnés et chacun d'eux une seule fois; nous obtiendrons un point O qu'on appelle le *centre des distances proportionnelles* des points A, B, C, D, ... affectés des coefficients p, q, r, s, ...

La distance de ce point au plan P est

$$o = \frac{pa+qb+rc+sd+\ldots}{p+q+r+s+\ldots}.$$

Nous avons dit que l'on devait utiliser chacun des points donnés une seule fois; mais nous n'avons pas spécifié l'*ordre* dans lequel on les faisait intervenir. Il semblerait, au premier abord, que la position du point final O dût dépendre de l'ordre en question. Le résultat qui précède montre qu'il n'en est rien. La valeur trouvée pour la distance du point O au plan P est, en effet, indépendante de cet ordre (pourvu, bien entendu, qu'à chacun des points donnés corresponde toujours le même coefficient) et, par conséquent, si, en changeant l'ordre en question, on trouvait un point O′ différent du premier, la droite OO′ devrait être parallèle au plan P, et cela quel que soit le plan P, ce qui est absurde.

Remarque. — Soient A_1, B_1, C_1, M_1, M'_1,.., O_1 les projections sur le plan P, des points A, B, C... M, M′... O (*fig.* 504). Le point M_1 divisera A_1B_1 dans le rapport $-\frac{q}{p}$; le point M'_1 divisera C_1M_1 dans le rapport $-\frac{r}{p+q}$; etc. En un mot, le *point* O_1 *sera le centre des distances proportionnelles des points* A_1, B_1, C_1,... *affectés des mêmes coefficients que les points donnés* A, B, C... et la même chose a lieu si les droites AA_1, BB_1,... au lieu d'être perpendiculaires au plan P, sont parallèles à une même direction quelconque.

595. Le *centre des distances proportionnelles* n'est évidemment autre chose que ce que l'on nomme en statique le *centre des forces parallèles*, les points donnés étant les points d'application des forces, et les intensités de celles-ci étant représentées par les coefficients p, q, r,... lesquels sont positifs ou négatifs suivant le sens des forces correspondantes.

596. Il y a une circonstance où la suite d'opérations que nous venons d'indiquer tomberait en défaut, c'est celle où l'on aurait à diviser une droite dans un rapport égal à $+1$, par exemple, où les deux premiers coefficients seraient égaux et de signes contraires. Il est aisé de voir qu'on peut toujours tourner la difficulté en intervertissant l'ordre des points donnés, sauf dans un cas, celui où la somme de *tous* les coefficients donnés est nulle. Dans le langage de la statique, ce cas correspond à celui où les forces données équivalent à un couple[1].

597. Lorsque tous les coefficients sont égaux à $+1$, le centre des distances proportionnelles prend le nom de *centre des moyennes distances*. Le centre des moyennes distances d'un système de points peut donc être considéré comme défini par cette propriété que sa distance à un plan quelconque est la moyenne arithmétique des distances des points donnés.

598. Nous allons considérer en particulier les cas où les points donnés sont au nombre de deux, trois ou quatre.

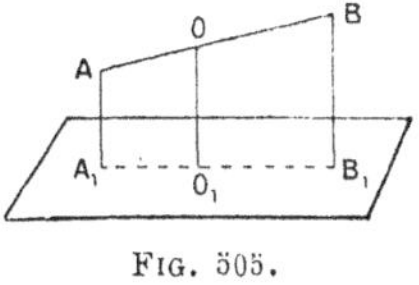

Fig. 505.

Supposons d'abord qu'il n'y ait que deux points A, B (*fig.* 505) affectés des coefficients p, q. Le centre des distances proportionnelles est alors un point de la droite AB. D'autre part, A et B étant donnés, *ce centre peut coïncider avec un point quelconque* O *de la droite* AB, *pour un choix convenable de* p *et de* q *:* il suffit évidemment de prendre

$$\frac{q}{p} = -\frac{\text{OA}}{\text{OB}}.$$

(1) Dans le cas où les forces données se font équilibre, le centre des distances proportionnelles n'est plus rejeté à l'infini, mais indéterminé. Dans la suite d'opérations indiquées dans le texte, on arriverait encore finalement à deux points affectés de coefficients égaux et de signes contraires, mais ces deux points coïncideraient entre eux.

Introduisons le nombre t donné par la relation

$$p + q + t = 0;$$

la relation précédemment obtenue

$$o = \frac{pa + qb}{p + q}$$

entre les distances des points A, B, O, devient

$$pa + qb + to = 0.$$

Ainsi, *étant donnés trois points quelconques en ligne droite, on peut trouver trois nombres non tous nuls, mais dont la somme est nulle et qui donnent lieu à la relation précédente entre les distances des trois points donnés à un plan quelconque.*

La condition précédente détermine d'ailleurs complètement, sinon les nombres p, q, t eux-mêmes, du moins leurs rapports mutuels : on a (puisque $\frac{p}{q} = -\frac{\text{IA}}{\text{IB}}$ et que $p + q + t = 0$)

$$\frac{p}{\text{BO}} = \frac{q}{\text{OA}} = \frac{p+q}{\text{BO} + \text{OA}} = -\frac{t}{\text{BA}} = \frac{t}{\text{AB}}.$$

599. Soient à présent trois points A, B, C (*fig.* 506), que nous supposerons former un triangle ; soient encore p, q, r les coefficients correspondants.

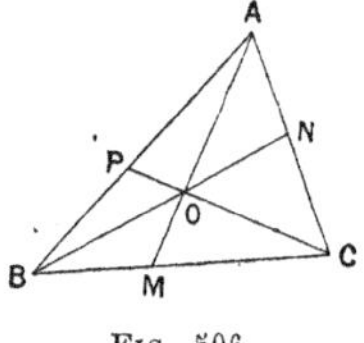

Fig. 506.

Si nous divisons BC dans un rapport $\frac{\text{MB}}{\text{MC}} = -\frac{r}{q}$, le centre des distances proportionnelles cherché O est situé sur la droite AM. On voit que *ce point est nécessairement dans le plan* ABC.

En divisant de même CA dans un rapport $\frac{\text{NC}}{\text{NA}} = -\frac{p}{r}$ et AB dans un rapport $\frac{\text{PA}}{\text{PB}} = -\frac{q}{p}$, les droites BN, CP donnent deux nouveaux lieux du point O.

Il résulte de là une nouvelle démonstration du théorème du n° **197** (Pl., Compl. du livre III).

Si, en effet, les côtés d'un triangle ABC sont divisés par les points M, N, P (*fig.* 506), de manière que $\frac{MB}{MC} \cdot \frac{NC}{NA} \cdot \frac{PA}{PB} = -1$, on peut évidemment poser

$$\frac{MB}{MC} = -\frac{r}{q}$$

$$\frac{NC}{NA} = -\frac{p}{r}$$

et, en vertu de la relation $\frac{MB}{MC} \cdot \frac{NC}{NA} \cdot \frac{PA}{PB} = -1$, l'on aura nécessairement

$$\frac{PA}{PB} = -\frac{q}{p}.$$

Les remarques précédentes montrent dès lors que les trois droites AM, BN, CP concourent en un même point, à savoir le centre des distances proportionnelles des points A, B, C.

599 *bis*. S'il s'agit du *centre des moyennes distances* des trois points A, B, C, les droites AM, BN, CP sont les médianes du triangle formé par ces points. Le centre des moyennes distances n'est donc autre chose que le point nommé précédemment *centre de gravité* du triangle ABC.

600. Coordonnées barycentriques planes.

Inversement, soient donnés le triangle ABC et le point O de son plan. Joignons OA, et soit M le point où cette droite coupe BC. Si nous prenons deux nombres q, r, satisfaisant à la relation

$$\frac{MB}{MC} = -\frac{r}{q},$$

puis un nombre p déterminé par la proportion

$$\frac{OM}{OA} = -\frac{p}{q+r},$$

le point O sera le centre des distances proportionnelles des points A, B, C, affectés des coefficients p, q, r.

Ainsi, *étant donnés quatre points dont les trois premiers ne sont pas en ligne droite, on peut affecter ceux-ci de coefficients tels que leur centre des distances proportionnelles soit le quatrième point donné.*

Le raisonnement semble en défaut lorsque la droite OA est parallèle à BC; mais on pourra alors le recommencer, soit en considérant la droite OB et le côté CA, soit en considérant la droite OC et le côté AB [1].

Les rapports mutuels des quantités p, q, r sont d'ailleurs déterminés quand on donne le point O (puisque ce sont les rapports dans lesquels les droites OA, OB, OC divisent respectivement les côtés BC, CA, AB).

On donne le nom de *coordonnées barycentriques* du point O, par rapport au *triangle de référence* ABC, aux coefficients p, q, r ainsi choisis. Les coordonnées barycentriques d'un point déterminé, par rapport à un triangle déterminé, sont déterminées à un facteur commun près.

Inversement, à tout système de coordonnées p, q, r, tel que la somme $p+q+r$ soit différente de zéro, correspond un point déterminé situé dans le plan du triangle.

Remarque. — Si l'on mène, par les points A, B, C, O, des parallèles à une même direction quelconque, jusqu'à rencontre en A_1, B_1, C_1, O_1 avec un plan P, le point O_1 aura, en vertu de la définition précédente et du n° **594** (Remarque), les mêmes coordonnées barycentriques, par rapport au triangle $A_1B_1C_1$, que le point O par rapport au triangle ABC.

601. La considération des aires permet de donner une interprétation simple des coordonnées barycentriques planes.

Considérons, en effet, les deux triangles ABM, ACM. Ces deux triangles, qui ont évidemment même hauteur, sont entre eux comme leurs bases MB, MC. Pour la même raison, ce même rapport $\frac{MB}{MC}$ est égal au rapport des triangles OMB, OMC. Il vient donc, en vertu d'un théorème connu sur les proportions

$$\frac{MB}{MC}=\frac{AMB}{AMC}=\frac{OMB}{OMC}=\frac{AOB}{AOC}$$

(1) Il est évidemment impossible que les droites qui joignent le point O aux sommets du triangle ABC soient toutes trois parallèles aux côtés du même triangle, puisque les parallèles menées aux côtés d'un triangle par les sommets opposés ne passent pas par un même point.

puisque le triangle AOB équivaut à la somme ou à la différence des triangles AMB et OMB, le triangle AOC étant en même temps équivalent à la somme ou à la différence des triangles AMC et OMC.

Le rapport $\frac{\text{AOB}}{\text{AOC}}$ est donc égal, en valeur absolue, au rapport $\frac{r}{q}$. Mais, de plus, nous pouvons remarquer que si la droite AO coupe le côté BC lui-même (c'est-à-dire si $\frac{r}{q}$ est positif) les deux triangles AOB, AOC sont tous deux additifs (voir Pl.; Note D, **315**, *fig.* 228-229) ou tous deux soustractifs (*ibid.*, *fig.* 230), au lieu que si la droite AO coupe l'un des prolongements de BC, ces deux triangles sont l'un additif, l'autre soustractif, en même temps que le rapport $\frac{r}{q}$ deviendra négatif. Si donc on fait précéder chacun des angles BOC, COA, AOB du signe + ou du signe — suivant qu'il est additif ou soustractif, *le rapport* $\frac{r}{q}$ *sera, en grandeur et signe, égal au rapport des triangles* AOB, AOC.

En faisant des raisonnements analogues relativement aux autres côtés du triangle ABC, on arrive évidemment à la conclusion suivante :

Les coordonnées barycentriques d'un point sont, en grandeur et signe (moyennant la convention qui vient d'être établie), *proportionnelles aux aires des triangles qui ont pour sommet commun ce point et, pour bases respectives, les côtés du triangle de référence.*

602. Introduisons le nombre t défini par la relation

$$p + q + r + t = 0$$

Alors la relation, précédemment trouvée, entre les distances a, b, c, o des points A, B, C, O à une droite quelconque du plan ABC ou à un plan quelconque

$$o = \frac{pa + qb + rc}{p + q + r}$$

peut s'écrire

$$pa + qb + rc + to = 0.$$

Ainsi, *quatre points quelconques étant donnés dans un plan, on peut trouver quatre nombres* p, q, r, t *dont la somme est nulle et tels que les distances des quatre points donnés à un plan quelconque, multipliées respectivement par ces quatre nombres, donnent une somme nulle.*

Le raisonnement précédent cesse d'être valable lorsque les trois points A, B, C sont en ligne droite. Mais alors nous savons (**598**) qu'on peut trouver les nombres p, q, r tels que l'on ait

$$pa + qb + rc = 0,$$

ce qui est la relation précédente, t étant pris égal à zéro.

603. Coordonnées barycentriques dans l'espace. — Considérons maintenant le cas où l'on part de quatre points A, B, C, D (*fig.* 507) non situés dans un même plan. p, q, r, s étant les coefficients affectés à ces points, on pourra commencer par prendre le centre des distances proportionnelles des points A, B, C affectés des coefficients p, q, r, — autrement dit, le point M du plan ABC qui a pour coordonnées barycentriques, par rapport à ce triangle, les nombres p, q, r, — puis prendre sur DM le point O tel que

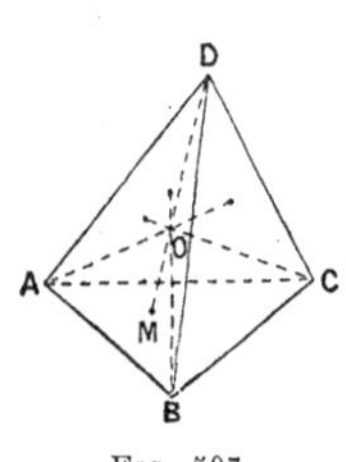

FIG. 507.

$$\frac{OM}{OD} = -\frac{s}{p+q+r}.$$

Par exemple, si les coefficients p, q, r, s sont tous égaux à $+1$, le point O appartiendra à la droite qui joint le point D au centre de gravité du triangle ABC, de sorte que cette droite et les trois autres droites joignant le point A au centre de gravité du triangle BCD, le point B au centre de gravité de CDA, le point C au centre de gravité de DAB, concourent en un même point.

Inversement, O (*fig.* 507) étant un point quelconque de l'espace, on pourra toujours déterminer les coefficients p, q, r, s de manière que le centre des distances proportionnelles obtenu soit le point O. Il suffira de prendre pour p, q, r les coordonnées barycentriques, par rapport au triangle ABC, du point M où la droite DO coupe le plan ABC, et pour s le nombre défini par la relation écrite tout à l'heure.

Les coefficients p, q, r, s, qui sont ainsi déterminés à un facteur commun près, sont dits les *coordonnées barycentriques* du point O, par rapport au *tétraèdre de référence* ABCD.

Nous laissons au lecteur le soin de démontrer que ces coordonnées barycentriques sont proportionnelles aux quatre tétraèdres ayant pour sommet commun le point considéré et pour bases respectives les faces du tétraèdre de référence, et que cette proportionnalité a lieu en grandeur et signe, si l'on a soin d'affecter les tétraèdres en question du signe + ou du signe — suivant qu'ils sont additifs ou soustractifs ([1]).

604. Introduisons le nombre t défini par la relation

$$p+q+r+s+t=0.$$

La relation

$$o=\frac{pa+qb+rc+sd}{p+q+r+s},$$

qui a lieu entre les distances des cinq points A, B, C, D, O à un plan quelconque, pourra s'écrire

$$pa+qb+rc+sd+to=0.$$

Donc, étant donnés cinq points de l'espace, on peut trouver les cinq coefficients p, q, r, s, t donnant lieu à la relation précédente. On prouvera d'ailleurs, comme tout à l'heure (**602**), que la conclusion n'est pas en défaut si les points A, B, C, D cessent de former un tétraèdre.

605. On définit en mécanique le *centre de gravité* d'une figure quelconque. Cette définition, dans le cas d'un polygone ou d'un polyèdre *homogène* (cette condition, absolument essentielle, est implicitement supposée dans ce qui va suivre) conduit aux conclusions suivantes :

Le centre de gravité d'un triangle est le point de concours de ses médianes, conformément à la dénomination que nous avons adoptée depuis le n° **55** *bis*.

Le centre de gravité d'un polygone plan quelconque s'obtient en le décomposant en triangles, dont on prend les centres de gravité, et prenant le centre des distances proportionnelles des points ainsi obtenus,

(1) Voir note F à la fin du volume.

affectés de coefficients respectivement égaux aux aires des triangles correspondants [1].

Le centre de gravité d'un tétraèdre est le point où se coupent (**603**) *les droites qui joignent chaque sommet au centre de gravité de la face opposée.*

Le centre de gravité d'un polyèdre quelconque s'obtient en le décomposant en tétraèdres et opérant comme il vient d'être expliqué pour les polygones dans le plan (le mot *aire* étant remplacé par le mot *volume*).

606. Théorème. — *Si on coupe un prisme par différents plans, les centres de gravité des sections ainsi obtenues sont sur une même parallèle aux arêtes.*

Pour démontrer ce théorème, nous nous appuierons sur le lemme suivant :

Lemme. — *La surface d'un polygone situé dans un plan fixe* P *est, avec sa projection sur un autre plan fixe* P′, *dans un rapport constant, quel que soit le polygone.*

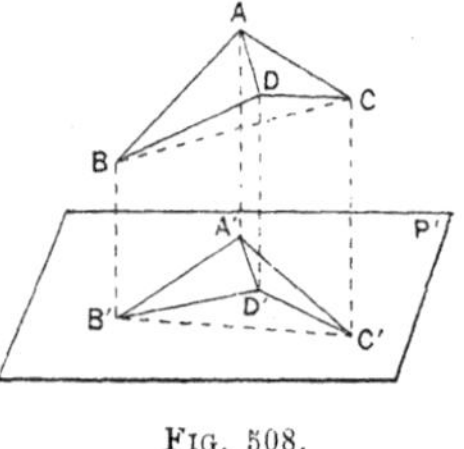

Fig. 508.

Dans la démonstration, nous distinguerons plusieurs cas :

1° Soient d'abord, dans le plan P, deux triangles ABD, ACD (*fig.* 508) qui ont un côté commun AD et dont les projections sur le plan P′ sont A′B′D′, A′C′D′. Si p, q, r sont les coordonnées barycentriques du point D, rapportées au triangle ABC, autrement dit si le point D est le centre des distances proportionnelles des points A, B, C affectés des coefficients p, q, r, le rapport $\frac{q}{r}$ sera celui des triangles ACD, ABD. Ce rapport sera donc égal à celui des triangles A′C′D′, A′B′D′, puisque le point D′ a, relativement au triangle A′B′C′, les mêmes coordonnées barycentriques que le point D, relativement au triangle ABC.

2° Ce qui précède montre que le rapport d'un triangle du plan P à sa projection sur P′ ne change pas si l'on remplace le triangle consi-

(1) Il résulte de la définition mécanique du centre de gravité, que ce point est indépendant du mode adopté pour la décomposition du polygone en triangles : c'est d'ailleurs ce qui peut se voir directement (exercice 869).

déré par un autre (situé également dans le plan P) ayant avec le premier un côté commun. Ce rapport est, par conséquent, le même pour deux triangles ABC, ADE (*fig.* 509) du plan P ayant un sommet commun, car on peut trouver un triangle (le triangle ABD) ayant avec ABC un côté commun et avec ADE un côté commun. Il est donc aussi le même pour deux triangles quelconques du plan P, puisqu'on peut toujours trouver un triangle ayant un sommet commun avec le premier et un sommet commun avec le second.

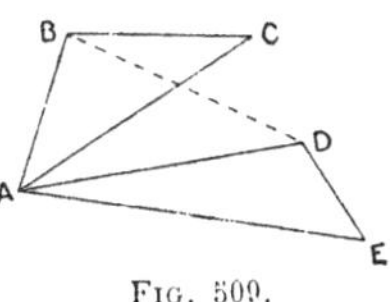

Fig. 509.

3° Si enfin il s'agit d'un polygone quelconque, on peut décomposer ce polygone en triangles. Le rapport en question est le même pour tous ces triangles et a, par conséquent, encore la même valeur pour le polygone entier, d'après un théorème connu sur les proportions (comparer Pl., **257**).

Corollaires. — I. *Le rapport de l'aire d'un polygone plan à celle de sa projection est égal au cosinus de l'angle des deux plans.*

Nous savons, en effet, que ce rapport est indépendant du polygone choisi. Nous prendrons, pour ce polygone, un triangle ABC ayant sa base BC sur l'intersection des deux plans P et P′ (*fig.* 510). Si BCA′ est la projection de ABC sur le plan P′ et que AH soit la hauteur du triangle ABC, A′H est (théorème des trois perpendiculaires), la hauteur du triangle BCA′. De plus, l'angle en H du triangle rectangle AA′H est égal à l'angle des deux plans P, P′ et,

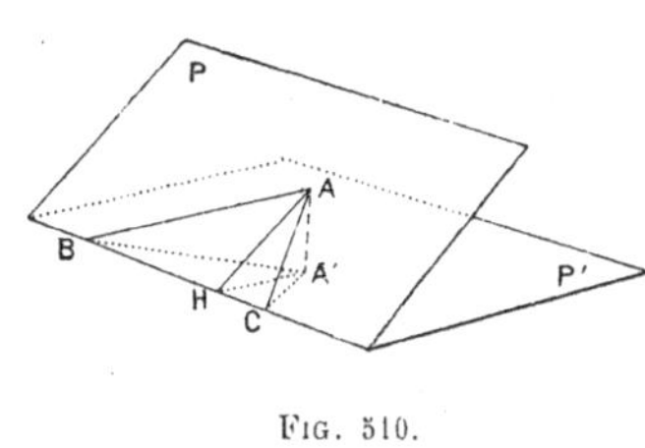

Fig. 510.

par conséquent, le rapport $\frac{A'H}{AH}$ est égal au cosinus de cet angle. Or ce rapport est égal au rapport des deux triangles A′BC, ABC, puisque ceux-ci ont même base.

II. Le lemme précédent s'applique *à une aire curviligne quelconque* S *située dans le plan* P *et à sa projection.*

En effet, par définition (Pl., **260**, note), l'aire S (*fig.* 511) est la limite d'une aire polygonale inscrite *s*. Si S′, *s′* sont les projections de S, *s* sur le plan P′, lorsque le nombre des côtés du polygone *s* augmentera indéfiniment de manière que chacun d'eux tende vers zéro, les mêmes circonstances se présenteront pour le polygone s'.

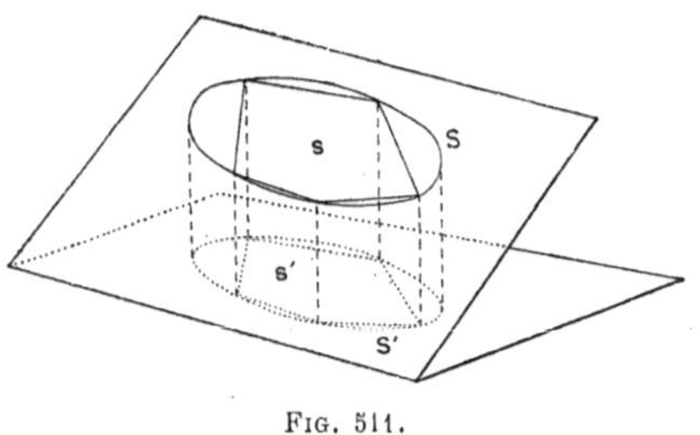

Fig. 511.

Or nous venons de voir qu'on a

$$s' = s \cos \alpha,$$

α étant l'angle des deux plans.

Donc, lorsque s tendra vers S, s' tendra vers une limite S' égale à S cos α.

C. Q. F. D.

607. A l'aide du lemme qui vient d'être démontré, il va nous être facile de démontrer le théorème précédemment énoncé.

Nous allons démontrer que *si l'on mène, dans une surface prismatique, une section droite et une section oblique, le centre de gravité de la section oblique se projette, sur le plan de la section droite, au centre de gravité de cette dernière.*

Si d'abord le prisme est triangulaire, le fait résulte (*fig.* 512) de la remarque du n° **594**, en vertu du n° **599** *bis*.

Si maintenant le prisme est polygonal, on peut le décomposer en

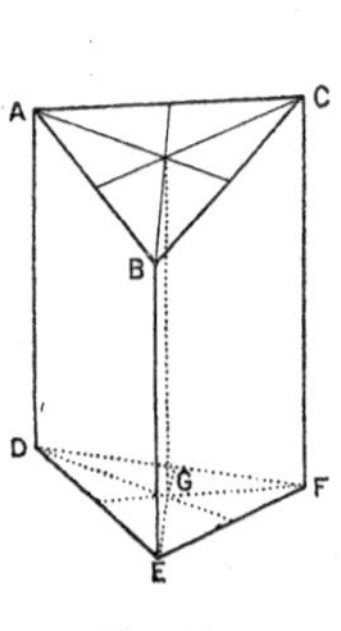

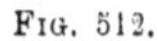

Fig. 512.

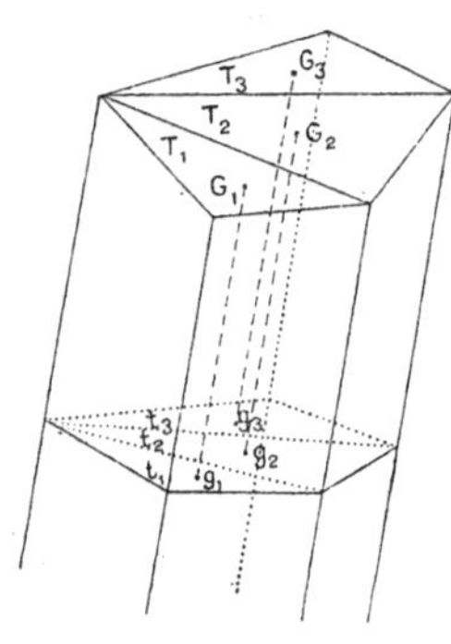

Fig. 513.

prismes triangulaires (*fig.* 513) qui donneront, dans le plan de la section oblique, les triangles T_1, T_2, T_3,... et, dans le plan de la section droite, les triangles t_1, t_2, t_3,... Soient G_1, G_2, G_3, les centres de gravité de T_1, T_2, T_3,...; g_1, g_2, g_3, les centres de gravité de t_1, t_2, t_3,... lesquels sont (comme nous venons de le voir) les projections de G_1, G_2, G_3, sur le plan de la section droite. Le centre de gravité G de la section oblique est le centre des distances proportionnelles des points G_1, G_2, G_3, affectés de coefficients proportionnels aux aires T_1, T_2, T_3,...; et, d'autre part, le centre de gravité g de la section droite est le centre des distances proportionnelles des points g_1, g_2, g_3,..., affectés des coefficients t_1, t_2, t_3,..., lesquels sont (lemme précédent) proportionnels aux premiers. Donc le point g est (**594**, Rem.) la projection de G.

Donc aussi, lorsque le plan de la section oblique varie, le point G décrit la parallèle aux arêtes menée par g.

C. Q. F. D.

608. Volume du tronc de prisme.

Théorème. — *Le volume d'un tronc de prisme quelconque est égal au produit de l'une des bases par la distance du centre de gravité de l'autre base au plan de la première.*

Nous distinguerons deux cas :

1° *Le tronc de prisme est triangulaire.* Soient ABC, DEF (*fig.* 512) les deux bases, G le centre de gravité du triangle DEF ; d, e, f, g, les distances des points D, E, F, G au plan ABC.

Le volume du tronc de prisme est (**409**)

$$\mathrm{ABC} \times \frac{d+e+f}{3}.$$

Mais (**599** *bis*) $\frac{d+e+f}{3}$ est égale à g. Le volume est donc bien mesuré par le produit $\mathrm{ABC} \times g$.

2° *Le tronc de prisme est polygonal.* On le décomposera en troncs de prismes triangulaires dont les bases sont T_1, T_2, T_3,..., dans le plan P de la base inférieure ; T'_1, T'_2, T'_3,... dans le plan P′ de la base supérieure. Si g_1, g_2, g_3,... sont les distances des points G'_1, G'_2, G'_3,... au plan P, on a (1°), pour le volume du tronc :

$$V = g_1 T_1 + g_2 T_2 + g_3 T_3 + \cdots$$

Mais, si g est la distance, au plan P, du centre de gravité de la base supérieure, on a

$$g = \frac{g_1 T_1' + g_2 T_2' + g_3 T_3' + \ldots}{T_1' + T_2' + T_3' + \ldots}$$
$$= \frac{g_1 T_1 + g_2 T_2 + g_3 T_3 + \ldots}{T_1 + T_2 + T_3 + \ldots}$$

puisque les triangles T_1', T_2', T_3'... sont proportionnels à T_1, T_2, T_3... (comme ayant les mêmes projections sur un plan de section droite). Tirant $g_1 T_1 + g_2 T_2 + g_3 T_3 + \ldots$ de cette égalité, il vient bien, conformément à l'énoncé,

$$V = g (T_1 + T_2 + T_3 + \ldots.).$$

Corollaires. — I. *Un tronc de prisme est équivalent au prisme que l'on obtiendrait en substituant à la base supérieure une section menée par le centre de gravité de cette base et parallèle à la base inférieure.*

Par conséquent, aussi :

II. *Le volume du tronc de prisme a pour mesure le produit de la section droite par la distance des centres de gravité des deux bases.*

III. Le théorème précédent montre bien que *la position trouvée, pour le centre de gravité d'un polygone*, par le procédé du n° **605**, *est indépendante du mode de décomposition du polygone en triangles.* En premier lieu, en effet, les raisonnements des n^os^ **607-608** ne supposent nullement que cette indépendance soit établie (ils sont valables en supposant que le prisme ait été décomposé *d'une manière déterminée* en prismes triangulaires). Dès lors, un polygone plan quelconque étant donné, considérons-le comme l'une des bases d'un tronc de prisme, l'autre base étant dans un plan quelconque P. Si S est l'aire de cette seconde base, g la distance du centre de gravité du polygone donné au plan P, V le volume du tronc de prisme, on aura (théor. préc.)

$$g = \frac{V}{S}.$$

Cette formule montre que la distance g du centre de gravité G au plan P est indépendante de la manière dont on a décomposé le polygone en triangles pour trouver le point G. Comme le plan P est de direction quelconque, il en résulte (comparer **594**) que la position du point G est indépendante de ce mode de décomposition.

609. Problème. — *Trouver le lieu des points tels que les carrés de leurs distances à des points donnés, multipliés respectivement par des coefficients donnés (positifs ou négatifs), aient une somme algébrique égale à une quantité donnée.*

Soient les points donnés A, B, C, D, ... et les coefficients correspondants (positifs ou négatifs) p, q, r, s, ... Nous avons à chercher le lieu des points tels que l'on ait

$$p \cdot \overline{MA}^2 + q \cdot \overline{MB}^2 + r \cdot \overline{MC}^2 + \dots \qquad = k,$$

k étant un nombre donné.

Supposant la somme $p + q + r + \dots$ différente de zéro, soit O le centre des distances proportionnelles des points donnés, affectés des coefficients p, q, r, s, ... Joignons OM et soit Oa (*fig.* 514) la projection de OA sur cette droite, le segment Oa étant compté en grandeur et signe avec OM comme sens positif.

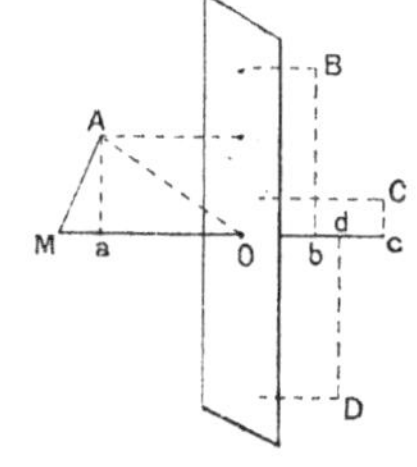

Fig. 514.

On aura, quelle que soit la position du point a,

$$\overline{MA}^2 = \overline{OM}^2 + \overline{OA}^2 - 2\overline{OM} \cdot \overline{Oa}.$$

Car si le point a est du même côté de O que le point M, le segment Oa est positif, l'angle $\widehat{AOM}$ aigu et l'on retrouve l'énoncé du n° **126**, 1° (Pl., livre III); si, au contraire, le point a est sur OM prolongé au delà de O, le segment Oa est négatif, l'angle $\widehat{AOM}$ obtus, et l'égalité précédente résulte de la seconde partie du même théorème.

Si, de même, Ob, Oc, Od ... sont les projections de OB, OC, OD, ... sur OM, comptées en grandeur et signe dans les mêmes conditions, on aura

$$\overline{MB}^2 = \overline{OM}^2 + \overline{OB}^2 - 2\overline{OM} \cdot \overline{Ob}$$
$$\overline{MC}^2 = \overline{OM}^2 + \overline{OC}^2 - 2\overline{OM} \cdot \overline{Oc}$$

. . . .

Multipliant l'égalité obtenue tout à l'heure par p, celles que nous venons d'écrire par q, r, s, ... respectivement, et ajoutant, il vient

$$\begin{aligned} & p \cdot \overline{MA}^2 + q \cdot \overline{MB}^2 + r \cdot \overline{MC}^2 + \dots \\ & = (p+q+r+\dots)\,\overline{OM}^2 + p \cdot \overline{OA}^2 + q \cdot \overline{OB}^2 + r \cdot \overline{OC}^2 + \dots \\ & \qquad - 2\overline{OM}\,(p \cdot \overline{Oa} + q \cdot \overline{Ob} + r \cdot \overline{Oc} + \dots). \end{aligned}$$

Mais, au second membre, la parenthèse du dernier terme

$$p \cdot \overline{Oa} + q \cdot \overline{Ob} + r \cdot \overline{Oc} + \dots$$

est nulle, en vertu du choix du point O ; car les quantités Oa, Ob, Oc ... peuvent être considérées comme les distances (comptées en grandeur et signe) des points A, B, C, ... à un même plan mené par O, celui qui est perpendiculaire à OM (*fig.* 514).

L'égalité précédente se réduit donc à

$$p\overline{MA}^2 + q \cdot \overline{MB}^2 + r \cdot \overline{MC}^2 + \dots = (p+q+r+\dots)\,\overline{OM}^2 + l$$

en désignant par l la quantité $p \cdot \overline{OA}^2 + q \cdot \overline{OB}^2 + r \cdot \overline{OC}^2 + \dots$, *laquelle est indépendante de la position du point* M.

Ainsi écrite, cette égalité montre que la condition nécessaire et suffisante pour que la somme algébrique $p \cdot \overline{MA}^2 + q \cdot \overline{MB}^2 + r \cdot \overline{MC}^2 + \dots$ soit constante est que OM soit constant.

Donc le lieu demandé est une sphère de centre O.

610. Le raisonnement précédent serait en défaut si la somme $p + q + r + \dots$ était nulle. Dans ce cas, en effet, le lieu ne serait pas une sphère, mais un plan.

Pour le voir, divisons les points donnés en deux groupes, de manière que, dans chacun de ces deux groupes, la somme des coefficients soit différente de zéro (ce qui est évidemment possible dès que les coefficients ne sont pas tous nuls [1]), le centre des distances proportionnelles du premier groupe étant O, celui du second O'. Supposons, par exemple, pour fixer les idées, qu'il y ait quatre points dont deux, A, B, appartiennent au premier groupe, les deux autres, C, D, au second. Les coefficients p, q, r, s sont alors tels que les deux sommes $p + q$, $r + s$, différentes de zéro, sont égales et de signes contraires.

(1) Il est clair que le problème cesserait de se poser si tous les coefficients étaient nuls.

Nous aurons, comme précédemment,

$$d \cdot \overline{MA}^2 + q \cdot \overline{MB}^2 = (p+q)\,\overline{OM}^2 + l$$
$$r \cdot \overline{MC}^2 + s \cdot \overline{MD}^2 = (r+s)\,\overline{O'M}^2 + l' = -(p+q)\,\overline{O'M}^2 + l'$$

en désignant par l, l' respectivement, les sommes $p \cdot \overline{OA}^2 + q \cdot \overline{OB}^2$, $r \cdot \overline{O'C}^2 + s \cdot \overline{O'D}^2$. En ajoutant ces deux égalités, il vient :

$$p \cdot \overline{MA}^2 + q \cdot \overline{MB}^2 + r \cdot \overline{MC}^2 + s \cdot \overline{MD}^2 = (p+q)(\overline{OM}^2 - \overline{O'M}^2) + l + l'.$$

Donc la condition $p \cdot \overline{MA}^2 + q \cdot \overline{MB}^2 + r \cdot \overline{MC}^2 + s \cdot \overline{MD}^2 =$ const. équivaut à $\overline{OM}^2 - \overline{O'M}^2 =$ const., c'est-à-dire donne pour lieu du point M un plan (1).

611. Dans l'équation finale

$$p \cdot \overline{MA}^2 + q \cdot \overline{MB}^2 + r \cdot \overline{MC}^2 \ldots = (p + q + r + \ldots)\,\overline{OM}^2 + l$$

du n° **609**, introduisons (comme au n° **604**) la quantité t définie par la relation

$$p + q + r + \ldots + t = 0 :$$

il vient

$$p \cdot \overline{MA}^2 + q \cdot \overline{MB}^2 + r \cdot \overline{MC}^2 + \ldots + t \cdot \overline{MO}^2 = l.$$

Supposons qu'il y ait trois points A, B, C et soit O un point situé dans leur plan. Nous savons qu'on peut déterminer les coefficients p, q, r de manière que O soit le centre des distances proportionnelles des points A, B, C.

Ainsi, *étant donnés quatre points* A, B, C, O *d'un plan* (2) *il existe toujours quatre nombres* p, q, r, t non tous nuls, mais dont la somme est nulle, *tels que la somme* $p \cdot \overline{MA}^2 + q \cdot \overline{MB}^2 + r \cdot \overline{MC}^2 + t\,\overline{MO}^2$ *soit indépendante de la position du point* M.

Par un raisonnement tout semblable, on voit que, *étant donnés cinq points quelconques* A, B, C, D, O *de l'espace, il existe cinq nombres* p, q, r, s, t, *non tous nuls, mais dont la somme est nulle tels que la quantité* $p \cdot \overline{MA}^2 + q \cdot \overline{MB}^2 + r \cdot \overline{MC}^2 + s \cdot \overline{MD}^2 + t \cdot \overline{MO}^2$ *soit indépendante de la position du point* M.

(1) Dans le cas (n° **596**, note) où le point O′ coïnciderait avec le point O, il est clair que la *quantité* $p.\,MA^2 + q.\,MB^2 + \ldots$ *serait constante, quel que soit le point* M.

(2) Le raisonnement serait en défaut si les points A, B, C étaient en ligne droite ; on verrait alors, comme au n° **602**, que le résultat subsiste, t étant nul. La formule ainsi obtenue ne serait autre que celle de Stewart (Pl., **127**).

612. Relations entre les distances mutuelles de quatre points d'un plan.

Soient A, B, C, O quatre points d'un plan. Désignons par x, y, z, a, b, c, respectivement, les distances OA, OB, OC, BC, CA, AB.

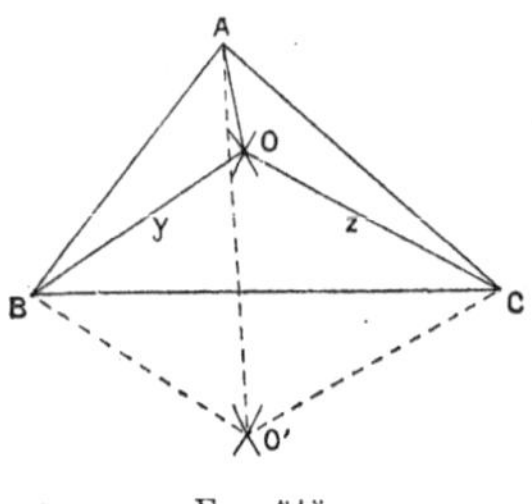

Fig. 515.

Il existe une relation entre les six quantités x, y, z, a, b, c. En effet, connaissant a, b, c, on peut construire le triangle ABC (*fig.* 515), après quoi, les circonférences de centres respectifs B, C et de rayons y, z donnent deux lieux du point O. Ces deux circonférences se coupent en deux points O, O′ (*fig.* 515) et, par conséquent, lorsqu'on donne a, b, c, y, z, la quantité x ne peut avoir que deux valeurs.

Pour trouver la relation dont nous venons de constater l'existence, nous emploierons le résultat obtenu au numéro précédent. Soient donc p, q, r, t, quatre nombres de somme nulle et tels que l'on ait

$$p.\overline{MA}^2 + q.\overline{MB}^2 + r.\overline{MC}^2 + t.\overline{MO}^2 = l$$

l étant indépendant de la position du point M.

Nous ferons coïncider successivement le point M avec les points A, B, C, O ; il viendra, en tenant compte des désignations précédemment adoptées pour les distances mutuelles des quatre points en question,

$$(1) \qquad \begin{array}{llll} & qc^2 + rb^2 + tx^2 &= l \\ pc^2 & \quad + ra^2 + ty^2 &= l \\ pb^2 + qa^2 & \quad + tz^2 &= l \\ px^2 + qy^2 + rz^2 & &= l \end{array}$$

Si nous tenons compte de la condition

$$(2) \qquad p + q + r + t = 0,$$

nous aurons cinq équations homogènes du premier degré entre lesquelles nous pourrons éliminer les cinq inconnues, non toutes nulles, p, q, r, t, l.

Pour faire cette élimination ([1]), écrivons, par exemple, les trois premières équations sous la forme

$$\frac{q}{b^2}+\frac{r}{c^2}=\frac{a^2(l-tx^2)}{a^2\,b^2\,c^2}$$

$$\frac{r}{c^2}+\frac{p}{a^2}=\frac{b^2(l-ty^2)}{a^2\,b^2\,c^2}$$

$$\frac{p}{a^2}+\frac{q}{b^2}=\frac{c^2(l-tz^2)}{a^2\,b^2\,c^2};$$

d'où résulte

$$p=a^2\left[\frac{b^2(l-ty^2)+c^2(l-tz^2)-a^2(l-tx^2)}{2\,a^2\,b^2\,c^2}\right]$$

$$=a^2\,\frac{l(b^2+c^2-a^2)-t(b^2y^2+c^2z^2-a^2x^2)}{2\,a^2\,b^2\,c^2}$$

$$q=b^2\,\frac{l(c^2+a^2-b^2)-t(c^2z^2+a^2x^2-b^2y^2)}{2\,a^2\,b^2\,c^2}$$

$$r=c^2\,\frac{l(a^2+b^2-c^2)-t(a^2x^2+b^2y^2-c^2z^2)}{2\,a^2\,b^2\,c^2}.$$

Si nous substituons ces valeurs dans la dernière équation (1) et dans l'équation (2), celles-ci deviennent, l'une

$$(3)\qquad l\Sigma a^2(b^2+c^2-a^2)x^2-t\Sigma a^2x^2(b^2y^2+c^2z^2-a^2x^2)=2ta^2b^2c^2$$

(en désignant par $\Sigma a^2(b^2+c^2-a^2)x^2$ la somme $a^2(b^2+c^2-a^2)x^2+b^2(c^2+a^2-b^2)y^2+c^2(a^2+b^2-c^2)z^2$ et, de même, par $\Sigma a^2x^2(by^2+c^2z^2-a^2x^2)$ la somme de la quantité $a^2x^2(b^2y^2+c^2z^2-a^2x^2)$ et des deux autres analogues); l'autre

$$(4)\quad l\Sigma a^2(b^2+c^2-a^2)-t\Sigma a^2(b^2y^2+c^2z^2-a^2x^2)+2ta^2b^2c^2=0.$$

La quantité

$$\Sigma a^2(b^2+c^2-a^2)=a^2(b^2+c^2-a^2)+b^2(c^2+a^2-b^2)+c^2(a^2+b^2-c^2)=2b^2c^2+2c^2a^2+2a^2b^2-a^4-b^4-c^4$$

([1]) Le lecteur familiarisé avec la théorie des déterminants écrira immédiatement le résultat de cette élimination sous la forme

$$\begin{vmatrix} 0 & c^2 & b^2 & x^2 & 1\\ c^2 & 0 & a^2 & y^2 & 1\\ b^2 & a^2 & 0 & z^2 & 1\\ x^2 & y^2 & z^2 & 0 & 1\\ 1 & 1 & 1 & 1 & 0\end{vmatrix}=0.$$

représente (Pl., **251**) 16 fois le carré de la surface S du triangle ABC. De même, la quantité $\Sigma a^2x^2(b^2y^2 + c^2z^2 - a^2x^2)$ représente 16 fois le carré de la surface du triangle dont les côtés sont mesurés par ax, by, cz.

Enfin, il faut remarquer que la somme

$$\begin{aligned}\Sigma a^2(b^2y^2 + c^2z^2 - a^2x^2) = a^2(by^2 + c^2z^2 + a^2x^2) + b^2(c^2z^2 + a^2x^2 - b^2y^2)\\ + c^2(a^2x^2 + b^2y^2 - c^2z^2)\end{aligned}$$

est identiquement égale à $\Sigma a^2(b^2 + c^2 - a^2)x^2$. Les deux équations (3) et (4) s'écrivent donc

$$(3') \quad l[\Sigma a^2(b^2 + c^2 - a^2)x^2 - 2a^2b^2c^2] = t\Sigma a^2x^2(b^2y^2 + c^2z^2 - a^2x^2)$$

et

$$(4') \qquad 16S^2l = t[\Sigma a^2(b^2 + c^2 - a^2)x^2 - 2a^2b^2c^2].$$

L'élimination de l et de t est immédiate et donne

$$(5) \quad [\Sigma a^2(b^2 + c^2 - a^2)x^2 - 2a^2b^2c^2]^2 = 16S^2.\Sigma a^2x^2(b^2y^2 + c^2z^2 - a^2x^2).$$

On peut ordonner cette équation par rapport à x, y, z. On obtient ainsi aisément (en divisant par $4a^2b^2c^2$) :

$$(5') \quad \Sigma a^2(x^2 - y^2)(x^2 - z^2) - \Sigma a^2(b^2 + c^2 - a^2)x^2 + a^2b^2c^2 = 0.$$

613. Nous avons à nous demander si, réciproquement, la relation précédente entre six quantités x, y, z est suffisante pour que ces quantités mesurent les distances mutuelles de quatre points d'un plan. C'est ce que nous allons démontrer *en supposant que l'on puisse construire un triangle ayant pour côtés* a, b, c.

A cet effet, nous remarquerons que, si les quantités a, b, c, x, y, z satisfont à l'équation (5), on peut (ainsi qu'on s'en assure aisément en refaisant en sens inverse les calculs précédents) trouver les quantités p, q, r, t, l satisfaisant aux équations (1) et (2).

Construisons alors le triangle ABC qui a pour côtés a, b, c, et soit O le point qui a pour coordonnées barycentriques par rapport à ce triangle, les quantités p, q, r. Si x', y', z' désignent les distances

OA, OB, OC, il existe, ainsi que nous l'avons vu, un nombre l' tel que l'on ait

$$(1')\quad \begin{cases} qc^2 + rb^2 + tx'^2 = l' \\ pc^2 + ra^2 + ty'^2 = l' \\ pb^2 + qa^2 + tz'^2 = l' \\ px'^2 + qy'^2 + rz'^2 = l' \end{cases}$$

La comparaison de ces équations avec les équations (1), (2) donne aisément $x' = x$, $y' = y$, $z' = z$, $l' = l$: d'où la conclusion demandée.

Notre raisonnement suppose, nous l'avons dit, que l'on puisse construire un triangle ayant pour côtés a, b, c. Toutefois, il serait encore valable [1] si l'on pouvait construire l'un des triangles qui ont respectivement pour côtés a, y, z; b, z, x; c, x, y : il suffirait, en effet, de le recommencer avec un changement de notation, le point O étant permuté avec l'un des points A, B, C.

Mais il est absolument nécessaire d'introduire l'une ou l'autre des suppositions précédentes. On peut trouver six quantités a, b, c, x, y, z satisfaisant à la relation (5) et qui, cependant, ne représentent pas les distances mutuelles de quatre points du plan, parce qu'aucun des triangles ayant pour côtés a, b, c; a, y, z; b, z, x; c, x, y, ne peut être construit (voir exercices 876, 877).

614. Volume du tétraèdre en fonction des arêtes. Soient $a = BC$, $b = CA$, $c = AB$, $\alpha = DA$, $\beta = DB$, $\gamma = DC$ les six arêtes d'un tétraèdre ABCD (*fig.* 516). La connaissance de ces six longueurs détermine le polyèdre (ex. 617) et, par conséquent, son volume. Nous allons montrer comment on peut, dans ces conditions, calculer celui-ci.

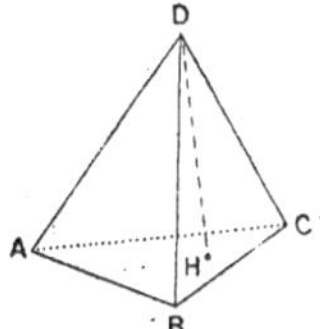

Fig. 516.

Du point D, soit abaissée la hauteur $DH = h$, et désignons par x, y, z, les distances HA, HB, HC : on aura, dans les triangles rectangles DHA, DHB, DHC,

$$\overline{HA}^2 = x^2 = \alpha^2 - h^2$$
$$y^2 = \beta^2 - h^2$$
$$z^2 = \gamma^2 - h^2$$

(1) Il résulte de là que, lorsque les quantités a, b, c, x, y, z satisfont à la relation (5), si l'un des triangles qui ont respectivement pour côtés a, b, c; a, y, z; b, z, x; c, x, y peut être construit, il en est de même des trois autres.

Substituons ces valeurs dans la relation (5'), laquelle a lieu entre les longueurs a, b, c, x, y, z, puisque les points H, A, B, C sont dans un même plan. Il vient

$$\Sigma\, a^2(\alpha^2-\beta^2)(\alpha^2-\gamma^2)-\Sigma\, a^2(b^2+c^2-a^2)(\alpha^2-h^2)+a^2b^2c^2=0$$

ou, en faisant passer tous les termes en h^2 dans le second membre,

$$\begin{aligned}\Sigma\, a^2(\alpha^2-\beta^2)(\alpha^2-\gamma^2)-\Sigma\, a^2(b^2+c^2-a^2)\,\alpha^2+a^2\,b^2\,c^2\\ =-h^2\,\Sigma a^2(b^2+c^2-a^2)=-16\,S^2h^2,\end{aligned}$$

S désignant toujours la surface du triangle ABC. Mais Sh représente trois fois le volume V cherché. Donc l'expression

$$\Sigma a^2(\alpha^2-\beta^2)(\alpha^2-\gamma^2)-\Sigma\, a^2(b^2+c^2-a^2)\,\alpha^2+a^2\,b^2\,c^2,$$

qui est nulle lorsque a, b, c, α, β, γ, sont les distances mutuelles de quatre points d'un plan, est, d'une façon générale, égale à $-16\times 3^2.\,V^2$, en désignant par V le volume du tétraèdre qui a pour arêtes a, b, c, α, β, γ.

615. Relation entre les distances mutuelles de cinq points de l'espace.

Soient A, B, C, D, O cinq points de l'espace ; $a=BC$, $b=CA$, $c=AB$, $\alpha=DA$, $\beta=DB$, $\gamma=DC$, $x=OA$, $y=OB$, $z=OC$, $u=OD$ leurs distances mutuelles. Il existe entre ces dix quantités une relation, comme on le verra en constatant (par une marche analogue à celle qui a été suivie tout à l'heure) que la connaissance des longueurs a, b, c, α, β, γ détermine le tétraèdre ABCD; la connaissance des longueurs a, b, c, x, y, z, le tétraèdre ABCO : après quoi la quantité u ne peut plus avoir que deux valeurs.

Pour trouver la relation en question, on s'appuiera sur l'existence des nombres p, q, r, s, t, de somme nulle et tels que la quantité $p.\overline{MA}^2+q.\overline{MB}^2+r.\overline{MC}^2+s.\overline{MD}^2+t.\overline{MO}^2$ soit une quantité l indépendante du choix du point M ; et, faisant coïncider successivement le point M avec A, B, C, D, O, on écrira les équations

$$\begin{array}{lllllll} & qc^2 & +rb^2 & +s\alpha^2 & +tx^2 & = & l\\ pc^2 & & +ra^2 & +s\beta^2 & +ty^2 & = & l\\ pb^2 & +qa^2 & & +s\gamma^2 & +tz^2 & = & l\\ p\alpha^2 & +q\beta^2 & +r\gamma^2 & & +tu^2 & = & l\\ px^2 & +qy^2 & +rz^2 & +su^2 & & = & l\\ p & +q & +r & +s & +t & = & 0\end{array}$$

entre lesquelles il faudrait éliminer p, q, r, s, t, l pour avoir la relation cherchée [1].

EXERCICES

859. Le centre des distances proportionnelles de plusieurs points affectés de coefficients dont la somme est nulle, s'il n'est pas rejeté à l'infini, est en général indéterminé. Si on le recherche par la méthode du n° **594**, le point obtenu n'est pas indépendant de l'ordre dans lequel on prend les points donnés.

860. Si l'on fait tendre les coordonnées barycentriques d'un point M vers des nombres fixes non tous nuls, mais dont la somme est nulle, le point M s'éloigne à l'infini dans une direction déterminée.

861. Lorsqu'un point du plan d'un triangle décrit une droite, ses coordonnées barycentriques p, q, r sont liées par une relation de la forme $ap + bq + cr = 0$, les nombres a, b, c étant constants.

(Il suffit de prendre pour a, b, c les distances des sommets du triangle à la droite considérée.)

Réciproquement, le lieu des points dont les coordonnées barycentriques satisfont à une relation de la forme précédente est une droite, sauf dans les cas où a, b, et c sont égaux entre eux, et où tous les points du lieu sont rejetés à l'infini [2].

Quelles sont les propriétés analogues dans l'espace?

862. $ap + bq + cr = 0$, $a'p + b'q + c'r = 0$ étant respectivement les *équations* de deux droites, c'est-à-dire les relations entre les coordonnées barycentriques qui les caractérisent, quelles conditions doivent vérifier $a, b, c, a'\ b'\ c'$ pour que ces droites soient parallèles?

Quel est le problème analogue dans l'espace?

863. Appliquer l'exercice 861 à la recherche du lieu des points dont la somme des distances à trois droites données (dans le plan) ou à quatre plans donnés (dans l'espace) est constante.

864. Sur chaque face d'un tétraèdre, on prend un point ayant, par rapport à cette face, des coordonnées barycentriques données. Dans quel rapport le volume du tétraèdre qui a pour sommets les quatre points ainsi déterminés, est-il avec le volume du tétraèdre primitif?

865. A tout polygone plan, on peut faire correspondre un segment tel que sa projection sur une droite quelconque de l'espace soit mesurée par le même nombre que l'aire de la projection du polygone sur un plan perpendiculaire à cette droite.

(1) A l'aide des déterminants, le résultat s'écrit : $\begin{vmatrix} 0 & c^2 & b^2 & \alpha^2 & x^2 & 1 \\ c^2 & 0 & a^2 & \beta^2 & y^2 & 1 \\ b^2 & a^2 & 0 & \gamma^2 & z^2 & 1 \\ \alpha^2 & \beta^2 & \gamma^2 & 0 & u^2 & 1 \\ x^2 & y^2 & z^2 & u^2 & 0 & 1 \\ 1 & 1 & 1 & 1 & 1 & 0 \end{vmatrix} = 0$

(2) Ce cas peut d'ailleurs être considéré comme rentrant dans le cas général (voir ci-après, n° **621**).

(Ce segment est perpendiculaire au plan du polygone et sa longueur est mesurée par le même nombre que l'aire du polygone).

866. A tout polygone gauche, on peut faire correspondre un segment tel que sa projection sur une droite quelconque, soit mesurée par le même nombre que l'aire limitée par la projection du polygone sur le plan perpendiculaire à cette droite (cette projection étant supposée ne se couper elle-même en aucun point) (1).

Le théorème étant vrai pour un triangle (ex. précéd.), on remarquera que si on a formé les segments demandés pour deux polygones qui ont une partie commune, on peut former un segment analogue, — le résultant (2) des deux premiers — pour le contour formé en réunissant ces deux polygones et supprimant la partie commune.

(Le théorème s'étend, par voie de passage à la limite, à un contour curviligne).

867. Faire passer, par un point donné, un plan qui divise un prisme donné en deux troncs de prisme dont le rapport soit égal à un nombre donné.

868. Trouver toutes les sphères tangentes à quatre plans donnés, en remarquant qu'on connaît, au signe près, les coordonnées barycentriques du centre d'une telle sphère.

Montrer que le nombre de ces sphères est, en général, de huit. Quelles relations doit-il y avoir entre les aires des faces pour qu'une ou plusieurs d'entre elles cessent d'exister?

869. Démontrer directement que le centre de gravité d'un polygone (**605**) est indépendant de son mode de décomposition en triangles.

On montrera (comparer Pl., note D) que, quel que soit le mode de décomposition, ce centre de gravité est le même que celui qu'on obtiendrait en affectant les différents triangles qui ont pour bases respectives les côtés et pour sommet commun un point quelconque O du plan, de coefficients proportionnels aux aires de ces triangles précédées du signe + ou du signe — suivant qu'ils sont additifs ou soustractifs, et prenant, dans ces conditions, le centre des distances proportionnelles des centres de gravité de ces triangles.

Démontrer la même proposition pour le centre de gravité d'un polyèdre (comparer note F).

870. Le centre des distances proportionnelles d'un système de points d'un plan affectés de coefficients positifs, ou le centre de gravité d'un polygone plan, est à l'intérieur de tout polygone convexe comprenant ces points ou ce polygone.

Le centre des distances proportionnelles d'un système de points de l'espace affectés de coefficients positifs (ou le centre de gravité d'un polyèdre) est à l'intérieur de tout polyèdre convexe comprenant ces points ou ce polyèdre.

871. On sait qu'on appelle *centre de gravité d'une ligne brisée (supposée homogène)* le centre des distances proportionnelles des milieux des côtés de cette ligne, affectés de coefficients proportionnels aux longueurs de ces côtés.

Montrer que la surface latérale d'un tronc de prisme est égale au périmètre de la section droite, multipliée par la longueur interceptée par les bases, sur la parallèle aux arêtes menées par le centre de gravité de ce périmètre.

(1) Le théorème s'étend au cas où la projection du contour se croise elle-même; mais alors cette projection délimite plusieurs aires et non une seule; et il faut, pour que le théorème reste exact, l'appliquer à une somme algébrique de ces aires, multipliées par des coefficients positifs ou négatifs convenables.

(2) Voir le *Cours de Mécanique*, ou encore la *Composition des translations* (**417**).

872. Quelles conditions doivent remplir six longueurs pour qu'elles puissent être les arêtes d'un même tétraèdre ?

873. Prouver directement que si six longueurs a, b, c, x, y, z satisfont à la relation (5) du n° **612**, les deux triangles dont l'un a pour côtés a, b, c et l'autre a, y, z peuvent être construits tous deux ou ne peuvent être construits ni l'un ni l'autre.

On considérera la relation (5) comme équation en x^2. La quantité qui doit être positive pour que cette équation ait ses racines réelles est le produit de

$$(a+b+c)\ (b+c-a)\ (a+c-b)\ (a+b-c) \qquad (\text{Pl.}, \mathbf{130}),$$

par

$$(a+y+z)\ (y+z-a)\ (z+a-y)\ (a+y-z).$$

874. Quelle relation doit-il y avoir entre les arêtes a, $b, c, \alpha, \beta, \gamma$ (n° **614**) d'un tétraèdre ABCD, pour que le centre de la sphère circonscrite soit dans le plan de la face ABC ?

Réponse :

$$a^2\alpha^2(b^2+c^2-a^2)+b^2\beta^2(c^2+a^2-b^2)+c^2\gamma^2(a^2+b^2-c^2)=2a^2b^2c^2.$$

875. Si A, B, C, D sont quatre points d'un plan et M un point quelconque de l'espace, on a

$$\overline{MA}^2.(DBC)+\overline{MB}^2.(DCA)+\overline{MC}^2.(DAB)+\overline{MD}^2.(CBA)=\pm\Sigma.$$

où (DBC), (DCA), etc., désignent les aires des triangles DBC, DCA, précédées du signe + ou du signe —, suivant les sens de rotation de ces triangles, les sommets étant pris, bien entendu, dans l'ordre où ils sont écrits, et Σ est l'aire du triangle dont les côtés sont mesurés par les produits AB.CD, AC.BD, AD.BC.

Si les points A, B, C, D sont sur une même circonférence, on a

$$\overline{MA}^2.(DBC)+\overline{MB}^2.(DCA)+\overline{MC}^2.(DAB)+\overline{MD}^2.(CBA)=0.$$

(Appliquer le premier théorème du n° **611** en remarquant que les coordonnées barycentriques d'un des points A, B, C, D par rapport au triangle formé par les trois autres sont liées aux aires des triangles DBC..., comme il a été expliqué au n° **601**. On transformera ensuite les valeurs de la constante trouvée en considérant les inverses des points A, B, C par rapport à D pris comme pôle d'inversion).

876. Un angle étant donné dans un plan, appelons *distance hyperbolique* de deux points quelconques A et B du plan, le côté du carré équivalent au parallélogramme qui a ses côtés parallèles à ceux de l'angle et deux sommets opposés en A et B, cette distance étant dite de *première* ou de *seconde espèce*, suivant que la parallèle à AB menée par le sommet de l'angle donné est située dans cet angle ou dans son supplément.

Appelons également *perpendiculaire hyperbolique* à une droite, tout autre droite qui forme avec la première et les parallèles aux côtés de l'angle donné menées par leur point commun, un faisceau harmonique; *distance hyperbolique* d'un point à une droite, la longueur hyperbolique de la perpendiculaire hyperbolique menée de ce point à cette droite.

Montrer :

1° Que si trois points A, B, C sont en ligne droite, l'une des longueurs hyperboliques BC, CA, AB est égale à la somme des deux autres;

2° Que l'aire d'un triangle a pour mesure le demi-produit de la longueur hyperbolique d'un côté par la distance hyperbolique de ce côté au sommet opposé ;

3° Que si un triangle ABC a deux côtés AB, BC hyperboliquement perpendiculaires, et que la longueur hyperbolique AC soit de l'espèce de AB, la longueur hyperbolique perpendiculaire AB est *plus grande* que la longueur hyperbolique AC, et que le carré de cette dernière est égal à la *différence* des carrés des longueurs hyperboliques AB et BC;

4° Que si trois points A, B, C sont tels que les longueurs hyperboliques BC, CA, AB soient de même espèce, le carré de la première est égal à la somme des carrés des deux autres, moins le double produit des longueurs hyperboliques AB et AH, en désignant par H le point de rencontre de la droite AB avec sa perpendiculaire hyperbolique menée par C, et comptant le double produit dont il vient d'être question en grandeur et signe (suivant que les segments AC et AH sont de même sens ou de sens contraires).

(Imiter Pl., **126**).

5° Que, dans les mêmes conditions, l'une des distances hyperboliques BC, CA, AB est *plus grande* que la somme des deux autres (sauf dans le cas où les trois points A, B, C sont en ligne droite).

6° Que si les quatre points A, B, C, D du plan sont tels que leurs distances hyperboliques mutuelles soient de même espèce, ces distances satisfont à la relation (5′) du n° **612**.

Comment les énoncés 4° et 6° doivent-ils être modifiés si les distances hyperboliques des points considérés deux à deux ne sont pas toutes de même espèce?

Évaluer l'aire d'un triangle en fonction des longueurs hyperboliques de ses côtés (comparer Pl., **130**, **251**).

877. (Réciproque de l'exercice précédent, 6°). Si six longueurs a, b, c, x, y, z satisfont à la relation (5′) du n° **612** :

ou bien il existe quatre points d'un plan dont les distances mutuelles sont a, b, c, x, y, z ;

ou bien il existe quatre points d'un plan dont les distances hyperboliques mutuelles, toutes de même espèce, sont a, b, c, x, y, z.

Les deux hypothèses s'excluent l'une l'autre, sauf si les quatre points sont en ligne droite.

CHAPITRE II

PROPRIÉTÉS DE LA PERSPECTIVE

616. Étant donnés un plan P, appelé *plan du tableau*, et un point O (quelconque, sous la condition d'être extérieur au plan P) appelé *point de vue* ou *centre de perspective*, on appelle *perspective*, ou encore *projection centrale* d'un point quelconque M de l'espace, le point M′ (*fig*. 517) où la droite OM perce le plan P.

On appelle de même *projection* du point M sur le plan P, *parallè-*

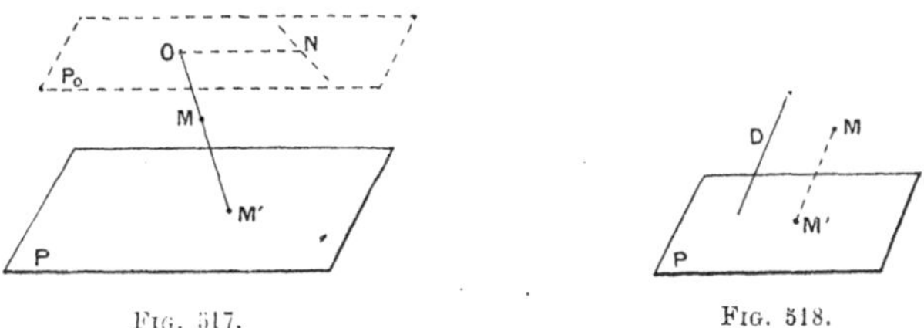

Fig. 517. Fig. 518.

lement à une direction donnée D, non parallèle à ce plan, le point M′ (*fig*. 518), où la parallèle à D, menée par M, perce le plan P.

La projection parallèle à une droite est manifestement un cas limite de la projection centrale : elle dérive de la première lorsqu'on suppose que le point de vue O s'éloigne à l'infini sur une droite parallèle à D.

Si la direction D est perpendiculaire au plan du tableau P, on retrouve évidemment la *projection orthogonale* (**362**). Dans le cas contraire, la projection parallèle est encore dite *oblique* [1].

617. On voit qu'étant donné un système de projection, centrale ou parallèle, tout point de l'espace a une projection déterminée.

Toutefois, dans le cas de la projection centrale, *il existe des points*

(1) On donne encore à la projection oblique le nom de *perspective cavalière*.

dont la projection est rejetée à l'infini : c'est ce qui arrivera pour tout point N (*fig.* 517) tel que la droite ON soit parallèle au plan du tableau.

Il est évident que *le lieu des points dont la perspective est rejetée à l'infini est le plan* P_0 *mené par le point de vue parallèlement au plan du tableau* (*fig.* 517).

Par contre, tout point M′ du plan P est la projection commune d'une infinité de points de l'espace : à savoir, tous ceux qui sont sur une même projetante (c'est-à-dire sur une même droite passant par le point de vue, s'il s'agit d'une perspective ; sur une même parallèle à la direction donnée, s'il s'agit d'une projection oblique ou orthogonale).

618. *Une droite de l'espace a pour projection une droite :* en effet, que la projection soit parallèle ou centrale, le lieu des projetantes qui rencontrent la droite donnée est un plan, et ce plan ne se confond pas avec le plan du tableau, dans lequel nous savons que les projetantes ne sont pas contenues. Il le rencontre donc, en général, suivant une droite. Toutefois, *la projection d'une droite peut être rejetée à l'infini :* ceci se produit (*fig.* 517) pour les droites situées dans le plan P_0, précédemment considéré, qui passe par le point de vue et est parallèle au plan du tableau.

Il est clair que *trois droites passant par un même point* M *ont pour projection trois droites passant par un même point* M′, la projection du point M. Si la projetante OM du point M est parallèle au plan du tableau, les trois projections sont (**329**, Coroll. III) parallèles à cette droite : on est encore fondé à dire, dans ce cas, que les projections passent par un même point rejeté à l'infini.

619. Perspective des parallèles. Point de fuite. Dans la projection parallèle, deux droites parallèles se projettent suivant deux droites parallèles : le raisonnement que nous avons donné (**362**) pour la projection orthogonale s'applique sans modification à la projection oblique.

Il n'en va pas de même pour la projection centrale :

Théorème. — *Lorsque le point de vue est supposé à distance finie, une série de droites parallèles entre elles ont pour perspectives une série de droites toutes concourantes en un même point.*

Dans le seul cas où la direction commune des parallèles est parallèle au plan du tableau, les perspectives sont également parallèles entre elles.

Soient, en effet, les droites parallèles D, D_1, D_2 (*fig.* 519), projetées sur le plan P, avec O comme point de vue : leurs projections seront les traces, sur le plan P, des plans OD, OD_1, OD_2. Or, tous ces plans passent par une même droite Ox, la parallèle aux droites données menée par le point de vue.

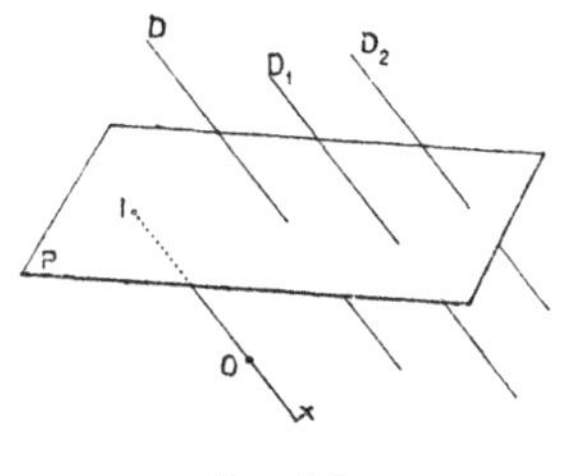

Fig. 519.

Si la droite Ox et, par conséquent, les droites données sont parallèles au plan P, les projections seront toutes parallèles à Ox.

Mais s'il n'en est pas ainsi, toutes les projections passeront (*fig.* 519) par le point I, où cette droite Ox coupe le plan P et qui peut être considéré comme la perspective du point à l'infini sur la direction commune des parallèles.

Ce point I a une très grande importance en perspective, soit théorique, soit appliquée. On l'appelle le *point de fuite* correspondant à la direction D.

620. Perspective d'une figure plane. Ligne de fuite.

Supposons, maintenant, que la figure F dont on se propose de prendre la perspective soit plane : nous appellerons P son plan, et nous désignerons par P′ le plan du tableau (*fig.* 520), la perspective obtenue étant désignée par F′.

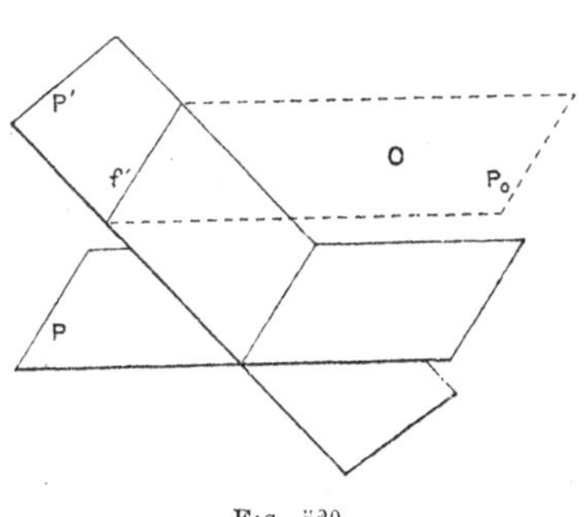

Fig. 520.

Il est clair, d'ailleurs, qu'en prenant la perspective de la figure F′ sur le plan P, avec le même point de vue O, on retomberait sur F.

Si les plans P et P′ sont parallèles, les deux figures F et F′ sont semblables.

Ce cas écarté, il existe une infinité de points du plan P dont la perspective sur le plan P′ sera rejetée à l'infini : le lieu de ces points est l'intersection du plan P avec le plan P'_0 mené par le point de vue parallèlement à P′. Cette droite a sa perspective entièrement rejetée à l'infini : c'est la seule ligne du plan P qui soit dans ce cas.

Inversement, il y a une infinité de points du plan P′ qui correspondent à des points à l'infini du plan P, le lieu de ces points étant l'intersection f' du plan P′ avec le plan P_0 mené, par le point de vue, parallèlement à P.

Cette droite est dite la *ligne de fuite* (¹) du plan P sur le plan P′. Il résulte de sa définition même qu'elle est le lieu des points de fuite des diverses directions situées dans le plan P; c'est d'ailleurs ce qu'on peut constater directement, puisque le point de fuite relatif à une direction située dans le plan P est à l'intersection du plan P′ avec la parallèle à cette direction menée par le point de vue.

621. Parmi les propriétés que peut posséder une figure plane F, on réserve le nom de *propriétés projectives* à celles qui se conservent dans la perspective, c'est-à-dire qui sont forcément communes à la figure F et à sa projection F′, quels que soient le point de vue et le plan du tableau.

La plus simple de ces propriétés est celle d'avoir *trois points en ligne droite*. Cette propriété est bien projective, d'après ce qui précède : nous savons qu'à trois points en ligne droite de F correspondent trois points en ligne droite de F' et réciproquement.

Toutefois, cette proposition ne pourrait pas être énoncée sans restriction si nous ne faisions une convention spéciale. Si, en effet, on considère trois points du plan P′ situés sur la ligne de fuite du plan P, ces points seront les perspectives non pas de trois points en ligne droite, mais de trois points tous rejetés à l'infini. Pour supprimer ce cas d'exception, il y a lieu (²), dans l'étude des propriétés projectives, de *considérer les points à l'infini d'un plan comme situés sur une même ligne droite*, que l'on nomme *droite de l'infini* du plan. C'est cette droite qui, en perspective, se projette suivant la ligne de fuite.

(1) Dans les applications de la perspective, il y a une ligne de fuite qui joue un rôle important : c'est la ligne de fuite du plan horizontal, laquelle est dite *ligne d'horizon*.

(2) Nous entendons par là simplement qu'en assimilant les points à l'infini d'un plan à des points en ligne droite, on simplifie les énoncés d'un grand nombre de propositions (comparer, par exemple, Pl., **64**, **76** [Rem.], etc.).

622. La propriété précédente est purement *descriptive*, c'est-à-dire qu'il n'y entre aucune mesure. Nous connaissons, au contraire, une propriété *métrique*, c'est-à-dire dans la définition de laquelle il entre des éléments numériques, et qui est également projective. Nous voulons parler du *rapport anharmonique*.

Le rapport anharmonique de quatre points en ligne droite est projectif : autrement dit, *le rapport anharmonique de quatre points en ligne droite du plan* P *est égal au rapport anharmonique de leurs perspectives.*

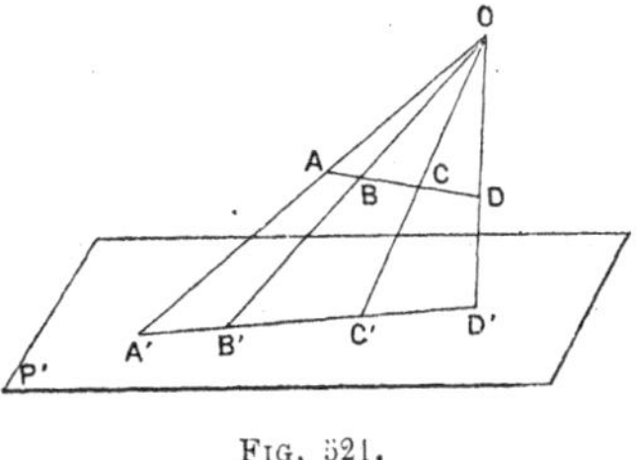

FIG. 521.

La simple inspection de la figure 521 fait reconnaître que cet énoncé n'est autre que le théorème du n° **200** (Pl., page 198).

623. Rapport anharmonique de quatre plans. De la proposition précédente résulte immédiatement :

Théorème. — *Le rapport anharmonique de quatre droites concourantes d'un plan est égal à celui de leurs perspectives.*

En effet, par définition, le rapport anharmonique de quatre droites concourantes du plan P est égal au rapport anharmonique des quatre points obtenus en les coupant par une sécante quelconque : or, nous venons de constater que ce dernier rapport anharmonique est projectif.

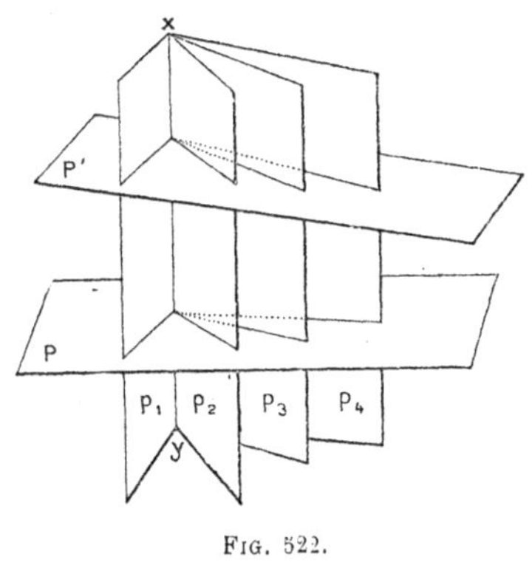

FIG. 522.

Le théorème précédent peut encore s'énoncer :

Théorème. — *Étant donnés quatre plans qui se coupent suivant une même droite, le rapport anharmonique des droites obtenues en coupant ces plans par un cinquième plan quelconque, ou par une droite quelconque, est constant.*

Les quatre plans p_1, p_2, p_3, p_4 (*fig.* 522), concourants suivant la même droite xy, coupent deux plans quelconques P, P′ suivant des faisceaux ayant le même rapport anharmonique, puisque le faisceau situé dans le plan P′ est la perspective du faisceau situé dans le plan P, par rapport à un point de vue pris sur xy. Ce rapport anharmonique est d'ailleurs évidemment égal à celui que l'on obtiendrait en coupant les plans p_1, p_2, p_3, p_4, par une droite quelconque.

Le rapport anharmonique ainsi défini est dit le *rapport anharmonique des quatre plans.*

Le rapport anharmonique de quatre plans est égal à celui des quatre perpendiculaires abaissées, sur ces plans, d'un point quelconque de l'espace : car on obtient de telles perpendiculaires en prenant pour le plan sécant P un plan perpendiculaire à xy et faisant tourner les droites d'intersection d'un angle droit autour de xy.

624. On peut exposer les remarques précédentes sous une forme différente que nous allons faire connaître.

Soient D_1, D_2 deux droites du plan P, que nous supposerons choisies une fois pour toutes ; M, un point variable du plan P. La distance du point M à la droite D_1 est (**360**) dans un rapport constant [1] avec la distance du même point au plan OD_1. De même, la distance du point M à D_2 est dans un rapport constant avec sa distance au plan OD_2.

Donc *le rapport des distances du point* M *aux deux plans* OD_1 OD_2 *est proportionnel au rapport des distances du même point aux deux droites* D_1, D_2.

En désignant, pour abréger, par (M, D) la distance du point M à la droite D et par (M, P) la distance du point M au plan P, on peut écrire

$$\frac{(M, D_1)}{(M, D_2)} = k.\frac{(M, OD_1)}{(M, OD_2)},$$

k dépendant des droites D_1, D_2 et du point O, mais ne dépendant pas de la position du point M dans le plan P.

(1) Nous ne nous sommes occupés, au n° **360**, que de la valeur absolue du rapport en question. Mais on peut attribuer des signes aux distances du point M à la droite D_1 et au plan OD_1 suivant le côté où sera placé le point M par rapport à cette droite et à ce plan. On reconnaît alors immédiatement que le rapport des distances considérées est constant, non seulement en grandeur, mais en signe.

Soient maintenant D'_1, D'_2, M' les perspectives des droites D_1, D_2, et du point M sur le plan P'. On aura aussi

$$\frac{(M', D'_1)}{(M', D'_2)} = k' \frac{(M', OD'_1)}{(M', OD'_2)} = k' \frac{(M', OD_1)}{(M', OD_2)},$$

k' étant encore un nombre indépendant de la position des points M, M'.

Mais le rapport $\frac{(M, \ OD_1)}{(M, \ OD_2)}$ est égal au rapport $\frac{(M', \ OD_1)}{(M', \ OD_2)}$ (**360**), puisque les points M, M' sont, avec l'intersection des plans OD_1, OD_2, dans un même plan.

Donc, *lorsque le point* M *varie dans le plan* P, *le rapport des distances de ce point aux deux droites* D_1, D_2 *est proportionnel au rapport des distances de sa perspective* M' *aux perspectives* D'_1, D'_2 *de ces droites.*

625. Le résultat que nous venons d'obtenir revient au théorème sur la conservation du rapport anharmonique dans la perspective.

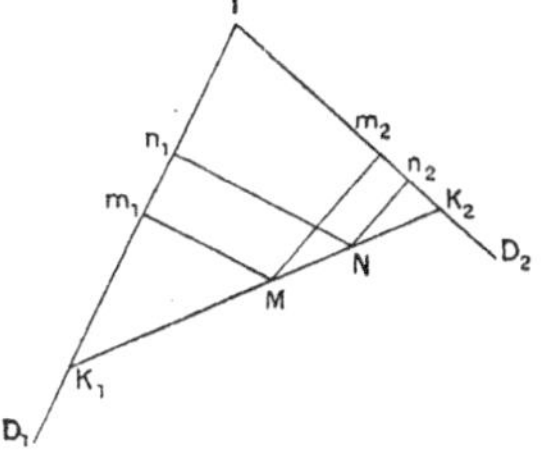

Fig. 523.

Soient, en effet (*fig.* 523), M, N deux points du plan dont les distances à la droite D_1 sont Mm_1, Nn_1 et les distances à la droite D_2, Mm_2, Nn_2.

La proposition établie au n° précédent montre que le rapport $\frac{(M, D_1)}{(M, D_2)} : \frac{(N, \ D_1)}{(N, \ D_2)} = \frac{Mm_1}{Mm_2} : \frac{Nn_1}{Nn_2}$ est égal au rapport analogue $\frac{(M', D'_1)}{(M', D'_2)} : \frac{(N', D'_1)}{(N', D'_2)}$ calculé sur la figure perspective de la première.

Or le rapport $\frac{Mm_1}{Mm_2} : \frac{Nn_1}{Nn_2}$ est égal au rapport anharmonique que forment les points M, N avec les points K_1, K_2 où la droite MN rencontre D_1, D_2. Car on peut écrire

$$\frac{Mm_1}{Mm_2} : \frac{Nn_1}{Nn_2} = \frac{Mm_1}{Nn_1} : \frac{Mm_2}{Nn_2}$$

et les triangles semblables Mm_1K_1, Nn_1K_1 donnent $\frac{Mm_1}{Nn_1} = \frac{K_1M}{K_1N}$ pendant que le rapport $\frac{Mm_2}{Nn_2}$ est, de même, égal à $\frac{K_2M}{K_2N}$.

626. Nous avons supposé, dans ce qui précède, que les droites D_1, D_2, D'_1, D'_2 étaient toutes à distance finie. Supposons maintenant que D_2 soit rejeté à l'infini, de sorte que D'_2 sera la ligne de fuite du plan P (*fig.* 524).

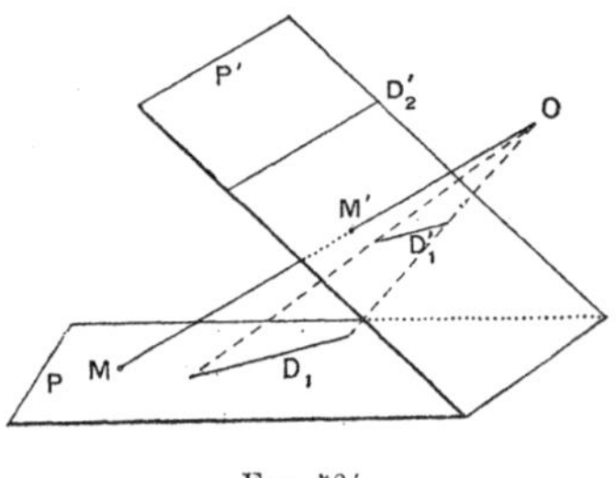

Fig. 524.

Le rapport des distances du point M' aux droites D'_1, D'_2 sera encore proportionnel au rapport des distances du point M aux plans OD_1, OD'_2, rien n'étant changé, à cet égard, dans les raisonnements des n[os] précédents.

La distance du point M au plan OD'_1 est encore proportionnelle à la distance du même point à la droite D_1. Mais quant à la distance du point M au plan OD'_2, elle est *constante*, puisque le plan OD'_2 est parallèle au plan P.

Donc le *rapport des distances du point* M' *aux droites* D'_1, D'_2 *est proportionnel à la distance du point* M *à la droite* D_1.

627. Supposons enfin que, la droite D_2 étant toujours à l'infini, la droite D_1 vienne suivant la ligne de fuite correspondant au plan P', de sorte que D'_1 est à son tour rejeté à l'infini.

Alors le rapport $\frac{(M', OD_1)}{(M', OD_2)}$ des distances du point M' aux plans OD'_1, OD'_2 est encore, ainsi que nous venons de le voir, proportionnel à la distance du point M à la droite D_1.

Mais, d'une façon tout analogue, ce rapport est inversement proportionnel à la distance du point M' à D'_2 puisque la distance du point M' au plan OD_1 est constante.

Par conséquent, *la distance du point* M *à* D_1 *est inversement proportionnelle*, dans ce cas, *à la distance du point* M' *à* D'_2.

En un mot, *quand deux points varient, chacun dans un plan donné, en restant en perspective l'un avec l'autre, le produit des distances de chacun d'eux à la ligne de fuite située dans son plan est constant.*

628. Lorsque la projection est parallèle, le rapport de deux segments AB, CD (Pl., **113**) pris sur une même droite est égal à celui de leurs projections A′B′, C′D′.

La même relation a lieu, en projection centrale, si la droite ABCD est parallèle à sa projection (Pl., **121**); ce qui arrive si elle est parallèle à la ligne de fuite et dans ce cas seulement (**329**).

Dans le cas général, au contraire, la perspective ne conserve pas les rapports des segments. Mais les propositions précédentes donnent le moyen de trouver ce que devient un tel rapport sur la figure projetée. A, B, C étant trois points en ligne droite, le rapport $\frac{CA}{CB}$ est, en effet (Pl., **199**), égal au rapport anharmonique des quatre points A, B, C, ∞. Il sera donc représenté, dans la perspective, par le rapport anharmonique des points A′, B′, C′, correspondant à A, B, C et du point de fuite situé sur la droite A′ B′ C′.

629. L'emploi de la perspective permet de ramener certaines propositions de géométrie plane à d'autres beaucoup plus simples. Il fournit, par exemple, une démonstration immédiate du théorème suivant (Pl., **202**) :

Chaque diagonale d'un quadrilatère complet est divisée harmoniquement par les deux autres.

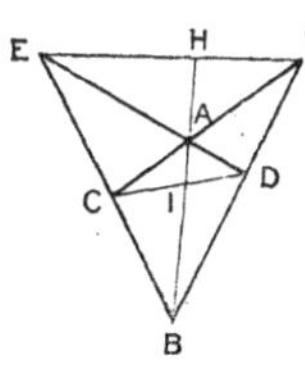

Fig. 525.

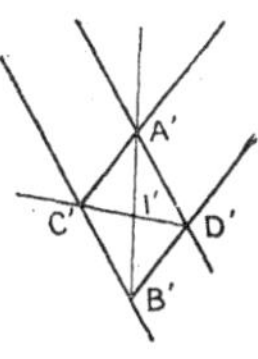

Fig. 525 *bis*.

Soit, en effet, le quadrilatère complet ABCDEF (*fig.* 525). Pour démontrer que la diagonale AB, par exemple, est divisée harmoniquement par les deux autres CD, EF, il suffira de projeter la figure de manière que EF soit ligne de fuite. Alors, les points E, F ayant leurs perspectives à l'infini, la figure projetée A′B′C′D′ (*fig.* 525 *bis*) est un parallélogramme dont les diagonales se coupent en un point I′ situé au milieu de A′B′.

Donc le point I, qui a pour perspective I′, est (n° précédent) le conjugué harmonique, par rapport à AB, du point H où cette droite rencontre la ligne de fuite EF.

C. Q. F. D.

630. Figures homographiques.

On donne le nom de *figures homographiques* à deux figures telles :

1° Qu'à chaque point de l'une corresponde un point déterminé de l'autre ;

2° Qu'à trois points en ligne droite correspondent trois points en ligne droite ;

3° Que le rapport anharmonique de quatre points en ligne droite soit égal à celui de leurs homologues.

Lorsque deux figures remplissent ces conditions, on peut ajouter que le rapport anharmonique de quatre droites concourantes est le même que celui de leurs homologues. Cette condition est bien une conséquence des trois précédentes, comme le montre le raisonnement même du n° **622**.

Il est clair que *deux figures homographiques d'une même troisième sont homographiques entre elles.*

Autrement dit, dans le langage dont nous nous sommes servis au n° **291** (Pl., note A), *toutes les homographies forment un groupe.*

631. De ce qui précède résulte que *deux figures planes, telles que l'une soit égale à une perspective de l'autre, sont homographiques.*

Nous démontrerons un peu plus loin (**636**) que la réciproque est vraie, c'est-à-dire que (sauf un cas d'exception que nous indiquerons) deux figures planes homographiques peuvent toujours être placées de manière que l'une soit la perspective de l'autre.

Auparavant, nous allons établir le théorème suivant :

Théorème. — *On peut construire la figure* F′ *homographique d'une figure plane* F *donnée, dès qu'on connaît les homologues de quatre points (dont trois quelconques ne sont pas en ligne droite) de* F.

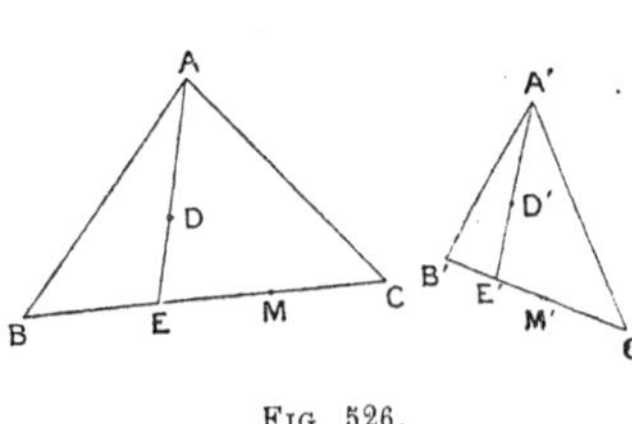

Fig. 526.

Soient, en effet, A, B, C, D les quatre points en question; A′, B′, C′, D′ leurs homologues donnés; M un point quelconque de F, dont nous cherchons l'homologue M′.

Supposons d'abord que le point M soit sur la droite BC, et soit E le point d'intersection de BC avec AD. L'homologue du point E est connu : c'est le point E′ (*fig.* 526) où B′C′ est rencontré par A′D′.

D'autre part, le rapport anharmonique $\frac{M'B'}{M'C'} : \frac{E'B'}{E'C'}$ est également connu, puisqu'il est égal au rapport anharmonique (BCME). Cette relation fait connaître le rapport $\frac{M'B'}{M'C'}$ en grandeur et en signe et détermine, par suite, le point M'.

Si le point M n'est pas sur BC, ni sur aucune des droites analogues AB, AC, etc., on joindra ce point au point A. La droite ainsi obtenue coupera BC en un point N (*fig.* 527) dont l'homologue N' sera déterminé comme il vient d'être dit. On aura dès lors un lieu du point M', la droite A'N'; un second lieu sera obtenu en substituant au point A l'un des points B, C, D et opérant de même.

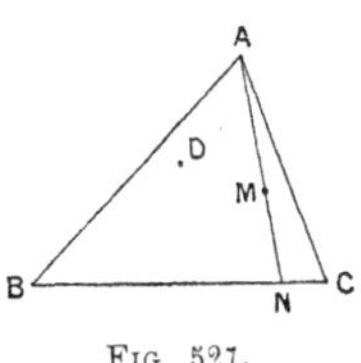

Fig. 527.

S'il existe une figure homographique de F *dans laquelle* A', B', C', D' *soient les homologues de* A, B, C, D, l'homologue de M sera fourni par la construction précédente.

Corollaires. — I. *Si dans deux figures homographiques quatre points, dont trois quelconques ne sont pas en ligne droite, coïncident avec leurs homologues respectifs, les deux figures coïncident entièrement.*

Car si les points A', B', C', D' coïncidaient avec A, B, C, D, le raisonnement précédent montrerait que tout point M coïncide avec son homologue.

Remarque. — Si trois des points considérés étaient en ligne droite, la conclusion précédente ne serait plus nécessairement vraie (voir exercice 889).

II. *La figure homographique d'une figure donnée* F *est déterminée, si l'on se donne les homologues de quatre droites (dont trois quelconques non concourantes) de* F.

Car cela revient évidemment à se donner les homologues des sommets A, B, C, D d'un des quadrilatères formés par ces quatre droites.

632. En particulier, si l'on donne quatre points d'une figure plane et leurs projections, les opérations précédentes permettent de déterminer les lignes de fuite. Car l'homologue du point à l'infini de BC sera un point I′ de B′C′ tel que le rapport anharmonique (B′C′E′I′) soit égal à (BCE ∞) $= \frac{EB}{EC}$; après quoi, une construction toute semblable donnera l'homologue du point à l'infini situé sur AB, de sorte qu'on aura deux points de la ligne de fuite.

Celle-ci pourra être rejetée à l'infini et, par conséquent, la projection être parallèle : c'est ce qui arrivera si l'on a $\frac{E'B'}{E'C'} = \frac{EB}{EC}$ et la proportion analogue $\frac{G'A'}{G'B'} = \frac{GA}{GB}$, en désignant par G l'intersection de AB avec CD, par G′ l'intersection de A′B′ avec C′D′.

633. Si l'on sait que la projection est parallèle, il suffit, pour déterminer la figure F′, de connaître les homologues A′, B′, C′ de *trois* points A, B, C (non en ligne droite et dont aucun n'est rejeté à l'infini). Car on a alors quatre droites de la figure F, — à savoir, les côtés du triangle ABC et la droite de l'infini — dont on connaît les homologues.

L'homologue M′ d'un point quelconque M sera évidemment déterminé par cette condition que la droite qui le joint à un sommet quelconque du triangle A′B′C′ et la droite joignant le point M au sommet correspondant du triangle ABC divisent les côtés respectivement opposés de ces triangles dans le même rapport.

Or ceci peut s'exprimer très simplement à l'aide des définitions données au chapitre précédent (**600**) : il est clair que *le point* M′ *est celui qui a, par rapport au triangle* A′B′C′, *mêmes coordonnées barycentriques que le point* M *par rapport au triangle* ABC.

On voit (voir **601**, **606**) que la projection parallèle d'un plan sur un plan conserve les rapports des aires entre elles, autrement dit *multiplie toutes les aires par un facteur constant*, d'ailleurs égal (en vertu du n° **606**) au quotient des cosinus des angles que font les deux plans considérés avec le plan perpendiculaire aux projetantes.

La construction indiquée, dans le cas de deux figures homographiques tout à fait quelconques, au n° **631**, s'exprime également d'une façon très simple lorsqu'on fait intervenir les coordonnées barycentriques (voir exercice 896).

634. Nous nous sommes, jusqu'ici, contentés de démontrer que *s'il existe* deux figures planes homographiques telles qu'un quadrilatère donné ABCD de l'une ait pour homologue un quadrilatère donné A'B'C'D' dans l'autre, on obtiendra l'homologue d'un point quelconque par la construction donnée au n° **631**. Nous allons maintenant prouver qu'il *existe réellement des figures homograhiques satisfaisant à la condition indiquée* (en supposant, bien entendu, que le quadrilatère ABCD ne se réduise pas à un triangle, non plus que le quadrilatère A'B'C'D').

Nous distinguerons trois cas.

1° *L'un des côtés du quadrilatère est (dans chacune des figures) rejeté à l'infini.* Autrement dit, on se trouve dans le cas étudié au n° précédent. Soient alors ABC le triangle formé par les trois autres côtés dans la première figure, A'B'C', le triangle analogue dans la seconde. Nous pouvons construire, sur AB comme base et dans un plan différent de ABC, un triangle ABC_1 semblable à A'B'C'. Faisons alors subir à la figure F située dans le plan ABC une projection parallèle, la direction commune des projetantes étant CC_1. Nous obtiendrons une figure F_1, homographique de F (les points à l'infini se correspondant), dans laquelle l'homologue du triangle ABC sera le triangle ABC_1. La figure cherchée sera dès lors la figure F', semblable à F_1, telle qu'au triangle ABC_1 corresponde A'B'C'.

2° *Deux côtés* AC, AD, *du premier quadrilatère coïncident en direction avec leurs homologues* A'C', A'D' *du second, en même temps que le sommet* B *non situé sur ces côtés coïncide avec son homologue* B' (*fig.* 528).

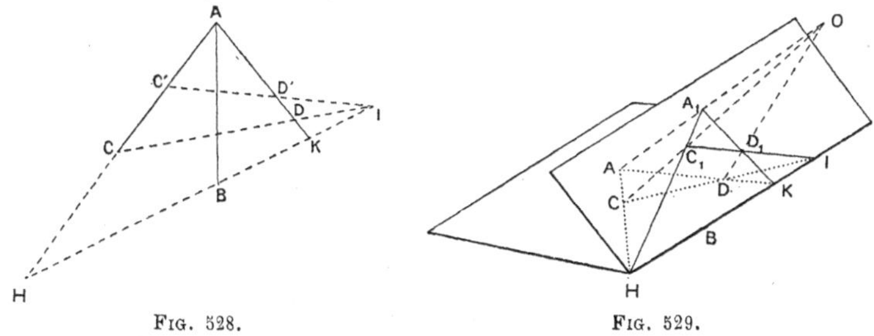

FIG. 528. FIG. 529.

Soient alors I le point d'intersection des droites CD, C'D' ; H, K les intersections de BI avec AC, AD. Faisons tourner le plan de la seconde figure, autour de BI comme charnière, d'un angle quelconque et soient A_1, C_1, D_1 (*fig.* 529) les nouvelles positions, après cette rotation, du point A′, primitivement confondu avec A, et des points C′, D′. Les trois droites AA_1, CC_1, DD_1 concourent en un même point O (ou sont toutes trois parallèles). En effet, si O est le point commun aux droites CC_1, DD_1, la droite AO est commune aux deux plans HCC_1, KDD_1 ; ceux-ci coupant le plan $A_1C_1D_1$ suivant les droites HC_1, KD_1, la droite OA coupera ce dernier plan au point A_1, commun à ces deux droites [1].

Dès lors, si nous faisons la perspective du plan ACD sur le plan $A_1C_1D_1$, avec O comme point de vue, nous aurons bien réalisé entre ces deux plans une correspondance homographique dans laquelle, aux points A, B, C, D, correspondent respectivement les points A_1, B, C_1, D_1.

3° *Cas général*. Soient les deux quadrilatères ABCD, A′B′C′D′ (*fig*. 530). Nous nous proposons de transformer la figure F par une homographie telle que les points A, B, C, D, deviennent respectivement A′, B′, C′, D′.

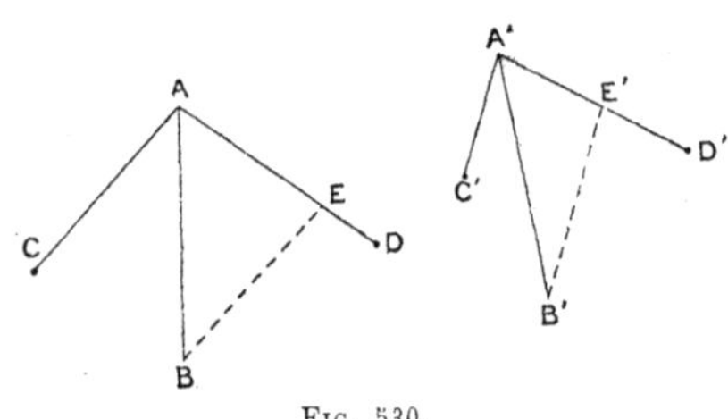

Fig. 530.

Par le point B, menons une parallèle à AC, jusqu'à rencontre en E avec AD ; par le point B′, une parallèle à A′C′, jusqu'à rencontre en E′ avec A′D′.

Nous pouvons (1°) trouver une figure F_1, homographique de F et telle que les points A_1, B_1, E_1, homologues de A, B, E, coïncident avec A′, B′, E′.

La figure F_1 se déduisant de F par une projection parallèle suivie d'une similitude, la droite AC, parallèle à BE, a pour homologue, dans F_1, une droite $A'C_1$, parallèle à B′E′ et coïncidant, par conséquent, en direction avec A′C′.

Comme, d'autre part, le point D_1 qui correspond, dans F_1, au point D, est évidemment sur la droite A′D′, le quadrilatère $A_1B_1C_1D_1$ a, avec le quadrilatère A′B′C′D′, les relations supposées en 2°. On peut donc trouver une figure F′, homographique de F_1, et tels qu'aux points A_1, B_1, C_1, D_1 correspondent A′, B′, C′, D′. La figure F′,

(1) Le cas où l'un ou l'autre des points considérés serait à l'infini n'est pas exclu. Il est aisé de voir que nos conclusions ne cesseraient pas d'être exactes dans ces conditions.

homographique de F_1, est, par suite, homographique de F, ce qui est le résultat demandé.

635. Corollaire. — *Étant données deux figures homographiques, on peut mener, par un point quelconque de l'une des figures, une droite telle que cette droite et son homologue soient divisées proportionnellement par les points correspondants situés sur elles.*

On peut, en effet, supposer les deux figures données par quatre points et leurs homologues, l'un de ces points étant le point donné.

Si l'on se trouve dans le cas indiqué au n° précédent en 1°, toute droite de l'une des figures possède la propriété demandée, puisque l'autre se déduit de la première par projection parallèle et similitude.

Dans le cas indiqué en 2°, la droite BI répond à la condition; car elle est l'intersection des deux plans en perspective et, par conséquent, chacun de ses points coïncide avec son homologue.

Dès lors, dans le cas général, on formera, comme il a été expliqué tout à l'heure (n° précéd., 3°), la figure F_1 et l'on pourra trouver la droite possédant la propriété demandée pour les figures F', F_1. Cette droite possédera dès lors la même propriété pour les figures données F', F, puisque F se déduit de F_1 par projection parallèle et similitude.

636. Nous sommes maintenant en mesure de démontrer le théorème suivant :

Théorème. *Étant données deux figures planes homographiques, on peut toujours projeter l'une de manière à obtenir une figure semblable à l'autre.*

Nous venons, en effet, de voir qu'on pouvait trouver deux droites homologues D,D', l'une située dans la première figure F, l'autre dans la seconde figure F' et qui soient divisées semblablement par les points correspondants situés sur elles. Par conséquent aussi, on peut remplacer la figure F par une figure semblable F_1 telle, que l'homologue D_1 de D, dans cette figure F_1, coïncide avec D', et même que chaque point de D_1 coïncide avec le point correspondant de D', le plan de cette nouvelle figure F_1 ne coïncidant d'ailleurs pas avec le plan de F'.

Les deux figures F_1, F' ayant ainsi en commun tous les points d'une droite, on peut démontrer que les droites qui joignent un point quelconque de F_1 à son homologue de F' concourent toutes en un même point ou sont parallèles. A cet effet, A_1, B_1, C_1 étant trois points de F_1 ; A', B', C', leurs homologues de F', on remarquera que le point H où la droite B_1C_1 coupe la droite D' coïncide avec son homologue, c'est-à-dire avec le point où D' est coupée par la droite $B'C'$, et que de même les droites C_1A_1, $C'A'$ se coupent sur D', ainsi que A_1B_1, $A'B'$. Il suffira alors de raisonner comme au n° **634**, 2° pour constater que le point d'intersection de A_1A' avec B_1B' (si ces droites ne sont pas parallèles) appartient à C_1C', quel que soit le point C_1.

Les deux figures F_1, F' sont donc bien la projection l'une de l'autre.

Corollaire. — En général, la projection en question sera centrale (et non pas parallèle). S'il en est ainsi, en faisant la perspective de F' avec le même point de vue, mais en remplaçant le plan de F_1 par un plan parallèle, on obtiendra une figure semblable à F_1 ; et en choisissant convenablement la distance du nouveau plan du tableau à l'ancien, on pourra disposer du rapport de similitude de manière à ce que la nouvelle figure soit *égale* à F.

Ainsi, *étant données deux figures homographiques, on peut, en général, les placer de manière à ce qu'elles soient en perspective.* Seulement, cette dernière conclusion peut être en défaut dans le cas où la figure F_1 considérée dans la démonstration précédente, dérive de F' par projection parallèle, c'est-à-dire où les lignes de fuite sont rejetées à l'infini (voir ex. 903).

637. La définition que nous avons donnée des figures homographiques entraîne la conséquence suivante :

Deux figures polaires réciproques d'une même troisième (par rapport à deux cercles différents) *sont homographiques.*

En effet :

A chaque point de la première figure F_1 correspond un point de la seconde figure F_2, celui qui correspond à la même droite de la troisième figure F ;

A trois points en ligne droite de F_1 correspondent trois points en ligne droite de F_2, puisque ces trois points correspondent à trois droites concourantes de F ;

Le rapport anharmonique de quatre points en ligne droite de F_1 est égal à celui de leurs homologues pris dans F_2 (comme égal (Pl., **210**) au rapport anharmonique des droites correspondantes de F).

638. Divisions et faisceaux homographiques.

Deux figures (*divisions*) formées chacune de points en ligne droite sont homographiques, d'après ce qui précède, si le rapport anharmonique de quatre points quelconques de l'une est égal au rapport anharmonique des points correspondants de l'autre.

Deux figures planes (*faisceaux*) formées chacune de droites concourantes (le point de concours étant d'ailleurs à distance finie ou à l'infini) sont homographiques, si le rapport anharmonique de quatre droites de l'une est égal à celui de leurs homologues.

Deux divisions ou faisceaux en perspective sont homographiques.

Nous dirons également que deux faisceaux composés chacun de plans passant par une même droite sont homographiques, si le rapport anharmonique de quatre plans du premier faisceau est toujours égal au rapport anharmonique de leurs homologues du second.

Plus généralement, nous pourrons considérer une division comme homographique d'un faisceau de droites concourantes d'un plan ou d'un faisceau de plans passant par une même droite : c'est ce que nous ferons si le rapport anharmonique de quatre points quelconques de la division est égal à celui des quatre droites correspondantes ou des quatre plans correspondants du faisceau.

On voit :

1° Que deux faisceaux (ou divisions) homographiques d'un troisième sont homographiques entre eux ;

2° Qu'un faisceau de droites ou de plans est homographique de la division qu'il détermine sur une droite quelconque et qu'un faisceau de plans est homographique du faisceau de droites qu'il détermine sur un plan sécant quelconque.

639. On peut tirer de là une série de conséquences telles que les suivantes :

Une droite mobile, issue d'un point fixe, intercepte sur deux droites fixes quelconques des divisions homographiques.

Deux droites qui tournent chacune autour d'un point fixe et font entre elles un angle constant, engendrent deux faisceaux homographiques. Par conséquent, les divisions interceptées respectivement par ces deux droites mobiles sur deux droites fixes quelconques seront homographiques.

Si un point décrit une droite fixe, les droites joignant ce point à deux centres fixes décrivent deux faisceaux homographiques.

Lorsqu'un segment de grandeur constante se meut sur une droite fixe, ses extrémités décrivent, sur cette droite, deux divisions homographiques. Les droites qui joignent respectivement ces extrémités à deux points fixes décrivent deux faisceaux homographiques, etc., etc.

640. *Deux divisions homographiques sont déterminées si l'on donne trois points et leurs homologues.* L'homologue d'un quatrième point quelconque sera déterminé par la condition que les rapports anharmoniques homologues formés dans les deux divisions soient égaux.

De même, *deux faisceaux homographiques seront déterminés si l'on donne trois rayons et leurs homologues.*

641. Réciproquement, *sur deux droites données quelconques on peut toujours trouver deux divisions homographiques telles que trois points (distincts) a, b, c de la première droite aient pour homologues trois points donnés a', b', c' (distincts) de la seconde.*

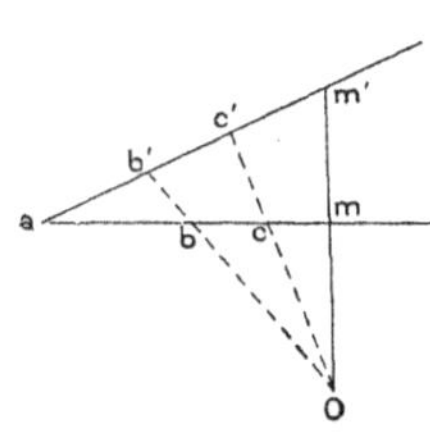

Fig. 531.

En effet, nous pouvons toujours supposer, en déplaçant au besoin l'une des deux droites, que le point a coïncide avec a', les deux droites étant d'ailleurs distinctes. Ces deux droites seront alors dans un même plan et, par conséquent, les deux droites bb', cc' auront un point commun O (à distance finie ou à l'infini).

En faisant correspondre l'un à l'autre les points des deux droites situés sur un même rayon issu du point O (*fig.* 531), on aura réalisé l'homographie demandée.

De plus, les deux divisions homographiques ainsi obtenues étant, d'après ce qui précède, les seules dans lesquelles a, b, c aient pour homologues a, b', c', on voit que *lorsque deux divisions homographiques ont un point homologue commun, la droite qui joint deux points homologues quelconques passe par un point fixe.*

Autrement dit, *deux divisions homographiques qui ont un point homologue commun, sont en perspective.*

642. De même, *on peut toujours trouver deux faisceaux homographiques tels que trois rayons donnés* Oa, Ob, Oc *de l'un aient pour homologues trois rayons donnés* O$'a'$, O$'b'$, O$'c'$ *de l'autre.*

Cette proposition n'est pas distincte de la première, puisqu'on construira les faisceaux homographiques cherchés en construisant les divisions qu'ils interceptent respectivement sur deux droites quelconques. D'ailleurs, elle n'est qu'un cas particulier de celle que nous avons établie au n° **634**, puisqu'il suffira pour former les faisceaux demandés, de trouver une homographie dans laquelle la figure O$'a'b'c'$ correspond à Oabc. Enfin, on pourrait l'obtenir directement en démontrant le théorème suivant :

Théorème. — *Si, dans deux faisceaux homographiques situés dans un même plan et de centres différents, la droite qui joint les centres est un rayon homologue commun, deux rayons homologues quelconques se coupent sur une droite fixe.*

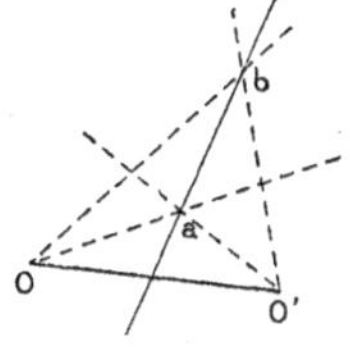

Fig. 532.

Soient OO$'$ (*fig*. 532) le rayon homologue commun; Oa, O$'a$; Ob, O$'b$ deux autres couples de rayons homologues. Les droites joignant respectivement O et O$'$ à un même point quelconque de la droite ab engendrent deux faisceaux homographiques, dans lesquels les trois rayons OO$'$, Oa, Ob ont respectivement pour homologues O$'$O, O$'a$, O$'b$: faisceaux qui ne sont, par conséquent, autres que les proposés.

Le mode de raisonnement précédent permet bien de trouver deux faisceaux homographiques, connaissant trois rayons et leurs homologues : il suffira de supposer ces faisceaux transportés de manière que l'un des rayons coïncide avec son homologue, les centres étant distincts et les deux faisceaux étant dans un même plan.

643. Remarque. — Les résultats que nous venons d'obtenir sont identiques à ceux que l'on déduirait des propositions du numéro précédent par polaires réciproques : les faisceaux homographiques correspondant aux divisions homographiques, le rayon homologue commun au point homologue commun des deux divisions, etc.

Les raisonnements employés dans ce numéro ne sont eux-mêmes

que la traduction de ceux que nous avions présentés au numéro précédent; on dit qu'ils en sont les *corrélatifs* ou encore, qu'il y a *dualité* entre les uns et les autres.

Cette dualité, dont nous reparlerons à propos des coniques, se retrouve dans toutes les propriétés projectives des figures.

Nous avons constaté une dualité analogue dans la géométrie sphérique, où elle est introduite par la notion des *figures polaires*. En effet, deux figures polaires sur la sphère sont telles qu'à tout point de l'une correspond un grand cercle de l'autre, et inversement. A trois points d'un même grand cercle C correspondent trois grands cercles passant par un même point (le pôle de C) et réciproquement; il est d'ailleurs clair (**623**) que le rapport anharmonique de quatre points d'un grand cercle est égal au rapport anharmonique des grands cercles qui leur correspondent.

Cette dualité s'étend à des propriétés non projectives, puisque l'angle de deux grands cercles est égal à la distance sphérique de leurs pôles. Si on la réduit aux propriétés projectives, elle n'est pas distincte de celle qui résulte de la transformation par polaires réciproques (voir ex. 988).

644. Corollaire. — *Pour que deux divisions ou deux faisceaux soient homographiques, il suffit que le rapport anharmonique d'un point quelconque et de trois points pris une fois pour toutes soit égal au rapport anharmonique des homologues de ces quatre points*, car cette propriété suffit pour construire l'homographie définie par trois couples d'éléments homologues donnés.

645. Dans les constructions des deux numéros précédents, on peut, au lieu de transporter les divisions ou les faisceaux, remplacer l'une de ces figures (division ou faisceau) par une autre qui soit en perspective avec la première, puisque la seule chose qui importe à notre raisonnement est que le rapport anharmonique soit conservé.

Il est à remarquer que, par ce moyen, on peut opérer la construction demandée *par le moyen de la règle seule* ([1]).

Partons de la construction du n° **641**. — Soient encore ([2]) a, a'; b,

(1) Voir la note E à la fin du volume.

(2) Nous supposons les deux divisions dans un même plan, la construction dans le cas contraire, étant, à proprement parler, du domaine de la Géométrie descriptive (voir la note à la fin des problèmes du Ve livre, page 59).

b' ; c, c' (*fig.* 533) les trois couples de points homologues donnés, m, le point dont on cherche l'homologue. On joindra les points a, b, c, m, à un point quelconque S du plan, les points a', b', c' à un autre point quelconque S'. Si α est le point d'intersection de Sa, $S'a'$, on mènera par le point α une première transversale $\alpha\beta\gamma\mu$ sur laquelle le faisceau $Sabcm$ interceptera une division $\alpha\beta\gamma\mu$ homographique de $abcm$ et une seconde transversale $\alpha\beta'\gamma'$ sur laquelle les droites issues du point S' intercepteront une division homographique de celle qu'elles interceptent sur $a'b'c'$. Dans l'homographie telle que les points α, β, γ aient respectivement pour homologues α, β', γ', l'homologue μ' du point μ s'obtiendra par la règle seule (**641**) et il suffira de joindre ce point μ' à S' pour obtenir sur la droite $a'b'c'$ le point m' homologue de m.

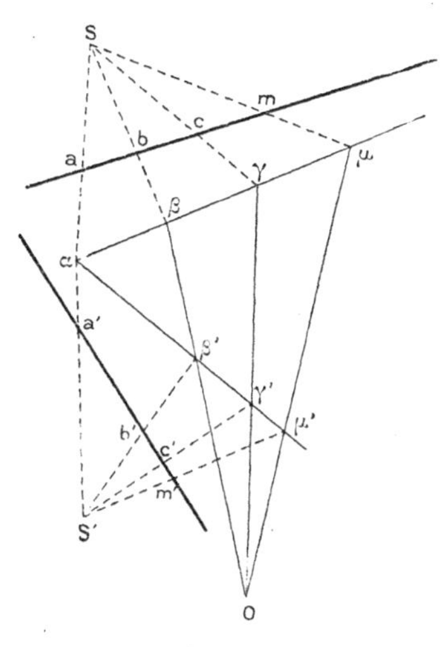

Fig. 533.

646. Expressions diverses de l'homographie. — Considérant deux divisions homographiques, soient A, B deux points déterminés et M, N, deux points quelconques de la première ; A', B', M', N' les homologues de A, B, M, N. La relation fondamentale d'homographie s'écrit :

$$(6) \qquad \frac{MA}{MB} : \frac{NA}{NB} = \frac{M'A'}{M'B'} : \frac{N'A'}{N'B'},$$

ou, en renversant l'ordre des moyens :

$$(6') \qquad \frac{MA}{MB} : \frac{M'A'}{M'B'} = \frac{NA}{NB} : \frac{N'A'}{N'B'}.$$

Le rapport $\dfrac{MA}{MB} : \dfrac{M'A'}{M'B'}$ a donc la même valeur, quelle que soit la position du point M. En désignant cette valeur constante par $\frac{1}{k}$, il vient

$$\frac{M'A'}{M'B'} = k \frac{MA}{MB}, \tag{7}$$

équation qui fait connaître le point M′ lorsque le point M est donné.

Inversement, si deux points M et M′, situés respectivement sur deux droites fixes (différentes ou non), sont liés entre eux par la relation précédente, ils décrivent deux divisions homographiques : car la relation (7) entraîne la relation (6′) et, par suite (6).

On peut indiquer un résultat analogue pour deux faisceaux homographiques. Soient, en effet, OA, OB deux rayons déterminés et OM, ON deux rayons quelconques du premier faisceau; O′A′, O′B′, O′M′, O′N′ les rayons homologues des précédents. L'égalité des rapports anharmoniques (O.ABMN) et (O′.A′B′M′N′) s'écrira (**625**) :

$$\frac{(M,OA)}{(M,OB)} : \frac{(N,OA)}{(N,OB)} = \frac{(M',O'A')}{(M',O'B')} : \frac{(N',O'A')}{(N',O'B')},$$

d'où l'on déduit, comme tout à l'heure, que l'on doit avoir

$$\frac{(M',O'A')}{(M',O'B')} = k \frac{(M,OA)}{(M,OB)},$$

k désignant une constante.

Bien entendu, une relation tout analogue aurait lieu pour des faisceaux de plans homographiques.

D'ailleurs, on peut appliquer le même raisonnement à une division et à un faisceau homographiques entre eux : Si a, b, m sont trois points de la division ; OA, OB, OM, les rayons correspondants du faisceau, on aura

$$\frac{(M,OA)}{(M,OB)} = k . \frac{ma}{mb},$$

k étant indépendant de la position du point m.

647. Soient I le point de la première division homologue du point à l'infini sur la seconde, J′ le point de la seconde division, homologue du point à l'infini sur la première. Supposons que les points à l'infini des deux divisions ne se correspondent pas, de sorte que les points I et J′ sont à distance finie : *On aura*, M *et* M′ *étant deux points homologues quelconques*,

$$(8) \qquad \text{I M. J}'\text{M}' = h,$$

h étant une constante.

Car, les deux divisions étant placées de manière à être en perspective (et étant de plus, considérées comme faisant partie de figures planes situées respectivement dans des plans P, P′ perpendiculaires à celui qui contient les

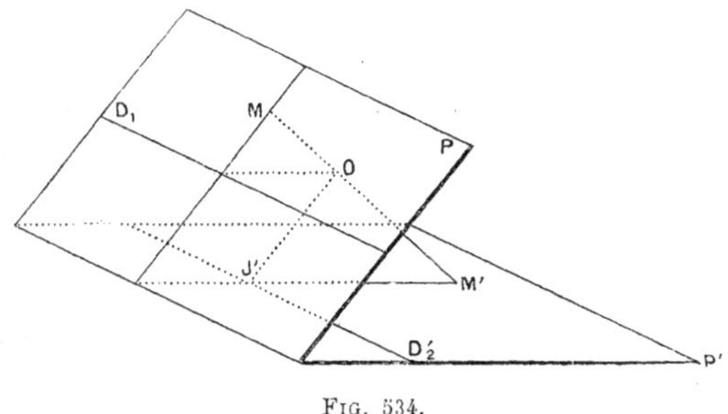

Fig. 534.

deux divisions) la relation précédente résulte (*fig.* 534) de la proposition du n° **627**.

Inversement, si deux points M, M′, mobiles sur deux droites, différentes ou non, sont liés par la relation (8), — où la constante h est supposée différente de zéro — ils décrivent deux divisions homographiques : car si A, A′ sont deux points homologues déterminés, l'homographie qui est définie par les couples

$$\text{I}, \infty ; \infty, \text{J}' ; \text{A}, \text{A}'$$

est (en vertu du résultat précédent) représentée par la relation

$$\text{I M. J}'\text{M}' = \text{I A. J}'\text{A}'$$

c'est-à-dire par la relation (8), puisque l'on a IA.J′A′ $= h$.

Si h était nul, l'un des segments IM, J′M′ devrait être nul, de sorte que tous les points M, autres que I, auraient le même homologue J′; hypothèse que nous excluons en ce moment, mais que nous retrouverons quelquefois dans la suite.

648. Dans le cas où les points à l'infini se correspondent et où, par suite, les points I et J′ sont rejetés à l'infini, les deux divisions sont *semblables*, c'est-à-dire que trois couples de points homologues divisent les droites qui les portent en segments proportionnels. Si, en effet, A,A′ ; B,B′ ; C,C′ sont ces trois couples, la relation $(ABC\infty) = (A'B'C'\infty)$, qui a lieu entre ces trois couples et le couple de points homologues à l'infini s'écrit (Pl. **199**)

$$\frac{CA}{CB} = \frac{C'A'}{C'B'}$$

649. Divisions homographiques sur une même droite. Points doubles.

Supposons les deux divisions homographiques portées par une même droite et cherchons s'il existe un point m qui coïncide avec son homologue : à cet effet, il suffit d'employer la relation (8), qui s'écrit alors

$$(8') \qquad Im.\ Jm. = h.$$

Les segments Im et J′m devant être de même signe ou de signes contraires suivant que h est positif ou négatif, leurs valeurs absolues auront pour différence, dans le premier cas, et pour somme, dans le second, la distance IJ′ : on est donc ramené à l'une ou l'autre des constructions 7 ou 8 (Pl., **155**). Par conséquent, on devra mener à la droite donnée, par les points I et J′ respectivement, deux perpendiculaires Ii et J′ j' (fig. 535) dont le produit soit, en grandeur et en signe, égal à $-h$: le point cherché appartiendra à la circonférence décrite avec $i\,j'$ comme diamètre.

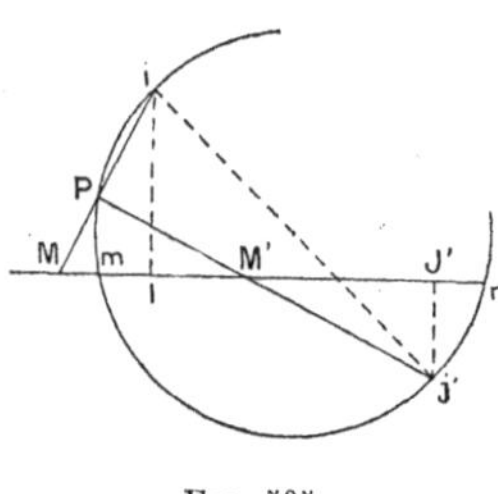

Fig. 535.

On voit d'ailleurs directement que, si P est un point quelconque de cette circonférence, les droites Pi et Pj' coupent la droite donnée en deux points M, M′ homologues entre eux : les triangles I i M, J′M′j' sont, en effet, semblables entre eux, comme ayant leurs côtés perpendiculaires ([1]) et donnent (comparer Pl., **155**) l'égalité

$$IM.\ J'M' = Ii.\ Jj'.$$

(1) Ceci fournit une nouvelle démonstration de ce fait que la relation IM. J′ M′ $= h$ définit

La construction précédente résulte dès lors de ce que les points M et M′ viennent se confondre lorsque le point P est sur la droite donnée.

Les points qui coïncident ainsi avec leurs homologues se nomment *points doubles*. Ils sont au nombre de deux si la circonférence de diamètre $i\,j'$ coupe la droite donnée (points doubles *réels*). La circonférence peut encore toucher la droite (points doubles *confondus*) ou lui être entièrement extérieure. On convient, dans ce dernier cas, de dire que les points doubles sont *imaginaires*.

650. Si les points doubles m et n sont réels et distincts on peut prendre, pour les points A et B qui figurent dans la relation (7), ces points doubles : cette relation devient alors :

$$\frac{\mathrm{M}'m}{\mathrm{M}'n} : \frac{\mathrm{M}m}{\mathrm{M}n} = k. \tag{9}$$

Elle montre que le *rapport anharmonique formé par les points doubles et deux points homologues quelconques est constant.*

Inversement, *deux points qui forment avec deux points fixes un rapport anharmonique constant, décrivent deux divisions homographiques :* car la relation (9) est un cas particulier de (7).

Rayons doubles des faisceaux homographiques concentriques.

Deux faisceaux homographiques ont deux rayons doubles distincts ou confondus, ou n'ont pas de rayons doubles (rayons doubles *imaginaires*) : ce dernier cas est, par exemple, celui de l'homographie formée par les côtés d'un angle constant qui tourne autour de son sommet.

651. La construction des points doubles de deux divisions ou faisceaux homographiques donne la solution d'un grand nombre de questions de géométrie. Remarquons en effet, tout d'abord, qu'on y ramène immédiatement la question suivante :

Trouver les couples communs à deux homographies :

(Les homographies en question ayant lieu chacune entre deux divisions, ou entre une division et un faisceau, ou entre deux fais-

une homographie, car les droites i M, j' M′, étant constamment rectangulaires, décrivent (639) deux faisceaux homographiques.

ceaux, les droites qui portent les deux divisions, ou la droite qui porte la division et le centre du faisceau, ou les centres des deux faisceaux étant les mêmes de part et d'autre.)

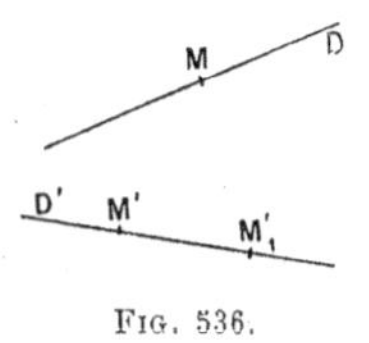

Fig. 536.

Considérons, par exemple, le cas de deux homographies entre divisions portées, les unes sur une droite D, les autres sur une droite D'. Soient M un point quelconque de D ; M' son homologue dans la première homographie, M'_1, l'homologue du même point M dans la seconde (*fig.* 536). Nous cherchons un couple commun aux deux homographies, c'est-à-dire un point M dont les deux homologues M et M'_1 coïncident.

Or, les divisions décrites par M' et M'_1, étant toutes deux homographiques de la division décrite par M, sont homographiques entre elles. Nous n'aurons donc qu'à rechercher les points doubles de l'homographie ainsi obtenue.

Exemples. — Soit à *trouver sur une droite donnée* D *un segment* M M' *de grandeur donnée, qui soit vu d'un point donné sous un angle donné* (*fig.* 537). Lorsqu'un point M parcourt la droite D, le point M' de la même droite tel que le segment MM' soit égal à la longueur donnée décrit une division homographique de celle que décrit M ; et il en est de même du point M'_1, pris également sur D, et tel que l'angle MOM'_1 en désignant par O le point donné) soit égal à l'angle donné. Nous sommes donc ramenés au problème précédent, puisque nous cherchons pour quelles positions du point M les points M' et M'_1 coïncident.

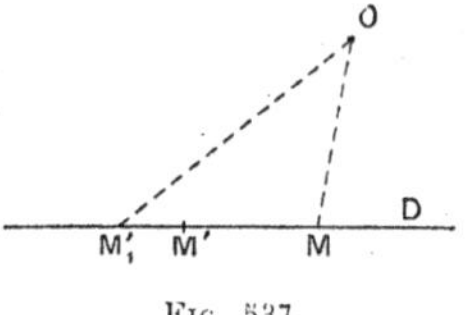

Fig. 537.

Le problème qui consiste à *trouver sur une droite donnée un segment qui soit vu de deux points donnés sous des angles donnés*, appartient évidemment à la même catégorie. Il en serait encore de même, d'ailleurs, si les extrémités du segment, au lieu d'être sur une même droite donnée D, devaient être respectivement sur deux droites données D, D' (*fig.* 538).

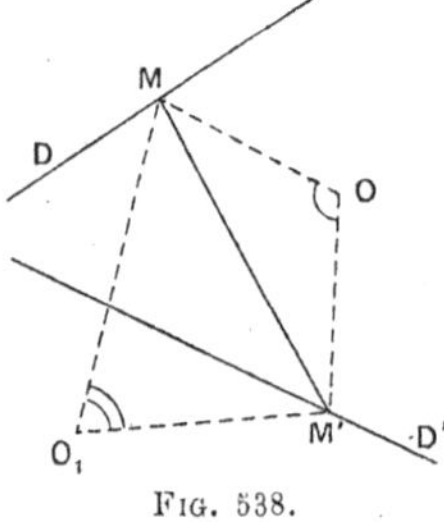

Fig. 538.

Soit encore à *mener par un point donné une transversale intercep-*

tant sur deux droites données, à partir de deux origines respectivement données sur ces deux droites, deux segments ayant entre eux un rapport donné.

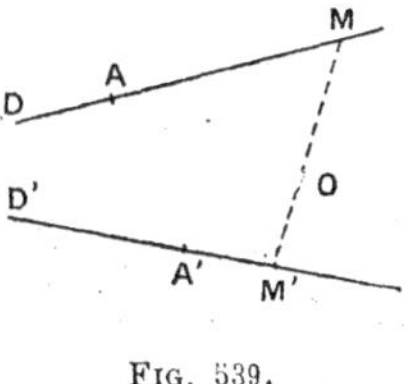

FIG. 539.

Soient O le premier point donné; A, A' les origines respectivement données sur les droites D, D' (*fig.* 539). Une transversale quelconque menée par O coupera les deux droites en des points M, M' qui décriront sur elles des divisions homographiques. Nous aurons à rechercher le couple commun à cette homographie et à celle qui lie les extrémités de deux segments portés respectivement à partir de A, A' et ayant entre eux le rapport donné.

On pourrait encore, au lieu du rapport $\frac{\text{AM}}{\text{A'M'}}$, se donner le produit AM.A'M', puisque l'équation AM.A'M' $=$ const. définit une homographie.

On peut, de même, *inscrire dans un polygone de n côtés donné, un polygone dont les n côtés passent par n points donnés arbitrairement dans le plan.* En effet, soient ABCDE (*fig.* 540) le polygone donné et P, Q, R, S, T les points par lesquels doivent passer les côtés du polygone cherché *abcde*. Prenons le point *a* arbitrairement sur AB : nous en déduirons *b* par la condition que *ab* passe par le point P, puis *c* par la condition que *bc* passe par Q, etc.

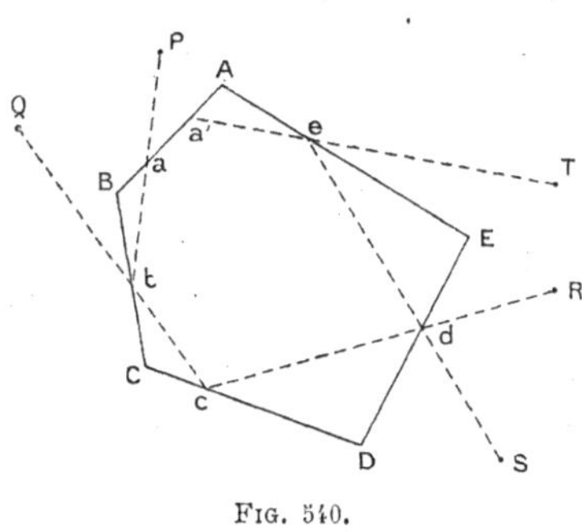

FIG. 540.

Finalement nous retrouverons sur AB un point *a'* qui ne coïncidera pas, en général, avec *a*.

Mais le point *a'* décrira une division homographique à celle qui sera décrite par *a*, puisque *a* est lié homographiquement à *b*, lequel est lié homographiquement à *c*, etc. Donc nous n'aurons qu'à rechercher les points doubles de l'homographie qui lie *a* à *a'* : homographie que nous déterminerons en en construisant trois couples de points homologues.

On voit que la méthode applicable à tous les problèmes de cette espèce est une sorte de règle de *fausse position*.

Il sera souvent commode, pour appliquer la construction du n° **649**, de prendre pour deux des couples de points homologues ceux où l'un ou l'autre de ces points est à l'infini.

652. Involution.

Théorème. — *Si, dans deux divisions homographiques situées sur une même droite, un point (distinct des points doubles) a même homologue, lorsqu'on le considère successivement comme appartenant à l'une et à l'autre des deux divisions, il en est de même de tout autre point de la droite.*

Supposons que le point A ait pour homologue A′ et le point A′, A, et soit B un autre point quelconque de la même droite, lequel, considéré comme appartenant à la première division, a pour homologue B′ dans la seconde. L'homographie pourra être considérée comme déterminée par les trois couples A, A′ ; A′, A ; B, B′. Si donc on considère B comme appartenant à la seconde division, son homologue B'_1 dans la première sera défini par la relation

$$(A\,A'\,B\,B_1') = (A'\,A\,B'\,B)$$

Or, cette relation montre que le point B'_1 coïncide avec le point B′, car le rapport anharmonique du second membre est (Pl., **199**) égal à (AA′BB′).

Remarque. — Lorsque les points doubles m et n sont réels et distincts, le théorème qui précède est une conséquence directe du n° **650**. Si, en effet, nous écrivons que le point A est l'homologue du point A′ et celui-ci l'homologue de A, à l'aide de la relation (9), il viendra les deux équations

$$\frac{A'm}{A'n} : \frac{Am}{An} = 1$$

et

$$\frac{Am}{An} : \frac{A'm}{A'n} = 1$$

lesquelles, multipliées membre à membre, donnent $k^2 = 1$.

Or k ne peut être égal à 1 (sans quoi le point A′ coïnciderait avec A) : donc on a $k = -1$ et, par conséquent, *deux points homologues quelconques forment avec les points doubles une division harmonique :* relation qui ne change évidemment pas lorsqu'on permute entre eux les deux points homologues.

Deux divisions homographiques telles que l'homologue d'un point donné soit, conformément au théorème précédent, le même lorsqu'on considère successivement ce point comme appartenant à l'une ou à l'autre des deux divisions, sont dites en *involution*.

De même, deux faisceaux homographiques concentriques sont dits en *involution*, si la relation entre deux rayons homologues ne change pas quand on permute ces rayons.

653. *Deux couples de points (ou de rayons) homologues déterminent une involution :* car la connaissance de deux couples A, A′; B, B′ de points homologues d'une involution équivaut à la connaissance de quatre couples A, A′; A′, A; B, B′; B′, B de points homologues d'une homographie.

654. Théorème. — *Si trois couples de points sont en involution, le rapport anharmonique formé par deux points d'un couple et un point de chacun des deux autres est égal à celui de leurs homologues.*

Inversement, s'il en est ainsi, les six points sont en involution.

Soient A, A′; B, B′; C, C′ trois couples en involution; les deux divisions A,A′,B,C et A′,A,B′,C′ sont homographiques et l'on a

$$(AA'BC) = (A'AB'C').$$

Inversement, cette égalité montre que les points A′, A, B′, C′ correspondent respectivement à A, A′, B, C dans une même homographie. Cette homographie est nécessairement une involution, puisque A, A′ et A′, A sont deux couples de points homologues.

655. Dans le cas de l'involution, la relation (8) devient

$$OM \times OM' = h, \tag{10}$$

O étant le point (unique) homologue de l'infini. Ce point est dit *point central* de l'involution.

Si la constante h est positive, on voit que l'on aura deux points doubles réels et distincts.

Le rapport anharmonique formé par ces points doubles et deux points homologues quelconques est égal à — 1 (**652**, Rem.).

Réciproquement, *deux points qui divisent harmoniquement un segment fixe sont en involution.*

De même, *dans deux faisceaux en involution, deux rayons homologues forment avec les rayons doubles (s'ils existent) un faisceau harmonique;* et, réciproquement, cette relation entraîne l'existence d'une involution.

Si le point O est rejeté à l'infini, il en est de même d'un des points doubles et *l'involution est formée par les segments ayant un milieu commun*, l'autre point double.

656. Si la constante h est négative, les points doubles sont imaginaires. Dans ce cas, I et J′ étant confondus en O, comme nous l'avons dit, on peut donner aux deux segments Ii et J′j' de la figure 535, la valeur commune $Oo = \sqrt{-h}$: on voit alors qu'*il existe un point* (le point o) *d'où l'on voit le segment formé par deux points homologues quelconques sous un angle droit*, puisque c'est le point o qui joue le rôle du point i et du point j'.

Inversement, il est évident que *les côtés d'un angle droit qui tourne autour de son sommet engendrent deux faisceaux homographiques en involution*, les rayons doubles étant d'ailleurs imaginaires.

Toute involution de deux faisceaux dans laquelle deux rayons sont perpendiculaires à leurs homologues coïncide (**653**) avec la précédente. Ainsi *si, dans une involution, deux couples de rayons homologues sont formés de rayons perpendiculaires entre eux, deux rayons homologues quelconques sont aussi rectangulaires.*

656 *bis*. Enfin *les points doubles d'une involution ne peuvent être confondus*, à moins que h ne soit nul, c'est-à-dire *à moins que l'on ne cesse d'avoir affaire à une correspondance proprement dite*, l'involution présentant la dégénérescence indiquée au n° **647**.

657. De ce qui précède (**655**) il résulte que, pour obtenir un segment qui divise harmoniquement deux segments donnés, il suffit de déterminer (s'ils existent) les points doubles de l'involution définie par ces deux segments; et que, d'ailleurs, le segment ainsi obtenu est seul à posséder la propriété demandée.

Le segment cherché est d'ailleurs imaginaire, si les segments donnés chevauchent l'un sur l'autre (Pl., **112**); *il est au contraire réel, si les deux segments sont entièrement intérieurs ou entièrement extérieurs* *l'un à l'autre :* car il est aisé de voir que, dans une involution définie par la formule (10) avec une valeur négative de h (c'est-à-dire dans toute involution qui a ses points doubles imaginaires) deux

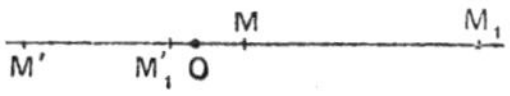

Fig. 541.

couples de points homologues chevauchent toujours l'un sur l'autre (*fig.* 541).

On a évidemment des énoncés tout semblables en remplaçant les points en ligne droite par des droites concourantes.

658. *Les points situés sur une droite donnée et conjugués par rapport à un cercle donné forment une involution.* Car le conjugué d'un point M est déterminé, sur la droite donnée, par la polaire de ce point, laquelle engendre (Pl., **210**) un faisceau homographique de la division décrite par M ; et, d'autre part, la relation entre deux points conjugués ne change pas (Pl., **205**) quand on permute ces deux points.

Les points doubles de l'involution ainsi obtenue sont évidemment (s'ils existent) les points de rencontre de la droite donnée avec le cercle [1].

De même, *les droites conjuguées qui passent par un point donné forment une involution*, qui a pour rayons doubles les tangentes menées du point au cercle.

659. *Une série de cercles ayant même axe radical détermine sur une transversale quelconque des segments en involution*, le point central O étant le point de rencontre de la transversale avec l'axe radical.

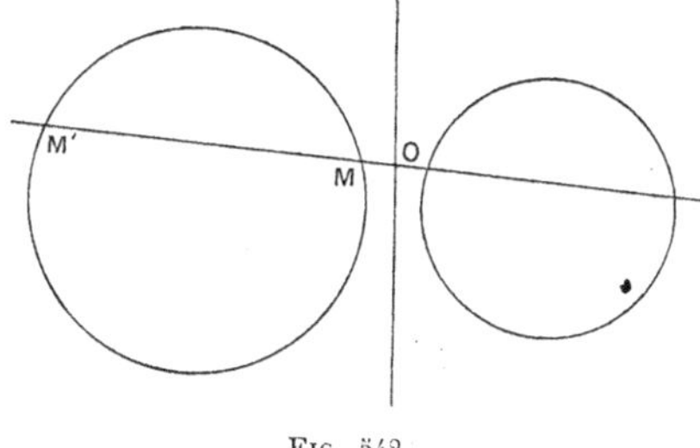

Fig. 542.

Car si M, M′ (*fig.* 542) sont les points de rencontre d'un cercle quelconque de la série avec la transversale, le produit OM. OM′ est

(1) Dans les cas où la droite donnée est tangente au cercle, l'involution présente la dégénérescence signalée aux nos **647**, **656** *bis*, le conjugué d'un point quelconque étant toujours le point de contact avec le cercle.

égal à la puissance du point O par rapport à ce cercle, laquelle ne varie pas lorsque ce cercle change.

Inversement, il est clair qu'une involution peut toujours être considérée comme déterminée, sur la droite qui la porte, par une série de cercles passant par deux points fixes : il suffit de choisir ces deux points inverses l'un de l'autre, par rapport au point central de l'involution, la puissance d'inversion étant la constante h définie par l'égalité (10).

Les cercles qui ont pour diamètres les segments d'une même involution ont même axe radical, la perpendiculaire menée, à la droite qui porte l'involution, par le point central.

660. Théorème. — *Si, dans deux divisions homographiques quelconques, on considère deux couples de points homologues, les deux segments formés respectivement par chaque point et l'homologue de l'autre et le segment formé par les points doubles appartiennent à une même involution.*

Soient M, M'; N, N' les deux couples de points homologues ; A, B les points doubles. La relation

$$(ABMM') = (ABNN'),$$

démontrée au n° **650**, s'écrit, en permutant entre eux, dans le rapport anharmonique du second membre, les points A, B, d'une part, N, N' de l'autre,

$$(ABMM') = (BAN'N).$$

Elle montre (**654**) que les couples A, B; M, N'; N, M' font partie d'une même involution.

Remarque. — Lorsque les points doubles sont confondus, l'énoncé devient celui-ci : *le point double unique est point double de l'involution déterminée par les deux couples* M, N'; N, M'. Mais le raisonnement précédent cesse d'être valable.

On trouvera, à l'exercice 919, une démonstration qui s'applique à tous les cas.

De même, *les rayons doubles d'une homographie forment avec deux couples de rayons homologues quelconques une involution.*

661. Théorème. — *Les côtés opposés et les diagonales d'un quadrilatère déterminent sur une transversale quelconque trois segments en involution.*

Soit le quadrilatère ABCD (*fig.* 543) dont les côtés opposés AB, CD; AD, BC et les diagonales AC, BD déterminent sur une même transversale les segments mm'; pp'; qq'.

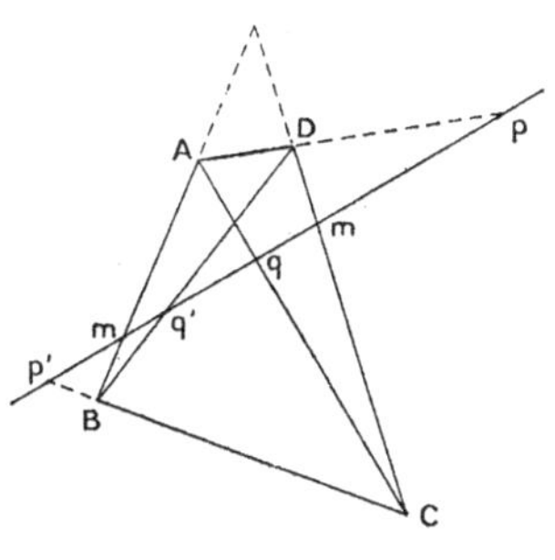

Fig. 543.

Les droites joignant A et B à un point variable de CD déterminent, sur la transversale, deux divisions homographiques. q, p' et p, q' sont deux couples de points homologues, correspondant respectivement aux positions C et D du point variable. Quant aux points doubles, ce sont les points m, m', correspondant, l'un au cas où le point variable est à l'intersection de AB et de CD, l'autre au cas où ce point est en m' même.

Donc (théor. préc.) les points m, m'; p, p'; q, q' forment bien une involution.

662. Corrélativement au théorème précédent, on a le :

Théorème. — *Les droites qui joignent un point quelconque du plan aux sommets opposés d'un quadrilatère complet forment trois couples en involution.*

La démonstration est corrélative de la précédente. Soient a, b, c, d les quatre côtés du quadrilatère; M, M', P, P', Q, Q' les points où se coupent respectivement a, b; c, d; a, d; b, c; a, c; b, d (*fig.* 544). Je dis que, O étant un point quelconque du plan, les droites OM, OM'; OP, OP'; OQ, OQ' sont en involution. Pour le démontrer, remarquons que, si une sécante tourne autour du point M', les points où elle rencontre respectivement a et b décrivent sur ces deux droites deux divisions homographiques, de sorte que les faisceaux obtenus en joignant ces points au point

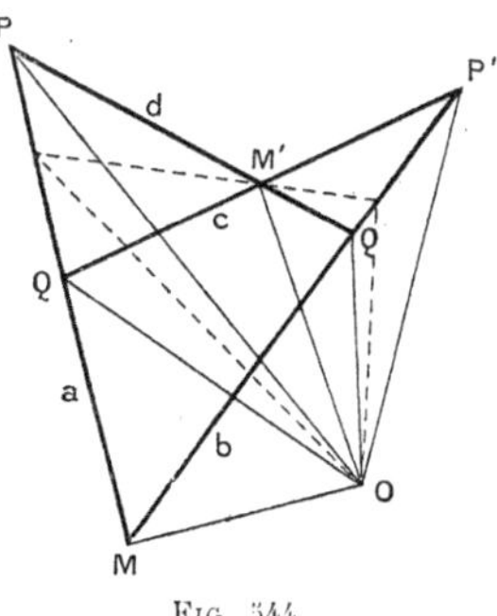

Fig. 544.

O sont eux-mêmes homographiques. Or, dans cette homographie, deux couples de rayons homologues seront donnés par OP, OQ′ d'une part, OQ, OP′ de l'autre et les rayons doubles par OM, OM′ (le premier correspondant à la position M′M, le second à la position M′O de la sécante mobile) : d'où résulte l'exactitude de notre proposition.

663. Corollaires. — Un certain nombre d'énoncés peuvent se déduire des deux théorèmes précédents en supposant que quelques-uns des éléments de la figure soient à l'infini (ce qui n'empêche nullement les raisonnements précédents d'être valables).

Par exemple, si, dans le théorème démontré en dernier lieu, nous supposons qu'un des côtés du quadrilatère complet soit la droite de

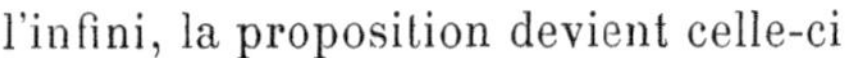

l'infini, la proposition devient celle-ci :

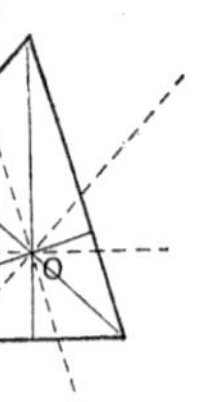

Fig. 545.

Si l'on joint un point du plan d'un triangle à chaque sommet, et qu'on mène par le même point la parallèle au côté opposé, on a trois couples en involution.

Supposons que le point considéré soit (*fig.* 545) sur deux des hauteurs du triangle : alors, deux des couples dont nous venons de parler seront formés de rayons rectangulaires. Il en sera, par conséquent, de même du troisième couple et le point considéré sera aussi sur la troisième hauteur. Le théorème d'après lequel *les hauteurs d'un triangle passent par un même point* est donc un cas particulier du précédent.

Si le quadrilatère est tout entier à distance finie, mais que le point O soit à l'infini, les rayons de jonction seront tous parallèles entre eux : en les coupant par une perpendiculaire à leur direction commune, on voit que notre théorème devient : *les projections des sommets opposés d'un quadrilatère complet sur une droite quelconque sont des points en involution* (*fig.* 546).

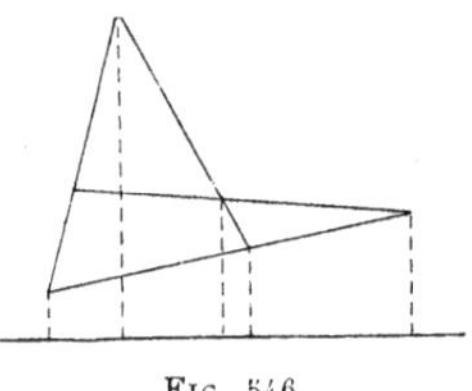

Fig. 546.

De même, dans le théorème du n° **661**, on peut supposer l'un des sommets du quadrilatère rejeté à l'infini : l'énoncé devient alors le suivant : *Les projections des sommets d'un triangle sur une droite* *quelconque forment, avec les points où cette droite rencontre respectivement les côtés opposés, trois couples en involution.*

664. Homographie et involution sur un cercle. — On dira que deux points variables sur un cercle ou sur des cercles différents y déterminent deux divisions homographiques si le rapport anharmonique (Pl., **212**) de quatre positions du premier est égal au rapport anharmonique des positions correspondantes du second.

Plus généralement, on définira de même, par l'égalité des rapports anharmoniques homologues, l'homographie entre une division sur un cercle et une division sur une droite ou un faisceau de droites ou de plans.

En particulier, une division sur un cercle est, par définition, homographique du faisceau décrit par la droite qui joint un point quelconque de la division à un point fixe du cercle.

Deux divisions homographiques sur un même cercle seront dites en involution, comme dans le cas d'une droite, si la relation entre deux points homologues est réciproque.

Théorème. — *Une série de sécantes issues d'un même point déterminent sur un cercle des couples de points en involution.*

On peut, tout d'abord, remarquer que le théorème est évident si le point est extérieur au cercle : car la polaire de ce point et l'une quelconque des sécantes considérées divisent ce cercle harmoniquement (Pl., **213**).

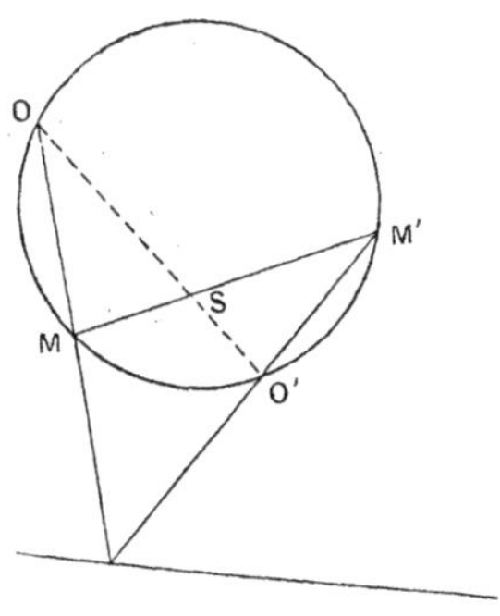

Fig. 547.

Pour démontrer la même proposition dans tous les cas, S (*fig.* 547) étant le point donné, considérons deux points O,O′ du cercle pris une fois pour toutes en ligne droite avec le point S. MM′ étant une position quelconque de la sécante ; M,M′ ses points d'intersection avec le cercle, le lieu du point d'intersection des droites OM,O′M′ est (Pl., **211**) une droite, la polaire du point S. Donc ces droites OM,O′M′ décrivent deux faisceaux homographiques et, par conséquent, les points M,M′ décrivent des divisions homographiques.

D'ailleurs ces divisions satisfont évidemment à la condition d'involution. L'homologue d'un point du cercle, que ce point soit considéré comme appartenant à l'une ou à l'autre des deux divisions, sera une extrémité de la corde dont l'autre extrémité est en ce point, et qui passe par le point S.

Réciproquement, *une corde variable, dont les extrémités décrivent deux divisions en involution, passe par un point fixe.*

En effet, si S est le point d'intersection (à distance finie ou à l'infini) de deux positions de la corde, les points d'intersection du cercle avec une sécante mobile passant par S décrivent sur ce cercle une involution, laquelle coïncide avec la première, puisqu'elle a avec elle deux couples de points homologues communs.

Ce théorème permet d'effectuer très aisément la plupart des constructions relatives aux faisceaux et, par suite, aux divisions en involution.

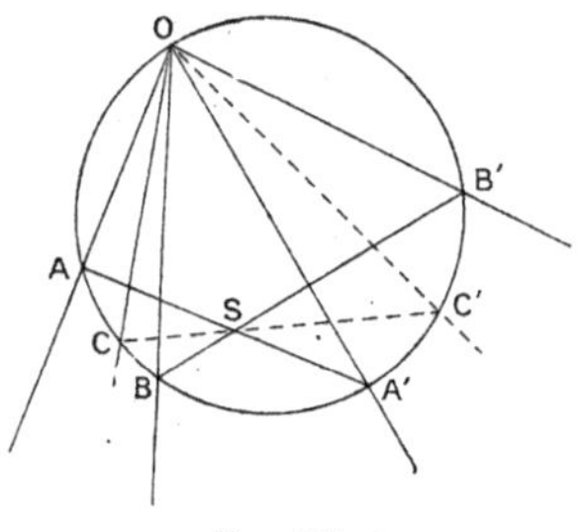

FIG. 548.

Soient deux faisceaux en involution donnés par deux couples de rayons homologues. Par le centre commun O, faisons passer une circonférence qui coupera les quatre rayons en A,A′,B,B′ (*fig.* 548). Les droites AA′,BB′ se couperont en un point S et l'involution considérée ne sera autre que celle qui est formée par les rayons qui joignent le point O aux points de rencontre du cercle avec une sécante quelconque issue de S.

L'*homologue d'un rayon quelconque* OC s'obtiendra en joignant le point C, où ce rayon rencontre le cercle, au point S; les *rayons doubles* passeront par les points de contact des tangentes issues de S : ils seront réels ou imaginaires, suivant la situation de ce point par rapport au cercle.

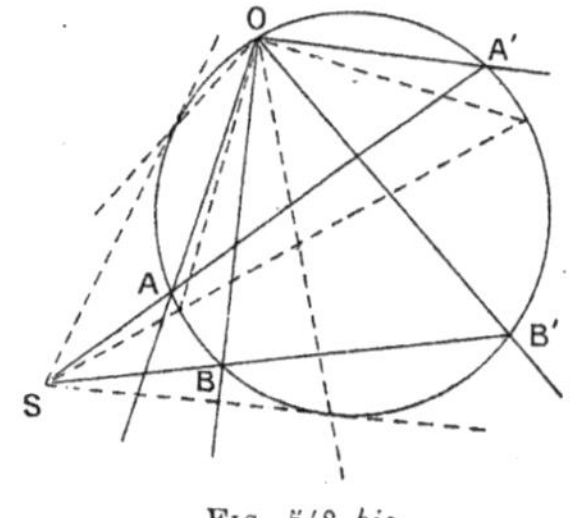

FIG. 548 *bis*.

Il en résulte bien, conformément à ce qui a été dit plus haut (**657**), que les rayons doubles seront imaginaires si les couples A, A′; B,B′ (et, par conséquent, aussi les couples de rayons OA,OA′; OB, OB′)

se séparent réciproquement, le point S étant alors intérieur au cercle (*fig.* 548) ; qu'ils sont réels, au contraire, si les angles AOA′ BOB′ sont entièrement intérieurs ou extérieurs l'un à l'autre, le point S étant alors extérieur (*fig.* 548 *bis*).

Le *couple commun à deux involutions* s'obtiendra en construisant (la circonférence étant, bien entendu, choisie une fois pour toutes) les points S, S′ qui donnent naissance, conformément au théorème précédent, à ces deux involutions : il sera déterminé sur le cercle par la droite SS′.

En particulier, comme le point S qui correspond à une involution formée de rayons rectangulaires, n'est évidemment autre que le centre du cercle, on obtiendra les *rayons rectangulaires* d'une involution en joignant au centre le point qui donne naissance à cette involution (*fig.* 548 *bis*). Comme le diamètre de jonction coupe toujours le cercle, on voit qu'*une involution a toujours un couple de rayons rectangulaires.*

Plus généralement, *le segment commun à deux involutions existe toujours si l'une des involutions a ses points doubles imaginaires,* puisque alors l'un au moins des points S,S′ est intérieur au cercle.

Si, au contraire, les deux involutions ont leurs points doubles réels, le segment commun pourra évidemment être considéré comme défini par la condition de former avec les points doubles de chacune d'elles une division harmonique. Il sera donc imaginaire ou réel, suivant que ces points doubles se sépareront ou non.

EXERCICES

878. Construire, à l'aide de la règle seule, l'homologue d'un point donné dans une involution donnée par deux couples de points homologues.

879. Lieu des centres des perspectives telles que trois points donnés en ligne droite se projettent sur un plan donné suivant trois points dont les distances mutuelles aient des rapports donnés.

880. Étendre la réciproque du corollaire II du n° **201** à un faisceau de quatre plans.

880 *bis*. Quel est le lieu des droites suivant lesquelles se coupent les plans homologues de deux faisceaux homographiques qui ont un plan homologue commun ?

881. On considère trois angles adjacents de même sommet et égaux entre eux.

Trouver la valeur commune de ces angles, connaissant le rapport anharmonique du faisceau ainsi formé (utiliser **625** ou Pl., ex. 274).

882. Mener, par un point donné, deux transversales interceptant entre elles, sur les côtés d'un angle donné, des segments de longueurs données.

883. Inscrire, dans un cercle, un polygone dont les côtés passent respectivement par des points donnés (nouvelle solution, fondée sur le théorème n° **664**).

884. Étant donnés deux angles de même sommet, mener, par un point du plan, une transversale sur laquelle ces deux angles interceptent des segments égaux entre eux.

Plus généralement, mener une transversale telle que les segments interceptés par les angles donnés soient dans un rapport donné.

885. Deux divisions homographiques étant données sur deux droites différentes, quel est le lieu des points de chacun desquels on les voit sous deux faisceaux en involution?

En déduire que, si A, A'; B, B' sont deux couples de points homologues quelconques, le point d'intersection AB' et de BA' est sur une droite fixe (la droite qui joint les homologues du point commun aux deux droites données, ce point étant successivement considéré comme appartenant à la première et à la seconde).

Deux faisceaux homographiques de centre différents o, o' étant donnés, les droites sur lesquelles ils déterminent deux divisions en involution passent par un point fixe.

Trois points quelconques A, B, C étant donnés sur une droite et trois points quelconques A', B', C' sur une autre droite, le point de rencontre de BC' avec CB', le point de rencontre de CA' avec AC' et le point de rencontre de AB' avec BA' sont en ligne droite.

886. Une involution est définie, sur un cercle C, par cette condition que les droites qui joignent les points homologues à un point fixe O de ce cercle vont couper une droite donnée D en deux points conjugués l'un de l'autre par rapport à C : le point S où se rencontrent les cordes qui joignent entre eux ces points homologues n'est autre que le pôle de D, et cela quel que soit le point O.

887. Trouver tous les cas dans lesquels le problème posé à l'exercice 883, et relatif au triangle, est indéterminé.

888. Ramener, par perspective, le théorème des triangles homologiques (Pl., **195**) aux propriétés des triangles homothétiques (on fera passer à l'infini deux des points d'intersection des côtés homologues).

889. On dit que deux figures sont *homologiques* si à chaque point M de la première correspond un point M' de la seconde tel que la droite MM' passe par un point fixe O (dit *centre d'homologie*) et est divisée dans un rapport anharmonique constant (dit *rapport d'homologie*) par une droite fixe (dite *axe d'homologie*).

Montrer que deux figures homologiques sont homographiques. Le centre d'homologie se correspond à lui-même, ainsi que tout point de l'axe d'homologie.

Réciproquement, si deux figures homographiques sont telles que tous les points d'une droite déterminée soient leurs propres homologues, elles sont homologiques.

890. Deux triangles homologiques peuvent être considérés comme deux figures homologiques, au sens qui vient d'être indiqué.

Deux cercles peuvent être considérés comme deux figures homologiques, et cela de deux manières différentes, l'axe d'homologie étant l'axe radical et le centre, l'un ou l'autre des centres de similitude.

891. Deux figures homologiques peuvent être projetées suivant deux figures homothétiques.

892. La perspective F′ d'une figure plane F sur un plan P′ et le rabattement F_1 de cette figure sur ce même plan (obtenu en faisant tourner le plan P de la figure F autour de son intersection avec P′, jusqu'à le faire coïncider avec celui-ci) sont deux figures homologiques.

892 *bis*. Réciproquement, deux figures homologiques étant données, si on laisse l'une d'elles fixe, pendant qu'on fait tourner l'autre autour de l'axe d'homologie, ces deux figures restent constamment en perspective. Quel est le lieu du point de vue?

893. Deux figures homographiques d'un même plan telles, que l'homologue d'un plan quelconque soit le même, que l'on considère ce point comme faisant partie de l'une ou de l'autre figure, sont homologiques, avec — 1 comme rapport d'homologie.

894. Deux figures planes homographiques F, F′ étant données dans deux plans différents, à quelle condition peut-on trouver deux points O, O′ tels qu'en joignant le point O à un point quelconque M de F et le point O′ au point homologue M′ de F′, on obtienne deux droites qui se rencontrent? Quel est le lieu des points O et O′? Quel est le lieu du point de rencontre de OM et de O′M′, une fois O et O′ choisis?

895. Une transversale coupe les côtés opposés d'un parallélogramme en a, a'; b, b' et une des diagonales en c; on joint a, a' à un point donné quelconque p du plan. Le lieu du point de concours de deux côtés opposés d'un quadrilatère dans lequel ces deux côtés doivent passer respectivement par b, b', une diagonale passant par c et les deux autres côtés étant suivant ap, $a'p$ est la parallèle menée par p à la transversale (montrer que le quadrilatère et le parallélogramme sont deux figures homologiques).

896. Toute homographie entre deux figures planes peut s'obtenir en faisant correspondre à un point quelconque M de la première le point M′ dont les coordonnées barycentriques, par rapport à un triangle fixe T′, sont égales à celles du point M, par rapport à un triangle fixe T, multipliées par des nombres constants. Inversement, la correspondance ainsi réalisée est toujours homographique.

897. *Homographie dans l'espace*. Deux figures de l'espace sont dites *homographiques* si à chaque point de l'une quelconque d'entre elles correspond un point de l'autre de manière qu'à des points d'un même plan correspondent des points d'un même plan et que les points correspondants forment, dans leurs plans respectifs, deux figures homographiques.

Montrer qu'on peut trouver, et d'une seule manière, une homographie telle qu'à cinq points donnés (dont quatre quelconques ne sont pas dans un même plan) correspondent cinq autres points donnés (satisfaisant à la même condition).

898. Généraliser à l'espace l'exercice 896.

899. Deux figures de l'espace étant dites *homologiques* si à chaque point M de la première correspond un point M′ de la seconde, tel que la droite MM′ passe par un point fixe O (*centre d'homologie*) et soit divisée dans un rapport anharmonique constant par ce point et un plan fixe (*plan d'homologie*) : deux figures homologiques sont homographiques.

900. Par un point quelconque M de l'espace, on mène la droite qui rencontre en P, P′ deux droites fixes et on prend, sur cette droite, le point M′ tel que (MM′PP′) = const. Montrer que les points M, M′ sont les points homologues de deux figures homographiques.

901. Étant données, dans un même plan, deux figures homographiques telles que la droite de l'infini soit sa propre homologue, il y a, en général, un point qui coïncide avec son homologue.

902. Plus généralement, deux figures homographiques étant données dans un plan, on suppose qu'on connaisse une droite qui coïncide avec son homologue. Trouver les autres droites et les points qui jouissent de la même propriété.

(En général, on trouvera 0 ou deux points sur la droite donnée, et un point en dehors).

903. Étant données deux figures planes homographiques telles que les droites de l'infini se correspondent, trouver, dans la première figure, une direction telle que les segments pris sur les droites parallèles à cette direction soient dans un rapport donné avec leurs homologues.

(On ramènera, par similitude, au cas où deux points coïncident avec leurs homologues et on appliquera Pl., **116**).

Trouver le maximum et le minimum du rapport en question. Montrer qu'ils correspondent à deux directions rectangulaires entre elles dans chacune des deux figures, et que l'on obtient ainsi le seul angle droit qui corresponde à un angle droit.

La condition nécessaire et suffisante pour que l'on puisse projeter la première figure suivant une figure *égale* à la seconde est que le maximum et le minimum trouvés comprennent entre eux l'unité. Si le minimum est égal à 1, la projection est orthogonale.

904. Déduire de l'ex. précédent la solution du problème suivant : *couper un prisme triangulaire par un plan, de manière que la section soit semblable à un triangle donné.*

905. Les cercles qui ont pour diamètres les segments d'une même involution ont même axe radical.

906. Trois couples en involution A, A′ ; B, B′ ; C, C′ étant donnés sur une droite,

on a $\frac{A'B}{A'C} \cdot \frac{B'C}{B'A} \cdot \frac{C'A}{A'B} = 1.$

Se ramène à Pl., **192**.

907. Deux divisions homographiques étant données sur une même droite, en trouver une troisième qui soit en involution avec les premières.

(Soient M, M′ deux points homologues; N, un point quelconque, lequel, considéré comme appartenant à la première division, a pour homologue N′ dans la seconde et, considéré comme appartenant à la seconde division, a pour homologue N″ dans la première. La division homographique des deux premières et telle que les trois points N, M, M′ de cette nouvelle division correspondent respectivement aux points M, N, N″ de la première donnée, répond à la question).

Le problème a une infinité de solutions. Les points doubles de l'homographie donnée sont homologues entre eux dans chacune des involutions obtenues.

908. Deux divisions homographiques étant données, on peut, d'une infinité de

manières, trouver deux points O, O′ tels que la droite qui joint le point O à un point M de la première division coupe sous un angle constant la droite qui joint O′ au point homologue M′ de la seconde. L'un des deux points O, O′ peut être choisi arbitrairement.

Si les deux divisions sont portées par une même droite D, le point O′ se déduit du point O par une inversion suivie d'une symétrie, le pôle de l'inversion étant l'un des points I, J′, homologues de l'infini et l'axe de la symétrie, la perpendiculaire au milieu de IJ′.

De plus, le lieu de l'intersection des rayons OM, O′M′ étant un cercle, tous les cercles ainsi obtenus (lorsqu'on choisit les points O, O′ de toutes les façons possibles) ont pour axe radical commun la droite donnée D. Ces cercles ont pour points communs les points doubles, si ceux-ci sont réels; sinon, les cercles en question ont deux *points limites*, qui sont tels que, de chacun d'eux, on voit le segment compris entre deux points homologues sous un angle constant.

(Voir Pl., exercices 404-405).

909. Le lieu des points d'où l'on voit deux segments donnés d'une même droite sous des angles égaux ou supplémentaires, est un cercle (proposition déjà obtenue à l'exercice 257). Quels sont les points où ce cercle coupe la droite donnée? A quelle condition le lieu existe-t-il?

910. On considère deux couples quelconques de points homologues de deux divisions homographiques et on décrit le cercle (ex. précédent) lieu des points d'où l'on voit sous des angles égaux le segment dont chacun a pour extrémités les points d'un même couple. Tous les cercles ainsi obtenus ont même axe radical.

911. Six points a, b, c, d, e, f étant donnés sur une droite, on prend les points doubles m, m' de l'involution déterminée par les segments ab, de; les points doubles n, n' de l'involution déterminée par les segments bc, ef; les points doubles p, p' de l'involution déterminée par les segments cd, fa. Montrer que les six points m, m'; n, n'; p, p' forment eux-mêmes une involution.

(On considérera l'homographie dans laquelle aux points a, c, e, correspondent respectivement les points d, f, b).

Déduire de là le théorème de Pascal (du moins lorsque les points de rencontre des côtés opposés de l'hexagone sont extérieurs au cercle).

912. Projeter deux faisceaux homographiques d'un même plan suivant deux faisceaux tels que les rayons homologues se coupent sous un angle constant.

913. Deux divisions homographiques étant données sur une même droite, on demande de les projeter sur une autre droite, suivant deux divisions semblables.

914. Si deux divisions homographiques ont leurs points doubles confondus en O, la relation entre deux points homologues quelconques M et M′ peut s'écrire

$$\frac{1}{\overline{OM}} - \frac{1}{\overline{OM'}} = \text{const.}$$

(Faire passer, par une homographie auxiliaire, le point O à l'infini).

915. Étant données deux divisions homographiques sur une même droite, on prend l'homologue M′ d'un point quelconque M (considéré comme appartenant à la première division), puis l'homologue M″ de M′, puis l'homologue M‴ de M″, etc. Déterminer ces homologues successifs M′, M″, M‴,... Montrer que :

1° Si les points doubles sont réels et distincts, les points M', M'', M'''..., tendent, en général, vers l'un ou l'autre de ces points doubles (un cas d'exception);

2° Si les points doubles sont confondus, les points M' M'' M''' tendent vers le point double unique (ex. précéd.).

3° Si les points doubles sont imaginaires, les points M, M', M''.... ne tendent jamais vers une limite, mais il peut arriver que ces points se reproduisent périodiquement, le $h^{\text{ème}}$ homologue $M^{(h)}$ coïncidant, pour une certaine valeur de h, avec M, quel que soit M.

916. Lorsque deux divisions homographiques d'une même droite ont leurs points doubles imaginaires, il existe (exercice 908) deux points de chacun desquels on voit le segment formé par deux points homologues quelconques sous un angle constant.

Montrer que la grandeur de cet angle ne change pas lorsqu'on projette simultanément les deux divisions sur une autre droite quelconque (exercice 881).

917. Si on coupe les trois diagonales d'un quadrilatère complet par une même droite, les conjugués harmoniques des points d'intersection, par rapport à ces trois diagonales, sont eux-mêmes en ligne droite (**662**). Déduire là le théorème du n° **194**.

918. Appliquer le théorème du n° **660** à la construction des points doubles de deux divisions homographiques (on considérera ceux-ci comme segments communs à deux involutions et on appliquera la construction du n° **664**).

919. On donne deux divisions homographiques sur un cercle. Soient a, a' un couple de points homologues déterminé ; m, m' un second couple de points homologues quelconque. Montrer que, si ce dernier varie, le point i où am' rencontre $a'm$ décrit une droite δ. Cette droite δ reste également la même si, en même temps que m et m', on fait varier a et a'. Elle passe par les points doubles de l'homographie (si ceux-ci existent).

Déduire de là le théorème du n° **660**. Faire voir que la démonstration ainsi obtenue s'applique au cas où les points doubles sont confondus.

920. Appliquer l'exercice précédent au cas où l'homographie qui lie les points m, m' est définie par cette condition que les droites joignant respectivement ces points à deux points fixes O, O′ se coupent sur le cercle. Quelle est alors la droite δ ? Déduire de là le théorème de Pascal.

Inversement, déduire la solution de l'exercice précédent du théorème de Pascal (exercice 907).

921. *Points imaginaires.* De même qu'on peut se donner deux points en se donnant deux cercles, ou une droite et un cercle, qui se coupent en ces points, on dit, *par convention*, qu'on a défini *un couple de points imaginaires conjugués*, si on s'est donné deux cercles ou une droite et un cercle, extérieurs l'un à l'autre [1], avec cette clause (valable évidemment dans le cas des points réels) que l'on définit le même couple si l'on remplace les deux cercles par deux quelconques des cercles C qui ont, avec les premiers, même axe radical. En particulier, on peut toujours remplacer les deux cercles par une droite (leur axe radical) et un point extérieur à cette droite (un de leurs points limites).

(1) Lorsqu'on donne les coordonnées du centre et son rayon, les abscisses des points où ce cercle rencontre l'axe Ox sont données par une équation du second degré, laquelle a ses racines imaginaires si la droite est extérieure au cercle.

Tous les cercles C sont dits (par convention également) passer par les deux points imaginaires en question et on nomme *droite qui joint les deux points imaginaires conjugués*, l'axe radical commun D de ces cercles. On nomme encore *milieu* de la distance des points imaginaires le point de rencontre de D avec la ligne des centres des cercles C; *produit des distances* d'un point de D aux deux points imaginaires, la puissance de ce point par rapport à l'un quelconque des cercles C (définitions qui sont évidemment exactes lorsqu'il s'agit de deux points réels). On dit aussi que deux points a, b de D forment avec les deux points imaginaires conjugués une division harmonique s'ils sont conjugués par rapport à l'un quelconque des cercles C; que des segments, réels ou imaginaires, d'une même droite, sont en *involution*, s'ils peuvent être considérés comme interceptés sur cette droite par des circonférences ayant même axe radical.

Dans ces conditions, on constate que toutes les propriétés qui s'expriment par des relations d'égalité et qui ont été démontrées dans le cas des points réels, sont également vraies pour les points imaginaires conjugués, lorsqu'elles conservent un sens dans ces nouvelles conditions. Vérifier, par exemple, les suivantes :

La différence entre le produit des distances d'un point m d'une droite à deux points α, α' de cette droite et le carré de la distance du même point au milieu de $\alpha\alpha'$ est indépendante de la position du point m (que les points α, α' soient réels ou imaginaires conjugués; seulement le signe de cette différence n'est pas le même dans les deux cas).

Le produit des distances du milieu de la distance de deux points fixes imaginaires conjugués à deux autres points quelconques a, b, formant avec les premiers une division harmonique, est constant. Le produit des distances du milieu de ab aux deux points imaginaires est égal à $\left(\frac{ab}{2}\right)^2$.

Les points doubles de deux divisions homographiques (lorsque ces points doubles seront imaginaires) seront considérés comme déterminés par la droite D qui porte les divisions et la circonférence décrite sur le segment ij' (fig. 535) comme diamètre. Montrer que ces points sont indépendants du choix (arbitraire, comme on l'a vu au n° **649**) du point i sur la perpendiculaire menée à D par le point I (fig. 535). (D'après ce qui précède, le sens de cette proposition est le suivant : les circonférences qui ont pour diamètres respectifs les différents segments tels que ij', ont pour axe radical commun la droite D).

Montrer que les cercles dont il est question à l'exercice 908 passent par les points doubles de deux divisions homographiques, que ceux-ci soient réels ou imaginaires.

Montrer que les points doubles d'une involution, même s'ils sont imaginaires, divisent harmoniquement tout couple appartenant à cette involution, et qu'il en est encore de même si l'involution comprend des segments formés de points imaginaires (ce qui n'arrive que dans le cas où les points doubles sont réels).

922. Les points doubles (imaginaires) de l'homographie déterminée, sur une droite donnée, par les côtés d'un angle de grandeur constante tournant autour de son sommet donné, sont indépendants de la grandeur de l'angle.

CHAPITRE III

POLES ET POLAIRES PAR RAPPORT A LA SPHÈRE. INVERSION DANS L'ESPACE. COMPLÉMENTS DE GÉOMÉTRIE SPHÉRIQUE

665. Pôles et polaires par rapport à la sphère.

Théorème. — *Le lieu des conjugués harmoniques d'un point donné par rapport aux cordes interceptées par une sphère donnée sur les sécantes issues de ce point est un plan.*

En effet, si P est un point du lieu, a le point donné, on prouvera, comme en géométrie plane (**204**), que le milieu de aP est dans le plan radical du point a et de la sphère, et, par conséquent, le point P dans un plan homothétique de celui-là par rapport au point a.

D'ailleurs, le lieu dont il s'agit peut être considéré comme engendré par la rotation, autour du diamètre qui passe au point a, de la polaire de ce point par rapport à l'un quelconque des grands cercles dont le plan contient ce point.

Ce lieu est dit *plan polaire* du point a par rapport à la sphère.

Nous avons d'ailleurs les propositions suivantes, conséquences immédiates de ce qui a été dit en Géométrie plane.

Le plan polaire d'un point a, par rapport à une sphère de centre O et de rayon R, est perpendiculaire à la droite Oa en un point a' situé du même côté que a par rapport à O et donné par la relation.

$$\text{(11)} \qquad \mathrm{O}a \cdot \mathrm{O}a' = \mathrm{R}^2.$$

Ce plan coupe la sphère ou ne la coupe pas, suivant que le pôle est extérieur ou intérieur.

Dans le premier cas, le plan polaire d'un point a n'est autre que le plan du cercle de contact du cône circonscrit qui a pour sommet ce point.

Lorsque a est sur la sphère, son plan polaire coïncide avec le plan tangent en ce point.

Inversement, *tout plan a, par rapport à une sphère donnée quelconque, un pôle; mais, dans le cas où le plan passe par le centre de la sphère, le pôle est rejeté à l'infini dans la direction perpendiculaire à ce plan.*

666. Il est clair que *si, par le point a on mène un plan sécant à la sphère, la polaire de a, par rapport au cercle de section, est dans le plan polaire du même point par rapport à la sphère.*

Si, par le point a on mène à la sphère deux sécantes quelconques, et qu'on joigne deux à deux (fig. 549) les points d'intersection de ces sécantes avec la surface, les droites de jonction se coupent en deux points H,K *dont le lieu géométrique, lorsque les sécantes varient d'une façon quelconque en passant toujours par le point a, est le plan polaire de ce point,* puisque H et K appartiennent (Pl., **211**) à la polaire de a par rapport au cercle situé dans le plan aHK.

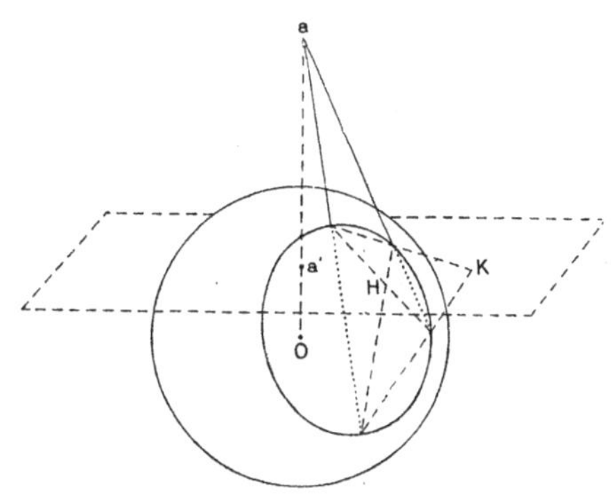

Fig. 549.

667. Théorème. — *Si un point a est dans le plan polaire d'un point b, réciproquement celui-ci est dans le plan polaire du point a.*

En effet, si l'on coupe la figure par un plan contenant a et b, la polaire du point a, par rapport au cercle de section, passera par b, et, par conséquent, la polaire du point b, par rapport au même cercle, passera par a.

D'ailleurs, la même proposition peut ici se démontrer directement. Si, en effet, la droite ab coupe la sphère, le fait est évident (Pl., **205**, Rem.) Si, au contraire, la droite ab est extérieure à la sphère, le plan polaire de chacun des points a et b est le plan de base du cône circonscrit qui a pour sommet ce point. Or nous savons (**477** *bis*) que la condition nécessaire et suffisante pour que le plan d'un cercle de la sphère passe par le sommet du cône circonscrit suivant un autre cercle est que ces deux courbes se coupent à angle droit, condition qui ne change pas lorsqu'on permute entre eux les deux cercles, et par conséquent les deux pôles a et b [1].

Deux points a et b, tels que le plan polaire de l'un passe par l'autre, sont dits *conjugués* par rapport à la sphère. De même, deux plans sont dits *conjugués* par rapport à la sphère, si l'un d'eux passe par le pôle de l'autre. On voit que, si deux plans coupent une sphère, la condition nécessaire et suffisante pour que ces plans soient conjugués est que les cercles de section se coupent à angle droit.

668. **Droites réciproques.**

De ce qui précède résulte immédiatement que, *lorsqu'un point décrit une droite, son plan polaire tourne autour d'une seconde droite fixe*, et qu'inversement, *si un plan tourne autour de la première droite, son pôle décrit la seconde.*

En effet, si, sur la première droite donnée D, nous prenons deux points a, b et que D_1 soit la droite d'intersection de leurs plans polaires, tout point a' de D_1 sera conjugué de a et de b. Le plan polaire de a' contiendra donc la droite D, et, par conséquent, le point a' sera conjugué de tout autre point de D. D'ailleurs, inversement, tout plan passant par D aura pour pôle un point conjugué à la fois à a et à b et, par conséquent, situé sur D_1.

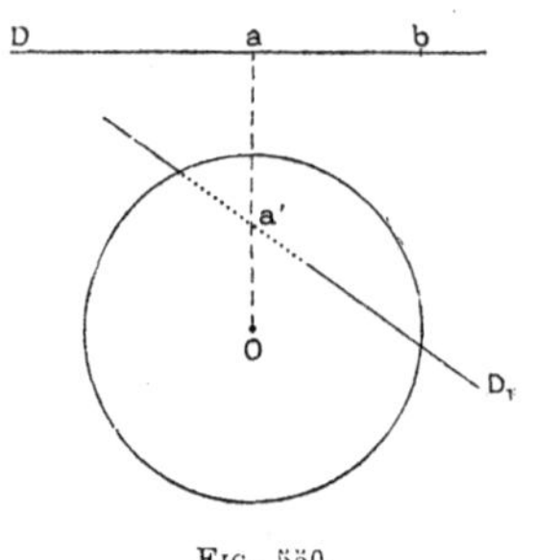

Fig. 550.

Deux droites déduites l'une de l'autre comme le sont D et D_1, c'est-à-dire telles que tout plan passant par l'une quelconque d'entre elles ait pour pôle un point situé sur l'autre, sont dites *réciproques* par rapport à la sphère.

Il est aisé de voir que, la droite D étant donnée, sa réciproque sera déterminée par la double condition d'être perpendiculaire au plan diamétral qui contient D et de passer par le pôle de D, par rapport au grand cercle contenu dans ce plan (*fig.* 550).

(1) Si la droite ab est tangente à la sphère, on voit aisément que la condition nécessaire et suffisante pour que les points a et b soient conjugués est que l'un au moins d'entre eux coïncide avec le point de contact.

Autrement dit, *deux droites réciproques sont perpendiculaires ; leur perpendiculaire commune passe par le centre de la sphère et les pieds a, a' de cette perpendiculaire commune sont liés entre eux par la relation* (11).

D'une manière générale, *la droite réciproque de* D *est évidemment le lieu des pôles de* D *par rapport aux cercles dont le plan passe par cette droite.*

Lorsque D est tangente à la sphère, la construction précédente montre que la réciproque D_1 est la tangente perpendiculaire à D, menée par le même point de la sphère.

Sauf dans ce cas particulier, *de deux droites réciproques, l'une est extérieure, l'autre sécante à la sphère*, puisque les distances du centre à ces droites vérifient la relation (11).

Celle des deux qui est sécante passe par les points de contact des plans tangents menés par l'autre.

669. Les considérations qui précèdent permettent de passer (comparer Pl., **206**) de toute figure F composée de points, de droites et de plans à une figure F', dite *polaire réciproque* de la première par rapport à la sphère, et que l'on formera en faisant correspondre :

à tout point de F, son plan polaire ;

à tout plan de F, son pôle ;

à toute droite de F, sa réciproque.

Dès lors, *à des points de* F *situés dans un même plan, correspondront des plans de* F' *passant par un même point, et inversement* (1) ;

à des points de F *situés sur une même droite correspondent des plans de* F' *passant par une même droite, et inversement ;*

à des droites de F *situées dans un même plan, ou passant par un même point, correspondent des droites de* F' *passant par un même point ou situées dans un même plan.*

Deux droites situées dans un même plan étant toujours concourantes (à distance finie ou à l'infini), on voit que *si deux droites sont dans un même plan, il en est de même de leurs réciproques.*

Les propriétés relatives aux directions (comparer Pl., **209**) seront les suivantes :

L'angle de deux plans sera égal à l'angle des droites qui joignent

(1) En particulier, *tous les points à l'infini doivent être considérés comme situés dans un même plan*, lequel a pour pôle le centre de la sphère.

leurs pôles au centre de la sphère directrice, ou à son supplément : car chacune des droites est perpendiculaire au plan correspondant;

L'angle de deux droites est égal à l'angle des deux plans diamétraux qui contiennent leurs réciproques, ou à son supplément : car chaque droite est perpendiculaire au plan diamétral qui contient sa réciproque.

Le rapport anharmonique de quatre points en ligne droite est égal à celui de leurs plans polaires, puisque ceux-ci sont respectivement perpendiculaires aux droites qui joignent le centre aux pôles correspondants.

Ce théorème permet (comparer Pl., **210**) de transformer le rapport de deux segments en ligne droite ayant une extrémité commune [1].

Le rapport anharmonique de quatre droites concourantes d'un plan est égal à celui de leurs réciproques, puisque celles-ci sont respectivement perpendiculaires aux plans diamétraux qui contiennent les premières.

670. Inversion.

L'*inverse* d'un point M, par rapport au pôle d'inversion O, la puissance d'inversion étant k, est, comme en géométrie plane, le point M′, pris sur la droite OM de manière qu'on ait, en grandeur et signe,

$$\text{(12)} \qquad \text{OM}.\,\text{OM}' = k.$$

Les principales propriétés de l'inversion sont identiques à celles que nous avons démontrées en géométrie plane ou s'en déduisent immédiatement : nous n'aurons donc besoin, en général, que de les énoncer.

Deux figures inverses d'une même troisième, par rapport au même pôle, sont homothétiques l'une de l'autre par rapport à ce point.

Lorsque la puissance d'inversion k est positive, on peut définir la transformation à l'aide de la *sphère d'inversion*, c'est-à-dire de la sphère décrite du pôle comme centre avec $\sqrt{k}$ comme rayon. *Toute sphère passant par deux points inverses coupe à angle droit la*

(1) Il est d'ailleurs clair que le rapport de deux segments d_1, d_2, d_3, d_4 pris sur une même droite, mais sans extrémité commune, peut s'exprimer par le produit de deux rapports $\frac{d_1 d_2}{d_2 d_3}$, $\frac{d_2 d_3}{d_3 d_4}$ tels que les segments figurant dans chacun des rapports aient une extrémité commune.

sphère d'inversion, en vertu du théorème du n° **456** : par conséquent aussi, tout cercle passant par deux points inverses coupe à angle droit la sphère d'inversion ; car il y a nécessairement intersection, puisque les deux points inverses sont l'un extérieur, l'autre intérieur à la sphère d'inversion et, au point commun, le point tangent à la sphère est perpendiculaire à la tangente au cercle, puisqu'il est perpendiculaire au plan tangent à toute sphère passant par ce cercle.

Réciproquement, *si deux points* M, M′ *sont tels que toute sphère* (ou, ce qui revient au même, *tout cercle*), *passant par ces deux points coupe à angle droit la sphère d'inversion, ils sont inverses l'un de l'autre :* car la droite MM′, axe radical commun de toutes les sphères qui passent en M et en M′, doit passer par le point O, qui a même puissance par rapport à ces sphères, et l'on doit avoir la relation (12).

La symétrie par rapport à un plan est un cas limite d'inversion (comparer Pl., **216**).

671. *Deux points quelconques et leurs inverses sont toujours sur une même circonférence.*

Réciproquement, *si deux figures (dont tous les points ne sont pas situés sur un seul et même cercle) se correspondent point par point de manière que deux points quelconques et leurs homologues soient toujours sur un même cercle, elles sont inverses l'une de l'autre.*

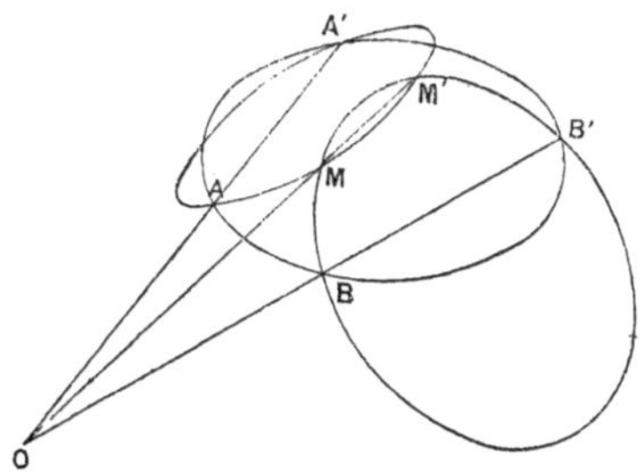

Fig. 551.

En effet, soient pris, une fois pour toutes, deux points A, B dont les homologues sont A′, B′ (*fig.* 551). Par hypothèse, ces quatre points sont sur une même circonférence, ce qui montre d'abord que les droites AA′, BB′ sont dans un même plan. Soit O leur point de rencontre [1] : on aura OA. OA′ = OB. OB′.

Si maintenant M est un point quelconque de l'espace, son homologue est, en vertu de l'hypothèse, le second point commun aux cer-

(1) Si O est rejeté à l'infini, le même raisonnement montre que les deux figures sont symétriques l'une de l'autre par rapport à un plan.

cles MAA′, MBB′ : or ces cercles passent tous deux par le point M′ pris sur OM de manière que OM. OM′ = OA. OA′ = OB. OB′.

672. *La distance des inverses* A′, B′ *de deux points* A,B *est liée à la distance* AB *et aux rayons vecteurs* OA, OB *par la relation*

$$A'B' = BA.\frac{k}{OA.\,OB}.$$

673. Au théorème du n° **219** correspond le suivant :

Théorème. — *Les tangentes aux points correspondants de deux lignes inverses sont symétriques l'une de l'autre par rapport au plan perpendiculaire au milieu de la ligne qui joint leurs points de contact.*

Soient, en effet, A, A′ deux points correspondants de deux courbes inverses **C**, **C**′, M, M′ deux points inverses pris sur les mêmes courbes et voisins respectivement des premiers. Par hypothèse, lorsque le point M se rapproche indéfiniment de A suivant la courbe **C**, la droite AM tend vers une direction limite AT (*fig.* 189, Pl., page 213). Donc la tangente Ax à la circonférence AMA′M′, faisant avec AM un angle qui tend vers zéro (comparer Pl., **219**), tend elle-même vers la même position limite AT. Dès lors la tangente A′x' menée en A′ à la même circonférence, et qui est symétrique de Ax par rapport au plan perpendiculaire au milieu de AA′, tend vers une position limite A′T′, symétrique de AT par rapport à ce plan. A′T′ sera donc aussi la position limite de A′M′, puisque l'angle M′A′x' tend vers zéro.

Corollaires. — *Deux lignes qui se coupent font entre elles le même angle que leurs inverses.*

Si une surface admet un plan tangent en un point, son inverse admet, au point correspondant, un plan tangent, symétrique du premier par rapport au plan perpendiculaire au milieu de la ligne qui joint les points de contact. C'est ce qui ressort du théorème précédent et de la définition du plan tangent.

Par conséquent, *deux surfaces font, en chaque point de leur ligne d'intersection, le même angle que leurs inverses au point correspondant.*

Le trièdre qui a pour arêtes les tangentes à trois lignes (ou pour faces les plans tangents à trois surfaces) qui se croisent en un point, est symétrique du trièdre analogue formé par les lignes ou surfaces inverses.

674. *L'inverse d'un plan est une sphère passant par le pôle d'inversion* (sauf dans le cas où le plan donné passe lui-même par ce pôle, et est, par conséquent, son propre inverse). Cette figure inverse peut, en effet, s'obtenir en faisant tourner, autour de la perpendiculaire abaissée du pôle sur le plan donné, le cercle inverse (Pl., **220**) de la droite suivant laquelle ce plan est coupé par un plan quelconque passant par la perpendiculaire en question. *Le plan donné est parallèle au plan tangent mené, à la sphère obtenue, par le pôle d'inversion; le diamètre de cette sphère est égal à la puissance d'inversion, divisée par la distance du pôle au plan donné.*

L'inverse d'une sphère passant par le pôle est un plan.

675. *Application. — Calculer le rayon de la sphère circonscrite à un tétraèdre dont on donne les six arêtes.*

Dans le tétraèdre ABCD (fig. 552) soient comme au n° **614**, a, b, c, α, β, γ les six arêtes. Prenons les inverses A′, B′, C′ des points A, B, C par rapport au pôle D et à une puissance quelconque k. La sphère conscrite au tétraèdre est, dans ces conditions, l'inverse du plan A′B′C′ : son diamètre 2R est égal à $\frac{k}{\mathrm{DH}}$, en désignant par DH la perpendiculaire abaissée du pôle sur ce plan (fig. 552).

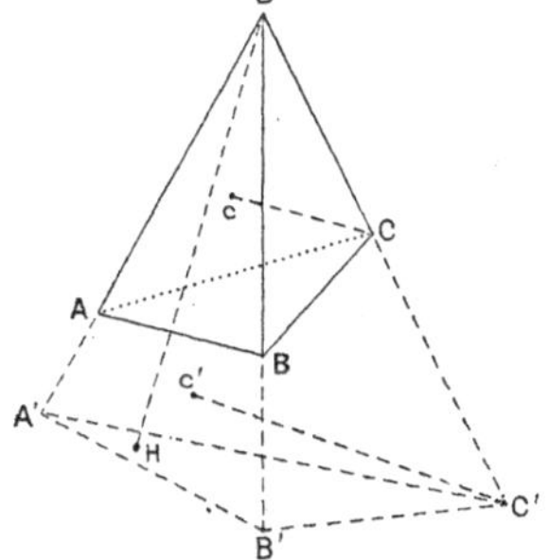

Fig. 552.

Mais DH est la hauteur du tétraèdre A′B′C′D : le volume de ce tétraèdre est donc le tiers du produit DH × surf. A′B′C′. D'autre part, le tétraèdre donné et le tétraèdre DA′B′C′ peuvent être considérés comme ayant pour bases respectives les triangles DAB, DA′B′, leurs hauteurs étant alors Cc, C′c′ (fig. 552) : le rapport de ces tétraèdres est donc égal au rapport de leurs bases (c'est-à-dire $\frac{\mathrm{DA'.DB'}}{\mathrm{DA.DB}}$ (Pl, **256**), multiplié par le rapport de leurs hauteurs (évidemment égal à $\frac{\mathrm{DC'}}{\mathrm{DC}}$). Par conséquent, si V est le volume du tétraèdre donné, il vient

$$(e) \qquad \frac{\mathrm{DH} \times \mathrm{surf.\,A'B'C'}}{3\,\mathrm{V}} = \frac{\mathrm{DA'.\,DB'.\,DC'}}{\mathrm{DA.\,DB.\,DC}}.$$

Or les segments qui figurent au second membre ont les valeurs respectives $\mathrm{DA} = \alpha, \mathrm{DB} = \beta, \mathrm{DC} = \gamma, \mathrm{DA'} = \frac{k}{\alpha}$, $\mathrm{DB'} = \frac{k}{\beta}$, $\mathrm{DC'} = \frac{k}{\gamma}$. D'autre part, on a $B'C' = \frac{k.\,BC}{DB.DC} = \frac{k.\,a}{\beta\gamma} = \frac{k.\,a\alpha}{\alpha\beta\gamma}$; $C'A' = \frac{k.\,b\beta}{\alpha\beta\gamma}$; $A'B' = \frac{k.\,c\gamma}{\alpha\beta\gamma}$: ce qui montre que le triangle A'B'C' est semblable, le rapport de similitude étant $\frac{k}{\alpha\beta\gamma}$, au triangle dont les côtés sont mesurés par les produits $a\alpha$, $b\beta$, $c\gamma$. Soit Σ la surface de ce dernier triangle : on aura surf. $A'B'C' = \frac{k^2\Sigma}{\alpha^2\beta^2\gamma^2}$.

Si l'on remplace les diverses quantités qui figurent dans l'équation (e) par les valeurs que nous venons d'obtenir, et DH par $\frac{k}{2R}$: il vient, toutes réductions faites,

$$6VR = \Sigma.$$

Ainsi, *le produit du rayon de la sphère circonscrite par le volume est égal au sixième de l'aire du triangle dont les côtés sont mesurés par les produits des arêtes opposées du tétraèdre.*

Cette relation fait bien connaître le rayon cherché, la valeur de V ayant été calculée au n° **614** et celle de Σ en géométrie plane (**251**).

676. *L'inverse d'une sphère ne passant pas par le pôle est une sphère, et les deux surfaces ont le pôle pour centre de similitude* (Pl., **221**).

Réciproquement, *deux sphères peuvent être regardées, de deux manières différentes (et de deux seulement), comme figures inverses.*

Les points inverses sont encore dits, comme en Géométrie plane, *antihomologues.*

Deux couples de points antihomologues sont sur une même circonférence.

Deux cordes antihomologues se coupent dans le plan radical.

De plus, *deux cordes antihomologues coupent les plans polaires du centre de similitude par rapport à leurs sphères respectives en deux points qui se correspondent, lorsque les deux sphères sont considérées comme figures homothétiques* (Pl., **224**).

Un plan et une sphère peuvent être également regardés de deux manières différentes comme figures inverses, les pôles d'inversion étant les extrémités du diamètre perpendiculaire au plan. Dans le cas de deux plans, les inversions dégénèrent en symétries (Pl., **226**).

677. Inverse d'un cercle.

Un cercle ou une droite ont pour inverses :

Une droite, si le cercle ou la droite donnés passent par le pôle ;

Un cercle, dans le cas contraire.

En effet, une droite ou un cercle peuvent être considérés comme intersection de deux surfaces planes ou sphériques.

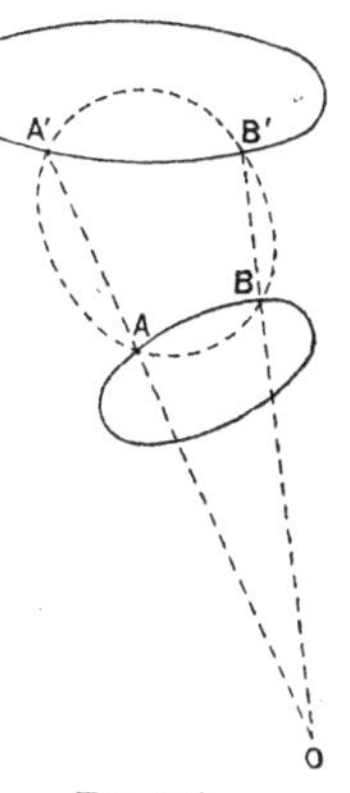

Fig. 553.

En vertu de la même considération, *lorsqu'un cercle a pour inverse une droite, celle-ci est parallèle à la tangente menée au cercle par le pôle d'inversion.*

Deux cercles inverses l'un de l'autre sont situés sur une même sphère.

Soient, en effet A,B (*fig.* 553) deux points du premier cercle; A',B' les points correspondants du second. Les quatre points A, B, A', B' sont sur un même cercle, lequel, avec le premier cercle considéré, détermine une sphère (**451**). Celle-ci coïncide avec son inverse, puisque la puissance OA. OA' du pôle, par rapport à elle, est égale à la puissance d'inversion (voir Pl., **221**); donc, passant par le premier cercle, elle passe également par son inverse.

678. Section antiparallèle du cône oblique.

Si l'on remarque que deux cercles inverses l'un de l'autre font partie d'un même cône ayant pour sommet le pôle d'inversion (puisque chaque rayon vecteur rencontrant l'un des deux rencontre l'autre), on est conduit par ce qui précède au théorème suivant :

Théorème. — *Un cône oblique à base circulaire admet, outre les sections parallèles à la base, une série de sections circulaires non parallèles à cette base.*

L'inverse du cercle de base, par rapport au sommet du cône, la puissance d'inversion étant quelconque, donnera, en effet, une telle section.

Les nouvelles sections circulaires ainsi obtenues sont dites *sections antiparallèles* des premières. Le plan de l'une quelconque d'entre elles est l'inverse de la sphère Σ qui passe par le sommet S du cône et le cercle de base : il sera donc parallèle au plan tangent mené à Σ par le point S.

On peut encore construire un plan de section antiparallèle en remarquant qu'il doit être perpendiculaire au plan P mené par le sommet du cône et le centre de la base perpendiculairement au plan de celle-ci (ce plan P est, en effet, un plan de symétrie du cône, de sorte que l'inverse du cercle de base par rapport au sommet admet également P comme plan de symétrie). Le plan P coupe d'ailleurs le cône suivant deux génératrices SA, SB (fig. 554) et la trace du plan de section cherché sur ce plan P devra être *antiparallèle*, par rapport à l'angle ASB, de la trace du plan de base, c'est-à-dire former avec cette trace et les deux droites SA, SB un quadrilatère inscriptible.

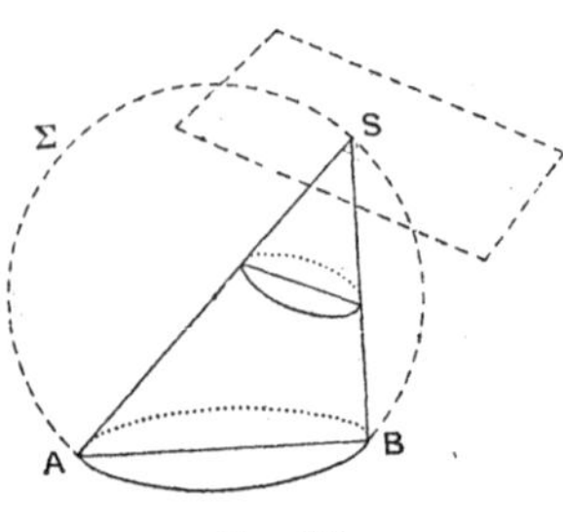

Fig. 554.

Si le cône est droit, les deux séries se confondent, les sections antiparallèles étant en même temps parallèles à la base. Mais, si le cône est oblique, il n'en est jamais ainsi : sans quoi le plan tangent mené en S à la sphère Σ serait parallèle au plan du cercle de base et, par conséquent, le point S serait un pôle de ce cercle, ce qui ne se peut que si le cône est de révolution.

679. *Une section parallèle et une section antiparallèle appartiennent à une même sphère*, puisqu'elles sont inverses l'une de l'autre.

Réciproquement, *un cône qui a pour base un cercle d'une sphère, coupe cette sphère suivant un second cercle*, inverse du premier par rapport au sommet du cône.

Corollaire. — *Un cône à base circulaire ne peut admettre d'autres sections circulaires que ses sections parallèles et ses sections antiparallèles*. Si, en effet, il existe une section circulaire C non parallèle à la base, on peut évidemment (en remplaçant au besoin le plan de C par un plan parallèle) supposer que le plan de C et le plan de base se coupent suivant une droite sécante au cône (*fig*. 555). Alors les deux sections seront deux cercles se coupant en deux points, et appartenant, par suite, à une même sphère. Donc ces sections seront inverses l'une de l'autre.

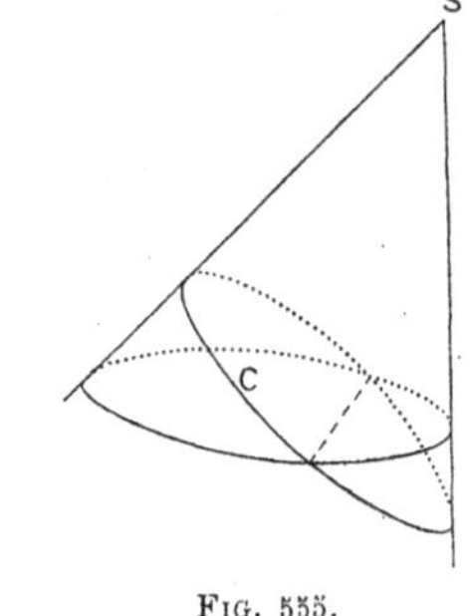

Fig. 555.

C. Q. F. D.

680. Projection stéréographique.

On sait (¹) qu'on appelle *projection stéréographique* la perspective d'une sphère sur le plan d'un grand cercle, le point de vue étant placé en un des pôles du grand cercle.

Or il résulte de ce qui précède que le plan du tableau ainsi choisi est inverse de la sphère par rapport au point de vue, la puissance d'inversion étant convenablement choisie : les points inverses l'un de l'autre étant (*fig.* 556) ceux qui sont en ligne droite avec le point de vue, la projection stéréographique est un cas particulier d'inversion.

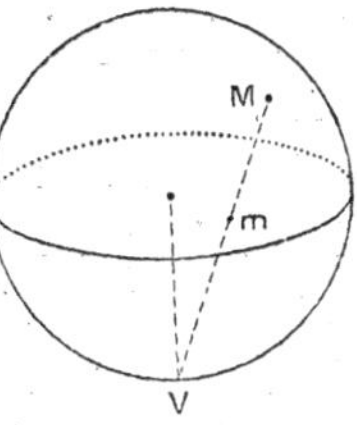

Fig. 556.

Ceci donne immédiatement les deux propriétés fondamentales de ce mode de projection :

La projection stéréographique conserve les angles ;

La projection stéréographique d'un cercle de la sphère est un cercle.

681. Proposons-nous de rechercher le centre du cercle c, projection d'un cercle C de la sphère (*fig.* 557). Nous observerons, à cet effet, que ce centre est le point de concours des droites qui coupent c à angle droit. Les droites situées dans le plan du tableau sont les projections de cercles passant par le point de vue V, et si ces droites sont orthogonales à c, c'est que les cercles correspondants sont orthogonaux à C. Leurs plans passeront donc par le sommet I du cône circonscrit suivant C, et eux-mêmes passeront par le point de la sphère situé sur la droite VI. Le centre de c sera donc le point où cette même droite percera le plan du tableau.

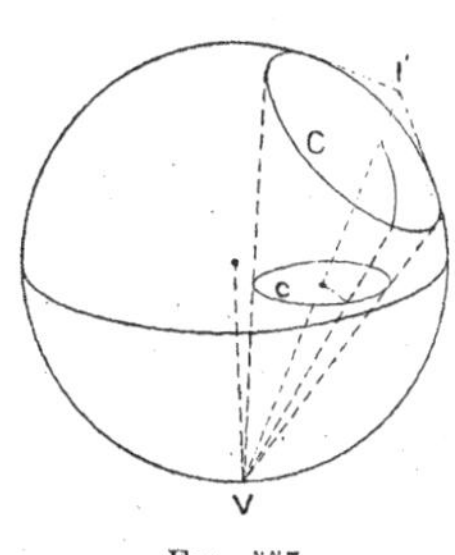

Fig. 557.

Cette même construction donne les centres des sections antiparallèles du cône oblique : car une telle section est évidemment la projection stéréographique du cercle de base, considéré comme appartenant à la sphère que nous avons appelée Σ au n° **678**.

682. *Quand deux sphères sont inverses l'une de l'autre, toute sphère qui passe par deux points antihomologues est sa propre inverse ; elle*

(¹) Tisserand et Andoyer, *Leçons de Cosmographie*, liv. II, ch. IV, page 68.

coupe donc les deux premières sphères sous le même angle (Pl., **227**).

Inversement, *toute sphère* Σ *qui coupe deux sphères données* S. S′ *sous le même angle* (*en particulier toute sphère tangente à* S *et à* S′) *les coupe suivant deux cercles qui se correspondent dans l'une des deux inversions qui transforment l'une dans l'autre les deux sphères données.*

Coupons, en effet, la figure par le plan qui contient les centres des trois sphères : nous aurons trois grands cercles de section faisant entre eux les mêmes angles que les sphères elles-mêmes [1]. Le troisième de ces grands cercles coïncide donc avec son transformé dans l'une des deux inversions qui changent (Pl., **227**, voir la figure 192) les deux premiers l'un dans l'autre, c'est-à-dire dans l'une des deux inversions qui changent les sphères données l'une dans l'autre.

Si la sphère Σ est tangente à S et à S′, les points de contact sont inverses l'un de l'autre. Si Σ coupe S et S′, les deux cercles d'intersection sont inverses l'un de l'autre.

Si l'inversion en question a sa puissance positive et admet par conséquent une sphère d'inversion, celle-ci coupera Σ à angle droit.

683. Nous pouvons déduire de là le théorème suivant, réciproque de ceux qui ont été démontrés au n° **677** :

Théorème. — *Par deux cercles quelconques d'une même sphère, on peut faire passer deux cônes* (*ou cylindres*).

Menons, en effet, deux sphères coupant la première à angle droit et passant respectivement par les cercles donnés : ceux-ci seront homologues entre eux dans l'une comme dans l'autre (comparer Pl., **227** *bis*) des deux inversions qui changent l'une dans l'autre les deux sphères ainsi tracées.

Remarques. — *Les sommets des deux cônes sont dans le plan qui contient les axes des deux cercles*, puisque ce plan est un plan de symétrie commun aux deux courbes.

Ces sommets sont conjugués l'un de l'autre par rapport à la sphère. La droite qui les joint est la réciproque de l'intersection des plans des deux cercles. C'est ce que l'on reconnaît en coupant la figure par un plan quelconque passant par ces deux sommets H et K : le

(1) Le plan des trois centres est normal au trois sphères : il coupe donc le dièdre formé par les plans tangents à deux d'entre elles en un point commun suivant l'angle plan de ce dièdre.

théorème du n° **211** montre alors (*fig.* 558) que le pôle de HK par

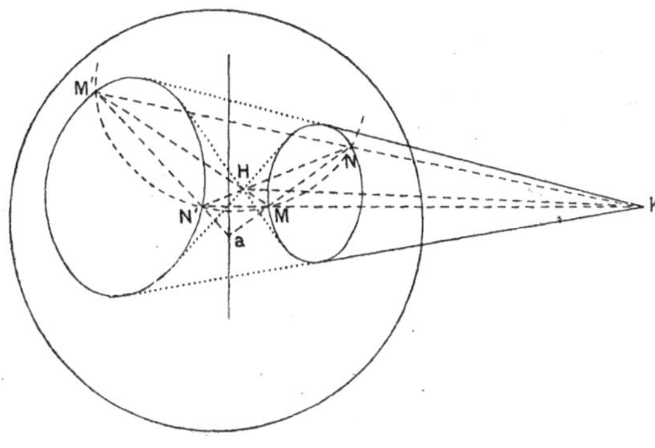

FIG. 558.

rapport au cercle de section est le point *a* où le plan de ce cercle rencontre l'intersection des plans des cercles donnés.

684. Sphères tangentes.

Les deux solutions données en Géométrie plane, pour le problème des cercles tangents, s'appliquent sans difficulté au problème des sphères tangentes.

Première solution. — On commence par la résolution des problèmes suivants :

Mener, par un cercle donné, une sphère tangente à une sphère donnée.

On fait passer, par le cercle donné, une sphère quelconque coupant la première : par la droite commune aux plans du cercle de section et du cercle donné, on mènera, à la sphère primitive, un plan tangent dont le point de contact sera aussi celui de la sphère cherchée, en vertu du théorème du n° **458**.

Mener, par un point, une sphère tangente à trois sphères données(1).

A, B, C étant ces trois sphères, on déterminera les transformés du point donné dans l'une des deux inversions qui transforment A en B et dans l'une des deux inversions qui transforment A en C. Ces trois points détermineront un cercle appartenant à la sphère cherchée.

On peut aussi prendre les inverses des trois sphères données,

(1) Il est clair que le problème de *mener, par deux points, une sphère tangente à deux sphères données*, se traiterait d'une manière toute semblable.

avec le point donné pour pôle d'inversion (comparer Pl., **230**). On est ramené à tracer un plan tangent commun à trois sphères.

On ramène la recherche d'une *sphère tangente à quatre sphères données* au problème précédent, en introduisant (Pl., **231**) la sphère concentrique à celle qu'on cherche et passant par le centre d'une des sphères données.

Deuxième solution (solution de Gergonne). — Nous prendrons cette solution sous la forme que nous avons donnée dans la note C (n^{os} **309-312**) de la Géométrie plane, forme donnée par Poncelet et retrouvée depuis par M. Fouché.

Nous considérerons les sphères Σ qui coupent les quatre sphères données A,B,C,D sous des angles égaux. Chacune de ces sphères est sa propre transformée dans une des inversions qui changent A en B, dans une des inversions qui changent A en C et dans une des inversions qui changent A en D. Il en résulte (voir Pl., **309**) que les sphères Σ forment huit séries, les sphères d'une même série ayant, pour plan radical commun, un des huit plans d'homothétie (**462**) des sphères données. On construira donc une sphère Σ de la série considérée (elle sera déterminée par un point quelconque de A et ses trois antihomologues), et l'on sera ramené au problème suivant :

Trouver une sphère ayant, avec une sphère donnée Σ, *un plan radical donné et tangente à une sphère donnée* A, problème qui n'est pas distinct de celui que nous avons traité au n° **311**, comme on le voit en coupant la figure par un plan passant par les centres des sphères données et perpendiculaire au plan radical.

D'après la solution indiquée au n° **311**, on voit qu'on devra déterminer le plan radical d'une sphère Σ et de la sphère A, lequel coupera le plan d'homothétie suivant une droite $\alpha\beta$ (indépendante du choix de la sphère Σ parmi les sphères de la série) : le point de contact a d'une sphère cherchée avec A sera le point de contact d'un plan tangent mené à A par la droite $\alpha\beta$.

Il pourra y avoir *seize* solutions, à savoir deux pour chaque série de sphères Σ.

Si la sphère qui est orthogonale aux quatre sphères données ne se réduit pas à un plan, on peut la prendre pour la sphère Σ. Le centre de cette dernière, qui est le centre radical I des sphères données, sera alors le sommet du cône circonscrit à A, le long du cercle suivant lequel elle coupera cette dernière, de sorte que la droite qui joint les deux points de contact cherchés a,a', réciproque de $\alpha\beta$, devra passer par le point I. On peut d'ailleurs voir directement [1] (voir Pl., **232**) que la corde aa' doit passer par le point I, les sphères cherchées étant deux à deux inverses par rapport à ce point. La construction est donc la suivante, tout à fait analogue à celle qui a été donnée au n° **232**.

On détermine le centre radical I *et un plan d'homothétie des sphères données. On joint le centre radical aux pôles du plan d'homothétie par rapport aux quatre sphères. Les droites ainsi obtenues coupent respectivement les sphères correspondantes aux points de contact cherchés.*

684 *bis*. Revenons au cas où la sphère Σ est une sphère quelconque de la série. On pourra encore la considérer comme déterminée par la construction suivante, due également à Poncelet. a étant un point quelconque de la sphère A (par lequel on veut faire passer Σ), on déterminera le transformé b de a dans l'inversion qui change A en B, le transformé c de b dans l'inversion qui change B en C, et le transformé a' de c dans l'inversion qui change C en A : Tous ces points font, comme le premier, partie de la sphère Σ. Il en est de même du point a'' obtenu d'une manière analogue, mais en substituant la sphère D à la sphère C. Le cercle $aa'a''$ sera donc [2] le cercle d'intersection de Σ avec A, et le plan $aa'a''$ déterminera, par son intersection avec le plan d'homothétie, la droite $\alpha\beta$.

685. Théorème. — *Lorsqu'une sphère varie en étant tangente à trois sphères fixes, le lieu du point de contact sur chacune de celles-ci se compose de cercles.*

En effet, dans la construction précédente, si l'on ne se donne pas la quatrième sphère D, les sphères Σ d'une série déterminée auront toujours un axe radical commun, à savoir l'un des axes de similitude des sphères A,B,C (puisque chacun des centres de similitude situés sur cet axe aura même puissance par rapport à toutes les sphères Σ). Donc le plan radical de chaque sphère Σ et de A

(1) Cette dernière partie du raisonnement est d'ailleurs nécessaire, le raisonnement fondé sur la sphère orthogonale aux quatre sphères données tombant en défaut lorsque cette sphère n'existe pas, c'est-à-dire lorsque I est intérieur aux sphères données.

(2) En général, les point a, a', a'' seront distincts les uns des autres ; si, en effet, on coupe les sphères A, B, C, par le plan P qui contient leur axe de similitude et le point a, les points a, b, c, a' sont tous, dans ce plan, antihomologues les uns des autres par rapport aux trois cercles de section : dès lors les angles égaux que fait le cercle $a\,b\,c\,a'$ avec le cercle de section de la sphère A par le plan P, en a et a', sont de sens contraires (comme résultant l'un de l'autre par trois inversions), ce qui prouve bien que a et a' sont distincts en général.

coupera cet axe de similitude en un point fixe et, par conséquent, le point de contact a décrira sur A le cercle de contact du cône circonscrit ayant pour sommet ce point.

686. *Applications de l'inversion à la géométrie sphérique.*

Puisqu'une sphère peut être transformée par inversion (projection stéréographique) en un plan, nous pouvons appliquer aux figures sphériques les propriétés des figures planes qui ne changent pas par l'inversion.

Nous savons, par exemple, que dans le plan, *tout cercle qui coupe à angle droit deux cercles donnés coupe également à angle droit une infinité d'autres cercles fixes*, à savoir, tous ceux qui ont avec les premiers même axe radical.

Donc *cette propriété a également lieu sur la sphère.*

Si les deux cercles donnés sont sécants, les cercles *du même faisceau* — c'est-à-dire qui ont, conformément à la propriété précédente, tous leurs cercles orthogonaux communs avec les premiers — passent par leurs points d'intersection. Si les cercles donnés sont tangents, les cercles du même faisceau sont tangents aux premiers. Dans ces deux cas, par conséquent, *les plans des cercles d'un même faisceau passent tous par une même droite.*

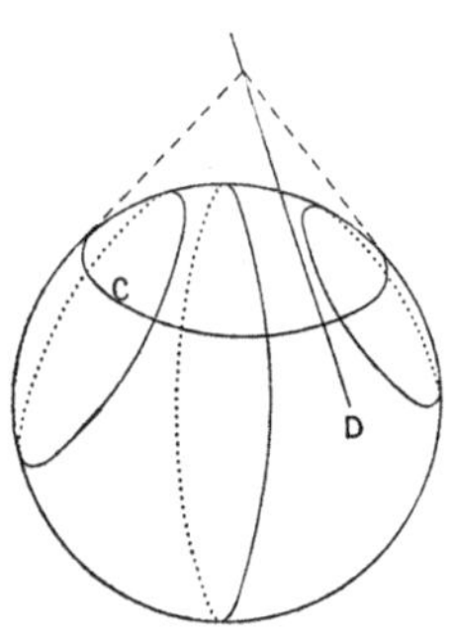

Fig. 559.

Il est aisé de voir qu'il en est de même dans tous les cas. Quelle que soit, en effet, la position des cercles primitifs, soit D la droite d'intersection de leurs plans (*fig.* 559). Tout cercle C orthogonal aux deux premiers sera la courbe de contact d'un cône circonscrit ayant son sommet sur D (**477** *bis*), et, inversement, le cercle de contact de tout cône circonscrit ayant son sommet sur D est orthogonal aux cercles donnés ; mais il est, de plus, orthogonal à tout cercle dont le plan passe par D, comme nous voulions le démontrer.

Nous voyons, en même temps, que les cercles orthogonaux aux cercles du faisceau ont leurs plans concourant suivant une même droite D_1, à savoir, la réciproque de D. En un mot, *les plans qui passent par deux droites réciproques déterminent sur la sphère deux faisceaux orthogonaux.*

Deux droites réciproques étant, l'une extérieure, l'autre sécante à la sphère, *deux faisceaux orthogonaux sont composés, l'un de cercles qui ont deux points communs, l'autre de cercles sans points communs*, sauf dans le cas limite où chacun des deux faisceaux est composé de cercles tangents entre eux. *Dans le faisceau composé de cercles sans points communs, il y deux cercles réduits à des points*, à savoir les points de contact des plans tangents menés par celle des deux droites réciproques qui est extérieure à la sphère.

Parmi les cercles d'un faisceau, il y a toujours un grand cercle, et en général un seul, à savoir, le grand cercle dont le plan passe par la droite D, commune au plan des cercles du faisceau (*fig.* 559). *Ce grand cercle est le lieu des pôles des cercles du faisceau orthogonal* (**477**).

On lui donne le nom de *grand cercle radical* des cercles donnés.

687. *Les grands cercles radicaux de trois cercles pris deux à deux ont un diamètre commun*, celui qui passe par le point commun au plan des trois cercles.

Si ce dernier point est extérieur à la sphère, les extrémités du diamètre commun aux trois grands cercles radicaux sont les pôles d'un cercle orthogonal aux trois donnés.

688. Théorème. — *Le rapport anharmonique de quatre points sur un cercle est conservé dans l'inversion.*

Pour le démontrer, remarquons que si, par les quatre points considérés A, B, C, D (*fig.* 560) respectivement et, d'autre part, par un point quelconque P du cercle ABCD et un point quelconque Q extérieur au plan de ce cercle, on fait passer des circonférences (lesquelles appartiennent évidemment à une même sphère, la sphère ABCQ), *le rapport anharmonique* ABCD *est égal au rapport anharmonique des tangentes à ces circonférences au point* P *ou au point* Q.

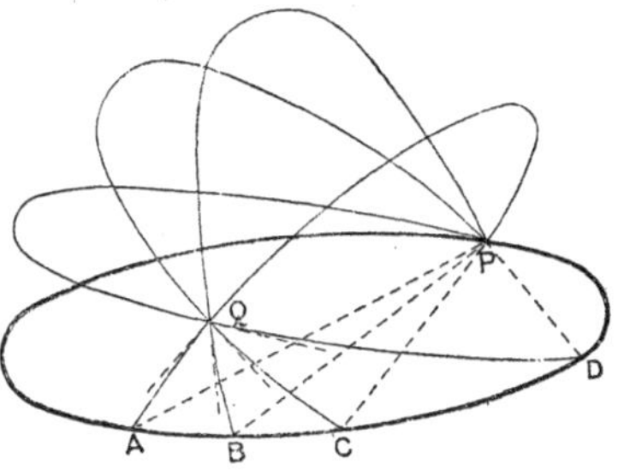

Fig. 560.

En effet, chacun de ces rapports est égal au rapport anharmonique des plans des quatre circonférences ainsi menées.

Cette remarque conduit immédiatement à la démonstration demandée, car le rapport anharmonique des tangentes aux quatre cercles APQ, BPQ, CPQ, DPQ se conserve dans l'inversion. La démonstration subsiste lorsque, par l'inversion, le cercle ABCD devient une droite, le rapport anharmonique ABCD devenant le rapport anharmonique des quatre points transformés [1].

Ce théorème permet de transporter à la sphère certains théorèmes énoncés pour le plan.

Par exemple, *si deux cercles sont orthogonaux entre eux, tout cercle orthogonal à l'un d'eux est divisé par eux harmoniquement.* Si, en effet, nous faisons une inversion en prenant le pôle sur ce troisième cercle, nous sommes ramenés au théorème connu de Géométrie plane : *lorsque deux*

(1) Dans ce cas, on prendra, pour le point P, le pôle d'inversion.

cercles sont orthogonaux, tout diamètre de l'un d'eux est divisé par eux harmoniquement.

De même, *lorsqu'un cercle fixe est coupé par un cercle variable qui passe par deux points fixes, le conjugué harmonique de l'un des points fixes, par rapport à l'arc intercepté, décrit un cercle passant par l'autre point fixe*, ainsi qu'il résulte de la définition de la polaire (Pl., **204**), moyennant une inversion par rapport à l'un des points fixes, etc.

689. *Inversion sur la sphère.*

Nous appellerons, de même, *figures sphériques inverses*, deux figures dont les projections stéréographiques sont deux figures planes inverses l'une de l'autre.

Cette définition semble dépendre du choix du centre de la projection stéréographique. Mais le théorème du n° **671** montre qu'il n'en est rien; car il permet d'énoncer la définition des figures sphériques inverses sous la forme suivante :

Deux figures sphériques inverses sont deux figures qui se correspondent point par point, de manière que deux points quelconques et leurs homologues soient sur un même cercle.

Il est bien clair, effectivement, que, si deux figures sphériques présentent cette relation, leurs projections stéréographiques la présenteront également et seront, par conséquent, inverses l'une de l'autre; et réciproquement.

Cette forme de la définition montre, de plus, que *deux figures inverses l'une de l'autre sur la sphère sont aussi inverses (ou symétriques) l'une de l'autre dans l'espace.* En reprenant, en effet, le raisonnement du n° **671**, on constatera qu'il s'applique dans le cas actuel. Par conséquent, on voit que *deux points inverses, sur la sphère, sont deux points en ligne droite avec un point fixe de l'espace* (*fig.* 561).

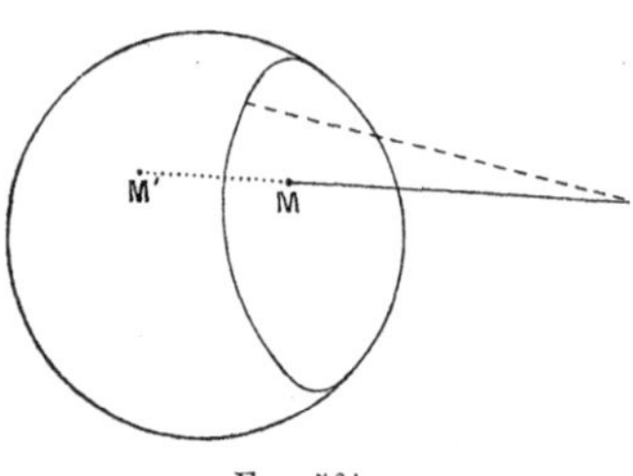

Fig. 561.

Il existera des points coïncidant avec leurs homologues, et dont le lieu géométrique sera le *cercle d'inversion* (*fig.* 561), si le point fixe en question est extérieur à la sphère, le cercle d'inversion étant alors le cercle de contact du cône circonscrit ayant pour sommet ce point : car deux points inverses seront confondus si la droite qui les joint est tangente à la sphère, et dans ce cas seulement. Dans ce cas, *tout cercle passant par deux points inverses l'un de l'autre coupera orthogonalement le cercle d'inversion.*

Remarque. — Le grand cercle qui joint deux points inverses l'un de l'autre passe par deux points fixes.

690. Considérons, comme application, deux cercles quelconques de la sphère : ces cercles auront pour projections stéréographiques deux cercles du plan, inverses l'un de l'autre de deux façons différentes.

Donc *deux cercles quelconques de la sphère peuvent être regardés, de deux façons différentes, comme inverses (ou symétriques) l'un de l'autre.*

Le raisonnement précédent est indépendant des théorèmes des nos **682-683** : il fournit donc une nouvelle démonstration du théorème du no **683** : *par deux cercles quelconques d'une sphère, on peut faire passer deux cônes.*

On en déduit d'ailleurs aisément le théorème du no **682** : car si une sphère Σ coupe deux sphères S, S′ sous des angles égaux, suivant deux cercles C, C′, il existera deux inversions transformant C en C′ ; dans chacune d'elles, S sera transformée en une sphère S'_1 passant B′ et coupant Σ sous le même angle que S ; c'est-à-dire au sens près, sous le même angle que S′ ; et, sous l'une des deux, les angles égaux que font S′ et S'_1 avec Σ seront de même sens (1), de sorte que S'_1 coïncidera avec S′.

691. *Toute circonférence qui coupe deux cercles donnés d'une même sphère sous des angles égaux se correspond à elle-même dans l'une des deux inversions qui changent ces cercles l'un dans l'autre ; et réciproquement.*

Le plan de cette circonférence passe par l'un ou l'autre des sommets des cônes qui contiennent les deux cercles donnés.

Ce théorème est une conséquence immédiate du théorème correspondant de géométrie plane et se démontre, d'ailleurs, de la même façon.

Les cercles qui coupent trois cercles donnés A, B, C *d'une sphère sous des angles égaux forment quatre faisceaux : leurs plans passent par l'une ou l'autre de quatre droites fixes*, à savoir celles qu'on obtient en joignant le sommet de l'un des cônes qui passent par A et B au sommet de l'un des cônes qui passent par A, C.

Ces droites doivent d'ailleurs passer, en vertu du même raisonnement, par les sommets des deux cônes qui passent par B et C, de sorte que *les sommets de ces six cônes sont les sommets d'un quadrilatère complet.*

La solution du *problème des cercles tangents* sur la sphère est une conséquence immédiate de ce que nous venons de dire : un cercle tangent à A, à B et à C appartiendra nécessairement à l'un des faisceaux dont nous venons de parler ; de sorte qu'on est ramené à *trouver, dans un faisceau donné, un cercle tangent à un cercle donné.* Le point de contact du cercle cherché avec A pourra être considéré (comparer Pl., **311**) comme déterminé par le cercle orthogonal à la fois aux cercles du faisceau et à A.

(1) On reconnaîtra ce fait en coupant par un plan quelconque passant par les deux pôles d'inversion. La figure de section ne sera autre que la figure du no **227** (fig. 192) et nous avons vu en cet endroit que, parmi les deux inversions, il y en a une pour laquelle les cercles, sections de S′ et de S_1', coïncident.

EXERCICES

923. Le rapport des distances de deux points au centre d'une sphère est égal au rapport des distances de chacun de ces points au plan polaire de l'autre.

924. Le lieu des centres des sphères qui sont coupées par les faces d'un trièdre suivant trois cercles orthogonaux deux à deux est la droite considérée à l'exercice 494.

925. Les cercles circonscrits à deux faces d'un tétraèdre se coupent sous le même angle que les cercles circonscrits aux deux autres faces.

925 *bis*. On prend les inverses de trois sommets d'un tétraèdre, le pôle d'inversion étant le quatrième sommet. Montrer qu'on obtient un triangle dont les angles sont toujours les mêmes, quel que soit le sommet choisi comme pôle d'inversion.

Montrer que la forme de ce triangle ne change pas, si l'on remplace les quatre sommets par leurs transformés respectifs dans une même inversion quelconque.

926. Lieu des droites issues d'un point donné et sur lesquelles deux plans donnés interceptent (à partir de ce point) deux segments dont le produit est constant.

927. Le lieu des droites passant par un point donné et telles que le produit des projections de deux segments donnés sur l'une quelconque d'entre elles soit constant, est un cône à base circulaire.

928. Lieu de l'axe d'un déplacement hélicoïdal, connaissant un point de cet axe et l'homologue d'un point donné de l'espace (se ramène au précédent).

929. Lieu des inverses d'un point donné par rapport à des sphères ayant même plan radical ou même axe radical.

930. On donne deux sphères S, S'. Lieu du point de contact de deux sphères qui varient en restant tangentes entre elles et toutes deux tangentes à S et à S' (comparer Pl., ex. 266).

Même problème lorsque, au lieu de deux sphères données, il y en a trois, S, S', S''.

931. Étant données deux sphères et un point A, trouver une inversion telle que l'homologue du point A soit un centre de similitude des transformées des sphères données.

932. Trouver une sphère qui coupe cinq sphères données sous des angles égaux; — une sphère qui coupe quatre sphères données sous des angles donnés (comparer ex. 403); — une sphère qui ait, avec quatre sphères données, des tangentes communes de longueur donnée.

933. Toutes les sphères qui coupent deux sphères données S, S' sous des angles constants α, α' coupent sous un angle constant α'' toute sphère S'' ayant avec les premières même plan radical. Montrer que l'angle α'' peut être considéré comme déterminé par la condition que la sphère dont tous les plans tangents coupent S sous l'angle α, la sphère dont tous les plans tangents coupent S' sous l'angle α', et la sphère dont tous les plans tangents coupent S'' par l'angle α'' aient un centre de similitude commun.

Énoncé analogue lorsqu'on donne trois sphères au lieu de deux.

934. Résoudre, pour les sphères, les problèmes analogues aux exercices 237, 241 (1°, 2°), 242, 245, 246, 247, 248 de la Géométrie plane.

934 *bis*. Trouver le lieu du point considéré à l'exercice 401, lorsque les trois cercles donnés sont remplacés par quatre sphères.

935. Deux figures transformées l'une de l'autre par une inversion S sont soumises à une même inversion T. Montrer que les nouvelles figures ainsi obtenues sont aussi inverses l'une de l'autre (utiliser **671**).

Trouver le nouveau pôle d'inversion, particulièrement dans le cas où la puissance de l'inversion S est positive (comparer Pl., ex. 250).

936. On soumet une figure quelconque F à deux inversions successives (comparer Pl., ex. 251); on obtient ainsi une figure F'. Montrer :

1° Qu'il existe, soit une inversion transformant F et F'' en deux figures homothétiques, soit une inversion transformant F et F'' en deux figures égales ;

2° Qu'il existe une infinité de systèmes de deux inversions transformant, comme les deux premières, F en F'' : en particulier, on peut supposer que l'une des deux inversions se réduit à une symétrie, à moins que F et F'' ne soient semblables.

937. On soumet une figure quelconque F à un nombre quelconque d'inversions successives. Montrer qu'on obtient une figure égale à l'une des inverses de F ou à la symétrique de cette inverse et qu'on peut déduire de F par une inversion suivie de une, deux, trois ou quatre symétries (même cas d'exception que pour l'exercice précédent).

938. Deux sphères S, S_1 se coupent à angle droit suivant un cercle c. Montrer que la condition nécessaire et suffisante pour qu'un cercle C ait même inverse par rapport à S et à S_1 (sans que cet inverse coïncide avec C lui-même) est que C coupe c en deux points et à angle droit.

939. Résoudre, pour la figure formée de deux sphères, la question posée à l'exercice 396.

940. Soient S', M' les inverses d'une sphère S et d'un point M par rapport à un pôle d'inversion O et à une puissance μ ; p, la puissance du point M par rapport à la sphère S ; p', la puissance du point M' par rapport à la sphère S', on a

$$\frac{p'}{p} = \frac{\mu^2}{\text{P.OM}'},$$

P étant la puissance du point O par rapport à S.

(Appliquer l'exercice précédent à la sphère S et à une sphère très petite ayant M pour centre).

941. Quelles sont les inversions telles que la région intérieure à une sphère déterminée S se transforme en la région intérieure à la sphère S', transformée de S?

942. Il existe une infinité de cercles qui coupent à angle droit une sphère donnée et qui coupent un cercle donné en deux points et à angle droit. Le rapport anharmonique déterminé par les quatre points d'intersection est le même sur chacun de ces cercles.

943. Un cercle et une sphère quelconques peuvent toujours être transformés, soit en une droite et en un plan, soit en un cercle et en un plan parallèle au plan du cercle.

944. Étant données deux figures dont chacune se compose d'une sphère et d'un cercle, la condition nécessaire et suffisante pour que l'on puisse transformer, par inversion, l'une de ces figures en une autre égale à la seconde est, si la sphère et le cercle se coupent, que leur angle soit le même de part et d'autre. Dans tous les cas, la condition est que le rapport anharmonique dont il est question à l'exercice 942 soit le même dans les deux figures.

945. Lieu des pôles des inversions qui transforment deux ou trois sphères données en sphères égales.

946. Lieu des pôles des inversions qui transforment deux cercles donnés d'une même sphère en cercles égaux.

947. Un cercle étant donné sur une sphère, trouver le lieu des pôles des inversions telles que la transformée de la sphère donnée ait pour grand cercle le transformé du cercle donné; ou, plus généralement, telles que le cône de révolution ayant pour base le cercle transformé et pour sommet le centre de la sphère transformée ait une ouverture donnée.

Lieu des sommets des cônes ayant pour base un cercle donné d'une sphère et qui coupent cette sphère suivant un second cercle de grandeur donnée.

948. Lieu des pôles des inversions qui changent deux points d'une sphère en deux points diamétralement opposés de la sphère transformée.

949. Lieu des pôles des inversions telles qu'un cercle et un point donnés sur une sphère aient pour homologues respectifs un cercle et l'un de ses pôles sur la sphère transformée.

950. Deux cercles situés sur une même sphère étant donnés, quel est le lieu des pôles des inversions telles que les transformés de ces deux cercles aient leurs plans parallèles entre eux?

951. Quand l'un des cônes qui passent par deux cercles donnés de la sphère devient-il un cylindre? Quand les deux cônes deviennent-ils des cylindres?

952. On transforme une figure sphérique par deux inversions (sphériques) successives. Trouver une projection stéréographique telle que la figure primitive et la figure transformée se projettent suivant deux figures homothétiques ou suivant deux figures égales.

953. Deux figures sphériques inverses étant données, quel est le lieu du point de vue d'une projection stéréographique telle que ces deux figures se projettent suivant deux figures planes symétriques par rapport à une droite?

954. Une sphère étant projetée stéréographiquement sur un plan, quel est, dans l'espace, le lieu des pôles d'inversion tels que deux figures sphériques inverses par rapport à ces points donnent en projection deux figures planes symétriques par rapport à une droite?

955. Dans les mêmes conditions, quel est le lieu des pôles d'inversion tels que les deux figures sphériques inverses par rapport à ces points donnent en projection deux figures planes inverses par rapport à un pôle donné (la puissance étant variable)?

956. Transformer par inversion le théorème suivant: *toutes les tangentes menées d'un point à une sphère font, avec le diamètre qui passe au point considéré, des angles égaux.*

957. Démontrer et transformer par inversion le théorème suivant : *une tangente commune quelconque à deux sphères est divisée en deux parties égales par le plan radical.*

958. On considère toutes les sphères tangentes (avec contacts de même espèce) à deux sphères sécantes données; par les points de contact de chacunes d'elles et par un point fixe A du cercle d'intersection, on fait passer une circonférence. Montrer que toutes ces circonférences sont tangentes entre elles.

959. Trois sphères se coupent deux à deux suivant trois cercles C, C′, C″. Montrer qu'il existe une infinité de sphères S tangentes à C, C′, C″ et que ces sphères sont tangentes à trois sphères fixes.

Si, par les trois points de contact de chaque sphère S avec C, C′, C″ et un point commun à ces trois cercles, on fait passer une sphère, toutes ces sphères sont tangentes entre elles.

960. Transformer par inversion les exercices 488-495.

Donner aux énoncés déduits des exercices 489-492 une forme telle qu'ils conservent un sens et restent exacts lorsque les sphères en lesquelles sont transformées les faces du trièdre sont remplacées par des sphères sécantes deux à deux, mais n'ayant pas de point qui leur soit commun à toutes trois; et aux énoncés déduits des exercices 488, 493, 494 une forme telle qu'ils conservent un sens et restent exacts, même lorsque les sphères en question sont remplacées par des sphères non sécantes deux à deux.

Déduire l'énoncé correspondant à l'exercice 488 de l'exercice 945.

Transformer également l'exercice 496.

961. Une figure sphérique F est projetée stéréographiquement sur deux plans diamétraux différents. Montrer que si l'on rabat la première des deux projections F′ sur le plan de l'autre F″, en la faisant tourner autour du diamètre commun à ces deux plans (dans un sens convenable), la nouvelle position de F′ est inverse de F″. Quel est le pôle d'inversion?

962. Deux petits cercles étant donnés sur une sphère, le grand cercle qui joint deux points quelconques du premier et le grand cercle qui joint les points respectivement antihomologues du deuxième se coupent sur le grand cercle radical.

963. Étendre à la géométrie sphérique les exercices 260, 261, 262.

Montrer que le lieu (**688**) des conjugués harmoniques du point B par rapport aux arcs interceptés par un cercle donné sur les cercles qui passent par les points A et B n'est autre que le cercle APQ analogue à celui dont il est question à l'exercice 262; et que, de même, le lieu des conjugués harmoniques du point A par rapport aux mêmes arcs est le cercle analogue BPQ.

Montrer que ces cercles se coupent sous un angle égal à celui que font entre eux les cercles tangents au cercle donné, menés par les points A et B.

Dans le cas où A coïncide avec B, le cercle APQ coupe le premier à angle droit.

964. Transformer, par projection stéréographique, le théorème du n° **211**. En conclure une construction des cercles tangents à un cercle donné de la sphère et menés par deux points donnés.

965. Transformer par projection stéréographique (comparer **688**) les théorèmes suivants :

Deux parallèles interceptent sur deux sécantes issues d'un même point des segments proportionnels.

Deux parallèles sont divisées par des sécantes issues d'un même point en segments proportionnels.

966. Si par deux points fixes A, B d'une sphère on fait passer un cercle variable qui coupe un cercle fixe C en deux points P, Q, le quotient $\frac{AP.AQ}{BP.BQ}$ est constant. Le point A étant donné, ainsi que le cercle C, quel est le lieu du point B pour que ce quotient ait une valeur donnée ?

967. (Réciproque d'un des énoncés du n° **688**) : Si un cercle C d'une sphère est divisé harmoniquement par deux autres A, B, il passe, par les points d'intersection de A et de C, un cercle orthogonal à B et à C.

968. Si six points A, B, C, a, b, c d'une sphère sont tels que les cercles Abc, Bca, Cab passent par un même point, les cercles aBC, bCA, cAB sont aussi concourants (se ramène à l'exercice 344 de la Géométrie plane).

969. Le rapport anharmonique intercepté par deux cercles sécants entre eux sur un troisième cercle qui les coupe tous deux à angle droit est indépendant de la position de ce troisième et aussi de la position des deux premiers, pourvu que leur angle reste constant (comparer Pl., ex. 396).

(Si V est l'angle des deux premiers cercles, le rapport anharmonique en question est $-\operatorname{tg}^2 \frac{V}{2}$).

970. On donne, sur une sphère, trois cercles qui se coupent deux à deux en A, A′; B, B′; C, C′. Mener par B′, C′; C′, A′; A′, B′ respectivement trois cercles B′C′qr, C′A′rp, A′B′pq tels que le point p commun aux deux derniers soit sur le cercle BCB′C′, le point q (commun aux deux extrêmes) sur CAC′A′; le point r (commun aux deux premiers) sur ABA′B′.

(On pourra, par exemple, projeter stéréographiquement en prenant A′ comme point de vue).

Montrer :

1° Que le cercle B′C′qr fait des angles égaux avec les cercles BCB′C′, B′C′A ;

2° Que les cercles AA′p, BB′q, CC′r concourent aux deux mêmes points;

3° Que si, par B′ et C′, on fait passer un cercle quelconque coupant ACA′C′ en q_1 et ABA′B′ en r_1, les cercles A′B′q_1 et A′C′r_1 coupent BCB′C′ en deux nouveaux points p_1, p'_1 tels que le cercle A′$p_1p'_1$ a sa tangente en A′ fixe.

971. Résoudre, sur la sphère, les exercices 266, 402, 403 de la Géométrie plane.

972. On donne, dans un plan P, un cercle c et on suppose la sphère qui a c pour grand cercle projetée stéréographiquement sur le plan P (le point de vue étant l'une quelconque des extrémités du diamètre perpendiculaire à P). Cela posé, à quelle condition un cercle tracé dans P est-il la projection d'un grand cercle de la sphère ?

A quelle condition deux points sont-ils les projections de deux points diamétralement opposés ?

973. Les données étant les mêmes que pour l'exercice précédent, réaliser, en projection stéréographique (¹), les constructions suivantes :

(1) *Faire passer, en projection stéréographique, un grand cercle par deux points donnés* signifie : *Étant données les projections stéréographiques de deux points, construire la projection stéréographique du grand cercle qui passe par ces deux points*, et de même pour les questions suivantes. Tous ces problèmes doivent être résolus *effectivement* à l'aide de constructions planes.

1° Faire passer un grand cercle par deux points donnés ;

2° Trouver la distance sphérique de deux points donnés ;

3° Décrire le cercle qui a un point donné comme pôle et qui passe par un autre point donné ; — ou qui a un pôle en un point donné et son rayon sphérique égal à un arc donné du cercle c ;

4° Décrire le grand cercle lieu des points également distants de deux points donnés.

Effectuer également, en projection stéréographique, les diverses constructions indiquées à l'exercice 702.

974. On donne, sur une sphère solide, un point V et un point A du grand cercle C qui a pour pôle V ; sur un plan, un cercle c, de même rayon que la sphère et un point a sur ce cercle, et on considère une figure plane égale à la projection stéréographique de la sphère faite avec V comme point de vue, le cercle c correspondant au grand cercle C, le point a au point A et un sens donné sur c au sens direct sur le cercle C (vu du point V). Placer sur la sphère (à l'aide de constructions planes et sphériques) le point M qui correspond à un point m du plan, et inversement.

975. Trouver effectivement (par des constructions planes et sphériques) les deux inversions qui transforment l'un dans l'autre deux cercles donnés d'une sphère solide. On déterminera deux couples de points homologues de chaque inversion ainsi que les cercles d'inversion s'ils existent et les points où cette sphère est coupée par la droite qui joint les sommets des deux cônes qu'on peut mener par les deux cercles. Réaliser également cette dernière construction en projection stéréographique.

976. Étant donnés trois cercles sur une sphère, construire *effectivement* (à l'aide de constructions sphériques et de constructions planes) le cercle dont il est question à l'exercice 705.

977. Réaliser la même construction en projection stéréographique.

978. Résoudre, sur la sphère, l'exercice 112 (Pl., liv. II) (lieu du point de contact de deux cercles qui varient en restant tangents entre eux et restant tangents chacun à un cercle fixe en un point fixe).

979. Deux sphères tangentes chacune à un plan fixe en un point fixe, sont constamment tangentes entre elles. Lieu du point de contact (se ramène au précédent, ce point étant sur une sphère fixe).

980. Deux cercles, tangents chacun à une droite fixe de l'espace en un point fixe, varient en restant toujours tangents entre eux. Lieu du point de contact.

981. Si une droite rencontre la réciproque d'une autre droite par rapport à une sphère, inversement, celle-ci rencontre la réciproque de la première (**669**).

Montrer que cette situation mutuelle est celle des droites AB, AC, si les cercles de contact des cônes circonscrits à la sphère et ayant A, B, C pour sommets sont tels que le premier est divisé harmoniquement par deux autres.

982. Lorsque le point a varie sur la sphère A, le point a' considéré au n° **684** *bis* décrit sur la même sphère une figure inverse de celle que décrit a (considérer les homothétiques des points b et c, sur la sphère A et appliquer ex. 936 *bis* et n° **689**).

983. Si deux cercles C′, C′ sont tels que par C on puisse faire passer une sphère orthogonale à C′, réciproquement, par C′ on peut faire passer une sphère orthogonale à C.

Cas où, par l'un des cercles, on peut faire passer une infinité de sphères orthogonales à l'autre.

Montrer qu'alors un quadrilatère gauche ayant deux sommets opposés sur C et deux sur C′ est tel que le produit de deux côtés opposés est égal au produit des deux autres.

984. A tout point P de l'espace correspond un point P′, tel que, par les points P et P′, il passe une infinité de cercles orthogonaux en deux points à un cercle donné C. Le point P′ se déduit du point P par deux inversions successives par rapport à deux sphères orthogonales se coupant suivant C.

985. Trouver un cercle tangent à un cercle donné et coupant un autre cercle donné en deux points et à angle droit.

986. Deux cônes de révolution circonscrits à une même sphère se coupent suivant deux courbes planes (se déduit de **683** par polaires réciproques).

986 *bis*. Démontrer le même théorème à l'aide du n° **691** (on considérera les cercles de bases des cônes circonscrits à la sphère et ayant pour sommets les points des courbes d'intersection cherchées).

987. *Cercle imaginaire*. Convenons de dire (comparer exercice 921) qu'on a défini un *cercle imaginaire* lorsqu'on s'est donné deux sphères (ou un plan et une sphère) sans point réel commun(1), avec cette clause qu'il est indifférent de remplacer les sphères en question par deux quelconques des sphères S qui ont, avec les premières, même plan radical P, ce plan étant dit le *plan du cercle* et le point où il perce la ligne des centres des sphères S, le *centre* de ce cercle. En particulier, cette clause permet de définir le cercle par le plan P et un point s, à savoir l'un des points limites de la série des sphères S; ou encore par deux points (les deux points limites). L'une quelconque des sphères S sera dite *passer par le cercle imaginaire*.

La *puissance* d'un point m du plan P par rapport au cercle, sera la puissance de ce point par rapport à une sphère S, autrement dit $\overline{ms}^2$. L'*axe radical* de deux cercles (réels ou imaginaires) d'un même plan sera le lieu des points qui ont même puissance par rapport à ces deux cercles. Un cercle réel du plan P sera dit *orthogonal* au cercle imaginaire, s'il est grand cercle d'une sphère orthogonale à toutes les S. Plus généralement, un cercle situé sur une des S est dit orthogonal au cercle imaginaire si, par lui, on peut faire passer une sphère orthogonale à toutes les S. Une sphère orthogonale à toutes les S est d'ailleurs dite orthogonale au cercle imaginaire. La *polaire* d'un point m du plan P par rapport au cercle est la droite homothétique, avec m comme centre et 2 comme rapport d'homothétie, de l'axe radical du point m et du cercle. Deux points sont *conjugués* par rapport à un cercle imaginaire, si la polaire du premier passe par le second. Deux points du plan P sont dits *inverses* par rapport au cercle imaginaire, si toute circonférence passant par ces points coupe ce cercle à angle droit.

L'*inverse d'un cercle imaginaire*, par rapport à un pôle et à une puissance donnés quelconques, est le cercle imaginaire que l'on obtient en remplaçant les sphères S par leurs inverses relativement à ce pôle et à cette puissance.

Dans ces conditions, on propose d'étendre aux cercles imaginaires un certain nombre de propriétés des cercles réels, telles que les suivantes :

(1) On doit toutefois ajouter qu'il existe des catégories plus générales de cercles imaginaires, dont nous ne parlons point ici, et dont celle que nous définissons dans le texte n'est qu'un cas particulier.

La puissance d'un point d'un plan par rapport à un cercle de ce plan a une différence constante avec le carré de la distance de ce point au centre du cercle.

Deux points a, b, conjugués par rapport à un cercle imaginaire, sont conjugués harmoniques par rapport aux deux points imaginaires conjugués (exercice 922) où ce cercle est rencontré par la droite ab.

Deux points inverses par rapport à un cercle imaginaire dérivent l'un de l'autre par une inversion ayant pour pôle le centre de ce cercle.

Les axes radicaux de trois cercles pris deux à deux sont concourants.

Dans un plan, les cercles orthogonaux à deux cercles fixes ont les mêmes points communs (*points limites*).

A deux cercles orthogonaux (1) d'une sphère correspondent par inversion deux cercles orthogonaux.

Si deux cercles d'une sphère sont orthogonaux (1), leurs plans sont conjugués par rapport à la sphère.

Tout cercle d'une sphère qui coupe à angle droit deux cercles fixes, coupe à angle droit une infinité d'autres cercles fixes.

988. Un cercle imaginaire étant défini par son plan P et un point extérieur s (considéré comme sphère de rayon nul), montrer que, si un point du plan P est conjugué d'un autre par rapport au cercle, réciproquement celui-ci est conjugué du premier. Montrer que la condition nécessaire et suffisante pour que deux points a, b du plan P soient conjugués par rapport au cercle, est que sa et sb soient rectangulaires.

La polaire du point a par rapport au cercle n'est autre que la droite suivant laquelle le plan P est coupé par le plan perpendiculaire à sa et mené par s.

(1) On étendra la proposition énoncée à deux cercles orthogonaux dont l'un est réel et l'autre imaginaire : deux cercles orthogonaux ne peuvent être imaginaires en même temps.

CHAPITRE IV

AIRES DES POLYGONES SPHÉRIQUES

692. Nous supposerons, dans le présent chapitre, que l'on a pris pour unité d'angle, l'angle droit et, pour unité d'aire, l'aire du triangle sphérique trirectangle tracé sur la sphère donnée. La surface de cette sphère a alors pour mesure le nombre 8, car elle peut évidemment être décomposée en 8 triangles trirectangles.

Si le rayon de cette sphère ou l'unité de longueur n'ont pas été choisis d'une façon particulière (exerc. 990), cette hypothèse *ne sera pas d'accord avec la convention générale* formulée au n° **244** (et rappelée au n° **397**).

Il faudra donc, pour revenir au cas où les unités seront prises conformément à ces conventions générales (exerc. 989) appliquer les règles connues du changement d'unités [1].

693. Ce choix d'unités une fois fait, nous allons commencer par évaluer l'aire du fuseau sphérique.

On nomme *fuseau sphérique* la portion de sphère comprise entre deux demi-grands cercles limités à leurs points communs : autrement dit la section de la sphère par un dièdre ayant pour arête un diamètre : l'angle de ces deux demi-grands cercles est l'*angle* du fuseau (*fig*. 562). Cela posé, on a le

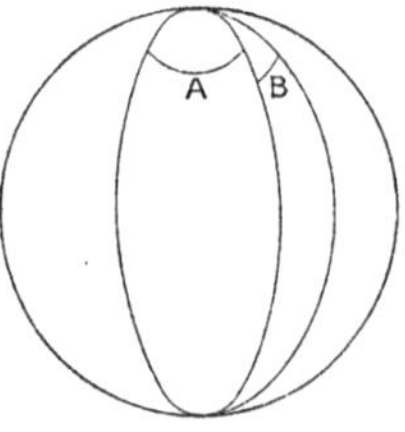

FIG. 562.

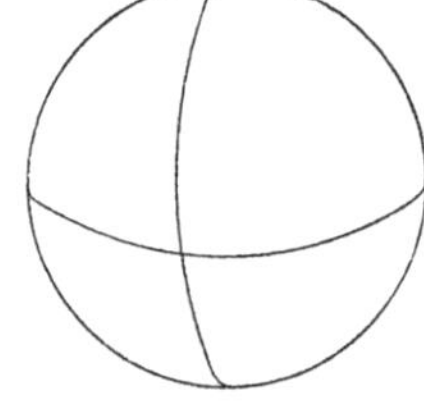
FIG. 563.

Théorème. — *Deux fuseaux sont entre eux comme leurs angles.*

(1) Tannery, *Leçons d'Arithmétique*, ch. x, n^{os} **325** et suivants.

En effet :

1° *Deux fuseaux de même angle sont égaux :* car ils coïncideront lorsqu'on fera coïncider les dièdres correspondants ;

2° *Le fuseau C qui a pour angle la somme des angles de deux fuseaux* A, B, *a pour aire la somme des aires de* A *et de* B. C'est ce qui est évident (*fig.* 562) si on rend adjacents [1] les deux fuseaux, ce qu'on a le droit de faire en vertu de 1°.

Des deux remarques précédentes résulte, comme nous savons, le théorème que nous voulions démontrer.

Corollaire. — *L'aire d'un fuseau a pour mesure le double de son angle* (dans notre système actuel d'unités).

Car le fuseau dont l'angle est droit se compose (*fig.* 563) de deux triangles trirectangles : son aire est donc mesurée par le nombre 2. La mesure d'un fuseau quelconque sera donc égale à 2 multiplié par le rapport de son angle à l'angle droit (théorème précédent), c'est-à-dire par la mesure de l'angle dans notre système actuel d'unités.

694. Pour déduire de là la mesure d'un triangle sphérique quelconque, nous démontrerons d'abord le lemme suivant.

Lemme. — *Deux triangles sphériques symétriques l'un de l'autre sont équivalents.*

1° *Cas des triangles isoscèles.* Deux triangles sphériques isoscèles symétriques sont aussi égaux (**476**) et, par conséquent, équivalents.

2° *Cas général.* Soient ABC un triangle sphérique, A'B'C' son symétrique. Soit O l'un des pôles du cercle circonscrit à ABC et supposons, pour fixer les idées, ce point intérieur au triangle (*fig.* 564) : alors ce dernier sera décomposé en trois triangles isoscèles OBC, OCA, OAB. Le triangle A'B'C' est alors évidemment la somme de trois triangles isoscèles respectivement égaux aux premiers et, par conséquent, le théorème est démontré.

Si le point O n'était pas intérieur au triangle, si, par exemple, la disposition était [2] celle de la *fig.* 565, le triangle ABC serait la

(1) Nous appelons fuseaux *adjacents* ceux qui sont déterminés par deux dièdres adjacents.

(2) On peut toujours supposer que la disposition est l'une ou l'autre des deux représentées figures 564 et 565 ; autrement dit, que O est, par rapport à deux au moins des côtés, dans le

somme de deux triangles isoscèles OBC, OCA diminuée du triangle

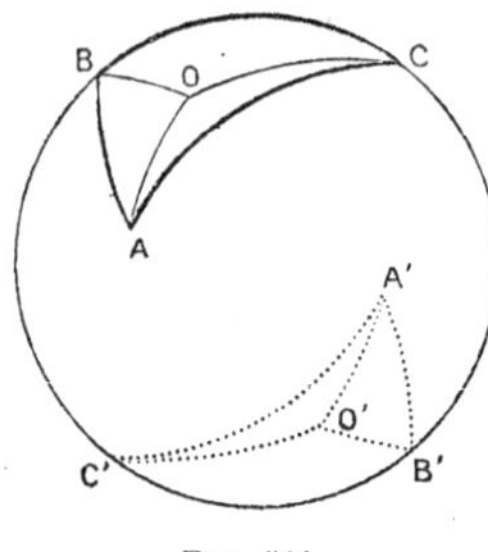

FIG. 564.

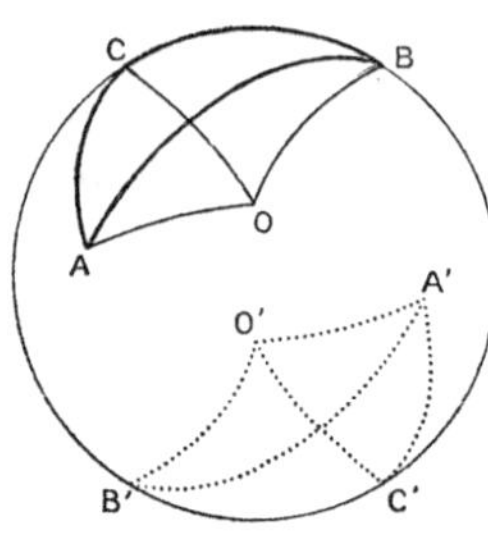

FIG. 565.

isoscèle OAB et le triangle A'B'C' serait aussi la somme de deux triangles isoscèles diminuée d'un troisième, ces trois triangles étant respectivement égaux aux premiers : de sorte que la conclusion serait la même.

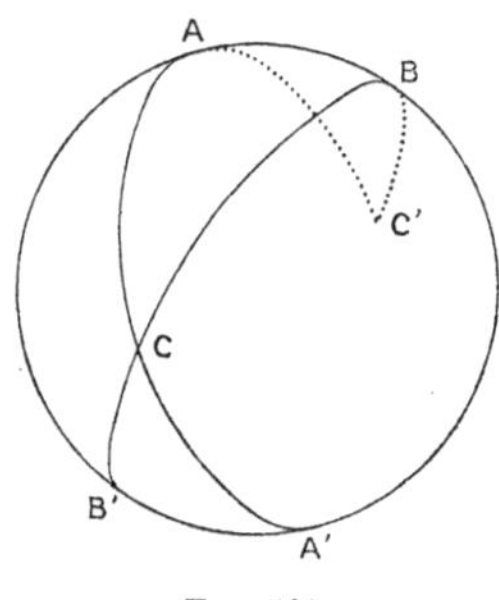

FIG. 566.

695. Théorème. — *L'aire d'un triangle sphérique a pour mesure l'excès de la somme de ses angles sur deux droits.*

Soient ABC le triangle sphérique considéré ; A', B', C' (*fig.* 566) les points diamétralement opposés à A, B, C. Le fuseau dont l'angle est l'angle $\widehat{A}$ du triangle se compose du triangle ABC ajouté au triangle BCA' : soit

$$\text{fus. } \widehat{A} = \text{tr. ABC} + \text{tr. BCA'}$$
De même
$$\text{fus. } \widehat{B} = \text{tr. ABC} + \text{tr. ACB'}$$
$$\text{fus. } \widehat{C} = \text{tr. ABC} + \text{tr. ABC'}.$$

Mais, dans cette dernière égalité, le triangle ABC' peut être remplacé par son équivalent A'B'C (lemme précéd.). En ajoutant alors ces trois égalités, et remarquant que la somme des triangles ABC, BCA', CAB', A'B'C n'est autre que l'un des deux hémisphères déter-

même hémisphère que le triangle, sans quoi il suffirait de remplacer ce pôle par le pôle opposé. Mais un tel choix n'est nullement nécessaire : le raisonnement du texte conserve évidemment sa validité, quelle que soit la position du pôle par rapport au triangle.

minés par le grand cercle AB et a, par conséquent, pour mesure 4, il vient

$$\text{fus. } \widehat{A} + \text{fus. } \widehat{B} + \text{fus. } \widehat{C} = 2 \text{ tr. ABC} + 4,$$

ou, puisque (**693**) fus. $\widehat{A} = 2\widehat{A}$, fus. $\widehat{B} = 2\widehat{B}$, fus. $\widehat{C} = 2\widehat{C}$,

$$\text{tr. ABC} = \widehat{A} + \widehat{B} + \widehat{C} - 2.$$

Corollaire. — *Un polygone sphérique de* n *côtés a pour mesure l'excès de la somme de ses angles sur* 2n — 4 *droits*, comme on le voit (comparer Pl., **44** *bis*) en décomposant ce polygone en triangles par des diagonales (*fig.* 567).

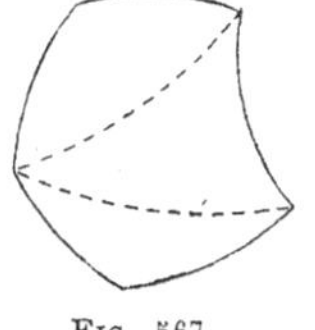
Fig. 567.

On donne le nom d'*excès sphérique* d'un polygone sphérique à l'excès de la somme des angles sur 2n — 4 droits, de sorte qu'*un polygone sphérique a pour mesure* (par rapport au système d'unités adopté dans ce chapitre) *son excès sphérique.*

696. Théorème. — *Le troisième sommet d'un triangle sphérique dont les deux premiers sommets sont donnés, ainsi que la différence entre l'angle au sommet variable et la somme des angles aux sommets fixes, est sur l'un ou l'autre de deux arcs de cercles fixes.*

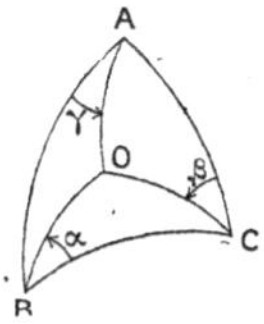

Fig. 568.

Soient B, C les sommets donnés, A le sommet variable : nous supposons donnée la quantité $\widehat{B} + \widehat{C} - \widehat{A}$. Soit encore O (*fig.* 568) l'un des pôles du cercle circonscrit au triangle : je vais démontrer que le point O est fixe.

Pour présenter un raisonnement tout à fait général, nous considérerons les angles comme positifs ou comme négatifs, suivant qu'ils seront de sens direct ou de sens rétrograde.

Le triangle OBC étant isoscèle, les arcs de grands cercles OB et OC feront avec BC des angles égaux, mais de signes contraires. Soit α le premier de ces deux angles : par conséquent

$$\alpha = \widehat{CBO} = - \widehat{BCO},$$

soient de même
$$\beta = \widehat{ACO} = -\widehat{CAO}$$
$$\gamma = \widehat{BAO} = -\widehat{ABO}.$$

Si la disposition du triangle est telle que l'angle $\widehat{BAC}$ soit direct ([1]), on a alors, à un multiple près de la circonférence ([2]),

$$\widehat{A} = \beta + \gamma$$
$$\widehat{B} = \gamma + \alpha$$
$$\widehat{C} = \alpha + \beta$$

et par conséquent

$$\widehat{B} + \widehat{C} - \widehat{A} = 2\alpha$$

ou encore
$$\frac{\widehat{B} + \widehat{C} - \widehat{A}}{2} = \alpha$$

(l'égalité n'ayant lieu cette fois qu'à un multiple près de la *demi-circonférence*) : ceci donne α et fait connaître, par conséquent, la position du point O. En donnant à α deux valeurs différant d'une demi-circonférence, on a, pour ce point, deux positions diamétralement opposées, qui sont les deux pôles d'un même cercle.

On obtiendrait au contraire un cercle différent en faisant, sur la disposition du triangle, l'hypothèse inverse de celle que nous avons faite tout à l'heure; ou encore, en changeant le signe de la différence B + C — A.

697. Théorème *de Lexell. — Lorsqu'on donne l'aire d'un triangle sphérique et deux sommets, le lieu du troisième sommet se compose de deux petits cercles passant par les points diamétralement opposés aux sommets connus.*

Soient encore (*fig.* 566) C le sommet variable ; A, B, les sommets connus; A', B' les points diamétralement opposés à A, B. On connaît la somme $\widehat{A} + \widehat{B} + \widehat{C}$ des angles du triangle ABC. Mais les angles

(1) Moyennant cette supposition, l'angle $\widehat{A}$ (essentiellement positif) est égal à l'angle (compté en grandeur et signe) $\widehat{BAC}$; dans l'hypothèse contraire, on aurait $\widehat{A} = -\widehat{BAC} = -(\beta + \gamma)$; $\widehat{B} = -\widehat{CBA} = -(\gamma + \alpha)$; $\widehat{C} = -\widehat{ACB} = -(\alpha + \beta)$.

(2) Voir, dans les *Leçons de trigonométrie* de M. Bourlet, le ch. I, particulièrement n° **23**.

$\widehat{CA'B'}$ et $\widehat{CB'A'}$ du triangle AB'C' sont respectivement égaux à $\widehat{CAB'}$, $\widehat{CBA'}$, c'est-à-dire aux suppléments de $\widehat{A}$ et de $\widehat{B}$. Donc, la somme $\widehat{A} + \widehat{B} + \widehat{C}$ peut s'écrire $C + 2 - \widehat{CA'B'} - \widehat{CB'A'}$. Par conséquent, on connaît la quantité $\widehat{CA'B'} + \widehat{CB'A'} - \widehat{C}$ et le lieu du point C se compose de deux petits cercles passant par A' et B'.

EXERCICES

989. Trouver (en mètres carrés) l'aire du triangle sphérique dont les angles sont 1^{dr}, 60° et 45°, ce triangle étant tracé sur la sphère de 10^m de rayon.

990. L'unité de longueur étant choisie, quel doit être le rayon d'une sphère pour que la convention du n° **692** soit d'accord avec celle que nous avons formulée au n° **244**?

991. Déduire le théorème de Lexell de l'exercice 706.

992. A, B, C étant trois points de la sphère, quel est le lieu des points M tels que les triangles sphériques MAB, MAC, *supposés de même disposition*, soient équivalents entre eux?

993. Partager un triangle en 2^p parties équivalentes par des grands cercles issus d'un sommet A, ou d'un point quelconque situé sur un côté.

Dans le premier cas, si l'on prend le point diamétralement opposé au sommet donné A pour centre d'une projection stéréographique, la projection du côté opposé à A est divisée par les projections des sommets des triangles partiels en arcs égaux.

994. Trouver, à l'intérieur d'un triangle sphérique, un point tel que les grands cercles qui le joignent aux trois sommets divisent l'aire du triangle en trois parties dont deux soient équivalentes, et la troisième double des premières.

995. Trouver sur un cercle donné, un point tel que les arcs de grands cercles qui le joignent à deux points donnés de ce cercle fassent entre eux un angle donné.

996. Si, l'unité d'aire étant l'aire du triangle sphérique trirectangle, on prend pour unité d'arc le quadrant de grand cercle, l'aire de tout polygone sphérique a pour mesure la différence entre 4 et le périmètre du polygone polaire du premier.

997. Construire un triangle sphérique :

Connaissant un angle, une hauteur et l'aire;

Connaissant un côté, une hauteur et l'aire.

Maximum et minimum de l'aire d'un triangle dans lequel on connaît un côté ou un angle et la hauteur correspondante.

998. Construire un triangle sphérique isoscèle dont on donne le côté et l'aire.

Construire un triangle sphérique isoscèle de côté donné ayant l'aire la plus grande possible.

999. Montrer que les arcs de grands cercles issus des sommets d'un triangle sphérique ABC et dont chacun partage l'aire du triangle en deux parties équivalentes, ne sont autre que les arcs Ap, Bq, Cr considérés à l'exercice 970 (les cercles donnés étant les côtés du triangle).

1000. Calculer l'aire d'une portion de sphère limitée par des cercles quelconques.

(On commencera par mesurer la partie d'un fuseau sphérique comprise dans une calotte quelconque ayant pour pôles les sommets du fuseau. On en déduira la mesure de la portion de sphère comprise entre un arc de grand cercle et un arc de petit cercle ayant mêmes extrémités. Puis on raisonnera comme à Pl. **263**).

CHAPITRE V

THÉORÈME D'EULER. POLYÈDRES RÉGULIERS

698. Nous considérerons exclusivement, dans ce chapitre, des polyèdres satisfaisant aux conditions indiquées page 60, notes 1 et 2, à savoir :

Leur surface-limite sera d'un seul morceau.

Il n'arrivera jamais qu'une arête soit commune à plus de deux faces, ni qu'un sommet soit commun à plusieurs angles polyèdres formés avec les faces du solide.

De plus, chaque face aura elle-même son contour d'un seul tenant, comme il a été expliqué au n° **21** (Pl., liv. I). Cette condition est distincte de celle que nous avons donnée en premier lieu. Par exemple, si l'on considère l'aire plane ombrée sur la *fig*. 569 comme

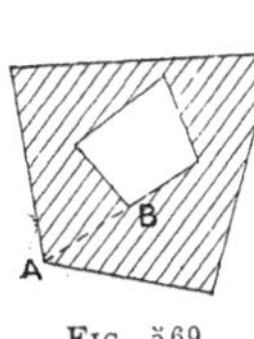

FIG. 569.

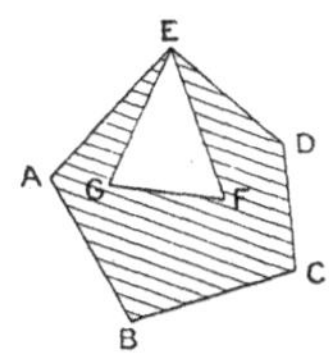

FIG. 570.

la base d'un prisme, ce prisme sera un polyèdre satisfaisant à l'une des deux conditions et ne satisfaisant pas à l'autre.

Il n'arrivera jamais non plus, nous le supposons, qu'un sommet soit l'extrémité commune de plus de deux arêtes appartenant à la même face. Par exemple, une face ne pourra jamais avoir la forme du polygone représenté figure 570.

699. Lorsqu'on supprime une ou plusieurs faces d'un polyèdre, la surface restante, que nous supposerons être encore d'un seul tenant, n'est plus fermée; elle possède (outre des arêtes dont chacune est commune à deux faces), des arêtes *libres*, c'est-à-dire qui n'appartiennent plus qu'à une seule face. Ces dernières forment le contour ou *bord* de la surface polyédrale ouverte considérée.

Joignons entre eux deux points du bord d'une surface ouverte (polyédrale ou non) par un chemin situé sur la surface et qui ne se coupera lui-même en aucun point. Si nous fendons la surface suivant la ligne ainsi considérée, nous aurons pratiqué une *section* de la surface. Si, par exemple, la surface est polyédrale, et le chemin formé d'arêtes du polyèdre, il est bien entendu qu'à partir du moment où la section sera pratiquée, deux faces (F, F', *fig.* 571) séparées par une arête appartenant à la section ne devront plus être considérées comme contiguës; l'arête en question (AB, *fig.* 571) devra être considérée comme faisant partie désormais du bord de la surface, et cela à double titre, à savoir comme côté de F, et comme côté de F'.

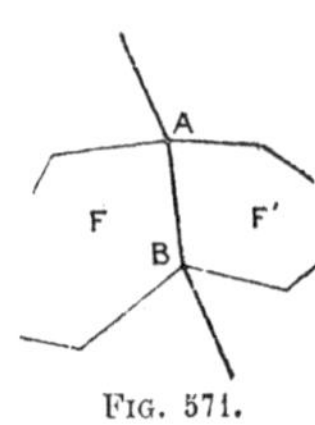

FIG. 571.

700. Deux surfaces A, A' sont dites avoir *la même connexion* si on peut les faire correspondre point par point, le contour de l'une correspondant au contour de l'autre, de manière : 1° qu'à chaque point de A corresponde un point et un seul de A' et inversement; 2° qu'à une figure (ligne ou région) d'un seul tenant prise sur A corresponde toujours une figure d'un seul tenant sur A', et inversement.

C'est, en particulier, ce qui arrive si l'une des surfaces résulte de l'autre par une déformation continue dans laquelle il n'y a, à aucun moment, ni déchirure, ni soudage de parties séparées auparavant [1].

Si une aire A a pour perspective sur un plan une aire A' limitée en tout sens (de sorte qu'aucun point de A n'ait sa perspective à l'infini) et si chaque projetante n'a qu'un point commun avec A, les aires A et A' ont même connexion; bien entendu, il n'en serait plus nécessairement de même si les projetantes avaient plus d'un point commun avec A.

Au contraire, un triangle quelconque et l'aire représentée *fig.* 569 n'ont assurément pas la même connexion puisque, sans cela, les

(1) Inversement, on démontre que deux surfaces qui ont la même connexion peuvent toujours être considérées comme dérivant l'une de l'autre par une telle déformation.

deux bords devraient se correspondre, au lieu que l'un est d'un seul tenant, l'autre non.

701. Deux aires A et A′, de même connexion, étant considérées, si l'on pratique dans A une section *s* qui la *morcèle*, c'est-à-dire la divise en deux parties séparées A_1, A_2, il est clair que la section *s′* qui, dans A′, correspond à *s*, divisera A′ en deux parties A'_1, A'_2 (celles qui correspondent respectivement à A_1, A_2).

702. Nous nommerons *aire simplement connexe* toute portion de plan dont le contour est d'un seul tenant (et telle que deux portions non consécutives de ce contour n'aient jamais de point commun [1]), ou toute aire ayant même connexion qu'une telle portion de plan [2].

Une aire plane simplement connexe (A. *fig.* 572) est évidemment divisée par une section quelconque en deux aires planes A_1, A_2 de même nature. Donc (**701**) *toute aire simplement connexe est morcelée* [3] *par une section quelconque et les deux morceaux sont eux-mêmes simplement connexes.*

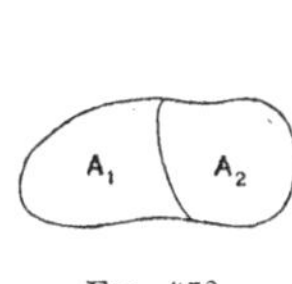

Fig. 572.

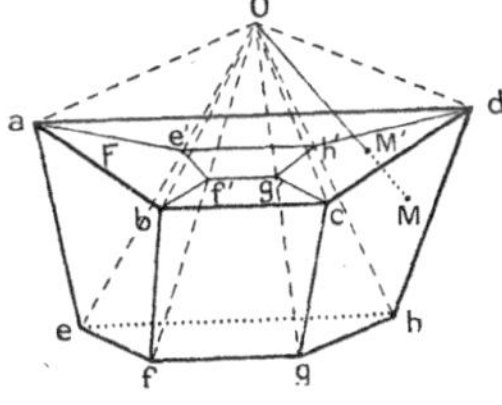

Fig. 573.

703. *En enlevant une face* F *d'un polyèdre convexe* P, *on obtient toujours une aire* A *simplement connexe.*

Soit, en effet, O un point situé, par rapport à F, du côté où n'est pas le polyèdre, mais situé, au contraire, du même côté que P, par rapport à chacune des faces qui composent l'aire A (ce qui arrivera nécessairement si O est suffisamment voisin de la face F). La perspective de A sur le plan de F (*fig.* 573) n'est autre que F elle-même

(1) Par exemple, nous exclurons des aires telle que celle de la figure 570 dans laquelle les portions consécutives DEF et GEA du contour ont le point commun E ; c'est évidemment une restriction de même espèce que celles du n° **698**.

(2) Toutes les portions de plan dont le contour satisfait aux conditions qui viennent d'être indiquées ont même connexion les unes que les autres (voir exercice 1001) ; mais la démonstration de ce fait n'est point indispensable pour notre objet.

(3) Au contraire, une aire plane *à plusieurs contours*, c'est-à-dire dont le contour se compose de plusieurs parties séparées (par exemple, l'aire polygonale de la figure 569) admet des sections qui ne la morcèlent point (AB, *fig.* 569).

et un point M′ intérieur à celle-ci est la projection d'un point *unique* [1] M de A. Le théorème est donc démontré (**700**).

704. Lorsqu'un polyèdre est tel qu'en en supprimant une face [2] on obtienne une aire simplement connexe, ce polyèdre est dit *de genre zéro*. Un polyèdre convexe est donc nécessairement de genre zéro. Cette propriété appartient d'ailleurs à beaucoup d'espèces de polyèdres concaves (exemple : les prismes à base concave), *mais non pas à tous*.

Prenons, par exemple, trois surfaces prismatiques P, P′, P″ à arêtes horizontales (mais n'ayant aucune face latérale horizontale) se déduisant l'une de l'autre par des rotations de $\frac{4}{3}$ de droit autour d'un axe vertical qui leur est extérieur. En limitant ces prismes à leurs intersections mutuelles, leur ensemble forme un solide S qui est représenté par ses projections sur la figure 574, et par le dessin de la figure 574 *bis*. Si de ce solide on enlève une face, par exemple *abde*, *a′b′d′e′* (*fig.* 574, ou ABDE, fig. 574 *bis*)

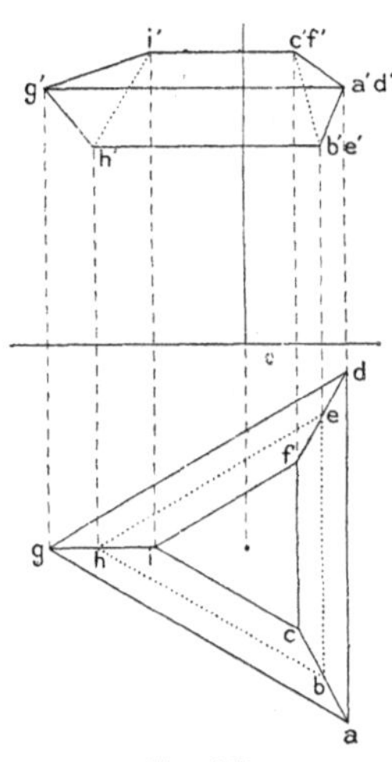

Fig. 574.

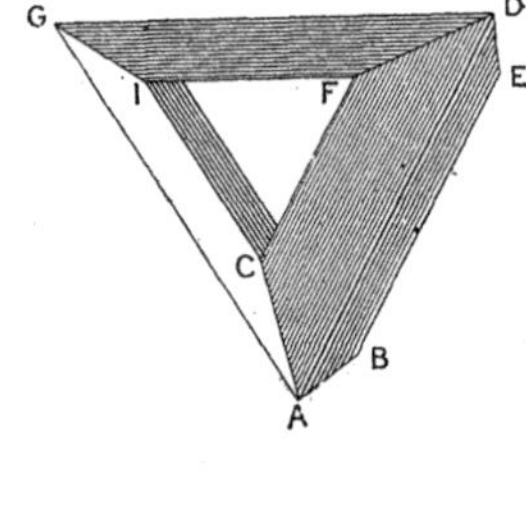

Fig. 574 *bis*.

il reste une aire polyédrale qui n'est pas simplement connexe, car en opérant la section ACB (*fig.* 574 *bis*) ou toute section par un demi-plan passant

(1) Le point O et un point M de A étant de part et d'autre de F, la droite qui les joint rencontre le plan de F en un point M′ situé entre eux ; ce point est d'ailleurs sur F lui-même, comme étant du même côté que O et que M (par conséquent, que le polyèdre) par rapport au plan de toute face autre que F. Enfin, inversement, M′ étant un point pris sur F, la droite OM′, prolongée au delà de M′, pénètre dans le polyèdre et doit en ressortir en perçant sa surface. Ce second point d'intersection est d'ailleurs unique, puisque P est convexe (**386**).

(2) Nous supposons essentiellement ici que les conditions du n° **698** soient remplies.

par l'axe et rencontrant le bord, on ne morcèle pas là surface : il en est de même pour la section AGD (*fig.* 574 *bis*). Tout polyèdre ayant une forme

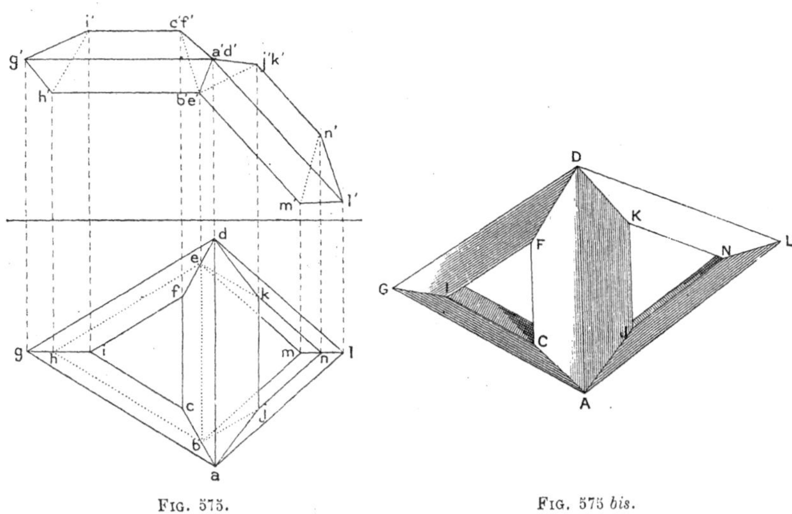

FIG. 575. FIG. 575 *bis*.

annulaire analogue à celle de S présenterait une propriété semblable.

Si, enfin, on adjoint au polyèdre S son symétrique par rapport à une de ses faces les plus éloignées de l'axe, on obtient un solide Σ (*fig.* 575, 575 *bis*), dans lequel on peut faire à la fois (après l'enlèvement d'une des faces) quatre sections différentes sans morceler la surface.

705. Théorème *d'Euler*. — *Dans tout polyèdre du genre zéro* (et, par conséquent, dans tout polyèdre convexe), *le nombre des faces, augmenté de celui des sommets, donne le nombre des arêtes plus deux.*

Si, d'un polyèdre quelconque, nous enlevons une face, il reste une surface polyédrale ouverte qui a autant de sommets et d'arêtes que le polyèdre primitif, mais une face de moins.

Tout revient donc à démontrer que si une surface polyédrale ouverte et simplement connexe a F faces, S sommets, et A arêtes, on a

$$F + S = A + 1.$$

Le théorème est évident pour $F = 1$, car alors la surface se réduit à un polygone plan, pour lequel on a $S = A$. Nous allons, dès lors, supposer la démonstration faite pour toutes les surfaces polyédrales de moins de F faces et nous nous proposerons de la donner pour une surface à F faces.

A cet effet, joignons deux points du bord de cette surface par un chemin distinct du bord, composé d'arêtes de la surface et ne se coupant lui-même en aucun point [1], et sectionnons suivant ce chemin. La surface sera (n° précéd.) divisée en deux morceaux simplement connexes, ayant l'un F_1 faces, S_1 sommets et A_1 arêtes, l'autre F_2 faces, S_2 sommets et A_2 arêtes. Les nombres F_1, F_2 étant inférieurs à F, nous avons le droit d'écrire

$$(13) \qquad \begin{cases} F_1 + S_1 = A_1 + 1, \\ F_2 + S_2 = A_2 + 1. \end{cases}$$

Mais, si λ est le nombre des côtés de la section et, par conséquent, $\lambda + 1$ le nombre de ses sommets, on a

$$A_1 + A_2 = A + \lambda$$
$$S_1 + S_2 = S + \lambda + 1,$$

car, lorsqu'on compte le nombre des arêtes ou des sommets de chaque morceau et que l'on fait la somme, chaque arête ou sommet n'appartenant pas à la section figure une fois ; chaque arête ou sommet appartenant à la section, deux fois. Comme on a d'ailleurs $F_1 + F_2 = F$, il vient, en ajoutant les deux équations (13),

$$F + S + \lambda + 1 = A + \lambda + 2,$$

relation équivalente à celle qu'il s'agissait d'obtenir.

706. Soit une surface polyédrale ouverte Σ qui n'est pas simplement connexe [2] et soit pratiquée une section (que nous supposerons, pour simplifier, composée d'arêtes) ne morcelant pas la surface. Si celle-ci n'est pas devenue simplement connexe, sectionnons-la à son tour : la section pourra d'ailleurs avoir ses extrémités soit sur le bord primitif, soit sur le nouveau bord (c'est-à-dire sur la

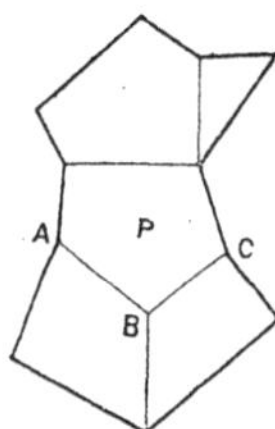

Fig. 576.

(1) On est assuré de trouver un pareil chemin en considérant une face P (*fig.* 576) attenante au bord. Comme telle, la face P aura des arêtes libres. Elle en aura aussi d'intérieures (sans quoi elle serait unique, cas où nous venons de voir que le théorème est démontré). Le contour de cette face comprendra donc des parties libres et des parties intérieures à la surface. L'une quelconque de ces dernières (ABC, *fig.* 576) donnera un chemin répondant aux conditions demandées.

(2) On sous-entend toujours les restrictions du n° **698**.

section opérée en premier) : nous supposerons encore qu'elle est composée d'arêtes et que la surface n'est pas morcelée. Continuant de même, admettons qu'au bout de n sections successives, la surface soit rendue simplement connexe sans être morcelée. Alors le nombre $n+1$ (lequel peut, jusqu'à preuve du contraire, dépendre de la manière dont on a opéré les sections) est dit l'**ordre de connexion** de la surface primitive Σ.

Je dis que si F, S, A désignent encore le nombre des faces, le nombre des sommets et le nombre des arêtes de Σ, on a

$$F + S = A + 1 - n. \tag{14}$$

En effet, soit λ le nombre des côtés de la première section. Une fois celle-ci pratiquée, chacun de ces côtés compte deux fois comme arêtes de la surface, et il en est de même pour les sommets de la section ; de sorte que, comme tout à l'heure, le nombre A augmente de λ unités, le nombre S, de $\lambda + 1$. Donc la quantité $F + S - A$ augmente d'une unité. Les mêmes circonstances se produisent à chaque section nouvelle, le nombre $F + S - A$ augmente de n unités en tout. Or il devient finalement égal à 1, puisque l'on arrive à une aire d'un seul tenant et simplement connexe. Donc, ce nombre était tout d'abord égal à $1 - n$.

Exemples. — En enlevant une face du polyèdre S (n° **704**) on a une surface triplement connexe ($n = 2$), laquelle a 8 faces, 18 arêtes et 9 sommets.

En opérant de même avec le polyèdre Σ du même numéro, on a une surface pour laquelle $n = 4$, $F = 15$, $A = 32$, $S = 14$.

On voit que le théorème d'Euler *ne s'applique pas* à des polyèdres tels que S et Σ.

Corollaire. — *Le nombre n est* (contrairement à ce que l'on pouvait penser au premier abord) *indépendant de la marche suivie dans le sectionnement.* Car il est donné par l'égalité (14), dans laquelle F, S, A ne dépendent que de la surface donnée.

707. Angles polyèdres réguliers. — On nomme *angle polyèdre régulier* un angle polyèdre convexe [1], S. ABCDE (*fig.* 577), dont toutes les faces sont égales et tous les dièdres sont égaux.

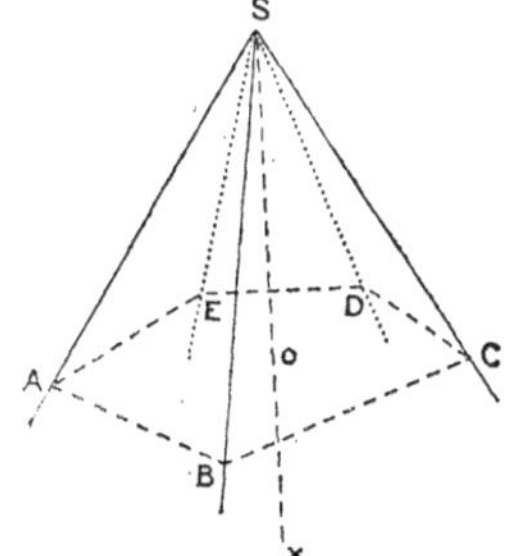

Fig. 577.

On nomme *polygone sphérique régulier* un polygone sphérique convexe dont tous les côtés sont égaux et tous les angles égaux. Il est clair (**471**) qu'à un angle polyèdre régulier dont le sommet est au centre d'une sphère correspond sur celle-ci un polygone sphérique régulier, et inversement.

(1) Il existe des angles polyèdres réguliers étoilés analogues aux polygones réguliers étoilés.

Dans un angle polyèdre régulier SABCDE, les trièdres SABC, SBCD, SCDE... sont égaux, comme ayant un dièdre égal compris faces égales chacune à chacune, avec la même disposition (**371**).

Or il existe une rotation qui amène l'arête SA sur SB et l'arête SB sur SC (puisque $\widehat{ASB} = \widehat{BSC}$). Le trièdre SABC prend alors la position SBCD (**380**, Rem.) : donc, SC vient sur SD. De même SD vient sur SE ; etc. Donc, *il existe une rotation qui transforme l'angle polyèdre régulier en lui-même, chaque face prenant la place de la suivante.* Plus généralement, *il existe une rotation transformant l'angle polyèdre régulier en lui-même, chaque face prenant la place de celle qui lui est postérieure de p rangs:* il suffit évidemment de répéter p fois la rotation précédente.

L'axe de cette rotation fait évidemment des angles égaux avec toutes les arêtes : il est l'axe d'un *cône de révolution circonscrit à l'angle polyèdre.*

Par conséquent, aussi, *un polygone sphérique régulier est inscriptible à un cercle*, que ses sommets divisent évidemment en parties égales [1] : à savoir le parallèle décrit par l'un de ces sommets dans sa révolution autour de Sx. Autrement dit, si sur les arêtes de l'angle polyèdre régulier SABCDE, on prend les longueurs égales SA = SB = SC = SD = SE, les extrémités de ces longueurs sont les sommets d'un polygone régulier dont le plan est perpendiculaire à Sx et le centre o sur Sx : on a donc formé ainsi une pyramide régulière.

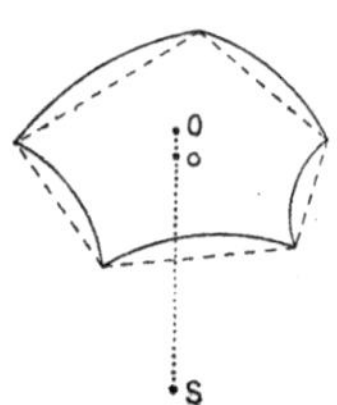

Fig. 577 *bis*.

La droite So est évidemment intérieure à l'angle polyèdre : prolongée au delà de o, elle coupe donc la sphère de centre S et de rayon SA en un point O (*fig.* 577 *bis*) intérieur au polygone sphérique ABCDE, et que nous appellerons le *pôle* de ce polygone. C'est en effet l'un des pôles du cercle qui lui est circonscrit, à savoir, celui qui est intérieur à ce cercle (puisque l'angle $\widehat{ASo}$ est aigu).

Inversement, l'angle polyèdre au sommet d'une pyramide régulière *admet* des rotations, c'est-à-dire qu'il existe des rotations qui le transforment en lui-même, à savoir, celles qui transforment en elle-

(1) On démontrerait de même qu'un polygone sphérique régulier est circonscriptible à un cercle.

même la base de la pyramide (Pl., **162**, Rem.). D'autre part, si un angle polyèdre admet une rotation dans laquelle chaque face prenne la place de la suivante, il peut être considéré comme l'angle au sommet d'une pyramide régulière et il est régulier, puisque chaque face est égale à la suivante et chaque dièdre égal au suivant [1].

Enfin, puisque tout polygone régulier admet des axes de symétrie, toute pyramide régulière et, par suite, tout angle polyèdre régulier admettent des plans de symétrie passant par l'axe S*o* des rotations dont nous venons de parler.

708. Polyèdres réguliers. — Nous nommerons *polyèdre régulier* un polyèdre convexe [2] dont toutes les faces sont des polygones réguliers égaux et dont tous les angles polyèdres sont réguliers et égaux (cette dernière condition pouvant évidemment être remplacée par celle-ci, que tous les dièdres sont égaux).

Théorème. — *Un polyèdre régulier admet* (au sens du n° précédent) *tout déplacement dans lequel une face f vient sur une face* [3] *f', l'intérieur du polyèdre transporté étant du même côté de f' que l'intérieur du polyèdre primitif.* Soient, en effet, f_1 une face contiguë à f suivant l'arête AB ; f'_1, A', B' les positions occupées par f_1, A, B après le déplacement. Le dièdre $\widehat{f'f'_1}$ est égal au dièdre du polyèdre donné suivant A'B' (ces deux dièdres étant tous deux égaux à ff_1) et de même sens (à cause de l'hypothèse faite sur la position du polyèdre relativement à la face f'). Donc le plan de f'_1 coïncidera avec celui de la face f'' qui est contiguë à f' suivant A'B', et comme les deux polygones f'_1, f'' sont égaux et situés du même côté par rapport au côté A'B' commun, ils coïncident.

Le raisonnement s'étendrait de même à toute face contiguë à f_1 et, de proche en proche, à chaque face du polyèdre : le théorème est donc démontré.

Parmi les déplacements dont il est question dans l'énoncé, on peut évidemment en trouver un qui fasse venir une face donnée quelconque f sur une face donnée quelconque f', et une arête quelconque AB de f sur une arête donnée quelconque A'B' de f' (sans qu'on puisse toutefois choisir arbitrairement celui des deux points A et B qui viendra sur A').

(1) L'angle polyèdre au sommet d'une pyramide régulière est toujours convexe, puisqu'il est coupé par un plan suivant un polygone convexe.

(2) Voir plus loin, page 408, note.

(3) La face f' peut ne pas être distincte de f, le déplacement en question étant un de ceux qui (Pl. **162**, Rem.) transforment f en elle-même.

Réciproquement, *si un polyèdre convexe admet un déplacement à l'aide duquel on puisse transporter une face quelconque f sur une face donnée quelconque f', une arête donnée quelconque* AB *de f venant sur une arête donnée quelconque* A'B' *de* F', *il est régulier.*

Car il a ses arêtes égales, les angles de ses faces égaux, et ses dièdres égaux.

Enfin il est aisé de voir que *tout polyèdre régulier admet des plans de symétrie.*

709. Théorème. — 1° *Tout polyèdre régulier est inscriptible à une sphère ;*

2° *Les angles polyèdres qui ont pour sommet commun le centre de cette sphère et pour sections respectives les différentes faces du polyèdre, divisent la sphère en polygones sphériques réguliers et égaux ;*

3° *Le polyèdre est circonscriptible à une sphère, concentrique à la première.*

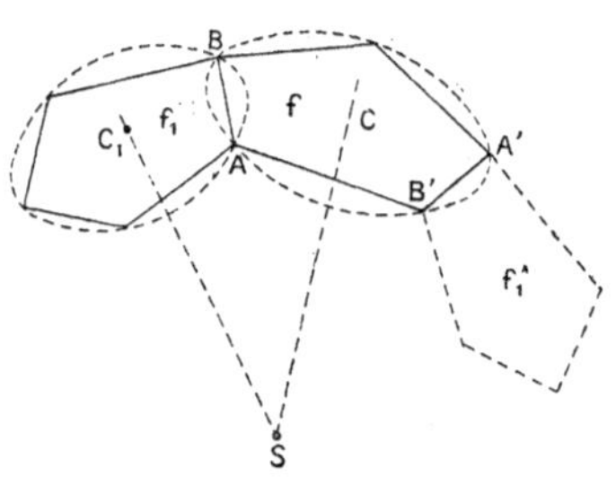

Fig. 578.

1° Considérons deux faces f, f_1 (*fig.* 578) du polyèdre contiguës suivant l'arête AB : les cercles C, C_1 circonscrits à ces deux faces, ayant deux points communs A, B, appartiennent à une même sphère dont le centre S est à l'intersection des axes de ces cercles.

La face f et, par suite, le polyèdre entier admettent une rotation, d'axe CS (*fig.* 578), transformant AB en un autre côté quelconque de f et par suite f_1 en une quelconque f'_1 des faces contiguës à f. Cette rotation laisse inaltérée la sphère S, puisque l'axe CS est un diamètre de cette sphère : donc S est aussi circonscrite à f'_1. On démontrerait de même que S est circonscrite à toute face voisine de f_1 ou de f'_1, et ainsi de suite : la conclusion demandée est donc établie.

On remarquera que les déplacements qu'admet le polyèdre sont tous des rotations, car ils laissent évidemment immobile le centre S.

Ces rotations peuvent d'ailleurs être de trois espèces différentes :

1° Rotations admises par une face déterminée quelconque;

2° Rotations admises par l'angle polyèdre en un sommet déterminé quelconque ;

3° Transpositions autour de la droite qui va du centre au milieu d'une arête.

Ces trois sortes de rotations laissent bien le polyèdre inaltéré ; et toute rotation qu'admet ce polyèdre appartient bien à l'une de ces trois catégories; car le point I où son axe perce la surface du solide est ou bien intérieur à une face, qui devra rester inaltérée par la rotation (sans quoi elle serait transformée en une autre ayant avec elle le point I commun, ce qui ne se peut) ; ou situé en un sommet, inaltéré dès lors par la rotation ; ou situé sur une arête admettant cette rotation et par conséquent perpendiculaire à son axe.

2° Les pyramides qui ont pour sommet commun S et pour bases respectives les faces du polyèdre sont régulières (puisque S est sur l'axe du cercle circonscrit à chaque face) et égales (puisqu'elles coïncident les unes avec les autres dans les différents déplacements susmentionnés) ; il en est donc de même de leurs angles polyèdres au sommet. D'ailleurs une demi-droite quelconque issue de S est intérieure à un et à un seul de ces angles polyèdres. Donc ceux-ci divisent la sphère en polygones réguliers égaux, chaque point de celle-ci étant intérieur à un polygone et à un seul.

3° Les pyramides régulières dont il vient d'être question, ont toutes même hauteur, rayon d'une sphère inscrite qui touche chaque face en son centre.

710. Réciproquement, *si la surface d'une sphère est divisée en polygones sphériques réguliers et égaux entre eux, les sommets de ces polygones sont les sommets d'un polyèdre régulier.*

En effet, les sommets de l'un quelconque F des polygones sphériques en question sont les sommets d'un polygone régulier plan f, et la pyramide p qui a f pour base et le centre S de la sphère pour sommet est régulière. Toutes les pyramides telles que p sont égales entre elles. Elles sont d'ailleurs extérieures les unes aux autres (puisque leurs angles polyèdres en S n'ont aucune partie commune). Leur ensemble forme un polyèdre P qui a pour faces les polygones f (les faces latérales des pyramides p disparaissant, puisque chacune d'elles est commune à deux pyramides adjacentes).

Ce polyèdre a bien ses faces régulières et égales entre elles et ses dièdres égaux entre eux (puisqu'ils sont tous doubles des dièdres à la base d'une pyramide p). Il reste à montrer qu'il est convexe.

711. A cet effet, soient B le pôle du polygone sphérique F et, de même, B',... les pôles des autres polygones analogues. Je dis qu'*un* *point quelconque de la sphère est plus rapproché du pôle du polygone auquel il appartient que de ceux des autres polygones.*

Soient M le point considéré (*fig.* 579), F un polygone sphérique de pôle B, qui ne contient pas M. Prenons dans F un point quelconque N et joignons N à M par un arc de grand cercle, plus petit qu'une demi-circonférence. Puisque M et N ne sont pas dans le même polygone, cet arc rencontrera les côtés d'un ou plusieurs polygones, par exemple (*fig.* 579) le côté AA_1, séparant F d'un polygone F′ de pôle B′; le côté $A'A'_1$, séparant F′ d'un polygone F″ de pôle B″; etc.

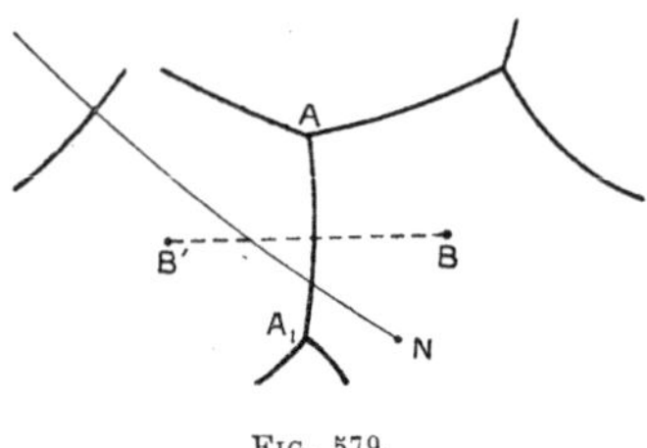

Fig. 579.

L'arc de grand cercle AA_1 est manifestement perpendiculaire sur le milieu de BB′. Or le point M est, par rapport à AA_1, du même côté que B′. Donc, il est (**469**, Rem.) plus près de B′ que B.

On démontrera de même qu'il est plus près de B″ que de B′, le pôle le plus rapproché étant, finalement, celui du polygone qui contient M.

Ce raisonnement s'applique évidemment au cas où M n'est pas à l'intérieur d'un polygone, mais est, par exemple, un sommet, avec cette seule exception qu'il appartient alors à plusieurs polygones et est également distant des pôles de ceux-ci; mais *il est plus rapproché de ces derniers pôles que de tous les autres.*

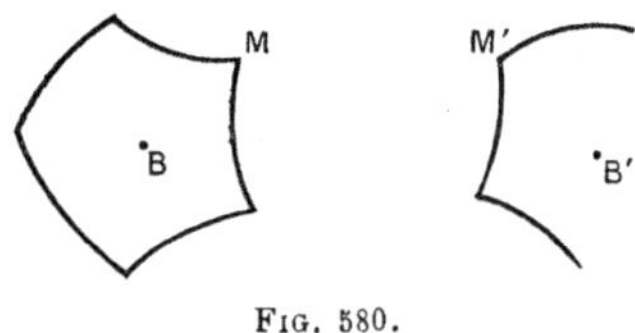

Fig. 580.

Par conséquent aussi *un pôle est plus rapproché des sommets du polygone correspondant que des sommets non appartenant à ce polygone* (car, si B est le pôle d'un polygone F, M un sommet de F, M′ un sommet n'appartenant pas à F, mais appartenant à un polygone F′ de pôle B′, la distance M′B est supérieure à M′B′, lequel est égal à MB (*fig.* 580)).

Or, cette dernière conclusion entraîne la convexité du polyèdre considéré : elle montre, en effet (**466**) que tous les sommets n'appartenant pas à une face *f* sont, par rapport au plan de cette face, du même côté que le centre de la sphère.

712. Théorème. — *A tout polyèdre régulier en correspond un autre qui a autant de sommets que le premier a de faces et inversement, le nombre des arêtes étant le même de part et d'autre.*

Le nombre des arêtes de chaque angle polyèdre de l'un des solides est égal au nombre des côtés de chaque face de l'autre.

Ce nouveau polyèdre régulier est dit le *conjugué* du premier.

La relation entre les deux polyèdres est réciproque.

Soient P un polyèdre régulier; F,F′,F″... les polygones sphériques en lesquels les sommets de P permettent de diviser la sphère circonscrite (*fig.* 581); A,A′,A″..., les sommets, B le pôle du polygone F. Les arcs de grands cercles BA,BA′,BA″... décomposent F en triangles sphériques isoscèles : si, dans chacun de ces triangles, par exemple BAA′, on mène l'arc de grand cercle (BC, *fig.* 581) perpendiculaire au côté du polygone et aboutissant (**469**) au milieu de ce côté, on a formé deux triangles sphériques rectangles symétriques l'un de l'autre. Opérons de même pour tous les polygones sphériques donnés et assemblons les triangles rectangles qui ont un sommet en A. Ces triangles ayant deux à deux un côté de l'angle droit commun (par exemple AC, *fig.* 581), le polygone sphérique G ainsi formé a pour sommets les pôles B,B′... des polygones F,F′... qui ont un sommet en A.

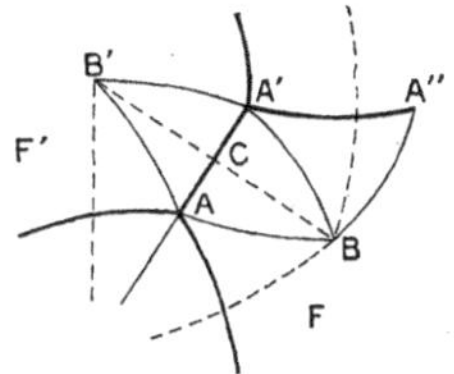

Fig. 581.

Comme ces points B,B′... sont sur un même cercle de pôle A et le divisent en parties égales, le polygone G est régulier. D'ailleurs les polygones analogues formés autour des autres sommets du polyèdre donné P sont évidemment tous égaux au premier. Donc (**710**-**711**) les points B,B′,B″... sont les sommets d'un polyèdre régulier P′.

Les pôles des polygones G sont d'ailleurs les sommets des polygones F et inversement, de sorte que les relations indiquées dans l'énoncé deviennent évidentes.

713. Chaque face du polyèdre donné P a pour centre un point *b* situé sur le rayon SB, qui va du centre de la sphère au pôle du polygone sphérique correspondant et à une distance constante de S. Les points tels que b sont donc les sommets d'un polyèdre P'_1, homothétique de P' par rapport au centre S.

Or le point b est le pôle d'une face de P par rapport à la sphère inscrite à ce polyèdre. Donc P'_1 *est la figure polaire réciproque de* P, par rapport à cette dernière sphère : les faces de P'_1 sont (**667**) dans les plans polaires des sommets de P ; les arêtes de P'_1 sont (**668**) les réciproques des arêtes de P.

Il résulte de là que deux polyèdres réguliers conjugués admettent les mêmes rotations.

714. Nous avons vu, en Géométrie plane, qu'il existe une infinité d'espèces de polygones réguliers. Il en est tout autrement en ce qui concerne les polyèdres ; on a, en effet, le théorème suivant :

Théorème. — *Il n'existe que cinq espèces de polyèdres réguliers.*

Sont considérés comme appartenant à la même espèce les polyèdres dont les angles polyèdres ont le même nombre d'arêtes, et les faces le même nombre de côtés. Nous verrons d'ailleurs que deux polyèdres réguliers de même espèce sont semblables [1].

Démonstration. — Soient m le nombre des côtés de chaque face d'un polyèdre régulier ; n, le nombre des arêtes de chaque angle polyèdre.

Chaque angle d'une face quelconque est exprimée (Pl., **163**, Rem.), l'angle droit étant pris pour unité, par le nombre $2 - \frac{4}{m}$; mais la somme des n angles groupés autour d'un sommet étant plus petite que 4 droits, chacun d'eux est inférieur à $\frac{4}{n}$; donc on a

$$2 - \frac{4}{m} < \frac{4}{n}$$

ou

$$\frac{1}{m} + \frac{1}{n} > \frac{1}{2}, \tag{15}$$

l'égalité étant exclue.

Cette inégalité fournit à elle seule la conclusion demandée. En effet, les nombres m et n sont tous deux au moins égaux à 3. Or, ils

(1) Il existe des polyèdres réguliers étoilés, analogues aux polygones réguliers étoilés. Comme dans le cas des polygones, tout polyèdre régulier étoilé a pour sommets les sommets d'un polyèdre régulier convexe. Dès lors, les polyèdres réguliers étoilés sont, eux aussi, en nombre limité.

ne peuvent être tous deux supérieurs à 3 : car, pour $m \geqslant 4$, $n \geqslant 4$, on a $\frac{1}{m} + \frac{1}{n} \leqslant \frac{1}{2}$. Donc l'un d'eux au moins a la valeur 3. Supposons que ce soit m, quitte à permuter m et n dans l'inégalité (15), laquelle est symétrique par rapport à ces deux nombres.

Alors il viendra

$$\frac{1}{3} + \frac{1}{n} > \frac{1}{2}$$

ou $n < 6$. Donc n ne peut recevoir que les valeurs 3, 4, 5.

La symétrie de l'inégalité (15) par rapport à m et à n ne doit pas nous étonner : ces deux nombres se permutent, en effet, entre eux lorsqu'on passe d'un polyèdre à son conjugué. Nous avons donc un couple de solutions conjuguées chaque fois que m et n sont différents : soient, en tout, les cinq solutions suivantes :

$$\begin{array}{ll} 1^\circ : & m = n = 3; \\ 2^\circ, 3^\circ : & m, n = 3, 4; \\ 4^\circ, 5^\circ : & m, n = 3, 5. \end{array}$$

C. Q. F. D.

715. Le théorème d'Euler permet, non seulement d'obtenir l'inégalité (15), mais de trouver à quoi est égale la différence des deux membres.

Soient, en effet, comme précédemment, F, S, A les nombres des faces, des sommets et des arêtes. Chaque face ayant m arêtes, elles en ont en tout mF : mais chaque arête est ainsi comptée deux fois, puisqu'elle est commune à deux faces : on a donc

$$(16) \qquad mF = 2A;$$

de même (une arête joignant deux sommets),

$$(16') \qquad nS = 2A;$$

Il suffit de tirer de ces deux formules les valeurs de F et de S, puis de les reporter dans la formule

$$F + S = A + 2$$

pour obtenir

$$(15') \qquad \frac{1}{m} + \frac{1}{n} = \frac{1}{2} + \frac{1}{A}.$$

Une fois connus les nombres m et n, on voit que A sera connu par l'équation précédente, après quoi les relations (16) et (16′) donnent F et S. On a ainsi :

$$\begin{array}{lll} 1^{o}\ \text{Pour}\ m = n = 3: & A = 6,\ F = S = 4; \\ 2^{o}, 3^{o}\ \ -\ \ m, n = 3, 4: & A = 12;\ F, S = 8, 6; \\ 4^{o}, 5^{o}\ \ -\ \ m, n = 3, 5: & A = 30;\ F, S = 20, 12. \end{array}$$

Le raisonnement que nous venons de présenter ne suppose nullement l'égalité des angles ou des côtés. Il fournit la démonstration de la proposition plus générale suivante : *Il n'existe que cinq espèces de polyèdres dont toutes les faces aient le même nombre de côtés et tous les angles polyèdres le même nombre d'arêtes.*

716. Il est d'ailleurs à remarquer que l'inégalité (15) est encore fournie par le triangle sphérique ABC (fig. 581) qui a l'angle en C droit, l'angle en $\widehat{A}$ égal à $\frac{2}{n}$ dr. (puisqu'il y a, autour de A, $2n$ angles égaux dont la somme fait 4 dr.) et l'angle en B égal à $\frac{2}{m}$ dr. : il suffit d'écrire que la somme de ces angles est supérieure à 2 dr.

De plus, la considération de ce triangle montre, comme nous l'avions annoncé tout à l'heure, que *deux polyèdres réguliers de même espèce sont semblables*. Car si, d'abord, les sphères circonscrites ont même rayon, le triangle ABC, formé à l'aide du premier polyèdre, sera égal[1] au triangle analogue formé à l'aide du second (puisqu'ils auront leurs angles égaux chacun à chacun) et il est dès lors clair que les deux polyèdres sont égaux. Donc aussi, dans le cas général, deux polyèdres réguliers de même espèce sont semblables.

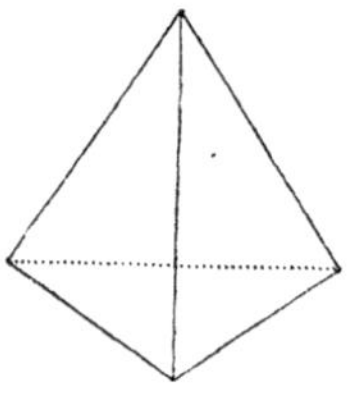

Fig. 582.

717. Les cinq solutions précédemment trouvées de l'inégalité (15) correspondent effectivement à cinq polyèdres réguliers que nous allons apprendre à former.

1° Le *tétraèdre* régulier (*fig.* 582) ($m = n = 3$, $F = S = 4$, $A = 6$) est évidemment une pyramide triangulaire qui a pour base un triangle équilatéral et dont les arêtes latérales sont toutes égales au

(1) Les triangles rectangles tels que ABC étant, pour un même polyèdre régulier, symétriques deux à deux, on peut toujours choisir, dans les deux polyèdres considérés, deux triangles de cette espèce ayant la même disposition.

côté de la base ; et il est également évident qu'un tel tétraèdre satisfait à la définition du polyèdre régulier ;

2° Le *cube* est un polyèdre régulier ($m=4$, $n=3$, $F=6$, $S=8$, $A=12$) ;

3° Par conséquent l'*octaèdre* ($m=3$, $n=4$, $F=8$, $S=6$, $A=12$), polyèdre conjugué du cube, peut être considéré comme ayant pour sommets les centres des faces de celui-ci (fig. 583) : autrement dit, on le formera en portant, sur les arêtes d'un trièdre trirectangle, six segments égaux SA, SA′, SB, SB′, SC, SC′ (*fig.* 583) à partir du sommet du trièdre et joignant deux à deux les extrémités de ces segments ;

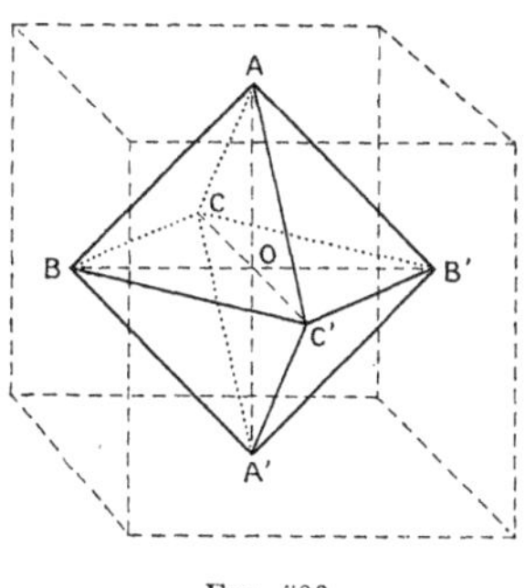

Fig. 583.

4° *Dodécaèdre* ($m=5$, $n=3$, $F=12$, $S=20$; $A=30$). Puisque les nombres 3 et 5 satisfont à l'inégalité (15), on peut construire un trièdre $a.bcd$ (*fig.* 584) dont les faces soient toutes trois égales à l'angle du pentagone régulier et placer dans ces faces les trois pentagones réguliers égaux numérotés 1, 2, 3 sur la figure et compris, le premier entre ac et ad, le second entre ad et ab, le troisième entre ab et ac. Si, autour de l'axe du pentagone 1, c'est-à-dire de la droite Ox menée par le centre de ce pentagone perpendiculairement à son plan, on effectue une rotation dont l'angle soit la cinquième partie de la circonférence, le côté da viendra prendre la place de ac et, par conséquent (à cause de l'égalité des dièdres $\widehat{ad}$ et $\widehat{ac}$) le pentagone 2, celle

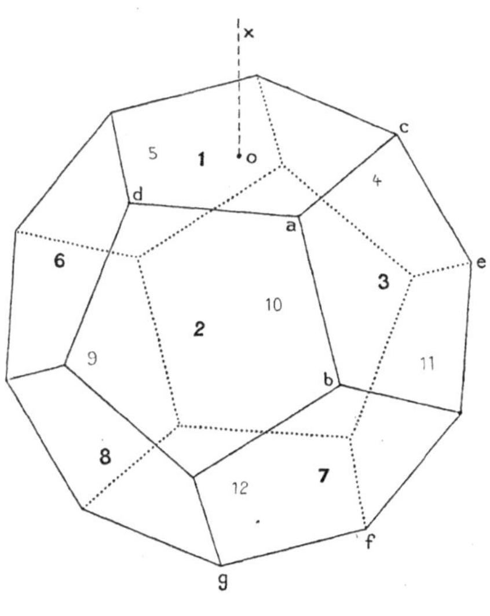

Fig. 584.

de son égal 3 (ab venant sur un côté ce du pentagone 3). Il en résulte évidemment qu'en répétant successivement cette rotation, on obtiendra trois autres pentagones (que nous désignerons par les numéros 4, 5, 6) adjacents à 1 et dont chacun sera adjacent au précédent et au suivant (le dernier étant adjacent à 2).

De même, une rotation autour de l'axe du pentagone 2 transforme le pentagone 6 en 1 et en 3 : la même rotation, effectuée plusieurs fois de suite, donnera donc les pentagones 7 (adjacent à 2 et à 3) et 8 (adjacent à 7, 2, et 8).

Si, maintenant, nous effectuons, autour de l'axe primitif Ox, la rotation qui fait venir 3 sur 2 et 2 sur 6, la face 7 est changée en un pentagone régulier adjacent à 2 et à 6, lequel coïncide évidemment avec 8. Donc aussi cette même rotation, effectuée trois autres fois, donnera trois pentagones 9, 10, 11 adjacents chacun à deux des faces 2, 3, 4, 5, 6 et adjacents entre eux (puisque 7 et 8 possèdent ces propriétés).

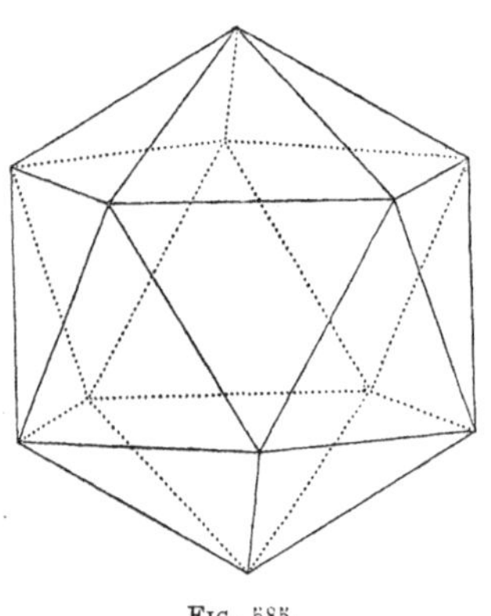

Fig. 585.

Enfin puisque les sommets libres des faces 7, 8, 9, 10, 11 (par exemple f, g, *fig.* 584) dérivent les uns des autres par la rotation en question, ils forment un pentagone plan régulier, qui est la douzième face du polyèdre[1].

5° *Icosaèdre* ($m = 3$, $n = 5$, $F = 20$, $S = 12$, $A = 30$). L'icosaèdre régulier se déduira sans difficulté du polyèdre précédent, puisqu'il est son conjugué. Il est représenté *fig.* 585.

718. Calcul des dimensions des polyèdres réguliers. — Soient r le rayon de la sphère inscrite, R celui de la sphère circonscrite, ρ celui du cercle circonscrit à une face.

Les rapports mutuels de ces trois longueurs sont les mêmes pour un polyèdre régulier et pour son conjugué.

Soient en effet A (*fig.* 586) un sommet du premier polyèdre P, b le

(1) Nous admettons que les faces ainsi construites ne se croisent pas entre elles et délimitent un polyèdre, lequel est convexe. On trouvera une démonstration entièrement rigoureuse dans la note H, où nous abordons la question par une voie différente.

centre d'une face à laquelle appartient ce sommet; S, le centre de la sphère circonscrite. Le polyèdre conjugué P′ pourra être considéré comme ayant un sommet en un point B′ de Sb, le centre d'une face à laquelle appartient ce sommet étant la projection a′ de B′ sur SA. Les quantités r, R, ρ sont : pour le premier polyèdre Sb, SA, bA ; pour le second Sa′, SB′, a′B′. Notre conclusion ressort donc de la similitude des triangles rectangles SAb, Sa′B′.

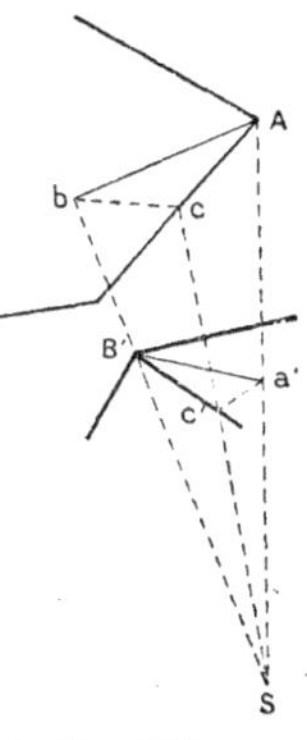

FIG. 586.

Soient maintenant m le nombre des côtés de chaque face de P, n le nombre correspondant pour P′; c le milieu d'une arête issue de A dans la face de centre b du polyèdre P; c′, le milieu de l'arête correspondante (issue du point B′ et située dans la face de centre a′) du polyèdre P′ : de sorte que c et c′ sont sur un même rayon perpendiculaire à Ac, B′c′ (*fig.* 586), bc étant d'ailleurs perpendiculaire à Sb et a′c′ à Sa′.

Désignons, comme en Géométrie plane (liv. V, ch. VII), par c_m, a_m, le côté et l'apothème du polygone de m côtés inscrit au cercle de rayon 1 : on aura :

$$(17)\qquad \text{Ac} = \text{bA}.\ \frac{c_m}{2},\qquad \text{bc} = \text{bA}.\ a_m.$$

$$(17')\qquad \text{B}'\text{c}' = \text{B}'\text{a}'.\ \frac{c_n}{2},\qquad \text{a}'\text{c}' = \text{B}'\text{a}'.\ a_n.$$

Mais les triangles rectangles semblables Sbc, SB′c′ d'une part, SAc, Sa′c′ de l'autre donnent

$$\frac{\text{bc}}{\text{B}'\text{c}'} = \frac{\text{Sb}}{\text{Sc}'},\qquad \frac{\text{Ac}}{\text{a}'\text{c}'}, = \frac{\text{SA}}{\text{Sc}'};$$

remplaçant bc, B′c′, Ac, a′c′ par les valeurs précédentes et divisant membre à membre pour éliminer Sc′, il vient

$$\frac{a_m \cdot a_n}{\left(\frac{c_m}{2}\right)\left(\frac{c_n}{2}\right)} = \frac{\text{Sb}}{\text{SA}} = \frac{r}{\text{R}}.$$

Comme, d'ailleurs R^2 est égal à $r^2 + \rho^2$, on peut écrire

$$\frac{r}{a_m \cdot a_n} = \frac{\text{R}}{\frac{c_m}{2}\cdot\frac{c_n}{2}} = \frac{\rho}{\sqrt{\left(\frac{c_m}{2}\right)^2\left(\frac{c_n}{2}\right)^2 - a_m^2 a_n^2}},$$

la quantité qui figure sous le radical au dernier dénominateur pouvant (en raison des relations $a_m^2 + \left(\frac{c_m}{2}\right)^2 = a_n^2 + \left(\frac{c_n}{2}\right)^2 = 1$) être remplacée[1] par $1 - a_m^2 - a_n^2$ ou $\left(\frac{c_m}{2}\right)^2 + \left(\frac{c_n}{2}\right)^2 - 1$ ou $\left(\frac{c_m}{2}\right)^2 - a_n^2$.

Une fois connus les rapports mutuels de r, R, ρ, les côtés des polyèdres sont évidemment fournis par les relations (17) et (17′).

Prenant R comme terme de comparaison, nous trouverons :

Tétraèdre.

$$c_m = c_n = \sqrt{3}; \qquad a_m = a_n = \frac{1}{2} \qquad \text{(Pl., } \mathbf{167}\text{)},$$

$$r = \frac{R}{3}; \ \rho = \frac{2\sqrt{2}}{3} R; \text{ côté} : \rho c_m = \frac{2\sqrt{6}}{3} R.$$

Cube. Octaèdre.

$$c_m = \sqrt{2},\ c_n = \sqrt{3}; \qquad a_m = \frac{\sqrt{2}}{2},\ a_n = \frac{1}{2} \qquad \text{(Pl., } \mathbf{166}\text{)},$$

$$r = \frac{R}{\sqrt{3}}; \ \rho = \sqrt{\frac{2}{3}} R; \text{ côtés} : \begin{cases} \rho c_m = \dfrac{2}{\sqrt{3}} R & \text{(cube)} \\ \rho c_n = \sqrt{2}\ R & \text{(octaèdre)} \end{cases}$$

Dodécaèdre. Icosaèdre.

$$c_m = \frac{\sqrt{10 - 2\sqrt{5}}}{2},\ c_n = \sqrt{3}; \qquad a_m = \frac{\sqrt{5} + 1}{4},\ a_n = \frac{1}{2} \qquad \text{(Pl., } \mathbf{170}\text{)},$$

$$r = \frac{\sqrt{5} + 1}{\sqrt{10 - 2\sqrt{5}}\sqrt{3}} R = \sqrt{\frac{5 + 2\sqrt{5}}{15}} R; \qquad \rho = \sqrt{\frac{10 - 2\sqrt{5}}{15}} R;$$

$$\text{côtés} : \begin{cases} \rho c_m = \dfrac{\sqrt{5} - 1}{\sqrt{3}} R & \text{(dodécaèdre)} \\ \rho c_n = \sqrt{\dfrac{10 - 2\sqrt{5}}{5}} R = \sqrt{2\left(1 - \dfrac{1}{\sqrt{5}}\right)} R & \text{(icosaèdre).} \end{cases}$$

(1) La condition qui exprime que cette quantité est positive n'est autre que l'inégalité (15), en vertu des relations $a_m = \cos\frac{\pi}{m}$, $c_m = 2\sin\frac{\pi}{m}$ (Bourlet, *Trigonométrie*, liv. I, ch. v, n° 71).

EXERCICES

1001. Tous les polygones plans convexes ont la même connexion (on montrera d'abord le fait pour les triangles (**634**, 1°), puis, à l'aide du résultat trouvé, on montrera qu'on peut, sans changer la connexion, passer d'un polygone quelconque à un polygone ayant un côté de moins (comparer Pl., **265**)).

(Le théorème est, d'ailleurs, également exact pour les polygones concaves).

1002. L'ordre de connexion d'une portion quelconque de l'aire d'un polyèdre est de même parité que le nombre de ses bords (exemple : l'aire représentée figure 569 a deux bords et est à connexion double).

On observera que toute section augmente ou diminue d'une unité le nombre des bords.

En particulier, si l'on supprime d'un polyèdre qui satisfait aux conditions du n° **698** une face quelconque, on obtient toujours une surface polyédrale dont l'ordre de connexion est impair.

1003. Dans tout polyèdre, on a (en désignant par A le nombre des arêtes) :

$$2A = 3F_3 + 4F_4 + 5F_5 \ldots = 3S_3 + 4S_4 + 5S_5 + \ldots$$

en désignant par $F_3, F_4, F_5, \ldots$ les nombres de faces triangulaires, quadrilatères, pentagones,... par $S_3, S_4, S_5 \ldots$ les nombres d'angles polyèdres à trois, quatre, cinq... faces (comparer **715**).

1004. Dans tout polyèdre de genre zéro, on a (notations du n° **705**) :

$$6F - 12 \geqslant 2A \geqslant 3F \geqslant A + 6$$
$$6S - 12 \geqslant 2A \geqslant 3S \geqslant A + 6$$

(Pour cet exercice et les suivants, utiliser ex. précédent).

1005. Un polyèdre de genre zéro a au moins une face triangulaire ou au moins un angle trièdre.

Le nombre des faces triangulaires, augmenté de celui des angles trièdres, donne un total au moins égal à 8.

1006. Dans un polyèdre de genre zéro, il est impossible que toutes les faces aient plus de cinq côtés, et il est impossible que tous les angles polyèdres aient plus de cinq faces.

1007. Il n'y a pas de polyèdre de genre zéro qui ait exactement sept arêtes (ex. 1004).

1008. Un polyèdre de genre zéro a exactement cinq faces. Quelles valeurs peuvent avoir le nombre des sommets et celui des arêtes ?

1009. Un polyèdre de genre zéro qui n'a ni face triangulaire ni face quadrilatère a au moins douze faces pentagones et vingt angles trièdres. Énoncé analogue pour un polyèdre qui n'a ni angle trièdre ni angle tétraèdre.

Un polyèdre de genre zéro qui n'a ni face quadrangulaire ni face pentagone, a au moins quatre faces triangulaires.

1010. La somme des angles de toutes les faces d'un polyèdre de genre zéro est double de celle d'un polygone convexe plan ayant le même nombre de sommets.

1011. Si un point a est du même côté que le centre de la sphère directrice S, par rapport à un plan P, le pôle de P est du même côté que le centre de cette sphère S, par rapport au plan polaire de a.

En conclure qu'un polyèdre convexe a pour polaire réciproque, par rapport à une sphère ayant pour centre un point intérieur, un polyèdre convexe ayant pour sommets les pôles des faces du premier, pour faces les plans polaires de ses sommets et pour arêtes les réciproques de ses arêtes.

Les points intérieurs au nouveau polyèdre correspondent aux plans entièrement extérieurs à l'ancien, et inversement.

1012. Montrer que le théorème d'Euler, pour les polyèdres convexes, se déduit du théorème qui donne l'aire d'un polygone sphérique (faire une perspective sur une sphère ayant pour centre un point intérieur au polyèdre).

Qu'obtient-on en exprimant l'aire du triangle sphérique ABC (*fig.* 581) en fonction de ses angles?

1013. Si un point varie à l'intérieur d'un polyèdre régulier, la somme de ses distances aux faces reste constante.

1014. En prolongeant quatre faces convenablement choisies d'un octaèdre régulier, on forme un tétraèdre régulier et on peut ainsi former deux tétraèdres avec les faces de l'octaèdre donné.

1015. Il existe cinq cubes dont chacun a ses sommets parmi ceux d'un dodécaèdre régulier donné. Chaque arête d'un de ces cubes est diagonale d'une des faces du dodécaèdre. Chaque sommet du dodécaèdre appartient à deux des cubes dont nous venons de parler.

1016. Inversement, un cube étant donné, marquons sur chaque arête le sens qui va d'un sommet appartenant au premier des tétraèdres réguliers qu'on peut inscrire au cube (ex. 526) à un sommet appartenant au second de ces tétraèdres, puis menons par cette arête un plan faisant, extérieurement au polyèdre, un angle aigu déterminé α avec la face du cube située à gauche de l'arête considérée, par rapport au sens marqué sur cette arête.

Les douze plans ainsi menés sont les douze faces d'un polyèdre nommé *dodécaèdre pentagonal* (1). Montrer que, pour une certaine valeur de α, le dodécaèdre pentagonal est un dodécaèdre régulier.

Si l'on joint un sommet du dodécaèdre régulier n'appartenant pas au cube au centre de la face cubique la plus voisine et au sommet le plus voisin de cette face, les deux droites de jonction font avec la face du cube, la première un angle de 45°, la seconde un angle de 30°.

Construire, à l'aide de cette double remarque, la projection du dodécaèdre régulier sur un plan parallèle à une face du cube inscrit.

1017. On peut, avec les faces d'un icosaèdre régulier convenablement choisies et prolongées, former cinq octaèdres réguliers.

Inversement, un octaèdre régulier étant donné, marquons sur chaque arête le sens par rapport auquel la face qui appartient au premier des deux tétraèdres qu'on peut former avec les faces du solide (ex. 1014) paraît être à gauche; puis divisons cette arête dans un rapport déterminé, le plus grand segment précédant

(1) Le dodécaèdre pentagonal est la forme sous laquelle se présentent naturellement certains minéraux (*pyrite*). On sait qu'il en est de même pour l'octaèdre régulier (*alun*) et pour le cube.

l'autre, lorsqu'on suit l'arête dans le sens marqué. Montrer que, pour une certaine valeur du rapport de division, les points de division sont les sommets d'un icosaèdre régulier. Trouver cette valeur.

1018. Calculer, pour chaque espèce de polyèdres réguliers, le rayon de la sphère tangente à toutes les arêtes.

1019. Calculer les volumes des différents polyèdres réguliers inscrits dans la sphère de rayon R.

Deux polyèdres réguliers conjugués inscrits dans une même sphère sont entre eux comme les rayons des sphères dont l'une est tangente à toutes les arêtes du premier et l'autre à toutes les arêtes du second.

1020. Si, dans un polyèdre régulier, on considère les milieux C, C′ de deux arêtes quelconques, il existe un polygone régulier plan, ayant pour centre le centre de la sphère circonscrite au polyèdre et pour sommets les milieux de certaines de ses arêtes, deux de ces sommets étant les points C, C′.

Démontrer cette proposition : 1° directement; 2° en appliquant la composition des rotations.

1021. Déduire de l'exercice précédent le calcul des dimensions des polyèdres réguliers.

(On prendra pour C, C′ les milieux de deux arêtes consécutives d'une même face).

Comparer les résultats auxquels conduit l'application de la méthode à un polyèdre et à son conjugué.

Montrer que si λ est le nombre des côtés du polygone régulier (ex. précédent) qui a pour sommets consécutifs C et C′ et pour centre le centre de la sphère circonscrite au polyèdre, m et n les nombres considérés dans le texte (**714**), on a

$$\left(\frac{c_\lambda}{2}\right)^2 = \left(\frac{c_m}{2}\right)^2 - a_n{}^2 = \left(\frac{c_n}{2}\right)^2 - a_m{}^2.$$

Pour le dodécaèdre et l'icosaèdre, on a ainsi les relations données aux exercices 181, 182; pour le cube et l'octaèdre, la relation analogue concernant l'hexagone, le carré et le triangle équilatéral.

On a ensuite $\dfrac{\mathrm{R}}{\dfrac{c_m}{2}\dfrac{c_n}{2}} = \dfrac{r}{a_m a_n} = \dfrac{\rho}{\dfrac{1}{2}\lambda}$, et les côtés des deux polyèdres sont

$$\frac{2\mathrm{R}c_\lambda}{c_n},\ \frac{2\mathrm{R}c_\lambda}{c_m}.$$

1022. Le dièdre V compris entre deux faces adjacentes d'un polyèdre régulier est donné par la formule

$$\operatorname{Sin}\frac{\mathrm{V}}{2} = \frac{a_m}{\frac{1}{2}c_n}.$$

$\frac{\mathrm{V}}{2}$ est un angle aigu d'un triangle rectangle dont les côtés sont mesurés par a_m, $\frac{1}{2}c_\lambda$ (ex. précéd.), $\frac{1}{2}c_n$.

CHAPITRE VI

SECTIONS PLANES DU CONE ET DU CYLINDRE DE RÉVOLUTION

719. Théorème. — *La section d'un cône de révolution par un plan est :*

Une ellipse, si le plan mené par le sommet, parallèlement au plan sécant, est extérieur au cône ;

Une hyperbole, si le plan mené par le sommet, parallèlement au

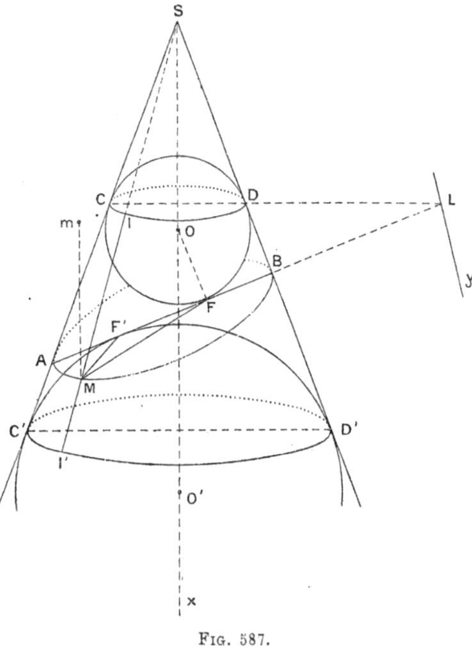

Fig. 587.

plan sécant, coupe le cône suivant deux génératrices distinctes ;

Une parabole, si le plan mené par le sommet, parallèlement au plan sécant, est tangent au cône.

Soient S le sommet du cône, Sx son axe, P le plan sécant. Par Sx, menons un plan perpendiculaire à P, lequel coupera le cône suivant deux génératrices SA, SB : nous prendrons ce plan SAB, qui est un plan de symétrie de la figure, comme plan du tableau.

Conformément à l'énoncé, nous distinguerons trois cas :

1er CAS. — (Le plan parallèle à P, mené par S, est extérieur au cône). Soient A et B les points d'intersection des génératrices situées dans le plan du tableau avec le plan P (*fig.* 587).

Parmi les cercles tangents aux trois côtés du triangle SAB, deux ont leurs centres O, O′ situés sur Sx : ce sont le cercle inscrit et le cercle exinscrit dans l'angle S. Leurs points de contact F, F′ avec AB sont situés tous deux entre A et B; leurs points de contact C, D, C′, D′ (*fig.* 587) avec SA et SB sont sur SA, SB eux-mêmes pour le cercle O; sur SA et SB prolongés au delà de A et de B, pour le cercle O′.

Faisons tourner la figure (à l'exception de AB) autour de Sx. Les droites SA, SB engendrent le cône; les cercles O, O′ engendrent deux sphères inscrites dans le cône (**452**), la première suivant le parallèle CD, la seconde suivant le parallèle C′D′. Ces deux sphères sont d'ailleurs tangentes en F, F′ au plan P (**354**).

Soit maintenant M un point quelconque de la section. La génératrice qui passe par M coupe les cercles CD, C′D′ en deux points I, I′ et, en ces points, elle est tangente aux sphères O, O′. MF étant d'autre part tangente à la sphère O et MF′ à la sphère O′, on a, en vertu du théorème du n° **452**,

$$MF = MI, \quad MF' = MI'.$$

Or, la somme MI + MI′ est égale au segment II′, lequel est constant, car il se déduit de CC′ par une rotation autour de Sx. Donc le lieu est une ellipse de foyers F, F′.

Corollaire. — *A chacun des foyers correspond une droite du plan sécant* (appelée *directrice*) *telle que la distance d'un point quelconque de la section à cette droite soit dans un rapport constant avec la distance de ce même point au foyer.*

En effet, nous venons de voir que l'on a MF = MI. Or, MI est dans un rapport constant avec la distance Mm du point M au plan du cercle CD, car le triangle rectangle MmI a son angle en M constant (égal à l'angle de SI avec l'axe du cône) et, puisque M est dans le plan fixe P, cette distance Mm est elle-même proportionnelle (**360**) à la distance du point M à la droite Ly (*fig.* 587), intersection du plan P avec le plan du cercle CD.

719 *bis.* 2e CAS. — (Le plan parallèle à P, mené par S, coupe le cône suivant deux génératrices). Soient encore A et B (*fig.* 588) les points où les génératrices situées dans le plan du tableau rencontrent P. Ces points sont sur deux nappes différentes du cône. Parmi les cercles tangents aux trois côtés du triangle SAB, les deux qui ont leurs centres O, O′ sur l'axe sont exinscrits dans les angles en A et en B. Leurs points de contact F,F′ avec AB comprennent entre eux le segment AB.

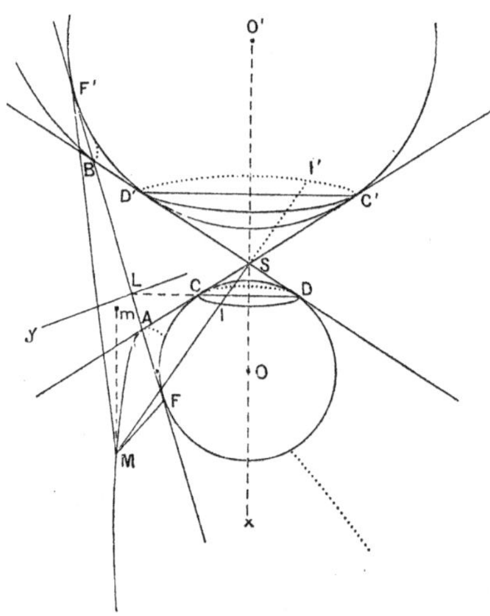

FIG. 588.

Leurs points de contact avec SA, SB seront encore désignés par C,D, C′,D′ (*fig.* 588), le point C étant entre S et A, le point D′ entre S et B.

Lorsqu'on fait tourner la figure (à l'exception de AB) autour de Sx, SA et SB engendrent le cône; les cercles O,O′ donnent deux sphères inscrites suivant les parallèles CD, C′D′ et tangentes au plan P en F,F′.

M étant un point quelconque de la section, la génératrice qui passe en ce point rencontre les cercles CD, C′D′ en deux points I, I′ et l'on a encore MF = MI, MF′ = MI′, de sorte que la différence entre MF et MF′ est égale à celle qui existe entre MI et MI′, c'est-à-dire à II′ : longueur constante (comparer 1°) et égale à CC′. Donc le lieu est une hyperbole de foyers F, F′.

Les deux branches de l'hyperbole sont évidemment situées chacune sur une des deux nappes du cône.

Remarque. — Si le plan P, se déplaçant parallèlement à lui-même, vient à passer par le sommet du cône, la section se réduit à un système de deux génératrices.

On voit donc qu'*un système de deux droites concourantes est une forme limite d'hyperbole.*

Corollaire. — *A chacun des foyers correspond une droite du plan sécant* (appelée *directrice*) *telle que la distance d'un point quelconque de la section à cette droite soit dans un rapport constant avec la distance de ce même point au foyer.*

Cette droite est (comme en 1°) l'intersection du plan sécant P et du plan du parallèle suivant lequel l'une des deux sphères O, O′ est inscrite au cône.

720. 3e Cas. — (Le plan mené par S, parallèlement à P, est tangent au cône). La génératrice de contact est alors, par raison de symétrie, dans le plan mené par Sx perpendiculairement à P ; c'est donc une des deux droites SA, SB. Nous nommerons SB cette génératrice, et A sera le point où l'autre génératrice située dans le plan du tableau rencontrera P, de sorte que Ab (*fig.* 589) sera la trace (parallèle à SB) de P sur le plan du tableau.

Il n'y a (Pl., **94**) que deux cercles tangents aux trois droites SA, SB, Ab : un seul a son centre O sur Sx : soient C, D, F (*fig.* 589) ses points de contact. Les deux premiers engendrent (comme en 1° et 2°), par révolution autour de l'axe, le parallèle de contact du cône donné avec la sphère de centre O et de rayon OF.

On voit, comme tout à l'heure (1° 2°, Corollaires), que la distance d'un point quelconque M de la section au point F est dans un rapport constant avec la distance du même point à la droite Ly, intersection du plan P avec le plan du cercle CD, droite qui est évidemment perpendiculaire au plan du tableau (**355**, Coroll. II), son intersection avec ce plan étant le point L où se rencontrent les droites Ab, CD.

Or, lorsque le point M est en A, sa distance à Ly n'est autre que AL; d'autre part, AL est égal à AC, car le triangle LAC est manifestement semblable au triangle isoscèle SCD. Comme AC est égal à AF,

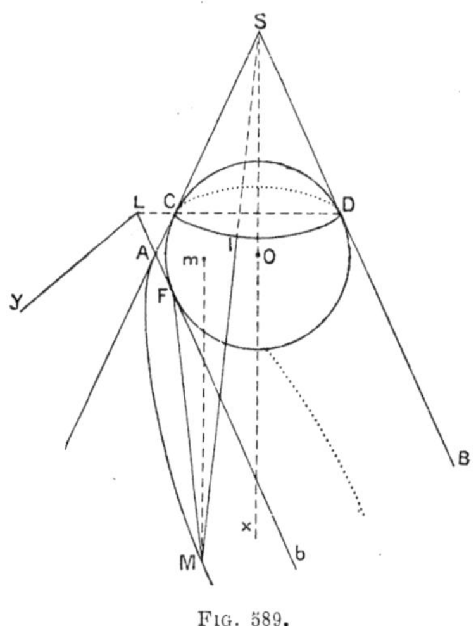

Fig. 589.

nous voyons que le rapport constant des distances du point M au point F et à la droite Ly est égal à l'unité. Donc la section est une parabole ayant F pour foyer et Ly pour directrice.

Remarque. — C'est en raison du théorème précédent (et des réciproques démontrées plus loin, n° **722**) que l'ellipse, l'hyperbole et la parabole ont reçu le nom commun de *sections coniques* (ou simplement *coniques*).

721. *Cas du cylindre.*

Théorème. — *La section d'un cylindre de révolution par un plan est une ellipse.*

Ce théorème peut évidemment être regardé comme un cas limite du précédent (1°), le sommet du cône étant supposé rejeté à l'infini. La démonstration est d'ailleurs calquée sur les précédentes : le plan du tableau mené perpendiculairement au plan sécant P, par l'axe du cylindre, coupe ce dernier suivant deux génératrices parallèles Aa, Bb (*fig.* 590) qui remplaceront les génératrices SA, SB du raisonnement relatif au cône. Les deux cercles O, O′ étant, comme précédemment, déterminés de manière à être tangents à ces deux droites et à la trace AB du plan P sur le plan du tableau, le raisonnement s'achève sans modification (voir la figure 590, où les notations sont les mêmes que sur la figure 587).

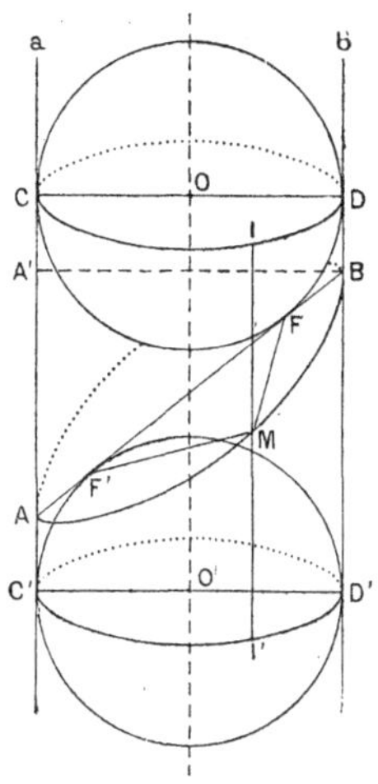

FIG. 590.

722. Les théorèmes suivants peuvent être considérés comme les réciproques des précédents.

Théorème. — *Une ellipse quelconque donnée peut être placée sur un cône de révolution quelconque donné.*

Cherchons à déterminer le plan sécant P de la figure 587, de manière que la section soit une ellipse E égale à une ellipse donnée.

A cet effet, remarquons que AB devra être le grand axe de l'ellipse E et, par conséquent, égal au grand axe $2a$ de l'ellipse donnée. D'autre part, F et F′ étant les foyers de E, $FA - FB = FA - F'A = FF'$ devra être égal à la distance focale $2c$ de l'ellipse donnée. Or on a évidemment

$$FA - FB = AC - BD = AC + SC - (BD + SD) = SA - SB.$$

Donc $$SA - SB = 2c.$$

Réciproquement, si les distances SA, SB sont telles que $SA - SB = 2c$, $AB = 2a$ (les génératrices SA, SB étant dans un même plan avec l'axe), le plan mené par AB perpendiculairement au plan SAB coupera le cône suivant une ellipse dont la distance focale sera $2c$ et le grand axe $2a$, donc égale à l'ellipse donnée.

Tout revient, par suite, à construire le triangle SAB, dans lequel on connaît l'angle en S (égal à l'angle au sommet du cône), le côté opposé AB et la différence $SA - SB$.

Prenons sur SB prolongé, $SA' = SA$ (*fig.* 591), de sorte que

BA′ = SA — SB. L'angle AA′B est connu, il est égal (puisque SAA′ est isoscèle) au demi-supplément de l'angle au sommet du cône. Nous connaissons donc, dans le triangle BAA′, deux côtés AB, BA′ et l'angle opposé à l'un d'eux ; de plus, puisque l'angle connu est aigu et le côté opposé plus grand que le côté adjacent, nous sommes dans un cas (Pl. **87**) où le problème admet une solution, et une seule. Une fois le triangle BAA′ construit, il suffira de mener la perpendiculaire au milieu de AA′, laquelle coupera bien A′B prolongé au delà du point B (à cause de la double circonstance que nous venons de rappeler).

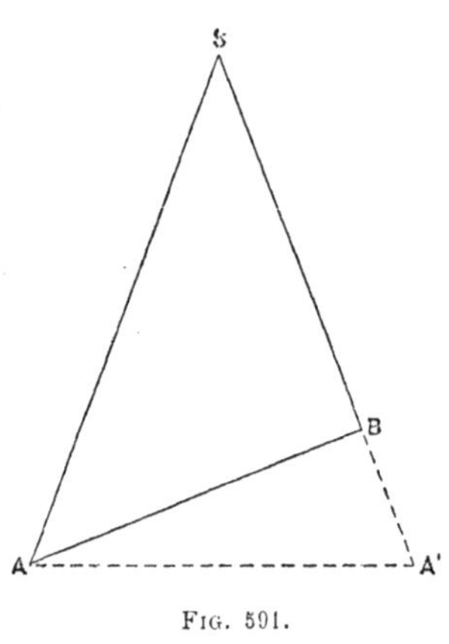

Fig. 591.

Corollaire. — I. *Toute ellipse a une directrice* (**719**, Coroll.) *correspondante à chaque foyer*, puisqu'elle peut être considérée comme la section d'un cône de révolution.

II. *Le lieu des sommets des cônes de révolution qui passent par une ellipse est une hyperbole* (*fig.* 592) *qui a pour sommets les foyers de l'ellipse donnée, pour foyers les sommets du grand axe et dont le plan est perpendiculaire au premier.*

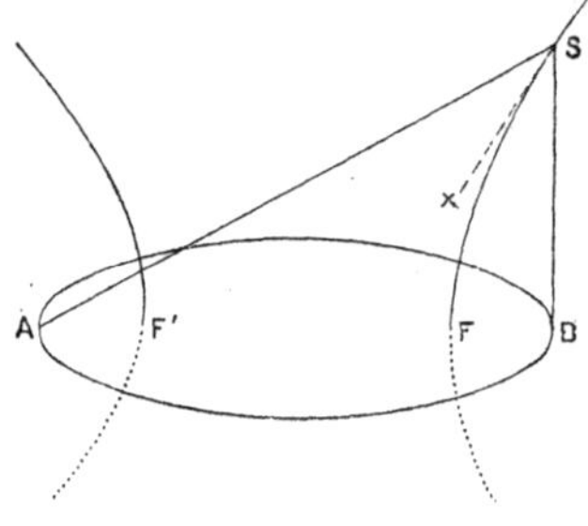

Fig. 592.

Cette hyperbole est dite *focale* de l'ellipse donnée.

L'axe de chaque cône n'est autre que la tangente à l'hyperbole au sommet correspondant.

En effet, le sommet S d'un cône de révolution qui doit passer par une ellipse donnée de grand axe AB et de distance focale $2c$, doit être : 1° situé dans le plan mené par AB perpendiculairement au plan de l'ellipse; 2° tel que la différence entre SA et SB soit égale à $2c$. D'ailleurs l'hyperbole définie par ces conditions passe bien par les foyers F, F′ de l'ellipse donnée (FA — FB = $2c$). De plus, l'axe du cône est la bissectrice de l'angle ASB, c'est-à-dire la tangente à l'hyperbole.

Théorème. — *On peut placer une ellipse donnée sur un cylindre de révolution donné, si le petit axe de l'ellipse est égal au diamètre du cylindre.*

On verra, comme dans la démonstration du théorème précédent, que la distance focale $2c$ de l'ellipse devra être égale à la projection AA′ de AB sur la génératrice Aa (*fig.* 590). Dès lors, on peut construire le triangle rectangle AA′B (construction toujours possible puisque AB $= 2a >$ AA′). Le côté BA′ est alors égal au petit axe de l'ellipse. S'il est égal au diamètre du cylindre, on a ainsi une solution du problème.

Au reste, le cylindre de révolution qui passe par une ellipse donnée peut être considéré comme limite des cônes qui contiennent cette ellipse. Son axe est une asymptote de l'hyperbole focale obtenue plus haut.

Théorème. — *On peut placer une hyperbole donnée sur un cône de révolution donné, pourvu que l'angle au sommet de ce cône soit au moins égal à l'angle formé par les asymptotes et comprenant la courbe.*

Cherchons à déterminer le plan sécant P de la fig. 588 de manière que la section soit une hyperbole égale à une hyperbole donnée (de distance focale $2c$ et d'axe transverse $2a$). La longueur AB (axe transverse de la section) devra être égale à $2a$, la longueur FF′ à $2c$.

Mais FF′ = FA + F′A = FA + FB = BC + AD = BC + AS + SC = SB + SA.

Réciproquement, si AB $= 2a$, SA + SB $= 2c$, la section sera bien égale à l'hyperbole donnée.

Tout revient donc à construire le triangle SAB dans lequel on donne l'angle en S (supplément de l'angle au sommet du cône), le côté opposé AB et la somme SA + SB.

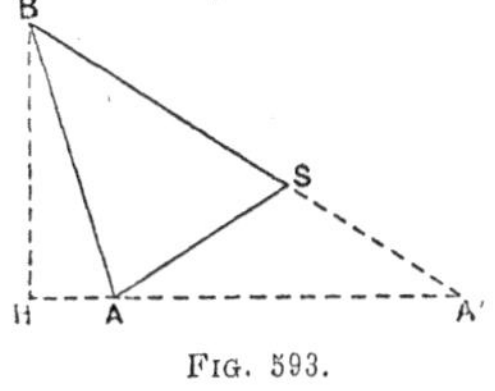

Fig. 593.

Prenons, sur SB prolongé au delà de S (*fig.* 593), la longueur SA′ = SA, de sorte que BA′ $= 2c$. L'angle AA′B est le demi-supplément de l'angle au sommet du cône, de sorte que, dans le triangle BAA′, nous connaissons encore deux côtés et l'angle opposé à l'un d'eux. Seulement, il y a, cette fois, une condition de possibilité : il faut que, une fois placés l'angle A′ et le côté A′B, la longueur $2a$ soit au moins égale à la perpendiculaire BH abaissée du point B sur AA′. Or, dans l'hyperbole donnée, la longueur $2c$ et la longueur $2a$ sont (**513**) l'hypoténuse et un côté de l'angle droit d'un triangle rectangle $CC_1C'_1$ (*fig.* 426) dans lequel l'angle $\widehat{CC_1C'_1}$ compris entre ces côtés est la moitié de l'angle formé par les asymptotes qui comprend l'hyperbole. L'inégalité $BH \leqslant 2a$ équivaut donc (Pl., **35**) à $\widehat{BB'A} \leqslant \widehat{C_1CC'_1}$ ou à la condition que le demi-angle au sommet du cône (complément de $\widehat{BB'A}$) soit au moins égal à $\widehat{CC_1C'_1}$ (complément de $\widehat{C_1CC'_1}$).

Cette condition étant supposée vérifiée, le problème a, en général, deux solutions, puisque $2c > 2a$. Mais ces solutions ne correspondent pas à deux triangles SAB différents : car en prenant, sur le prolongement de SA, la longueur $SB' = SB$, on obtient un triangle ABB répondant aux mêmes conditions que BAA′, sans lui être, en général, égal.

Corollaires. — I. *Toute hyperbole a une directrice* (**719** *bis*, Coroll.) *correspondant à chaque foyer*, puisqu'on peut toujours la considérer comme section d'un cône de révolution convenablement choisi.

II. *Le lieu des sommets des cônes de révolution qui passent par une hyperbole donnée est une ellipse* (dite *focale* de l'hyperbole) *qui a pour foyers les sommets de cette hyperbole, pour grand axe sa distance focale et dont le plan est perpendiculaire au plan de l'hyperbole.*

L'axe de chaque cône est la tangente à l'ellipse au sommet de ce cône.

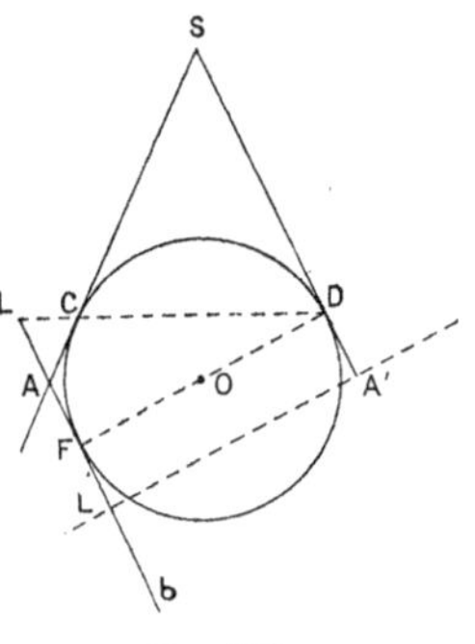

Fig. 594.

Théorème. — *On peut toujours placer une parabole donnée sur un cône de révolution donné.*

En effet, pour que, dans la fig. 589, la section soit égale à une parabole donnée, il suffit que $AF = AL$ soit égal au demi-paramètre de celle-ci. On peut construire d'après cette condition le triangle isoscèle ALC, puisqu'on en connaît l'angle en A, égal à l'angle au sommet du cône. On peut ensuite tracer le cercle O (dont on connaît deux tangentes avec leurs points de contact) et, en menant la tangente SD (*fig.* 594) parallèle à AF, on achève de former une figure égale à la portion de la figure 589 située dans le plan du tableau.

Corollaire. — *Le lieu des sommets des cônes de révolution qui passent par une parabole donnée est une parabole* (dite *focale* de la première) *dont le sommet et le foyer sont respectivement le foyer et le sommet de la parabole donnée, les plans des deux courbes étant perpendiculaires entre eux.*

En effet, le symétrique A′ de A par rapport au point O appartient à SD (symétrique de A*b* par rapport à O). D'autre part, lorsque la parabole de section est donnée (et par conséquent, avec elle, les points A, F et le plan du tableau), ce point A′ décrit une droite fixe, perpendiculaire à SD : à savoir la parallèle à FO menée par le point L′, symétrique de A par rapport à F. Comme le triangle SAA′ est isoscèle (puisque $\widehat{SA'A} = \widehat{bAA'} = \widehat{SAA'}$), le point S est sur la parabole de foyer A et de directrice L′A′ : parabole dont les relations avec la parabole donnée sont bien celles qui sont indiquées dans l'énoncé.

723. Théorème (réciproque des corollaires des n^{os} **719**, **720** et du n° précédent.) — *Le lieu des points d'un plan tels que leurs distances à un point et à une droite donnés dans ce plan soient dans un rapport constant, est une conique ayant le point donné pour foyer.*

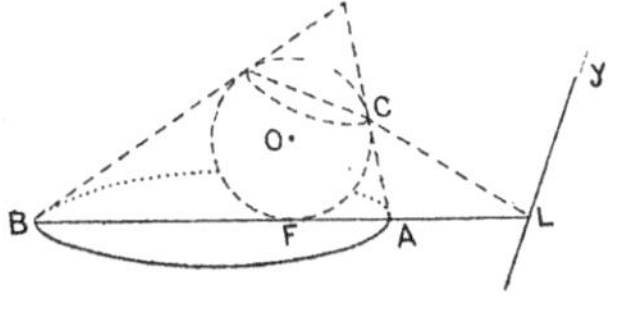

Fig. 595.

Soient, en effet, A, B (*fig.* 595) les points du lieu situés sur la perpendiculaire FL abaissée, du point donné F, sur la droite donnée L*y*. Par le point F, dans un plan perpendiculaire au plan donné, traçons une circonférence O tangente à FA et soit AC la seconde tangente menée du point A à cette circonférence.

Le cône (ou cylindre) circonscrit à la sphère de centre O et de rayon OF, suivant son cercle d'intersection avec le plan CL*y*, coupe le plan donné suivant une conique de foyer F, telle que le rapport des distances d'un quelconque de ses points à F et à L*y* soit égal à $\frac{\text{FA}}{\text{AL}}$;

cette conique coïncide dès lors avec le lieu cherché [1].

Remarques. — Si le rapport donné $\frac{FA}{AL}$ est plus petit que 1, les points A et B comprennent entre eux le point F (*fig.* 595) : le lieu est une ellipse.

D'ailleurs on a $\frac{FA}{AL} = \frac{FB}{BL} = \frac{FA - FB}{AB} = \frac{2c}{2a} = \frac{c}{a}$.

Ainsi, *le rapport constant des distances d'un point d'une ellipse à un foyer et à la directrice correspondante est égal à* $\frac{c}{a}$.

Si le rapport donné est plus grand que 1, le point F est extérieur au segment AB : le lieu est une hyperbole. On démontrera encore que le rapport constant $\frac{FA}{AL}$ *a la valeur* $\frac{c}{a}$.

Ce rapport constant qui existe entre les distances d'un point de la conique au foyer et à la directrice correspondante (et qui, dans le cas de l'ellipse ou de l'hyperbole, est égal à $\frac{c}{a}$) a reçu le nom d'*excentricité* de la courbe. L'excentricité est nulle dans le cas du cercle (puisque $c = 0$).

Bien entendu, nous n'avons pas eu à nous occuper du cas où l'excentricité est égale à 1, le lieu étant alors une parabole.

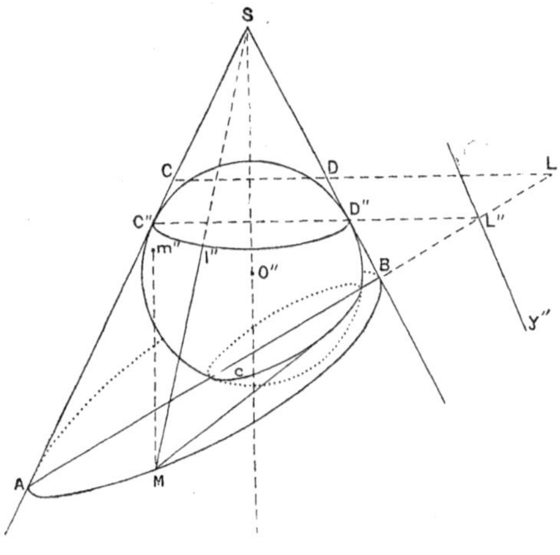

Fig. 596.

724. Dans les figures des nos **719-721** (*fig.* 587-589), remplaçons l'une des sphères O et O′ par une sphère O″ (*fig.* 596) également inscrite au cône suivant un parallèle C″D″, mais sécante au plan P suivant un cercle c. Si nous désignons par I″ le point où la génératrice qui passe en un poin quelconque M de la section

(1) Il reste à faire voir que le lieu ne contient pas d'autres points que ceux de la conique ; mais c'est ce qui résulte aisément de ce que ce lieu n'a que deux points communs avec une droite quelconque (voir ex. 1023).

coupe le parallèle C″D″, la longueur MI″ est égale à la tangente menée du point M au cercle c. Or cette longueur MI′ est (comparer **719**, Coroll.) dans un rapport constant avec la distance Mm'' du point M au plan du parallèle C″D″, ou avec la distance du même point M à la droite L″y'' (*fig.* 596) suivant laquelle ce plan coupe le plan P.

Ainsi, *une conique étant donnée, il existe une infinité de cercles* c *tels que la tangente menée d'un point quelconque de la courbe à l'un d'entre eux soit dans un rapport constant avec la distance de ce même point à une droite déterminée.*

La droite dont il s'agit varie d'ailleurs avec le choix du cercle c; mais le rapport dont il est question dans l'énoncé est toujours le même et égal à l'excentricité (nº précédent) de la courbe. Car si le point M vient en A, les distances du foyer F et de la directrice correspondante à ce point sont respectivement AC et AL, tandis que la tangente menée au cercle c et la distance à la droite correspondante sont respectivement égales à AC″ et AL″ (fig. 596) : or les longueurs AC, AL, AC″, AL″ sont évidemment en proportion, à cause du parallélisme de CL et de C″L″.

Lorsque le parallèle C″D″ coupe la conique (*fig.* 596 *bis*), celle-ci est tangente au cercle c aux deux points d'intersection (puisque la sphère et le cône ont en l'un de ces points le même plan tangent, dont la trace sur le plan P est tangente aux deux courbes). Inversement, *tout cercle bitangent à la conique et ayant son centre sur l'axe focal* (propriété qui appartient évidemment au cercle c) *peut être considéré comme une position du cercle* c. Car on peut évidemment faire passer le cercle c par un point quelconque de la conique (il suffit d'y faire passer le parallèle C″D″ et il n'y a, en ce point, qu'un cercle bitangent ayant son centre sur l'axe focal (le centre du cercle étant déterminé (*fig.* 597) par l'intersection de la normale au point considéré avec l'axe).

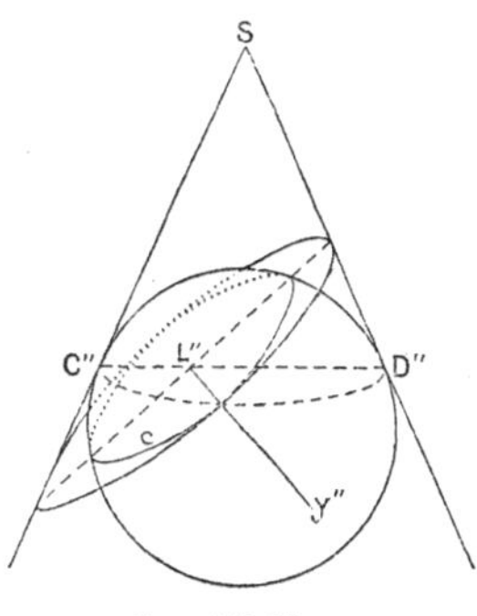

FIG. 596 *bis*.

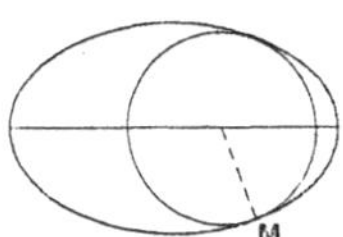

FIG. 597.

Lorsque le cercle c *est bitangent, la droite* L″y″ *correspondante n'est autre que la corde de contact*, comme le montre évidemment la figure 596 *bis*.

725. Théorème. — *Si on mène les droites qui vont d'un foyer d'une conique aux deux extrémités d'une corde et au point d'intersection de* *cette corde avec la directrice correspondante au foyer considéré, la dernière de ces droites fait des angles égaux avec les deux premières.*

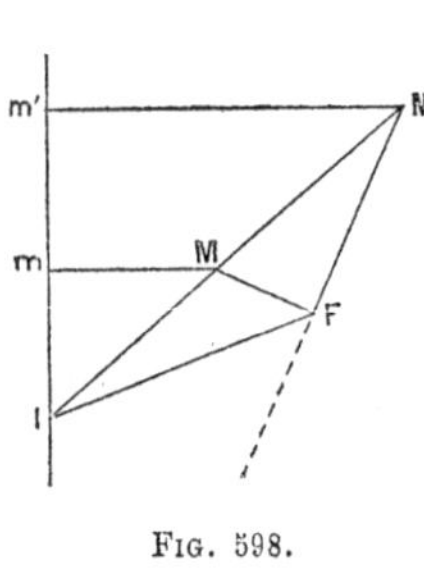

Fig. 598.

Soient (*fig.* 598) F le foyer, MM′ la corde considérée, m, m' les projections de M et de M′ sur la directrice, I le point de rencontre de cette directrice avec MM′. La proportion $\frac{\text{FM}}{\text{M}m} = \frac{\text{FM}'}{\text{M}'m'}$ montre que le rapport $\frac{\text{FM}}{\text{FM}'}$ est égal au rapport $\frac{\text{M}m}{\text{M}'m'}$. Mais ce dernier est égal à $\frac{\text{IM}}{\text{IM}'}$.

Le point I, partageant MM′ dans un rapport égal à $\frac{\text{FM}}{\text{FM}'}$, appartient, (Pl., **115**) à la bissectrice de l'un des angles formés par FM et FM′.

Corollaire. — *La droite qui joint le foyer au point d'intersection de la directrice avec une tangente quelconque est perpendiculaire au rayon vecteur qui va de ce même foyer au point de contact.*

Car si le point M′ se rapproche indéfiniment du point M, la droite FI ne peut être la bissectrice de l'angle MFM′ lui-même, sans quoi le point I tendrait vers le point M, ce qui ne se peut (le point M ne pouvant être sur la directrice) : elle est donc perpendiculaire à cette bissectrice, et tend, par suite, vers une position perpendiculaire à FM.

Remarque. — Le raisonnement précédent, étant applicable à la parabole, fournit une nouvelle démonstration du théorème sur la tangente à cette courbe (**525**).

726. Théorème. — *Le produit des distances d'un point quelconque d'un cône à base circulaire à deux plans tangents est dans un rapport constant avec le carré de la distance du même point au plan des deux génératrices de contact.*

Le produit des distances d'un point quelconque d'une conique à deux tangentes est dans un rapport constant avec le carré de la distance du même point à la corde de contact.

Considérons d'abord un cercle C et soient a_1, a_2 deux points de ce cercle; d_1, d_2 les tangentes en ces points, d la droite a_1a_2 : *alors la* *distance mn (fig. 599) d'un point quelconque m de la circonférence à la droite d est moyenne proportionnelle entre les distances mn_1, mn_2 du même point aux droites d_1, d_2.* En adoptant la notation du n° **624**, on a

$$\frac{(m, d)}{(m, d_1)} = \frac{(m, d_2)}{(m, d)}.$$

En effet, l'angle ma_1n est égal à l'angle ma_2n_2 (car ils ont tous deux pour mesure la moitié de l'arc ma_2); l'angle ma_2n est, de même, égal à l'angle ma_1n_1. Dès lors, la similitude des triangles rectangles ma_1n, ma_2n_2 et celle des triangles rectangles ma_2n, ma_1n_1 donnent

$$\frac{mn}{ma_1} = \frac{mn_2}{ma_2}; \quad \frac{ma_1}{mn_1} = \frac{ma_2}{mn},$$

d'où, en multipliant membre à membre, la proportion qu'il fallait démontrer.

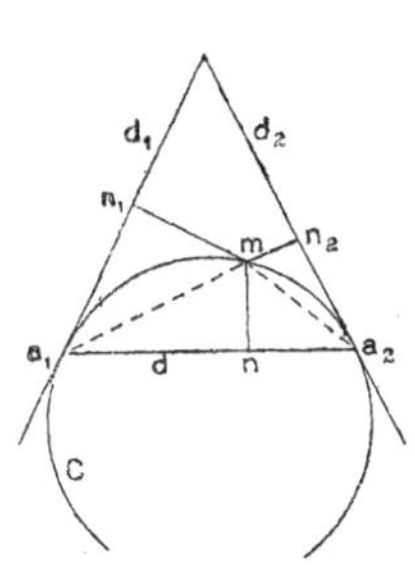

Fig. 599.

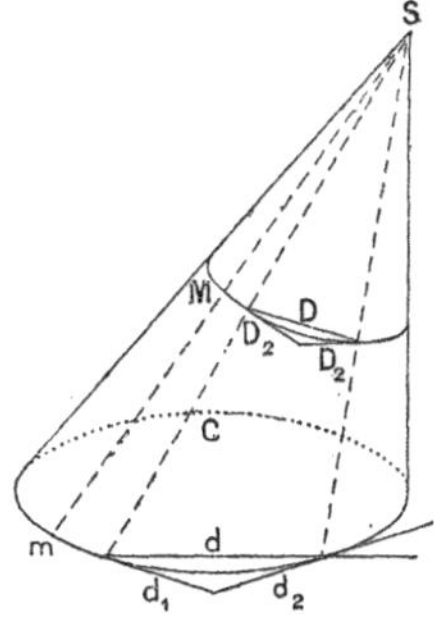

Fig. 600.

727. Prenons maintenant un cône, de sommet S, ayant pour base le cercle C et soit M un point de la génératrice Sm (*fig.* 600). Le quotient $\frac{(m, d)}{(m, d_1)}$ est (**624**) dans un rapport constant avec le quotient $\frac{(M, Sd)}{(M, Sd_1)}$ (la notation (M, Sd) désignant comme au n° **624**, la distance du point M au plan de S et de d); et de même, le quotient $\frac{(m, d)}{(m, d_2)}$ est dans un rapport constant avec $\frac{(M, Sd)}{(M, Sd_2)}$.

Donc l'égalité $\frac{(m, d)}{(m, d_1)} \cdot \frac{(m, d)}{(m, d_2)} = 1$ donne bien

$$(18) \qquad \frac{(\mathrm{M}, \mathrm{S}d)}{(\mathrm{M}, \mathrm{S}d_1)} \cdot \frac{(\mathrm{M}, \mathrm{S}d)}{(\mathrm{M}, \mathrm{S}d_2)} = \frac{(\mathrm{M}, \mathrm{S}d)^2}{(\mathrm{M}, \mathrm{S}d_1) \cdot (\mathrm{M}, \mathrm{S}d_2)} = k.$$

Enfin, supposons que le cône en question soit de révolution, et coupons-le par un plan P, suivant une conique. Les génératrices Sa_1, Sa_2 coupent le plan P en deux points A_1, A_2 de cette conique. Les tangentes en ces points sont définies par l'intersection du plan P avec les plans tangents au cône; elles ne sont donc autres que les perspectives D_1, D_2 des droites d_1, d_2; pendant que la corde de contact est la perspective D de d.

Dans ces conditions, M étant la perspective, sur le plan P, d'un point variable m du cercle, le quotient $\frac{(\mathrm{M}, \mathrm{S}d)}{(\mathrm{M}, \mathrm{S}d_1)}$ est (toujours comme au n° **624**) dans un rapport constant avec $\frac{(\mathrm{M}, \mathrm{D})}{(\mathrm{M}, \mathrm{D}_1)}$, et le quotient $\frac{(\mathrm{M}, \mathrm{S}d)}{(\mathrm{M}, \mathrm{S}d_2)}$ dans un rapport constant avec $\frac{(\mathrm{M}, \mathrm{D})}{(\mathrm{M}, \mathrm{D}_2)}$: donc l'équation (18) donne :

$$(19) \qquad \frac{(\mathrm{M}, \mathrm{D})}{(\mathrm{M}, \mathrm{D}_1)} \cdot \frac{(\mathrm{M}, \mathrm{D})}{(\mathrm{M}, \mathrm{D}_2)} = \frac{(\mathrm{M}, \mathrm{D})^2}{(\mathrm{M}, \mathrm{D}_1) \cdot (\mathrm{M}, \mathrm{D}_2)} = k'.$$

Le théorème est donc démontré, car on peut (**722**) prendre, pour la conique qui figure dans le raisonnement précédent, une conique donnée quelconque et les points A_1, A_2 peuvent également être choisis arbitrairement sur cette conique (il suffit de prendre, pour a_1, a_2, les points du cercle C situés sur les génératrices SA_1, SA_2).

728. Remarque. — Le théorème précédemment invoqué (**726**), relatif au cercle, n'est qu'un cas limite d'un théorème analogue (Pl., ex. 145) où figure un quadrilatère quelconque inscrit au cercle. Si l'on raisonne sur ce dernier comme nous l'avons fait dans le texte, on arrivera à cette conclusion (théorème de *Pappus*) : *Dans toute conique, le produit des distances d'un point de la courbe à deux côtés opposés d'un quadrilatère inscrit est dans un rapport constant avec le produit des distances du même point aux autres côtés.*

729. Théorème. — *Le produit des distances d'un point quelconque d'une hyperbole aux asymptotes de cette courbe est constant.*

Soit, en effet, une hyperbole que l'on peut considérer comme la section, par un plan P, d'un cône de révolution : le plan parallèle à P, mené par le sommet S de ce cône, coupe celui-ci suivant deux génératrices. Dans le raisonnement du numéro précédent, prenons pour a_1, a_2 les points du cercle C (base du cône) situés respectivement sur ces deux génératrices (*fig.* 601), de sorte que le plan Sd sera parallèle à P : les plans tangents Sd_1, Sd_2 suivant les génératrices en question coupent le plan P suivant les droites D_1, D_2. M étant un point quelconque de l'hyperbole, le quotient $\frac{(M, Sd_1)}{(M, Sd)}$ sera, ici (**626**), proportionnel à la distance (M, D_1) et le quotient $\frac{(M, Sd_2)}{(M, Sd)}$, à la distance (M, D_2). La relation (18) deviendra donc

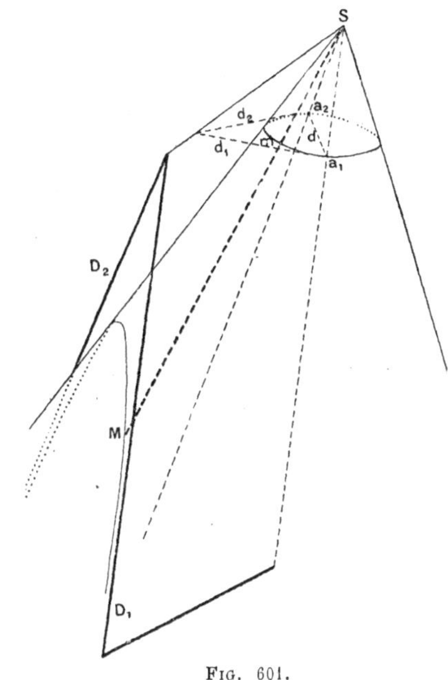

Fig. 601.

$$(20) \qquad (M, D_1) \,.\, (M, D_2) = \text{Constante.}$$

Les droites D_1, D_2 ne sont d'ailleurs autre chose que les asymptotes de l'hyperbole, car il résulte de l'équation précédente que lorsqu'une des deux distances (M, D_1), (M, D_2) augmente indéfiniment, l'autre distance tend vers zéro : autrement dit, que, si le point M s'éloigne à l'infini, il se rapproche indéfiniment de D_1 ou de D_2 : propriété caractéristique des asymptotes (**514**; ex. 789).

On peut d'ailleurs constater directement que D_1, D_2 sont les deux asymptotes. Il suffit de remarquer : 1° que les génératrices Sa_1, Sa_2 sont celles dont les points communs avec P sont rejetés à l'infini; 2° que D_1 (ou D_2) est la limite d'une tangente à la conique, lorsque le point de contact de cette tangente s'éloigne indéfiniment, parallèlement à Sa_1 (ou à Sa_2).

Corollaire. — *L'aire du parallélogramme qui a un sommet en un point quelconque d'une hyperbole et deux côtés dirigés suivant les asymptotes de la courbe, est constante.*

Énoncé équivalent au précédent : car le parallélogramme en question Mm_1Om_2 (*fig.* 602) a pour hauteur la distance MH_1 du point M à la droite D_1, tandis que sa base Mm_2 est dans un rapport constant avec la distance MH_2 du même point à D_2 (puisque, dans le triangle rectangle Mm_2H_2, les angles sont constants et, par suite, aussi les rapports des côtés entre eux).

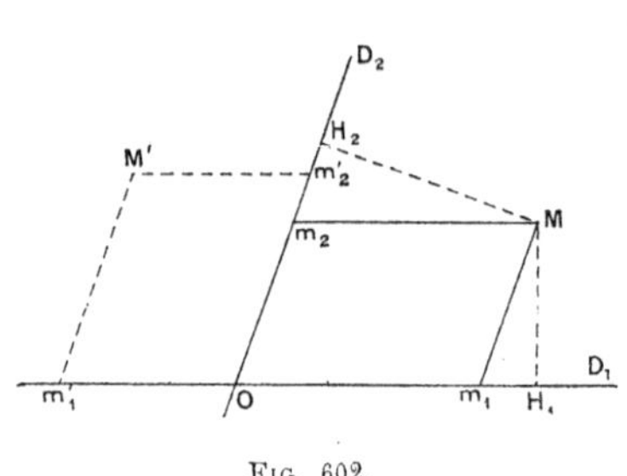

Fig. 602.

730. Réciproquement, *le lieu des points situés dans un angle donné ou dans son opposé par le sommet et tels que l'aire du parallélogramme ayant un sommet en l'un quelconque d'entre eux et deux côtés suivant les côtés de l'angle donné soit constante, est une hyperbole.*

Autrement dit, *le lieu des points situés dans un angle ou dans son opposé par le sommet et tels que le produit de leurs distances aux côtés de l'angle soit constant, est une hyperbole.*

Soient, en effet, D_1, D_2 les côtés de l'angle. Considérons une hyperbole ayant ces deux droites pour asymptotes et située dans l'angle donné. Cette hyperbole sera le lieu du sommet d'un parallélogramme ayant deux côtés suivant D_1, D_2 et dont l'aire sera constante. Si k est le rapport de cette constante à la constante donnée, le lieu cherché sera homothétique de l'hyperbole en question par rapport au sommet de l'angle, avec $\frac{1}{\sqrt{k}}$ pour rapport de similitude.

730 *bis*. Remarques. — Si, au lieu du parallélogramme Mm_1Om_2 (*fig.* 602), on considérait un parallélogramme $M'm'_1Om'_2$ ayant également un côté Om'_1 sur D'_1, un côté Om'_2 sur D_2 et équivalent au premier, mais situé, par rapport aux droites D_1, D_2, dans l'un des angles supplémentaires de celui qui contient M, le lieu du point M' ne serait plus la même hyperbole que celui du point M. Il importe de remarquer que le parallélogramme $M'm'_1Om'_2$ n'a pas le même sens de rotation que $Mm_1 Om_2$ (lorsqu'on les parcourt chacun en partant du point O et suivant d'abord le côté dirigé suivant D_1) et que, par conséquent, si l'on comptait les aires de ces parallélogrammes en grandeur et signe (voir Pl., note D et ex. 324), elles devraient être considérées, non comme égales, mais comme égales et de signes contraires.

La seconde hyperbole n'est d'ailleurs autre que la conjuguée de la première. Car tout d'abord deux hyperboles conjuguées ont les mêmes asymptotes (**513**) : de sorte qu'il suffit, d'après ce qui précède, d'établir que l'hyperbole conjuguée du lieu du point M a un point commun avec le lieu du point M'. Or l'inspection de la figure 420 montre immédiatement que le losange qui a pour sommets les extrémités des deux axes communs à deux hyperboles conjuguées a ses côtés parallèles aux asymptotes et est divisé par celles-ci en quatre parties équivalentes.

Nous venons d'ailleurs de voir que les hyperboles que l'on déduit d'une hyperbole déterminée H en changeant l'aire constante du parallélogramme $Mm\,Om_2$ sans changer la position des asymptotes, sont homothétiques de H, le rapport d'homothétie étant la racine carrée du rapport dans lequel l'aire en question a été augmentée ou diminuée.

Or, nous voyons ici que, pour passer à la conjuguée de H, on doit multiplier cette aire par -1. Il y a donc lieu de considérer la conjuguée de H comme homothétique de H, avec le rapport de similitude imaginaire $\sqrt{-1}$; et, en effet, les propriétés des hyperboles conjuguées s'expliquent très simplement ainsi.

EXERCICES

1023. Intersection d'une droite avec une conique définie par son foyer, sa directrice et son excentricité (se ramène à Pl., **116**).

1024. Démontrer que tout point de l'ellipse, de la parabole ou de l'hyperbole trouvées aux nos **719-721** appartient bien au cône de révolution (on remarquera que la courbe n'est coupée qu'en deux points par une droite issue d'un foyer).

1025. Construire une conique, connaissant un foyer et trois points, en définissant la conique par son foyer, sa directrice et son excentricité.

1026. Trouver de même les points de rencontre de deux coniques ayant un foyer commun.

Déduire de là une solution de problème des cercles tangents (aux exerc. 824 et 825), les deux problèmes précédents ont été, inversement, ramenés au problème des cercles tangents).

1027. La distance d'un point d'une hyperbole au foyer est égale à la distance du même point à la directrice, comptée parallèlement à une asymptote.

1028. La distance d'un point d'une conique à un foyer est égale au segment intercepté, sur la perpendiculaire à l'axe focal menée par ce point, entre l'axe et la tangente à la courbe telle que son point de contact se projette sur l'axe au foyer.

1029. La projection du foyer sur une asymptote (point H de la figure 426, p. 212) appartient à la directrice.

A quelle courbe sont tangentes les asymptotes des coniques qui ont même foyer et même directrice?

1030. Connaissant les axes d'une hyperbole, calculer l'aire constante du parallélogramme formé par les parallèles aux asymptotes menées par un point de la courbe

1031. On nomme *surface gauche de révolution* la surface engendrée par la révolution d'une droite autour d'un axe non situé dans un même plan avec elle.

Montrer que la section d'une surface gauche de révolution par un plan est une ellipse, une parabole ou une hyperbole.

(Si le problème posé à l'exercice 678 a deux solutions, la méthode est identique à celle des nos **719-721**. Ou encore, on considère une sphère inscrite sans point commun avec le plan sécant, et on sera ramené à la section plane d'un cône de révolution.

Si le problème posé à l'exercice 678 n'a pas de solution, on opérera comme au n° **724** et on sera ramené à l'exercice 842.

Qu'arrive-t-il si les deux solutions de l'exercice 678 sont confondues)?

1032. On considère le lieu des points d'un plan tels que leurs puissances par rapport à un cercle donné soient dans un rapport donné avec les carrés de leurs distances à une droite donnée.

Trouver un cône de révolution dont le sommet se projette, sur le plan du lieu, en un point de la perpendiculaire abaissée du centre du cercle sur la droite, et qui passe par le lieu considéré.

Quand le problème est-il possible?

(Imiter la méthode du n° **723**. Comparer les résultats obtenus avec ceux de l'exercice 842.

Montrer que la solution de l'exercice 842 s'applique au cas où le cercle considéré est imaginaire (ex. 987) et donne une démonstration des théorèmes sur les sections planes du cône de révolution).

1033. Problème analogue pour le lieu des points tels que la somme des tangentes menées par l'un d'eux à deux cercles fixes ait une valeur donnée.

1034. On considère les sphères ayant leurs centres sur une droite fixe et tangentes à une droite fixe (sphères inscrites à la surface gauche de révolution, au cône ou au cylindre). Quel est le lieu des points limites de chacune de ces sphères et d'un plan fixe?

1035. Si on projette une section plane d'un cône de révolution sur un plan perpendiculaire à l'axe, la projection est une conique ayant le pied de l'axe pour foyer. (On fera passer le plan de projection par le sommet et la projection aura pour directrice l'intersection des deux plans.)

1036. Réciproquement, si, dans un plan perpendiculaire à l'axe d'un cône de révolution, on trace une conique quelconque ayant le pied de l'axe pour foyer, cette conique est la projection d'une section plane du cône.

1037. L'intersection de deux cônes de révolution égaux et parallèles est une section plane commune.

1038. Ramener à l'exercice 842 l'étude de la projection d'une section plane de la surface gauche de révolution sur un plan perpendiculaire à l'axe (imiter la méthode de l'exercice 1035).

1039. La somme des inverses des segments interceptés par une conique, à partir d'un de ses foyers, sur une corde passant par ce point, est constante. Le produit de ces segments est dans un rapport constant avec la longueur de la corde.

1040. Lieu des sommets des angles de grandeur constante circonscrits à une parabole. (Se ramène au lieu des centres des cercles qui passent par un point fixe et coupent une droite fixe sous un angle constant; ou au n° **723**).

1041. Le lieu des centres des sphères tangentes a trois sphères données se compose de coniques (utiliser **685**).

1042. En joignant deux points quelconques d'une conique à deux points quelconques de sa conique focale, on obtient un quadrilatère gauche tel que la somme de deux côtés est égale à la somme des deux autres. Il existe (exercice 684) une infinité de sphères tangentes aux quatre droites ainsi obtenues.

1043. Si une sphère est tangente à une conique en deux points symétriques l'un de l'autre par rapport à l'axe focal, il existe deux cônes passant par la conique et circonscrits à la sphère.

1044. On considère les coniques obtenues en coupant un plan fixe par les différents cônes circonscrits à une sphère fixe. Montrer que les droites joignant les foyers de ces coniques aux sommets des cônes correspondants passent par l'un ou l'autre de deux points fixes.

CHAPITRE VII

ELLIPSE CONSIDÉRÉE COMME PROJECTION D'UN CERCLE. HYPERBOLE RAPPORTÉE A SES ASYMPTOTES

731. Théorème. — *Un cercle étant rapporté à deux diamètres perpendiculaires entre eux, le lieu du point qu'on déduit d'un point quelconque de la circonférence en augmentant l'ordonnée dans un rapport constant, sans changer l'abscisse, est une ellipse.*

Soient O le cercle donné (*fig.* 603); OA, Ob, les deux diamètres rectangulaires; m, un point de la circonférence, ayant pour abscisse Oμ et pour ordonnée μm; M, un point pris sur μm prolongé de manière que $\frac{\mu M}{\mu m}$ soit égal à un nombre constant k plus grand que 1. Je dis que le lieu de M est une ellipse.

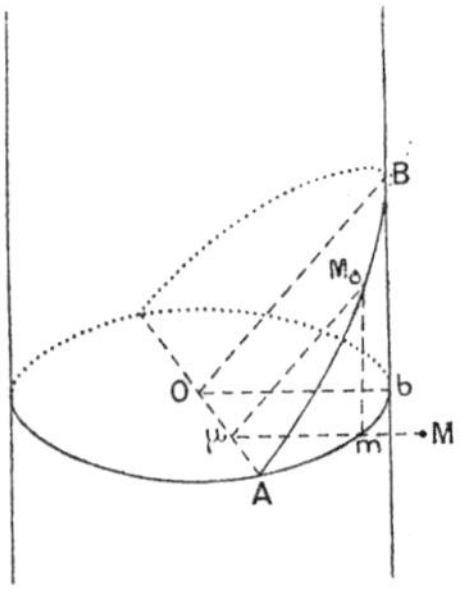

Fig. 603.

C'est ce qui résulte de ce fait que la section du cylindre droit qui a pour base le cercle donné par un plan passant par OA est une ellipse. Nous savons, en effet, (**360**, **364**), que si M_0 est un point de cette section; m, le point du cercle donné, projection de M_0 sur le plan de ce cercle, les points M_0, m ont même projection μ sur OA et que le rapport $\frac{\mu M_0}{\mu m}$ est constant (il est inverse du cosinus de l'angle $\widehat{M_0 \mu m}$, c'est-à-dire du cosinus de l'angle α que fait le plan de section avec le plan de base). μM_0 sera donc constamment égal à μM et, par conséquent, l'ellipse de section sera égale au lieu cherché (que l'on obtiendra en *rabattant* cette ellipse sur le plan de base, c'est-à-dire en la faisant tourner autour de OA, d'un angle égal à α), si ce rapport constant est égal à k. On arrivera évidemment à ce résultat en faisant passer le plan de section par un point B pris sur la génératrice issue du point b, de manière que OB soit égal à $k.\overline{Ob}$ (autrement dit, en déterminant l'angle des deux plans de manière que son cosinus soit égal à $\frac{1}{k}$) ce qui est possible, puisque k est supérieur à 1.

L'ellipse obtenue a d'ailleurs pour petit axe le diamètre OA commun aux deux plans.

732. Théorème. — *Un cercle étant rapporté à deux diamètres rectangulaires, le lieu du point qu'on déduit d'un point quelconque de la circonférence en diminuant l'ordonnée dans un rapport constant, sans changer l'abscisse, est une ellipse ayant le cercle donné pour cercle principal.*

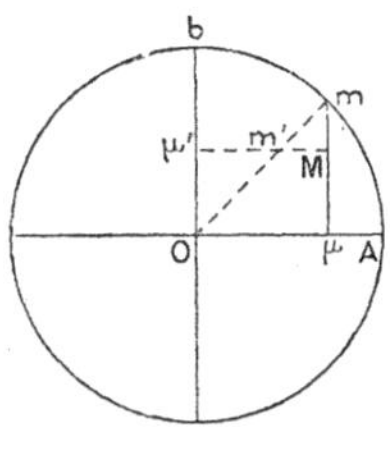

Fig. 604.

Soient encore OA, Ob les deux diamètres rectangulaires auxquels est rapporté le cercle donné ; m un point de ce cercle projeté en μ sur OA ; M un point pris sur μm de manière que $\frac{\mu M}{\mu m}$ soit égal à une constante k plus petite que 1 (*fig.* 604).

Projetons le point M en μ' sur Ob et soit m' le point où Mμ' rencontre le rayon Om. Les parallèles Mm', μO et les parallèles mM, Oμ' montrent : 1° que $\frac{Om'}{Om} = \frac{\mu M}{\mu m} = k$, de sorte que O$m'$ est constant ; 2° que $\frac{\mu' M}{\mu' m'} = \frac{Om}{Om'} = \frac{1}{k}$. Nous voyons donc que le point m' décrit une circonférence de centre O et que, si Ob est pris pour axe des abscisses, le point M se déduit du point m' en augmentant l'ordonnée dans le rapport constant $\frac{1}{k}$ (lequel est plus grand que 1) sans changer l'abscisse. Donc le point M décrit une ellipse.

733. Projection orthogonale du cercle.

Théorème. — *La projection orthogonale d'un cercle sur un plan est une ellipse.*

On peut toujours (**413**) supposer que le plan de projection passe par le centre du cercle (*fig.* 605). Alors, si l'on prend le diamètre OA situé dans ce plan pour axe des abscisses tant du cercle que de sa projection, le rapport $\frac{\mu M}{\mu m_0}$ des ordonnées correspondant à une même abscisse $O\mu$ est une constante plus petite que 1. Donc, (théorème précédent) la projection est bien une ellipse ayant pour cercle principal un cercle égal au cercle donné. Le point m du cercle principal situé sur l'ordonnée μM prolongée est celui que l'on obtient en rabattant le point m_0 du cercle donné qui a pour projection M, c'est-à-dire en le faisant tourner, autour de OA, d'un angle égal à l'angle α des deux plans.

On peut d'ailleurs faire le rabattement de deux manières différentes, à savoir : de façon que les segments μM, μm soient toujours

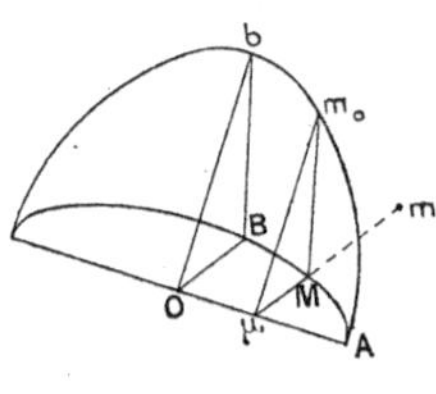

Fig. 605.

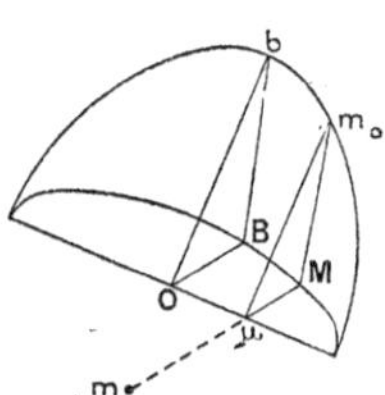

Fig. 605 *bis*.

de même sens (*fig.* 605), ou de façon que ces segments soient toujours de sens contraires (*fig.* 605 *bis*).

Remarque. — L'angle α a pour cosinus le nombre k, lequel est, d'ailleurs *égal au rapport* $\frac{b}{a}$ en désignant par $2a$ et $2b$ les axes de l'ellipse) : car lorsque le point μ est en O, on a manifestement $\mu m = Ob$ (*fig.* 605) $= a$; $\mu M = OB$ (*fig.* 605) $= b$.

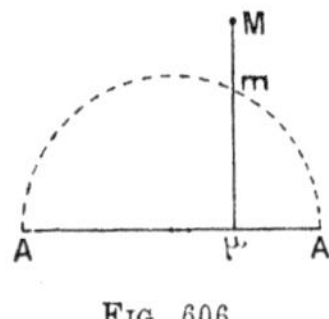

Fig. 606.

Corollaire I. — *Le lieu des points* M *d'un plan, projetés en* μ *à l'intérieur d'un segment* AA' (*fig.* 606) *et tels que* μM *soit dans un rapport constant avec la moyenne proportionnelle de* μA et de $\mu A'$, *est une ellipse.*

Car la moyenne proportionnelle de μA et de $\mu A'$ n'est autre (Pl., **125**, Coroll.) que l'ordonnée μm du cercle qui a AA' pour diamètre. L'énoncé précédent résulte donc des deux premiers théorèmes du numéro précédent.

II. *Équation de l'ellipse.* — Soient a, b les deux demi-axes; x, y, l'abscisse $O\mu$ et l'ordonnée μM du point M. L'ordonnée μm du cercle principal est évidemment donnée par

$$\overline{\mu m}^2 + x^2 = a^2.$$

Par conséquent, y qui est égal à $k.\ \overline{\mu m}$ ou (Rem. précéd. à $\frac{b}{a}.\ \overline{\mu m}$ sera donné par la relation

$$y^2 = \frac{b^2}{a^2}\ \overline{\mu m}^2 = \frac{b^2}{a^2}\,(a^2 - x^2).$$

ou

$$\frac{x^2}{a^2} + \frac{y^2}{b^2} = 1,$$

laquelle représente l'*équation de l'ellipse*, rapportée aux deux axes de symétrie de la courbe.

734. L'ellipse et le cercle principal sont (**630-633**) deux *figures homographiques*, dans lesquelles les points à l'infini se correspondent. Les points du grand axe sont également communs aux deux figures.

Un point P étant donné dans la figure F dont fait partie l'ellipse, on construira son homologue p dans la figure f dont fait partie le cercle en augmentant l'ordonnée de P dans le rapport $\frac{a}{b}$ sans changer l'abscisse. On trouvera d'ailleurs l'homologue d'une droite de la figure F en construisant les homologues de deux de ses points ou, plus simplement, en construisant l'homologue d'un de ses points que l'on joindra au point de rencontre de la droite avec l'axe (ce dernier point se correspondant à lui-même).

L'ellipse et le cercle du n° **731** sont également deux figures homographiques et on peut leur appliquer des considérations toutes semblables aux précédentes : ce sont, cette fois, les points du petit axe qui sont communs aux deux figures.

On peut tirer de ce que nous venons de dire des solutions nouvelles pour les problèmes déjà traités au livre IX, chap. I, tels que :

Intersection d'une droite et d'une ellipse. — On déterminera l'homologue de la droite donnée dans la figure f. Les points cherchés sont les homologues (dans la figure F) des points de rencontre de la droite ainsi déterminée avec le cercle principal (*fig.* 607).

Tangentes à une ellipse par un point de son plan. — On déterminera l'homologue p de ce point dans la figure f (*fig.* 608) : les tangentes cherchées correspondront aux tangentes menées par p au cercle principal.

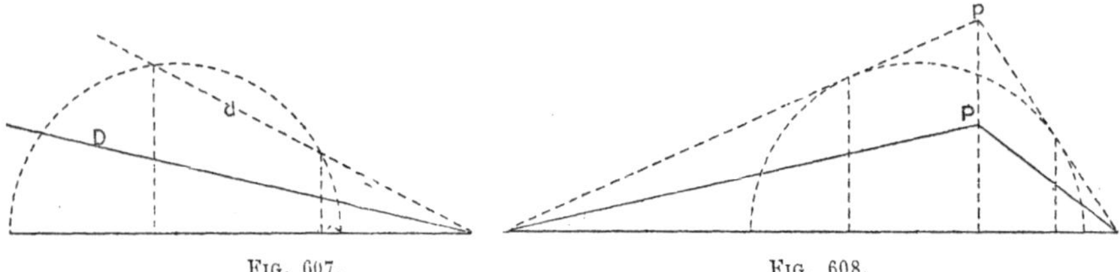

FIG. 607. FIG. 608.

On mènera d'une manière analogue les *tangentes à l'ellipse parallèles à une direction donnée.*

735. Diamètres de l'ellipse.

Théorème. — *Le lieu des milieux des cordes parallèles à une direction donnée est une droite passant par le centre* (ou, du moins, la portion de cette droite intérieure à la courbe).

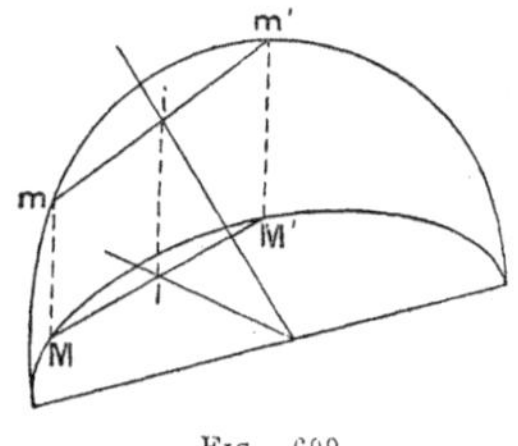

FIG. 609.

En effet, dans le cercle qui a pour projection l'ellipse (*fig.* 609), les cordes qui sont correspondantes à celles dont il est question dans l'énoncé, sont elles-mêmes parallèles à une direction fixe. Le lieu de leurs milieux est donc un diamètre (perpendiculaire à leur direction) dont la projection sera le lieu cherché.

Ce lieu est nommé le *diamètre* de l'ellipse, *conjugué* de la direction considérée.

736. *Le diamètre conjugué d'une direction passe par les points de contact des tangentes parallèles à cette direction. Il passe également par le point de rencontre des tangentes aux extrémités d'une corde quelconque ayant la direction considérée.*

Car ces propriétés, qui appartiennent au cercle, se conservent dans la projection parallèle [1].

737. Diamètres conjugués.

Théorème. — *Si deux diamètres d'une ellipse sont tels que l'un est*

(1) Ces deux théorèmes peuvent d'ailleurs se démontrer directement, comme nous le ferons dans le cas de l'hyperbole (n^{os} **746**-**747**).

parallèle aux cordes conjuguées de l'autre, réciproquement celui-ci est parallèle aux cordes conjuguées du premier.

Car, la condition nécessaire et suffisante pour qu'un diamètre D d'une ellipse soit parallèle aux cordes conjuguées d'un autre diamètre D′ est (**735**) que D, D′ correspondent à deux diamètres rectangulaires du cercle qui a pour projection l'ellipse considérée : et il est clair que cette condition est réciproque, c'est-à-dire ne change pas lorsqu'on permute l'un avec l'autre les deux diamètres considérés.

Remarques. — I. *Les diamètres conjugués* (c'est-à-dire tels que chacun d'eux divise en deux parties égales les cordes parallèles à l'autre) *sont les rayons correspondants d'une involution*, projection de celle qui est formée par les rayons rectangulaires du cercle.

II. *Les seuls diamètres conjugués qui soient rectangulaires sont les axes* (**363**).

738. Théorème. — *Les cordes qui joignent un point d'une ellipse à deux points diamétralement opposés de cette courbe sont parallèles à deux diamètres conjugués.*

On donne souvent le nom de *cordes supplémentaires* à deux cordes ayant une extrémité commune et leurs secondes extrémités diamétralement opposées, de sorte que le théorème peut encore s'énoncer : *Deux cordes supplémentaires sont parallèles à deux diamètres conjugués.*

Car deux cordes supplémentaires d'un cercle sont rectangulaires, comme formant un angle inscrit dans une demi-circonférence [1].

739. Théorème *d'Apollonius.* — *Dans une ellipse :* 1° *La somme des carrés de deux demi-diamètres conjugués quelconques est constante, et égale à la somme des carrés des deux demi-axes;*

2° *L'aire du parallélogramme construit sur deux demi-diamètres conjugués est constante et égale à l'aire du rectangle construit sur les deux demi-axes.*

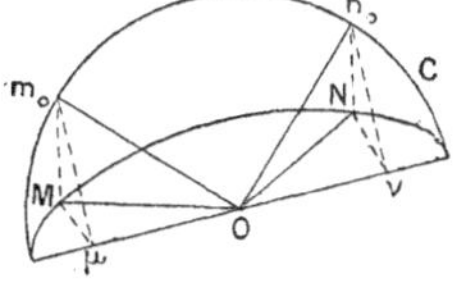

Fig. 610.

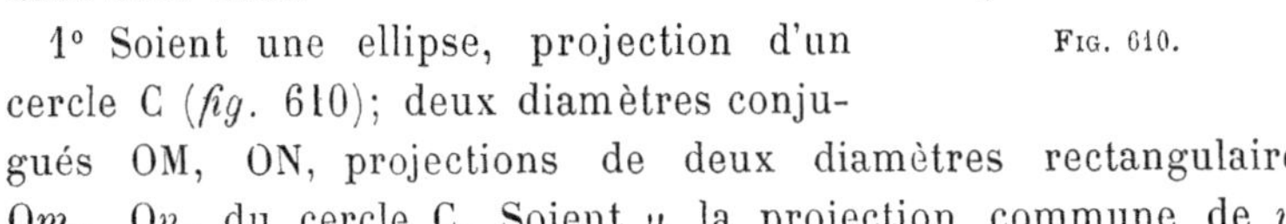

1° Soient une ellipse, projection d'un cercle C (*fig.* 610); deux diamètres conjugués OM, ON, projections de deux diamètres rectangulaires Om_0, On_0 du cercle C. Soient μ la projection commune de m_0

(1) Le théorème peut aussi se démontrer directement : voir le cas de l'hyperbole (n° **748**).

et de M sur OA; ν, la projection de n_0, N sur la même droite. Les deux triangles rectangles m_0MO, n_0NO montrent que la somme des carrés de OM et de ON est égale à la somme des carrés des deux hypoténuses (soit $2a^2$) diminuée de $\overline{m_0M}^2 + \overline{n_0N}^2$. Mais cette dernière somme est dans un rapport constant avec $\overline{m_0\mu}^2 + \overline{n_0\nu}^2$, car on a :

$$(21) \qquad \frac{a^2 - b^2}{a^2} = \frac{\overline{m_0\mu}^2 - \overline{M\mu}^2}{\overline{m_0\mu}^2} = \frac{\overline{m_0M}^2}{\overline{m_0\mu}^2} = \frac{\overline{n_0N}^2}{\overline{n_0\nu}^2} = \frac{\overline{m_0M}^2 + \overline{n_0N}^2}{\overline{m_0\mu}^2 + \overline{n_0\nu}^2}$$

Enfin, on a $\overline{m_0\mu}^2 + \overline{n_0\nu}^2 = a^2$, car les triangles rectangles $Om_0\mu$, $On_0\nu$, ayant même hypoténuse et étant équiangles (puisqu'ils ont leurs côtés perpendiculaires), sont égaux, de sorte qu'on a $n_0\nu = O\mu$, d'où $\overline{m_0\mu}^2 + \overline{n_0\nu}^2 = \overline{m_0\mu}^2 + \overline{O\mu}^2 = \overline{Om_0}^2$.

Dès lors, $\overline{m_0M}^2 + \overline{n_0N}^2$, est égal, d'après l'équation (21), à $a^2 - b^2$. Donc, $\overline{OM}^2 + \overline{ON}^2$ est constant : il a d'ailleurs bien la valeur $2a^2 - (\overline{m_0M}^2 + \overline{n_0N}^2) = 2a^2 - (a^2 - b^2) = a^2 + b^2$: ce qui, au reste, est évident, car les axes forment évidemment un système de diamètres conjugués.

2° Le parallélogramme construit sur deux demi-diamètres conjugués est la projection du carré construit sur deux rayons rectangulaires du cercle C. Son aire est donc égale à a^2 (aire du carré) multiplié par le cosinus de l'angle des deux plans; soit $a^2 \cdot \frac{b}{a} = ab$.

740. Théorème. — *Lorsqu'une droite de longueur constante se déplace de manière que ses deux extrémités décrivent deux droites fixes rectangulaires, un point quelconque de la droite mobile décrit une ellipse ayant ses axes suivant les droites fixes.*

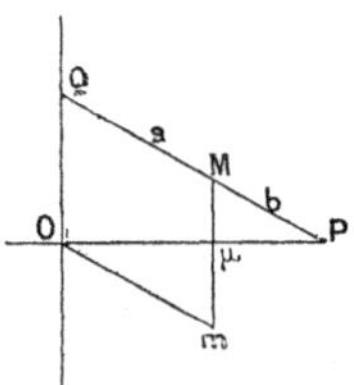

Fig. 611.

Soient PQ la droite mobile, les points P et Q décrivant respectivement les droites perpendiculaires Ox, Oy (*fig.* 611); M, un point de cette droite, tel que MP $= b$, MQ $= a$. Achevons le parallélogramme OQMm, dont le côté Mm, parallèle à OQ, coupe Ox en μ. Le point m décrit évidemment une circonférence de centre O et de rayon Om = MQ $= a$. Mais, d'autre part, le rapport $\frac{\mu M}{\mu m}$ est égal à $\frac{PM}{Om}$:

il a donc la valeur constante $\frac{b}{a}$. Le lieu de M est donc bien une ellipse, dont les axes ont pour directrices Ox, Oy, et pour longueurs a et $a\frac{b}{a} = b$.

Remarques. — I. On voit que *le rayon du cercle homographique correspondant à chaque position du point* M *est parallèle à la sécante mobile.*

II. Le raisonnement est le même, que le point M soit sur PQ lui-même (*fig.* 611) ou sur un de ses prolongements (*fig.* 611 *bis*). Une même ellipse admet donc deux modes de génération, les deux sécantes qui donnent un même point de la courbe étant également inclinées par rapport aux axes (PQ, P_1Q_1, *fig.* 611 *bis*).

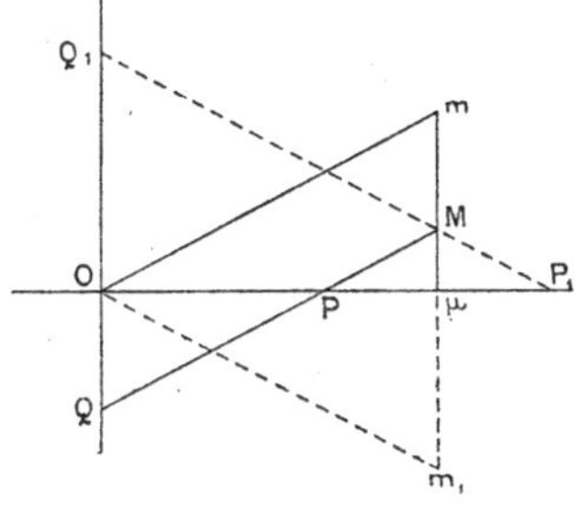

Fig. 611 *bis*.

Ce théorème donne un moyen très simple de construire par points une ellipse : il n'est pas, pour cela, besoin d'autre instrument qu'une *bande de papier* sur laquelle sont reportées, à partir d'un même point (dans le même sens ou en sens contraires) deux longueurs égales aux demi-axes.

On a fondé sur le même principe un *compas elliptique* permettant de tracer la courbe d'un mouvement continu.

741. Normale à l'ellipse.

On peut déduire du théorème qui précède une nouvelle construction de la tangente à l'ellipse :

Théorème. — *La normale à l'ellipse décrite par un point lié à une droite de longueur constante qui glisse entre deux droites rectangulaires fixes, passe par le quatrième sommet du rectangle qui a deux côtés suivant ces deux droites et une diagonale suivant la droite mobile.*

Ceci n'est autre chose que la proposition démontrée au n° **104** (Pl., liv. II). Car la normale au lieu du point P est la perpendiculaire à OP, la normale au lieu du point Q, la perpendiculaire à OQ, et par conséquent *le centre instantané de rotation* est le quatrième sommet R du rectangle qui a trois sommets en O, P, Q.

Le même théorème peut se démontrer directement. On remarquera, pour cela, que la tangente en M est (**736**) parallèle au diamètre conjugué de OM. Or, deux diamètres conjugués correspondent à deux rayons rectangulaires du cercle homographique, donc (n° précéd.) à deux positions rectangulaires de la droite mobile. On obtiendra, par conséquent, le diamètre O'M' conjugué de OM en amenant le rectangle OPQR, par une rotation d'un angle droit autour du point O, à la position OP'Q'R' (*fig.* 612) telle que OP' = OQ, OQ' = OP, puis prenant sur la nouvelle diagonale PQ', la longueur P'M' = PM.

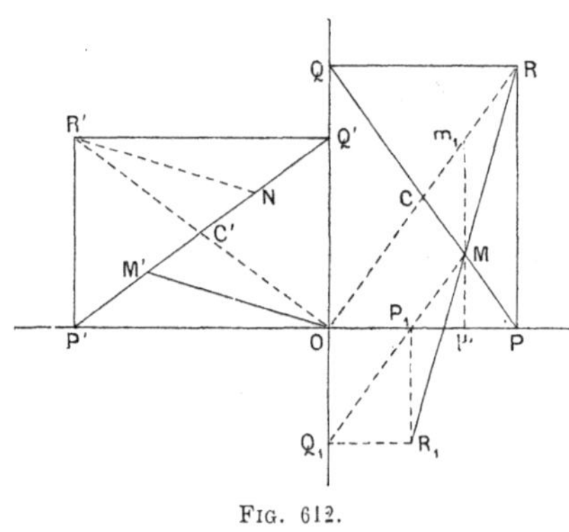

Fig. 612.

Mais si nous prenons, sur cette même diagonale, la longueur Q'N égale à la précédente, la droite R'N sera parallèle à OM' (car ces deux droites sont symétriques l'une de l'autre, par rapport au centre C' du rectangle OP'Q'R'). Or R'N est la nouvelle position prise par RM dans la rotation d'un angle droit qui amène OPQR sur OP'Q'R'. Donc RM est bien perpendiculaire à OM', c'est-à-dire normal en M.

Remarques. — Dans la figure précédente, *la droite* RM *est égale au demi-diamètre conjugué de* OM : on a bien, en effet, RM = R'N = OM'.

Si l'on prolonge cette même droite RM d'une longueur MR_1 égale à elle-même, *le point* R_1 *est sur la droite symétrique de* OR *par rapport aux axes, à une distance du centre* O *égale à* $a - b$ *ou à* $a + b$, *suivant que le point* M *est intérieur ou extérieur au segment* PQ (c'est-à-dire suivant que OR = PQ est lui-même égal à $a + b$ ou à $a - b$).

Car, C étant le centre du rectangle OPQR, la droite CM qui joint les milieux de OR et de RR_1, a une direction symétrique de celle de OR par rapport aux axes et une longueur égale à $\frac{a-b}{2}$ dans le cas où $CP = CQ = \frac{a+b}{2}$.

D'ailleurs on peut voir directement que *le point* R *est le quatrième sommet du rectangle* ($OP_1Q_1R_1$, *fig.* 612) *qu'on obtient en considérant le point* M *comme construit par le second mode de génération* mentionné au n° **740** (Rem. II), c'est-à-dire comme situé sur une droite P_1Q_1, de longueur constante $a - b$ mobile entre les axes, à la distance b du point P_1 et à la distance a du point Q_1 : il suffit de remarquer que la projection du point R_1 sur Ox est symétrique de P par rapport à la projection μ du point M sur la même droite, de sorte que cette projection coïncide avec le point P_1 (un raisonnement analogue s'appliquant à la projection de R_1 sur Oy).

Le point m_1 du cercle homographique que l'on obtient (**740**) en achevant le parallélogramme OQ_1Mm_1, n'est évidemment autre que l'intersection de $M\mu$ avec OR.

742. Les considérations précédentes donnent immédiatement la solution du problème suivant :

Problème. — *Construire les axes d'une ellipse, connaissant deux demi-diamètres conjugués en grandeur et position.*

OM, OM′ étant ces deux demi-diamètres (*fig.* 612) on mènera par M deux droites MR, MR_1 égales à OM′ et perpendiculaires à cette droite. Les axes seront dirigés suivant les bissectrices des angles formés par OR, OR_1 et leurs longueurs seront données par les relations $OR = a + b$, $OR_1 = a - b$.

743. Le théorème du n° **740** n'est qu'un cas particulier du suivant :

Théorème de *la Hire.* — *Lorsqu'une droite de longueur constante se*

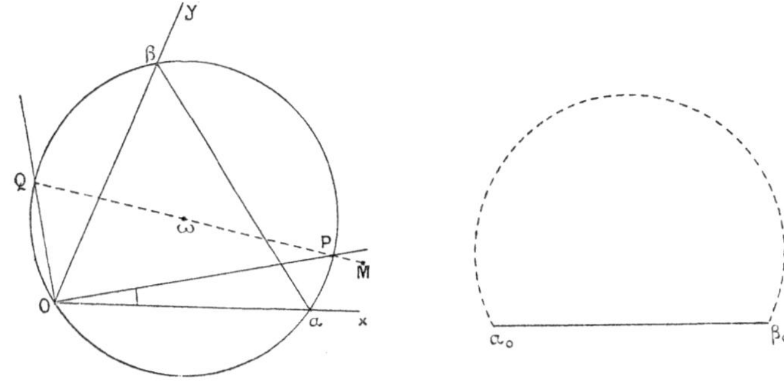

FIG. 613.

déplace entre deux droites fixes quelconques, un point quelconque invariablement lié à la droite mobile décrit une ellipse.

Soient $\alpha\beta$ (*fig.* 613) une droite, constamment égale à une droite fixe

$\alpha_0\beta_0$, qui se déplace de manière que ses extrémités α, β décrivent respectivement deux droites fixes Ox, Oy ; M, un point qui se meut de manière que la figure $\alpha\beta$M soit (Pl., **2**) invariable. Circonscrivons un cercle au triangle $O\alpha\beta$: ce cercle aura un rayon constant, celui du segment de cercle décrit sur $\alpha_0\beta_0$ et capable de l'angle $\widehat{xOy}$: il pourra dès lors être considéré comme invariablement lié à la figure mobile $\alpha\beta$M. Si donc nous menons, dans ce cercle, le diamètre PQ qui passe par le point M, les longueurs MP et MQ seront constantes.

Mais la droite OP est de direction fixe : car l'angle $\widehat{xoP}$ a pour mesure la moitié de l'arc constant αP ; et il en est de même de la droite OQ. Ces deux droites étant d'ailleurs rectangulaires, nous sommes revenus au lieu obtenu au n° **740**.

Remarque. — Toutefois, il existe une infinité de positions du point M pour lesquelles le lieu est une portion de droite (ellipse infiniment aplatie) ; ce sont les points de la circonférence $O\alpha\beta$.

744. Propriété des sécantes à l'hyperbole.

Théorème. — *Toute corde d'une hyperbole a même milieu que le segment intercepté sur elle par les asymptotes.*

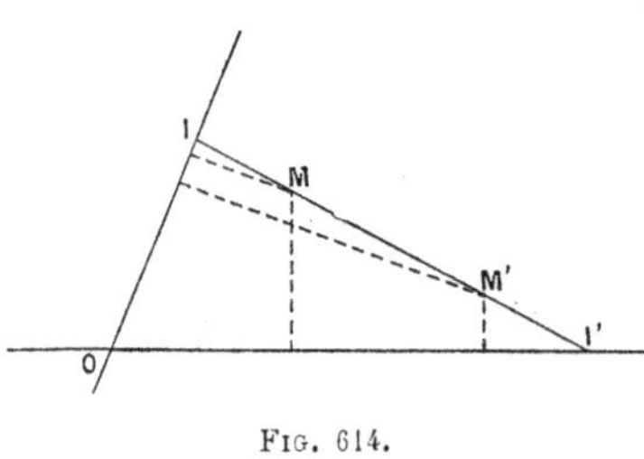

Fig. 614.

Soient MM' la corde considérée ; I, I' les points où elle coupe les asymptotes. Les distances des points M, M' à OI sont entre elles (*fig.* 614) comme les segments IM, IM' ; les distances de ces mêmes points à OI' sont entre elles comme I'M, I'M'. Or le rapport des deux premières distances est inverse du rapport des deux secondes, en vertu du théorème du n° **729**. Donc on a

$$\frac{IM}{IM'} = \frac{I'M'}{I'M}.$$

Cette égalité a d'ailleurs lieu *en grandeur et en signe*, car les points M, M' sont, par rapport aux asymptotes, dans un même angle (auquel cas les rapports $\frac{IM}{IM'}$ et $\frac{I'M'}{I'M}$ sont tous deux positifs ; *fig.* 614) ou dans deux angles opposés par le sommet (les rapports $\frac{IM}{IM'}$, $\frac{I'M'}{I'M}$ étant alors tous deux négatifs ; *fig.* 614 *bis*).

Or il n'y a qu'un point qui divise MM' dans un rapport $\frac{IM}{IM'}$ égal en grandeur et en signe à $\frac{I'M'}{I'M}$, c'est le symétrique de I' par rapport au milieu de MM'.

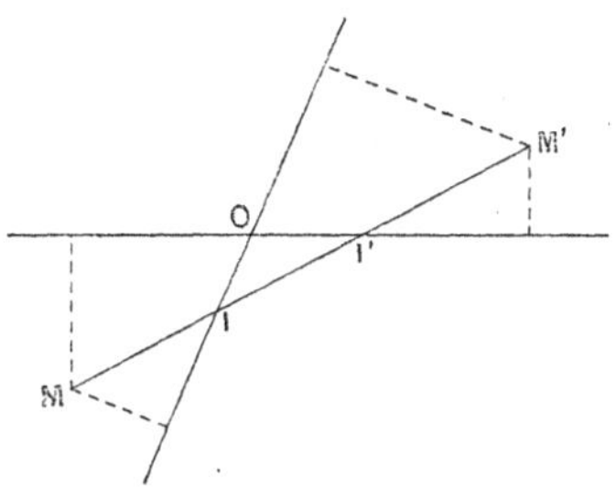

Fig. 614 *bis*.

Ce théorème donne un moyen simple de construire par points une hyperbole (dont on connaît les asymptotes et un point.) Il suffit de faire passer par ce point une série de sécantes (*fig.* 615) et de déterminer le second point M' où chacune

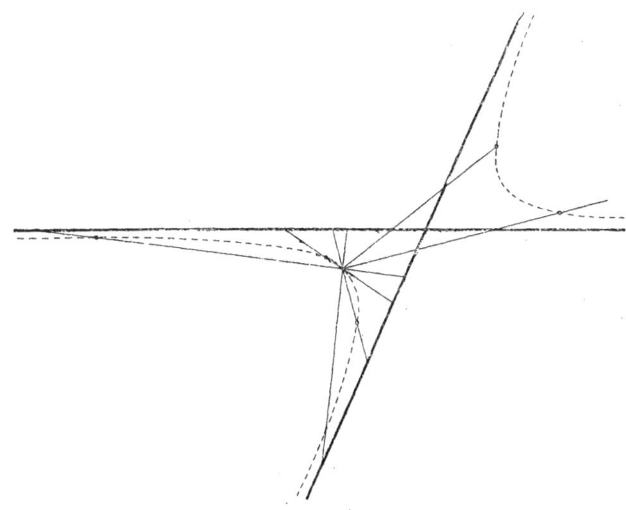
Fig. 615.

d'elles coupe la courbe en portant, à partir du point d'intersection avec une des asymptotes, un segment égal à celui qui est intercepté entre la seconde asymptote et le point connu.

Tout point ainsi construit appartient d'ailleurs bien à l'hyperbole, comme on le voit en reprenant en sens inverse les raisonnements précédents.

745. Diamètres de l'hyperbole.

Théorème. — *Dans une hyperbole, le lieu des milieux des cordes parallèles à une direction donnée est une droite passant par le centre.*

Car le lieu des milieux des segments interceptés, sur des droites parallèles à une même direction, par les côtés de l'angle fixe, formé par les asymptotes, est évidemment une droite passant par le sommet de cet angle.

Le lieu ainsi défini se nomme le *diamètre* conjugué de la direction de cordes considérée.

746. On nomme diamètres *conjugués* l'un de l'autre deux diamètres tels que le premier soit parallèle à la direction conjuguée du second.

Théorème. — *Deux diamètres conjugués forment avec les asymptotes un faisceau harmonique et réciproquement.*

Car les parallèles à l'un des rayons d'un tel faisceau sont divisées en deux parties égales par les trois autres.

Corollaires. — I. *Si un diamètre est conjugué d'un autre, réciproquement celui-ci est conjugué du premier.*

II. *Les diamètres conjugués sont des rayons correspondants d'une même involution* (**655**).

III. *Dans l'hyperbole équilatère, les diamètres conjugués sont également inclinés sur les asymptotes* (Pl., **201**).

Un diamètre passe par les points de contact des tangentes parallèles à la direction conjuguée de ce diamètre (si ces tangentes existent).

Car, les deux points d'intersection d'une tangente étant tous deux confondus avec le point de contact, il en est de même du milieu de la corde interceptée.

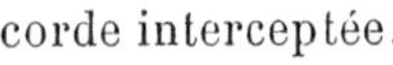

On voit, de plus, qu'*une tangente est divisée en deux parties égales par son point de contact et les asymptotes.*

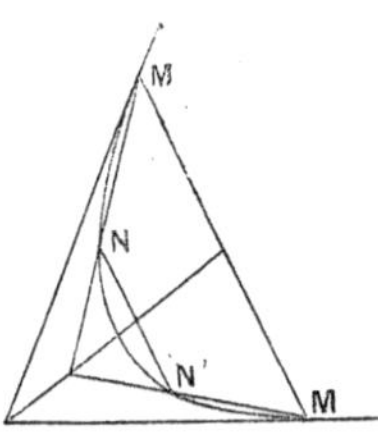

Fig. 616.

747. *Un diamètre passe par le point de rencontre des tangentes aux extrémités d'une corde conjuguée.*

Car soient MM′ (*fig.* 616) une telle corde, NN′ une corde parallèle à la première. La droite qui joint les milieux de MM′, NN′ n'est autre que le diamètre considéré : or cette droite passe (Pl., **121**) par le point d'intersection de MN, M'N'. Le diamètre passe donc aussi par l'intersection des tangentes en M, M', car celles-ci sont les limites vers lesquelles tendent MN, M' N', lorsque la seconde corde se rapproche indéfiniment de la première.

748. *Deux cordes supplémentaires* (c'est-à-dire deux cordes qui ont une extrémité commune et leurs secondes extrémités diamétralement opposées) *sont parallèles à deux diamètres conjugués.* En effet (*fig.* 617), soient les deux cordes supplémentaires MN, MN'. Ces deux cordes sont respectivement parallèles aux droites qui joignent le centre O de l'hyperbole aux milieux m, m' de MN, MN'. Or Om est le diamètre conjugué de la direction MN.

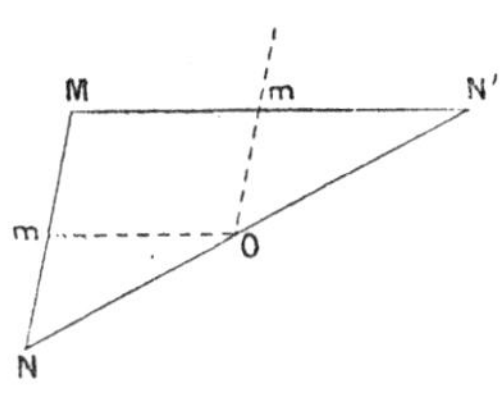

FIG. 617.

REMARQUE. — Les théorèmes que nous venons de démontrer depuis le n° **745** sont entièrement analogues à ceux que nous avons rencontrés dans la théorie de l'ellipse (**735-738**).

Des théorèmes tout semblables (sauf ceux qui regardent les diamètres conjugués) ont été également démontrés pour la parabole (**532**, **532** *bis*).

749. *De deux diamètres conjugués, il y en a toujours un qui coupe la courbe et l'autre qui ne la coupe pas.* Car deux diamètres conjugués, formant avec les asymptotes un faisceau harmonique, sont situés dans des angles différents par rapport à ces droites.

Si un diamètre d'une hyperbole ne rencontre pas la courbe, il rencontre toujours l'hyperbole conjuguée. On convient alors d'appeler *longueur* de ce diamètre la longueur b interceptée sur lui par l'hyperbole conjuguée. Les longueurs ainsi définies pour les diamètres non transverses donnent lieu à des énoncés analogues à ceux qui concernent les diamètres de l'ellipse, mais à condition de changer toujours b'^2 en $-b'^2$, comme nous l'avons déjà indiqué pour l'axe non transverse (**507**). C'est, par exemple, ce qui arrive pour les théorèmes d'Apollonius (ex. 1057) et pour l'*équation* de l'hyperbole, rapportée à deux diamètres conjugués (ex. 1058 *bis*).

EXERCICES

1045. Lieu des points qui divisent dans un rapport donné les cordes d'un cercle parallèles à une direction fixe.

1046. L'ellipse et son cercle principal sont deux figures homologiques avec centre à l'infini.

1047. Construire une ellipse, connaissant deux sommets opposés et un point ou une tangente.

1048. La corde qui joint les extrémités de deux diamètres conjugués de l'ellipse est tangente à une ellipse fixe. Lieu du point qui divise cette corde dans un rapport donné quelconque.

1049. Inscrire à l'ellipse un triangle d'aire maximum. Il y a une infinité de triangles inscrits qui ont l'aire maximum.
Même problème pour un polygone d'un nombre quelconque de côtés.

1050. Circonscrire à l'ellipse un triangle comprenant la courbe à son intérieur et d'aire maximum.

1051. Deux demi-diamètres quelconques d'une ellipse ou d'une hyperbole forment avec les tangentes menées à l'extrémité de chacun d'eux deux triangles équivalents (utiliser la symétrie oblique de la courbe par rapport à chacun de ses diamètres).

1051 *bis*. Les tangentes menées d'un point à une ellipse ou à une hyperbole sont entre elles comme les diamètres qui leur sont parallèles.
Il en est de même des cordes des arcs qu'interceptent entre elles deux sécantes parallèles.

1052. Si deux ellipses homothétiques se coupent et que, par un point de la corde commune prolongée, on leur mène des tangentes, celles-ci sont entre elles comme les diamètres de l'une des courbes qui leur sont parallèles.

1053. Quand un parallélogramme est circonscrit à une ellipse, les diagonales sont deux diamètres conjugués de la courbe. Démontrer le même théorème pour l'hyperbole.

1054. La projection parallèle d'une hyperbole sur un plan quelconque est une hyperbole.

1055. Deux hyperboles conjuguées sont obliquement symétriques l'une de l'autre par rapport aux asymptotes : c'est-à-dire (voir exercice 604) que chaque point M de l'un correspond à un point M′ de l'autre, de manière que la droite MM′ soit parallèle à une asymptote et coupée en son milieu par l'autre. Les points M et M′ sont les extrémités (**749**) de deux diamètres conjugués.

1056. Construire les axes d'une hyperbole connaissant en grandeur et position deux demi-diamètres conjugués.

1057. Le parallélogramme construit sur deux demi-diamètres conjugués d'une hyperbole a une aire constante.

La différence des carrés de ces deux demi-diamètres est également constante.

1058. Si a', b' sont les longueurs de deux demi-diamètres conjugués de l'ellipse, l'équation de la courbe rapportée à ces deux demi-diamètres est $\frac{x^2}{a'^2} + \frac{y^2}{b'^2} = 1$.

1058 *bis*. Si a', b' sont les longueurs de deux demi-diamètres conjugués de l'hyperbole, l'équation de la courbe rapportée à ces deux demi-diamètres est

$$\frac{x^2}{a'^2} - \frac{y^2}{b'^2} = 1.$$

On prouvera que la base et la hauteur du parallélogramme dont l'aire est constante, en vertu du n° **729**, sont proportionnelles, l'une à $\frac{x}{a'} - \frac{y}{b'}$, l'autre à $\frac{x}{a'} + \frac{y}{b'}$).

1059. Si x, y sont les coordonnées de l'extrémité d'un diamètre d'une ellipse rapportée à ses axes, dont les longueurs sont a et b, les extrémités du diamètre conjugué ont leurs coordonnées x', y' données par les formules

$$\frac{x'}{a} = \pm \frac{y}{b}, \qquad \frac{y'}{b} = \mp \frac{x}{a}.$$

Trouver un énoncé analogue pour l'hyperbole.

1060. Lieu des milieux des cordes d'une conique qui passent par un point fixe. Cas de la parabole.

Lieu des points M tels qu'en les joignant à un point fixe A du plan, le segment compris entre M et chacun des points d'intersection de AM avec une conique donnée, soit égal au segment compris entre A et l'autre point d'intersection. Montrer que ce lieu ne change pas si on remplace le point A par un point déterminé quelconque du lieu.

1061. On donne un angle xOy et un point A. Lieu du point obtenu en prenant sur une sécante quelconque menée de A, à partir du point où cette sécante rencontre Ox, un segment qui soit dans un rapport donné avec le segment intercepté, sur la même sécante, entre le point A et la droite Oy.

1062. Le lieu des points qui divisent dans un rapport donné les segments interceptés par un angle fixe sur les droites issues d'un point fixe est une hyperbole passant par le point fixe et ayant ses asymptotes parallèles aux côtés de l'angle (se ramène au précédent).

1063. Trouver, sur une hyperbole donnée, deux points qui forment avec le centre de la courbe un triangle semblable à un triangle donné.

Même problème pour l'ellipse.

1064. Une tangente mobile d'une ellipse intercepte, sur deux tangentes fixes parallèles entre elles, à partir des points de contact, des segments dont le produit est constant.

Deux tangentes parallèles mobiles interceptent, sur une tangente fixe, des segments dont le produit est constant.

Étendre ces théorèmes à l'hyperbole (ex. 1052).

1065. Réciproquement, quand une droite varie de manière à intercepter, sur deux droites parallèles données, à partir de deux points donnés sur ces droites, des segments dont le produit est constant, elle est tangente à une ellipse ou à une hyperbole fixe.

1066. Sur deux parallèles données, respectivement, on prend deux points M et N tels que leurs distances à deux points fixes A et B du plan soient liées par la relation $\overline{AM}^2 - K^2 . \overline{BN}^2 =$ constante (K étant un nombre donné). Montrer que MN est tangente à une conique fixe (se ramène, en général, au précédent). Qu'arrive-t-il pour $K = 1$?

1067. Ramener le problème du n° **742** (recherche des axes d'une ellipse dont on donne en grandeur et direction deux demi-diamètres conjugués) à l'exercice 903.

La construction à laquelle on arrive est la suivante: On construit un carré ayant pour sommets opposés les extrémités A, B des deux demi-diamètres donnés. La circonférence qui passe par les deux autres sommets de ce carré et le centre donné de l'ellipse coupe la droite AB en deux points diamétralement opposés, par lesquels passent respectivement les deux axes cherchés.

1068. Les droites qui joignent deux points fixes d'une hyperbole à un point variable de la courbe interceptent sur une asymptote un segment de longueur constante et égale à celle qu'interceptent, sur la même asymptote, les parallèles à l'autre asymptote menées par les points fixes.

1069. Trouver les diamètres conjugués communs à deux coniques concentriques.

Ces diamètres existent toujours si les coniques ne sont pas toutes deux des hyperboles.

1070. Construire les directions des axes d'une conique, connaissant en direction deux couples de diamètres conjugués.

1071. Trouver, dans l'ellipse ou dans l'hyperbole, deux diamètres conjugués faisant entre eux un angle donné.

1072. Trouver, dans l'ellipse, deux diamètres conjugués égaux. Montrer que ces diamètres sont les diamètres conjugués qui font entre eux l'angle maximum.

1073. Deux diamètres conjugués d'une hyperbole équilatère sont symétriques l'un de l'autre par rapport aux asymptotes.

1074. Lieu d'un point M d'un plan tel que les droites qui le joignent à deux points donnés soient également inclinées sur une direction donnée.

1075. Par deux points fixes du plan, respectivement, on mène des parallèles à deux diamètres conjugués d'une conique donnée. Quel est le lieu du point d'intersection de ces deux droites?

1076. Deux hyperboles équilatères concentriques et qui ont leurs asymptotes à 45° les unes sur les autres, se coupent à angle droit en tous leurs points communs.

1077. On multiplie les coordonnées des points d'une ellipse E (ou d'une hyperbole) rapportée à ses axes, respectivement par des coefficients donnés.

1° Le lieu du point dont les coordonnées sont mesurées par les nombres ainsi obtenus est une nouvelle ellipse (ou hyperbole) E';

2° Si les coefficients choisis sont tels que E et E' soient homofocales et que M, N soient deux points quelconques de E ; M′, N′, les points correspondants de E′, la distance MN′ est égale à la distance M′N.

(Cette proposition (ou plutôt son analogue en géométrie à trois dimensions) se présente dans une question de Mécanique céleste).

1078. La normale à une ellipse est divisée par les deux axes dans un rapport constant.

Trouver le lieu des points qui divisent l'un des segments ainsi obtenus dans un rapport donné quelconque.

1079. La perpendiculaire au milieu d'une corde quelconque de l'ellipse divise en deux parties égales le segment compris entre les sommets des rectangles OPQR (nº **741**) correspondant respectivement à ces points (Pl., **102**). Elle divise également en deux parties égales le segment intercepté sur un axe par les normales en ces points (Pl., ex. 356).

1080. Par deux points A, B d'une hyperbole, on mène des parallèles aux asymptotes. Prouver :

1º Que la seconde diagonale du parallélogramme ainsi formé passe par le centre de la courbe ;

2º Que la moitié de cette seconde diagonale est moyenne proportionnelle entre les distances du centre du parallélogramme au point où elle rencontre la tangente en A et au centre de la courbe ;

3º Que cette même moitié est moyenne proportionnelle entre les distances du centre du parallélogramme aux points où la seconde diagonale rencontre la courbe.

1081. Un demi-diamètre d'une ellipse est moyen proportionnel entre les segments déterminés, à partir du centre, par une corde conjuguée à ce diamètre et le point de concours des tangentes aux extrémités de cette corde.

1082. Même proposition pour l'hyperbole (imiter la méthode du nº **536** : on est ramené aux théorèmes des transversales). Qu'arrive-t-il si le diamètre considéré est non transverse ?

1083. Les définitions étant les mêmes qu'à l'exercice 876 :

1º Une hyperbole ayant ses asymptotes parallèles aux côtés de l'angle donné est le lieu des points tels que leurs distances hyperboliques, d'espèce déterminée, au centre de la courbe soient constantes ;

2º La tangente à cette hyperbole est hyperboliquement perpendiculaire au diamètre du point de contact ;

3º Les deux tangentes menées d'un point à cette hyperbole ont même longueur hyperbolique ;

4º Deux sécantes parallèles interceptent entre elles, sur cette hyperbole, deux arcs dont les cordes ont même longueur hyperbolique ;

5º Dans un quadrilatère circonscrit à cette hyperbole, la somme des longueurs hyperboliques de deux côtés est égale à la somme des longueurs hyperboliques des deux autres ;

6º Si on appelle *angle hyperbolique* ou *pseudo-angle hyperbolique* de deux directions, le logarithme du rapport anharmonique formé par ces directions et celles des côtés de l'angle donné, ou le logarithme de la valeur absolue de ce rapport anharmonique, suivant que ce rapport anharmonique (pris dans un ordre tel qu'il soit égal à 1 quand les deux directions coïncident), est positif ou négatif (c'est-à-dire suivant que ces directions sont celles de deux longueurs hyperboliques de même espèce ou de deux longueurs hyperboliques d'espèces différentes), et si un triangle a deux côtés de longueurs hyperboliques égales (et de même espèce), les angles ou pseudo-angles) hyperboliques opposés à ces côtés sont aussi égaux ;

7° Si les côtés d'un triangle sont de même espèce, mais que le côté AB ait une longueur hyperbolique plus grande que AC, l'angle hyperbolique ACB opposé à AC est aussi plus grand que l'angle hyperbolique ABC opposé à AC. Mais il n'en est pas de même si, les côtés AB et AC étant de même espèce, le côté BC est d'espèce différente ;

8° Une hyperbole H ayant ses asymptotes parallèles aux côtés de l'angle donné, est le lieu des points M tels que l'angle hyperbolique des droites qui joignent chacun d'eux à deux points A et B de la courbe soit constant.

Évaluer les angles hyperboliques d'un triangle, connaissant les longueurs hyperboliques de ses côtés (on commencera par le cas particulier où deux de ces côtés sont hyperboliquement perpendiculaires).

1084. Si un quadrilatère est circonscrit à une ellipse ou à une hyperbole, la somme de deux des triangles qui ont pour sommet commun le centre et pour base les côtés, est équivalente à la somme des deux autres.

Le lieu des centres des coniques inscrites à un quadrilatère est la droite qui passe par les milieux des diagonales (Pl., ex. 371).

1085. Deux sécantes parallèles à une hyperbole coupent cette courbe en quatre points tels que leurs distances à une des asymptotes soient en proportion.

1086. Le produit des segments interceptés, sur une droite, entre une hyperbole et ses deux asymptotes est égal et de signe contraire au carré du diamètre parallèle à la droite.

1087. Le produit des segments interceptés, à partir d'un point fixe, sur une sécante issue de ce point, par une hyperbole, est au produit des segments interceptés, à partir du même point, par les asymptotes, dans un rapport qui ne dépend pas de la direction de la sécante.

(Appliquer le théorème des transversales et l'ex. 1068).

1088. Théorème de *Newton*. Si, par deux points O, O′ du plan d'une ellipse, on mène deux sécantes parallèles, dont l'une coupe la courbe en m, n, l'autre en m', n', le rapport $\dfrac{Om \,.\, On}{O'm' \,.\, O'n'}$ est indépendant de la direction commune des sécantes.

Si, autour du point O, on fait pivoter une sécante, le produit des segments Om, On, interceptés par la courbe sur cette sécante, est dans un rapport constant avec le carré du demi-diamètre parallèle à la sécante.

Lieu de l'extrémité d'une longueur portée à partir de O sur la sécante et moyenne proportionnelle entre Om et On.

1089. Mêmes questions pour l'hyperbole (utiliser ex. 1087).

1090. Une corde focale d'une conique (c'est-à dire une corde passant par le foyer) est proportionnelle au carré du diamètre qui lui est parallèle.

La somme ou la différence de deux cordes focales parallèles à deux diamètres conjugués est constante.

1091. On circonscrit un cercle à un triangle inscrit dans une ellipse. Montrer que le rayon R du cercle est donné par la formule

$$R = \frac{\delta\delta'\delta''}{ab}$$

où $\delta, \delta' \delta''$ sont les demi-diamètres parallèles aux côtés du triangle; a, b, les demi-axes de l'ellipse.

(Appliquer Pl., **130** *bis* au triangle considéré et au triangle (inscrit au cercle de rayon a), dont le premier est la projection).

On suppose que les trois sommets du triangle tendent simultanément vers un même point de la courbe. Montrer que le cercle circonscrit tend vers une position limite déterminée (cercle *osculateur*) indépendante de la loi suivant laquelle les trois sommets se rapprochent de M. Construire cette position limite.

1092. Trouver le lieu du centre du cercle inscrit au triangle qui a pour sommets un point quelconque M d'une ellipse donnée et les deux foyers (exercice 1077).

Montrer que si M′ est un autre point de la courbe, C′ le cercle analogue à C construit à l'aide de M′, les droites qui joignent chacun des points M, M′ au centre du cercle correspondant ont même projection sur MM′ (ex. 1079).

En conclure que l'axe radical des cercles C, C′ passe par le milieu de MM′. La puissance de M par rapport au cercle C′ est égale à la puissance de M′ par rapport au cercle C.

CHAPITRE VIII

QUADRATURE DES CONIQUES

750. Aire de l'ellipse.

Théorème. — *L'ellipse d'axes $2a$ et $2b$ a pour aire πab.*

En effet, cette ellipse est la projection d'un cercle de rayon a et d'aire par conséquent égale à πa^2. Le cosinus de l'angle des deux plans est d'ailleurs égal (**733**, Rem.) à $\frac{b}{a}$; l'aire projetée est donc [1] (**606**. Coroll. II) $\pi a^2 \times \frac{b}{a} = \pi ab$.

Remarque. — Le même raisonnement s'applique *au secteur d'ellipse*, c'est-à-dire à la portion d'ellipse comprise entre deux demi-diamètres, car cette aire est manifestement la projection d'un secteur circulaire. On peut, dès lors (comparer Pl., **263**), évaluer toute aire limitée par des droites, des arcs de cercles et des arcs d'ellipses.

751. Aire du secteur d'hyperbole.

Nous nommons *secteur d'hyperbole* (*fig.* 618) l'aire comprise entre un arc d'hyperbole MN et les rayons qui joignent ses extrémités au centre.

On démontre [2] que la définition de l'aire (Pl., **260**) s'applique à la portion de plan ainsi définie, c'est-à-dire qu'en substituant à l'arc d'hyperbole une ligne brisée inscrite (*fig.* 619), on obtient une aire polygonale qui tend vers une limite déterminée lorsque le nombre des côtés de la ligne brisée va en augmentant indéfiniment

(1) Le raisonnement du n° **606** démontre l'existence de l'aire de la portion projetée, en même temps qu'il en établit l'expression.

(2) Il suffit (Pl. **260**, note 1, page 252) de montrer que la distance d'une corde au point de rencontre des tangentes en ses extrémités tend vers zéro avec la longueur de la corde : ce qu'on déduira aisément de l'exercice 1080.

et chacun d'eux en tendant vers zéro suivant une loi quelconque.

Nous allons apprendre à évaluer l'aire ainsi définie. Nous pouvons d'ailleurs remarquer que cette aire est équivalente à celle qui est délimitée par l'arc MN, une des asymptotes, et les parallèles Mm,Nn

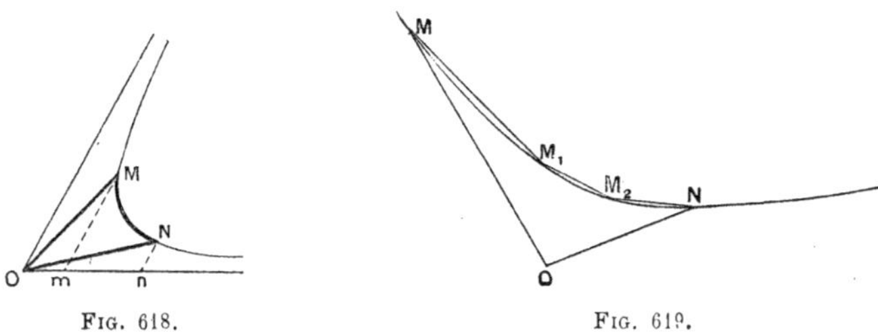

Fig. 618. Fig. 619.

(*fig.* 618) menés par les points MN à l'autre asymptote. En effet, ces deux aires s'obtiennent respectivement en retranchant de l'aire mixtiligne $OMNn$ les deux triangles rectilignes OMm,ONn, lesquels sont équivalents entre eux comme moitiés de parallélogrammes équivalents.

Les droites Mm,Nn sont les ordonnées des points M et N, lorsque l'hyperbole est rapportée à ses asymptotes.

Théorème. — *Dans une même hyperbole supposée rapportée à ses asymptotes, l'aire d'un secteur est proportionnelle au logarithme du rapport des abscisses des extrémités de l'arc correspondant.* Comme dans d'autres démonstrations analogues, nous prouverons tout d'abord les deux points suivants :

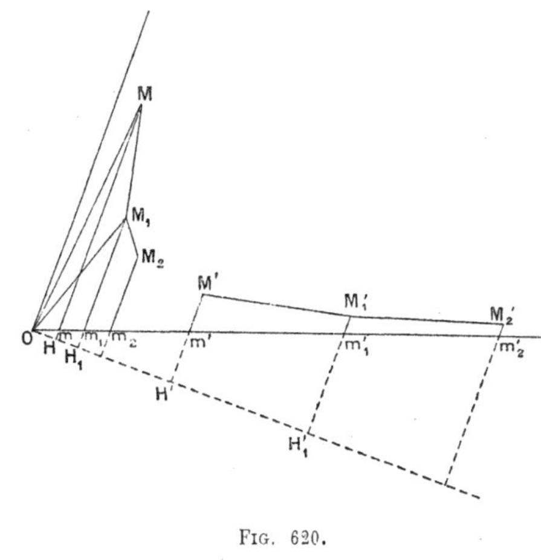

Fig. 620.

1° *A deux valeurs égales du rapport des abscisses correspondent des secteurs équivalents.* — Soient les deux arcs MN,$M'N'$ tels que le rapport des abscisses Om,On (*fig.* 620) des points M,N soit égal au rapport des abscisses Om',On' des points M',N'. Entre M et N, prenons sur la courbe les points $M_1, M_2, \ldots$; entre M′ et N′ les points $M'_1, M'_2, \ldots$, tels que les abscisses $Om'_1, Om'_2, \ldots$ de $M'_1, M'_2, \ldots$ soient respectivement aux abscisses $Om_1, Om_2, \ldots$ de $M_1, M_2, \ldots$ comme Om' est à Om. Si nous démontrons que le secteur polygonal $OMM_1M_2\ldots N$ est équivalent à $OM'M'_1M'_2\ldots N'$, il sera établi que le secteur hyperbolique OMN est équivalent au secteur hyperbolique OM′N′, car le secteur hyperbolique OMN est, par définition, la limite du secteur polygonal $OMM_1M_2\ldots N$ lorsque les points $M, M_1 M_2, \ldots$ vont en se rapprochant indéfiniment les uns des autres.

Comme tout à l'heure, le triangle OMM_1 est équivalent au trapèze MM_1mm_1 (parce que le triangle OMm est équivalent à OM_1m_1), et, de même, le triangle $OM'M'_1$ au trapèze $M'M'_1m'm'_1$. Le trapèze MM_1mm_1 a pour mesure le demi-produit de la somme $Mm + M_1m_1$ par la hauteur, que nous compterons en HH_1 (*fig.* 620) sur la perpendiculaire aux deux bases menées par le point O, et le trapèze $M'M'_1m'm'_1$ a pour mesure le demi-produit de la somme $M'm' + M'_1m'_1$ par la hauteur $H'H'_1$ comptée sur la même perpendiculaire.

Or les rapports $\dfrac{M_1m_1}{Mm}, \dfrac{M'_1m'_1}{M'm'}$ sont respectivement inverses des rapports $\dfrac{OH_1}{OH}, \dfrac{OH'_1}{OH'}$ (puisque le triangle OMm est équivalent à OM_1m et le triangle $OM'm'$ à $OM'_1m'_1$); ces rapports sont égaux entre eux, puisque l'on a $\dfrac{Om_1}{Om} = \dfrac{Om'_1}{Om'}$. On peut écrire :

$$\frac{M'm' + M'_1m'_1}{Mm + M_1m_1} = \frac{M'm'}{Mm}.$$

Quant aux hauteurs $H'H'_1$, HH_1, elles sont entre elles comme OH′ est à OH, à cause de l'égalité $\dfrac{OH'_1}{OH'} = \dfrac{OH_1}{OH}$.

Donc les trapèzes en question sont entre eux comme les produits $Mm \times OH$ et $M'm' \times OH'$, c'est-à-dire comme les triangles OMm, $OM'm'$; ces trapèzes, et aussi les triangles $OMM_1, OM'M'_1$, sont, par conséquent, équivalents entre eux.

De même, le triangle $OM'_1M'_2$ sera équivalent à OM_1M_2, et ainsi de suite. La conclusion est donc démontrée.

2° *Si l'on donne au rapport des abscisses trois valeurs telles que la troisième soit le produit des deux premières, on obtient trois secteurs tels que le troisième soit équivalent à la somme des deux premiers.* — C'est ce qui est évident si les deux premiers secteurs ont pour base deux arcs consécutifs MN, NP (*fig.* 621), le troisième secteur ayant pour base l'arc total MP. Mais, d'autre part, il est clair qu'on peut ramener tout autre cas à celui-là, en vertu de 1°.

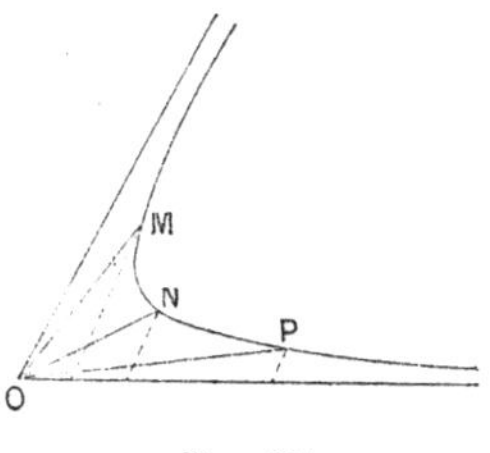

FIG. 621.

Par conséquent, *si le logarithme du rapport des abscisses prend trois valeurs telles que la troisième soit la somme des deux premières, le troisième secteur obtenu est équivalent à la somme des deux premiers* : cet énoncé revient au précédent, puisque la somme des logarithmes de deux nombres est égale au logarithme de leur produit (¹).

Des deux propositions qui viennent d'être démontrées résulte, ainsi qu'il a été expliqué à plusieurs reprises, le théorème énoncé.

752. Nous venons d'apprendre à comparer deux secteurs correspondant à une même hyperbole. Comparons maintenant deux secteurs empruntés à deux hyperboles différentes.

Nous rapporterons chacune des hyperboles à ses asymptotes. L'aire du parallélogramme ayant un sommet en un point quelconque d'une de ces hyperboles et deux côtés suivant les asymptotes de cette courbe, est une constante que nous appellerons, pour abréger, la *constante relative* à l'hyperbole considérée.

Cela posé, on aura le théorème suivant :

Théorème. — *Dans deux hyperboles dont chacune est rapportée à ses asymptotes, deux secteurs correspondant à la même valeur du rapport des abscisses sont entre eux comme les constantes relatives aux deux courbes.*

En effet, si O, O' sont les centres des deux courbes, M, M_1 deux points de la première; M', M'_1 deux points de la seconde, tels que leurs abscisses $O'm'$, $O'm'_1$ soient entre elles comme les abscisses Om, Om_1 des points M, M_1 (*fig.* 622), on démontrera, comme au numéro précédent (1°), que les triangles OMM_1, $O'M'M'_1$ sont entre eux

(¹) Voir Bourlet, *Leçons d'Algèbre*, livre V, ch. III, n° **137**, page 426.

comme OMm, O'M'm', c'est-à-dire comme les constantes relatives aux deux courbes. Dès lors, la même conclusion s'étendra (toujours comme

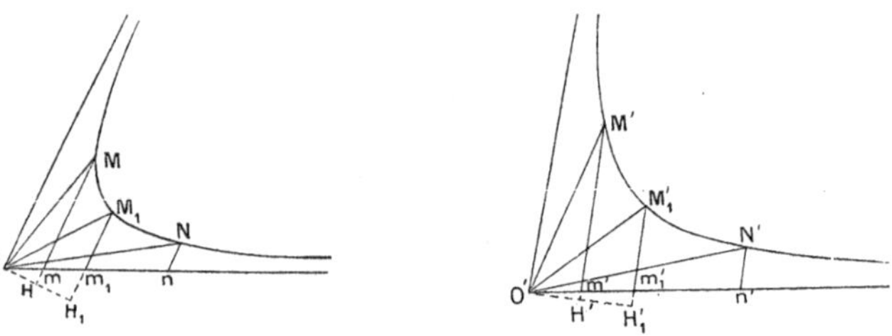

Fig. 622.

au numéro précédent, 1°) au rapport de deux secteurs OMN, O'M'N' tels que les abscisses des points M',N' soient entre elles comme celles des points M, N.

Des deux théorèmes précédents résulte :

Théorème. — *L'aire du secteur correspondant à l'arc compris entre deux points d'une hyperbole quelconque est proportionnelle au produit de la constante relative à la courbe par le logarithme du rapport des abscisses de ces deux points.*

En effet, nous venons de voir que cette aire est proportionnelle : 1° au logarithme du rapport des abscisses ; 2° à la constante relative à la courbe, lorsque ces deux quantités varient séparément : elle est donc proportionnelle à leur produit.

752 *bis*. Corollaire. — Tout ce que nous venons de dire subsiste quel que soit le système de logarithmes employés.

Prenons maintenant pour base du système de logarithmes le rapport des abscisses de deux points M, N, pris sur une même branche d'hyperbole et tels que l'aire du secteur compris entre ces deux points soit égale à la constante relative à la courbe. Alors l'aire d'un secteur d'hyperbole quelconque sera *égale* au produit de la constante relative à la courbe par le logarithme de rapport des abscisses correspondantes, car cette propriété a lieu pour le secteur particulier que nous venons de définir et s'étend, par suite, à tous les autres secteurs d'hyperboles, en vertu des théorèmes précédents.

Le système de logarithmes ainsi obtenu n'est autre que le système des logarithmes *népériens*, le premier qui ait été inventé [1]. Sa base est désignée ordinairement par la lettre e : les premières décimales de ce nombre sont $e = 2{,}7182818...$

Le nombre e n'est pas constructible à l'aide de la règle et du compas : c'est-à-dire qu'on ne peut construire à l'aide de la règle et du compas deux lignes dont le rapport soit égal à e. Plus généralement, il n'existe aucun secteur d'hyperbole tel qu'on puisse construire géométriquement le carré qui lui est équivalent, en même temps que les asymptotes de la courbe et les extrémités de l'arc qui sert de base au secteur [2].

Remarque. — *L'aire d'un secteur d'hyperbole augmente indéfiniment lorsqu'une des extrémités de l'arc correspondant s'éloigne à l'infini, l'autre restant fixe,* puisque le logarithme de l'abscisse variable augmente indéfiniment.

753. Aire du segment de parabole.

Le *segment de parabole* est l'aire comprise entre un arc de parabole et sa corde. Contrairement à ce qui a lieu pour l'ellipse et l'hyperbole, on peut construire avec la règle et le compas un carré équivalent à un segment de parabole donné quelconque.

Théorème. — *Un segment de parabole équivaut aux deux tiers du triangle formé par la corde du segment et les tangentes à ses extrémités* [3].

(1) Bourlet, *Leçons d'Algèbre*, page 428.

(2) Les Mathématiques supérieures permettent d'établir, entre les nombres e et π, une relation qui fait intervenir les qualités imaginaires et dont nous ne pouvons par conséquent donner une idée ici, mais dont l'existence ne doit pas surprendre, puisque l'un de ces nombres est lié à l'aire de l'ellipse (**750**) et l'autre à l'aire de l'hyperbole.

Le théorème relatif à l'impossibilité de construire le nombre e (ou plutôt une proposition plus étendue dont ce théorème découle (voir note E à la fin du volume)), est dû à M. Hermite (1874) : c'est le résultat auquel nous avons fait allusion au liv. III (Pl., page 181, note 2). Le théorème plus général que nous énonçons ensuite est celui qui a été déduit des travaux de M. Hermite par M. Lindemann. En vertu de la relation, mentionnée tout à l'heure, qui existe entre les nombres e et π, ce théorème entraîne l'impossibilité de la quadrature du cercle.

(3) Ce théorème et le mode de démonstration que nous en donnons sont dus à *Archimède*.

La démonstration suppose que les polygones inscrits se succèdent suivant une loi déterminée (chaque polygone ayant pour sommets les sommets du précédent et les points de la courbe situés sur les diamètres conjugués des côtés de ce précédent). Pour démontrer que la limite obtenue est la même, quelle que soit la loi d'inscription (pourvu que chaque côté tende vers zéro), il suffit (Pl., page 252, note 1) de faire voir que la distance d'une corde au point d'intersection des tangentes en ses extrémités tend vers zéro avec la longueur de la corde. Or, c'est ce qui résulte aisément du n° **536**.

Soit le segment de parabole déterminé par la corde aa' (*fig.* 623), les tangentes menées à la courbe en a, a' se coupant en A. Soit S l'aire du triangle Aaa'.

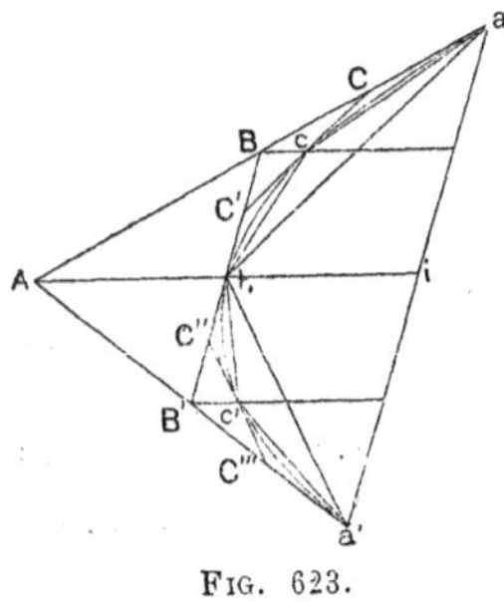

Fig. 623.

Le diamètre qui passe en A coupe la courbe en un point b où la tangente est parallèle à aa' ; soient B, B′ les points où cette tangente coupe respectivement Aa et Aa'. Le diamètre Ab est divisé Ab, en deux parties égales par les points et le point i où il coupe aa' (**526**). Si donc nous joignons ab et $a'b$, les triangles iab et $ia'b$ sont respectivement les moitiés de iaA et de $ia'A$, donc, le triangle $aa'b$ a pour aire $\frac{S}{2}$. Le triangle ABB′, qui est semblable à Aaa', avec le rapport de similitude $\frac{1}{2}$, a pour mesure $\frac{S}{4}$, de sorte que la somme des deux triangles bBa et $bB'a$ est égale ment $\frac{S}{4}$.

Menons maintenant les diamètres des points B et B′ lesquels coupent respectivement la courbe en c, c' : les tangentes en ces points sont respectivement parallèles à ab et $a'b$; la première coupe aB en C et Bb en C′ ; la seconde coupe bB' en C″ et $B'a'$ en C‴. Si nous joignons ac, cb, bc', $c'a'$, nous constaterons, comme tout à l'heure : 1° que le triangle acb est la moitié du aBb et le triangle $bc'a'$, la moitié du triangle $bB'a'$; 2° que les deux triangles BCC′ et B′C″C‴ sont respectivement les quarts de Bab et $B'ba'$. Dès lors, il est clair que la somme des deux triangles inscrits acb et $bc'a'$ est égale à $\frac{S}{8}$, de sorte que le polygone inscrit $acbc'a'$ a pour aire $\frac{S}{2} + \frac{S}{2 \times 4}$.

En même temps on voit que la somme des deux triangles circonscrits BCC′ et B′C″C‴ est $\frac{S}{16}$. De plus, les deux polygones $acbc'a'$ et ACC′C″C‴ sont séparés par quatre triangles intermédiaires aCc, $cC'b$, $bC''c'$, $c'C'''a'$, ayant pour somme $\frac{S}{4^2}$.

Nous continuerons de même en menant les diamètres des points C, C′, C″, C‴. Les points où ces diamètres couperont la courbe formeront, avec les points précédemment obtenus, a, c, b, c', a', les sommets d'un nouveau polygone inscrit dont l'aire sera $\frac{S}{2}+\frac{S}{2\times 4}+\frac{S}{2\times 4^2}$; l'espace compris entre ce polygone inscrit et le polygone circonscrit correspondant sera $\frac{S}{4^3}$.

Si l'on continue ainsi indéfiniment, on voit que l'aire d'un quelconque des polygones inscrits successifs est mesurée par une expression de la forme $\frac{S}{2}+\frac{S}{2\times 4}+\frac{S}{2\times 4^2}+\ldots\ldots+\frac{S}{2\times 4^m}$, c'est-à-dire par la somme d'un certain nombre de termes de la progression géométrique qui a pour premier terme $\frac{S}{2}$ et pour raison $\frac{1}{4}$. Lorsque m augmente indéfiniment, cette expression tend [1] vers une limite égale à $\frac{S}{2\left(1-\frac{1}{4}\right)}=2\frac{S}{3}$. Le théorème est donc démontré.

L'aire compris entre un polygone inscrit et le polygone circonscrit correspondant est d'ailleurs égale à $\frac{S}{4^m}$ et tend bien vers zéro lorsque m augmente indéfiniment.

EXERCICES

1093. L'aire d'un triangle inscrit à une parabole est double de celle du triangle circonscrit formé par les tangentes en ses sommets.

Proposition analogue pour un polygone inscrit d'un nombre quelconque de côtés. En déduire l'aire du segment de parabole.

1094. Deux diamètres conjugués divisent une ellipse en quatre parties équivalentes.

1095. On mène, dans une ellipse, deux demi-diamètres tels que le secteur compris entre eux et la courbe ait une aire constante. Montrer 1° que la corde qui joint les

(1) Bourlet, *Leçons d'Algèbre*, livre V, ch. II, n° **133**, p. 414.

extrémités de ces deux demi-diamètres est tangente à une ellipse fixe, qui la touche en son milieu;

2° Que le segment compris entre la courbe et cette corde a également une aire constante;

3° Qu'il en est de même du triangle qui a pour côtés cette corde et les tangentes menées à ses extrémités. Lieu du point de concours de ces tangentes.

1095 *bis*. Étant donnée une ellipse, quel est le lieu d'un point pour lequel le rayon du cercle considéré à l'exercice 757 est constant?

1096. Deux sécantes parallèles interceptent sur l'hyperbole des arcs qui servent de bases à des secteurs équivalents. Démontrer cette proposition sans se servir des théorèmes sur l'aire du secteur (nos **751-752** *bis*) et en utilisant seulement le théorème sur les diamètres de l'hyperbole (**745**). En déduire à nouveau l'aire du secteur d'hyperbole (ex. 1085).

1097. Résoudre, pour l'hyperbole, l'exercice 1095.

1098. En adoptant les définitions des exercices 876 et 1083 :

1° Si deux lignes brisées L et L', terminées aux mêmes extrémités, ont tous leurs côtés de même espèce, et que L enveloppe L', laquelle est convexe, la somme des longueurs hyperboliques des côtés de L est *plus petite* que la somme correspondante relative à L';

2° Dans une hyperbole H ayant ses asymptotes parallèles aux côtés de l'angle donné, le rapport de la longueur hyperbolique d'une corde AB à la somme des longueurs hyperboliques des tangentes AB, BC menées en ses extrémités et terminées à leur point de rencontre C tend vers l'unité lorsque la corde tend vers zéro (mener le diamètre du point C et appliquer exercices 1080, 1083);

3° Si on inscrit à un arc AB de l'hyperbole H une ligne brisée dont le nombre des côtés augmente indéfiniment de manière que chacun d'eux tende vers zéro, la somme des longueurs hyperboliques de ces côtés tend vers une limite l, qu'on peut appeler la longueur hyperbolique de l'arc AB;

4° Deux arcs de l'hyperbole H, qui ont même longueur hyperbolique, sont vus du centre sous des angles hyperboliques égaux et correspondent à des secteurs d'hyperbole équivalents.

Plus généralement, l'aire d'un secteur de l'hyperbole H est proportionnelle à la longueur hyperbolique de l'arc qui lui sert de base, ou à l'angle hyperbolique des deux rayons qui le limitent.

1099. Si on joint un point variable d'une ellipse à deux points fixes de la courbe et qu'on mène, par le centre, des parallèles aux droites ainsi tracées, on détermine, dans l'ellipse, un secteur d'aire constante et égale à la moitié de l'aire du secteur formé par les demi-diamètres qui aboutissent aux deux points fixes.

Même problème dans l'hyperbole.

1100. Trouver le lieu d'un point tel que le segment de parabole compris entre la courbe et la corde de contact des tangentes issues de ce point ait une aire constante. Montrer que ce lieu est une parabole qui se déduit de la parabole donnée par translation. La projection de la corde de contact sur la directrice est constante (employer une remarque analogue à celle de l'exercice 1096).

1101. Mener, par un point intérieur à une conique, une corde qui détache le plus petit segment possible.

1102. Diviser un secteur d'ellipse en deux parties équivalentes par un diamètre. Même problème pour un secteur d'hyperbole [1].

1103. Circonscrire à un triangle la plus petite ellipse possible.

(On étudiera (ex. 1049) le rapport de l'aire d'un triangle à celle d'une ellipse circonscrite et l'on en cherchera le maximum).

1103 *bis*. Inscrire, à un triangle donné, la plus grande ellipse possible (parmi celles qui sont comprises à l'intérieur du triangle).

(Même méthode).

1104. Lieu du centre d'une hyperbole qui passe par deux points fixes A, B, de manière que le secteur compris entre la courbe et les demi-diamètres aboutissant en ces points ait une aire donnée, la constante relative à la courbe étant également donnée. Montrer que les asymptotes passent chacune par un point fixe. Trouver le lieu de l'intersection des tangentes à l'hyperbole en A et B.

1105. Une ellipse varie de manière que ses axes restent dirigés suivant deux droites fixes et que son aire reste constante. Montrer que cette ellipse est tangente à une hyperbole équilatère fixe. Généraliser au cas où l'ellipse, gardant toujours une aire constante, a deux diamètres conjugués suivant deux droites données.

1106. Calculer l'aire du triangle qui a pour sommets le centre d'une hyperbole et deux points de la courbe, connaissant la constante relative à l'hyperbole et le rapport des abscisses des deux points (lorsqu'on rapporte la courbe à ses asymptotes).

1107. Montrer que le logarithme de $(1+a)$, dans le système dont la base est le nombre e, est la limite, pour n infini, de l'expression

$$a\left(\frac{1}{n}+\frac{1}{n+a}+\frac{1}{n+2a}+\ldots+\frac{1}{n+na}\right)$$

(On remarquera que cette expression représente une aire polygonale formée à l'aide d'un contour inscrit à l'hyperbole).

(1) Le problème de diviser un secteur d'ellipse ou d'hyperbole en un nombre de parties équivalentes qui n'est pas une puissance de 2 n'est pas résoluble par la règle et le compas.

L'introduction des imaginaires permet de réunir en un seul et même problème la question précédente relative à l'ellipse et la question relative à l'hyperbole, quoique ces deux questions soient d'apparence très différentes. (L'une conduit à la division d'un angle en un nombre quelconque de parties égales; l'autre, à trouver deux lignes dont le rapport soit $\sqrt[m]{\frac{a}{b}}$, où a et b sont deux lignes données.)

CHAPITRE IX

SECTIONS DU CONE OBLIQUE A BASE CIRCULAIRE PROPRIÉTÉS PROJECTIVES DES CONIQUES

754. Théorème. — *La section d'un cône quelconque à base circulaire par un plan est une ellipse, une parabole ou une hyperbole.*

La démonstration repose sur le théorème démontré au n° **727** : *Le produit des distances d'un point quelconque d'un cône à base circulaire à deux plans tangents est dans un rapport constant avec le carré de la distance du même point au plan des deux génératrices de contact.*

On en déduit, comme au n° **727**, que, *lorsqu'on coupe un cône à base circulaire par un plan, le produit des distances d'un point quelconque de la section à deux tangentes est dans un rapport constant avec le carré de la distance du même point à la corde de contact.*

Cela posé, nous distinguerons trois cas, les mêmes que pour le cône de révolution.

Premier cas. — *Le plan mené par le sommet du cône, parallèlement au plan sécant, est extérieur au cône.* Soient d_1, d_2 (*fig.* 624), deux tangentes du cercle de base; d, leur corde de contact : ces trois droites auront pour perspectives, sur le plan sécant P, deux tangentes D_1, D_2 de la section et leur corde de contact D. Nous allons chercher à choisir d_1 et d_2 de manière que D_1 et D_2 soient parallèles entre elles et toutes deux perpendiculaires à D.

A cet effet, soit xy l'intersection du plan de base du cône avec le plan mené par le sommet S de ce cône parallèlement à P, autrement dit la ligne de fuite du plan P sur le plan du cercle de base C : en vertu de l'hypothèse qui vient d'être faite, cette droite est extérieure au cercle C. Les droites D_1, D_2, D sont parallèles aux droites qui joignent respectivement le point S aux points i_1, i_2, i où la droite xy rencontre d_1, d_2, d.

Si donc l'on veut que D_1 et D_2 soient parallèles, il faudra que les points i_1 et i_2 coïncident. La droite d sera alors la polaire du point i_1 par rapport à C, de sorte que les points i et i_1 seront conjugués l'un de l'autre. De plus, pour que D soit perpendiculaire à D_1, il faudra que l'angle $\widehat{iSi_1}$ soit droit.

Inversement, si nous trouvons sur xy deux points i, i_1 conjugués

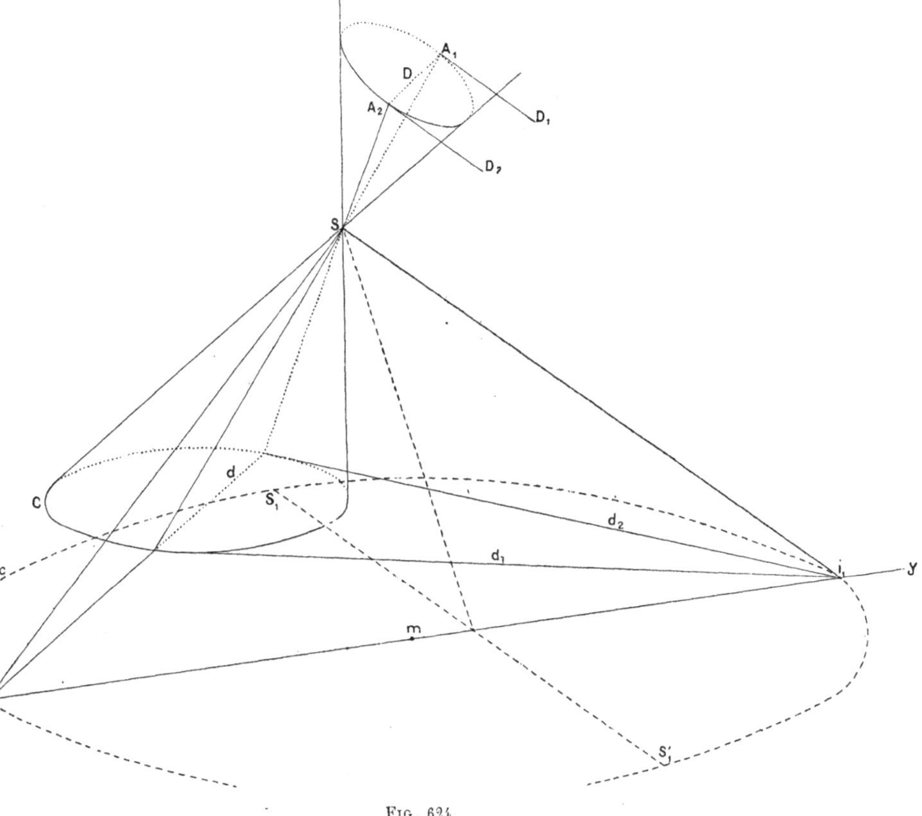

Fig. 624.

l'un de l'autre et tels que l'angle iSi_1 soit droit, nous pourrons toujours, du point i_1, mener des tangentes à C (puisque la droite xy est entièrement extérieure à ce cercle) : ces tangentes et la corde de contact correspondante, laquelle passera bien par le point i, rempliront les conditions demandées.

Or, si les points i, i_1 sont conjugués par rapport au cercle, le milieu m de ii_1 appartiendra (Pl., **204**) à l'axe radical du cercle C et du point i_1, de sorte que le cercle c, décrit sur ii_1 comme diamètre dans le plan de C, coupera C à angle droit. Mais, si l'on doit avoir $\widehat{iSi_1} = 1\ dr.$, ce même cercle c devra évidemment passer par chacun des points S_1, S'_1 que l'on obtient en rabattant le point S_1 dans un sens ou dans l'autre, sur le plan de C, autour de xy comme charnière.

Inversement, un cercle passant par S_1 et S'_1 aura son centre sur xy (les points S_1, S'_1 étant symétriques l'un de l'autre par rapport à cette droite). S'il est orthogonal à C, il déterminera sur xy deux points i, i_1 satisfaisant aux conditions requises. Or on peut toujours faire passer par les points S_1, S'_1 un cercle orthogonal à C (Pl., **158**) (1).

Les points i, i_1 étant ainsi déterminés, et par suite aussi les droites D, D_1, D_2, la section considérée sera le lieu des points situés entre les parallèles (2) D_1, D_2 et tels que leur distance à la perpendiculaire commune D soit dans un rapport constant avec la moyenne proportionnelle de leurs distances à D_1, D_2. Ce lieu n'est autre que celui que nous avons trouvé au n° **733**, Coroll. I, le segment qui figure en cet endroit étant celui qui est compris entre les extrémités A_1, A_2 de D (*fig.* 624).

Donc la section est une ellipse.

754 *bis*. Remarque. — *La section d'un cylindre quelconque à base circulaire par un plan est une ellipse :* autrement dit, *la projection d'un cercle sur un plan* P, *parallèlement à une direction quelconque, est une ellipse.*

Soient o le centre du cercle; xy, l'intersection de son plan avec P; O, la projection de o sur le plan P. Le théorème sera démontré (d'après ce qui précède) si deux tangentes, d_1, d_2 du cercle et leur corde de

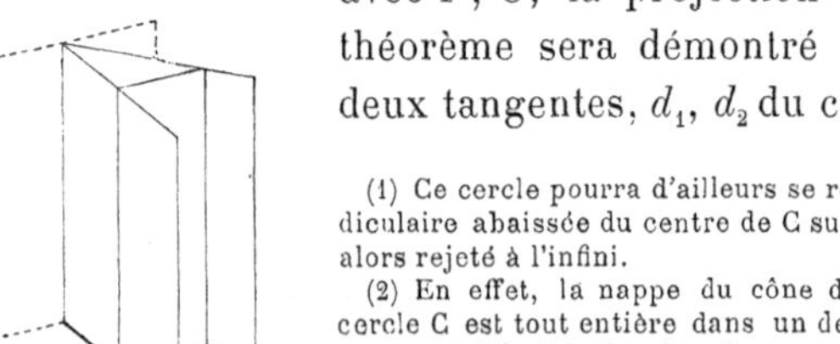

Fig. 625.

(1) Ce cercle pourra d'ailleurs se réduire à une droite (la perpendiculaire abaissée du centre de C sur xy) : l'un des points i, i_1 sera alors rejeté à l'infini.

(2) En effet, la nappe du cône donné sur laquelle est situé le cercle C est tout entière dans un des dièdres formés par les plans tangents Sd_1, Sd_2. Le plan Sxy, parallèle à P, passe par l'arête Si_1 de ce dièdre et est extérieur au dièdre (puisqu'il est extérieur au cône). Or, quand on pratique une section plane d'un dièdre parallèlement à un plan qui passe par son arête et lui est extérieur (*fig.* 625), la portion du plan sécant intérieure au dièdre est comprise entre les deux droites suivant lesquelles sont coupées les faces. C'est ce qui a lieu pour le plan P, relativement au dièdre dont il vient d'être parlé, ou à son opposé par l'arête (suivant que P coupe la nappe qui contient le cercle C ou la nappe opposée).

contact d se projettent sur P suivant trois droites D_1, D_2, D, telles que D_1 et D_2 soient parallèles entre elles et perpendiculaires à D. Nous laissons au lecteur le soin de constater qu'on trouvera de telles tangentes en déterminant sur xy un segment ii_1 qui soit vu sous un angle droit tant du point o que du point O (ce qui se fera par une construction analogue à celle du numéro précédent) : la droite d sera oi ou oi_1.

755. DEUXIÈME CAS. — *Le plan mené par le sommet du cône, parallèlement au plan sécant, coupe le cône suivant deux génératrices distinctes.* Nous prendrons alors pour D_1, D_2 les intersections du plan sécant P avec les plans tangents suivant ces deux génératrices. Dans ces conditions, le raisonnement du n° **729** montre que le produit des distances d'un point quelconque de la section à D_1 et à D_2 est constant.

Donc cette section est une hyperbole ayant D_1 et D_2 pour asymptotes.

756. TROISIÈME CAS. — *Le plan mené par le sommet du cône, parallèlement au plan sécant, est tangent au cône.* Prenons pour d_2 (*fig.* 626)

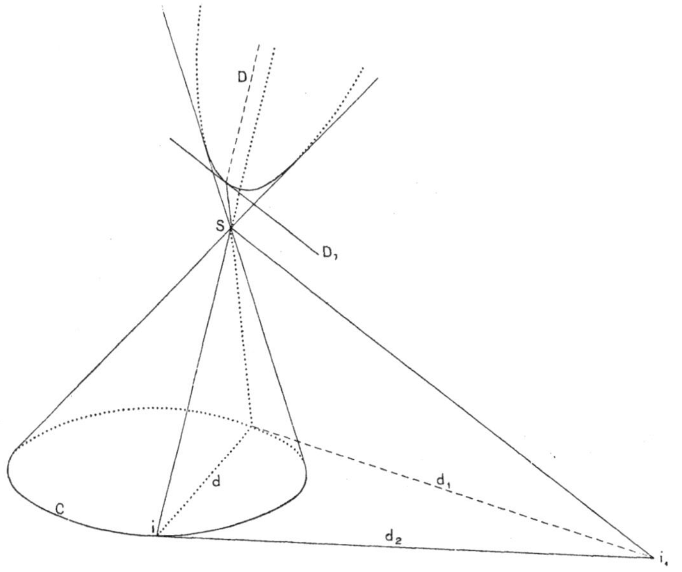

FIG. 626.

la tangente au cercle C située dans ce plan tangent, d_1 étant une autre tangente quelconque à C. Alors, si m est un point quelconque de C, M sa perspective sur le plan P, on aura

$$\frac{(m, d)}{(m, d_1)} = k \frac{(\mathrm{M}, \mathrm{D})}{(\mathrm{M}, \mathrm{D}_1)},$$

$$\frac{(m, d)}{(m, d_2)} = k' (\mathrm{M}, \mathrm{D}),$$

et, par conséquent la relation $\frac{(m, d)}{(m, d_1)} \cdot \frac{(m, d)}{(m, d_2)} = 1$ prend la forme

$$\frac{(\mathrm{M}, \mathrm{D})}{(\mathrm{M}, \mathrm{D}_1)} \cdot (\mathrm{M}, \mathrm{D}) = k''$$

ou

(22) $$(\mathrm{M}, \mathrm{D})^2 = k'' (\mathrm{M}, \mathrm{D}_1).$$

Nous pouvons d'ailleurs nous arranger de façon que D soit perpendiculaire à D_1. Car D est ici parallèle à la génératrice de contact Si (*fig.* 626) du plan Sd_2 et D_1, à la droite qui joint le sommet au point i_1 d'intersection des tangentes d_1, d_2. Il suffira donc de prendre d_2 de manière que i_2 soit le point (à distance finie ou à l'infini) où d_2 est rencontré par une perpendiculaire à Si, menée par S.

Remarque. — *La parabole doit être regardée comme tangente à la droite de l'infini*, puisque sa perspective (le cercle C) est tangente à la droite d_2, ligne de fuite du plan P.

D étant perpendiculaire à D_1, l'équation (22) est l'équation d'une parabole ayant D pour axe et D_1 pour tangente au sommet (**535**).

Si D n'était pas perpendiculaire à D_1, l'équation (22) se ramènerait d'ailleurs (**536**) à l'équation d'une parabole ayant D pour diamètre et D_1 pour tangente à l'extrémité de ce diamètre.

757. Le théorème précédent s'énonce encore ainsi : *Toute perspective d'un cercle est une conique.*

A ce théorème on peut joindre le suivant, que nous énoncerons sans démonstration [1] : *Tout cône du second ordre* (c'est-à-dire qui a pour base une conique) *peut être coupé suivant un cercle.*

(1) La raison pour laquelle cette démonstration n'est pas donnée ici (cette démonstration se trouvera plus loin, exercice 1161) est la suivante : toutes les fois qu'au cours de ces Leçons nous avons démontré l'existence d'une figure (par exemple d'une droite ou d'un plan), nous avons, à cet effet, donné un moyen de construire cette figure. Or un cône quelconque

Nous savons, d'ailleurs (**722**) que toute conique peut être considérée, d'une infinité de manières, comme la perspective d'un cercle.

Ce dernier théorème fournit immédiatement une série de propriétés des coniques : il montre en effet qu'une propriété du cercle s'étend à une conique quelconque si elle est *projective* (**621**), c'est-à-dire si elle n'est pas altérée par la perspective.

758. Avant d'énumérer les plus importantes des propriétés qu'on peut établir ainsi, nous déduirons des théorèmes ci-dessus démontrés les conséquences suivantes :

Toute perspective d'une conique est une conique, car c'est la figure homographique d'un cercle.

Étant donnés un triangle et un point situé dans son plan, mais non sur un de ses côtés, on peut trouver une conique passant par ce point et tangente à deux côtés du triangle en leurs points communs avec le troisième côté.

Soient en effet ABC le triangle donné, D le point donné. Si nous prenons, sur un cercle quelconque, trois points b, c, d, les tangentes aux points b et c concourant en a, nous pourrons (**634**) trouver une homographie dans laquelle les points A, B, C, D correspondent respectivement à a, b, c, d. La figure homographique du cercle bcd sera alors la conique demandée.

On peut déduire de là la proposition suivante, réciproque d'une de celles que nous avons démontrées plus haut (**727**) : *le lieu des points tels que le produit de leurs distances à deux côtés d'un triangle soit dans un rapport constant avec le carré de leur distance au troisième côté, est une conique.*

Car si ABC est le triangle donné et que D désigne un point du lieu, la conique qui passe par D et qui est tangente en B et C à AB et à AC coïncide avec le lieu en question, puisque les distances de l'un quelconque de ses points aux côtés AB, AC, BC présentent entre elles la relation qui caractérise ce lieu.

On voit d'ailleurs que la conique qui passe par D et est tangente en B et C à AB et à AC est unique : car elle ne peut être autre que le lieu précédent.

759. *Par cinq points d'un plan, dont trois quelconques ne sont pas en*

ayant pour base une conique étant donné, il existe toujours des plans qui le coupent suivant des cercles; mais ces plans ne peuvent pas être construits à l'aide de la règle et du compas (voir note E).

ligne droite, on peut faire passer une conique. — Soient en effet A, B, C, D, E les cinq points considérés (*fig.* 627). Prenons sur un cercle trois points quelconques a, b, c, puis un quatrième point d tel que le rapport anharmonique de ces quatre points sur le cercle

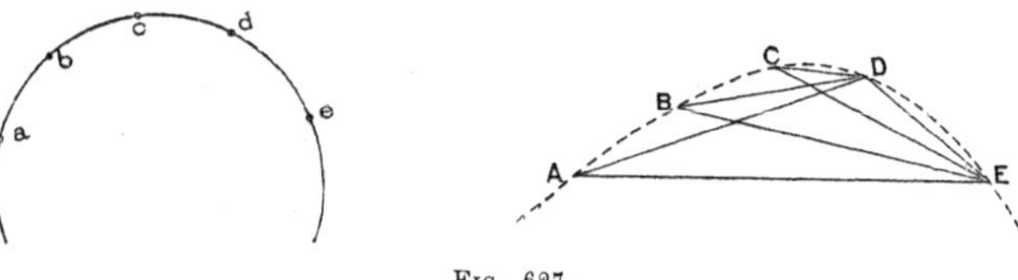

Fig. 627.

(Pl., **212**) soit égal au rapport anharmonique E.ABCD et un cinquième point e tel que le rapport anharmonique des quatre points a, b, c, e sur le cercle soit égal au rapport anharmonique D.ABCE. Considérons alors l'homographie dans laquelle les points B, C, D, E correspondent respectivement aux points b, c, d, e : L'homologue de ea sera EA (à cause de l'égalité E. ABCD $=$ $e.\,abcd$) et l'homologue de da, DA (à cause de l'égalité D. ABCE $=$ $d.\,abce$). Donc l'homologue de a sera A et la figure homographique du cercle $abcde$ sera une conique passant par les points A, B, C, D, E.

Moyennant cette proposition, le théorème de Pappus (**728**, Rem.) admet évidemment la réciproque suivante : *Le lieu des points d'un plan tels que le produit de leurs distances à deux droites données soit dans un rapport constant avec le produit de leurs distances à deux autres droites données est une conique circonscrite au quadrilatère formé par les quatre droites.*

On voit d'ailleurs, comme tout à l'heure, que la conique passant par les cinq points A, B, C, D. E est unique.

Remarque. — La plupart des raisonnements précédents subsistent lorsqu'un ou deux des points considérés sont rejetés à l'infini. Par exemple, *on peut faire passer par quatre points une conique ayant une direction asymptotique parallèle à une direction donnée :* cela revient à dire qu'on peut faire passer une conique par quatre points à distance finie et un point à l'infini.

760. De même, *on peut tracer une conique tangente à cinq droites données d'un plan, pourvu que trois quelconques de ces droites ne passent pas par un même point.*

Si A, B, C, D, E sont ces cinq droites, on considérera trois tangentes quelconques a, b, c d'un cercle, puis une quatrième d tel que le rapport anharmonique qu'elle forme avec les trois premières soit égal au rapport anharmonique intercepté sur E par les droites A, B, C, D et une cinquième e telle que le rapport anharmonique qu'elle forme avec a, b, c, soit égal au rapport anharmonique intercepté sur D par A, B, C, E. Alors, dans l'homographie qui fait correspondre aux droites b, c, d, e les droites B, C, D, E, la droite A sera l'homologue de a et le cercle tangent à a, b, c, d, e aura comme homologue une conique tangente à A, B, C, D, E.

761. Parmi les propriétés projectives du cercle, nous considérerons d'abord la suivante (Pl., **212**) : *le rapport anharmonique du faisceau obtenu en joignant quatre points fixes d'une circonférence à un cinquième point variable du même cercle est constant.*

On en déduit immédiatement :

Théorème. — *Le rapport anharmonique du faisceau obtenu en joignant quatre points fixes d'une conique à un cinquième point variable de la même conique est constant.*

Car il est égal (**623**) au rapport anharmonique du faisceau correspondant, formé dans le cercle dont la conique considérée est la perspective.

Ce rapport anharmonique constant est dit le *rapport anharmonique des quatre points sur la conique.*

Plaçons successivement l'origine du faisceau en deux points différents de la courbe : nous voyons que le théorème précédent peut encore s'énoncer ainsi :

Théorème de *Chasles.* — *Les droites qui joignent respectivement deux points fixes d'une conique à un point variable de la même courbe décrivent respectivement deux faisceaux homographiques.*

Réciproquement, *le lieu du point commun à deux rayons homologues de deux faisceaux homographiques qui n'ont pas le même centre est une conique passant par les centres des deux faisceaux.*

Soient en effet A, B les centres des deux faisceaux; C, D, E, trois points du lieu. Par les points A, B, C, D, E, on peut faire passer une conique. Si M est un point variable de cette conique, les droites AM, BM décrivent deux faisceaux homographiques, lesquels ne sont autres que les faisceaux donnés, puisqu'ils ont en commun avec eux les trois couples de rayons homologues AC, BC; AC, BD; AE, BE.

Un cas d'exception est celui où les faisceaux ont un rayon homologue commun (suivant la droite qui joint les centres) : le lieu est alors une droite (**642**), mais il convient de considérer, en outre, comme faisant partie du lieu, le rayon homologue commun tout entier, puisqu'un point quelconque de ce rayon satisfait à la définition du lieu. Ainsi complété, le lieu est un système de deux droites, c'est-à-dire un cas limite de conique (**719** *bis*, Rem.).

Ce cas est d'ailleurs le seul où le lieu ne soit pas une véritable conique : car, pour que cette circonstance se produise, il faut (**759**) que trois des cinq points A, B, C, D, E soient en ligne droite. Or, deux quelconques des points C, D, E ne peuvent être en ligne droite avec A ou avec B (sauf dans le cas, que nous écartons ici, mais que l'on a parfois à considérer, où à n'importe quel rayon issu de A correspond un seul et même rayon issu de B ou inversement). D'autre part, si C, par exemple, est en ligne droite avec A et B, AB est un rayon homologue commun, et il en est de même si C, D, E sont sur une même droite coupant AB en I, puisque le rapport anharmonique (A.CDEI) sera égal à (B.CDEI).

762. Les deux théorèmes précédents permettent de construire par points une conique donnée par cinq points : on voit, en effet, qu'il fournit le second point d'intersection de la courbe avec une droite quelconque AM passant par un des points donnés :

Ce point sera sur le rayon BM, homologue de AM dans l'homographie dont AC, BC; AD, BD; AE, BE sont trois couples de rayons homologues. Ceci montre à nouveau, comme on le voit, que *la conique qui passe par cinq points donnés d'un plan (dont trois ne sont pas en ligne droite) est unique.*

Le même théorème donne aussi la tangente en un point quelconque : la tangente au point A, centre d'un des faisceaux, n'est en effet autre (comparer Pl., **212**, Rem.) que l'homologue du rayon de l'autre faisceau qui passe en A.

Cette remarque permet évidemment d'étendre la construction d'une conique donnée par cinq points au cas où deux des points donnés sont confondus, en convenant de dire qu'on donne deux points confondus de la courbe, lorsqu'on donne un point et la tangente en ce point. De même, elle permet de traiter le cas où l'on donne trois points et les tangentes en deux d'entre eux, c'est-à-dire celui de la conique étudiée au n° **758**.

Remarque. — Les constructions que nous venons d'indiquer peuvent s'effectuer (**645**) à l'aide de la règle seule.

763. Les mêmes propositions permettent, d'autre part, de *trouver les points de rencontre d'une droite quelconque avec une conique donnée par cinq points.*

En effet, M étant encore un point variable de la conique ABCDE, soient m, m' les points où les rayons AM, BM coupent la droite donnée Δ (*fig.* 628) : ces points forment sur Δ deux divisions homographiques, en vertu de la propriété des rayons qui les déterminent (**761**). Mais si M est un point commun à la conique et à la droite Δ, les points m, m' sont tous deux confondus en M. Donc les points communs cherchés (s'ils existent) ne sont autres que les points doubles des divisions homographiques dont nous venons de parler.

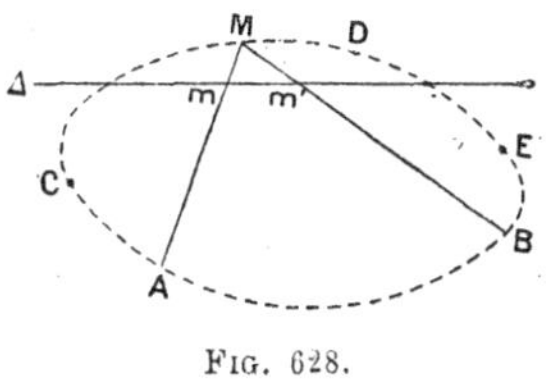

Fig. 628.

On doit (**621**) considérer comme un cas particulier du problème précédent la détermination des *points à l'infini* (c'est-à-dire des directions asymptotiques) de la conique ABCDE : si l'on mène, par un point arbitraire du plan, des parallèles à AM et à BM, on obtient deux faisceaux homographiques dont les rayons doubles (s'ils existent) sont parallèles aux directions asymptotiques cherchées.

Bien entendu, de ce que nous venons de dire résulte à nouveau que *la conique qui passe par cinq points donnés est unique.*

764. Enfin nous pouvons ajouter la conséquence suivante :

Théorème. — *Étant donnés, dans un plan, quatre points, dont trois quelconques ne sont pas en ligne droite, le lieu du sommet d'un faisceau dont les rayons passent respectivement par ces quatre points et dont le rapport anharmonique soit égal à un nombre donné est une conique passant par les points donnés.*

Car, si M, M′ sont deux points du lieu, les faisceaux M.ABCD et M′.ABCD ayant même rapport anharmonique, la conique déterminée par M, M′, A, B, C passe par le point D. Les six points A, B, C, D, M, M′

étant sur une même conique, si le point a été choisi une fois pour toutes, le lieu du point M′ est la conique qui passe par ce point et les points donnés.

765. Tout pareillement, le corollaire du nº **212** (Pl., Compl. du liv. III) donne immédiatement :

Quatre tangentes fixes d'une conique interceptent sur une tangente mobile un rapport anharmonique constant, que nous appellerons encore *le rapport anharmonique des quatre tangentes.*

Le rapport anharmonique de quatre tangentes est égal à celui de leurs points de contact.

Par conséquent aussi, en raisonnant comme au nº **761**.

Théorème. — *Une tangente mobile d'une conique intercepte sur deux tangentes fixes des divisions homographiques.*

Réciproquement, *la droite qui joint les points homologues de deux divisions homographiques portées sur des droites différentes est tangente à une conique fixe* [1], celle qui est déterminée comme tangente aux deux droites fixes et à trois positions de la droite mobile.

On peut dès lors construire une tangente quelconque de la conique déterminée par cinq tangentes données. On pourra également obtenir le point de contact d'une tangente quelconque : le point de contact de la droite qui porte l'une des divisions homographiques est l'homologue du point de concours des deux droites fixes, considérées comme faisant partie de la seconde division : il correspond en effet au cas où la tangente mobile vient se confondre, car les choses se passent ainsi dans le cercle, avec la droite considérée.

On voit que *la conique déterminée par cinq tangentes est unique.*

Si l'on veut *mener, d'un point quelconque du plan* (à distance finie ou à l'infini), *des tangentes à la conique ainsi déterminée*, on joindra ce point (comparer nº **763**) à deux points homologues quelconques des deux divisions homographiques qui viennent d'être considérées : on aura ainsi deux faisceaux homographiques, dont on déterminera les rayons doubles.

Étant données dans un plan quatre droites, dont trois quelconques ne passent pas par un même point, une droite mobile sur laquelle ces quatre

(1) Toutefois, dans le cas où les deux divisions ont un point homologue commun, la droite mobile passe par un point fixe (**641**).

droites interceptent un rapport anharmonique constant est tangente à une conique fixe (comparer **764**).

Remarque. — On voit que le rapport anharmonique de quatre points sur une conique dépend du choix de cette conique, même lorsque les quatre points sont donnés ; et que le rapport anharmonique de quatre tangentes à une conique dépend encore du choix de cette conique, lorsqu'on donne les quatre droites.

766. Le théorème de Pascal (Pl., **196**) et le théorème de Brianchou (Pl., **208**) n'introduisent évidemment que des propriétés projectives. On a donc, pour les coniques comme pour le cercle :

Théorème *de Pascal. — Dans un hexagone inscrit à une conique, les points de rencontre des côtés opposés sont en ligne droite.*

Théorème *de Brianchon. — Dans un hexagone circonscrit à une conique, les diagonales qui joignent les sommets opposés concourent en un même point,*

ainsi que leurs cas limites, tels que ceux-ci :

Dans un triangle inscrit à une conique, les points de rencontre de chaque côté avec la tangente au sommet opposé sont en ligne droite.

Dans un triangle circonscrit à une conique, les droites qui joignent chaque sommet au point de contact du côté opposé concourent en un même point.

767. Nous pouvons de même énoncer immédiatement les propositions suivantes, démontrées pour le cercle en Géométrie plane.

Pôles et polaires dans les coniques.

Théorème. — *Si, par un même point, on mène à une conique diverses sécantes, le lieu des conjugués harmoniques de ce point par rapport aux cordes interceptées est une droite.*

Cette droite est dite la *polaire* du point par rapport à la conique.

Si le point donné est extérieur à la conique, sa polaire n'est autre que la corde de contact des tangentes menées par ce point.

Si par un point on mène à une conique deux sécantes variables, le lieu des points d'intersection des diagonales ou des côtés opposés du quadrilatère qui a pour sommets leurs points d'intersection, est la polaire du point considéré (Pl., **211**).

768. Théorème. — *Si un point a est sur la polaire d'un point b, réciproquement celui-ci appartient à la polaire du point a* (Pl., **205**).

Les points *a* et *b* seront encore dits *conjugués* par rapport à la conique et on appellera de même droites *conjuguées* deux droites telles que chacune d'elles passe par le pôle de l'autre.

On pourra, par suite du théorème précédent, définir des figures *polaires réciproques* par rapport à une conique, comme nous avons défini les figures polaires réciproques par rapport à un cercle.

A des points en ligne droite de l'une des figures correspondront des droites concourantes de l'autre et inversement ; et le rapport anharmonique de quatre points en ligne droite sera (Pl., **210**) *égal à celui de leurs polaires.*

Deux figures polaires réciproques d'une même troisième, par rapport à deux coniques différentes, sont homographiques l'une de l'autre.

Car le raisonnement du n° **637** ne repose que sur la double propriété qui vient d'être énoncée : il est donc applicable au cas présent.

769. La théorie des diamètres (ch. VII) peut être considérée comme un cas particulier de celle des polaires. En effet, les sécantes parallèles entre elles peuvent être considérées comme passant par un même point rejeté à l'infini, et le milieu de la corde interceptée par la conique sur une de ces sécantes n'est autre que le conjugué harmonique du point à l'infini par rapport à cette corde. Le diamètre conjugué d'une direction est donc la polaire, par rapport à la conique, du point situé à l'infini sur cette direction. Deux directions conjuguées correspondant à deux points conjugués de la droite de l'infini, le théorème du n° **737** est aussi une conséquence des précédents.

Il est également clair que tous les diamètres passent par un même point — le pôle de la droite de l'infini — et que ce point est un centre de la courbe, puisque, sur toute droite issue de ce point, la conique et la droite de l'infini interceptent une division harmonique.

Dans la parabole, le centre est rejeté à l'infini puisque tous les diamètres sont parallèles entre eux : ceci résulte, d'ailleurs, de ce que la parabole est tangente à la droite de l'infini (**756**, Rem.).

Corollaire. — *La polaire d'un point quelconque par rapport à une conique, est parallèle au diamètre conjugué de celui qui passe par ce point :* cela revient à dire que le pôle (rejeté à l'infini) du diamètre qui passe au point considéré appartient à la polaire de ce point.

Dans le cas de l'ellipse, on pourra achever de déterminer la polaire en prenant pour sécante le diamètre qui passe au point donné : il est clair qu'on est ainsi conduit à la solution de l'ex. 1081 ; on aura un résultat tout analogue dans le cas de l'hyperbole si le diamètre en question est transverse.

Dans le cas de la parabole, la même considération montre que *le diamètre qui passe en un point quelconque est divisé en deux parties égales par la polaire de ce point et la courbe :* c'est évidemment le premier théorème du n° **536**. Enfin, dans l'hyperbole, on a un théorème analogue en remplaçant le diamètre par une parallèle à une asymptote.

Deux cordes conjuguées par rapport à une conique la divisent harmoniquement (Pl., **213**).

770. L'homographie et l'involution étant définies sur une conique comme sur un cercle, *les sécantes issues d'un même point déterminent sur une conique une involution* (**664**).

Inversement, *si une involution est donnée sur une conique, les cordes joignant entre eux les points homologues passent par un même point*. Par exemple, *si, autour d'un point d'une conique, on fait pivoter un angle droit et qu'on joigne entre eux les points où les côtés de l'angle rencontrent à nouveau la conique, la droite ainsi obtenue passe par un point fixe* (Th. de *Frégier*).

771. Coniques polaires réciproques.

Nous avons précédemment défini la notion de figures *polaires réciproques* pour les figures composées exclusivement de points et de droites. On peut étendre cette notion à des figures contenant des lignes courbes. Nous admettrons toutefois que les courbes introduites possèdent toutes la propriété suivante :

Le point de rencontre d'une tangente fixe avec une tangente mobile qui tend à se confondre avec la première a pour limite le point de contact de la tangente fixe.

On démontre en calcul infinitésimal que cette propriété appartient à des catégories très étendues de courbes : nous pouvons, en tout cas, affirmer qu'elle a lieu pour les courbes planes que nous étudions ici, à savoir pour les coniques.

C'est ce qui résulte évidemment des théorèmes de Poncelet; et nous avons vu, d'ailleurs, que les points d'où l'on peut mener à une conique deux tangentes confondues sont les points de la courbe (**503, 528**).

Nous admettrons donc, dans ce qui va suivre, la propriété précédente.

Cela posé, soient une courbe C (*fig.* 629); a un point quelconque de cette courbe : prenons la polaire du point a par rapport à une

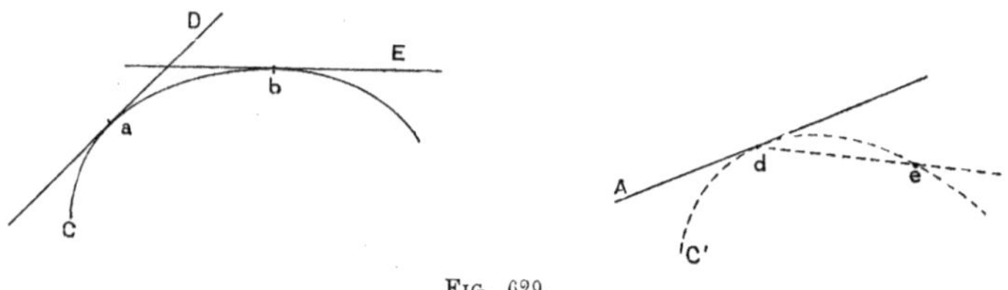

Fig. 629.

conique donnée : soit A la droite ainsi obtenue. La tangente D à la courbe C au point a aura pour pôle un point d situé sur A. Considérons la courbe C′, lieu décrit par le point D lorsque le point a décrit C. Je dis que la tangente à C′ au point d n'est autre que A.

Si, en effet, b est un point de C, voisin de a, la tangente E à C en ce point ayant pour pôle un nouveau point e de C′, la droite de est la polaire du point i où se coupent les tangentes D et E. Or, d'après la propriété énoncée tout à l'heure, le point i a pour limite a lorsque la tangente E se rapproche indéfiniment de D. Donc, dans les mêmes conditions, la droite de tend vers la position limite A : ce que nous voulions démontrer.

Ainsi, la courbe C′ étant le lieu des pôles des tangentes à C, la courbe C est aussi le lieu des points a, pôles des tangentes de C′, de sorte que si l'on avait opéré sur la courbe C′ comme on a opéré sur C, on serait retombé sur la courbe C elle-même.

Les deux courbes C et C′ sont dites *polaires réciproques* l'une de l'autre.

On voit qu'une courbe est le lieu des pôles des tangentes de la polaire réciproque et en même temps *l'enveloppe* des polaires des points de celle-ci, c'est-à-dire qu'elle est tangente à toutes ces polaires.

Remarque. — *Deux courbes tangentes entre elles ont pour polaires réciproques deux courbes tangentes entre elles;* ces dernières ont, en effet, un point commun (le pôle de la tangente commune aux deux premières) avec même tangente en ce point (la polaire du point de contact primitif).

772. La proposition, précédemment démontrée : *deux figures, polaires réciproques d'une même troisième par rapport à des coniques différentes, sont homographiques l'une de l'autre*, s'applique, bien entendu, à des figures contenant des courbes puisqu'elle est applicable à des points quelconques des courbes situées dans les deux premières figures, ces points étant considérés comme pôles des tangentes à la courbe correspondante de la troisième figure.

Nous pouvons, dès lors, énoncer immédiatement le théorème suivant :

Théorème. — *La figure polaire réciproque d'une conique est une conique.*

En effet, la polaire réciproque d'une conique C par rapport à elle-même coïncide avec C, chaque tangente ayant pour pôle son point de contact (Pl., **204**). Donc la polaire réciproque de C par rapport à une autre conique quelconque sera une figure homographique de C, c'est-à-dire une conique.

Moyennant le théorème qui vient d'être établi, nous aurions pu supprimer certaines des démonstrations qui ont été précédemment données relativement aux coniques. C'est ainsi que si l'on donne cinq tangentes d'une conique, cela revient à se donner cinq points de la conique polaire réciproque. Aussi, toutes les propositions que nous avons données au n° **765** sur une conique déterminée par cinq tangentes ne sont-elles autres que celles que l'on déduirait par polaires réciproques des propositions analogues énoncées aux n^{os} **759-764**.

Mais ce ne sont pas seulement les énoncés qui se transforment ainsi les uns dans les autres : il en est de même des démonstrations. Si, dans les raisonnements des n^{os} **759-764**, on remplace le mot *point* par le mot *droite*, les mots *points en ligne droite* par *droites concourantes*, *divisions homographiques* par *faisceaux homographiques*, etc., et, inversement, on obtient les raisonnements mêmes du n° **765**.

En un mot, il y a *dualité* (**643**) entre les considérations présentées en ces deux endroits. Cette dualité existe dans toutes les propriétés projectives des coniques.

773. Polaire réciproque d'un cercle.

Le théorème du numéro précédent est applicable à la polaire réciproque d'une conique quelconque. Dans le cas où celle-ci est un cercle, ainsi que la conique directrice, on peut démontrer directement une conclusion un peu plus précise, à savoir :

Théorème. — *La courbe polaire réciproque d'un cercle, par rapport à un cercle, est une conique ayant pour foyer le centre du cercle directeur* (1).

Ce théorème peut, d'ailleurs, s'établir en partant de l'une ou des deux définitions de la polaire réciproque, c'est-à-dire en considérant celle-ci, soit comme enveloppe des polaires des points du cercle considéré, soit comme lieu des pôles des tangentes du même cercle.

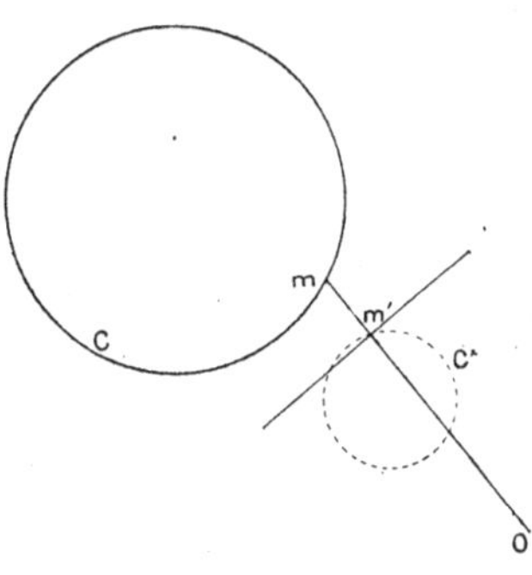

Fig. 630.

Première démonstration. — La polaire d'un point quelconque m (*fig.* 630) du cercle considéré C est perpendiculaire à la droite qui joint le point m au centre O du cercle directeur, en un point m' tel que $Om.\,Om'$ soit égal au carré du rayon de ce cercle. Le point m' est, d'après cette construction, l'inverse du point m par rapport au cercle directeur : il décrit donc, lorsque m varie sur C, un nouveau cercle C′ ou une droite. Par conséquent la polaire de m, qui est perpendiculaire à Om' en m', enveloppe (**771**) une ellipse, une hyperbole ou une parabole.

Remarque. — *Si le point* O *est intérieur au cercle* C, il sera également intérieur à C′, et *la polaire réciproque de* C *sera une ellipse.*

Si O *est intérieur à* C, il sera aussi extérieur à C′ et *la polaire réciproque sera une hyperbole.*

Si O *est sur* C, le cercle se réduira à une droite et *la polaire réciproque sera une parabole.*

C'est d'ailleurs ce que l'on peut constater *a posteriori :* car les points à l'infini de la polaire réciproque correspondent (Pl., **204**)

(1) Le mot *cercle directeur* a ici, bien entendu, le sens que nous lui avons attribué en Géométrie plane (**206**) et non celui qu'il avait au livre IX (**495**).

aux tangentes menées par le point O à la courbe primitive C, de sorte que les directions asymptotiques seront perpendiculaires à ces tangentes : leur existence dépendra donc de la situation du point O par rapport à C. Dans le cas de l'hyperbole, les asymptotes (qui sont (**514**) les tangentes à l'infini) seront les polaires des points de contact des tangentes ainsi menées.

Deuxième démonstration. — Considérons, en second lieu, une tangente quelconque du cercle (*fig.* 631) : son pôle sera un point p, inverse, par rapport au cercle directeur, de la projection P du point O sur la tangente, et le cercle décrit sur Op comme diamètre sera l'inverse de cette tangente (Pl., **220**). Or, puisque celle-ci enveloppe le cercle C, son inverse enveloppera le cercle C', inverse de C : le milieu p_1 de Op sera donc le centre d'un cercle passant par O et tangent à C'. Il décrira, par conséquent (**495**, **508**, **522**), une conique et le point p décrira une conique homothétique.

Le même théorème s'obtient encore par la méthode suivante :

Troisième démonstration. — Deux tangentes im, in du cercle C forment des angles égaux avec la droite qui joint leur point commun i au centre du même cercle. Ces deux tangentes ayant pour pôles deux points p, q de la courbe cherchée, le point i aura pour polaire la droite pq, et la droite qui joint i au centre du cercle C correspondra au point r, intersection de pq avec la droite D, polaire de ce centre. Donc (Pl., **209**) la droite Or fait des angles égaux avec Op et Oq. Dès lors, en reprenant en sens inverse le raisonnement du n° **725**, on voit que les distances des points p, q au point O sont entre elles

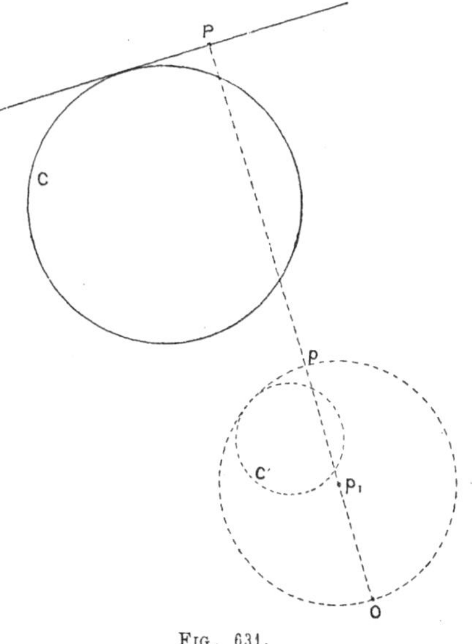

FIG. 631.

comme les distances des mêmes points à D. Les points p, q étant quelconques sur la courbe cherchée, celle-ci est (**723**) une conique de foyer O.

Corollaire. — Cette dernière démonstration nous montre en même temps que *la droite* D, *polaire du centre du cercle considéré* C, *est la directrice de la conique obtenue.*

C'est, d'ailleurs, ce que l'on peut voir directement, une fois le théorème précédent démontré d'une façon quelconque. En effet, le centre du cercle C est, par rapport à ce cercle, le pôle de la droite de l'infini : par conséquent, il lui correspondra une droite qui sera la polaire du point O par rapport à la polaire réciproque [1]. Or, la directrice correspondante à un foyer, étant perpendiculaire à l'axe focal et passant, en vertu de sa définition même, par le conjugué harmonique du foyer par rapport à cet axe (puisque le rapport des distances des extrémités de l'axe au foyer et à la directrice doit être le même), est (**769**) la polaire de ce foyer.

774. La méthode des polaires réciproques permet évidemment de déduire de propriétés connues du cercle des propriétés correspondantes des coniques. Par exemple, un raisonnement tout analogue à la troisième démonstration du numéro précédent permet de déduire la construction de la tangente à une conique donnée par son foyer et sa directrice (**725**, Coroll.) du théorème qui donne la tangente au cercle comme perpendiculaire au rayon du point de contact. De même, l'un des théorèmes de Poncelet (**504**) résulte immédiatement de ce que deux tangentes quelconques au cercle sont également inclinées sur la corde de contact; etc.

775. Le théorème du n° **773** admet la réciproque suivante :

Réciproque. — *La polaire réciproque d'une conique par rapport à un cercle ayant son centre en un des foyers, est un cercle,*

pour la démonstration de laquelle il suffit de reprendre en sens inverse l'un quelconque des raisonnements précédents.

(1) Un point p et une droite P, pôle et polaire l'un de l'autre par rapport à une conique C, ont pour polaires réciproques, par rapport à une conique S, une droite et un point, pôle et polaire l'un de l'autre par rapport à la polaire réciproque de C. Ceci est en effet évident lorsque la conique S coïncide avec C ; et, d'autre part, si l'on change de conique directrice, la figure formée par C, p et P est remplacée par une figure homographique : ce qui ne change pas la relation de polarité que nous avons en vue.

On voit aussi qu'à *deux points conjugués par rapport à une conique C correspondent deux droites conjuguées par rapport à la polaire réciproque de C.*

On voit qu'on a là une propriété caractéristique des foyers, tout foyer étant le centre d'un cercle par rapport auquel la conique considérée a pour polaire réciproque un cercle, et inversement. Cette propriété peut d'ailleurs être remplacée par la suivante :

Deux droites conjuguées issues d'un foyer sont toujours rectangulaires.

En effet, deux points à l'infini conjugués par rapport à un cercle sont sur des directions rectangulaires.

Lorsqu'on prendra la figure polaire réciproque par rapport à un autre cercle O, ces deux points à l'infini donneront deux droites passant par le point O et conjuguées par rapport à la conique obtenue.

Inversement, *un point pris dans le plan d'une conique et tel que deux droites conjuguées passant par ce point soient toujours rectangulaires, est un foyer*, car par rapport à un cercle ayant ce point pour centre, la conique considérée aura pour polaire réciproque une conique dont tous les diamètres conjugués seront rectangulaires et qui sera par conséquent un cercle (puisqu'elle admettra chacun de ses diamètres comme axe de symétrie).

776. Nous appliquerons cette définition des foyers à la résolution du problème suivant :

Problème. — *Étant donnés une conique, un point intérieur à cette conique et une droite quelconque dans son plan, projeter la figure sur un second plan de manière que la perspective de la droite donnée soit à l'infini et celle du point donné au foyer de la conique projetée.*

Soient C la conique donnée, D la droite, p le point. Puisque p est intérieur à la conique, les droites conjuguées qui passent par ce point forment une involution dont les rayons doubles sont imaginaires et interceptent par suite sur D une involution dont les points doubles sont imaginaires. Or les points homologues de cette involution doivent avoir pour perspectives sur le plan cherché des points à l'infini situés dans des directions rectangulaires; et inversement, s'il en est ainsi, les conditions du problème se trouveront bien remplies.

On prendra donc, dans un plan passant par D et différent du plan donné, un point duquel chaque couple de points homologues de l'involution déterminée sur D soit vu sous un angle droit (**656**). Ce point sera le point de vue et le plan mené par ce point et la droite D sera parallèle au plan du tableau.

Si la droite D est la polaire du point p, la conique projetée sera un cercle (puisque le centre coïncidera avec un foyer).

777. Théorème *de Desargues. Une conique quelconque, les côtés opposés et les diagonales d'un quadrilatère inscrit à cette conique déterminent sur une transversale quelconque des couples de points en involution.*

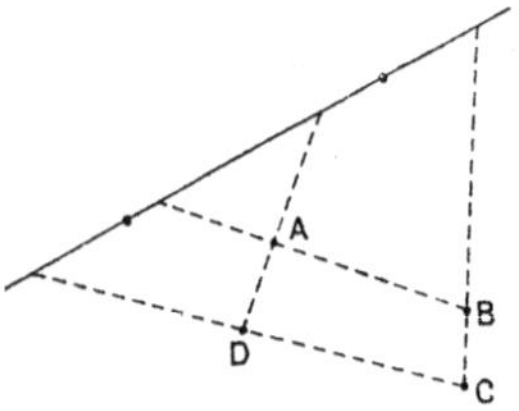

Fig. 632.

Même démonstration qu'au n° **661**.

Soit une transversale coupant en m, m' une conique (*fig.* 632), en p, p'; q, q' les côtés opposés AD, BC et les diagonales AC, BD du quadrilatère inscrit ABCD. Les rayons qui joignent un point variable de la courbe aux points A et B déterminent respectivement sur la transversale deux divisions homographiques, lesquelles ont pour points homologues p, q'; q, p' et pour points doubles m, m'. Donc les points m, m'; p, p'; q, p' forment bien une involution (**660**).

Théorème corrélatif. — *Les tangentes menées d'un point à une conique et les droites joignant ce même point aux couples de sommets opposés d'un quadrilatère circonscrit à cette conique donnent des couples de rayons en involution.*

Démonstration corrélative de celle qui précède.

778. Le théorème de Desargues permettrait aisément de construire une conique donnée par cinq points; il permet également (ce à quoi ne suffisent pas les considérations précédemment employées) de construire une conique déterminée par cinq données dont les unes sont des points et les autres des tangentes.

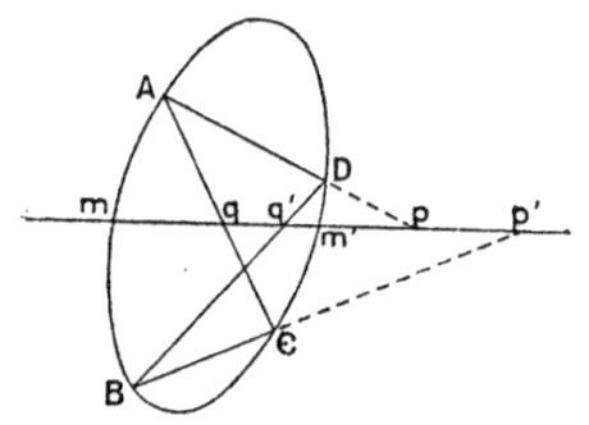

Fig. 633.

Supposons d'abord qu'on donne quatre points et une tangente (*fig.* 633) : il suffira de déterminer le point de contact de la tangente pour être ramené à un cas déjà traité. Or, ce point de contact, représentant deux points d'intersection confondus, est nécessairement un des points doubles de l'involution déterminée sur la tangente par les côtés opposés

(1) Il est à peine nécessaire de faire observer que la démonstration du théorème de Desargues reste valable lorsque l'un des couples de points qui figurent dans son énoncé se compose de deux points confondus.

du quadrilatère qui a pour sommets les quatre points donnés.

Le problème pourra avoir par conséquent deux solutions.

Il en est de même dans le cas où l'on donne un point et quatre tangentes, lequel est corrélatif du précédent.

Si maintenant on donne trois points et deux tangentes, on cherchera à déterminer la corde de contact. A cet effet, on remarquera que chacun des points de contact peut être considéré comme représentant deux points confondus et que l'on a, par conséquent, un quadrilatère inscrit dont deux côtés opposés sont formés par les deux tangentes et deux autres côtés, confondus suivent la corde de contact. Celle-ci passera dès lors par un des points doubles de l'involution déterminée sur la droite qui joint deux des points donnés, par ceux-ci et les deux tangentes (*fig.* 634).

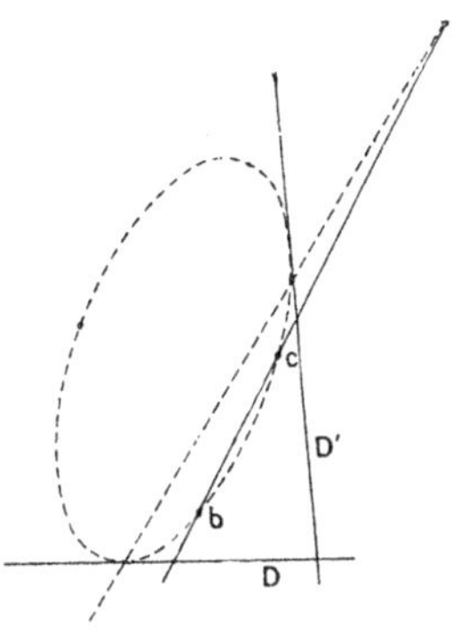

Fig. 634.

En joignant le troisième point donné à l'un des deux premiers, on aura de même, sur la droite de jonction, un nouveau point de la corde de contact. Ce point pouvant également être choisi de deux façons différentes, le problème (s'il est possible) aura quatre solutions.

On aura une solution corrélative de la précédente pour le cas où les données seront deux points et trois tangentes.

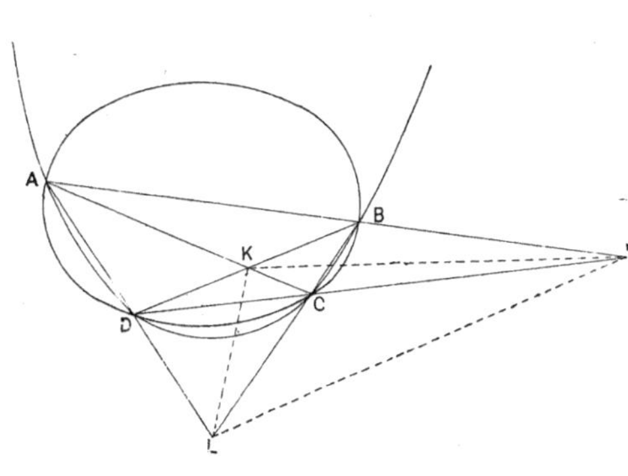

Fig. 635.

779. Notions sur l'intersection des coniques.

Le théorème de Desargues est important au point de vue de l'étude des coniques qui ont quatre points communs.

Deux coniques ne peuvent avoir plus de quatre points communs, puisqu'on ne peut faire passer qu'une conique par cinq points donnés. Par contre, *deux coniques peuvent avoir quatre points communs*, car deux coniques déterminées par quatre points communs et un cinquième point différent de part et d'autre sont en général distinctes.

Deux coniques se coupant en quatre points A, B, C, D, joignons AB, CD (*fig.* 635), nous avons ainsi un *couple de cordes communes:* soit I le point d'intersection (à distance finie ou à l'infini) de ces deux droites. Soient de même K le point de rencontre de AC, BD; L le point de rencontre de AD, BC. *Chacun des points* I, K, L *a même polaire dans les deux coniques*, à savoir, la droite qui joint les deux autres points (Pl., **211**). On nomme ces points les *pôles doubles;* leurs polaires sont les *polaires doubles;* le triangle IKL est le *triangle conjugué commun* [1].

Inversement, tout point qui a même polaire par rapport aux deux courbes coïncide avec l'un des trois points dont nous venons de parler; car, si I est un point possédant cette propriété, la droite qui joint ce point à l'un quelconque des points communs aux deux coniques A, par exemple, la droite ainsi obtenue coupera les deux courbes en un second point commun, à savoir le conjugué harmonique du point A par rapport au segment intercepté sur IA entre le point I et la polaire (commune par hypothèse) de I par rapport à ces deux courbes (comparer Pl., **137**); les points A, B, C, D sont donc deux par deux sur deux sécantes issues de I.

De même, deux coniques ne peuvent avoir plus de quatre tangentes communes, mais elles peuvent en avoir quatre. Corrélativement à ce que nous venons de dire, nous considérerons les points d'intersection de ces tangentes, points que l'on nomme *ombilics*. *Les droites qui joignent les ombilics opposés*, autrement dit les diagonales du quadrilatère complet qui a pour côtés les tangentes communes, *sont les côtés du triangle conjugué commun*, par conséquent du même triangle IKL formé avec les cordes communes.

Application du théorème de Desargues. — Soient maintenant des coniques, en nombre quelconque, ayant toutes les mêmes quatre points communs.

Ces coniques intercepteront sur une transversale quelconque des segments faisant partie d'une même involution, celle qui est déterminée par les côtés opposés (ou deux côtés opposés et les diagonales) du quadrilatère inscrit commun.

Les polaires d'un même point, par rapport à toutes les coniques qui ont leurs quatre points d'intersection communs, sont concourantes. Soient en effet M un point quelconque; M′ le point de concours des polaires de M par rapport à deux des coniques considérées. Les points M, M′ étant conjugués par rapport à ces deux coniques, sont (**652**) les points doubles de l'involution déterminée par elles sur la droite MM′; ils sont donc, d'après le théorème précédent, conjugués par rapport à toute autre conique passant par les points communs aux deux premières, ce qu'il fallait démontrer.

[1] Un triangle est *conjugué* par rapport à une conique lorsque chaque sommet est le pôle du côté opposé.

Il est clair, d'après ce qui précède, que les polaires de M par rapport aux angles formés par les couples de sécantes communes passent également par M'.

Ce raisonnement suppose, il est vrai, que la droite MM' coupe les coniques considérées. On arrive à le rendre général par la considération des *points imaginaires;* mais nous pouvons démontrer le théorème pour toute position du point M, de la manière suivante :

Considérons en particulier trois des coniques données, dont deux prises une fois pour toutes et une quelconque.

Il existe des positions du point M telles que la droite MM' correspondante coupe les trois coniques et auxquelles par conséquent le raisonnement précédent est applicable ([1]). Soient M_1, M_2, M_3, M_4 quatre points en ligne droite ainsi choisis (*fig.* 636), auxquels correspondront les points M'_1, M'_2, M'_3, M'_4. Les polaires des points M_1, M_2, M_3, M_4, par rapport à chacune des coniques, vont passer par un même point : à savoir, le pôle de la droite $M_1 M_2 M_3 M_4$ par rapport à cette conique ; p, q, r étant les pôles pour les trois coniques considérées, comme les faisceaux (p. $M'_1M'_2M'_3M'_4$), (q. $M'_1M'_2M'_3M'_4$), (r. $M'_1M'_2M'_3M'_4$) ont le même rapport anharmonique, les points M'_1, M'_2, M'_3, M'_4, p, q, r appartiendront à une même conique (**761**).

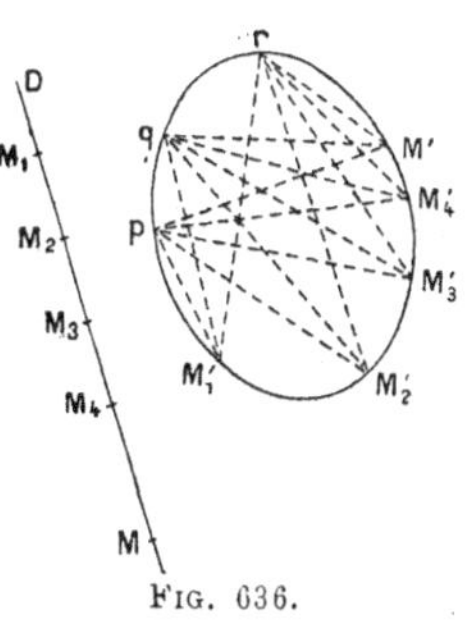

Fig. 636.

Si maintenant M est un autre point de la même droite $M_1M_2M_3M_4$, les polaires du point M passeront bien par un même point, à savoir le point de la conique $M'_1M'_2M'_3M'_4pqr$ qui forme avec M'_1, M'_2, M'_3, sur cette conique, un rapport anharmonique égal à ($M_1M_2M_3M$).

Le raisonnement montre en outre que *le lieu du point* M', *lorsque* M *décrit une droite* D, *est une conique, laquelle passe par les pôles doubles* (positions occupées par le point M' lorsque le point M est à l'intersection de la droite D avec l'une ou l'autre des polaires doubles). De plus, comme ce lieu est indépendant du choix de la conique du faisceau qui a servi à construire le point r (puisqu'on peut le considérer comme déterminé par les cinq points M'_1, M'_2, M'_3, p, q), *ce même lieu est aussi le lieu des pôles de la droite* D *par rapport aux coniques circonscrites au quadrilatère.*

En particulier, *le lieu des centres des coniques qui passent par quatre points fixes est une conique.*

La conique, lieu du point M' *où se coupent les polaires d'un point quelconque* M *de la droite* D, *se réduit à une droite* (ou, plus exactement, à deux droites, dont une polaire double) *lorsque* D *passe par un pôle double :* car alors les faisceaux homographiques engendrés par pM' et par qM' ont un

(1) Il suffit, par exemple, de prendre, pour les deux premières coniques, deux couples de sécantes communes et, laissant la troisième conique quelconque parmi celles qui passent par les quatre points donnés, de choisir le point M intérieur à cette conique.

rayon homologue commun, la polaire double correspondante. D'ailleurs, *le cas où* D *passe par un pôle double est le seul où le lieu ne soit pas une véritable conique* (**761**), puisque c'est le seul où les faisceaux engendrés par les deux polaires ont un rayon homologue commun.

779 *bis*. Comme application, supposons que l'une des coniques soit un cercle et considérons les points à l'infini sur les bissectrices des angles que forment deux sécantes communes AB, CD. Ces points à l'infini sont conjugués par rapport au cercle (puisque les bissectrices en question sont rectangulaires). Ils sont conjugués par rapport aux points situés à l'infini sur AB, CD (Pl., **201**, Coroll. II). Donc ils sont conjugués par rapport à la conique. Or, deux directions rectangulaires et en même temps conjuguées par rapport à une conique sont nécessairement les directions des axes de celle-ci. Ainsi, *les sécantes communes à un cercle et à une conique sont également inclinées sur les axes de cette dernière.*

780. Les propositions corrélatives des précédentes concernent les coniques qui sont inscrites à un même quadrilatère. *Les tangentes menées d'un point quelconque du plan à ces coniques sont en involution.* Par conséquent aussi, *les pôles d'une même droite quelconque, par rapport à ces mêmes coniques, sont en ligne droite:* par exemple, *les centres des coniques tangentes à quatre droites données sont en ligne droite.*

Parmi les coniques inscrites à un même quadrilatère, il y en a trois qui correspondent aux couples de sécantes communes des coniques qui passent par quatre points fixes. Un couple de sécantes communes étant une conique réduite à deux droites, il lui correspondra *une conique réduite à deux points* (1); ces deux points seront deux sommets opposés du quadrilatère formé par les tangentes. Le pôle d'une droite par rapport à la conique ainsi définie est le conjugué harmonique, par rapport au segment formé par les deux points, du point de rencontre de la droite qui joint ces points avec la droite considérée (2). Par exemple, le centre d'une telle conique sera le milieu de la droite joignant les deux points qui la constituent. On voit donc que parmi les centres des coniques tangentes à quatre droites, se trouvent les milieux des diagonales du quadrilatère formé par ces quatre droites; de sorte que le lieu trouvé tout à l'heure n'est autre que la droite qui passe (Pl., **194**) par ces milieux.

(1) Une telle conique est définie par cette condition qu'on considère comme tangente à la conique toute droite qui passe par l'un ou l'autre des deux points en question.

Considérée comme lieu de points, une conique de cette espèce n'est autre qu'une conique *indéfiniment aplatie*, telle que nous en avons rencontré au livre IX (**490**, note 2; **506**).

(2) La notion de *pôle d'une droite par rapport à une conique réduite à deux points* est corrélative de la notion de polaire d'un point par rapport à une conique réduite à deux droites, c'est-à-dire de polaire d'un point par rapport à un angle, et la construction que nous indiquons dans le texte est corrélative de celle du n° **203**.

Les polaires d'un point fixe, par rapport aux coniques tangentes à quatre droites fixes, enveloppent une conique tangente aux côtés du triangle conjugué commun.

Nous laissons au lecteur le soin de refaire les démonstrations de ces théorèmes, lesquelles sont corrélatives des précédentes.

781. Les raisonnements qui précèdent subsistent lorsque quelques-uns des points communs viennent se confondre deux à deux. C'est, par exemple, le cas de coniques qui ont deux points communs et sont tangentes entre elles en un troisième. Le théorème de Desargues continuant à s'appliquer dans ces conditions, les raisonnements précédents sont tous valables pour de telles coniques; toutefois, les couples de sécantes communes se réduisent à deux distincts, à savoir un couple (comptant pour deux) (1) formé des droites qui joignent le point où il y a contact aux deux autres, et un couple formé de la droite qui joint ceux-ci entre eux et de la tangente commune.

Il est clair que, dans ce cas, les coniques doivent être considérées comme ayant encore quatre points communs.

782. Mais les choses peuvent se passer autrement : par exemple, deux cercles ont au plus deux points communs et peuvent n'en avoir aucun. On est encore conduit à dire que les points communs sont encore au nombre de quatre, tout ou partie de ces points (ceux qui manquent en réalité) étant *imaginaires*.

Dans tous les cas, *on peut trouver au moins un pôle double réel.*

Pour le démontrer nous nous appuierons sur la remarque suivante :

Si deux coniques ont un point commun, elles en ont au moins un second, à moins qu'elles ne soient tangentes entre elles au premier point.

Supposons, en effet, que l'une des coniques soit un cercle. Si l'autre ne lui est pas tangente au point commun donné I, les points du cercle voisins de I seront les uns d'un côté, les autres de l'autre par rapport à cette seconde conique, autrement dit, les uns intérieurs, les autres extérieurs à cette courbe (2). Si I′ est un des premiers, I″ un des seconds, en joignant I′ à I″ par l'arc de cercle qui ne contient pas le point I, on a un chemin continu qui doit nécessairement couper quelque part la seconde conique.

La proposition est donc démontrée, car on peut toujours admettre, moyennant une perspective convenable, que l'une des coniques considérées est un cercle.

(1) On reconnait immédiatement cette dernière circonstance en considérant le cas où il y a deux points communs confondus comme limite de celui où deux points communs sont très voisins l'un de l'autre (voir aussi plus loin **784** *bis*, 2°).

(2) Un point P du cercle, suffisamment voisin de I, est placé, par rapport à la seconde conique, comme sa projection p sur la tangente au cercle en I (sans quoi il y aurait un point P′ de la conique entre P et p et la droite IP′ serait comprise dans l'angle P Ip, ce qui est impossible, puisque la droite IP tend vers la tangente Ip et la droite IP′ vers la tangente à la seconde conique, laquelle est distincte de la première).

Or la tangente au cercle en I passe (**498**, **524**; ex. 773) de l'extérieur à l'intérieur de la conique.

Cela posé, soient deux coniques S, S′ dont nous voulons trouver les pôles doubles : prenons un point O du plan, par lequel nous ferons passer deux droites quelconques D, D_1. Si un point M décrit la droite D, le point où se coupent les polaires de M par rapport à S et à S′ décrit une conique C (le raisonnement du n° **779** continuant à s'appliquer à cet égard). De même si le point M décrit la droite D_1, le lieu du point d'intersection de ses polaires sera une conique C_1. Ces deux courbes ont un point commun, le point O′ où se coupent les deux polaires du point O. Elles en ont donc au moins un autre I (à moins qu'elles ne soient tangentes en O′). Si les polaires du point I étaient distinctes, leur point commun devrait être sur D (puisque I appartient à C) et sur D_1 (puisque I appartient à C_1) : il devrait donc coïncider avec O, ce qui est absurde, puisque I est distinct de O′. Donc I est un pôle double.

Reste le cas où les deux coniques C et C_1 sont tangentes en O. Mais, dans ce dernier cas, si E est la tangente commune à ces deux coniques, le lieu du point où se coupent les polaires d'un point quelconque de E par rapport à S et à S′ sera une conique tangente en O à D (car le problème de trouver un point M de D dont les polaires se coupent en M′ sur E revient à celui de trouver un point M′ de E dont les polaires se coupent sur D : l'un de ces problèmes ne peut avoir ses deux solutions confondues sans qu'il en soit de même de l'autre), et cette même conique devra également être tangente à D_1, ce qui ne se peut que si elle n'est pas une véritable conique, c'est à dire (**779**) si E passe par un pôle double.

782 *bis*. Un pôle double I étant ainsi obtenu, considérons la polaire de ce point, laquelle ne le contient pas s'il n'est pas situé sur les deux coniques. Si, sur cette polaire, nous déterminons deux points K, L qui soient conjugués l'un de l'autre tant par rapport à S que par rapport à S′ (ce qui est une recherche de segment commun à deux involutions), les points K et L seront deux autres pôles doubles, le point K ayant IL pour polaire dans chacune des coniques données.

Les pôles K et L seront réels si la polaire de I est extérieure à S ou à S′, ou si celles-ci déterminent sur elle deux segments MN, M′N′ entièrement extérieurs ou intérieurs l'un à l'autre. Ils ne seront imaginaires que si ces segments MN, M′N′ empiètent l'un sur l'autre.

Les pôles doubles I, K, L ainsi obtenus seront d'ailleurs en général [1], les seuls qui existent (voir ex. 1158). Car si M était un autre pôle double, la droite IM serait polaire double (elle aurait pour pôle le point commun aux polaires de I et de M). Son point d'intersection avec KL serait dès lors un pôle double et coïnciderait, par conséquent, avec K ou L. Or un raisonnement tout semblable au précédent montre que sur IK il n'y a, en général [1], que deux pôles doubles I et K.

Remarque. — Les considérations précédentes démontrent l'existence d'un pôle double, mais *ne permettent pas de le construire avec la règle et le*

(1) Voir aux n^{os} **784-784** *bis c), d), f)* les cas d'exception.

compas. Cette construction est, de fait, impossible en général (voir note E).

783. Si les deux coniques données n'ont aucun point commun, il ne semble pas, au premier abord, qu'il y ait lieu de parler de cordes communes. Mais il est une propriété de celles-ci qui peut conserver un sens, même pour des coniques qui ne se coupent pas. Il est clair, en effet, que, sur une corde commune à deux coniques qui se coupent, deux points conjugués par rapport à l'une des coniques seront aussi conjugués par rapport à l'autre : car il faut et il suffit, pour cela, qu'ils soient conjugués harmoniques par rapport aux extrémités de la corde commune [1].

Appelons *sécante commune* à deux coniques quelconques toute droite telle que deux points quelconques pris sur elle et conjugués par rapport à l'une des coniques soient aussi conjugués par rapport à l'autre, que cette droite coupe d'ailleurs les coniques ou ne les coupe pas. Remarquons tout de suite que l'intersection de deux sécantes communes est, ou un point commun aux deux courbes, ou un pôle double (car s'il n'est pas un point commun, il aura, sur chacune des deux sécantes communes, un conjugué et ces deux conjugués, distincts entre eux, détermineront la polaire de ce point, laquelle sera unique).

Proposons-nous donc de déterminer les sécantes communes qui passent par un pôle double I. A cet effet, remarquons que si un point M décrit une droite passant par I, le point M′ où se coupent les deux polaires de M décrit (**779**) une droite, laquelle passe également par I (car le point M′ vient en I lorsque M est sur la polaire double correspondante). Les deux droites qui se correspondent ainsi sont en relation homographique, car nous avons vu que si M décrit une droite quelconque, M′ décrira une conique passant par I et que le rapport anharmonique de quatre positions du point M′ sur cette conique (par conséquent, le rapport anharmonique de quatre rayons IM′) sera égal au rapport anharmonique des quatre positions correspondantes de M. Enfin cette relation sera involutive, car la relation entre les deux points M et M′ est évidemment réciproque. Tout rayon double de l'involution ainsi déterminée sera tel qu'à chacun de ces points M correspondra, sur ce même rayon, un point M′ conjugué de M par rapport à l'une et à l'autre conique, et inversement ces rayons doubles sont les seules droites issues du point I et jouissant de cette propriété. On pourra donc ainsi avoir deux sécantes communes issues de I.

783 *bis*. Reste à savoir si ces rayons doubles sont réels.

Supposons d'abord que le point I soit le seul pôle double réel; alors nous avons vu que, sur la polaire de ce point, les deux coniques interceptent deux segments MN, M′N′ qui empiètent l'un sur l'autre. Les points M, N sont, dès lors, l'un intérieur, l'autre extérieur à la seconde conique. Si nous

(1) Réciproquement, si une droite est telle que l'involution formée par les points conjugués situés sur cette droite soit la même, relativement à l'une ou à l'autre des deux coniques données, et qu'elle coupe ou touche l'une de ces coniques, elle coupera l'autre aux mêmes points (les points doubles de l'involution en question) dans le premier cas, et touchera l'autre au même point, dans le second.

supposons encore que la première conique soit une ellipse, chacun des deux arcs qui vont du point M au point N devra contenir un point d'intersection des deux courbes. Dans ces conditions (comparer **782**), la droite qui joint le point I à l'un de ces points d'intersection est une corde commune. Les sécantes communes cherchées sont donc réelles.

Il n'y a d'ailleurs que deux points d'intersection réels, car s'il y en avait un troisième, il y en aurait un quatrième (confondu ou non avec lui) sur la même droite issue de I, et il existerait plus d'un pôle double réel.

Prenons maintenant le cas où les trois pôles doubles I, K, L sont réels : remarquons que IK et IL sont deux rayons homologues de l'involution dont les rayons doubles sont les sécantes communes cherchées (car, lorsque M est en un point quelconque de IK, M′ vient en L). Cette involution sera donc déterminée par les rayons IK, IL et les droites qui joignent le point I à un point quelconque M et au point d'intersection M′ des polaires de M. Les rayons doubles seront réels si les deux angles $\widehat{KIL}$, $\widehat{MIM'}$ n'empiètent pas l'un sur l'autre, c'est-à-dire si le segment MM′ ne traverse aucune des droites IK, IL ou les traverse toutes deux.

Or si, en même temps que I, nous considérons les deux autres pôles doubles K et L, il résulte de là que les involutions qui ont pour sommets ces trois points ne peuvent avoir toutes leurs rayons doubles imaginaires. Si

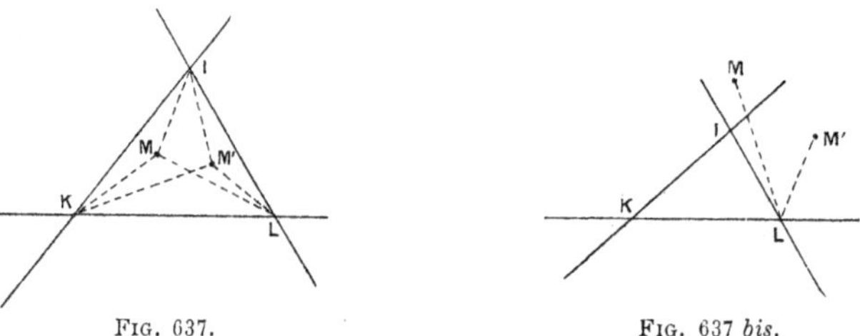

Fig. 637. Fig. 637 *bis*.

le segment de droite MM′ ne traverse aucun côté du triangle IKL (*fig.* 637), ou les traverse tous trois, les trois involutions auront leurs rayons doubles réels. Si ce segment traverse un (*fig.* 637 *bis*) ou deux des côtés, une des involutions (celle qui correspond au sommet commun aux deux côtés traversés, ou aux deux côtés non traversés) aura des rayons doubles, les deux autres n'en auront pas.

Dans ce dernier cas, *les deux coniques ne se couperont pas*, car s'il y avait un point commun, les droites qui le joindraient à chaque pôle double seraient des sécantes communes.

Au contraire, si les trois couples de sécantes communes sont réels, *les deux coniques se coupent en quatre points* : les sécantes communes issues de I coupent les sécantes communes issues de K en quatre points qui, n'étant pas pôles doubles, sont points d'intersection.

784. Nous avons laissé de côté certains cas particuliers que nous devons maintenant étudier. C'est d'abord celui que nous avons exclu au n° **782** *bis*, où le premier pôle double trouvé I est sur l'une des coniques. Il est alors également sur l'autre, et, la polaire double étant la tangente en ce point, *les deux coniques sont tangentes en* I.

Les raisonnements précédents continuent, en général, à être valables. Toutefois, leur application offre quelques difficultés dans certains cas exceptionnels (cas *e*). Nous opérerons donc autrement, en utilisant le théorème suivant (cas particulier de l'exercice **1137**, et aussi de l'exercice **1146**).

Théorème. — *Si par le point de contact* I *de deux coniques, on mène deux transversales quelconques, et qu'on trace dans chacune des coniques, la corde de l'arc intercepté entre ces deux transversales, le point d'intersection de ces deux cordes décrit, lorsque les deux transversales tournent autour du point* I *(indépendamment l'une de l'autre), une droite, laquelle est sécante commune des deux coniques.*

En particulier, cette droite est aussi le lieu du point d'intersection des tangentes en M *et en* M′.

Supposons d'abord que les deux coniques considérées S, S′, aient, *outre le point* I, deux points communs réels a et b distincts de I (mais non forcément distincts entre eux) (*fig.* 638). Si IMM′, INN′ sont les deux transversales, les deux cordes MN et M′N′ dont parle l'énoncé couperont (en vertu du théorème de Desargues) la sécante commune ab au même point h, à savoir, l'homologue du point d'intersection de ab et de la tangente en I dans l'involution déterminée sur ab par les points a, b d'une part, et les deux transversales de l'autre.

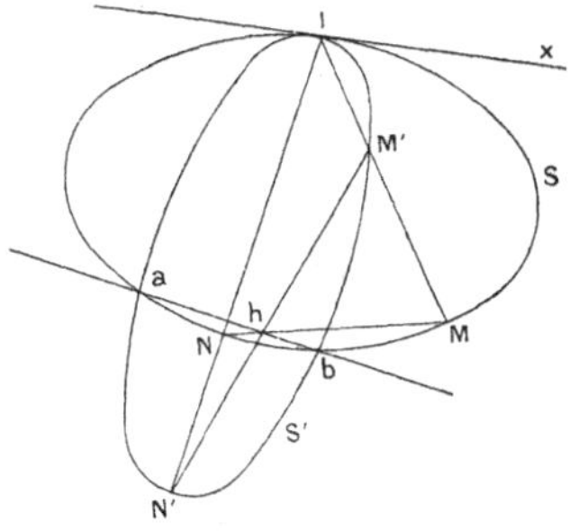

Fig. 638.

Supposons maintenant qu'on ne sache rien sur l'intersection de S et de S′ (à ce fait près que ces deux courbes sont tangentes en I). Nous pouvons tracer une conique S″ tangente en I aux deux premières et coupant S en deux points réels a, b et S′ en deux points réels a', b' (*fig.* 638 *bis*). (Il suffit de déterminer S″ par le point I avec la tangente en ce point, deux points a, b de S et un point a' de S′). Alors, si IMM′, INN′, $IN_1N'_1$ sont trois transversales issues de I et coupant S″ en M″, N″, N_1'', les deux triangles fgh, $f_1g_1h_1$ (*fig.* 638 *bis*) qui ont pour côtés, le premier les trois cordes MN, M′N′, M″N″, et le second, les trois cordes MN_1, $M'N'_1$, $M''N''_1$, sont homologiques (puisque les points de rencontre des côtés correspondants sont les points en ligne droite M, M′, M″). Donc les trois droites ff_1, gg_1, hh_1 sont concourantes. Or les deux premières ne sont autres (d'après ce que nous venons de voir) que les cordes communes ab, $a'b'$. La droite hh_1 passe donc par le point o

où se coupent ces cordes communes : autrement dit, la droite oh ne change pas lorsque, sans changer IMM′, on remplace la transversale INN′

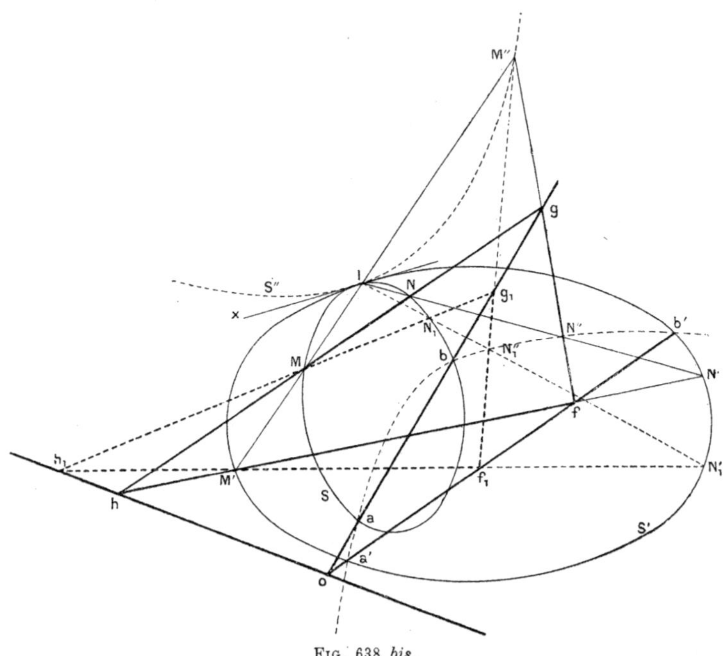

Fig. 638 *bis*.

par une autre $IN_1N'_1$. Comme le même raisonnement s'appliquerait dans

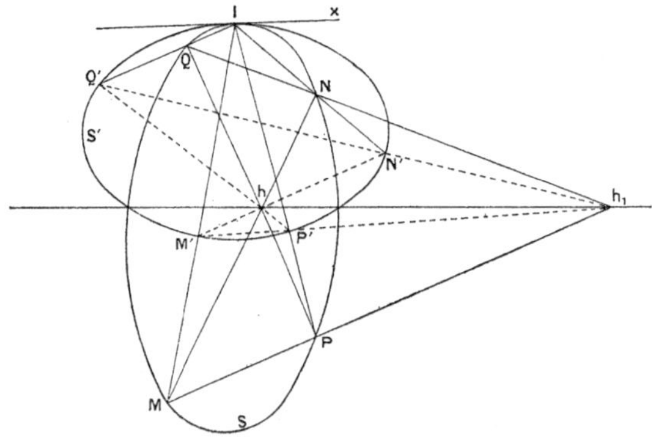

Fig. 639.

le cas où l'on changerait la première transversale IMM′ sans modifier l'autre, la droite oh est bien fixe.

Pour montrer que c'est une sécante commune, nous avons à faire voir que si deux points h, h_1 de cette droite sont conjugués par rapport à S, ils sont conjugués par rapport à S'. Il suffira, pour cela, de remarquer que l'on peut mener [1] à S, par le point h, deux sécantes hMN, hPQ (*fig.* 639) telles que MP et NQ se coupent en h_1 : alors si M', N', P', Q' sont les intersections de IM, IN, IP, IQ avec S', les droites M'N', P'Q' se coupent en h et les droites M'P', N'Q' en h_1. Donc h et h_1 sont conjugués par rapport à S'.

C. Q. F. D.

La sécante commune D dont l'existence découle du théorème précédent *passe par tout point commun aux deux courbes, autre que* I : car en mettant le point M de la figure 638 en un tel point, le point h coïncide avec M.

Il y a lieu (voir plus loin) de considérer D comme la sécante commune *opposée* à la tangente en I : les principales circonstances mentionnées au n° **779** ont encore lieu ici, à condition de convenir (comme nous allons le faire ci-dessous) que l'on regarde les coniques données comme ayant en commun quatre points, dont deux situés sur la tangente en I (c'est-à-dire deux points confondus avec I) et les deux autres sur D (que ceux-ci soient d'ailleurs ou non réels, distincts entre eux et distincts de I).

Dès lors, les cas possibles sont les suivants :

a) La droite D coupe les coniques : c'est évidemment le cas considéré au n° **781**.

b) D est extérieure aux coniques : les points communs à celles-ci sont I,

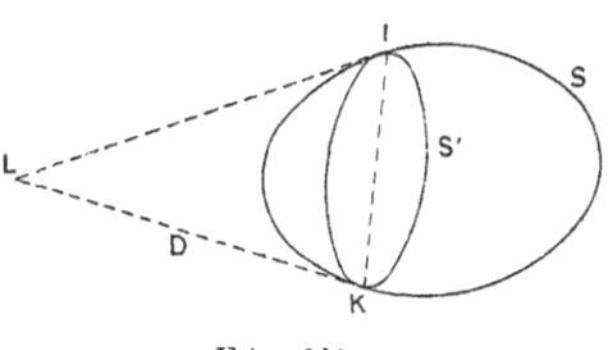

Fig. 640.

compté deux fois, et les points *imaginaires* où elles sont rencontrées par D. C'est (voir plus loin, **785**) le cas de deux cercles tangents.

c) D est tangente aux coniques en un point K autre que I (fig. 640).

Les deux coniques sont *bitangentes* (c'est le cas de coniques définies comme il a été expliqué au n° **758** et différant par le choix du point D, les points A, B, C restant les mêmes). Un couple de sécantes communes est constitué par les tangentes communes; les deux autres sont identiques entre eux et composés chacun de la corde de contact comptée deux fois.

(1) hMN étant mené au hasard et les droites h_1M, h_1N coupant S en P, Q, la droite PQ coupe MN en un point situé sur la polaire de h_1, lequel ne peut être autre que h (si l'on a eu soin de ne pas prendre pour MN la polaire de h_1).

Dans ce cas, *il y a une infinité de pôles doubles :* tout point de la droite IK a, en effet, pour polaire, par rapport à l'une ou à l'autre conique, sa polaire par rapport à l'angle des tangentes communes.

d) La droite D n'est autre que la tangente en I : c'est évidemment un cas limite de *c*), celui où K vient se confondre avec I. Comme pour *c*), il y a une droite dont tous les points sont pôles doubles : c'est la droite D. La manière dont a été obtenue celle-ci montre en effet que si l'on mène par I une

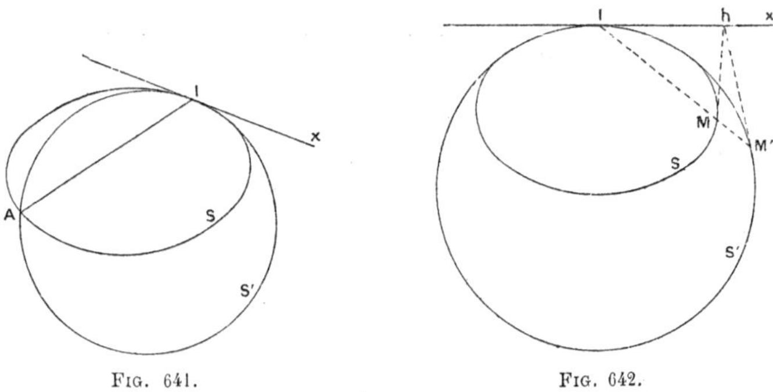

Fig. 641. Fig. 642.

transversale quelconque IMM' (*fig*. 642), les tangentes menées aux deux courbes en M et en M' se coupent en un point de D, lequel, dans le cas présent, a pour polaire, tant par rapport à S que par rapport à S', la droite IMM'.

Les deux coniques ont *quatre points communs confondus en* I (puisque deux sécantes communes opposées se confondent avec la tangente en ce point) (exemple : le cercle de l'exercice 769, lorsque α a sa valeur minima considérée à l'exercice 768).

e) La droite D passe par I sans être tangente en ce point (fig. 641). Les deux coniques sont dites *osculatrices*. Elles ont un point commun (et un seul) distinct de I. En outre, elles doivent être considérées comme ayant trois points communs confondus en I (deux pour la tangente en I et un pour D). On constate, en effet, que lorsque deux coniques tendent chacune vers une position limite, de manière que trois de leurs points communs tendent à se confondre entre eux, les deux positions limites présentent entre elles la relation dont nous parlons en ce moment (exemple, exercice 1136).

784 *bis*. Nous allons faire voir que le tableau qui précède embrasse tous les cas qui peuvent se présenter, à un seul près.

En effet, les cas où les choses ne se passent pas exactement comme il a été dit aux n^os^ **782** *bis* et **783** *bis*, sont les suivants :

1° Le pôle double trouvé I est sur les deux coniques : c'est celui que nous venons de discuter;

2° Le point I n'est pas sur les coniques : mais en cherchant, par la méthode du n° **782** *bis*, les deux autres pôles doubles K et L, on les trouve confondus entre eux, les deux involutions qui les déterminent ayant un point double commun; ce cas revient au précédent, car le point double commun, étant conjugué de lui-même, est sur les deux coniques, lesquelles sont tangentes en ce point;

3° Les deux involutions qui déterminent K et L sont identiques entre elles. Alors chaque point K d'une droite déterminée D (la polaire de I) sera pôle double. La polaire double correspondante coupera D en un point K', et il est clair que les points K et K' seront en involution. Si les points doubles P, Q de cette involution sont réels, ils seront sur les deux coniques, lesquelles seront bitangentes en ces points (puisque la polaire de P sera unique et passera par P). De même, s'ils sont confondus, on sera dans le cas *d*).

Si, au contraire,

f) les points doubles en question sont imaginaires, alors on dit que les coniques ont un *double contact imaginaire*, avec D pour *corde de contact* et son pôle pour *pôle de contact* (exemple : la conique et le cercle *c* du n° **724**, dans le cas où le plan de ces courbes ne coupe pas le parallèle C'' D''; la corde de contact est alors L'' *y''*). Il ne saurait y avoir de point réel commun, sans quoi les deux coniques coïncideraient (ex. 1156);

4° Si l'on n'est pas dans une des hypothèses précédentes, il n'y a rien à changer aux raisonnements du n° **782** *bis;* quant à ceux des n^os^ **783, 783** *bis*, ils ne peuvent présenter d'exception que si l'involution que forment les rayons IM et IM' a ses rayons doubles confondus, c'est-à-dire si le rayon IM' est toujours le même, quel que soit M.

Or ce cas rentre dans les précédents : car, alors, tous les points de cette droite IM' sont pôles doubles (puisque si la polaire d'un tel point M' par rapport à S passait par M, mais non sa polaire par rapport à S', les deux polaires de M couperaient IM' en des points différents) [1] : on est donc dans l'un des cas *c*), *d*) ou *f*).

785. *Deux coniques dont deux points d'intersection au moins sont imaginaires peuvent être transformées, par une même perspective, en deux cercles.*

En effet, ces deux coniques auront une sécante commune D qui leur sera extérieure et sur laquelle, par conséquent, l'involution des points conjugués aura ses points doubles imaginaires. On pourra donc (voir n° **776**) projeter de manière que D passe à l'infini et que l'involution en question soit celle que forment les points situés à l'infini dans des directions rectangulaires entre elles; les perspectives des deux coniques données seront alors bien des cercles.

Deux cercles ont un pôle double à l'infini, dans la direction perpendiculaire à la ligne des centres. Les deux autres (s'ils existent) sont les points limites (Pl., ex. 241). *La seconde sécante commune est l'axe radical*, comme on le voit, en remarquant, suivant les cas, qu'il est une corde commune,

(1) Ce raisonnement serait en défaut si l'une des polaires de M était IM'; mais nous pouvons évidemment exclure un tel choix du point M.

ou qu'il est une tangente commune, ou qu'il contient le conjugué harmonique du point à l'infini par rapport au segment qui joint les points limites.

Deux cercles ont un double contact imaginaire (cas *f*) lorsqu'ils sont concentriques.

786. Toutes les considérations présentées aux n^os **783-784** *bis*, peuvent être transformées par dualité. Corrélativement à la notion de sécante commune, on appelle *ombilic* de deux coniques S et S', un point tel que les droites issues de ce point et conjuguées par rapport à S soient aussi conjuguées par rapport à S'. Par exemple, un foyer F d'une conique est (**775**) un ombilic pour cette conique et un cercle de centre F.

Si un ombilic est extérieur à l'une des coniques, il est aussi extérieur à l'autre et est le point de concours de deux tangentes communes.

On prouvera, par des raisonnements calqués sur ceux des n^os **783**, **783** *bis*, que *deux coniques ont, en général, deux ou six ombilics réels.*

Si deux coniques sont tangentes, un ombilic vient au point de contact et, par conséquent, il existe deux tangentes communes confondues.

Non seulement (n° **771**) deux coniques tangentes entre elles se transforment par polaires réciproques en deux coniques tangentes, mais encore on constatera que chacun des cas désignés plus haut par *c*), *d*), *e*), *f*), se reproduit par polaires réciproques.

787. Dans chacun des cas que nous avons étudiés, nous avons trouvé, pour les deux coniques données, au moins *un couple de sécantes communes réel.* Ce couple est d'ailleurs tel que *le segment qu'il détermine sur une sécante quelconque appartient à l'involution que déterminent sur cette sécante les coniques données.* Si les points doubles M et M' de cette involution sont réels, le fait résulte évidemment de la manière dont nous avons défini les sécantes communes au n° **783**, les sécantes communes devant diviser harmoniquement le segment MM'. Mais il est aisé de voir que le même fait a lieu en toute hypothèse. Il se déduit, en effet, directement du théorème de Desargues, tant que les quatre points communs sont réels et que deux au plus sont confondus; d'autre part, il a lieu pour deux cercles (en vertu des n^os **785** et **659**) et, par conséquent aussi, toutes les fois que deux points communs sont imaginaires; dans les cas *c*), *d*), *e*), il résulte (pour la sécante MN et la conique S' du n° **784**) de l'application du théorème de Desargues au quadrilatère qui a pour côtés IM', IN', M'N' et I*x*; enfin, dans le cas *f*), le point où la sécante rencontre la corde de contact est bien pôle double de l'involution déterminée par les deux coniques, puisqu'il a même polaire par rapport à ces deux courbes.

Si nous appelons *sécantes communes opposées* deux sécantes communes (distinctes ou confondues), telles que ces sécantes et les deux coniques déterminent sur une droite quelconque (qui coupe les deux courbes) une involution, nous avons démontré, dans tous les cas, l'existence d'un couple (au moins) de sécantes communes opposées. On déduira, d'ailleurs, aisément des raisonnements présentés, que les couples de sécantes que nous avons trouvés dans chaque cas sont les seuls qui existent.

Il est suffisant (mais non toujours nécessaire) pour que deux sécantes communes soient opposées, qu'elles ne se coupent pas sur les courbes données (car leur point commun sera un pôle double et elles-mêmes seront rayons doubles de l'involution qui a pour centre ce point et qui est considérée au n° **783**).

787 *bis*. Nous pouvons dire que plusieurs coniques ont *les mêmes points communs* (*réels ou imaginaires*) lorsqu'elles auront un même couple de sécantes communes opposées. *Un système de coniques, ayant les mêmes points communs, interceptera, sur une transversale quelconque, une involution* (l'involution déterminée par l'une d'elles et le couple de sécantes communes).

Il n'est pas évident *a priori*, lorsque deux coniques ne se coupent pas en quatre points réels et distincts, qu'il en existe une infinité d'autres ayant avec elles les mêmes points communs; mais c'est ce qui résulte de considérations tout analogues à celles que nous venons de présenter (réduction à des cercles ayant même axe radical, s'il y a deux points communs imaginaires; exercice 1142, dans les cas *c*), *d*), *e*); exercice 1156, dans le cas *f*), lesquelles montrent qu'*il passe une conique du système par un point donné quelconque du plan*. Cette conique est évidemment le lieu de l'homologue du point donné, par rapport aux involutions déterminées, par une conique du système et le couple de sécantes communes, sur les transversales issues de ce point. Cette condition étant manifestement suffisante pour la déterminer, on voit que *si plusieurs coniques déterminent sur toute transversale une involution, elles ont les mêmes points communs* (*réels ou imaginaires*).

Les théorèmes du n° **779** s'étendent évidemment aux systèmes ou faisceaux ainsi définis ([1]). Si l'on considère, par exemple, un sytème de cercles ayant même axe radical les polaires d'un point quelconque, par rapport à ces cercles, sont concourantes; les pôles d'une droite donnée quelconque décrivent une hyperbole ayant une asymptote perpendiculaire à la ligne des centres, et passant par les points limites de Poncelet, lorsque ceux-ci existent.

Corrélativement, un *couple d'ombilics opposés* sera défini par cette condition que ce couple et les deux coniques seront vus d'un point quelconque sous des angles en involution. Deux coniques admettent au moins un couple d'ombilics opposés réels. Deux ombilics sont nécessairement opposés s'ils ne sont pas sur une même tangente commune.

On définira *un système de coniques ayant les mêmes tangentes communes* (*réelles ou imaginaires*), tout système de coniques ayant un couple d'ombilics opposés communs, ou (ce qui revient au même) tout système de coniques

(1) La démonstration du théorème sur les polaires d'un point M par rapport aux coniques du faisceau ne nécessite plus aucune hypothèse sur la réalité des points de rencontre de la droite MM′ (du n° **779**) avec les coniques. Car il résulte du n° **783** que cette droite est divisée harmoniquement par deux sécantes communes opposées. Le point M′, défini par cette condition et par celle d'être sur la polaire de M par rapport à l'une des coniques du faisceau, appartiendra dès lors à toutes les autres polaires.

qui seront vues d'un point quelconque du plan sous des angles en involution.

Par exemple, deux coniques ayant leurs foyers communs ont (n° **775**) ces foyers pour ombilics opposés. Si donc nous considérons des coniques *homofocales*, c'est-à-dire ayant les mêmes foyers, et les angles sous lesquels on voit ces coniques, d'un point quelconque du plan, *ces angles sont en involution* (ce qui résulte d'ailleurs évidemment du n° **504**). *Le lieu des pôles d'une droite fixe, par rapport à un système de coniques homofocales, est une droite. Les polaires d'un point fixe, par rapport à un système de coniques homofocales, enveloppent une parabole tangente aux axes communs des coniques*, car ces axes et la droite de l'infini forment un triangle conjugué par rapport à toutes les coniques en question.

EXERCICES

1108. Étendre à une conique quelconque l'exercice 239.

1109. Par un point A du plan d'une conique, on lui mène une sécante variable. Lieu du point P pris sur cette droite et qui forme avec les deux points où elle coupe la courbe et le point donné, un rapport anharmonique constant (on montre que le lieu est homologique (ex. 889) de la conique donnée; ou encore on ramène au cas où le point A est le centre).

Étendre l'exercice 1045 à une conique quelconque.

1110. Projeter une conique de manière que deux points donnés de son plan deviennent, après projection, les foyers de la nouvelle courbe. Conditions de possibilité.

1111. Projeter une conique suivant une hyperbole équilatère, de manière qu'un point donné de son plan se projette au foyer de cette hyperbole.

1112. Étant donnés une conique et un point intérieur, ou mène par celui-ci deux droites conjuguées quelconques. Enveloppe des côtés du quadrilatère inscrit à la courbe et ayant ces droites pour diagonales. (Employer une projection.)

1113. Construire par points une conique donnée par cinq points à l'aide du théorème de Pascal.

Une courbe telle que tout hexagone inscrit satisfasse au théorème de Pascal, est une conique (qui peut être réduite à deux droites).

1114. Construire la polaire d'un point par rapport à une conique donnée par cinq points.

1115. Le second foyer (autre que le centre du cercle directeur) de la conique polaire réciproque d'un cercle C′ par rapport à un cercle C, est le pôle de l'axe radical du cercle C′ et du centre du cercle C.

1116. On transforme chaque tangente de la circonférence fixe C (**773**) en un cercle, ainsi qu'il est expliqué dans la deuxième démonstration de ce numéro. Que devient, relativement à ces cercles, la propriété des tangentes à la circonférence, utilisée dans la troisième démonstration du même numéro?

1117. Transformer par polaires réciproques le théorème sur le lieu des sommets des angles droits circonscrits à une conique.

1117 *bis*. Lieu des points d'intersection des tangentes menées à une conique par les points où elle coupe les côtés d'un angle de grandeur constante, pivotant autour du foyer.

1118. Quand deux coniques ont un foyer commun et deux tangentes communes réelles, ces deux tangentes sont vues du foyer commun sous le même angle. Si cet angle est droit, les tangentes menées aux deux courbes par un point quelconque de l'une des deux directrices forment un faisceau harmonique.

1119. Trouver l'intersection de deux coniques ayant un foyer commun (et, par conséquent, la solution du problème des cercles tangents) en transformant le problème par polaires réciproques.

1120. La corde d'une conique C qui joint les extrémités de deux cordes menées par un point a de C, parallèlement aux diamètres conjugués d'une autre conique C′, passe par un point fixe b.

Construire les directions asymptotiques de C′, connaissant C, a et b.

Quel est le lieu de b, lorsqu'on donne C et a et qu'on sait que C′ est une hyperbole équilatère?

1120 *bis*. La conique C′ de l'exercice précédent étant un cercle (cas du théorème de Frégier, **770**), le point b et les axes de la conique C divisent harmoniquement la normale à C en a. Quel est le lieu du point b lorsque a décrit la conique C? Cas de la parabole.

Dans quel cas b est-il rejeté à l'infini ?

APPLICATION DU THÉORÈME DE CHASLES

1121. Une droite pivote autour d'un point fixe A. On joint respectivement à deux autres points fixes B, C les points M, N où cette droite rencontre les côtés d'un angle fixe.

Quel est le lieu décrit par le point d'intersection de BM et de CN?

Cas où B et C sont en ligne droite avec le sommet de l'angle, ou avec A.

1122. Deux angles de grandeur constante pivotent respectivement autour de leurs sommets, de manière qu'un côté du premier et un côté du second se coupent sur une droite fixe. Lieu de l'intersection des seconds côtés.

1123. La base d'un triangle touche une conique fixe : ses deux extrémités décrivent deux tangentes fixes à cette conique, pendant que les deux autres côtés tournent autour de points fixes. Lieu du troisième sommet.

1124. Par chaque point d'une droite, on mène une parallèle à la direction conjuguée, par rapport à une conique donnée, du diamètre de cette conique qui passe par ce point. Enveloppe de la droite ainsi menée.

1125. Si deux triangles sont conjugués par rapport à une même conique, leurs six sommets sont sur une même conique et leurs six côtés touchent une autre conique.

Le problème qui consiste à trouver un triangle inscrit ou circonscrit à une conique et conjugué à une autre n'a, en général, pas de solution. S'il en a une, il en a une infinité.

1126. Si deux triangles sont circonscrits à une même conique, leurs six sommets sont sur une même conique.

Le problème qui consiste à trouver un triangle inscrit à une conique et circonscrit à une autre n'a pas de solution, ou il en a une infinité.

APPLICATION DU THÉORÈME DE DESARGUES

1127. Deux sécantes communes opposées de deux coniques divisent harmoniquement une tangente commune.

1128. Une tangente quelconque d'une conique est divisée harmoniquement par deux autres tangentes, leur corde de contact et la courbe; ou encore, par son point de contact, une corde quelconque et une conique bitangente à la première aux extrémités de cette corde.

1129. Toute conique qui passe par les sommets d'un triangle et le point de rencontre des hauteurs est une hyperbole équilatère.

Réciproquement, si deux hyperboles équilatères se coupent en quatre points, l'un quelconque de ces points est le point de rencontre des hauteurs du triangle formé par les trois autres.

Le lieu des centres des hyperboles équilatères circonscrites à un triangle est le cercle des neuf points (Pl., ex. 101) de ce triangle.

1130. Faire passer une hyperbole équilatère par quatre points donnés.

1131. Si deux coniques A, B qui se coupent en quatre points, sont bitangentes à une même troisième C, deux des sécantes communes à A et à B passent par le point I où se coupent les cordes de contact de ces coniques avec C et forment avec ces cordes de contact un faisceau harmonique.

Dans le cas où les coniques A, B n'ont que deux points communs réels, le point I est sur la corde commune. Dans tous les cas, le point I est un pôle double (exemple, exercice 844, 3°).

Dans le cas où les trois pôles doubles sont réels, il y a trois séries de coniques qui leurs sont bitangentes.

1132. Les conjugués harmoniques, par rapport aux quatre côtés et aux deux diagonales d'un quadrilatère, des points où ces six droites sont rencontrées par une transversale quelconque D, appartiennent à une même conique S. Cette conique n'est autre que le lieu considéré au n° **779** et passe, par conséquent, par les points d'intersection des côtés opposés et des diagonales des quadrilatères. Déduire de là l'exercice 101.

Les trois droites joignant deux à deux les conjugués par rapport aux côtés, ou par rapport aux diagonales, se coupent en un même point, pôle de D par rapport à S.

1133. Faire passer une parabole par quatre points donnés. (On cherchera la direction de l'axe.)

1134. Il existe deux séries de coniques passant par deux points et tangentes à deux droites. Lieu du point de rencontre des tangentes menées par les deux points donnés aux coniques de chaque série.

1135. Quand deux paraboles dont les axes sont perpendiculaires entre eux se coupent en quatre points, le centre des moyennes distances de ces quatre points coïncide avec le point de rencontre des deux axes (**779** *bis*).

1136. Par trois points d'une conique donnée quelconque, on fait passer un cercle. Montrer (comparer exercice 1091) que ce cercle tend vers une position limite déterminée lorsque les trois points se rapprochent tous indéfiniment d'un même point M de la courbe, le cercle ainsi obtenu est osculateur (**784**, *e*) à la conique. Il la coupe en général en un point autre que M : on déterminera la position de la corde qui joint ces deux points. Dans quel cas le point M est-il le seul point commun?

1137. Si trois coniques ont une même sécante commune, les trois sécantes communes opposées à celle-là (relativement aux trois courbes prises deux à deux) sont concourantes.

1138. Le cercle de rayon nul qui a pour centre un foyer d'une conique, a un double contact imaginaire (**784** *bis*) avec cette courbe. Réciproque.

1139. Construire une conique, connaissant : 1° un point ou une tangente ; 2° la polaire d'un point donné du plan; 3° une conique ayant, avec la première, cette polaire pour sécante commune.

Quel est le problème corrélatif?

1140. Si deux coniques sont tangentes en I, et qu'un point M du plan décrive une droite passant par I, le lieu du point M′ où se coupent les deux polaires de M est (1) la conjuguée harmonique de IM par rapport à l'angle formé par la tangente en I et la droite qui joint ce dernier point au point de rencontre des tangentes menées aux deux coniques en leur intersection avec IM.

1141. Si par deux points A, B communs à deux coniques, on mène deux transversales quelconques AMM′, BNN′, les cordes MN, M′N′ interceptées entre ces deux transversales sur les deux coniques se coupent sur la sécante commune D opposée à AB. (Même raisonnement qu'au n° **784**.)

Cette proposition comprend l'exercice 65 de la Géométrie plane.

En déduire aussi l'exercice 1137. (Comparer **784**.)

Quel est le lieu du point pris sur MM′ de manière à former, avec les points M, M′ et le point où MM′ rencontre D, un rapport anharmonique constant ?

Montrer que ce lieu coïncide avec le lieu analogue relatif à NN′.

1142. On donne une conique, deux points I et M sur cette conique, un point M′ sur la droite IM et une droite D. N étant un point variable sur la conique, quel est le lieu du point N′ pris sur IN de manière que MN et M′N′ se coupent sur D ?

1143. Le rapport anharmonique des tangentes menées, en un point d'intersection, à quatre coniques qui ont leurs quatre points d'intersection communs, est le même pour les quatre points.

1144. La droite, lieu des pôles d'une droite D, par rapport à une série de coniques homofocales (**787** *bis*), est perpendiculaire à D. Les droites conjuguées par rapport à une conique et rectangulaires entre elles que l'on peut mener par un point donné sont les bissectrices des angles formés par les droites qui joignent ce point aux foyers de la conique.

1145. Que peut-on dire de deux coniques qui ont une sécante commune rejetée à l'infini ?

1146. Sur une sécante commune Δ à deux coniques, on prend un point quel-

(1) Les raisonnements du texte (**783**) prouvent encore que le lieu de M′ est une droite, mais non que cette droite passe par I.

conque M, par lequel on mène les tangentes Mm, Mm_1 à la première conique, les tangentes Mm', Mm'_1 à la seconde.

1° Les droites mm_1, $m'm'_1$ se coupent sur Δ ;

2° Si N est un second point de Δ, par lequel sont menées les tangentes Nn, Nn_1, Nn', Nn'_1, les droites qui joignent les points m, m_1 aux points n, n_1 et celles qui joignent les points m', m'_1 aux points n', n'_1 se coupent quatre à quatre en deux points de Δ (on trouvera ces points comme couple commun à deux involutions qui seront les mêmes, soit qu'on parte des côtés du quadrilatère $mm_1\,nn_1$, soit qu'on parte de ceux du quadrilatère $m'm'_1\,n'n'_1$);

3° Les droites qui joignent les points m, m_1 à m' et à m'_1 se coupent deux à deux en deux points fixes S, S_1 (se déduit du précédent par le théorème des triangles homologiques). Les coniques données sont homologiques l'une de l'autre, avec Δ comme axe et l'un quelconque des points S, S_1 comme centre d'homologie. Les points S et S_1 sont deux ombilics opposés;

4° La droite Sm coupe la seconde conique en un point m'_0. Montrer que la tangente en m'_0 rencontre la tangente à la première conique en m en un point qui décrit la sécante commune opposée à Δ.

Montrer que, dans le cas où Δ ne coupe pas les coniques, tous ces théorèmes sont évidents par projection (**785**).

1147. On peut définir un couple de points imaginaires conjugués (exercice 921) par une droite D et une conique quelconque (sans point réel commun avec D), avec cette clause qu'il est indifférent de remplacer cette conique par une autre ayant avec la première D pour sécante commune. Ces points sont dits *points de rencontre* (*imaginaires*) de la droite et de la conique.

Les points de rencontre d'une droite D et d'une conique sont les points doubles (ex. 921) de l'involution déterminée sur la droite par les points conjugués par rapport à la conique.

Deux divisions homographiques étant données sur une droite D, si on joint les points homologues m, m' à deux points A, B respectivement, le lieu de l'intersection de Am et de Bm' est une conique. Montrer que les points de rencontre de cette conique avec la droite D sont les points doubles de l'homographie (au sens de l'exercice 921), même si ces points doubles sont imaginaires.

(Projeter la conique suivant un cercle sur un plan passant par D).

Tous les cercles ont mêmes points de rencontre (imaginaires) avec la droite de l'infini.

Ces points sont dits *points circulaires à l'infini* ou *points cycliques.*

1148. *Droites imaginaires.* On définit un *couple de droites imaginaires conjuguées* comme les tangentes menées à une conique S par un point (intérieur) O, avec cette clause qu'il est indifférent de remplacer S par une autre conique S_1 ayant avec la première O pour ombilic.

De même qu'un couple de droites réelles, un tel couple de droites imaginaires conjuguées peut être considéré, à un certain point de vue, comme une conique. Deux points seront dits *conjugués* par rapport à cette conique lorsque les droites qui les joignent à O sont conjuguées par rapport à S (définition qui conserve son sens lorsqu'on change S conformément à la clause précédente).

Les droites imaginaires sont dites *passer par deux points imaginaires* définis par une droite D et une conique S', si la conique qu'elles forment et la conique S' admettent D pour sécante commune. Montrer (voir exercice 1139) qu'on peut alors, moyennant la clause énoncée ci-dessus et la clause analogue de l'exercice précédent, remplacer S et S′ par une même conique S_1 par rapport à laquelle O est le pôle de D : la conique S_1 peut même être trouvée d'une infinité de manières, toutes les coniques ainsi obtenues ayant entre elles un double contact imaginaire.

1149. Un couple de points imaginaires étant (comparer **780**) considéré comme une conique, énoncer, corrélativement à celle qui a été donnée à l'exercice précédent, la définition de deux droites conjuguées par rapport à cette conique. Cas où les deux points sont les points cycliques (ex. 1147).

Montrer que les foyers d'une conique sont les ombilics réels du système de cette conique et du couple des points cycliques.

Les rayons doubles (imaginaires) de deux faisceaux homographiques étant définis par la condition de passer par les points doubles des divisions déterminées par ces faisceaux sur une droite D, montrer que la position de ces rayons doubles est indépendante de celle de la droite D. On utilisera les propriétés de l'homologie (ex. 889).

1150. Les rayons doubles de l'homographie déterminée par un angle constant tournant autour de son sommet, sont indépendants de la grandeur de l'angle. Ils passent par les points cycliques (ex. 1147).

Ces rayons doubles sont dits *droites isotropes*.

1151. Le triangle conjugué commun à deux coniques étant déterminé, les quatre points d'intersection des deux courbes peuvent être considérés comme étant, par rapport à ce triangle, les solutions du problème du n° **157** (Pl., liv. III).

1152. Le nombre des points d'intersection réels de deux hyperboles équilatères concentriques est toujours de deux.

Un point quelconque M du plan étant donné, le point M′ où se coupent ses polaires, par rapport aux deux courbes, se déduit de M par une inversion suivie d'une symétrie.

(On considérera les sécantes communes issues du centre commun O et on montrera que les droites OM, OM′ sont également inclinées sur ces sécantes. Puis on montrera que, si M décrit une droite quelconque, M′ décrit un cercle placé de telle façon que le produit OM. OM′ ne varie pas).

1153. Les polaires d'un point quelconque, par rapport à une hyperbole équilatère et par rapport au cercle décrit sur l'axe transverse comme diamètre, sont symétriques par rapport à l'axe transverse.

1154. Si les coniques S, S′ sont deux hyperboles équilatères passant par les sommets d'un triangle T et le point de concours des hauteurs (ex. 1129), le point M′, intersection des polaires d'un point quelconque M par rapport à ces hyperboles, se déduit du point M comme le point O′ du point O dans l'exercice 197 (Pl., page 182), le triangle qui intervient dans cet exercice étant celui qui a pour sommets les pieds des hauteurs du triangle T.

1155. Si deux triangles sont polaires réciproques l'un de l'autre, par rapport à une conique, ils sont homologiques.

1156. Construire une conique, connaissant un point et les polaires de deux points donnés.

1157. Construire une conique connaissant les polaires de trois points donnés (on suppose que les deux triangles formés, l'un par les points, l'autre par les polaires, sont homologiques) [1].

1158. Montrer directement que si deux coniques C, C′ sont telles que deux points A et B aient chacun même polaire dans C et dans C′, la polaire de A ne passant pas par B (ni la polaire de B par A), ces deux coniques ont un double contact réel ou imaginaire (**784** *bis*).

1159. Si deux coniques C, C′ sont telles qu'il existe deux points différents A et B jouissant de cette propriété que la polaire de chacun d'eux, par rapport à C, coïncide avec la polaire de l'autre par rapport à C′, la droite AB est une polaire double. Si l'on peut trouver un autre couple de points $A_1 B_1$, non en ligne droite avec les premiers, jouissant de la même propriété, chacune des coniques considérées coïncide avec sa polaire réciproque par rapport à l'autre. Les deux coniques ont un double contact réel et sont dans des angles différents par rapport à leurs tangentes communes. On peut en faire une perspective telle qu'elles deviennent deux hyperboles conjuguées.

Réciproquement, si une conique coïncide avec sa polaire réciproque par rapport à une autre conique C′, les deux courbes ont entre elles les relations que nous venons d'indiquer, et la seconde conique C′ coïncide avec sa polaire réciproque par rapport à C.

1160. Lieu des milieux des cordes interceptées sur des parallèles à une direction fixe par un cône à base circulaire donné.

Lieu des conjugués harmoniques d'un point fixe par rapport aux segments interceptés par le cône sur les sécantes issues de ce point.

1161. Étant donnés, dans un plan P, une conique C et, extérieurement à ce plan, un point S, on fait correspondre à tout point M du plan P, le point M′ où la polaire de M, par rapport à C, rencontre le plan mené par S perpendiculairement à SM. Montrer :

1° Que cette correspondance est réciproque ;

2° Que, si le point M décrit une droite, le point M′ décrit en général une conique ;

3° Qu'il existe trois positions I, K, L du point M telles que le point M′ correspondant soit indéterminé (la polaire de I, par rapport à C, étant dans le plan mené par S perpendiculairement à SI). (On démontrera (comparer **782**) qu'il existe au moins une telle position et on en déduira l'existence des deux autres) ;

4° Que si le point M décrit une droite passant par l'un des points I, K, L, le point M décrit une droite passant par le même point, et que lorsque ces deux droites tournent autour du point en question, elles décrivent deux faisceaux en involution ;

5° Qu'une et une seule des trois involutions correspondant ainsi aux trois points I, K, L a ses rayons doubles réels ;

6° Que les énoncés précédents et leurs démonstrations ne sont autres que ceux qu'on obtient en appliquant les conditions des n^{os} **782-783** *bis* à la conique C et au *cercle imaginaire* (ex. 987-988) défini par le plan P et le point S ;

7° Que le cône qui a pour sommet le point S et pour base la conique C peut être coupé par un plan suivant un cercle (ainsi qu'il avait été énoncé au n° **757**) : les plans des sections circulaires étant les plans parallèles à ceux qui passent par le point S et l'un ou l'autre des rayons doubles dont l'existence est indiquée en 5° ; et

(1) On admettra que les points doubles des involutions que l'on aura à introduire pour la solution de cette question sont réels, quoique le contraire puisse avoir lieu. Le problème peut même être impossible en raison de cette dernière circonstance.

que le cône en question a pour plans de symétrie les plans SKL, SLI, SIK, pour axes de symétrie les droites SI, SK, SL ;

8° Que, si ce cône est de révolution, la conique C doit être considérée comme bitangente (**784** *bis*) au cercle imaginaire ;

9° Qu'il existe deux points f, f' dont chacun jouit de cette propriété que les droites conjuguées, par rapport à C, menées par f (ou par f') sont vues de Sf (ou de Sf') sous un dièdre droit.

Ces points sont les *ombilics* de C et du cercle imaginaire (exercice précédent, 6°) : on démontrera leur existence par des raisonnements corrélatifs de ceux du texte et de 4°, 5° ;

Les droites Sf, Sf' sont dites les *focales* du cône qui a S pour sommet et C pour base (voir plus loin, exercice 1259) ;

10° Un plan perpendiculaire à Sf coupe le cône suivant une conique ayant son foyer sur Sf :

11° Lorsque la conique C est un cercle, un des points I, K, L est à l'infini. Construire les deux autres K, L (points limites du cercle C et du cercle imaginaire). Montrer que ces points sont situés sur tout cercle orthogonal à C et par rapport auquel la puissance du point s (projection de S sur le plan de C) est égal à $-\overline{Ss}^2$.

Construire, dans les mêmes conditions, les points f, f'. (Ces points sont sur la perpendiculaire élevée, en l'un des points K ou L, à la droite qui joint s au centre O de C et, d'autre part, sur la circonférence qui a sO comme diamètre.)

1162. Par deux points pris dans le plan d'une conique S, on mène deux droites qui tournent respectivement autour de ces points en restant assujetties à la condition d'être conjuguées l'une de l'autre par rapport à la courbe. Lieu de leur point d'intersection. Ce lieu est une conique Σ.

Qu'arrive-t-il si les points donnés sont conjugués par rapport à S ?

La conique S étant un cercle, construire les directions asymptotiques de Σ. Si, en outre, l'on donne un des points, quel est le lieu de l'autre pour que Σ soit une parabole ; ou une hyperbole équilatère ; ou, plus généralement, une hyperbole semblable à une hyperbole donnée ; ou pour qu'elle se réduise à deux droites ?

Mêmes problèmes lorsque S est quelconque.

Lorsque la conique S est une hyperbole équilatère, montrer que Σ est un cercle si l'un des points donnés est le symétrique du centre de S par rapport à la polaire de l'autre.

1163. Étant données deux figures planes homologiques F, F′ et une conique S qui ne coupe pas l'axe d'homologie, quel est le lieu d'un point M de F tel que son homologue dans F′ soit sur sa polaire par rapport à S ?

(On examinera d'abord le cas où S est un cercle et où l'homologie se réduit à une homothétie).

PROBLÈMES

PROPOSÉS SUR LES COMPLÉMENTS

1164. Joindre un point donné au point d'intersection de deux droites qui se coupent hors des limites du dessin, en n'employant d'autre instrument que la règle.

1164 *bis*. Joindre deux points, en supposant qu'on ne dispose que d'une règle plus courte que la distance de ces deux points.

1165. Si les côtés d'un polygone tournent autour de points fixes situés en ligne droite, pendant que tous les sommets, moins un, glissent sur des droites fixes, le dernier sommet décrira également une droite. Qu'arrivera-t-il si les points fixes donnés ne sont pas en ligne droite ?

1166. Deux quadrilatères complets, situés dans des plans différents, sont en perspective l'un de l'autre. On joint chaque sommet à la perspective de son opposé. Montrer que les trois couples de droites ainsi obtenus se coupent en trois points en ligne droite.

1167. Lieux des sommets et des arêtes des dodécaèdres pentagonaux (ex. 1016) circonscrits à un cube donné.

1168. Les plans polaires d'un même point P quelconque, par rapport à une série de sphères ayant même plan radical, passent par une même droite. Le rapport anharmonique de quatre de ces plans est indépendant du choix du point P, lorsque les quatre sphères correspondantes sont données.

Il est égal au rapport anharmonique des plans radicaux des sphères en question prises individuellement avec une même sphère quelconque ; ou encore, au rapport anharmonique des quatre centres.

1169. Les plans polaires d'un même point P quelconque, par rapport à une série de sphères ayant même axe radical, passent par un même point P'. La sphère qui a pour diamètre PP' coupe orthogonalement toutes les sphères de la série.

Si on coupe un plan déterminé quelconque par les plans polaires du point P par rapport à différentes sphères de la série, puis par le plan polaire d'un second point Q par rapport aux mêmes sphères, on obtient deux figures homographiques.

1170. Quel est le lieu des points tels que leurs plans polaires, par rapport à trois sphères données, passent par une même droite ?

Quel est le lieu des points tels que leurs plans polaires, par rapport à quatre sphères données, passent par un même point ?

1171. Lieu des centres des sphères qui coupent trois sphères données suivant trois cercles orthogonaux deux à deux.

1172. Étant donné le sommet S d'un cône circonscrit à une sphère donnée suivant un certain cercle et le sommet O d'un cône quelconque passant par le même cercle, on obtiendra le sommet S' du cône circonscrit suivant le second cercle d'intersection de la sphère avec le cône de sommet O, en prenant le conjugué harmonique du point S par rapport au segment formé par le point O et le point où le plan polaire de O coupe la droite OS.

1173. Enveloppe de la bissectrice d'un angle droit dont les côtés passent respectivement par deux points donnés, la bissectrice de l'angle adjacent supplémentaire passant par un troisième point donné.

Enveloppe de la normale menée à une conique variable C de foyers fixes, en son point de contact avec une tangente issue d'un point fixe. Montrer que cette enveloppe coïncide avec celle de la tangente à la conique variable C par le pied d'une normale issue du point fixe, et avec l'enveloppe de la polaire de ce point par rapport à C.

1174. Trouver une conique, connaissant le centre et trois points, ou le centre et trois tangentes.

Les trois points ou les trois tangentes étant donnés, dans quelle région du plan doit se trouver le centre pour que la conique soit une ellipse ?

1175. Une conique étant donnée par cinq points, construire les directions des axes. (Se ramène à l'exercice 1070.)

Trouver les foyers (appliquer ex. 847).

1176. Si, par les points où une droite fixe rencontre une série de coniques ayant un foyer et la directrice correspondante commune, on mène des tangentes à ces coniques, ces tangentes enveloppent une conique ayant également le même foyer. (Transformer par polaires réciproques.)

1177. Sur une droite fixe, perpendiculaire à un axe d'une conique, on prend un point variable, duquel on abaisse une perpendiculaire sur la polaire de ce point. Montrer que cette perpendiculaire passe par un point fixe, situé sur l'axe.

1178. Dans toute conique à centre, le diamètre qui passe en un point et la perpendiculaire abaissée d'un foyer sur la tangente en ce point se coupent en un point I de la directrice correspondante (on considérera la polaire de I).

1179. Par un point O pris dans le plan d'une conique, on mène une sécante quelconque, et on prend, sur cette droite, les points doubles de l'involution dont deux points homologues sont les points d'intersection avec la conique, deux autres points homologues étant le point O et le point où la sécante coupe une droite fixe. Lieu de ces points doubles.

(Se ramène par projection à l'exercice 1088).

1180. Une sécante issue d'un point fixe coupe une ellipse en deux points variables M, M'. Lieu de l'intersection des tangentes menées à la conique, parallèlement aux deux diamètres qui aboutissent en M et en M'.

1181. Si une conique divise harmoniquement deux diagonales d'un quadrilatère complet, elle divise harmoniquement la troisième diagonale (utiliser ex. 917).

(Ou encore, traiter d'abord le cas du cercle (Pl., ex. 237, 371 *bis*), puis passer au cas général par projection.)

1182. Si un triangle est conjugué par rapport à une hyperbole équilatère, le cercle circonscrit à ce triangle passe par le centre de la conique.

1183. On donne une hyperbole équilatère et deux points diamétralement opposés de cette courbe. Si, par ces points, on mène deux droites faisant entre elles un angle constant, la corde qui joint les deux nouveaux points de rencontre de ces droites avec la courbe passe par un point fixe.

1184. Sur deux côtés opposés AB, A'B' d'un parallélogramme, on prend, à partir des milieux C, C′ de ces côtés, deux segments CM, C′M′ tels que la somme de leurs carrés soit égale à deux fois le carré de la moitié de AB. Prouver que la droite MM′ enveloppe une hyperbole ayant pour asymptotes les diagonales du parallélogramme.

Plus généralement, sur deux droites parallèles données, on prend à partir de deux points fixes C, C′, deux segments $\overline{CM}^2 + k^2.\overline{C'M'}^2 =$ const. (où k est un nombre donné). Montrer que MM′ enveloppe une hyperbole. Construire les asymptotes de celle-ci.

Une tangente mobile d'une hyperbole intercepte, sur deux tangentes parallèles entre elles menées à l'hyperbole conjuguée, des segments tels que la somme de leurs carrés est constante.

1185. Lorsqu'une corde d'un cercle varie de manière à rester de grandeur constante, et qu'on projette respectivement ses deux extrémités sur deux parallèles données, la projection étant orthogonale, la droite qui joint les points ainsi obtenus enveloppe une hyperbole.

Généraliser au cas où la projection est oblique.

1186. On considère une conique S et, quatre points a, b, c, d extérieurs à cette conique. Montrer que s'il existe une conique S′ passant par a, b et tangente aux quatre tangentes que l'on peut mener à S par les points c, d, il existe aussi une conique S″ passant par c, d et tangente aux quatre tangentes que l'on peut mener à S par les points a, b.

Les tangentes menées à S′ en a et b et à S″ en c, d concourent en un même point O.

Enfin il existe une conique tangente aux quatre droites ac, ad, bc, bd et bitangente à S avec O comme pôle de contact.

(On montrera d'abord qu'il existe une conique Σ tangente aux quatre droites en question et aux deux tangentes menées de O à S. Puis on cherchera, pour Σ et S, l'ombilic opposé à O et on constatera que cet ombilic coïncide avec O).

1187. On donne une conique S et les deux tangentes menées à cette conique par un point a du plan. On considère un cercle variable C tangent à ces deux droites. Prouver que le lieu décrit par l'ombilic b de C et de S opposé à a est l'une ou l'autre des deux coniques homofocales à S et passant par a (suivant que le cercle C est inscrit à l'un ou à l'autre des angles formés par les tangentes données).

(On montrera que les droites qui joignent le centre O du cercle aux points a et b sont vues sous des angles égaux d'un quelconque des foyers de S.)

Le même lieu est aussi celui du second foyer d'une conique bitangente à S et ayant un foyer en a.

Si deux coniques sont bitangentes, les droites qui joignent les foyers de l'une aux foyers de l'autre sont tangentes à un même cercle ayant pour centre le pôle de contact.

Montrer que ces propositions découlent de celles qui figurent à l'exercice précédent, lorsqu'on remplace les points c et d par les points cycliques (exercice 1147).

1188. Par un point O d'une circonférence C, on mène des couples de droites en involution et on considère le point S où concourent les cordes qui joignent leurs seconds points d'intersection avec C. Trouver le lieu du point S :

1° Lorsque C et O restant fixes, le faisceau de droites en involution tourne autour du point O à la façon d'une figure invariable ;

2° Lorsque le faisceau en involution se transporte parallèlement à lui-même, son sommet O décrivant la circonférence fixe C ;

3° Lorsque, le faisceau restant fixe, la circonférence C tourne autour du point O en gardant un rayon constant (ellipse);

4° Lorsque, le faisceau restant fixe, la circonférence varie en passant par le point O et par un autre point fixe.

1189. Un triangle est conjugué par rapport à une conique donnée. Deux des sommets décrivent deux droites données. Lieu du troisième sommet.

1190. Inscrire dans un triangle donné, un triangle conjugué par rapport à une conique donnée.

1191. Un triangle étant inscrit à une conique, on peut trouver une infinité de triangles inscrits au premier et conjugués par rapport à la courbe.

1192. Le lieu du point de rencontre p des tangentes menées à une conique par deux points homologues quelconques m, m' d'une homographie donnée sur cette conique, est une autre conique qui a un double contact (réel ou imaginaire) avec la première, la corde de contact étant la droite δ considérée à l'exercice 919.

(On prendra deux couples fixes a, a'; b, b' de points homologues. Le pôle de aa' étant c et celui de bb', d, on remarquera que la droite cp passe par le point i (exerc. 919) où se coupent am', $a'm$, et l'on en déduira que cette droite (de même que la droite analogue dp) décrit autour de c un faisceau homographique des divisions décrites sur la conique par m, m').

Pour démontrer que les deux coniques sont bitangentes, même lorsque les points doubles de l'homographie sont imaginaires, on montrera que chaque point tel que i est un pôle double.)

La corde mm' enveloppe une conique également bitangente à la première.

1193. Réciproquement, si deux coniques C, C_1 ont un double contact (réel ou imaginaire), et qu'une tangente à C coupe C_1 en deux points a, a', les droites qui joignent a et a' à un point quelconque i de la corde de contact coupent à nouveau C_1 aux extrémités b, b' d'une corde également tangente à C, et il en résulte qu'une tangente mobile à C intercepte sur C_1 deux divisions homographiques.

1194. Il résulte de l'exercice 1193 que si un triangle est inscrit à une conique et que deux de ses côtés passent par deux points fixes o, o', le troisième côté enveloppe une conique bitangente à la première.

Démontrer la même proposition par projection, dans le cas où la droite oo' ne rencontre pas la conique.

Étant données, sur une conique C, deux divisions homographiques dont les points doubles sont imaginaires, montrer qu'on peut projeter C suivant un cercle de manière que les points homologues de l'homographie donnée se projettent suivant les extrémités d'arcs de grandeur constante.

1195. Dans toute homographie considérée sur une conique, les tangentes aux points doubles forment, avec les droites qui joignent leur point d'intersection à deux points homologues quelconques, un rapport anharmonique constant et égal au carré du rapport anharmonique déterminé par ces points homologues et les points doubles sur la conique.

1196. Deux figures planes F, F' sont dites *corrélatives* si à chaque point de l'une correspond une droite de l'autre de manière que :

1° Si, dans la figure F, un point a est sur une droite B, la droite A de F' correspondant à a contient le point b correspondant à B;

2° Le rapport anharmonique de quatre points en ligne droite de F est égal à celui des quatre droites (concourantes en vertu de 1°) de F′.

Montrer :

1° Qu'on obtient deux figures corrélatives en partant de deux triangles T, T′ et en faisant correspondre, au point dont les coordonnées barycentriques, par rapport à T, sont p, q, r, la droite qui divise les côtés de T dans les rapports $\frac{bq}{cr}$, $\frac{cr}{ap}$, $\frac{ap}{bq}$ (où a, b, c sont des nombres constants);

2° Que deux figures corrélatives quelconques peuvent être ainsi obtenues;

3° Que deux figures corrélatives d'une même troisième sont homographiques l'une de l'autre.

1197. 1° Deux figures homographiques étant données dans un même plan, trouver deux droites homologues qui se croisent en un point donné p;

2° Trouver le lieu du point p, sachant que la première des droites en question doit passer par un point donné a. Ce lieu est une conique C;

3° Déduire de là qu'il existe au moins un point qui coïncide avec son homologue et, par conséquent (comparer ex. 902) qu'il y a, en général, un ou trois points qui possèdent cette propriété (on déterminera la conique C pour deux positions du point a. Si l'on désigne par Δ la droite qui joint ces deux positions, les deux coniques ainsi obtenues se couperont au point d'intersection de Δ avec son homologue et (**782**) au moins en un autre point répondant à la question).

1198. Étant données deux figures homographiques F, F_1 d'un même plan, montrer qu'on peut trouver, d'une infinité de manières, une troisième figure f qui soit polaire réciproque des deux premières, respectivement par rapport à deux coniques différentes S, S_1 (un cas d'exception). Trouver les coniques S, S_1, sachant qu'elles passent toutes deux par un point donné a.

(Soient a_1 l'homologue, dans F_1, du point a considéré comme faisant partie de F; a_2 l'homologue, dans F_1, de a_1 considéré comme faisant partie de F; a_{-1} l'homologue, dans F, de a considéré comme point de F_1; a_{-2}, l'homologue, dans F, de a_{-1} considéré comme point de F_1. On trouvera (à l'aide de 1197, 1°) les polaires de a par rapport à S et à S_1, puis les polaires, par rapport à ces mêmes coniques, des points a_1 et a_{-1}. Ensuite, b et b_1 étant un autre couple de points homologues qui n'appartiennent à aucun des côtés du triangle $aa_1\,a_{-1}$, la droite B qui, dans la figure cherchée f, correspond au point b de F et au point b_1 de F_1, sera déterminée comme contenant le pôle de $a_{-1}\,b$ par rapport à S et celui de $a_1 b_1$ par rapport à S_1. Enfin, on montrera qu'il existe bien des coniques S, S_1 par rapport auxquelles a, a_{-1}, a_{-2}, b d'une part; a_1, a, a_{-1}, b_1 de l'autre aient les polaires ainsi trouvées et (**631**) que ces coniques répondent à la question.)

Le raisonnement est en défaut si a, a_1, a_{-1} sont en ligne droite. Trouver le lieu du point a pour qu'il en soit ainsi. Si cela a lieu pour toute position de a, les deux figures données sont homologiques; dans ce cas, le problème à une infinité de solutions si le rapport d'homologie est positif, aucune si ce rapport est négatif.

Les points qui coïncident avec leurs homologues (exercice 1198) sont les pôles doubles de S et de S_1. Si les deux figures données sont homologiques, S et S_1 sont bitangentes.

1199. 1° S'il y a un triangle IKL conjugué commun aux coniques S et S_1 de l'exercice précédent, l'homologue m_1 d'un point quelconque m de F est déterminé par la condition que chacun des rapports anharmoniques formés par deux côtés de ce triangle et les droites qui joignent leur sommet commun aux points m et m_1 ait une valeur donnée;

2° Si au contraire, il n'y a qu'un pôle double réel, les figures F et F_1 peuvent être transformées, par une même projection, en deux figures semblables. Que deviennent, une fois cette projection faite, les coniques S et S_1?

1200. Quelle relation doit-il y avoir entre les rapports anharmoniques considérés à l'exercice précédent (1°) pour que les points a_1, a_{-1}, a_{-2} (exercice 1198) soient en ligne droite, quelle que soit la position de a, sans que la droite ainsi déterminée passe par a?

Montrer que le même fait peut se produire si les figures F et F_1 sont semblables : il faut et il suffit pour cela, que l'angle (Pl., **150** *bis*) α et le rapport de similitude k de ces figures vérifient la relation $k \cos \alpha = -\frac{1}{2}$.

1201. Le lieu des droites issues d'un point donné O et desquelles on voit deux angles donnés d'un même plan (ayant pour sommet commun le point O) sous des dièdres égaux, est un cône à base circulaire.

Quelle est la condition pour que le lieu existe? Quelles sont les génératrices situées dans le plan des angles donnés?

1202. Couper un cône à base circulaire donnée par un plan suivant une hyperbole dont une asymptote passe par un point donné.

Condition de possibilité. Le problème, s'il est possible, a une infinité de solutions. Trouver les solutions pour lesquelles la section est une hyperbole équilatère.

NOTE E

SUR LA RÉSOLUBILITÉ DES PROBLÈMES DE GÉOMÉTRIE

788. Ainsi que nous avons eu l'occasion de le faire remarquer à plusieurs reprises, les divers problèmes de construction que l'on peut rencontrer en géométrie sont loin de pouvoir être tous résolus comme nous l'avons indiqué au livre II de la Géométrie plane, c'est-à-dire uniquement par le moyen de la règle et du compas.

A quels caractères peut-on reconnaître si un problème donné quelconque admet une solution de cette nature? Nous ne pouvons donner à cet égard que quelques indications, car, ainsi que nous allons le voir, les méthodes qui permettent de répondre à cette question appartiennent au domaine de l'algèbre.

Nous avons vu, en effet, au livre X, comment une figure plane quelconque peut être considérée comme déterminée par des données numériques convenablement choisies : c'est ce que nous avons appelé faire le *levé* de la figure en question. Nous avons même vu qu'on peut, pour ces données, choisir exclusivement des mesures de longueur (levé à la chaîne seule, ou à la chaîne et à l'équerre). *Nous supposerons essentiellement, dans ce qui va suivre, que cette dernière précaution ait été prise:* si, par exemple, la figure considérée contient un angle, il est entendu que la détermination de cet angle sera ramenée à celle des trois côtés d'un triangle dont il fait partie.

789. Il est vrai que ces données numériques, nécessaires pour déterminer la figure, sont quelquefois en nombre infini : c'est ce qui arrive si cette figure contient des lignes de forme quelconque qu'il faut construire par points, ceux-ci étant en nombre infini. Mais ce cas ne se présentera pas dans les problèmes dont nous nous occuperons. Nous supposerons, en effet, que les figures considérées sont de celles que l'on peut reproduire à l'aide de la règle et du compas — et cela, par un nombre fini d'opérations : autrement dit, ces figures se composeront toujours de points, de droites et de cercles en nombre fini.

Par exemple, si, parmi les données de la question, figure une ellipse, il ne faudra pas supposer cette ellipse tracée — puisqu'on ne peut le faire d'un mouvement continu, en n'employant que la règle et le compas —

mais donnée par ses foyers et son grand axe, ou par cinq points (1), ou par toutes autres données équivalentes à celles-là. De même, si une ellipse figure parmi les inconnues, il est clair qu'on ne pourra demander qu'elle soit tracée : elle devra être regardée comme obtenue lorsqu'on en connaîtra cinq points.

Toute figure satisfaisant à la condition précédente sera déterminée par un nombre fini de points, puisqu'une droite est déterminée par deux points et un cercle par trois.

790. Pour déterminer la situation d'un point, nous pourrons prendre, en particulier, les *coordonnées* de ce point (**533**), un système d'axes, que nous supposerons rectangulaires, ayant été choisi dans le plan de la figure : la connaissance de celle-ci sera alors fournie par la connaissance des coordonnées d'un certain nombre de points.

791. Soit maintenant un problème de construction, ayant pour objet la recherche d'une figure F′ ayant avec une figure donnée F des relations données.

Si nous voulions déterminer la figure F par des mesures de longueur, autrement dit en faire le levé (à la chaîne seule, ou à la chaîne et à l'équerre, bien entendu), nous obtiendrions une certaine série de nombres N. De même, le problème étant supposé résolu et la figure F′ construite, le levé de la figure formée par l'ensemble de F et de F′ conduirait à adjoindre aux nombres N d'autres nombres que nous désignerons par N′.

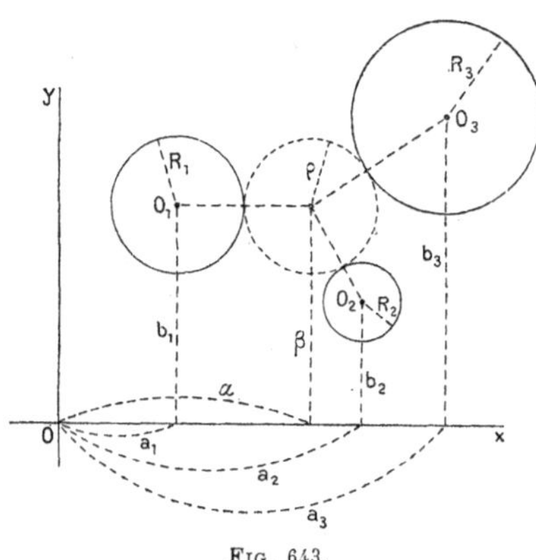

FIG. 643.

EXEMPLE. — Dans le problème du *cercle tangent à trois cercles donnés*, les nombres N seront les coordonnées a_1, b_1; a_2, b_2; a_3, b_3 des centres de trois cercles et leurs rayons R_1, R_2, R_3 : ces nombres détermineront entièrement la figure formée par ces trois cercles (*fig.* 643). Les nombres N′ seront les coordonnées α, β du centre du cercle cherché et le rayon ρ de ce cercle.

On pourra encore considérer les distances mutuelles O_2O_3. O_3O_1, O_1O_2 (*fig.* 643) des centres des cercles donnés et les rayons R_1, R_2, R_3, comme constituant les quantités N, car ces longueurs suffisent à faire le levé de la figure formée par les cercles donnés. Les nombres N′ seront alors, par exemple, les distances x, y, z du centre du cercle cherché aux points O_1, O_2, O_3, et le rayon ρ du même cercle.

Cela posé, imaginons pour un instant qu'au lieu de *construire* la figure

(1) Ces deux manières de donner une conique sont équivalentes au point de vue qui nous occupe, car on peut (ex. 1175) construire, par la règle et le compas, les foyers d'une conique dont on connaît cinq points.

F', on se propose de *calculer* les nombres N' en supposant donnés les nombres N.

Dans ce but, il faudra former les conditions auxquelles doivent satisfaire les nombres N et N' pour que les figures F et F' aient entre elles les relations indiquées dans l'énoncé du problème : on aura ainsi un certain nombre d'équations qu'il faudra *résoudre* par rapport aux nombres N'. Cette résolution est un problème d'algèbre.

La condition nécessaire et suffisante pour que la figure cherchée F' *puisse se construire à l'aide de la règle et du compas est que le calcul des nombres* N' *puisse être effectué en ne résolvant que des équations du premier et du second degré, à une inconnue chacune* (ces équations successives étant d'ailleurs en nombre quelconque), *les coefficients de chacune d'elles étant supposés formés rationnellement avec :* 1° *des nombres* N ; 2° *des nombres déjà calculés à l'aide des équations précédentes ;* 3° *des nombres* **entiers** *connus* [1].

Par exemple, le côté du pentagone régulier inscrit à un cercle de rayon donné R peut être construit à l'aide de la règle et du compas. Or ce côté est mesuré (Pl., **170**) par $\frac{R}{2}\sqrt{10-2\sqrt{5}}$ autrement dit sa valeur x est donnée par la résolution successive des équations du second degré :

$$(10\,R - z)^2 = 20\,R^2$$
$$\text{d'où } z = R\left(10 - 2\sqrt{5}\right)$$
$$4x^2 = Rz,$$

dont la première ne contient, dans ses coefficients, que le rayon donné R et les nombres entiers 10 et 20 ; la seconde, que le nombre z déjà calculé, le rayon R et l'entier 4.

792. Dans un grand nombre de cas, on trouve plus ou moins aisément [2] les conditions auxquelles doivent satisfaire les nombres N et N' et on constate que ces conditions sont *algébriques*, c'est-à-dire s'expriment par un certain nombre d'équations de la forme

$$P = 0, \tag{23}$$

P désignant chaque fois un polynôme entier par rapport aux nombres N et N', dont les coefficients sont des nombres entiers.

Exemple. — Dans le cas du problème des cercles tangents, les nombres cherchés α, β, ρ (voir au numéro précédent) seront déterminés par les équations

$$\left\{\begin{array}{l}(\alpha - a_1)^2 + (\beta - b_1)^2 = (R_1 \pm \rho)^2\\(\alpha - a_2)^2 + (\beta - b_2)^2 = (R_2 \pm \rho)^2\\(\alpha - a_3)^2 + (\beta - b_3)^2 = (R_3 \pm \rho)^2\end{array}\right.$$

Si, au contraire, on s'est donné (comme nous l'avons supposé en second lieu) les

(1) Nous avons donné, en Géométrie plane (**155**), le moyen de construire une longueur donnée par une équation du second degré.

(2) Cette partie du problème est, en général, du ressort de la géométrie analytique.

distances mutuelles des points O_1, O_2, O_3, au lieu des coordonnées de ces mêmes points, on écrira les relations de contact

$$(24) \qquad x = \pm R_1 \pm \rho, \quad y = \pm R_2 \pm \rho, \quad z = \pm R_3 \pm \rho,$$

auxquelles on devra adjoindre l'équation obtenue en subtituant x, y, z, O_2O_3, O_3O_1, O_1O_2 dans la relation (5') (n° **612**).

On obtient bien ainsi quatre équations de la forme (23).

793. Si, après avoir formé ces équations, on réussit à les résoudre par le moyen d'équations du premier et du second degré satisfaisant aux conditions précédemment indiquées, on aura décidé dans le sens de l'affirmative la question posée : *Peut-on construire la figure* F′ *à l'aide de la règle et du compas?*

Exemple. — Dans le problème des cercles tangents, si l'on remplace x, y, z (notations des deux numéros précédents) par leurs valeurs $\pm R_1 \pm \rho$, $\pm R_2 \pm \rho$, $\mp R_3 \pm \rho$ tirées de l'équation (24) et que l'on reporte ces valeurs dans l'équation (5') du n° **612**, on aura pour ρ une équation du second degré [1].

Le problème est donc bien résoluble.

Si, au contraire, les divers essais auxquels on peut se livrer pour effectuer cette solution échouent, cela peut provenir de ce que l'on a mal opéré ou, au contraire, de ce que cette résolution est impossible à obtenir. Rien, au premier abord, ne force à considérer l'une des deux explications comme la véritable plutôt que l'autre.

Il est clair que le problème qui consiste à décider entre ces deux explications est des plus difficiles. Il existe, en effet, une infinie variété de méthodes que l'on peut essayer d'appliquer à la résolution proposée, une infinité de manières dont on peut combiner des équations du premier et de second degré pour arriver à cette résolution, et il s'agit de savoir si *aucune* de toutes ces méthodes ou de ces combinaisons *imaginables* ne permet d'atteindre le but.

Aussi la réponse n'a-t-elle pu être fournie que dans ce siècle, par le moyen de la théorie des groupes [2] : cette théorie permet de décider en toute certitude la question précédente (toutes les fois que les conditions qui déterminent les N′ sont algébriques) : autrement dit, elle permet, — ou bien d'opérer la résolution demandée, — ou bien de démontrer en toute rigueur que cette résolution est impossible.

Parmi les problèmes dont l'impossibilité (au point de vue de la construction par la règle et le compas) a pu être ainsi démontrée, nous citerons :

(1) C'est ce que l'on reconnaît en formant d'abord les binômes y^2-z^2, z^2-x^2, x^2-y^2 (qui figurent dans la relation du n° **612**) et constatant qu'ils sont du premier degré en ρ.

(2) La notion de *groupe* a été introduite, précisément en vue du problème dont nous parlons en ce moment et de problèmes analogues, par divers mathématiciens du commencement de ce siècle; mais les découvertes capitales sur ce sujet sont dues à Galois (savant français, mort à vingt ans (1826-1846)), qui a pu, grâce à elles, résoudre complètement les problèmes en question. En même temps, il reconnaissait l'importance générale de la notion de groupe, qui, depuis ses travaux, tend à jouer un rôle prépondérant dans toutes les parties des mathématiques.

Le problème de la *trisection de l'angle*, qui consiste à diviser un angle, donné arbitrairement, en trois parties égales (ou plus généralement, en un nombre quelconque de parties égales, ce nombre n'étant pas une puissance de 2);

Le problème de la *duplication du cube*, ou problème *délique* (1), qui consiste à trouver un cube dont le volume soit double de celui d'un cube donné, — ou, d'une manière générale, à trouver deux lignes dont le rapport soit égal à $\sqrt[3]{n}$, n étant le rapport de deux lignes données (2);

Le problème de l'inscription du polygone régulier de N côtés, lorsque N n'appartient pas à l'une des catégories énumérées au n° **173** de la Géométrie plane;

La recherche des points communs à deux coniques données quelconques (3), ou (ce qui revient au même) celle de leurs sécantes communes ou celle de leurs pôles doubles;

La recherche des plans de symétrie et des sections circulaires d'un cône ayant pour base une conique (**757**) (4).

794. Problèmes transcendants.

L'impossibilité du problème est démontrée à plus forte raison, si l'on constate que les relations données ne peuvent pas s'exprimer par des équations algébriques à coefficients entiers (de la forme (23)) entre les données N et les inconnues N′. Le problème est alors dit *transcendant*.

Seulement, on peut se trouver en présence d'une difficulté tout analogue à celle que nous avons rencontrée tout à l'heure. Pour affirmer qu'un problème est transcendant, il faut *prouver* qu'il est impossible de déterminer les inconnues du problème par des équations algébriques de la forme indiquée.

On ne possède pas de méthode entièrement générale pour triompher de cette dernière difficulté.

Mais elle a pu être surmontée pour les deux principaux problèmes transcendants que nous ayons rencontrés en géométrie élémentaire, ceux qui sont relatifs aux nombres e et π. Les découvertes de MM. Hermite et Lindemann à cet égard ont précisément consisté à démontrer que *l'un comme l'autre de ces nombres n'est racine d'aucune équation algébrique à coefficients*

(1) La légende raconte qu'Apollon, pour faire cesser la peste qui ravageait l'île de Délos, aurait demandé que l'on doublât le volume de l'autel élevé en son honneur, et qui était de forme cubique : d'où le nom donné à ce problème.

(2) Ainsi que nous l'avons dit (ex. 1102, note), on est conduit, en algèbre, à réunir en une seule cette question et celle de la trisection de l'angle.

(3) On suppose, bien entendu, que les coniques sont données ainsi qu'il est expliqué au n° **789**. On voit ici qu'il n'est pas indifférent de savoir si l'on applique ou non la règle formulée en cet endroit : car si les coniques étaient entièrement tracées, le problème qui consiste à trouver leurs intersections serait tout résolu.

(4) Nous avons indiqué (particulièrement au livre II) un certain nombre de problèmes ayant pour objet la construction d'un triangle déterminé par trois éléments. Si l'on choisit ces trois éléments de toutes les façons possibles parmi les côtés, les hauteurs, les médianes, les bissectrices intérieures ou extérieures, les rayons des cercles circonscrits, inscrits et exinscrits, on obtient 244 questions (en ne comptant que celles qui sont véritablement distinctes les unes des autres). Sur ces 244, on constate que 69 au moins ne sont pas résolubles par la règle et le compas (*Korselt*, Archiv. der Math. und Phys., Leipzig, 1900.)

entiers. Par conséquent aussi il est impossible de construire avec la règle et le compas deux lignes dont le rapport soit égal à e ou deux lignes dont le rapport soit égal à π : c'est de là que ressort l'impossibilité de la quadrature du cercle.

La recherche de la longueur d'un arc de cercle donné quelconque est également un problème transcendant : il n'existe pas d'angle que l'on puisse construire avec la règle et le compas, en même temps que la longueur de l'arc qu'il intercepte sur un cercle de rayon donné.

795. Constructions effectuées par la règle seule.

Quels sont les problèmes de construction que l'on pourrait résoudre si, au lieu d'une règle et d'un compas, on ne pouvait employer que la règle ?

Avant de répondre à cette question, il est nécessaire de spécifier comment l'on entend l'emploi de la règle. Nous supposerons que celle-ci ait un bord rectiligne *et un seul*, l'instrument étant, dans tous les autres sens, terminé par des bords de forme inconnue, dont on s'interdit, d'ailleurs, de faire usage, de quelque façon que ce soit, au cours des constructions. Autrement dit, les seules opérations que nous pourrons effectuer avec notre règle seront les suivantes :

1° Tracer la droite qui passe par deux points donnés ;

2° Marquer le point commun à deux droites données.

Cela posé, nous considérerons encore la figure donnée F et la figure cherchée F′ comme déterminées par des nombres. Mais le choix entre les différents modes de levé possibles, choix qui était indifférent dans le cas où l'on pouvait se servir de la règle et du compas, ne l'est plus ici : nous supposerons essentiellement que les longueurs mesurées, pour déterminer les deux figures ne soient autres que les coordonnées de leurs différents points (voir n° **790**) par rapport à deux axes déterminés.

Dans ces conditions, *il faudra que les nombres inconnus N′ soient déterminés exclusivement par des équations du premier degré* formées rationnellement à l'aide des nombres connus N et de nombres entiers.

Cette condition est nécessaire ; mais elle n'est pas suffisante. Par exemple, le problème de *mener par un point donné* A, *une parallèle à une droite donnée* D, satisfait à cette condition (¹) : il est aisé, cependant, de voir que ce problème ne peut pas être résolu à l'aide de la règle seule.

Supposons, en effet, que l'on ait pu obtenir la solution dans ces conditions. Faisons la perspective de la figure considérée sur un autre plan P′ : le point A aura pour perspective un point A′ et la droite D, une droite D′.

Or les deux opérations précédemment indiquées comme exécutables avec la règle, sont toutes deux projectives. Par conséquent, la série des constructions effectuées dans le plan P, à partir du point A et de la droite

(1) C'est-à-dire qu'étant données les coordonnées du point A et celles de deux points de la droite D, on peut déterminer, par des équations du premier degré, les coordonnées d'un second point de la parallèle cherchée.

D aura pour image, sur le plan P′, une série de constructions toutes semblables effectuées à l'aide du point A′ et de la droite D′. Cette dernière série de constructions devrait dès lors fournir la parallèle menée par le point A′ à la droite D′ : ce qui est absurde, puisque nous savons que cette parallèle n'*est pas* la perspective de la parallèle menée par A à D.

Il est clair qu'on peut raisonner de même dans tout autre cas analogue, et que la conclusion est la suivante : *pour qu'un problème soit résoluble à l'aide de la règle seule, il faut que son énoncé ne contienne* (ou tout au moins *puisse être amené à ne contenir*) *que des propriétés projectives*, du moins *tant qu'on ne connaît, entre les éléments de la figure donnée, aucune relation non projective.*

796. Inversement, l'ensemble des deux conditions que nous venons d'indiquer : à savoir, *que le problème soit du premier degré* et *qu'il soit projectif*, est *suffisant* pour que la construction soit possible par la règle seule. C'est ainsi que l'on peut construire, avec la règle, l'homologue d'un point quelconque, dans une homographie déterminée par trois couples de points homologues (**645**) ; le conjugué harmonique d'un point d'une droite par rapport à un segment de cette droite (Pl., **203**) ; le second point d'intersection d'une conique avec une droite menée par un point connu de la courbe ; etc.

797. Ainsi que nous l'avons spécifié dans l'énoncé qui vient d'être donné, la conclusion peut se trouver modifiée si l'on connaît entre les éléments de la figure donnée une relation non projective.

Supposons, par exemple, que l'on donne quelque part dans le plan de la figure un parallélogramme. Alors on pourra mener, par un point quelconque, une parallèle à une droite quelconque [1] (voir ex. 895) ; par suite aussi, on peut (Pl., **151**) diviser une droite en segments proportionnels à des segments donnés *d'une même droite*, ou encore (en combinant cette construction avec l'exercice 129) diviser une droite donnée en un nombre quelconque donné de parties égales. D'une manière générale, on peut résoudre, dans ces conditions, *tout problème du premier degré dont l'énoncé se conserve par projection parallèle.*

798. Enfin si, dans le plan du dessin, on se donne un carré, il n'y a plus de condition de projectivité : il suffit que le problème soit du premier degré (exemple : mener d'un point une perpendiculaire sur une droite) [2].

(1) La possibilité de ce problème, dans les conditions indiquées, résulte de ce que le problème suivant : *mener, par un point donné, une droite coupant une droite donnée L en un point situé sur une droite Δ non directement donnée, mais qui passe par l'intersection de deux droites données* A, B *et par l'intersection de deux droites données* C, D, est possible par la règle seule (car il est du premier degré et projectif). Lorsque A et B sont parallèles entre elles ainsi que C, D, la droite Δ est la droite de l'infini, et on retombe sur le problème proposé. La seule difficulté nouvelle provient de ce qu'ici la droite Δ ne peut être tracée. On a vu, à l'exercice 895, que cette difficulté peut être tournée en construisant une figure homographique de la première et où l'homologue de Δ soit à distance finie.

(2) On peut concevoir que ce problème soit résoluble dans ces conditions par la règle seule, si l'on remarque que son énoncé peut être mis sous la forme suivante. *Étant donnés un*

799. On peut se demander également quelles constructions sont possibles à l'aide du compas seul. La réponse peut se donner en un mot : *on peut résoudre, par le compas seul, les mêmes problèmes qu'avec la règle et le compas* (1).

800. Admettons enfin qu'on n'ait à sa disposition qu'une règle, mais que cette règle ait *deux bords* que l'on sache *rectilignes et parallèles entre eux.* On démontre également que l'*usage de cet instrument remplace entièrement celui de la règle et du compas.* Il en est de même si, outre la règle (à un seul bord), on a à sa disposition une équerre, même si l'angle de cette équerre n'est pas droit, pourvu que ses bords soient bien rectilignes.

801. Enfin, rappelons que, dans ce que nous avons dit précédemment sur l'usage de la règle, nous avons supposé (d'une manière analogue à ce qui a été dit au n° **789** pour les problèmes constructibles par la règle et le compas) que les données comprenaient exclusivement des figures exécutables avec la règle seule, autrement dit, des droites et des points : les conclusions précédemment énoncées ne sont nécessairement vraies que moyennant cette restriction. C'est ainsi que nous avons appris (Pl., **211**) à tracer par la règle seule les tangentes menées d'un point à un cercle, problème qui n'est pas du premier degré : seulement le cercle était tracé d'avance.

On démontre qu'il suffit d'avoir tracé, une fois pour toutes, *un seul* cercle dont le centre soit connu, pour que tout problème constructible par la règle et le compas puisse être ensuite construit à l'aide de la règle seule.

NOTE F

SUR LA DÉFINITION DES VOLUMES

802. Nous avons admis dans le texte (liv. VI) qu'à chaque polyèdre on peut faire correspondre une grandeur appelée *volume,* possédant les deux propriétés suivantes :

I. *Deux polyèdres égaux ont le même volume, quelles que soient leurs situations dans l'espace.*

---

point P *et sept droites* A, A′, B, B′ (les côtés du carré), C, D (les diagonales), L (la droite donnée), *mener par le point* P *une droite* M, *telle que, sur la droite* Δ (ici, droite de l'infini) *qui joint le point d'intersection de* A, A′ *au point d'intersection de* B, B′, *les droites* A, B ; C, D ; L, M *interceptent trois segments en involution.* La difficulté provenant de ce que Δ ne peut être tracée se tourne comme précédemment (voir note précédente).

(1) Toutefois, bien entendu, si la figure cherchée comprend des droites, on doit considérer une de ces droites comme obtenue dès qu'on en connaît deux points.

II. *Le polyèdre P″, somme de deux polyèdres adjacents P et P′, a pour volume la somme des volumes de P et de P′.*

Nous allons montrer qu'on peut effectivement réaliser une pareille correspondance. La marche suivie à cet effet sera toute semblable à celle que nous avons adoptée en Géométrie plane (note D), ce qui nous dispensera d'insister sur certains points que nous avons développés en cet endroit.

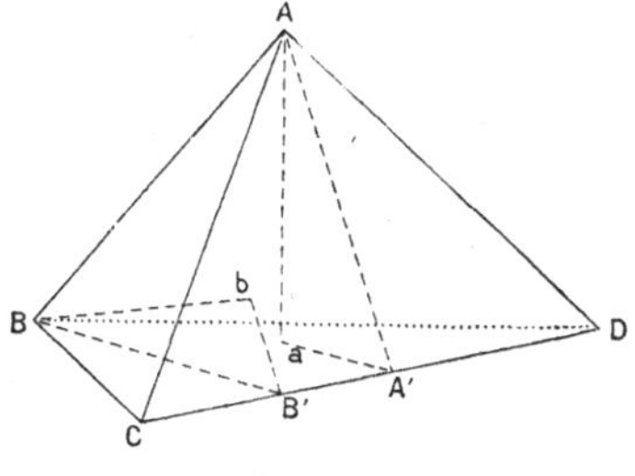

Fig. 644.

Théorème. — *Dans tout tétraèdre, chaque face, multipliée par la hauteur correspondante, donne le même produit.*

Considérons, dans le tétraèdre ABCD (*fig.* 644), les deux faces BCD, ACD, auxquelles correspondent respectivement les hauteurs Aa, Bb. Les deux triangles BCD, ACD, ayant la base commune CD, ont entre eux le même rapport que leurs hauteurs BB′, AA′. Il suffit de montrer que ce rapport est inverse du rapport $\frac{\mathrm{A}a}{\mathrm{B}b}$, c'est-à-dire que l'on a

$$\frac{\mathrm{AA'}}{\mathrm{A}a} = \frac{\mathrm{BB'}}{\mathrm{B}b}.$$

Or c'est ce qui se voit dans les triangles AaA′, BbB′, rectangles, l'un en a, l'autre en b, et qui ont tous deux un angle aigu égal au dièdre A.CD.B, ou à son supplément (comparer **360**).

Donc on a aussi : $$\frac{\text{surf. BCD}}{\text{surf. ACD}} = \frac{\mathrm{B}b}{\mathrm{A}a}$$

ou $$\mathrm{A}a \times \text{surf. BCD} = \mathrm{B}b \times \text{surf. ACD}.$$

C. Q. F. D.

La valeur commune des produits précédents, multipliée par une constante numérique K dont nous choisirons la valeur un peu plus loin, sera dite le *volume* du tétraèdre. Ce volume est nul si les quatre points A, B, C, D sont dans un même plan, et dans ce cas seulement.

803. Nous allons maintenant démontrer la proposition qui correspond à celle que nous avons établie au n° **315** (Pl., note D). Mais, afin de ne pas avoir à distinguer un grand nombre de dispositions de figures, nous considérerons les volumes comme affectés de signes, d'après la convention suivante :

Nous désignerons par (ABCD) le volume du tétraèdre ABCD, précédé du signe + ou du signe —, suivant que ce tétraèdre est *direct* ou *rétrograde*, c'est-à-dire suivant que le trièdre A.BCD est direct ou rétrograde. Le signe de l'expression (ABCD) dépend évidemment de l'ordre dans lequel on nomme les quatre points A,B,C,D; il est aisé de voir qu'il change quand on permute deux d'entre eux [1].

804. Le signe de l'expression (ABCD) change lorsque A, B, C restant fixes, le point D change de côté par rapport au plan ABC, car alors le dièdre C.AB.D change le sens. Ce signe change dès lors aussi lorsque l'un quelconque des quatre points, A, par exemple, change de côté par rapport au plan des trois autres qui restent fixes, puisque (ABCD) est égal et de signe contraire à (DBCA).

Le point A restant fixe ainsi que le plan BCD, le signe de l'expression (ABCD) dépend (Pl., **20**) du sens de rotation du triangle BCD dans ce plan.

805. Théorème. — A, B, C, D, E *étant cinq points quelconques de l'espace, on a toujours*

$$(25)\qquad (EBCD) + (AECD) + (ABED) + (ABCE) = (ABCD).$$

1° Nous traiterons d'abord le cas particulier où le point E est dans le

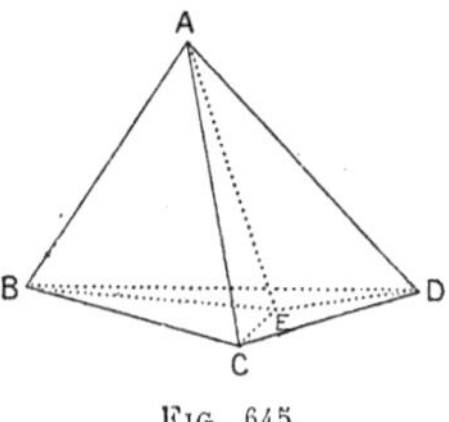

Fig. 645.

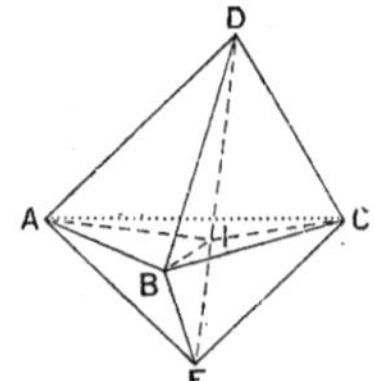

Fig. 646.

plan ABC (*fig.* 645). Le volume du tétraèdre EABC est alors nul et l'équation précédente pourra s'écrire [2]

$$(EBCD) + (ECAD) + (EABD) = (ABCD).$$

Or les quatre tétraèdres EBCD, ECAD, EABD, ABCD ont la hauteur abaissée du point D commune. Leurs volumes seront donc proportionnels à leurs bases et les expressions (EBCD), (ECAD), (EABD), (EBCD) seront proportionnelles à ces mêmes bases affectées des signes + ou — suivant leurs sens de rotation (puisque ceux-ci correspondent (n° précédent) aux dispositions des tétraèdres). Or, dans ces conditions, nous savons que la base ABC est la somme algébrique des bases EBC, ECA, EAB (Pl., **315**).

(1) Cela est évident (**371**) si, parmi les sommets permutés ne figure pas A; d'autre part, si A est permuté avec C, par exemple, le dièdre B.AC.D changera de sens (puisque, les faces étant les mêmes et nommées dans le même ordre, on aura changé le sens choisi sur l'arête) : or le sens de ce dièdre décide de la disposition du trièdre A.BCD.

(2) L'expression (ECAD), par exemple, est égale à (AECD), car toutes deux sont (**803**) égales et de signe contraire à (EACD).

2° Passons maintenant au cas général. Soit I le point de rencontre de la droite DE et du plan ABC (*fig.* 646); on aura (1°)

$$(26)\qquad (IBCD) + (AICD) + (ABID) = (ABCD).$$

Mais, E étant dans les plans ADE, BDI, CDI, ABC, on a aussi

$$\begin{aligned}(IBCD) &= (EBCD) + (IECD) + (IBED) + (IBCE)\\ (AICD) &= (EICD) + (AECD) + (AIED) + (AICE)\\ (ABID) &= (EBID) + (AEID) + (ABED) + (ABIE)\\ 0 = (ABCI) &= (EBCI) + (AECI) + (ABEI) + (ABCE)\end{aligned}$$

Portant ces valeurs dans l'équation (26), il vient bien

$$(ABCD) = (EBCD) + (AECD) + (ABED) + (ABCE)$$

[Tous les autres termes se détruisent deux à deux comme dérivant l'un de l'autre par permutation des lettres I et E (par exemple (IECD) et (EICD)].

806. Corollaire. — Si l'on convient d'appeler *additif* ou *soustractif* (comparer Pl., **315**) chacun des tétraèdres EBCD, AECD, ABED, ABCE, suivant qu'il est ou non du même côté que le tétraèdre ABCD, par rapport à la face commune, le volume du tétraèdre ABCD est égal à la somme des volumes des tétraèdres additifs, diminuée de celle des tétraèdres soustractifs.

En effet, dans l'équation (25), supposons que l'ordre des points ABCD ait été pris tel que le tétraèdre ABCD soit direct. Les expressions (EBCD),... seront positives ou négatives suivant que la disposition des tétraèdres correspondants sera ou non la même que celle du tétraèdre ABCD, c'est-à-dire suivant qu'ils seront additifs ou soustractifs.

Inversement, le théorème du n° **315** donne, entre quatre points d'un plan, la relation

$$(OBC) + (OCA) + (OAB) = (ABC)$$

où (ABC) est l'aire du triangle ABC précédée du signe + ou du signe —, suivant le sens de rotation de ce triangle.

807. On appellera *volume d'une pyramide quelconque* le produit de la base par la hauteur et par la constante K. Il est évident que ce volume est la somme des tétraèdres obtenus en décomposant la base en triangles d'une façon quelconque.

808. Théorème. — *Soient un polyèdre décomposé, d'une façon quelconque, en un nombre quelconque de tétraèdres, et un point quelconque* O *de l'espace, que l'on joint à tous les sommets. Une quelconque des pyramides qui ont pour sommet commun* O *et pour bases respectives les faces du polyèdre étant considérée comme additive ou comme soustractive, suivant qu'elle est ou non du même côté que le polyèdre, par rapport à la face commune, la différence* S *entre la somme des volumes des pyramides additives et la somme des volumes* *des pyramides soustractives* (s'il en existe) *est égale à la somme* Σ *des tétraèdres en lesquels le polyèdre a été décomposé.*

Corollaire. — *La quantité* S *est indépendante du choix du point* O *et la quantité* Σ, *du mode de décomposition du polyèdre en tétraèdres.*

Démonstrations calquées sur celles du nº **316**.

La quantité ainsi définie sera dite le *volume* du polyèdre : elle possède les deux propriétés fondamentales énoncées tout à l'heure (comparer **317**).

Les volumes ainsi définis coïncident avec ceux que nous avons mesurés dans le texte, lorsqu'on prend $K = \frac{1}{3}$: c'est la valeur que doit avoir cette constante pour que le cube d'arête 1 ait son volume égal à l'unité. Les raisonnements donnés dans le texte prouvent qu'il n'y a qu'une seule manière de déterminer les volumes de manière à satisfaire à cette condition et à celles que nous avions imposées en commençant.

Il est impossible de décomposer un polyèdre en polyèdres partiels qui, autrement assemblés, forment un polyèdre intérieur au premier. Cette proposition résulte des raisonnements que nous venons de présenter et non de ceux du livre VI (comparer **318**).

NOTE G

SUR LES NOTIONS DE LONGUEUR, D'AIRE ET DE VOLUME RELATIVES A DES LIGNES ET A DES SURFACES QUELCONQUES

809. Longueur d'un arc de courbe gauche.

Un arc AB d'une courbe gauche (C) étant donné, projetons-le orthogonalement sur un plan quelconque, suivant un arc ab (*fig.* 643) d'une courbe (c). Supposons que la définition de la longueur d'une courbe plane donnée dans la note de la page 173 (Pl., liv. III) s'applique à la courbe (c) : on pourra, en d'autres termes, mesurer la longueur d'un arc quelconque de (c). Si les hypothèses énumérées dans la note en question sont vérifiées, le rapport d'un arc de (c) à sa corde tendra vers l'unité quand l'arc tendra vers zéro ; et même, $1 + \alpha$ étant un nombre aussi peu supérieur qu'on le veut à 1, on pourra toujours [1] trouver un nombre ε tel que, pour tous

(1) En effet la longueur d'un arc pq faisant partie de ab est (la courbe ab étant supposée convexe le long de cet arc) plus petite que la somme des tangentes en p et en q, prolongées jusqu'à leur point d'intersection et les hypothèses faites à l'endroit cité de la Géométrie plane

les arcs faisant partie de l'arc ab et dont la corde est moindre que ε, ce rapport soit plus petit que $1 + \alpha$. Nous pourrons développer sur un plan (**538**) le cylindre qui projette la courbe AB, celle-ci venant suivant une nouvelle courbe A_1B_1 et sa projection ab suivant un segment de droite a_1b_1 (*fig.* 647) égal à la longueur de l'arc ab. Supposons que la définition de la

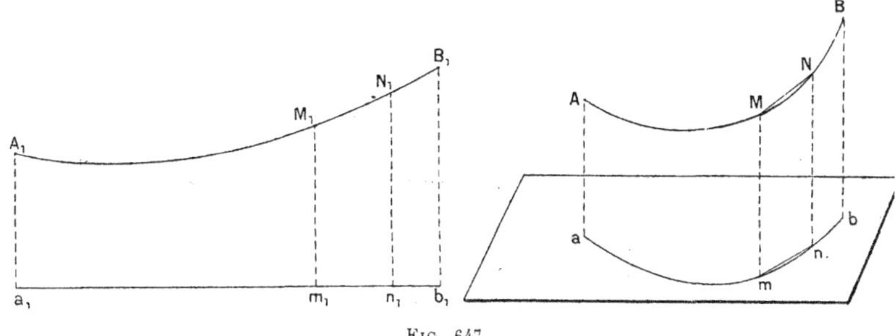

Fig. 647.

longueur d'un arc de courbe plane s'applique également au développement de (c) et soit l la longueur de l'arc A_1B_1.

Dans ces conditions, je dis que le *périmètre d'une ligne polygonale inscrite à l'arc* AB *et ayant ses extrémités en* A *et* B *tend vers* l, *lorsque le nombre des côtés de cette ligne brisée augmente indéfiniment de manière que chacun d'eux tende vers zéro.*

Soient, en effet, M, N deux sommets consécutifs de la ligne polygonale ; m, n leurs projections sur le plan de (c) ; M_1, N_1, m_1, n_1, les points correspondants à M, N, m, n dans le développement du cylindre. On a $m_1M_1 = mM$; $n_1N_1 = nN$; mais mn, corde d'un arc de (c), est plus petit que m_1n_1 (lequel est égal à la longueur de cet arc).

Portons le trapèze $mMnN$ en $m_1M_1n'N'$ sur le trapèze $m_1M_1n_1N_1$ (*fig.* 643 *bis*) de manière que mM vienne suivant m_1M_1 et mn suivant la direction m_1n_1. On aura évidemment $MN = M_1N' < M_1N_1$; mais *le rapport* $\frac{M_1N_1}{M_1N} = \frac{M_1N_1}{MN}$ *sera plus petit que le rapport* $\frac{m_1n_1}{m_1n'}$ (c'est-à-dire que $\frac{m_1n_1}{mn}$). Car $\frac{M_1N_1}{M_1N'} - 1$ ou $\frac{M_1N_1 - M_1N'}{M_1N'}$ est plus petit que $\frac{NN'}{M_1N'}$, lequel est à son tour plus petit que $\frac{nn'}{m_1n'}$, c'est-à-dire que $\frac{m_1n_1}{m_1n'} - 1$.

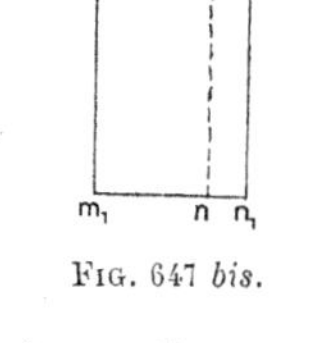

Fig. 647 *bis*.

Or nous avons vu que l'on pouvait rendre le rapport $\frac{m_1n_1}{mn}$ plus petit que $1 + \alpha$, quel que soit le nombre positif α, et qu'il suffisait, pour cela, de

consistent précisément à admettre que le rapport de cette somme à la corde pq devient plus petit que $1 + \alpha$, toutes les fois que l'arc pq, intérieur à ab, a une corde inférieure à une quantité convenablement choisie ε.

prendre mn inférieur à une certaine quantité ε. Si donc nous avons pris tous les côtés MN de la ligne polygonale (et par conséquent, *a fortiori*, toutes les cordes mn) inférieures à ε, tous les rapports tels que $\frac{M_1N_1}{MN}$ sont plus petits que $1 + \alpha$: d'après une proposition souvent rappelée d'arithmétique, il en est de même du rapport formé avec la longueur de la ligne brisée $A_1 \ldots M_1N_1 \ldots B_1$, somme de toutes les cordes M_1N_1, et la longueur de la ligne polygonale A... MN... B, dont nous sommes partis et qui est la somme des cordes telles que MN.

Autrement dit (puisque α peut être pris aussi petit qu'on veut) le rapport $\frac{A_1 \ldots M_1N_1 \ldots B_1}{A. \; M\,N \ldots B}$ tend vers 1, lorsque les côtés de la ligne polygonale A,.. M N... B tendent tous vers zéro.

Or le numérateur tend, par hypothèse, vers l : il en est donc de même du dénominateur. C. Q. F. D.

Il résulte de là, en particulier, qu'en projetant la courbe (c) sur un plan différent du premier et répétant les mêmes opérations dans ces nouvelles conditions, la longueur l trouvée ne pourrait avoir une valeur autre que la première.

La longueur l, limite vers laquelle tend le périmètre d'un polygone inscrit à l'arc AB et dont tous les côtés tendent vers zéro, est dite la *longueur de l'arc de courbe* AB. Il est clair, d'après ce qui précède, que, *si on développe un cylindre sur un plan, toute ligne tracée sur la surface a même longueur que son développement.*

La ligne droite est, dans l'espace, le plus court chemin d'un point A *à un autre* B. Car tout autre chemin est, soit une ligne brisée, plus longue que la ligne droite, soit une ligne courbe dont la longueur est la limite d'une ligne brisée [1].

Le rapport d'un arc de courbe gauche à sa corde tend vers l'unité lorsque l'arc tend vers zéro, car l'arc MN de la courbe AB (*fig.* 647) est égal à l'arc M_1N_1 de la courbe A_1B_1; le rapport $\frac{\text{arc } M_1N_1}{\text{corde } M_1N_1}$ tend vers l'unité et nous avons vu qu'il en est de même pour le rapport $\frac{\text{corde } M_1N_1}{\text{corde } MN}$.

810. Plus court chemin d'un point à un autre sur la sphère.

Appliquons ce qui précède à une ligne sphérique AB. Inscrivons dans cette ligne le polygone A... MN... B, puis remplaçons chaque côté par l'arc de grand cercle qui a mêmes extrémités : nous obtenons ainsi une ligne composée d'arc de grands cercles successifs, ou *ligne brisée sphérique.*

Lorsque les côtés du polygone tendent vers zéro, le rapport de chaque

(1) La longueur de la ligne courbe ne peut être *égale* à celle de la ligne droite, car, si C est un point extérieur à la droite, mais situé sur la courbe, celle-ci est au moins égale à AC + BC, lequel est plus grand que la droite AB.

arc de grand cercle à la corde correspondante tend vers 1, et il en est de même, par conséquent, du rapport de la ligne brisée sphérique à la ligne brisée rectiligne, de sorte que ces deux quantités ont même limite. Ainsi *la longueur d'une courbe sphérique est la limite vers laquelle tend la longueur d'une ligne brisée sphérique inscrite, dont tous les côtés tendent vers zéro.*

L'arc de grand cercle qui joint A et B est plus court que toute ligne brisée sphérique joignant les mêmes points. Il est donc aussi plus court que toute courbe sphérique allant de A en B : *l'arc de grand cercle est le plus court chemin entre deux points de la sphère.*

811. Considérons un cône quelconque, ou la portion d'un cône comprise entre deux génératrices OA, OB (*fig.* 648). Une sphère quelconque décrite

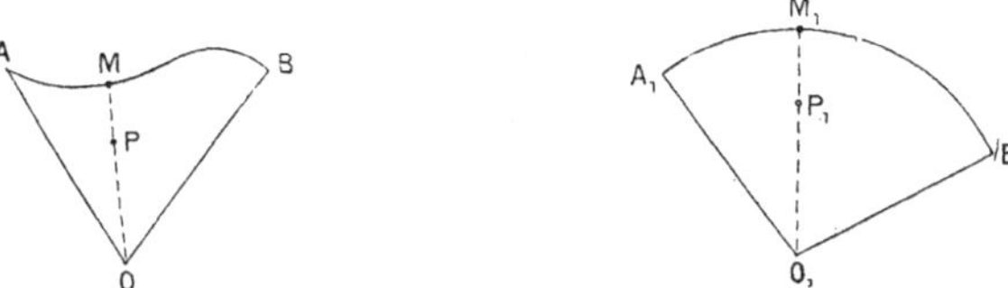

Fig. 648.

du sommet O comme centre coupera ce cône suivant une ligne sphérique AB. Ayant décrit dans un plan, d'un point quelconque O_1 comme centre, un cercle de même rayon que la sphère, et pris sur la circonférence un point arbitraire A_1, nous ferons correspondre, à un point quelconque M de la ligne sphérique, le point M_1 pris sur la circonférence de manière que l'arc de cercle A_1M_1 ait même longueur que l'arc AM de la ligne sphérique; puis à chaque point P de la surface conique, le point P_1 pris à une distance de O_1 égale à OP, sur un rayon tel que son extrémité M_1 corresponde (au sens que nous venons d'indiquer) au point M où la génératrice OP coupe la sphère.

La figure formée par les points tels que P_1 est dite le *développement* de la surface conique. Le lecteur démontrera aisément, par des procédés analogues à ceux que nous avons employés pour le cylindre : 1° que *toute ligne tracée sur le cône a même longueur que son développement ;* 2° que *deux lignes se coupent sous le même angle que leurs développements.*

812. On dit qu'une surface est *développable* lorsqu'on peut faire correspondre ses points à ceux d'un plan de manière que les lignes qui se correspondent aient même longueur de part et d'autre. C'est ce qui a lieu pour le cylindre et le cône. Il existe une infinité d'autres surfaces développables. Mais il faut se garder de croire que cette propriété appartienne à une surface quelconque : pour une surface prise au hasard, au contraire, elle n'a, en général, pas lieu. La sphère, par exemple, ne la possède pas.

C'est ce dont on peut se rendre compte en considérant les angles que font entre elles les lignes tracées sur une surface développable.

Soient S une telle surface ; Ax, Ay (*fig.* 649) deux lignes concourantes de S, auxquelles correspondent, lorsque cette surface est développée sur un plan (ce que nous supposons possible), les deux lignes A_1x_1, A_1y_1. Coupons Ax, Ay par une troisième ligne BC, ayant pour développement B_1C_1 et supposons que les points B et C se rapprochent indéfiniment du point A. Dans ces conditions, les directions des lignes AB, AC ; A_1B_1, A_1C_1 tendent respectivement

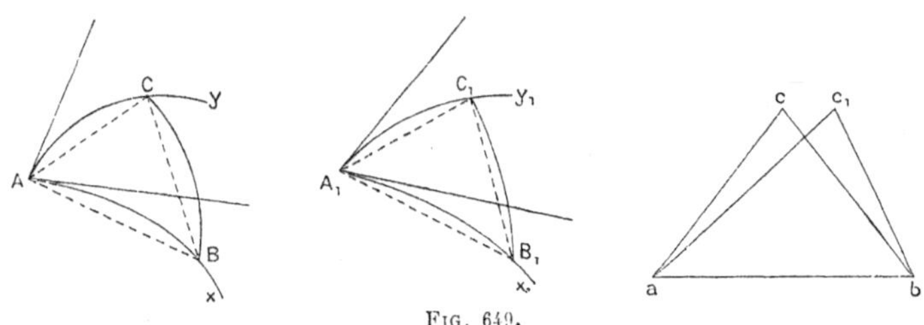

Fig. 649.

vers celles des tangentes aux lignes Ax, Ay, A_1x_1, A_1y_1 en A et en A_1. De plus, les rapports des arcs AB, AC, A_1B_1, A_1C_1 aux cordes correspondantes tendront vers l'unité.

Nous ne pouvons pas étendre cette conclusion aux arcs BC, B_1C_1, puisque les courbes BC et B_1C_1 sont variables. Mais on démontre que, moyennant certaines restrictions simples imposées à S, on peut choisir les courbes variables BC, B_1C_1, de manière que les rapports des arcs BC, B_1C_1 à leurs cordes respectives tendent vers 1 et que, de plus, le rapport $\frac{AB}{AC}$ tende vers une limite.

En tout cas, si S était une sphère, un tel choix serait assurément possible : il suffirait de prendre pour BC un arc de grand cercle[1].

Mais d'après l'hypothèse, les arcs AB et A_1B_1 ont même longueur, de même que AC, A_1C_1 et BC, B_1C_1. Donc le rapport de la corde AB à la corde A_1B_1 tend vers l'unité, et il en est de même pour chacune des cordes AC, BC et sa correspondante.

Par conséquent, si, sur une droite fixe ab comme base, nous construisons un triangle abc semblable à ABC et un triangle abc_1 semblable à $A_1B_1C_1$, le point c tendra vers une position limite (puisque les rapports $\frac{AC}{AB}$, $\frac{BC}{AB}$ admettent chacun une valeur limite) et le point c_1 tendra vers la même limite (puisque $\frac{ac}{ac_1} = \frac{AC}{A_1C_1} : \frac{AB}{A_1B_1}$ tend vers l'unité, et de même $\frac{bc}{bc_1}$). Donc l'angle $\widehat{bac} = \widehat{BAC}$ tend vers la même limite que $\widehat{bac_1} = \widehat{B_1A_1C_1}$: autrement dit, l'angle des deux courbes A_1x_1, A_1y_1 est égal à celui des deux courbes Ax, Ay. Ainsi, il devra toujours arriver (comme nous l'avons trouvé dans

(1) On va voir, au numéro suivant que, dans ces conditions, B_1C_1 est un segment de droite.

les cas du cône et du cylindre) que l'angle de deux courbes quelconques de la surface soit égal à celui de leurs développements.

813. Cela posé, admettons que la surface S soit une sphère. Alors la ligne la plus courte entre deux points de la sphère devra évidemment avoir pour image la ligne la plus courte entre deux points du plan : autrement dit, les grands cercles de la sphère auront pour images les droites du plan et un triangle sphérique aura pour image un triangle rectiligne du plan. Or cela est absurde, puisque la somme des angles d'un triangle rectiligne est égale à deux droits et celle des angles d'un triangle sphérique, toujours plus grande que deux droits.

Donc la sphère, ou même n'importe quelle aire sphérique, si petite qu'elle soit (puisqu'on pourra toujours y trouver un triangle sphérique), ne pourra jamais être développée sur le plan (1).

814. Volumes limités par des surfaces courbes.

Soit une portion d'espace S limitée par des surfaces quelconques.

Supposons que nous puissions trouver deux séries indéfinies de polyèdres $P_1, P_2, \ldots, P_n, \ldots$; $Q_1, Q_2, \ldots, Q_n, \ldots$ satisfaisant aux conditions suivantes :

1° Quel que soit n, le polyèdre (2) P_n n'a aucun point extérieur à S (tout ou partie des sommets, ou des arêtes ou même des faces de P_n pouvant faire partie des surfaces limites de S);

2° Quel que soit n, l'espace S n'a aucun point extérieur à Q_n (une partie quelconque de la surface limite de S pouvant être sur la surface de Q_n);

3° La différence $Q_n - P_n$ des volumes des deux polyèdres de même indice tend vers zéro lorsque cet indice n augmente indéfiniment; ou encore, le rapport $\frac{Q}{P_n}$ tend vers l'unité dans les mêmes conditions.

Alors je dis que *les volumes* P_n, Q_n *tendent vers une limite commune* V.

Pour le démontrer, je remarque tout d'abord que tout polyèdre Q_n de la seconde série renferme tout polyèdre P_n de la première à son intérieur et que, par conséquent, tout volume de la seconde série est plus grand que n'importe quel volume de la première.

Cela posé, supposons d'abord que, parmi les P_n, il y en ait un, P_α, plus grand que tous les suivants (ou au moins égal à l'un quelconque d'entre eux)

Alors, lorsque l'indice n est plus grand que α, les quantités Q_n, P_n comprennent entre elles P_α et comme leur différence tend vers zéro ou leur rapport vers 1, il est évident qu'elles tendent vers la limite commune P_α.

Supposons, en second lieu, que jamais une des quantités P_n ne soit plus grande que toutes les suivantes : autrement dit, si nous prenons une quelconque d'entre elles, soit P_α, il en existera une suivante, P_β, plus grande

(1) De même, deux sphères de rayons différents ne sont pas *applicables* l'une sur l'autre, c'est-à-dire qu'il est impossible de faire correspondre point par point une portion de l'une à une portion de l'autre, de manière que les lignes qui se correspondent aient même longueur.

(2) Nous ne supposerons pas que le polyèdre P_n soit nécessairement d'un seul tenant : on pourra prendre, pour P_n, l'ensemble de plusieurs polyèdres non contigus, pourvu que ces polyèdres et leur volume total vérifient les conditions indiquées dans le texte. Nous aurons plus loin (**815** *bis*) à utiliser cette remarque.

que P_α; puis une autre, P_γ, suivant P_β, et plus grande que P_β ; et ainsi de suite indéfiniment.

Puisque les quantités P_α, P_β, P_γ, ... vont en croissant et qu'elles restent inférieures à une quantité déterminée (à savoir l'une quelconque des Q_n), elles tendent vers une limite V, et les quantités Q_α, Q_β, Q_γ, ... tendent également vers V (puisque les différences $Q_\alpha - P_\alpha$, $Q_\beta - P_\beta$, $Q_\gamma - P_\gamma$, ... ont pour limite zéro ou que les rapports $\frac{Q_\alpha}{P_\alpha}$, ... ont pour limite 1).

V est au moins égal à chacun des P_n (puisqu'il est la limite de la suite Q_α, Q_β, Q_γ, ..., dont tous les termes sont supérieurs à P_n) et au plus égal à chacun des Q_n (comme limite de la suite P_α, P_β, P_γ, ...). Donc il est la limite commune de P_n et de Q_n, puisqu'il est constamment compris entre ces deux quantités, dont la différence tend vers zéro ou le rapport vers 1.

C. Q. F. D.

De plus, *si on forme, d'une manière quelconque, deux autres séries de polyèdres*, P'_n *et* Q'_n, *satisfaisant* (*comme* P_n et Q_n) *aux conditions précédemment indiquées par rapport à la même portion d'espace* S, *la limite commune de* P'_n *et de* Q'_n *aura la même valeur* V *que la limite commune de* P_n *et de* Q_n.

Cette proposition n'est pas distincte de la précédente : car on peut former une suite comprenant alternativement des polyèdres P_n et des polyèdres P'_n, ainsi qu'une composée des polyèdres Q_n et Q'_n correspondants : ces deux suites mixtes satisferont aux mêmes conditions que les premières et auront, par conséquent, une limite commune, ce qui ne se peut que si P_n et P'_n, Q_n et Q'_n ont la même limite.

La quantité V, limite des volumes P_n et des volumes Q_n, et indépendante (d'après ce que nous venons de constater) de la manière dont on choisit ceux-ci (pourvu que les uns comprennent S, que les autres soient compris dans S et que la différence des uns et des autres tende vers zéro ou leur rapport vers 1) est dite le *volume* de l'espace S. Il est clair que la notion de volume, une fois définie, possédera les propriétés indiquées au livre VI (**397**) ; c'est-à-dire que deux espaces égaux ont le même volume et que l'espace formé par la réunion de deux espaces contigus aura un volume égal à la somme de leurs volumes [1].

815. Il reste à savoir si, une portion d'espace S étant donnée, on peut trouver les polyèdres P_n et Q_n satisfaisant aux conditions indiquées.

Supposons que, à l'intérieur de S, on puisse trouver un point O tel que la droite qui le joint à un point quelconque de la surface limite de S (cette droite n'étant pas prolongée au delà de O) ne perce cette surface limite en aucun point. Soit S' l'homothétique de S par rapport au point O, avec un rapport d'homothétie $1 - \varepsilon$ plus petit que l'unité; S'', l'homothétique de S par rapport au centre O, avec le rapport de similitude $1 + \varepsilon$: il est clair

(1) Sur ce dernier point, voir plus loin, **815** *bis*.

que chacun des solides S', S, S'' est entièrement intérieur au suivant. Soit alors R un polyèdre intérieur à S'', mais comprenant S' à son intérieur. L'homothétique P de R par rapport à O avec le rapport d'homothétie $\frac{1}{1+\varepsilon}$ sera intérieur à S (puisque R est intérieur à S) ; et l'homothétique Q de R par rapport à O, avec le rapport d'homothétie $\frac{1}{1-\varepsilon}$ comprendra S à son intérieur (puisque R comprend S''). D'ailleurs le rapport des volumes de P et de Q est (**431**) égal à $\left(\frac{1-\varepsilon}{1+\varepsilon}\right)^3$ et tend vers 1 lorsque ε tend vers zéro.

Dès lors, si on donne à ε une série de valeurs qui tendent vers zéro, et si, pour chacune de ces valeurs, on construit le polyèdre R et, par conséquent, les polyèdres P et Q, on a une double série de polyèdres remplissant toutes les conditions demandées.

815 *bis*. Si la forme de la région S est telle que le raisonnement précédent ne s'y applique pas, on pourra, en général, la décomposer en deux ou plusieurs régions partielles auxquelles il soit applicable. On formera alors chaque polyèdre P avec l'ensemble des polyèdres P relatifs à ces régions partielles [1] et le polyèdre Q avec l'ensemble des polyèdres Q relatifs à ces mêmes régions.

816. Soit d la distance minima de la surface limite de S à celle de S' et à celle de S'', c'est-à-dire une quantité telle que tout point de la première soit au moins à la distance d de tout point de la seconde et au moins à la distance d de tout point de la troisième.

Inscrivons à la surface limite de S un polyèdre comprenant le point O à son intérieur et tel que la plus grande dimension de chaque face soit inférieure à d. Alors la surface de ce polyèdre ne pourra évidemment avoir aucun point commun avec la surface de S'', ni avec la surface de S', ni même avec l'intérieur de S'. Donc ce polyèdre est compris dans S'' et comprend S' : on peut le prendre pour le polyèdre R du numéro précédent, et si l'on forme de pareils polyèdres pour des valeurs de plus en plus petites de ε, leurs volumes tendent vers V.

Comme ε tend vers zéro avec d, on voit que, *si l'on inscrit à la surface limite de* S *un polyèdre* (*comprenant toujours à son intérieur un point déterminé intérieur à* S) *et tel que la plus grande dimension de chacune de ses faces tende vers zéro, le volume de ce polyèdre tendra vers le volume de* S. On voit d'ailleurs immédiatement que cette conclusion s'étend au cas où l'on ne peut appliquer directement le raisonnement du n° **815** et où on est obligé de décomposer S en deux ou plusieurs parties comme il est expliqué au n° **815** *bis*.

Lorsqu'il s'agit de la sphère, on peut prendre pour le point O le centre et les solides S' S'' seront des sphères concentriques à la première. La distance d sera la différence des rayons de S et de S' et on pourra prendre,

(1) Voir la note 2, page 535.

pour R, tout polyèdre inscrit dont les dimensions sont toutes plus petites que cette différence [1].

817. Dans le cas du cône ou du cylindre, la définition précédente concorde avec celles que nous avons données au livre VIII. Prenant, par exemple, le cas du cylindre, il est clair que les prismes inscrits et circonscrits sont précisément des polyèdres P_n et Q_n tels que nous les avons

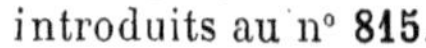

introduits au n° **815**.

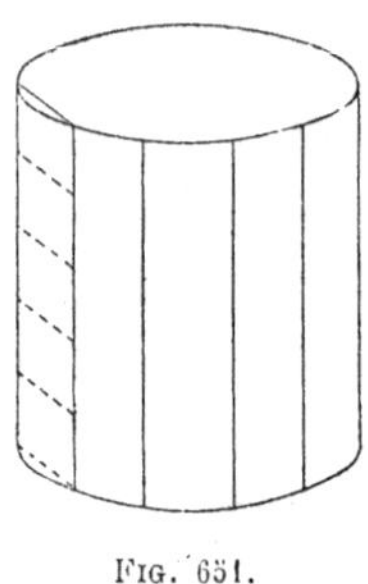

Fig. 651.

D'ailleurs, le prisme inscrit tel que les côtés de sa base tendent vers zéro, peut être considéré comme un polyèdre inscrit dans lequel la plus grande dimension de chaque face tend vers zéro. Il suffira, à cet effet, de diviser chaque arête latérale du prisme en un certain nombre de parties égales, lequel nombre ira en augmentant indéfiniment en même temps que le nombre des côtés de la base (*fig.* 651). Les points de division feront partie, comme les sommets extrêmes eux-mêmes, de la surface cylindrique, et, par conséquent, les petits rectangles qu'ils forment (*fig.* 651) pourront être considérés comme faces d'un polyèdre inscrit, — plusieurs de ces faces étant seulement en prolongement les unes des autres, ce qui ne change rien à la validité des raisonnements.

Des considérations toutes semblables s'appliquent évidemment au cône.

818. Considérons, de même, le volume V engendré par un polygone plan tournant autour d'un axe situé dans son plan et qui ne le traverse pas.

Considérons p positions du polygone, ABCD, A'B'C'D' (*fig.* 652) étant,

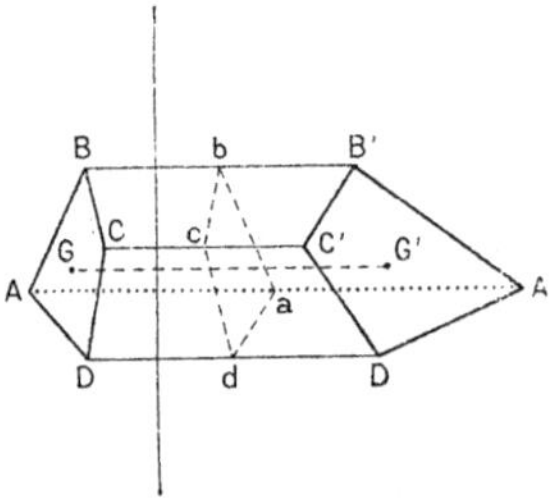

Fig. 652.

Fig. 650.

(1) Par exemple, on pourra diviser la sphère par des méridiens et des parallèles (*fig.* 650) dont les longitudes ou les latitudes diffèrent entre elles d'une quantité λ telle que l'arc de grand cercle d'angle au centre λ ait une longueur inférieure à d. Les points d'intersection de ces méridiens et de ces parallèles seront les sommets d'un polyèdre inscrit dont toutes les faces, qui seront des trapèzes ou des triangles, auront leurs dimensions plus petites que d.

par exemple, deux consécutives d'entre elles. Les polygones ABCD, A'B'C'D' sont symétriques l'un de l'autre par rapport à un plan, le plan bissecteur du dièdre dans les faces duquel ils sont respectivement contenus. Il existe donc un tronc de prisme qui a pour base ces deux polygones, les arêtes étant perpendiculaires à ce plan de symétrie. Considérons le polyèdre formé par l'ensemble des troncs de prismes qui ont ainsi pour bases les couples de positions consécutives du polygone. Si nous augmentons indéfiniment le nombre de ces positions de manière que les dièdres successifs que forment entre elles leurs plans tendent vers zéro, le volume du polyèdre dont nous venons de parler tendra vers V, ainsi qu'il résultera de considérations toutes pareilles à celles que nous venons de présenter au n° précédent.

Cette remarque permet de démontrer très simplement certaines propositions importantes. Supposons, par exemple, que le polygone considéré soit un triangle ABC ayant son sommet A sur l'axe, alors les troncs de prismes se réduiront à des pyramides telles que ABCB'C' (*fig.* 653).

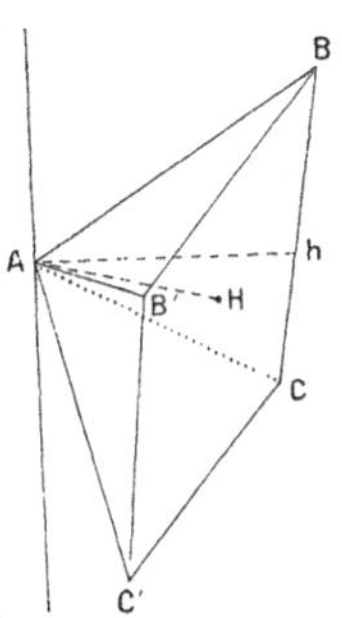

Fig. 653.

Chacune de ces pyramides a pour mesure le tiers du produit de sa base BCB'C' par sa hauteur AH, de sorte que leur somme est égale au tiers de la somme des bases multipliée par une quantité intermédiaire entre la plus petite et la plus grande des hauteurs. Or, lorsqu'on augmente indéfiniment le nombre des positions successives du triangle, la somme des trapèzes BCB'C' tend vers la surface engendrée par BC dans sa révolution autour de l'axe, et quant à la hauteur AH, elle tend vers la hauteur A*h* du triangle ABC, car la distance *h*H, qui est la distance du point H à la droite BC, tend vers zéro.

Nous avons donc immédiatement le théorème du n° **485** : *le volume engendré par un triangle tournant autour d'un axe situé dans son plan, passant par son centre et ne le traversant pas, est égal à la surface engendrée par le côté opposé au sommet situé sur l'axe, multipliée par le tiers de la hauteur correspondante.*

819. Revenons au cas où le polygone tournant est quelconque : la remarque précédente nous donne encore (du moins pour le cas d'un polygone) le *théorème de Guldin.*

Théorème. — *Le volume engendré par une aire plane qui tourne autour d'un axe situé dans son plan et ne le traversant pas, est égal au produit de cette aire par la circonférence que décrit son centre de gravité.*

Soient, en effet, G le centre de gravité du polygone ABCD, G' le centre de gravité de la position suivante A'B'C'D' (*fig.* 652).

Le tronc de prisme ABCDA'B'C'D' a pour mesure (**608**) le produit de sa section droite par la distance GG'.

Or la section droite, qui n'est autre que la section par le plan bissecteur du dièdre formé par les bases, tend vers le polygone ABCD lui-même et, d'autre part, la somme de toutes les longueurs telles que GG′ tend vers la longueur de la circonférence décrite par le point G. Donc le théorème est démontré.

820. Nous avons défini le volume V d'un solide quelconque par cette propriété que deux volumes polyédraux P_n et Q_n, dont le premier est intérieur au solide et dont le second comprend ce solide, tendent vers V lorsque leur différence tend vers zéro. Mais il est clair, une fois V défini, que deux volumes quelconques, polyédraux ou non, tendront vers V s'ils satisfont aux autres conditions imposées à P_n et à Q_n, puisque l'un sera toujours plus petit que V et l'autre plus grand que V.

Soit, par exemple, une aire plane curviligne A tournant autour d'un axe qui est situé dans son plan et ne la traverse pas. Inscrivons et circonscrivons à cette aire des polygones qui auront A pour limite commune. Ces polygones, en tournant autour de l'axe, engendreront des volumes dont les uns seront inscrits au volume V engendré par A, les autres circonscrits au même volume, et la différence entre les volumes inscrits et les volumes circonscrits tendra vers zéro [1]. Donc ces volumes auront V pour limite.

On voit par là que la définition des volumes du secteur sphérique et de la sphère, telle que nous l'avons donnée au livre VIII (chap. v), concorde avec la définition actuelle.

On voit aussi que le théorème de Guldin, démontré au numéro précédent pour les polygones, est également vrai pour les aires planes curvilignes, si l'on admet que le centre de gravité de l'aire plane considérée est la position limite vers laquelle tend le centre de gravité d'un polygone inscrit dont tous les côtés tendent vers zéro. Alors, en effet, dans l'égalité exprimée par ce théorème, les deux membres sont les limites de quantités analogues dans lesquelles l'aire curviligne est remplacée par un polygone inscrit.

821. Soit encore un volume quelconque que nous couperons par des plans parallèles à une même direction, la distance de deux plans successifs ne dépassant pas une certaine longueur h. Soient s la portion du solide comprise entre deux consécutifs de ces plans ; C un cylindre ayant ses bases dans les plans en question et compris dans s ; C′ un cylindre ayant ses bases dans les mêmes plans et comprenant s à son intérieur (si les deux courbes de section du solide par les deux plans considérés sont telles que la projection de l'une d'elles sur le plan de l'autre comprenne celle-ci,

(1) En effet, cette différence a pour mesure le produit de l'aire annulaire comprise entre un polygone inscrit et un polygone circonscrit, — laquelle tend évidemment vers zéro, — par 2π et par la distance de l'axe au centre de gravité de cette aire, laquelle n'augmente pas indéfiniment (ex. 870).

on pourra prendre pour C et C′ les cylindres droits qui ont respectivement ces courbes pour bases).

Dans tous les solides que l'on a habituellement à considérer, on peut prendre h assez petit pour que, quels que soient les deux plans, pourvu que leur distance ne dépasse pas h, le rapport $\frac{C}{C'}$ soit compris entre l'unité et un nombre $1 - \alpha$ aussi voisin qu'on le veut de l'unité (ou, s'il n'en est pas ainsi, le solide peut être décomposé en parties dont chacune satisfasse à cette condition).

Dès lors, le solide étant décomposé en plusieurs portions par une série de plans parallèles entre eux dont les distances successives ne dépassent pas h, formons, pour chacune de ces portions les cylindres C et C′ et appelons P le solide formé par l'ensemble des cylindres C, Q le solide formé par l'ensemble des cylindres C′. D'après ce que nous venons de dire, le rapport de chaque cylindre C au cylindre C′ correspondant et, par conséquent aussi, le rapport $\frac{P}{Q}$, seront compris entre 1 et $1 - \alpha$. Le nombre α pouvant être choisi aussi petit qu'on veut si h est suffisamment petit, on voit que lorsque h tend vers zéro, les volumes P et Q tendent simultanément vers le volume du solide, puisque le rapport $\frac{P}{Q}$ tend vers 1 et que P est intérieur à ce solide, lequel est intérieur à Q.

822. Aire d'une surface courbe.

La définition de l'aire d'une portion de surface courbe offre de beaucoup plus grandes difficultés que les précédentes. Si, en effet, on considère une surface polyédrale inscrite à la surface courbe et qu'on suppose seulement, comme nous l'avons fait, que la plus grande dimension de chaque face diminue indéfiniment, sans ajouter à cette supposition d'autres hypothèses convenablement choisies sur la loi de variation de la surface polyédrale, il n'arrive pas nécessairement que l'étendue de celle-ci tende vers une limite déterminée : il peut même arriver que cette étendue augmente indéfiniment.

Nous nous bornerons à définir l'aire d'une surface fermée convexe.

Dans ce but, nous établirons d'abord les deux lemmes suivants :

Lemmes. — I. *Une face d'un polyèdre quelconque est plus petite que la somme des autres.*

Projetons, en effet, toutes ces autres faces sur le plan de la première. L'ensemble de ces projections recouvrira évidemment toute cette première face (il pourra même arriver qu'il la dépasse, ou en recouvre tout ou partie plusieurs fois). Or, chaque face est (**606**) plus grande que sa projection.

II. *La surface d'un polyèdre convexe est plus petite que celle d'un polyèdre enveloppant quelconque.*

Soient S la surface du polyèdre convexe, S′ la surface du polyèdre enveloppant. Celle-ci pourra avoir une ou plusieurs faces communes (1) avec la première (pourvu qu'elle n'ait aucune partie intérieure à la première) : soit n le nombre des faces non communes sur S. Si $n = 1$, le théorème est démontré, car l'unique face non commune de S est plus petite que la somme des faces non communes de S′, lesquelles forment avec elle un polyèdre.

Si n est différent de 1, prolongeons le plan P d'une des faces non communes de S : nous partageons ainsi S′ en deux parties, l'une S'_1, située par rapport à P du même côté que S, l'autre S'_2 située du côté opposé. Nous diminuerons cette dernière (lemme précédent) en la remplaçant par la portion du plan P terminée au même contour. Or, nous obtenons ainsi un nouveau polyèdre enveloppant S, mais avec lequel ce dernier aura une face commune de plus.

Il est clair qu'en continuant cette réduction, nous serons finalement ramenés au cas de $n = 1$. La proposition est donc démontrée.

Remarque. — Une proposition toute semblable s'appliquerait (avec le même mode de démonstration) à une surface polyédrale convexe ouverte et à une surface polyédrale enveloppante terminée au même contour.

823. Cela posé, soit une surface fermée convexe S. Nous considérerons encore des polyèdres P_n et Q_n dont les uns seront intérieurs à S et les autres la comprendront à leur intérieur. Mais nous imposerons cette fois à ces polyèdres *la condition d'être convexes*. Dès lors, en vertu du lemme II, la surface de chaque polyèdre P_n sera inférieure à la surface de n'importe quel polyèdre Q_n. Si donc on suppose que la différence entre la surface de P_n et celle de Q_n tend vers zéro (ou que leur rapport tend vers 1), ces surfaces auront une limite commune, indépendante de la manière dont on aura choisi les P_n et les Q_n pourvu que ceux-ci remplissent les diverses conditions que nous venons d'énumérer. Il n'y a, à cet égard, rien à changer aux raisonnements du n° **814**.

On obtient d'ailleurs des polyèdres P_n et Q_n par le même procédé qui a été expliqué au n° **815**, en ayant soin, toutefois, de prendre pour R un polyèdre convexe. En particulier, on verra, exactement comme au n° **816**, *qu'une surface fermée convexe est la limite d'un polyèdre convexe inscrit, dans lequel la plus grande dimension de chaque face tend vers zéro.*

824. Lorsqu'il s'agit de la longueur d'un arc de courbe plane, on peut, en général, si l'arc n'est pas convexe, le décomposer en arcs convexes. Il importe de remarquer que ce mode de raisonnement n'est pas applicable ici. On rencontre, et cela parmi les surfaces usuelles, des surfaces dont aucune portion, si petite qu'elle soit, n'est convexe et dont, en

(1) Une face de S sera considérée comme commune avec S′ si elle est située dans le plan d'une face de S′.

un quelconque de leurs points, on ne peut pas dire qu'elles tournent leur convexité dans un sens ou dans l'autre. C'est, par exemple, le cas de la *surface gauche de révolution* (ex. 1031) dont la forme générale est représentée fig. 654 (1).

825. Dans le cas du cylindre, du cône ou du tronc de cône, la définition précédente coïncide avec celles que nous avons données au livre VIII : on peut, en effet, évaluer la surface *totale* de l'un de ces corps comme limite de la surface totale des prismes, pyramides ou troncs de pyramides inscrits (comparer **817**) et comme les surfaces de bases de ces polyèdres tendent vers les surfaces de bases des corps ronds correspondants, il en est de même des surfaces latérales.

On peut également raisonner sur la surface engendrée par une ligne brisée tournant autour d'un axe extérieur à elle et situé dans son plan, comme nous avons raisonné au n° **818** sur le volume engendré par un polygone : il est clair qu'en appliquant, non plus le théorème du n° **608**, mais l'exercice 871, nous obtiendrons (du moins pour une ligne brisée tournante) le second *théorème de Guldin :*

Théorème. — *La surface engendrée par une ligne qui tourne autour d'un axe situé dans son plan et ne le traversant pas, est égale au produit de la longueur de cette ligne par la circonférence que décrit son centre de gravité.*

Ce théorème s'étendra d'ailleurs à une ligne courbe tournante, par voie de passage à la limite : les considérations qui précèdent permettent de faire cette extension par une voie analogue à celle que nous avons employée au n° **820**, toutes les fois qu'il s'agit d'une ligne convexe tournant sa concavité vers l'axe.

825 *bis*. Nous pouvons encore définir l'aire de la zone, puisque nous pouvons définir l'aire totale du segment sphérique ; et cette définition concorde (comparer **820**) avec celle du n° **482**.

On remarquera que ces définitions permettent d'obtenir immédiatement les théorèmes relatifs aux volumes sphériques.

Si, en effet, nous considérons un polyèdre convexe inscrit à la sphère, ce polyèdre sera décomposable en pyramides ayant pour

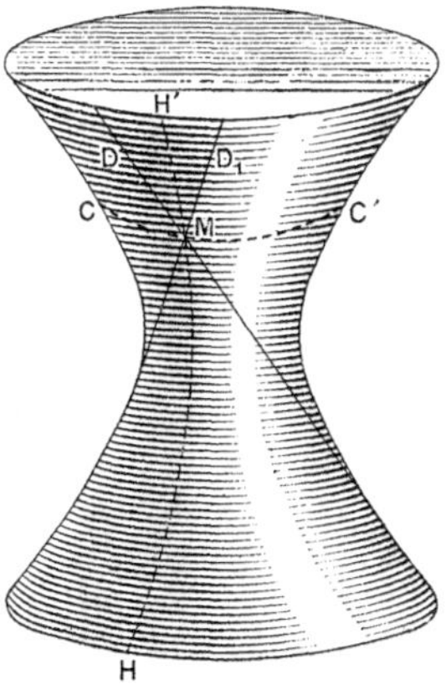

FIG. 654.

(1) M étant un point quelconque de la surface, le plan tangent en M coupe la surface suivant deux droites (ex. 1273) MD, MD_1, lesquelles partagent celui-ci en quatre parties dont deux opposées l'une à l'autre (celles qui contiennent le méridien HH' (*fig.* 654)) sont, par rapport au plan tangent, du côté extérieur, et les deux autres (celles qui contiennent le parallèle CC') du côté intérieur.

bases les différentes faces et pour sommet commun le centre. Son volume sera égal au tiers de la somme des bases, — c'est-à-dire de la surface, — multipliée par une quantité intermédiaire entre la plus grande et la plus petite des hauteurs. Or ces dernières tendent toutes vers le rayon, puisque le polyèdre et, par conséquent (puisqu'il est convexe), le plan de chacune de ses faces sont extérieurs (**816**) à une sphère quelconque concentrique à la première et de rayon plus petit. Quant à la surface du polyèdre, elle tend vers celle de la sphère. On a donc bien ce théorème que *le volume de la sphère est égal au produit de sa surface par le tiers du rayon.* Le même raisonnement s'applique d'ailleurs évidemment au secteur sphérique.

826. Lorsqu'une surface S peut être développée sur un plan, on démontre que l'aire de toute figure tracée sur S est égale à celle de son développement (voir exerc. 822).

Bien entendu, la réciproque n'est pas vraie : nous voulons dire que, si l'on a fait correspondre les points d'une surface S aux points d'un plan de manière que les figures qui se correspondent aient même aire, il n'en résulte en aucune façon que S soit développable. Par exemple, dans l'exercice 1301, nous indiquons une correspondance de cette espèce entre une sphère (c'est-à-dire une surface non développable) et un cylindre (lequel peut être étalé sur un plan).

NOTE H

SUR LES POLYÈDRES RÉGULIERS ET LES GROUPES DE ROTATIONS

827. Nous avons démontré, au n° **708**, que *tout polyèdre régulier admet un certain nombre de déplacements,* c'est-à-dire que ces déplacements font coïncider le polyèdre avec lui-même, les sommets venant prendre la place les uns des autres.

Soient R et S deux déplacements qui laissent ainsi inaltéré le polyèdre considéré, ou, plus généralement, qui laissent inaltérée une figure donnée F quelconque. Il est clair que la figure F ne changera pas davantage, si l'on effectue successivement les deux déplacements R et S, autrement dit, si l'on effectue le déplacement RS, *produit* (Pl., **291**) de R et de S.

Par conséquent, en introduisant une définition donnée au n° **291**, si nous considérons l'ensemble des déplacements qui n'altèrent pas la figure F, *ces déplacements forment un groupe*, puisque R et S étant deux quelconques d'entre eux, les produits (¹) RS et SR appartiennent au même ensemble.

Il est bien entendu que S peut n'être autre que R : le produit RR est désigné par la notation R^2 et de même les produits de trois, quatre.... facteurs tous égaux à R sont respectivement désignés par les notations R^3, R^4..., et sont dits les *puissances* successives de R.

Si R est un déplacement hélicoïdal composé d'une rotation d'angle α et d'une translation t parallèle à l'axe de la rotation, on voit immédiatement que R^m (en désignant par m un entier quelconque) sera un déplacement de même axe, composé d'une rotation d'angle $m\alpha$ et d'une translation de grandeur mt.

Il faut observer, d'autre part, que nous comptons parmi les opérations appartenant au groupe celle dans laquelle on ne change rien aux positions des différents points : elle est dite l'*opération identique* et il nous arrivera de la représenter par le chiffre 1. Il est aisé de voir que la conclusion obtenue tout à l'heure (à savoir que si R et S laissent inaltérée la figure F, il en est de même de leur produit) suppose essentiellement la convention qui vient d'être faite, relativement à l'opération identique.

En effet, R étant un déplacement quelconque, qui a pour effet d'amener un point quelconque M de l'espace en une nouvelle position M′, soit S le déplacement *inverse* de R, c'est-à-dire celui qui, appliqué au point M′, donne pour résultat M (R étant un déplacement hélicoïdal composé d'une translation de grandeur t et d'une rotation d'angle α, le déplacement inverse a le même axe que R, sa translation et sa rotation ayant les mêmes grandeurs t et α, mais étant de sens opposés aux premiers). Si R laisse inaltérée la figure F, il en est de même de S et, par conséquent, si nous voulons pouvoir dire, comme nous l'avons fait tout à l'heure, que les déplacements qu'admet F forment un groupe, il faut compter au nombre de ces déplacements les produits RS et SR. Or chacun de ces deux produits donne, en vertu de la définition de S, l'opération identique (chacune des deux opérations R et S ayant pour effet de ramener à leurs positions primitives les figures transformées par l'autre).

L'opération inverse de R est représentée par le symbole R^{-1}; ses puissances successives, par R^{-2}, R^{-3}.... On voit immédiatement que R^{-k} est inverse de R^k et que l'inverse de RS (en désignant par S une seconde opération quelconque) est $S^{-1}R^{-1}$.

828. Nous venons de remarquer que, *si le groupe des déplacements qu'admet une figure quelconque* F *comprend un déplacement* R, *il comprend aussi le déplacement inverse* R^{-1}.

La même propriété appartient à la plupart des groupes que l'on a à considérer dans les applications de cette notion aux diverses parties des mathématiques. On démontre, en particulier, qu'elle a lieu pour tout

(¹) Rappelons que les deux produits RS et SR ne sont pas, en général, identiques entre eux (voir Pl., page 276, note 2 et exercice 624).

groupe composé d'un nombre fini de transformations ; nous la démontrerons d'ailleurs, chemin faisant (**830** *bis*), pour les groupes dont nous allons avoir à nous occuper.

Elle entraîne, pour les groupes G qui la possèdent, cette conséquence que *si une figure* F′ *est homologue* (¹) *d'une figure* F (relativement à un groupe G), *réciproquement* F *est homologue de* F′; car si R est l'opération du groupe qui transforme F en F′, l'inverse R^{-1} transformera F′ en F.

829. Voici une nouvelle conséquence de la propriété précédente :

Soient R un déplacement (²), composé d'une translation de grandeur t, parallèle à un axe A et d'une rotation d'angle α autour du même axe (t ou α pouvant, bien entendu, être nul), et qui change une figure quel-

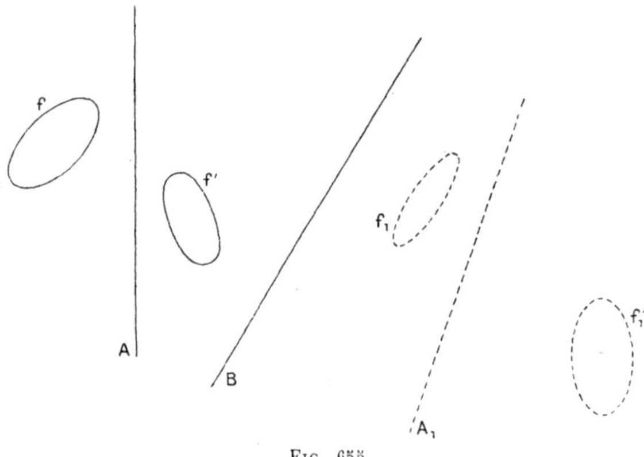

Fig. 655.

conque f en f' (*fig.* 655); S, un autre déplacement quelconque d'axe B. Appliquons à la figure formée par l'axe A, la figure f et la figure f', le déplacement S : f viendra en f_1, f' en f'_1, l'axe A en A_1. Nous voyons dès lors que le déplacement R_1 qui a pour axe A_1, la translation t et la rotation α étant les mêmes que celles de R, change la figure f_1 (transformée de f' par S) en f'_1 (c'est-à-dire en la transformée de f' par S).

On donne à ce nouveau déplacement R_1 le nom de *transformé de* R *par* S. Deux déplacements R, R_1, dont l'un est le transformé de l'autre par un troisième déplacement quelconque, sont dits *semblables*. On voit que deux déplacements semblables ont (en grandeur) même translation et même rotation, et qu'ils sont tous deux *dextrorsum* ou tous deux *sinistrorsum* (**414**, Rem.); ces conditions sont, d'ailleurs, suffisantes, car si elles sont remplies par deux déplacements R, R_1, on les transformera l'un dans l'autre par tout déplacement qui transformera les axes l'un dans l'autre

(1) Pour le sens de ce mot, nous renvoyons à la géométrie plane (**293**).

(2) Nous raisonnons ici sur des déplacements, mais la notion d'opérations *semblables* et son application aux groupes subsistent pour des opérations quelconques.

(le sens de translation donné sur le premier axe venant suivant le sens de translation donné sur le second).

Cela posé, admettons que les déplacements R et S, considérés il y a un instant, fassent partie d'un même groupe G, qui comprenne également (d'après la propriété énoncée au n° précédent) R^{-1} et S^{-1}. Alors f et f_1 sont homologues entre eux par rapport à G, de même que f_1 et f'_1; et, comme f et f' sont aussi homologues l'une de l'autre, il en est de même Pl., **293**) pour f_1 et f'_1 ; donc le déplacement R_1, qui change f_1 en f'_1, appartient à G.

Ainsi, *si deux déplacements* R *et* S *appartiennent à un groupe* G, *il en est de même du transformé* R_1 *de* R *par* S.

Les deux déplacements R et R_1 sont dits *homologues* l'un de l'autre par rapport au groupe. Bien entendu, pour que deux déplacements soient homologues, il ne suffit pas qu'ils soient semblables, il faut encore que, parmi les opérations qui les transforment l'un dans l'autre, il y en ait au moins une qui fasse partie du groupe.

---

830. Dans le cas où la figure F est un polyèdre régulier, le nombre des déplacements qu'elle admet est fini.

Nous allons nous proposer de rechercher, d'une manière générale, tous les groupes composés de déplacements en nombre fini. Le nombre N de ces déplacements (le déplacement identique compris, bien entendu), sera dit l'*ordre* du groupe.

Après avoir formé les groupes en question, nous chercherons s'il leur correspond des polyèdres réguliers. Nous nous appuierons, à cet effet, sur le théorème du n° **710.** Par contre, *nos raisonnements seront entièrement indépendants des considérations présentées aux n*^{os} **712-717**; ils nous fourniront, dès lors, une nouvelle démonstration des résultats établis, relativement à l'existence et à la nature des polyèdres réguliers.

Mais l'utilité de la recherche que nous allons entreprendre n'est nullement limitée à l'étude des polyèdres réguliers. D'une part, en effet, on constate que les groupes cherchés jouent un rôle important dans le problème de la résolution des équations (voir note 2 de la page 522); d'autre part, certaines propriétés que nous démontrerons (telles que celle du *domaine fondamental*, n° **845**) se transportent d'elles-mêmes à d'autres groupes analogues, composés d'une infinité d'opérations et dont l'étude est nécessaire à la solution de certaines questions importantes de mathématiques.

Soit G l'un des groupes cherchés. S'il contient un déplacement R, il contiendra aussi ses puissances successives R^2, R^3... Il faudra donc, tout d'abord, que ces puissances ne soient pas en nombre infini.

Dès lors, R *ne peut pas être une translation :* car, si t était la grandeur de cette translation, ses puissances successives seraient des translations de grandeurs respectives $2t$, $3t$,... : de telles translations sont nécessairement toutes distinctes entre elles et en nombre infini.

De même R *ne peut être un déplacement hélicoïdal :* car, si t est la translation qui entre dans R, les déplacements R^2, R^3... comprendraient les translations $2t$, $3t$... et seraient, par conséquent, aussi tous différents les uns des autres.

Donc *le groupe* G *est exclusivement composé de rotations.*

830 *bis*. De plus, soit α l'angle d'une rotation R appartenant à G : les puissances successives de R auront pour angles respectifs 2α, 3α... Pour que ces puissances ne soient pas en nombre infini, il faut qu'une certaine puissance R^p ne soit pas distincte d'une puissance précédente $R^{p'}$. Il est clair que ceci aura lieu lorsque les angles de R^p et de $R^{p'}$ différeront d'un nombre entier de circonférences, et dans ce cas seulement. Donc, *si nous supposons que les angles soient mesurés en prenant pour unité la circonférence entière*, on aura :

$$p\alpha = p'\alpha + m,$$

m étant un entier. Cette équation donne :

$$\alpha = \frac{m}{n}, \tag{27}$$

en posant $p - p' = n$.

On voit alors que la puissance n^{me} de R donnera une rotation composée d'un nombre entier m de circonférences, c'est-à-dire se réduira au déplacement identique : la puissance R^{n+1} ne sera, dès lors, pas distincte de R, la puissance R^{n+2} de R^2....

Nous pouvons d'ailleurs toujours supposer que n ait été choisi le plus petit possible (c'est-à-dire que R^n soit la première puissance de R qui se réduise au déplacement identique). Cela revient évidemment à supposer que la fraction $\frac{m}{n}$ est réduite à sa plus simple expression. Lorsqu'il en est ainsi, on dit que n est l'*ordre* de la rotation R. Par exemple, une rotation d'ordre 2 n'est autre que ce que nous avons appelé précédemment *transposition*.

L'angle $n\alpha$ étant un multiple de la circonférence, la rotation R^{n-p}, laquelle est d'angle $(n - p)\alpha$, revient à une rotation d'angle $p\,\alpha$ effectuée en sens contraire, c'est-à-dire à R^{-p}. En particulier, l'*inverse* $R^{-1} = R^{n-1}$ *de* R *figure parmi les puissances de* R *et, par conséquent, dans le groupe* G.

Enfin, on peut remarquer que si n est l'ordre de R, la rotation ayant pour axe celui de R et pour angle $\frac{1}{n}$ figure également parmi les puissances de R. Car les nombres m et n qui figurent dans la relation (27) étant premiers entre eux, on peut [1] trouver deux entiers h et k tels que l'on ait

$$km - hn = 1$$

(1) TANNERY, *Leçons d'Arithmétique*, page 466.

Cette relation donne

$$k\alpha = \frac{km}{n} = h + \frac{1}{n},$$

et montre, par conséquent, que la rotation R^k a son angle égal au $n^{\text{ème}}$ de la circonférence, à un nombre entier h de circférenee près, lequel peut être laissé de côté.

831. Considérons maintenant deux rotations R et S du groupe.

Leurs axes sont dans un même plan; l'hypothèse contraire serait, en effet, incompatible avec le résultat que nous venons de trouver au n° **829**, en vertu de la proposition que nous énonçons à l'exercice 592.

De plus, *ces axes (s'ils sont distincts) ne peuvent être parallèles*, car, dans ce cas, ou bien R et S auraient leurs angles égaux et de sens contraires, et le déplacement RS serait une translation non nulle (comparer Pl., ex. 94); ou bien les angles de R et de S seraient inégaux (ou égaux et de même sens) et les deux opérations RS et SR seraient deux rotations égales, mais (ex. 623-624) autour d'axes forcément distincts entre eux, de sorte que l'opération $RS(SR)^{-1}$ (ou $RSR^{-1}S^{-1}$) serait une translation non nulle.

Les deux axes (s'ils sont distincts) se coupent donc forcément en un certain point O.

832. Le groupe G renferme d'ailleurs nécessairement une rotation T dont l'axe passe par le point O et est situé en dehors du plan des deux premiers. Si, en effet, R et S sont toutes deux des transpositions, cette rotation T est donnée (**416**) par le produit RS; si, au contraire R, par exemple, n'est pas une transposition, la transformée de S par R a évidemment son axe en dehors du plan qui contient ceux de R et de S.

Dès lors, l'axe de toute rotation U du groupe doit passer par le point O, puisqu'il doit (n° préc.) rencontrer les axes de R, de S et de T.

833. Nous arrivons donc à cette première conclusion :

Tous les déplacements du groupe sont des rotations dont les axes passent par un même point.

Nous prendrons le point O où se coupent tous les axes comme centre d'une sphère Σ : il est clair qu'il suffira, pour étudier les rotations du groupe G, de les appliquer aux seuls points de la sphère Σ.

Chaque axe de rotation coupera Σ en deux points, les seuls que la rotation correspondante laisse inaltérés sur la sphère ; pour abréger, nous donnerons aux points ainsi obtenus le nom de *pôles de rotation.*

Chaque pôle de rotation est, en général, commun à plusieurs rotations du groupe. La plus petite [1] R d'entre elles a pour angle une partie aliquote de la circonférence : car si cet angle était mesuré par $\frac{m}{n}$ (la fraction $\frac{m}{n}$

(1) C'est-à-dire celle dont l'angle est le plus petit, le déplacement identique étant, bien entendu, excepté.

étant irréductible), nous savons que le groupe renfermerait la rotation de même axe et d'angle $\frac{1}{n}$, qui serait plus petite que la première, si m était plus grand que 1 : donc $m = 1$.

D'ailleurs, toutes les autres rotations du groupe ayant les mêmes pôles que R seront des puissances de R : car si l'angle α de l'une d'elles était mesuré par un nombre compris entre $\frac{p}{n}$ et $\frac{p+1}{n}$, en la multipliant par R^{-p}, on obtiendrait évidemment une rotation de même axe et dont l'angle serait plus petit que $\frac{1}{n}$, par conséquent plus petit que celui de R (contrairement à l'hypothèse). Nous dirons que n est l'*ordre du pôle de rotation* considéré.

Un pôle d'ordre n est évidemment commun à $n - 1$ rotations, le déplacement identique non compris.

834. N étant l'ordre du groupe, un point quelconque P de la sphère a N homologues, qu'on obtient en lui faisant subir successivement les N déplacements du groupe (déplacement identique compris). Si P n'est pas un pôle de rotation, ces homologues sont tous distincts entre eux; car si deux ou plusieurs d'entre eux coïncidaient en P', le point P' serait pôle d'une rotation R', et le point P, pôle d'une rotation R homologue de R' (**829**).

Si, au contraire, P est un pôle de rotation d'ordre n, commun à la rotation R $\left(\text{d'angle } \frac{1}{n}\right)$ et à ses puissances $R^2 \ldots$, R^{n-1}, il coïncidera avec $n - 1$ de ses homologues. De plus, soit P' un autre homologue de P, déduit de P par un déplacement S du groupe et ne coïncidant pas avec P : il y aura n homologues de P qui coïncideront avec P'; à savoir, ceux qu'on déduit de P par les rotations S, RS, $R^2S \ldots$, $R^{n-1}S$. Il n'y en aura d'ailleurs pas d'autres : car, sans cela, le point P' serait pôle de rotation d'un ordre n' supérieur à n et le point P serait également, en vertu de ce que nous avons dit au n° **829**, pôle de rotation d'ordre n' et non d'ordre n.

Ainsi, le nombre des homologues de P réunis en P' est exactement n; et, puisque le point P' a été pris quelconque parmi les homologues de P, on peut dire que *les* N *homologues de* P *viennent se confondre entre eux n à n*. On voit, par conséquent, que N est divisible par n et qu'*il y a $\frac{N}{n}$ homologues* **distincts** *de* P (le point P lui-même étant compté dans le nombre).

835. Le résultat que nous venons d'obtenir va nous mener à une relation fondamentale entre l'ordre N du groupe et les ordres des différents pôles de rotation.

Soit en effet, P_1 un premier pôle de rotation d'ordre n_1 : nous venons de voir que ce point avait $\frac{N}{n_1}$ homologues distincts. Mais, d'autre part, le pôle

P_1 est commun à $n_1 - 1$ rotations (déplacement identique non compris) : ses homologues seront chacun (**834**) communs à $n_1 - 1$ rotations homologues des premières : soit en tout $\frac{N}{n_1}(n_1 - 1) = N\left(1 - \frac{1}{n_1}\right)$ rotations. Si maintenant, il existe un pôle P_2, non homologue de P_1 et d'ordre [1] n_2, ce point aura $\frac{N}{n_2}$ homologues distincts, fournissant $N\left(1 - \frac{1}{n_2}\right)$ rotations. Un troisième pôle P_3 (s'il en existe), distinct de P_1, de P_2 et de leurs homologues, aura $\frac{N}{n_3}$ homologues fournissant $N\left(1 - \frac{1}{n_3}\right)$ rotations, etc. Nous aurons donc finalement, pour le nombre total de ces rotations, une expression de la forme

$$N\left(1 - \frac{1}{n_1}\right) + N\left(1 - \frac{1}{n_2}\right) + \ldots + N\left(1 - \frac{1}{n_p}\right).$$

Dans ce nombre, le déplacement identique n'est pas compté ; mais chacun des $N - 1$ autres déplacements du groupe figure deux fois (et deux fois seulement), une fois pour chacun des deux pôles qu'il possède : d'où la relation à laquelle nous voulions arriver

$$N\left(1 - \frac{1}{n_1}\right) + N\left(1 - \frac{1}{n_2}\right) + \ldots + N\left(1 - \frac{1}{n_p}\right) = 2(N - 1),$$

ou, en divisant par N,

$$(28) \qquad \left(1 - \frac{1}{n_1}\right) + \left(1 - \frac{1}{n_2}\right) + \ldots + \left(1 - \frac{1}{n_p}\right) = 2 - \frac{2}{N}.$$

C'est cette équation que nous allons résoudre par rapport aux entiers positifs (plus grands que l'unité) $n_1, n_2, \ldots, n_p$, N.

Puisque les nombres $n_1, n_2, \ldots, n_p$ sont au moins égaux à 2, chacune des parenthèses du premier membre est au moins égale à $\frac{1}{2}$: donc *le nombre p de ces parenthèses est inférieur (et non égal) à 4*, car le second membre est plus petit que 2 (l'égalité étant exclue).

D'autre part, le second membre étant au moins égal à 1 (l'égalité n'ayant lieu que pour $N = 2$) pendant que chacune des parenthèses du premier membre est plus petite que 1, on ne peut pas avoir $p = 1$.

836. Si p est égal à 2, l'équation (28) se réduit à

$$\frac{1}{n_1} + \frac{1}{n_2} = \frac{2}{N}$$

et n'a pas d'autres solutions acceptables pour nous que $n_1 = n_2 = N$. Car, il faudrait, sans cela, que l'un des nombres n_1, n_2 fût plus grand que N : ce qui est absurde, puisque N doit être divisible par n_1 et par n_2.

(1) Il est bien entendu (voir plus haut, **829**) que n_2 peut être égal à n_1 sans que P_1 et P soient homologues.

$n_1 = n_2 = N$ montre qu'il n'y a que deux pôles de rotation distincts $\left(\frac{N}{n_1} = \frac{N}{n_2} = 1\right)$ et, par conséquent, qu'un seul axe : nous savons qu'alors, les rotations autour de cet axe sont toutes des puissances de l'une d'entre elles. Inversement, il est clair qu'on a bien ainsi un groupe : tel est le groupe des rotations qu'admet (**707**) un angle polyèdre régulier quelconque.

837. Envisageons maintenant le cas de $p = 3$. Dans ce cas, il y a au moins un des nombres n_1, n_2, n_3 qui est égal à 2. Car si on avait $n_1 \geqslant 3$, $n_2 \geqslant 3$, $n_3 \geqslant 3$, chacune des parenthèses du premier membre de l'équation (28) serait au moins égale à $\frac{2}{3}$: leur somme serait donc au moins égale à 2, ce qui ne se peut. Nous prendrons donc $n_3 = 2$, et la relation (28) devient

$$(29) \qquad \frac{1}{n_1} + \frac{1}{n_2} = \frac{1}{2} + \frac{2}{N}.$$

Nous pouvons remarquer tout de suite que cette équation coïnciderait avec l'équation (15′) du n° **715** si l'on changeait n_1, n_2, N, respectivement en m, n, 2A.

Seulement, ici, l'un des nombres cherchés, n_1 par exemple, peut prendre la valeur 2, après quoi l'autre peut être choisi arbitrairement, le nombre N étant égal (comme le montre l'équation (29)) à $2n_2$. Il n'y a alors que deux pôles, et, par conséquent, un seul axe, d'ordre n_2, les rotations qui ne sont pas effectuées autour de cet axe étant toutes des transpositions ; on verra aisément que les axes de celles-ci doivent être perpendiculaires au premier et faire des angles égaux les uns avec les autres.

Les groupes ainsi obtenus ont reçu le nom de *groupes diédraux* [1]: un tel groupe est celui qu'admet un polygone plan régulier quelconque ou la figure formée par un angle polyèdre régulier et son symétrique, formé en prolongeant les arêtes au delà du sommet.

On notera le cas où n_2 est lui-même égal à 2. Le groupe se compose alors de trois transpositions dont les axes forment un trièdre trirectangle.

Si, maintenant, nous écartons le cas de $n_1 = 2$, les raisonnements du n° **715** sont valables : n_1 est nécessairement à 3 ; n_3 a l'une des valeurs 3, 4, 5. Les valeurs correspondantes de N sont N = 12, 24, 60.

838. Démontrons qu'à chacune des combinaisons ainsi obtenues, correspond bien un groupe d'ordre fini [2].

(1) Si on divise un grand cercle de la sphère en n parties égales, les n arcs ainsi obtenus peuvent être considérés, à un certain point de vue, comme les côtés (en prolongement les uns des autres) d'un polygone sphérique régulier comprenant un hémisphère entier et la sphère est divisée en deux tels polygones. Le polyèdre correspondant (dièdre) aura deux faces confondues l'une avec l'autre, ainsi qu'il arrivait pour le polygone régulier de deux côtés. (Pl., page 179, note.)

(2) Cela est évident si nous admettons la théorie des polyèdres réguliers, telle qu'elle est exposée aux Compléments, ch. V, puisque nous savons que les cinq espèces de polyèdres réguliers donnent précisément trois groupes qui correspondent aux trois combinaisons en

Les raisonnements sont absolument pareils pour les trois cas : nous traiterons plus particulièrement le plus compliqué, celui de $n_2 = 5$.

Nous savons que le groupe doit comprendre : 1° des rotations d'ordre n_2; 2° des rotations d'ordre $n_1 = 3$; 3° des transpositions. Nous allons trouver une rotation d'ordre 3 et une transposition dont le produit soit une rotation d'ordre n_2.

A cet effet, nous construirons un triangle sphérique (*fig.* 656) ayant pour angles (en A, B, C respectivement) la $n_1^{\text{ème}}$ partie, la $n_2^{\text{ème}}$ partie et la $n_3^{\text{ème}}$ partie de la demi-circonférence (le dernier angle étant droit, puisque $n_3 = 2$). Ce triangle peut être construit, car ses angles satisfont aux conditions de possibilité énoncées au n° **379**. Nous considérerons :

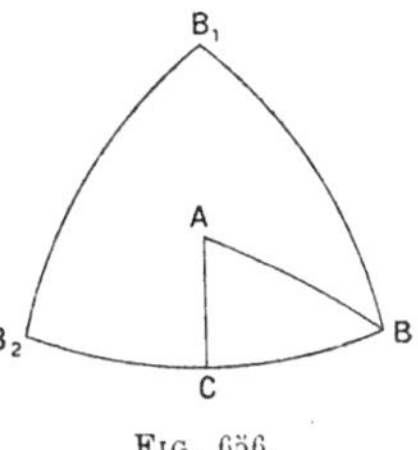

Fig. 656.

1° une rotation R, d'angle égal à la $n_1^{\text{ème}}$ partie de la circonférence, ayant un pôle en A et de même sens que la rotation d'angle égal à BAC $\left(\text{soit à } \dfrac{1}{2\,n_1}\right)$ qui amènerait le grand cercle AB dans la direction AC;

2° une rotation S, d'angle égal à la $n_2^{\text{ème}}$ partie de la circonférence, ayant un pôle en B et de même sens que la rotation d'angle ABC $= \dfrac{1}{2\,n_2}$ qui amènerait le grand cercle BA dans la direction BC;

3° une transposition T ayant un pôle en C.

Cette dernière opération transforme B en un point B_2, symétrique de B par rapport au diamètre du point C et par conséquent aussi (puisque l'angle en C est droit) par rapport au plan du grand cercle AC. L'angle sphérique BAB_2 est dès lors mesuré par $\dfrac{1}{n_1}$ et le point B_2 n'est autre que le transformé de B par R.

Si à ce point B_2, lui-même, on applique la rotation R, on aura un troisième point B_1. Une troisième application de la rotation R ramènerait au point B, car, puisque $n_1 = 3$, on a $R^3 = 1$.

Les triangles sphériques ABB_2, AB_2B_1, AB_1B étant isoscèles et égaux entre eux [1], l'angle sphérique B_1BB_2, double de l'angle à la base du

question. Mais, ainsi que nous l'avons dit, nous ne nous appuyons pas sur les résultats des nᵒˢ **712-717**, que nous allons, au contraire, démontrer à nouveau dans ce qui va suivre.

(1) Les triangles sphériques ABC, AB_2C sont entièrement extérieurs l'un à l'autre et forment par leur ensemble le triangle sphérique ABB_2. De même les triangles sphériques ABB_2, AB_2B_1, AB_1B sont entièrement extérieurs les uns aux autres et forment par leur ensemble le triangle BB_1B_2. C'est ce que l'on verra immédiatement en remarquant : 1° que l'on peut construire un triangle sphérique BB_1B_2 ayant ses angles mesurés par $\dfrac{1}{n_2}$; 2° qu'en divisant ce triangle par les arcs de grands cercles qui joignent le pôle intérieur (**466**) du cercle circonscrit aux sommets et aux milieux des côtés, on obtient des triangles rectangles ayant les angles que nous avons assignés au triangle ABC. Au reste, il importe d'observer qu'aucune de ces remarques n'est nécessaire à la suite de nos raisonnements.

triangle ABB_2, est mesuré par $\frac{1}{n_2}$; donc le point B_2 est le transformé de B_1 par la rotation S.

Mais si nous effectuons successivement les déplacements R et T, le point B reste inaltéré (puisque R l'amène en B_2 et que T ramène B_2 en B) et le point B_1 vient en B_2. Le déplacement RT produit donc sur trois points non en ligne droite (B, B_1 et le centre de la sphère) le même effet que S et, par conséquent (**410**), on a

$$RT = S \tag{30}$$

ce qui peut encore s'écrire

$$S^{-1} = T^{-1}R^{-1} = TR^{-1}, \tag{31}$$

car, T étant une transposition, on a $T^{-1} = T$.

839. Lorsqu'on effectue plusieurs fois de suite la rotation S, le point B_1 a n_2 transformés distincts (le $n_2^{\text{ème}}$ transformé coïncidant avec B_1 lui-même) : soit B_1, B_2, B_3 (*fig.* 657) si $n_2 = 3$; B_1, B_2, B_3, B_4 (*fig.* 658), si $n_2 = 4$; B_1, B_2, B_3, B_4, B_5 (*fig.* 659), si $n_2 = 5$; et les n_2 triangles sphériques $B\,B_1B_2$, $BB_2\,B_3$,.... sont tous équilatéraux et égaux entre eux.

La considération de ces triangles va nous servir à étudier le déplacement

$$U = RTR^{-1}T.$$

Si l'on effectue successivement les déplacements R, T, R^{-1}, T, en partant du point B ou du point B_1, on arrive au point B_3 dans le premier cas, au point B_2 dans le second ([1]). Toute rotation, autour d'un axe passant par le centre de la sphère, qui transformera B en B_3 et B_1 en B_2, sera donc (toujours en vertu du n° **410**) identique au déplacement U.

Or, si $n_2 = 3$, la transposition ayant un pôle au milieu C_1 (*fig.* 657) de l'arc de grand cercle BB_3 change bien B en B_3; de plus, le triangle équilatéral BB_3B_1 est changé en un triangle équilatéral égal ayant aussi un côté suivant BB_3, mais placé par rapport à ce côté, dans l'hémisphère où n'est pas B_1 : le troisième sommet de ce triangle, nouvelle position du point B_1, ne peut être autre que B_2.

Donc U est la transposition qui a un pôle en C_1.

Si $n_2 = 4$, le triangle sphérique équilatéral BB_3B_4 (*fig.* 658) (deuxième transformé de $BB_1\,B_2$ par S) admet une rotation d'angle égal à $\frac{1}{3}$ de circonférence, transformée de R par S^2 et dont nous représentons en A_2 (*fig.* 658) le pôle, transformé de A. Cette rotation change B en B_3; en même temps —

([1]) Par exemple, le point B est changé par le déplacement R en B_2, que T change en B, lequel est changé par R^{-1} en B_1, lequel est changé par T en B_3.

le point B_3 venant en B_4 et le point B_4 en B, — le point B_1, symétrique de

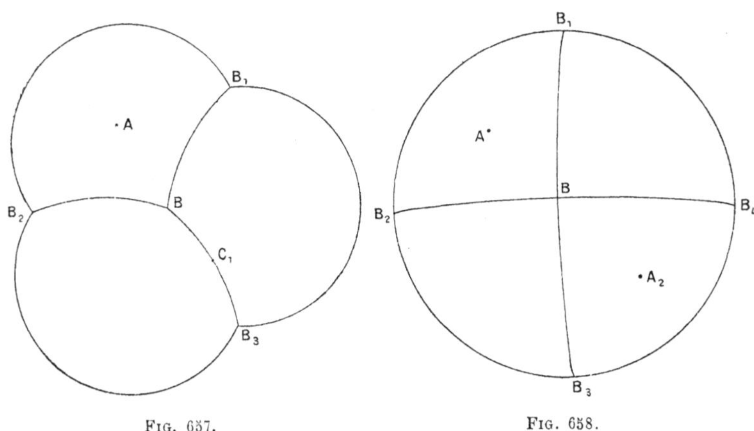

Fig. 657. Fig. 658.

B_3 par rapport au plan du grand cercle BB_4, vient en un point symétrique de B_4 par rapport au plan du grand cercle BB_3, c'est-à-dire au point B_2. Donc, cette rotation, d'ordre 3, est identique au déplacement U.

Enfin, si $n_2 = 5$, une rotation d'angle égal au $\frac{1}{5}$ de la circonférence, ayant un pôle en B_4 (*fig.* 659), amène B en B_3 (puisque le triangle sphérique BB_3B_4 est équilatéral et a son angle égal à $\frac{1}{5}$); elle amène de même le point B_5 en B et, par conséquent, le point B_1 vient au point B_2, puisque l'un est le symétrique de B_4 par rapport au plan du grand cercle BB_5, et l'autre le symétrique de B_4 par rapport au plan du grand cercle BB_3.

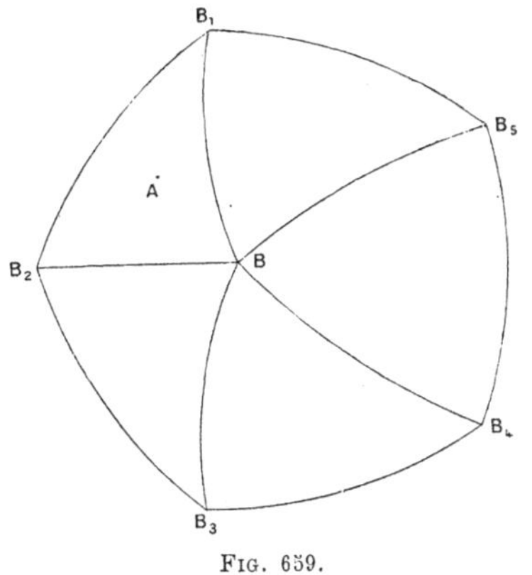

Fig. 659.

Donc, cette rotation d'ordre 5 coïncide avec U.

840. Cela posé, considérons les produits que l'on peut former avec les facteurs R, S, T pris en nombre quelconque et dans tous les ordres possibles. Dans chacun de ces produits, on peut évidemment remplacer plusieurs facteurs *consécutifs* par leur produit effectué, mais il est bien entendu, ainsi que nous l'avons déjà rappelé, que l'on n'a pas, en général, le droit d'intervertir l'ordre des facteurs. Dans ces conditions, il semble que les produits ainsi obtenus soient en nombre infini : nous allons démontrer qu'il n'en est rien et que l'on trouve ainsi des déplacements en nombre limité. Nous aurons ainsi fourni la démonstration demandée, car les produits dont nous parlons forment, d'après la manière même dont il sont définis, un groupe.

Pour arriver à cette démonstration, nous commencerons par remplacer chaque facteur S par sa valeur RT, en vertu de la relation (30). Les symboles que nous aurons à considérer seront donc composés de facteurs R et T. Chaque fois qu'il y aura deux lettres T consécutives, nous pourrons les supprimer, puisque l'on a $T^2 = 1$. De même R^3 étant égal à 1, non seulement nous ne conserverons jamais plus de deux lettres R consécutives, mais lorsqu'il s'en trouvera deux, nous remplacerons leur produit R^2 par R^{-1}. Dans ces conditions, chacun des déplacements en question sera représenté par un symbole composé de lettres T alternant avec des lettres R ou R^{-1}.

Mais un même déplacement peut être représenté par plusieurs symboles de la forme précédente : nous supposerons (ce que nous avons le droit de faire) que, parmi ces symboles équivalents entre eux, ont ait choisi le plus court. Nous considérerons donc un tableau formé de tous les symboles de la forme indiquée tels qu'aucun d'entre eux ne puisse être remplacé par un symbole équivalent, mais plus court; et nous allons montrer que le nombre des symboles du tableau est limité.

841. En premier lieu, la succession RT ne peut figurer plus de deux fois consécutives (pour $n_2 = 5$ ou $n_2 = 4$; plus d'une fois pour $n_2 = 3$) : car la substitution $RT = S$ est d'ordre 5 et, par conséquent, $S^3 = RTRTRT$ peut se remplacer par le symbole le plus court [1] $S^{-2} = TR^{-1}TR^{-1}$.

De même, le signe R^{-1} (alternant avec T) ne peut figurer plus de deux fois consécutivement : la suite $TR^{-1}TR^{-1}TR^{-1} = S^{-3}$ se remplaçant par $S^{-2} = RTRT$.

Mais il y a plus : la succession RT, par exemple, ne peut figurer deux fois de suite qu'à l'une des extrémités du symbole : en effet, si elle se trouvait deux fois de suite à l'intérieur de ce symbole, elle serait précédée d'une lettre T et suivie du signe R^{-1} (ou exceptionnellement [2] R) ce qui donnerait la succession :

$$\ldots TR\, TR\, TR^{-1} \ldots .$$

(1) Le symbole ainsi abrégé se réduirait encore, en général, puisque la première lettre T de la succession $TR^{-1}TR^{-1}$ serait en contact avec une lettre T précédente, ce qui permettrait de les supprimer toutes deux, et de même pour la dernière lettre R^{-1} (comparer ci-après).

(2) Cette dernière hypothèse est d'ores et déjà inadmissible si R n'est pas la dernière lettre du symbole, car elle serait suivie d'une lettre T, donnant une troisième fois la succession RT.

Mais si, dans celle-ci, on remplace

$$RT\,RT = S^2 \text{ par } TR^{-1}\,TR^{-1}TR^{-1} = S^{-3},$$

il vient

$$\ldots T\,TR^{-1}\,TR^{-1}\,TR^{-1}\,R^{-1}\ldots\ldots,$$

ce qui (puisque $T^2 = 1$ et $R^{-2} = R$), se réduit à

$$\ldots R^{-1}\,TR^{-1}\,TR\ldots,$$

symbole plus court d'une lettre que le premier.

De même, la successsion TR^{-1} ne peut figurer deux fois de suite qu'à l'une des extrémités du symbole.

Par conséquent, sauf aux extrémités, on voit que les lettres R et R^{-1} (entremêlées de lettres T) *alternent régulièrement* : autrement dit que l'ordre est

$$\ldots RTR^{-1}T\,RTR^{-1}T\,RTR^{-1}T\ldots\ldots$$

Mais le produit $RTR^{-1}T$ n'est autre que le déplacement que nous avons nommé U, et nous avons constaté que ce déplacement était d'ordre fini (d'ordre 5, pour $n_2 = 5$).

Dès lors, notre conclusion est établie : notre symbole comprend, au plus, le produit U, écrit une ou deux fois (¹), pouvant être précédé et pouvant être suivi de lettres R ou R^{-1} en nombre au plus égal à 2 (entremêlées de lettres T); et il est clair qu'il n'existe qu'un nombre fini de symboles ainsi formés (en tenant compte des différentes réductions que nous venons d'indiquer, on vérifiera d'ailleurs bien que ce nombre est de 60, et qu'il est de 12 pour $n_2 = 3$, de 24 pour $n_2 = 4$).

842. Nous allons montrer maintenant qu'à chacune des valeurs trouvées pour n_2 ne correspond qu'un seul groupe d'ordre fini (en ne considérant pas comme distincts deux groupes *semblables* entre eux, c'est-à-dire tels que les rotations de l'un soit respectivement les transformées de celles de l'autre par un même déplacement).

Autrement dit, nous montrerons que le groupe correspondant à l'une des combinaisons précédemment obtenues comprend bien trois rotations R, S, T disposées comme nous l'avons indiqué au nº **838** : il comprendra, dès lors, tous les produits qu'on peut former avec les facteurs R, S, T combinés de toutes les façons possibles et coïncidera bien, par conséquent, avec un des groupes qui viennent d'être formés.

Nous prendrons encore $n_3 = 2$, mais nous n'allons pas spécifier, au moins provisoirement, lequel des deux entiers n_1, n_2 est égal à 3 et lequel peut recevoir les valeurs 3, 4 ou 5.

(1) Si le produit U figurait trois fois, on le remplacerait (ainsi qu'on a fait pour S^3 par $U^{-2} = TRTR^{-1}\,TRTR^{-1}$, symbole plus court.

Soit alors A un pôle de rotation d'ordre n_1, et considérons, parmi les autres pôles homologues de A, ceux qui sont le plus rapprochés de A : soient A_0 l'un d'eux; $A_1, \ldots$, (*fig.* 660) ceux qu'on déduit successivement de A_0 par rotation d'angle $\frac{1}{n_1}$ autour de A.

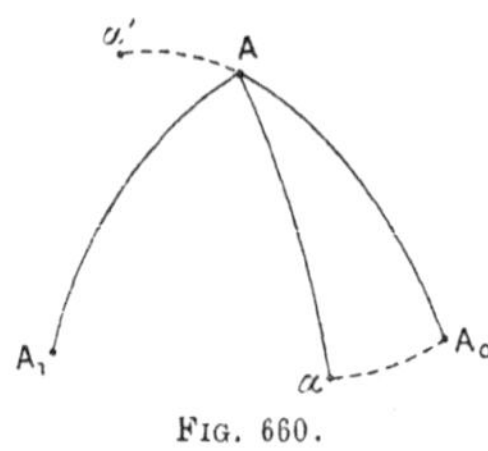

Fig. 660.

Outre ces points A_0, $A_1 \ldots$ il ne saurait exister de point α, homologue de A, aussi rapproché de A que A_1. Car l'arc $A\alpha = AA_0$ devrait tomber dans l'un des angles que font entre eux les arcs AA_0, $AA_1 \ldots$, par exemple, dans l'angle sphérique A_0AA_1 (*fig.* 660) : il devrait alors faire avec l'un des côtés de cet angle, AA_0 par exemple, un angle au plus égal à $\frac{A_0AA_1}{2} = \frac{1}{2n_1}\cdot$ Dès lors, dans le triangle isoscèle $AA_0\alpha$, la valeur commune des angles à la base devrait être supérieure à $\frac{1}{2n_1}$ (sans quoi la somme des angles serait au plus égale à $\frac{3}{2n_1}$, par conséquent — puisque $n_1 \geqslant 3$, — à la demi-circonférence, ce qui est impossible dans un triangle sphérique) et le côté $A_0\alpha$ serait plus petit que AA_0.

Mais il existe une rotation du groupe qui transforme A_0 en A. Cette même rotation transformerait α en un point α′ — homologue, lui aussi, de A, — et tel que $A\alpha' < AA_0$, ce qui est contraire à l'hypothèse d'après laquelle A_0 est un homologue de A aussi rapproché que possible de A.

843. Ayant ainsi établi que tout homologue de A, aussi rapproché de A que A_0, est le transformé de A_0 par une puissance convenable de la rotation R qui a pour pôle A et pour angle $\frac{1}{n_1}$, considérons une rotation S du groupe qui transforme A_0 en A. Cette même rotation transformera A en un autre homologue A_1 de A tel que $AA_1 = AA_0$. D'après ce que nous venons de démontrer, A_1 se déduira de A_0 par un déplacement de la forme R^p et on peut évidemment supposer (en multipliant S par une puissance convenable de R) que $p = 1$, de sorte que l'angle sphérique A_0AA_1 sera mesuré par $\frac{1}{n_1}$ (*fig.* 661).

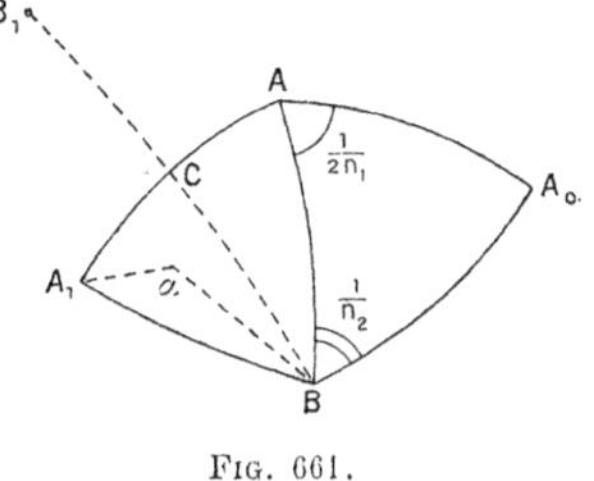

Fig. 661.

Le déplacement S ainsi déterminé aura ses deux pôles de rotation sur le grand cercle qui divise en deux parties égales l'angle A_0AA_1. Soit B celui de ces pôles qui est tel que l'arc de grand cercle AB inférieur à la demi-circonférence soit compris à l'intérieur de l'angle A_0AA_1, de sorte que les deux triangles sphériques isoscèles et égaux AA_0B, AA_1B (*fig.* 661) auront leurs angles à la base mesurés par $\frac{1}{2n_1}$. Ces mêmes triangles auront leur angle au sommet au moins égal à $\frac{1}{n_1}$ ou à $\frac{1}{n_2}$ (n_1 ou n_2 étant l'ordre de la rotation S). Or les nombres $\frac{1}{n_1}$ et $\frac{1}{n_2}$ sont tous deux supérieurs (pour $n_1, n_2 = 3, 4, 5$) à $\frac{1}{2n_1}$: donc on a $AB < AA_0$. Il en résulte (d'après l'hypothèse faite sur A_0) que B n'est pas un homologue de A, autrement dit que S n'est homologue ni de R ni d'une de ses puissances : B est un pôle de rotation d'ordre n_2 (que n_2 soit d'ailleurs égal à n_1 ou différent de n_1) et S a son angle mesuré par $\frac{1}{n_2}$ (1).

Enfin la rotation $T = R^{-1}S$ transformera A_1 en A et A en A_1 : ce sera donc une transposition ayant un pôle au milieu C de AA_1 ; la relation $T = R^{-1}S$ donne d'ailleurs (en multipliant les deux membres à gauche par R) $S = RT$. En un mot, les rotations R, S, T ont bien entre elles les relations annoncées.

844. Remarquons, de plus, qu'il ne saurait y avoir d'homologue de A plus rapproché de B que A. Si, en effet, α était un tel homologue (par conséquent tel que l'arc de grand cercle $B\alpha$ (*fig.* 661), soit plus petit que BA), il y aurait au moins un des grands cercles BA, BA_1,... BA_0, transformés de BA par les puissances successives de S, qui ferait avec $B\alpha$ un angle au plus égal à $\frac{1}{2n_2}$ (comparer **842**) : soit par exemple, BA_1 ce grand cercle. Le plus grand angle du triangle sphérique $BA_1\alpha$ serait alors autre que B_1, sans quoi la somme totale serait au plus égale à $\frac{B}{2n_2}$, par conséquent à la demi-circonférence, ce qui est impossible (comparer encore **842**), et, par conséquent, le côté $A_1\alpha$ serait inférieur au plus grand des deux autres côtés, c'est-à-dire à A_1B, lequel est lui-même (ainsi que nous l'avons vu) plus petit que AA_0. Or ceci ne peut avoir lieu, car une rotation du groupe qui transforme A_1 en A changerait α en un homologue de A plus voisin de ce dernier que A_0 (comparer **842**).

Il ne saurait non plus y avoir d'homologue β de B plus voisin de A que B, sans quoi la rotation qui change β en B changerait A en un homologue α de A tel que $\alpha B < AB$.

La distance AB *est inférieure à un quadrant :* car le point diamétralement

(1) Cet angle ne sera pas un multiple de $\frac{1}{n_2}$, sans quoi la rotation de pôle B et d'angle égal à $\frac{1}{n_2}$ (laquelle appartient au groupe) transformerait A en un de ses homologues plus voisin de lui que A_0, contrairement à l'hypothèse).

opposé à B est un pôle de rotation homologue, soit de A, soit de B : dans les deux cas, nous savons que sa distance à A, est plus grande (1) que AB.

845. Proposons-nous enfin de faire voir qu'à chacun des groupes obtenus correspondent deux polyèdres réguliers (sauf pour $n_1 = n_2 = 3$, qui ne donne pas deux polyèdres différents) : il nous suffira (**710**) de montrer que ces groupes donnent chacun deux divisions de la sphère en polygones sphériques réguliers et égaux.

A cet effet, considérons un point A de la sphère et appelons *domaine* de ce point la région formée par les points qui sont plus rapprochés de A que d'aucun de ses homologues $A_1.A_2$.... Les points de ce domaine sont évidemment ceux qui sont dans le même hémisphère que A, par rapport à chacun des grands cercles perpendiculaires aux milieux de AA_1, de AA_2, etc : le domaine de A est donc un polygone sphérique convexe, limité par des arcs empruntés à tout ou partie des grands cercles en question.

Les points A_1, A_2,... homologues de A, auraient de même leurs domaines respectifs D_1, D_2.... *Tous ces domaines sont extérieurs les uns aux autres et recouvrent, dans leur ensemble, la sphère entière :* en effet, un point quelconque P de la surface appartient toujours à un de ces domaines et, en général, à un seul, à savoir celui qui correspond à l'homologue de A le plus rapproché (2) de P.

Supposons d'abord que le point A ne soit pas un pôle de rotation, de sorte que les points A_1, A_2..., tous distincts entre eux, sont en nombre égal *à* l'ordre N du groupe.

Tous les domaines D, D_1, D_2..., *sont égaux entre eux : chacun d'eux est le transformé de* D *par un déplacement du groupe et par un seul.* Le domaine D_1, par exemple, est le transformé de D par le déplacement qui change A en A_1 : car si P est un point de D, P_1 son transformé, la distance A_1P_1 (égale à AP) est plus petite que la distance du point P_1 à A_2, par exemple (cette distance étant égale à la distance P à l'homologue A′ du point A qui est venu en A_2).

Ainsi chacun des domaines D, D_1, D_2.... correspond à un déplacement parfaitement déterminé du groupe.

Tout point P_0 *de la sphère a un homologue et, en général* (3), *un seul dans le domaine* D, puisque P_0 est contenu dans un des homologues de D.

(1) Il semblerait que les deux distances puissent être égales. Mais ceci ne pourrait se produire que si le point diamètralement opposé à B était un homologue de B, déduit de B par la rotation de pôle A : il faudrait, pour cela, que cette rotation soit d'ordre pair et l'on peut toujours appliquer le raisonnement du texte au pôle d'ordre 3. Au reste, si la distance AB était d'un quadrant, le triangle BAA_1 aurait ses angles à la base droits, ce qui n'est pas.

(2) S'il existe deux ou plusieurs homologues de A ayant avec P la distance minima, le point P est évidemment mitoyen à plusieurs domaines adjacents entre eux.

(3) Le cas exceptionnel est encore celui où le point P_0 est mitoyen à deux ou plusieurs domaines contigus.

On nomme *domaine fondamental* du groupe G tout domaine qui, comme D, possède cette propriété de renfermer un homologue et un seul de chaque point de la sphère.

846. Supposons maintenant que A soit un pôle de rotation d'ordre [1] n_1 ou n_2. Alors les points A_1, A_2..., sont en nombre inférieur à N et les domaines D, D_1, D_2,... cessent d'être des domaines fondamentaux. Mais ils sont encore tous égaux entre eux, extérieurs les uns aux autres et recouvrent entièrement la sphère par leur ensemble (les raisonnements présentés tout à l'heure à cet égard continuant à être valables). Nous allons voir que chacun de ces domaines (D, par exemple) est un polygone sphérique régulier.

Pour cela, A étant supposé un pôle d'ordre n_1, reprenons les notations du n° **843** : le point B, pôle d'ordre n_2, sera (**844**) au moins aussi rapproché de A que tout autre homologue de B : chacun des grands cercles limites du domaine D laissera donc A et B dans le même hémisphère ou passera par B : il laissera donc dans le même hémisphère tout point de l'arc de grand cercle [2] AB. Cet arc de grand cercle appartiendra, par conséquent, au domaine D et B, à la frontière de ce domaine. Il en sera de même des points B_1. B_2,..., transformés successifs de B par la rotation R de pôle A et d'angle $\frac{1}{n}$.

Les arcs de grands cercles BB_1, B_1B_2,... déterminent un polygone sphérique régulier, inscrit à un cercle dont A est le pôle intérieur (puisque la distance AB est inférieure à un quadrant). Un grand cercle limite du domaine D ne saurait couper les côtés BB_1, ..., sans quoi il laisserait deux des points B, B_1,.., dans des hémisphères différents, ce que nous savons ne pas être : chacun de ces grands cercles laisse, dès lors, tout le polygone dans un seul et même hémisphère. Donc tout le polygone sphérique BB_1B_2... fera partie du domaine D.

Mais chaque côté de ce polygone est frontière de D : car le symétrique de A par rapport au plan du grand cercle BB_1 est un homologue de A, le point A_1 (*fig.* 661). Donc, notre conclusion est démontrée : le domaine du point A est un polygone sphérique régulier.

Nous aurons bien ainsi deux divisions de la sphère en polygones réguliers égaux : à savoir, les domaines des pôles homologues de A, d'une part; les domaines des pôles homologues de B, de l'autre.

(1) Le lecteur étudiera sans difficulté le cas où A est un pôle d'ordre 2, lequel n'offre d'ailleurs aucun intérêt particulier.

(2) Il est bien entendu (**465**) qu'il s'agit de l'arc de grand cercle moindre qu'une demi-circonférence.

PROBLÈMES DIVERS

1203. Sur trois parallèles données, à partir de trois points A, B, C donnés respectivement sur ces droites, on prend trois longueurs Aa, Bb, Cc dont la somme est donnée.

Le plan abc passe par un point fixe G. Trouver le lieu de la projection d'un point donné H sur ce plan.

H′ étant un second point donné, quel est le lieu de l'intersection de deux plans tels que abc, sachant que la projection du point H sur l'un coïncide avec celle du point H′ sur l'autre?

Lieu du point G quand on fait varier la somme donnée. Trouver, sur ce lieu, la position du point G de manière que l'angle HGH′ ait une valeur donnée, H et H′ désignant deux points tels que la droite qui les joint soit perpendiculaire à la direction commune des parallèles.

1204. On coupe un trièdre par un plan variable suivant un triangle ABC. Lieu du point de rencontre des médianes de ce triangle :

1° Lorsque le point A reste fixe ;

2° Lorsque les points A et B restent fixes ;

3° Lorsque les différences OA — OB, OA — OC restent constantes.

1205. On donne, dans l'espace, trois droites (A), (B), (C). On mène un plan II perpendiculaire à (A) ; soient P, Q, R les points où ce plan rencontre respectivement les droites (A), (B), (C). Soient Q′ le point où la droite (A) est rencontrée par le plan perpendiculaire à (C) mené par le point Q, et R′ le point où la même droite (A) est rencontrée par le plan perpendiculaire à (B) mené par le point R.

Démontrer que la longueur du segment Q′R′ reste la même quand le plan II se déplace parallèlement à lui-même.

Existe-t-il un plan coupant les droites (A), (B), (C), en trois points A, B, C, tels que les droites BC, CA, AB soient respectivement rectangulaires avec les droites (A), (B), (C) ?

S'il existe un pareil plan, il en existe une infinité.

Existe-t-il un point M tel que, si on désigne par M′ son symétrique par rapport à la droite (A) et par M″ le symétrique de M′ par rapport à la droite (B), les points M et M″ soient symétriques par rapport à la droite (C) ? — S'il existe un tel point, M, il en existe une infinité. Quel est alors leur lieu ? — On examinera le cas particulier où les droites (A), (B), (C) ont un point commun et le cas plus particulier encore, où elles forment un trièdre trirectangle.

Dans le cas particulier où les droites (A), (B) ont un point commun O, et où C est perpendiculaire à leur plan sans passer par O, on déterminera le lieu des pieds des hauteurs du triangle ABC (l'un de ces pieds est fixe) et le lieu du point de rencontre de ces hauteurs.

1206. Si, dans un trièdre, une face est égale au dièdre opposé ou à son supplément, chacune des deux autres faces est aussi égale au dièdre qui lui est opposé ou à son supplément.

1207. Décomposer un tétraèdre quelconque donné en tétraèdres partiels dont chacun possède un plan de symétrie (le centre de la sphère inscrite sert de sommet commun à douze tétraèdres répondant à la question; le centre de la sphère circonscrite également, s'il est intérieur au tétraèdre).

Montrer que deux polyèdres symétriques peuvent être décomposés en parties superposables chacune à chacune.

1208. 1° Si deux faces d'un tétraèdre sont équivalentes, la droite qui projette, sur l'arête qui leur est commune, le milieu de l'arête opposée, est perpendiculaire à cette dernière;

2° Si trois faces sont équivalentes entre elles, la droite qui joint le centre de gravité au centre de la sphère inscrite passe par le sommet commun à ces trois faces;

3° Si les faces sont équivalentes deux à deux, le parallélépipède P, que l'on déduit du tétraèdre donné par la construction indiquée à l'exercice 550, est droit. Les faces équivalentes entre elles sont égales;

4° Si les quatre faces sont équivalentes, le parallélépipède de l'exercice 550 est rectangle. Les arêtes opposées sont égales deux à deux.

1209. Le volume du parallélépipède qui a ses arêtes suivant trois droites données de l'espace (ex. 521) est une troisième proportionnelle au parallélépipède rectangle qui a ses arêtes égales respectivement aux perpendiculaires communes que l'on peut mener aux droites données prises deux à deux, et au parallélépipède (généralement oblique) qui a ses arêtes respectivement égales et parallèles à ces mêmes perpendiculaires communes.

1210. Parmi tous les tétraèdres considérés à l'exercice 552 (D et D' étant deux droites données), quel est celui pour lequel la somme des aires des quatre faces est la plus petite ?

1211. Construire un tétraèdre ABCD, connaissant l'arête AB en grandeur et position, les aires des faces ABC, ABD et deux droites, parallèles à AB, sur lesquelles doivent se trouver les points C, D.

(On remarquera que la connaissance de la différence δ des carrés des aires données fait connaître un point de l'arête CD).

La quantité δ étant choisie une fois pour toutes, pour quelle position de CD les aires ABC, ABD sont-elles le plus grandes possibles ?

1212. Parmi tous les tétraèdres dont les faces ont respectivement des aires données, celui qui a le plus grand volume est à arêtes orthogonales [1].

(Appliquer l'exercice précédent).

1213. Si on a donné toutes les arêtes d'un tétraèdre, moins deux opposées, le volume est le plus grand possible lorsque les dièdres suivant les arêtes inconnues sont droits.

1214. Dans un tétraèdre à arêtes orthogonales, les cercles des neuf points (Pl., ex. 101) des quatre faces appartiennent à une même sphère.

(1) La construction de ce tétraèdre, lorsqu'on connaît les aires des quatre faces, ne peut s'effectuer, en général, par la règle et le compas.

Dans les mêmes conditions, les centres de gravité des quatre faces et les pieds des quatre hauteurs sont huit points d'une même sphère, laquelle coupe en outre chaque hauteur au tiers du segment qui joint le sommet correspondant au point de rencontre (ex. 535) de ces hauteurs.

1214 *bis*. Si deux tétraèdres ABCD, A'B'C'D' sont tels que les perpendiculaires abaissées des sommets du premier sur les faces du second concourent en un point E et, par conséquent (ex. 559), que les perpendiculaires abaissées des sommets du second sur les faces du premier concourent en un point E', on peut décrire, en prenant pour centres A, B, C, D, E, d'une part; A', B', C', D', E' de l'autre, des sphères telles que chacune d'elles soit orthogonale à toutes celles de l'autre série qui ne lui correspondent pas.

1215. Trouver, dans un plan donné P, un point tel que la somme de ses distances à deux droites données D, D_1 soit *minima*.

Soient mm_1 la perpendiculaire commune à D et à D_1; $m'm'_1$, la perpendiculaire commune à D et à la symétrique D'_1 de D_1 par rapport au plan P. Si le point cherché n'est pas sur mm_1 ou sur $m'm'_1$, il est (utiliser ex. 471, 471 *bis*) le pied de D ou de D_1 : savoir de D si mm_1 et $m'm'_1$ sont de part et d'autre du plan P; de D_1 dans le cas contraire.

1216. Étant donné le carré ABCD, on considère le triangle équilatéral *gef* tel que *g* est en A et que *e*, *f* sont sur les deux côtés BC, CD qui n'aboutissent pas en A. Évaluer le volume du solide compris entre le carré ABCD, le triangle GEF (dont le plan est parallèle à celui du carré et qui se projette sur celui-ci suivant *gef*) et les plans AGB, GBE, BEC, ECF, FCD, FGD, GDA.

1217. Montrer que la proposition qui fait l'objet de l'exercice 315 de la Géométrie plane, à savoir :

« *Si sur chaque côté d'un quadrilatère inscriptible, comme corde, on décrit un segment de*
« *cercle quelconque, les quatre nouveaux points où chacune des circonférences ainsi tracées*
« *rencontre la suivante forment également un quadrilatère inscriptible.* »

est également vraie en géométrie sphérique.

1218. Une sphère variable est tangente à deux plans fixes et passe par un point fixe. Trouver :

1° Le lieu du point de contact avec le plan fixe;

2° Le lieu décrit par la droite qui va du point donné au centre de la sphère. (On démontrera que le plan qui passe par le point donné et l'intersection de deux plans donnés coupe la sphère variable sous un angle constant.)

1219. Trouver le minimum de la somme des longueurs des tangentes menées d'un point à deux cercles qui n'ont aucun point commun.

1220. Si trois droites D_1, D_2, D_3 sont dans un même plan qui coupe trois sphères S_1, S_2, S_3 sous le même angle, les plans menés par D_1 tangentiellement à S_1, par D_2 tangentiellement à S_2, par D_3 tangentiellement à S_3, sont six plans tangents d'une même sphère, laquelle coupe le plan $D_1D_2D_3$ sous le même angle que les premières.

1221. A, B, C, D, E étant cinq points de l'espace, on prend les inverses des points B, C, D, E par rapport au point A comme pôle, la puissance d'inversion étant

$$\sqrt[3]{(\overline{AB}.\overline{AC}.\overline{AD}.\overline{AE})^2} :$$

ces points sont les sommets d'un certain tétraèdre. On forme de même un tétraèdre avec les inverses des points C, D, E, A, le pôle d'inversion étant B et la puissance

$$\sqrt[3]{(\overline{BC}\cdot\overline{BD}\cdot\overline{BE}\cdot\overline{BA})^2};$$

etc.

Montrer que tous ces tétraèdres ont même volume, lequel est égal à $\overline{MA}^2$ (ABCDE) + $\overline{MB}^2$ (CDEA) + $\overline{MC}^2$(DEAB) + $\overline{MD}^2$ (EABC)+ $\overline{ME}^2$ (ABCD), quelle que soit la position de M; (BCDE), ... désignant respectivement les volumes des tétraèdres BCDE, ... affectés du signe + ou du signe — suivant la disposition de ces tétraèdres. (On opérera comme pour l'exercice 875).

Montrer directement que cette dernière quantité est nulle si les points A, B, C, D, E appartiennent à une même sphère. (On mettra le point **M** au centre de la sphère.)

1222. Si une droite invariable se meut de manière que trois de ses points A, A′, A″ décrivent trois sphères dont les centres O, O′, O″ sont en ligne droite, chaque point de la droite se meut sur une sphère, à l'exception d'un qui se meut sur un plan.

Soient M le point dont on cherche le lieu; N, le point de la droite mobile situé à l'unité de distance de M. On mènera les parallèles NP, NP′, NP″ à OA, O′A′, O″, A″, jusqu'à rencontre en P, P′, P″ avec OM, O′M, O″M respectivement; et on appliquera aux points P, P′, P″, M, N, dont les quatre premiers sont situés dans un même plan, le premier théorème du n° **611**, en exprimant les coordonnées barycentriques à l'aide du théorème du n° **601**, comme on a fait pour l'exercice 875).

Le point qui décrit une droite est celui qui forme avec A, A′, A″ un rapport anharmonique égal à $\dfrac{O''O}{O''O'}$.

D'une manière générale, le centre de la sphère décrite par le point M est déterminé par la relation

$$(OO'O''\omega) = (AA'A''M).$$

1223. Les deux cônes qui ont pour sommet commun un point limite (ex. 690) de deux sphères et pour bases respectives les sections des deux surfaces par un même plan ont même direction de sections antiparallèles.

1224. On considère, sur une sphère donnée, tous les cercles C qui, vus d'un point donné S de l'espace, se projettent sur un plan fixe P suivant des cercles, sans avoir eux-mêmes leurs plans parallèles à P.

1° Montrer que les plans de ces cercles passent par une droite fixe D;

2° Inversement, à une droite D donnée (le plan P étant fixe) correspondent une infinité de points S. Lieu de ces points;

3° Soit C_1 un cercle orthogonal à tous les cercles C. Lieu des sommets des cônes qui passent par C_1 et l'un quelconque des C.

On fait en même temps que le cercle C, varier le cercle C_1, de façon qu'il passe par ces deux cercles un cylindre. Lieu de la parallèle menée par un point donné à l'axe de ce cylindre.

1225. Une sphère variable Σ est orthogonale à une sphère fixe S et tangente à une autre sphère fixe S_1.

1° Lorsque Σ est assujettie à la condition d'avoir son centre dans un plan fixe P, le lieu de son point de contact avec S_1 est un cercle.

Le lieu du centre de Σ est une conique. Si P est tangent à S, cette conique a pour foyer le point de contact de S et de P. Cas où P est tangent à S sur le cercle d'intersection de S et de S_1;

2° On peut déterminer, sur la ligne des centres de S et de S_1, un point f tel que la sphère Σ_0 concentrique à Σ et passant par f soit toujours tangente à une sphère fixe D, ayant même centre f_1 que la sphère S_1 ;

3° Si m est le centre de Σ_0, m' son point de contact avec D et que m' décrive un cercle de D, m reste dans un plan fixe et décrit une conique. Discuter cette dernière, en supposant que le plan du cercle se déplace parallèlement à lui-même ;

4° Si le plan T, mené perpendiculairement au milieu de fm', passe par un point fixe q, le lieu de m' est un cercle γ_q. Si q varie dans un plan fixe, γ_q reste orthogonal à un cercle fixe de D. Cas où q décrit une droite ;

5° Soit c le milieu de ff_1. Le lieu du point d'intersection des droites cm et fm', lorsque la sphère Σ_0 varie, est un plan.

1226. O étant un point fixe du plan, M un point quelconque, on mène la bissectrice de l'angle formé par OM avec une demi-droite fixe passant par O et on fait correspondre au point M le point M' obtenu en portant sur cette bissectrice (dans un sens ou dans l'autre) une longueur $OM' = \sqrt{a.\overline{OM}}$ (a étant une longueur donnée).

Prouver les propriétés suivantes :

1° Si M' décrit une droite, M décrit une parabole de foyer O (se ramène, par une rotation et une homothétie, à l'ex. 802) ;

2° Si M décrit une droite, M' décrit une hyperbole équilatère de centre O ;

3° Si M décrit successivement deux courbes qui se coupent, M' décrit deux courbes qui se coupent sous le même angle que les premières. Déduire de là l'exercice 1076.

1227. On mène, par un point fixe O d'une circonférence, des rayons parallèles à deux droites variables issues d'un point déterminé A du plan et conjuguées par rapport à la circonférence. La droite qui joint entre eux les points où ces rayons coupent à nouveau la circonférence passant (**664**) par un point fixe S, on demande le lieu de ce dernier lorsque A décrit une droite, et le lieu que doit décrire A pour que S décrive une droite (ex. précédent).

1228. Lorsqu'une figure plane invariable se meut de manière que deux de ses points décrivent des droites fixes, les ellipses décrites par les différents points sont telles que la différence de leurs axes soit constante.

Trouver, sur une position déterminée de la figure mobile, le lieu d'un point M tel que l'ellipse qu'il décrit soit semblable à une ellipse donnée, ou ait un axe parallèle à une droite donnée.

Trouver le lieu du point M tel qu'un foyer de l'ellipse décrite soit sur une droite donnée.

Trouver le lieu des foyers de l'ellipse décrite, lorsque M prend toutes les positions possibles sur une droite donnée (exercice 1226).

1229. Le mouvement d'une figure plane invariable considéré aux numéros **740-743** peut être considéré comme engendré par le roulement (voir page 254, note) d'un cercle lié à la figure mobile sur un cercle fixe de rayon double (lequel comprend constamment le premier à son intérieur).

1230. Dans le mouvement considéré aux numéros **740-743** et à l'exercice précédent, on détermine l'homologue D_0 d'une droite fixe quelconque D dans une figure fixe égale à la figure mobile. Montrer que D_0 est tangente à un cercle fixe.

(On prendra d'abord le cas où D passe par le point O (n° **743**)).

Ce cercle est le lieu des points de la figure mobile tels que les ellipses qu'ils décrivent soient tangentes à D.

1231. La courbe L, projection d'une hélice circulaire sur un plan parallèle à l'axe du cylindre de révolution auquel elle appartient, étant enroulée sur un cylindre de révolution C dont le rayon est moitié de celui qu'il conviendrait de prendre (exercice 821) pour la transformer en une courbe plane, montrer que la nouvelle courbe ainsi obtenue est la section de C par un certain cône de révolution ayant pour axe une génératrice de C, ou encore par une certaine sphère dont le centre appartient à la perpendiculaire abaissée du sommet du cône sur l'axe du cylindre.

1232. Lieu des points de contact des tangentes menées, parallèlement à une direction donnée, à une série de cercles ayant même axe radical (se ramène à l'exercice 1074).

1233. Si deux des points d'intersection d'un cercle et d'une hyperbole équilatère sont diamétralement opposés sur le cercle, les deux autres (s'ils existent) sont diamétralement opposés sur l'hyperbole. La tangente en l'un d'eux est perpendiculaire au diamètre du cercle qui joint les deux premiers. Réciproque.

1234. On prend la figure polaire réciproque d'un triangle ABC, par rapport à un cercle ayant son centre au point O′ considéré à l'exercice 365 (Pl., page 298).

Montrer que le cercle circonscrit à ABC se transforme en une ellipse ayant son foyer en O′ et qui touche les côtés du nouveau triangle A′B′C′, polaire réciproque de ABC, en leurs milieux (ellipse maximum inscrite à A′B′C′).

1235. On donne deux cercles, sécants en A et B, et on considère les coniques qui sont tangentes à ces cercles et les coupent, d'autre part, en A et B.

1° Ces coniques forment deux séries, la ligne qui joint les deux points de contact passant, dans chaque série, par un centre de similitude des cercles donnés;

2° Le lieu des centres des coniques de chaque série est un cercle par rapport auquel le centre de similitude correspondant a pour polaire AB ;

3° Les coniques de l'une des séries sont des hyperboles dont les asymptotes passent respectivement par deux points fixes (les milieux des tangentes communes aux cercles donnés). Les coniques de l'autre série sont des ellipses dont les diamètres conjugués égaux (exercice 1072) vont aussi passer par deux points fixes. Les axes des coniques de chaque série vont également passer par des points fixes. De plus, toutes les ellipses sont semblables entre elles, et de même les hyperboles [1]. L'angle aigu des asymptotes d'une quelconque de ces dernières est le demi-supplément de l'angle des tangentes communes aux cercles donnés.

Le rapport de similitude de deux ellipses ou de deux hyperboles d'une série est la racine carrée du rapport des distances de leurs centres à AB;

4° Les coniques d'une même série coupent une hyperbole équilatère quelconque ayant A et B pour points diamétralement opposés en deux points C et D situés en ligne droite avec un centre de similitude des cercles donnés (exercices 1137, 1233).

1236. Étant donnés deux plans sécants P, Q, montrer qu'à chaque point M de l'espace correspond un point M′ tel que toute figure tracée sur le plan P ait pour perspectives sur le plan Q, avec M et M′ pris respectivement comme points de vue, deux figures égales, mais de sens contraires.

Les points M et M′ dérivent l'un de l'autre par symétrie oblique (exercice 604).

1237. Lieu des centres des perspectives telles qu'une conique donnée se projette sur un plan donné suivant un cercle.

(1) Toutefois, cette partie de l'énoncé n'est entièrement vraie qu'à condition de considérer comme semblables entre elles deux hyperboles, dont l'une est semblable à la conjuguée de l'autre (**730** *bis*).

1237 *bis*. Lieu des centres de perspective tels qu'une conique donnée se projette sur un plan donné suivant une parabole.

1238. Lieu des points de contact des tangentes menées parallèlement à une direction donnée, aux cercles bitangents à une conique donnée C et ayant leurs centres sur l'axe focal. (La conique C étant regardée comme la section plane d'un cône de révolution, le lieu cherché est la section d'un certain cône à base circulaire).

Même problème lorsque les cercles bitangents ont leurs centres sur l'axe non focal. (Se ramène, par une homographie convenable, à l'exercice 1232, en vertu de l'exercice 847,2°).

1239. On donne deux droites OA, OB et deux points A, B, respectivement situés sur ces droites, et on considère les sécantes D qui coupent les droites en deux points M, N tels que MN soit la somme ou la différence des segments AM, BN.

Trouver les droites D qui passent par un point donné P du plan. Distinguer (pour les diverses positions de ce point) si MN est égal à la somme de AM et de BN ou à leur différence.

Enveloppe du cercle circonscrit au triangle OMN. Lieu du centre de ce cercle.

1240. On donne un triangle T. Soit T′ le triangle qui a pour sommet les projections d'un point M du plan sur les côtés de T.

1° Si M décrit une droite Δ, les côtés du triangle T′ enveloppent trois paraboles P_1, P_2, P_3. Ces paraboles sont inscrites dans le même angle. On construira leurs foyers et leurs directrices ;

Quelle position doit occuper Δ pour que ces paraboles soient tangentes entre elles en un même point ?

2° Comment faut-il choisir Δ pour que les trois directrices soient concourantes ? Lieu de leur point de concours ;

3° Si Δ tourne autour d'un point fixe K, les directrices des trois paraboles passent par trois points fixes I_1, I_2, I_3 : Enveloppe de KI_1 lorsque K ou I_1 décrit une droite ;

4° Pour quelles positions de K les trois points I_1, I_2, I_3 sont-ils en ligne droite ? Montrer qu'alors cette droite passe par un point fixe.

1241. On prend les symétriques d'un point M du plan par rapport aux côtés d'un triangle T : soit M′ le centre du cercle qui passe par ces trois symétriques.

1° Lorsque M décrit une droite, M′ décrit une conique S. Discuter le genre de S (ellipse, parabole ou hyperbole) lorsqu'on fait varier Δ. Positions de Δ pour lesquelles cette droite est tangente à S ;

2° Lorsque Δ se déplace parallèlement à elle-même, la conique S a ses axes parallèles à deux directions fixes. Le lieu du centre de cette conique est une conique S_1. Lieu du centre de S_1 pour les différentes directions que peut prendre Δ. (On remarquera (Pl., exercice 197) que S passe par quatre points fixes) ;

3° Par un point P′ de la conique S, on peut faire passer, outre la droite qui joint P′ à son correspondant P, deux autres droites dont chacune passe par un point M de Δ et son correspondant M′. Montrer que ces deux droites sont conjuguées harmoniques par rapport à celles qui joignent P aux points de rencontre de Δ avec S.

Montrer que si l'on joint P à un point variable M de Δ et que la droite PM rencontre à nouveau S au point N, la droite qui joint ce point N au point M′, correspondant de M, passe par un point fixe ;

4° On suppose que Δ passe par le centre ω d'un cercle inscrit à T. Trouver alors l'enveloppe de MM′ lorsque M varie sur Δ. (On démontrera que cette droite détermine sur S deux divisions homographiques) ;]

Montrer (exercice 1126) que les centres des trois autres cercles inscrits à T et les points de rencontre des diagonales du quadrilatère complet qui a pour côtés T et Δ sont six points d'une même conique.

1242. Si une courbe convexe est telle qu'à toute direction correspond une droite (diamètre conjugué) qui divise en deux parties égales chacune des cordes parallèles à cette direction, elle est une conique.

On démontrera successivement :

1° Que si un trapèze est inscrit à la courbe, les aires comprises entre chacun des côtés non parallèles et l'arc correspondant de courbe sont égales ;

2° Qu'on peut inscrire à la courbe une infinité d'hexagones dont les côtés opposés soient parallèles ;

3° Que les diamètres passent tous par un même point ou sont parallèles ;

4° Dans le premier cas, que la direction de chaque diamètre et la direction conjuguée sont rayons homologues d'une même involution.

1243. Étant donnés une parabole P et un cercle qui a avec elle un double contact, réel ou imaginaire (autrement dit l'un des cercles considérés au n° **724** et à l'exercice 843) la corde de contact étant D (c'est la droite qui porte ce nom à l'exercice 843, ou la droite $L''y''$ du n° **724**), la parabole P′ qui a un point f quelconque du cercle pour foyer et D pour directrice coupe la première en deux points situés sur la tangente au cercle en f.

Réciproque en partant d'une parabole P′ et prenant pour P une parabole quelconque passant par les extrémités d'une corde focale.

1244. Si un polygone de n côtés [1] inscrit à l'ellipse a le périmètre le plus grand possible, ses côtés sont tangents à une même ellipse homofocale à la première.

Pour $n = 4$, les sommets du polygone sont les points de contact de tangentes formant entre elles un rectangle. Réciproquement, les points de contact des côtés d'un rectangle circonscrit quelconque [2] sont les sommets d'un quadrilatère ayant le périmètre maximum, lequel est double du diamètre du cercle orthoptique.

1245. M est un point quelconque d'une ellipse donnée de centre O et d'axes $2a$, $2b$; R (n° **741**, fig. 612), l'extrémité d'une longueur portée sur la normale en M et égale au diamètre conjugué de OM :

1° Montrer que le demi-diamètre de l'ellipse, dirigé suivant OR, correspond au rayon du cercle homographique parallèle à RM, et que ce demi-diamètre est égal à $\frac{ab}{RM}$;

2° En déduire que chaque point du cercle Γ qui a pour centre O et pour rayon $a+b$ (ou du cercle Γ' qui a pour centre O et pour rayon $a-b$) est le centre d'un cercle tangent à l'ellipse et admettant en outre, avec cette courbe, deux tangentes communes parallèles entre elles.

1246. Les notations étant les mêmes que dans l'exercice précédent :

1° Si R et R′ sont deux points du cercle Γ, correspondant à deux points M et M′ de l'ellipse, et que la tangente en M passe par R′, réciproquement la tangente en M′ passe par R ;

(On montrera que les points M, M′, R, R′ sont sur une même circonférence ayant pour centre le centre ω de rotation de deux positions de la droite mobile) ;

(1) Il s'agit de polygones proprement dits, délimitant une portion du plan.

(2) On voit qu'il y a une infinité de polygones ayant le périmètre maximum. C'est ce qui a lieu également pour n quelconque (comparer Pl., ex. 331, et voir plus loin exercice 1246, 9°).

2° Quelle relation y a-t-il entre l'angle des normales MR, M'R' en M et en M' d'une part, l'angle $\widehat{ROR'}$ de l'autre ?

3° L'une des normales MR, M'R' et la symétrique de l'autre par rapport au centre O, se coupent sur le centre Γ' de centre O et de rayon $a-b$;

4° L'une des tangentes MR', M'R et la symétrique de l'autre par rapport au centre, se coupent sur le cercle Γ ;

5° Du point R, soient menées à l'ellipse, les tangentes RM', RM'_1. Soient N le symétrique de M' par rapport au centre, P le symétrique de M'_1. Les tangentes en M, N, P forment un triangle circonscrit à l'ellipse, inscrit au cercle Γ, et dont les hauteurs sont normales à l'ellipse (le pied de chacune d'elles étant symétriques, par rapport au centre, du point de contact du côté correspondant) ; le lieu du point de rencontre de ces hauteurs est le cercle Γ' ;

6° Les droites RM', M'M, OR forment entre elles un triangle isoscèle. La bissectrice de l'angle ORM est la même que celle de l'angle des tangentes RM', RM'_1 ;

Il existe une parabole ayant son axe parallèle à OR, son foyer en M et bitangente à l'ellipse en M' et M'_1 ;

La circonférence orthogonale à Γ, menée par les points R et R', passe par le point d'intersection de MR', M'R ;

L'angle $\widehat{M'_1RR'}$ est droit ;

7° La droite RR' enveloppe une ellipse E' homofocale à la première (d'axes $2\sqrt{a^2+2ab}$ et $2\sqrt{b^2+2ab}$). En menant, par le point R', une nouvelle tangente à E', laquelle coupe Γ en un nouveau point, menant de celui-ci une tangente à E', etc., le contour ainsi formé se ferme en un hexagone circonscrit à E'.

La somme des carrés des côtés de cet hexagone est constante. La calculer en fonction de a, b.

8° On a $\overline{MM'} = \dfrac{\overline{RR'}^2}{2(a+b)}$.

9° La droite MM' enveloppe une nouvelle ellipse e' (figure homographique de l'ellipse enveloppée par la droite qui joint entre eux les points du cercle homographique correspondant à M et à M'). Cette ellipse est également homofocale à l'ellipse donnée (ses axes sont $\dfrac{2a}{a+b}\sqrt{a^2+2ab}$ et $\dfrac{2b}{a+b}\sqrt{b^2+2ab}$). Les points M, M', M'_1 et leurs symétriques par rapport au centre sont les sommets d'un hexagone [1] H circonscrit à e', dont le périmètre est constant et égal à $4\dfrac{a^2+ab+b^2}{a+b}$.

1247. Réciproquement :

1° Si une parabole est bitangente à une ellipse et a son foyer M sur cette ellipse, le pôle de contact est le point R considéré aux exercices précédents, ou le point analogue R_1 du cercle Γ' (se ramène par polaires réciproques à l'exercice 1243 et à l'exercice 845) ;

2° Si un cercle est tangent à une ellipse et admet avec elle deux tangentes communes parallèles entre elles (toutes deux distinctes de la tangente au point de contact), il existe une parabole ayant le point de contact pour foyer, et bitangente à l'ellipse avec le centre R du cercle comme pôle de contact. Le point R appartient dès lors au cercle Γ ou au cercle Γ' (se ramène à la réciproque proposée à l'exercice 1243) ;

3° Si un triangle est circonscrit à une ellipse et que chacune de ses hauteurs soit

(1) Cet hexagone H est l'hexagone de périmètre maximum dont il est question à l'exercice 1244.

normale à l'ellipse (en un point M situé sur la tangente symétrique du côté correspondant), les sommets de ce triangle sont des points analogues à R. (On transformera encore par polaires réciproques, en plaçant le centre du cercle directeur en M et, se donnant la parabole transformée de l'ellipse, ainsi que la polaire p du sommet du triangle correspondant à M et celle du point à l'infini sur un des deux côtés qui passent en ce sommet, on constatera que le problème qui consiste à chercher le point M n'a qu'une solution, laquelle est nécessairement un point du cercle bitangent qui a p pour corde de contact).

Trouver une ellipse inscrite à un triangle donné et normale aux trois hauteurs, mais non pas en leurs pieds.

1247 *bis*. On donne une conique S et deux points a, b de son plan. Prouver que les coniques bitangentes à S, tangentes à ab et telles que les secondes tangentes menées par a et b à chacune d'elles se coupent sur S, forment deux séries distinctes, le lieu du pôle de contact étant, pour chacune des séries, une conique passant par a et b. (On trouvera la corde de contact en construisant deux positions du point i de l'exercice 919, lesquelles décrivent respectivement les polaires de a et de b.)

Lorsqu'on prend pour a et b des points imaginaires convenables (les *points cycliques* de l'exercice 1147), on retombe sur l'exercice précédent (1°.)

1248. La somme des inverses des carrés de deux diamètres rectangulaires d'une ellipse est constante (exercice 1245, 1°).

1249. Trouver, dans l'espace, un cercle coupant deux cercles donnés, C, C_1 chacun en deux points et à angle droit.

Montrer que le problème peut se ramener à l'un des suivants : *faire passer, par le premier cercle, deux sphères orthogonales entre elles* S, Σ *et, par le second, deux sphères orthogonales entre elles* S_1, Σ_1, *telles que* S *soit orthogonale à* Σ_1 *et* S_1 *à* Σ ou encore (par une inversion qui transforme l'un des cercles donnés en une droite) : *trouver, sur une droite donnée, un segment qui soit vu d'un point donné sous un angle droit et d'une droite donnée sous un dièdre droit.*

Le problème qui consiste à rechercher les sphères S, Σ, S_1, Σ_1 n'admet qu'une solution, mais cette solution unique peut donner deux cercles répondant à la question. Ces cercles n'existent tous les deux qu'autant que le premier cercle donné coupe le plan du second en deux points situés, l'un à l'intérieur, l'autre à l'extérieur de celui-ci, c'est-à-dire qu'autant que le problème proposé à l'exercice 679 n'a pas de solution.

Si les cercles cherchés existent tous deux, ils divisent harmoniquement chacun des cercles donnés Σ, Σ_1. Leurs plans sont perpendiculaires entre eux et l'on peut faire passer par chacun d'eux une infinité de sphères orthogonales à l'autre.

1250. Parmi tous les cercles c qui rencontrent deux cercles donnés, celui pour lequel le rapport anharmonique (sur c) des quatre points d'intersection est le plus petit ou le plus grand possible, est une des solutions de l'exercice précédent.

1251. On peut trouver, d'une infinité de manières, un système de deux inversions successives (exercice 936) par lequel un cercle donné C se transforme en un autre cercle donné C_1. Parmi ces systèmes de deux inversions, il en existe pour lesquels les sphères d'inversions T, T_1 sont rectangulaires : le nombre de ces dernières est de deux ou de quatre (si l'on ne considère pas comme distincts deux couples d'inversions équivalents l'un à l'autre, d'après l'exercice 936) : les déduire des sphères S, S_1, Σ, Σ_1 de l'exercice 1249.

On peut toujours transformer les deux cercles donnés en deux cercles égaux, ayant chacun un diamètre suivant l'intersection de leurs plans.

1252. Trouver un système de deux inversions successives par rapport à deux sphères orthogonales qui conserve chacun des deux cercles donnés C et C_1. Le déduire des sphères considérées à l'exercice 1249.

1253. Étant donnés deux cercles C, C_1 de l'espace, mener par C une sphère qui coupe C_1 sous un angle donné V (se ramène à l'exercice 473 *bis*, moyennant une inversion).

Le problème, s'il est possible, a deux solutions. Les deux sphères obtenues font, quelle que soit la valeur de V, des angles égaux avec une sphère fixe (indépendante de V) passant par C, laquelle correspond au maximum ou au minimum de V.

Montrer encore que :

1° S'il n'existe pas de sphère (exercice 679) passant par C, et tangente à C_1, on aura ainsi deux valeurs extrêmes de V, correspondant à deux sphères orthogonales entre elles. Prouver que ces deux sphères ne sont autres que les sphères S, Σ qui interviennent dans l'exercice 1249 ;

2° Si, au contraire, l'exercice 679 admet une solution, la conclusion précédente seule subsiste pour l'une des deux sphères S, Σ, l'autre ne rencontrant pas C_1. On peut simplement dire que, pour cette dernière (combinée avec le cercle C_1) l'invariant considéré aux exercices 942, 944 est maximum ou minimum.

1254. Les deux valeurs extrêmes de V, considérées à l'exercice précédent (1°) sont les mêmes que les valeurs extrêmes analogues, obtenues en permutant C et C_1 : elles ne sont autres que l'angle que fait S avec la sphère correspondante S_1 (ex. 1249) qui passe par C_1 et par Σ avec la sphère correspondante Σ_1.

L'angle 2θ que font entre elles les sphères menées par l'un des cercles et coupant l'autre sous un angle donné V est le même [1], que le cercle par lequel on mène ces sphères soit C et celui qu'elles coupent sous l'angle V, C_1 ou inversement.

Cette conclusion subsiste d'ailleurs que l'exercice 679 admette une solution ou non.

Dans le premier cas, la condition nécessaire et suffisante pour que la figure, formée par les cercles C et C_1, puisse être transformée en une figure égale à celle que forment deux autres cercles C′, C'_1 est que le maximum de V soit le même dans les deux figures, ainsi que la valeur de θ qui correspond à $V = 0$.

Dans le second cas, cette condition est que les valeurs extrêmes de V soient les mêmes dans les deux figures.

1255. On donne un cercle et, en dehors de son plan, une droite et un point. Trouver le lieu des centres de perspective tels que la projection, sur le plan du cercle, de la droite donnée et celle du point donné soient pôle et polaire par rapport au cercle. (Ce lieu est une conique.)

Propriétés des cônes à base circulaire.

1256. Dans tout cône à base circulaire, le produit des distances d'un point quelconque de la surface aux deux plans (plans *cycliques*) menés par le sommet du cône parallèlement aux deux séries de sections circulaires, est dans un rapport constant avec le carré de la distance du même point au sommet.

Réciproquement, le lieu des points tels que le produit de leurs distances (comptées en grandeur et signe) à deux plans soit dans un rapport constant avec le carré de leur distance à un point fixe de l'intersection de ces plans est un cône à base circulaire. (Revient à l'exercice 926.)

(1) On a (V_1 et V_2 étant les valeurs extrêmes de V) : $\cos^2 V = \cos^2 V_1 \cos^2\theta + \cos^2 V_2 \sin^2\theta$.

1257. Dans tout cône à base circulaire, les intersections de deux plans tangents quelconques avec les deux plans cycliques sont quatre arêtes d'un même cône de révolution, lequel a pour axe la perpendiculaire au plan des génératrices de contact des plans tangents considérés.

Conclure de là (ex. 649) que la somme ou la différence des angles que fait un plan tangent avec les deux plans cycliques est constante.

Ces trois plans déterminent sur une sphère décrite du sommet du cône comme centre un triangle sphérique d'aire constante.

Inversement, si un grand cercle d'une sphère forme avec deux grands cercles fixes un triangle sphérique d'aire constante, son plan enveloppe un cône à base circulaire.

1258. Si deux cônes de même sommet, ayant pour bases deux cercles d'un même plan, ont même direction de sections antiparallèles (cônes *homocycliques*), un plan quelconque mené par le sommet les coupe suivant deux angles ayant mêmes bissectrices.

1259. Dans un cône à base circulaire :

1° Le dièdre sous lequel deux génératrices sont vues d'une focale (exercice 1161) a un plan bissecteur qui passe par l'intersection des plans tangents suivant les génératrices ;

2° Un plan tangent mobile coupe deux plans tangents fixes suivant deux droites qui sont vues d'une focale sous un dièdre de grandeur constante ;

3° Déduire de là que les perpendiculaires menées par le sommet aux différents plans tangents ont pour lieu un second cône à base circulaire (dit *supplémentaire* du premier), les sections circulaires de ce second cône étant perpendiculaires aux focales du premier.

La relation entre les deux cônes est réciproque, c'est-à-dire qu'inversement, les perpendiculaires aux plans tangents du second cône sont les génératrices du premier.

4° Deux points fixes étant pris sur les deux focales, le produit des distances de ces points à un plan tangent quelconque est constant (exercice 1256) ;

5° Le dièdre formé par deux plans tangents quelconques a même plan bissecteur que le dièdre qui a même arête et dont les faces passent par les deux focales ;

6° Les plans qui passent par deux génératrices quelconques du cône et les deux focales sont tangents à un même cône de révolution ;

7° La somme des angles que fait une génératrice quelconque avec les deux focales est constante.

Inversement, le lieu des droites menées par un point donné et faisant avec deux droites données des angles ayant une somme donnée, est un cône à base circulaire ayant ces droites pour focales.

1260. Un cône à base circulaire étant donné, montrer qu'on ne peut lui inscrire aucun trièdre trirectangle, ou qu'on peut lui en inscrire une infinité. (Pl., ex. 284.)

1261. Un cône à base circulaire étant donné, on ne peut lui circonscrire aucun trièdre trirectangle, ou on peut lui en circonscrire une infinité. (Se ramène au précédent en vertu de l'exercice 1259, 3°.)

1262. Dans un cercle donné, on considère toutes les cordes qui sont vues sous un angle droit d'un point donné de l'espace. Lieu des milieux de ces cordes et de leurs pôles par rapport au cercle. Enveloppe de ces cordes.

Lieu des centres des hyperboles équilatères qu'on peut tracer sur un cône à base circulaire donné.

1263. Le lieu des points tels que le rapport de leurs distances à une droite fixe et à un plan fixe soit constant est un cône du second ordre (pouvant devenir un cylindre) ayant la droite fixe comme focale.

1264. Les plans polaires, par rapport à une sphère fixe, des points d'une conique, sont les plans tangents d'un cône du second ordre.

Réciproquement, les pôles de plans tangents d'un cône du second ordre quelconque ont pour lieu une conique.

Les tangentes de la conique sont les réciproques des générations du cône.

(Le cône et la conique sont dits *polaires réciproques*).

Si la conique considérée est un cercle, une focale du cône passe par le centre de la sphère directrice.

1265. Deux cônes du second ordre qui ont une section plane commune se coupent, en outre, suivant une seconde conique.

(Si I est le point où la droite qui joint les sommets S, S′ des deux cônes rencontre le plan de la première conique, le plan de la seconde est déterminé par la polaire du point I relativement à la section plane connue et par le conjugué harmonique de I par rapport à SS′).

1266. L'intersection de deux cônes du second ordre qui ont deux plans tangents communs (si elle existe) se compose de deux sections planes.

S, S′ désignant les sommets des deux cônes, T, T′ leurs points de contact (chacun de ces derniers étant le point de rencontre des deux génératrices de contact d'un plan tangent commun), si, par TT′ on fait passer un plan, lequel coupe les deux surfaces suivant deux coniques bitangentes avec TT′ pour corde et un point I situé sur SS′ pour pôle de contact, les plans des sections communes passeront par TT′ et détermineront avec I, S, S′ des rapports anharmoniques respectivement égaux aux deux rapports d'homologie (exercice 1146) des deux coniques.

1267. Démontrer directement cette proposition (exercice 986) que deux cônes circonscrits à une même sphère se coupent suivant deux courbes planes.

(On fera passer par les deux sommets S, S′ un plan variable. Les quatre génératrices contenues dans ce plan forment un quadrilatère dont les diagonales vont couper SS′ en deux points fixes, tandis que le point d'intersection de ces diagonales décrit une droite).

1268. Si un cône du second ordre est bitangent à une sphère, l'intersection des deux surfaces (si elle existe) se compose de deux cercles.

On montrera que la conique polaire réciproque (exerc. 1264) du cône est également bitangente à la sphère, les deux points de contact étant nécessairement (si la sphère et le cône se coupent) symétriques l'un de l'autre par rapport à l'axe focal de la conique : après quoi, la proposition à démontrer n'est pas distincte de l'exercice 1043.

Propriétés simples des quadriques.

1269. On nomme *surface du second ordre* ou *quadrique*, une surface telle que sa section par un plan quelconque (si elle existe) soit une conique (laquelle peut se réduire à deux droites).

Montrer que la figure homographique (exercice 897) d'une sphère est une surface du second ordre.

1270. Montrer :

1° Que si on donne une surface de second ordre S et un point A, et que, sur chaque sécante issue de A, on prenne un point M tel que AM et le segment intercepté sur cette droite par la surface aient même milieu, le lieu est une surface, qui ne change pas quand on remplace A par un autre point quelconque appartenant au lieu, et qui est du second ordre (exercice 1060) ;

2° Plus généralement, démontrer la même proposition en supposant le point M défini par la condition que le segment AM appartienne à l'involution déterminée, sur la droite qui le porte, par deux surfaces du second ordre données (dont chacune peut se réduire à un cône ou à un système de deux plans).

1271. Toutes les droites D qui rencontrent trois droites données rencontrent une infinité d'autres droites fixes, et le rapport anharmonique intercepté par quatre de ces droites fixes est le même, quelle que soit D.

Si les droites données ne sont pas parallèles à un même plan, la surface engendrée par D est dite *hyperboloïde à une nappe*.

Si les droites données sont parallèles à un même plan, la droite D est aussi parallèle à un plan fixe (exercice 433). La surface est dite *paraboloïde hyperbolique.*

Un hyperboloïde à une nappe ou un paraboloïde hyperbolique ont deux systèmes de génératrices rectilignes.

Dans les deux cas, les plans menés par D et, respectivement, par deux quelconques des droites données, engendrent des faisceaux homographiques. En déduire que le paraboloïde hyperbolique et l'hyperboloïde à une nappe sont des surfaces du second ordre.

Réciproquement, le lieu de la droite d'intersection de deux plans qui tournent autour de droites fixes en décrivant des faisceaux homographiques est un hyperboloïde à une nappe ou un paraboloïde hyperbolique.

Le lieu des arêtes des dièdres droits dont les sommets passent respectivement par deux droites données est un hyperboloïde à une nappe (voir exercice 462).

Le lieu des points également distants de deux droites données de l'espace (exercice 454) est un paraboloïde hyperbolique, ainsi que le lieu des points tels que la différence des carrés de leurs distances à deux droites données soit constante (exercice 519).

1272. Le lieu des points tels que le rapport de leurs distances à deux droites données D_1, D_2 (exercice 734) soit égal à un nombre donné k, est un hyperboloïde à une nappe.

(Si l'on mène les deux plans dont chacun est parallèle aux deux droites données et divise leur perpendiculaire commune dans un rapport égal à $\pm k$, les points des cercles C_1 ou C_2 (exercice 734) situés dans ces plans décrivent quatre droites fixes, dont deux perpendiculaires au plan de C_1 et deux perpendiculaires au plan de C_2. Le lieu cherché n'est autre que le lieu des arêtes des dièdres droits dont les faces passent par deux des quatre droites en question).

Inversement, tout hyperboloïde à une nappe dans lequel il existe des génératrices perpendiculaires aux plans de sections circulaires peut être considéré, d'une infinité de manières, comme le lieu des points tels que le rapport de leurs distances à deux droites fixes soit constant.

1273. La *surface gauche de révolution* (exercice 1031) est un hyperboloïde à une nappe.

Inversement, la surface engendrée par une hyperbole tournant autour de son axe non transverse, est une surface gauche de révolution.

La surface gauche de révolution est coupée par un quelconque de ses plans tangents suivant deux droites.

1274. Lorsque, dans l'exercice 1270 (1°), la surface S est un cône du second ordre et que le point A est extérieur à ce cône, le lieu du point M est un hyperboloïde à une nappe.

(On montrera que chacun des plans qui répondent à l'exercice 1202 contient une droite appartenant tout entière à la surface.)

(Si le point A était intérieur au cône, le lieu se composerait de deux parties entièrement séparées, correspondant aux cas où la droite AM coupe une nappe du cône ou les deux. On donne à cette surface le nom d'*hyperboloïde à deux nappes*.)

1275. Le lieu des points tels que le rapport de leurs distances à un point fixe F et à un plan fixe P soit constant est la surface engendrée par la révolution d'une conique autour de son axe focal.

Cette surface est du second ordre. Le cône qui a pour base une quelconque de ses sections planes et pour sommet le point F est de révolution.

Les plans tangents menés par un point déterminé quelconque de l'espace à la surface ainsi obtenue sont les plans tangents d'un cône du second ordre (*cône circonscrit à la surface*) dont les focales passent par les foyers de la surface (c'est-à-dire par les foyers de la conique méridienne).

Si le rapport constant est égal à 1 (*paraboloïde de révolution*), la méridienne est une parabole. Montrer que la projection d'une section plane quelconque sur un plan perpendiculaire à l'axe est un cercle (se ramène à l'exercice 1218, 1°).

1276. Le lieu des points tels que le rapport de leurs distances à un point fixe et à une droite fixe soit constant et différent de 1, est la surface engendrée par la révolution d'une conique autour de son axe non focal.

(On montrera que la section par un plan quelconque perpendiculaire à la droite fixe est un cercle, lequel a son centre sur un axe de la conique qui représente la partie du lieu située dans le plan du point fixe et de la droite fixe).

Il en est de même du lieu des points tels que leurs puissances par rapport à une sphère fixe soit dans un rapport constant avec les carrés de leurs distances à une droite fixe.

Si le rapport constant est égal à 1, les deux lieux précédents deviennent des cylindres à bases paraboles.

La surface engendrée par la révolution d'une ellipse ou d'une hyperbole autour de son axe non focal tend vers un cylindre parabolique, lorsque cet axe s'éloigne indéfiniment, tout en restant parallèle à lui-même, pendant qu'un sommet de la conique (non situé sur cet axe) et le foyer voisin restent fixes.

Dans tous les cas, les lieux en question sont des surfaces du second ordre. (Se ramène à l'exercice 842 ou au n° **724**.)

1277. Deux cercles sont situés dans des plans parallèles. On joint entre eux les points de ces cercles tels que les rayons y aboutissant fassent entre eux un angle constant. Montrer : 1° que les droites ainsi tracées sont génératrices d'un hyperboloïde à une nappe, les génératrices du second système étant les droites analogues obtenues en changeant le sens de l'angle constant;

2° Que tout plan parallèle aux plans des cercles donnés coupe la surface suivant un cercle.

1278. Étant données deux coniques situées dans des plans différents, mais ayant en commun deux points A et B sur l'intersection de leurs plans, on considère, sur ces coniques, deux divisions homographiques telles que chacun des points A et B soit son propre homologue. Prouver que la droite qui joint deux points homologues décrit une hyperboloïde à une nappe ou un paraboloïde hyperbolique.

Inversement, une génératrice mobile intercepte, sur des sections planes quelconques, des divisions homographiques.

Par deux coniques qui ont deux points communs sans être dans un même plan, on peut faire passer deux cônes ; il suffit, pour les obtenir, de choisir deux points homologues de l'homographie qui vient d'être considérée de manière que la droite qui les joint aille rencontrer une certaine droite (l'intersection des deux plans dont l'un contient les deux tangentes en A, l'autre les deux tangentes en B).

1279. Toute quadrique peut être déduite d'un cône et d'un système de deux plans, par la construction de l'exercice 1270.

Toute quadrique est homographique, soit d'un hyperboloïde à une nappe, soit d'un hyperboloïde à deux nappes (ex. 1274), soit d'un cône du second ordre.

1280. Deux divisions homographiques étant données sur deux droites différentes (en général, non situées dans un même plan) on peut, d'une infinité de manières, en trouver une troisième qui soit en perspective avec les deux premières. Lieu des centres de perspective.

1281. Le lieu des sommets des cônes ayant pour base un cercle donné et auxquels on peut inscrire des trièdres trirectangles est une quadrique de révolution.

1282. Un cercle étant donné, dans quelles régions de l'espace doit se trouver un point, suivant que le cône qui a ce point pour sommet et le cercle donné pour base admet ou non des génératrices rectangulaires? (Comparer ex. 1262.) Montrer que la surface qui sépare l'une de l'autre ces régions est engendrée par la révolution d'une conique autour d'un de ses axes.

1283. Lieu des sommets des cônes circonscrits à une sphère et dont les cercles de contact coupent un cercle donné sous un angle donné.

1283 *bis*. Étant données une sphère et une projection stéréographique de cette sphère, le lieu des sommets des cônes circonscrits à la surface et dont les cercles de contact se projettent suivant des cercles de rayon donné, est une quadrique de révolution.

1284. Le lieu des centres des perspectives telles qu'une conique donnée se projette sur un plan donné suivant une hyperbole équilatère est une surface de second ordre.

(On traitera d'abord le cas où le plan de la conique donnée et un de ses axes sont perpendiculaires au plan du tableau : on a alors affaire à une quadrique de révolution (exercices 1275, 1276). Le cas général se ramène à celui-là par une homographie convenable).

1285. On donne une sphère S et deux droites D, D′ tangentes à cette sphère.

1° Par un point quelconque de D, on mène à la sphère deux tangentes G, G′ rencontrant D′. Démontrer que les points de contact décrivent deux cercles C, C′ ;

2° Les droites G qui touchent S en un point du cercle C sont tangentes à une infinité d'autres sphères Σ. Combien de sphères Σ touchent un plan Q ?

3° Lieu des traces des droites G sur le plan Q.

1286. On donne deux cercles C, C′ d'un plan.

1° La conique (exercice 827), enveloppe des droites qui sont divisées harmoniquement par ces deux cercles, ne varie pas lorsque, leurs centres restant fixes, la somme des carrés de leurs rayons reste constante ;

2° On considère les cercles Σ qui sont divisés harmoniquement par C et C′ et qui, de plus, sont orthogonaux à un troisième cercle fixe Γ. Le lieu des centres de ces cercles est une conique S.

Si l'on considère le plan comme projection stéréographique d'une sphère, le point de vue O étant tel (exercice 950) que les cercles c et γ dont C et Γ sont les projections, soient situés dans des plans parallèles, la conique S sera (par rapport au point de vue O) la perspective d'un cercle situé dans le plan de c (exercices 981, 1163).

Si le point O est au contraire choisi tel que les cercles C et C′ soient projections de cercles situés dans des plans parallèles, S sera la perspective de la section, par le plan du cercle, d'une certaine quadrique de révolution (ex. 1162) ;

3° Il existe une infinité de couples de cercles C_1, C'_1 tels que, parmi les cercles qui sont orthogonaux à Γ, tous ceux qui sont divisés harmoniquement par C et C′ soient aussi divisés harmoniquement par C_1 et C'_1, et réciproquement.

Quelles sont les relations qui existent entre C, C′ d'une part, C_1 et C'_1 de l'autre ?

(Montrer que les sommets de cônes circonscrits à la sphère, suivant les cercles qui ont pour projections C_1 et C'_1 se déduisent des sommets analogues relatifs à C et à C′ par une même homologie, ayant pour plan d'homologie le plan du cercle γ et pour centre le pôle de ce plan. En déduire les relations cherchées dans le plan);

4° Trouver les asymptotes de S. Montrer que chacune d'elles est perpendiculaire à l'une des tangentes T, T′ menées par le centre Γ à la conique considérée en 1°, et passe par le centre radical des cercles Γ, C et du cercle symétrique de C′, par rapport à T ou à T′.

Trouver le lieu du centre de S : 1° lorsque le rayon de Γ varie, son centre restant fixe, ainsi que les cercles C et C′; 2° lorsque Γ reste fixe, ainsi que les centres de C et C′, et que la somme des carrés des rayons de C et de C′ est, en outre, constante;

5° C et C′ étant donnés, quelles conditions doit remplir Γ pour que les cercles c soient tangents à deux cercles fixes ?

1287. Toutes les sphères Σ tangentes à trois sphères données (avec contacts d'espèces déterminées) se déduisent de l'une déterminée quelconque d'entre elles, à l'aide d'inversions par rapport à des sphères Γ ayant même plan radical. Quelle est la proposition analogue de Géométrie plane ?

1288. Réciproquement, sur un plan (ou sur une sphère), les inverses d'un cercle fixe, par rapport à des cercles ayant même axe radical (ou même grand cercle radical), sont — si les deux solutions du problème du n° **311** (Pl., note D) existent — tangents à deux cercles fixes.

Les inverses d'une sphère fixe, par rapport à des sphères Γ, ayant même plan radical, sont — sauf une restriction analogue à la précédente — tangentes à une infinité de sphères fixes.

1289. Un cercle c varie en restant tangent à deux cercles fixes C_1, C_2 d'un plan. Trouver la courbe enveloppée par l'axe radical de ce cercle et d'un troisième cercle fixe S (appliquer Pl., ex. 148).

Prouver que le point de contact de cet axe radical avec son enveloppe est situé sur la droite qui joint les points de contact de c avec C_1 et C_2 (Pl., **139**).

Quel est le lieu des points s, centres de similitude de c et de S ? (Projeter stéréographiquement sur une sphère et appliquer exercices 986, 986 *bis*, 1172 ; ou encore, appliquer exercice 1287 et montrer ainsi, à l'aide de l'exercice 936, que les droites qui joignent une position quelconque du point s à deux positions déterminées de ce point décrivent des faisceaux homographiques).

1290. Une sphère s varie en restant tangente à trois sphères fixes :

1° Montrer que le plan radical de cette sphère et d'une sphère fixe quelconque Ω reste tangent à l'un ou l'autre de quatre cônes du second ordre ;

2° Le pôle de ce plan, par rapport à Ω, décrit l'une ou l'autre de quatre coniques ;

3° Quel est le lieu des centres de similitude de s et de Ω ?

1291. Déduire de l'exercice 1287 le théorème du n° **685**.

Montrer également qu'il existe une infinité de sphères S dont chacune est tangente à toutes les sphères Σ de l'exercice 1287.

Le lieu des centres des sphères S, comme celui des centres des sphères Σ, est une conique, et ces deux coniques sont *focales* (**722**) l'une de l'autre.

Le lieu du point de contact d'une sphère S quelconque avec une sphère Σ quelconque est une surface (*cyclide de Dupin*) qui est tangente à chacune des sphères S tout le long du cercle, lieu des points de contact de S avec les sphères Σ, et à chacune des sphères Σ tout le long du cercle, lieu de ses points de contact avec les S. (En employant une locution analogue à celle du n° **771**, on dit que cette surface est l'*enveloppe* des sphères S et aussi celle des sphères Σ.)

On montrera que si une sphère S varie en tendant vers une position limite S_0, le cercle d'intersection de S et de S_0 tend vers le lieu des points de contact de S avec les Σ, lequel n'est autre que l'intersection de S_0 avec celle des sphères Γ (ex. 1287) qui lui est orthogonale.

Il existe une infinité d'inversions qui transforment la cyclide en elle-même. Ces inversions forment deux séries.

Si les sphères données se coupent en deux points, cette surface peut être transformée (de deux manières différentes) en un cône de révolution par une inversion.

Si ces sphères données ont un point commun avec plans tangents concourants (**454**), la cyclide peut être transformée par inversion en un cylindre de révolution.

Si les sphères données n'ont aucun point commun, la cyclide peut être transformée par inversion en un *tore*, c'est-à-dire en une surface de révolution dont la méridienne est un cercle (lequel n'a pas en général son centre sur l'axe). Il peut arriver d'ailleurs (si les sphères Σ ont deux points communs) que cette même cyclide puisse également se transformer en un cône de révolution.

Tout tore proprement dit (c'est-à-dire dans lequel le cercle méridien ne coupe pas l'axe) peut être transformé par inversion en un second tore, les méridiens d'une des surfaces correspondant aux parallèles de l'autre, et inversement.

1292. On prend un point quelconque sur la cyclide considérée à l'exercice précédent et supposée non transformable par inversion en un cône :

1° On peut mener une sphère tangente à la surface en ce point et tangente à la même surface en un autre point. (On montrera d'abord l'existence de plans bitangents au tore proprement dit, puis on déduira la proposition demandée à l'aide des inversions qui transforment la cyclide en elle-même et en un tore ;)

2° Si la sphère bitangente Ω ainsi obtenue coupe la surface, elle la coupe suivant deux cercles (à savoir, les cercles de contact des cônes circonscrits à Ω et passant par la conique définie à l'exercice 1290 (2°)) : cette conclusion subsiste quand Ω est un plan.

Sur un tore proprement dit, ou sur une cyclide en dérivant par inversion, il passe quatre cercles par un point quelconque de la surface et le rapport anharmonique des tangentes à ces quatre cercles est constant.

1293. Le développement (**811**) d'un cône droit dont l'angle au sommet est de 60° (ce cône étant limité par une sphère qui a le sommet pour centre) est un demi-cercle.

1294. Partager un triangle, par une droite issue d'un sommet, en deux parties telles que, en tournant autour d'un axe donné passant par un sommet, situé d'ailleurs dans le plan du triangle et extérieur à ce triangle, elles engendrent des volumes dont le rapport soit égal à un nombre donné. Distinguer deux cas, suivant que le sommet par lequel passe l'axe est celui par lequel doit être menée la droite cherchée, ou est différent.

Plus généralement, résoudre le même problème lorsque l'axe donné est entièrement extérieur au triangle et ne passe par aucun sommet (n° **819**).

1295. Si deux solides sont tels que tout plan perpendiculaire à une droite donnée qui coupe le premier coupe le second et inversement, et que les deux sections aient toujours des aires égales, ces deux solides ont des volumes égaux.

1296. Déduire la seconde partie de l'exercice 715 de la première. En conclure (sans le secours des nos **485-489**) la mesure des volumes sphériques évalués au livre VIII.

1297. On coupe une surface *réglée* (c'est-à-dire engendrée par le mouvement d'une droite) par deux plans parallèles, les sections étant supposées fermées.

Montrer que le volume du solide ainsi délimité est donné par la formule

$$V = \frac{h}{6}(B + B' + 4B''),$$

en désignant par h la distance des deux plans, par B et B′ les aires des deux sections et par B″ l'aire de la section déterminée par un plan mené parallèlement aux deux premières et à égale distance de l'un et de l'autre.

(Considérer le solide comme limite de polyèdres étudiés à l'exercice 575.)

1298. Le volume défini à l'exercice précédent est la moitié de celui qu'on obtiendrait en retranchant du cylindre de hauteur h et de base $B + B'$ le cône qui a son sommet dans le plan de B, sa base dans le plan de B′ et ses arêtes parallèles aux positions successives de la droite qui engendre la surface.

1299. Étant donné un prisme triangulaire ABCDEF, dont les arêtes latérales sont AD, BE, CF, on mène le paraboloïde hyperbolique (ex. 1271) qui a pour génératrices d'un système les droites AB, DF (côtés non correspondants des deux bases) et pour génératrices de l'autre système l'arête latérale AD et la diagonale BF de la face opposée. Montrer que cette surface divise le prisme en deux solides équivalents.

Si, en outre, on mène le paraboloïde hyperbolique qui a deux génératrices d'un système suivant AC, DE et deux génératrices de l'autre suivant AD, CE, le prisme est divisé par les deux paraboloïdes en quatre parties équivalentes.

1300. Montrer que la portion d'une surface conique de révolution comprise à l'intérieur d'un prisme ayant ses arêtes parallèles à l'axe est quarrable.

1301. Si, à chaque point M d'une sphère, ont fait correspondre un point M′ d'un cylindre circonscrit, tel que la droite MM′ coupe à angle droit l'axe du cylindre, à toute figure tracée sur la sphère correspond, sur le cylindre, une figure de même aire.

(On remarquera que le théorème est vrai pour une zone ayant sa hauteur suivant l'axe (ex. 714); on en déduira qu'il est vrai pour la portion de cette zone comprise entre deux plans quelconques passant par l'axe; puis on traitera le cas général.)

1302. Un grand cercle C étant donné sur une sphère, on prend, sur le grand cercle mené par un point quelconque m de C perpendiculairement à C, un point M tel que sa distance au plan de C soit dans un rapport constant avec la distance de m à un diamètre fixe de C. Montrer que l'aire comprise entre la courbe C_1 lieu du point M, le grand cercle C et deux positions du grand cercle Mm est quarrable (ex. 638; ex. précédent).

Montrer qu'on peut prendre en particulier, pour la courbe C_1, le lieu des points M considérés à l'exercice 742.

1302 *bis*. Deux cylindres de révolution égaux sont tangents entre eux extérieurement. On décrit, avec le point de contact pour centre, une sphère ayant un rayon double du rayon commun des cylindres. Construire un rectangle équivalent à la portion de la sphère située à l'extérieur des deux cylindres.

1303. La rotation $U = RTR^{-1}T$ (n° **839**) a ses pôles à l'intersection du grand cercle AB et du grand cercle qui a C comme pôle (on décomposera R, S, T en transpositions).

Quelle est la distance sphérique du point C à son homologue, le milieu de BB_1 (*fig.* 656)? (Comparer ex. 1020.)

1304. Montrer directement (sans utiliser le n° **837**) que le nombre des rotations admises par un polyèdre régulier est double du nombre des arêtes.

1305. Le transformé (**829**) d'un déplacement R par un déplacement S a pour expression $S^{-1}RS$.

1306. Trouver tous les groupes composés d'homographies sur une droite, ces homographies étant en nombre fini.

(On procédera comme au numéro **835**, les points doubles ou les points considérés aux exercices 908, 916 jouant le rôle des pôles de rotation. Les groupes trouvés correspondent à une partie de ceux qui ont été obtenus dans la note H.

On démontre que, moyennant une introduction convenable des homographies imaginaires, le problème actuel et celui de la note H se réduisent l'un à l'autre).

Considérer, en particulier, la solution qui correspond au groupe diédral relatif au cas de $n = 2$ (n° **837**). Faire voir alors que le groupe cherché peut être obtenu de la façon suivante :

On prend, sur la droite, trois points fixes a, b, c et l'on fait correspondre, à un point quelconque m de cette droite, un point m' tel que le rapport anharmonique ($abcm'$) soit égal au rapport anharmonique des points a, b, c, m pris dans un ordre quelconque. En changeant cet ordre de toutes les façons possibles, on obtient les différentes homographies du groupe.

1307. Trouver tous les groupes composés de déplacements, de symétries et de déplacements suivis de symétries, en nombre fini ([1]).

(On montrera que tout groupe de l'espèce indiquée se compose, soit exclusivement de rotations, soit de rotations et de symétries en nombre égal, les rotations formant par elles-mêmes un groupe).

(1) Cette question est importante en minéralogie, les formes des cristaux étant précisément des figures qui admettent des groupes appartenant à l'espèce indiquée.

Paris. — Imp. E. Capiomont et Cie, rue de Seine, 57.

www.ingramcontent.com/pod-product-compliance
Lightning Source LLC
LaVergne TN
LVHW011247110826
845149LV00001B/68

* 9 7 8 1 4 1 8 1 8 5 8 0 0 *